电子设备传动与控制技术

胡长明　陈　诚　魏忠良　娄华威　著

電子工業出版社
Publishing House of Electronics Industry
北京 • BEIJING

内 容 简 介

本书以建立电子设备的传动控制系统设计方法、性能分析、测试验证为出发点，从系统架构、组成元件、稳态与动态设计及性能分析、结构设计方法等方面，分别围绕机电传动控制系统、电液传动控制系统两条主线展开系统论述。在此基础上，分别阐述了传动控制系统的仿真技术和测试验证技术，最后针对机电传动控制系统和电液传动控制系统分别给出典型案例。

本书适合科研院所、企事业单位科技人员作为技术参考书，还可供高等院校的本科生、研究生作为教材使用。

图书在版编目（CIP）数据

电子设备传动与控制技术 / 胡长明等著. —北京：电子工业出版社，2024.7
（现代电子机械工程丛书）
ISBN 978-7-121-47108-7

Ⅰ. ①电… Ⅱ. ①胡… Ⅲ. ①电子装备－传动 Ⅳ. ①TN97

中国国家版本馆 CIP 数据核字（2024）第 024472 号

责任编辑：雷洪勤
印　　刷：中煤（北京）印务有限公司
装　　订：中煤（北京）印务有限公司
出版发行：电子工业出版社
　　　　　北京市海淀区万寿路 173 信箱　邮编　100036
开　　本：787×1 092　1/16　印张：21.5　字数：589 千字
版　　次：2024 年 7 月第 1 版
印　　次：2024 年 7 月第 1 次印刷
定　　价：98.00 元

凡所购买电子工业出版社图书有缺损问题，请向购买书店调换。若书店售缺，请与本社发行部联系，联系及邮购电话：（010）88254888，88258888。

质量投诉请发邮件至 zlts@phei.com.cn，盗版侵权举报请发邮件至 dbqq@phei.com.cn。

本书咨询联系方式：leihq@phei.com.cn。

现代电子机械工程丛书

编委会

从书序

Preface

电子机械工程的主要任务是进行面向电性能的高精度、高性能机电装备机械结构的分析、设计与制造技术的研究。

高精度、高性能机电装备主要包括两大类：一类以机械性能为主、电性能服务于机械性能的机械装备，如大型数控机床、加工中心等加工装备，以及兵器、化工、船舶、农业、能源、挖掘与掘进等行业重大装备，主要是运用现代电子信息技术来改造、武装、提升传统装备的机械性能；另一类则是以电性能为主、机械性能服务于电性能的电子装备，如雷达、通信、计算机、导航、天线、射电望远镜等，其机械结构主要用于保障特定电磁性能的实现，被广泛应用于陆、海、空、天等各个关键领域，发挥着不可替代的作用。

这两类装备从广义上讲，都属于机电结合的复杂装备，是机电一体化技术重点应用的典型代表。机电一体化（Mechatronics）的概念，最早出现于 20 世纪 70 年代，其英文是将 Mechanical 与 Electronics 两个词组合而成，体现了机械与电技术不断融合的内涵演进和发展趋势。这里的电技术包括电子、电磁和电气。

伴随着机电一体化技术的发展，相继出现了如机-电-液一体化、流-固-气一体化、生物-电磁一体化等概念，虽然说法不同，但实质上基本还是机电一体化，目的都是研究不同物理系统或物理场之间的相互关系，从而提高系统或设备的整体性能。

高性能机电装备的机电一体化设计从出现至今，经历了机电分离、机电综合、机电耦合等三个不同的发展阶段。在高精度与高性能电子装备的发展上，这三个阶段的特征体现得尤为突出。

机电分离（Independent between Mechanical and Electronic Technologies，IMET）是指电子装备的机械结构设计与电磁设计分别、独立进行，但彼此间的信息可实现在（离）线传递、共享，即机械结构、电磁性能的设计仍在各自领域独立进行，但在边界或域内可实现信息的共享与有效传递，如反射面天线的结构与电磁、有源相控阵天线的机械结构-电磁-热等。

需要指出的是，这种信息共享在设计层面仍是机电分离的，故传统分离设计固有的诸多问题依然存在，最明显的有两个：一是电磁设计人员提出的对机械结构设计与制造精度的要求往往太高，时常超出机械的制造加工能力，而机械结构设计人员只能千方百计地满足其要求，带有一定的盲目性；二是工程实际中，又时常出现奇怪的现象，即机械结构技术人员费了九牛二虎之力设计、制造出的满足要求的产品，电性能却不满足；相反，机械制造精度未达到要求的产品，电性能却能满足。因此，在实际工程中，只好采用备份的办法，最后由电调来决定选用哪一个。这两个长期存在的问题导致电子装备研制的性能低、周期长、成本高、结构笨重，这已成为制约电子装备性能提升并影响未来装备研制的瓶颈。

随着电子装备工作频段的不断提高，机电之间的互相影响越发明显，机电分离设计遇到的问题越来越多，矛盾也越发突出。于是，机电综合（Syntheses between Mechanical and Electronic Technologies，SMET）的概念出现了。机电综合是机电一体化的较高层次，它比机电分离前进了一大步，主要表现在两个方面：一是建立了同时考虑机械、电磁、热等性能的综合设计的数学模型，可在设计阶段有效消除某些缺陷与不足；二是建立了一体化的有限元分析模型，如在高密度机箱机柜分析中，可共享相同空间几何的电磁、结构、温度的数值分析模型。

自 21 世纪初以来，电子装备呈现出高频段、高增益、高功率、大带宽，高密度、小型化、快响应、高指向精度的发展趋势，机电之间呈现出强耦合的特征。于是，机电一体化迈入了机电耦合（Coupling between Mechanical and Electronic Technologies，CMET）的新阶段。

机电耦合是比机电综合更进一步的理性机电一体化，其特点主要包括两点：一是分析中不仅可实现机械、电磁、热的自动数值分析与仿真，而且可保证不同学科间信息传递的完备性、准确性与可靠性；二是从数学上导出了基于物理量耦合的多物理系统间的耦合理论模型，探明了非线性机械结构因素对电性能的影响机理。其设计是基于该耦合理论模型和影响机理的机电耦合设计。可见，机电耦合与机电综合相比具有不同的特点，并且有了质的飞跃。

从机电分离、机电综合到机电耦合，机电一体化技术发生了鲜明的代际演进，为高端装备设计与制造提供了理论与关键技术支撑，而复杂装备制造的未来发展，将不断趋于多物理场、多介质、多尺度、多元素的深度融合，机械、电气、电子、电磁、光学、热学等融于一体，巨系统、极端化、精密化将成为新的趋势，以机电耦合为突破口的设计与制造技术也将迎来更大的挑战。

随着新一代电子技术、信息技术、材料、工艺等学科的快速发展，未来高性能电子装备的发展将呈现两个极端特征：一是极端频率，如对潜通信等应用的极低频段，天基微波辐射天线等应用的毫米波、亚毫米波乃至太赫兹频段；二是极端环境，如南北极、深空与临近空间、深海等。这些都对机电耦合理论与技术提出了前所未有的挑战，亟待开展如下研究。

第一，电子装备涉及的电磁场、结构位移场、温度场的场耦合理论模型（Electro-Mechanical Coupling，EMC）的建立。因为它们之间存在相互影响、相互制约的关系，需在已有基础上，进一步探明它们之间的影响与耦合机理，廓清多场、多域、多尺度、多介质的耦合机制，以及多工况、多因素的影响机理，并表示为定量的数学关系式。

第二，电子装备存在的非线性机械结构因素（结构参数、制造精度）与材料参数，对电子装备电磁性能影响明显，亟待进一步探索这些非线性因素对电性能的影响规律，进而发现它们对电性能的影响机理（Influence Mechanism，IM）。

第三，机电耦合设计方法。需综合分析耦合理论模型与影响机理的特点，进而提出电子装备机电耦合设计的理论与方法，这其中将伴随机械、电子、热学各自分析模型以及它们之间的数值分析网格间的滑移等难点的处理。

第四，耦合度的数学表征与度量。从理论上讲，任何耦合都是可度量的。为深入探索多物理系统间的耦合，有必要建立一种通用的度量耦合度的数学表征方法，进而导出可定量计算耦合度的数学表达式。

第五，应用中的深度融合。机电耦合技术不仅存在于几乎所有的机电装备中，而且在高端装备制造转型升级中扮演着十分重要的角色，是迭代发展的共性关键技术，在装备制造业的发展中有诸多重大行业应用，进而贯穿于我国工业化和信息化的整个历史进程中。随着新科技革命与产业变革的到来，尤其是以数字化、网络化、智能化为标志的智能制造的出现，工业和信息化技术的深度融合势在必行，而该融合在理论与技术层面上则体现为机电耦合理论的应用，由此可见其意义深远、前景广阔。

本丛书是在上一次编写的基础上进行进一步的修改、完善、补充而成的，是从事电子机械工程领域专家们集体智慧的结晶，是长期工作成果的总结和展示。专家们既要完成繁重的科研任务，又要于百忙中抽时间保质保量地完成书稿，工作十分辛苦。在此，我代表丛书编委会，向各分册作者与审稿专家深表谢意！

丛书的出版，得到了电子机械工程分会、中国电子科技集团公司第十四研究所等单位领导的大力支持，得到了电子工业出版社及参与编辑们的积极推动，得到了丛书编委会各位同志的热情帮助，借此机会，一并表示衷心感谢！

中国工程院院士
中国电子学会电子机械工程分会主任委员 段宝岩

2024年4月

序

Preface

随着科学技术的进步，信息化、智能化、一体化技术呈现飞速发展的态势，电子设备在国计民生中越来越发挥着举足轻重的作用，应用范围不断拓展，并覆盖海、陆、空、天多个关键领域。传动控制系统是复杂电子设备中专业涉及面最广的子系统，牵涉到机械工程、流体传动、计算机技术、自动控制和电气工程等多种专业技术，是典型的多专业融合的机电液一体化系统。从雷达等电子设备出现以来，传动控制系统都占据着极为重要的地位，经过近百年的不断发展，雷达等电子设备逐步向高功率、高精度、高机动、高可靠、高集成等方向发展，对传动控制系统的功能和性能要求也越来越高。

该书作者所在研究机构作为我国最早从事雷达等复杂电子设备研究的单位，专业齐全、技术实力雄厚，通过七十多年技术研究，完成了数百套尖端雷达等复杂电子设备的研制，包括我国第一部精密测控雷达、第一部大型相控阵远程预警雷达、第一部机载有源相控阵预警雷达、第一部舰载多功能相控阵雷达。通过这些重大装备的成功研制，促进了复杂电子设备传动控制技术的快速发展。该书主要作者具有扎实的理论基础，对复杂电子设备传动控制系统的设计、制造具有深刻的认识，积累了丰富的经验，特别是在传动控制系统的数字化架构、运动机构、液压驱动、仿真与测试等方面形成了一套行之有效的设计原则和规范性成果。

该书是作者在多年工作过程中对复杂电子设备传动控制系统大量技术成果的整理和汇集，也是对丰富工程经验和心得的总结。全书主要介绍了机电伺服控制系统、机电伺服传动结构、电液控制与传动机构、传动控制系统的仿真和测试技术，同时结合典型案例详细阐述了伺服控制仿真、机构运动学与动力学仿真、机电液联合仿真及半实物仿真的相关技术。

我在阅读了该书的书稿之后，深感该书是一本针对性强、多专业融合度好、理论与实践结合度高的书籍，在国内传动控制相关书籍中具有鲜明的特色。希望本书对从事雷达等复杂电子设备的传动控制系统设计人员，以及关心该项技术的其他人员有所帮助。

中国工程院院士

2024 年 4 月

前言

Foreword

传动控制系统是雷达等复杂电子设备的重要组成部分。从雷达等电子设备出现至今，传动控制系统都伴随着装备的发展而不断前进。经过近百年的发展，雷达等电子设备不断向着高功率、高精度、高机动、高可靠等方向发展，对传动控制系统的功能和性能要求也越来越高。传动控制作为电子设备中专业面最广的子系统，涉及机械结构、机械传动、运动机构、液压、电机、精密仪器、电力电子、数字和模拟电路、计算机软硬件、控制论、仿真和测试等多种专业技术，对设计者的知识面要求高，技术难度较大。

国内介绍传动控制系统中所涉及的各种专业技术的书籍很多，但全面介绍系统，特别是雷达等电子设备伺服系统的书籍却较少。编者所在研究机构作为国内最早从事雷达装备研制的单位，通过 70 多年、数百项尖端雷达等电子设备的研制，在雷达传动控制系统技术方面积累了丰富的工程经验，取得了大量的技术成果。希望通过本书，对从事雷达等电子设备的传动控制系统设计或总体设计人员，以及关心该项技术的其他人员有所帮助。

全书共分 8 章。在第 1 章绪论中，介绍电子设备传动控制系统的基本概念，给出其分类与特点、发展与趋势。第 2 章针对机电伺服控制系统，给出系统的功能与指标、组成和原理；在此基础上，介绍机电伺服控制反馈元件、执行元件、功率驱动模块、变换元件等常用元器件，阐述机电伺服控制系统稳态和动态设计与性能分析方法；进一步，给出全数字机电伺服控制系统硬件架构、组成和软件算法，并进行性能分析；最后从柔性协同控制、刚性协同控制两个角度介绍机电伺服控制系统的多电动机协同控制。第 3 章主要针对机电伺服传动结构，首先介绍机电伺服传动结构的功能与指标、原理与组成，从轴承、丝杠副、齿轮副、减速机四个方面介绍机电伺服传动元件；其次阐述天线座的主要结构形式、组成、工作原理和载荷，从座架、轴系支承、动力传动、数据传动、综合交连、安全联锁等方面详细介绍天线座设计，并对轴系误差进行分析与综合；最后介绍机电伺服传动结构中的各类特种传动结构。第 4 章主要围绕电液控制系统和传动机构，首先介绍电液控制系统的功能与指标、原理与组成，从放大器、反馈测量元件、液压动力元件、液压控制元件、液压执行元件、液压辅助元件等方面介绍电液控制系统元件；其次，还阐述了电液控制系统稳态和动态分析与设计，并进行了性能分析；最后介绍与之匹配的展收机构、并联调姿机构等典型传动机构。第 5 章和第 6 章介绍传动控制系统在设计、调试等研制过程中用到的仿真和测试技术；结合案例，详细阐述传动控制系统中的伺服控制仿真、机构运动学与动力学仿真、液压系统仿真、机电液联合仿真等；针对测试过程，从元件、传动系统、伺服稳态性能、动态性能等维度介绍传动控制指标和性能的测试方法。第 7 章和第 8 章介绍典型案例与应用，以某雷达的传动控制系统为例，分别从设计指标要求、系统组成与原理设计、伺服控制系统设计、传动结构设计、仿真分析等几个方面给出机电传动控制系统和电液传动控制系统的设计案例。

本书由南京电子技术研究所首席专家胡长明研究员担任主编，陈诚、魏忠良、娄华威担任副主编。第 1 章由胡长明、陈诚编写，第 2 章由陈诚、王闻喆、荣海编写，第 3 章由魏忠良、杜春江、瞿亦峰编写，第 4 章由娄华威、刘统、刘滋锦编写，第 5 章由刘统、彭国朋、王闻喆编写，第 6 章由朱德明、杜春江、袁海平编写，第 7 章由高嵩、施志勇、张幼安编写，第 8 章由胡长明、黄建国、黄海涛编写。全书由陈诚整理定稿，胡长明研究员对全书进行了审定。

本书引用了国内外许多专家、学者的著作及论文等文献，在此表示衷心的感谢。在本书编写过程中，南京电子技术研究所的梅启元、刘军、陈亚峰、汤锋、卜德岭等同志参与了大量的资料收集、插图绘制和文字录入工作；本书的内容也借鉴了该专业多名设计人员的技术经验和理论成果；同时，浙江大学金波教授详细、认真地审阅了全部书稿，提出了许多宝贵的建议，在此一并表示衷心的感谢！

由于编者在工作领域、专业领域上的局限及水平上的限制，本书难免有一些不足之处，恳请各位传动控制专家、电子设备总体专家、行业人士及读者朋友不吝提出批评和建议。

胡长明

江苏 • 南京

2024 年 4 月

目录

Contents

Chapter 1

第1章 绪论

【概要】

本章首先介绍电子设备传动控制系统的基本概念及其主要组成。依据不同维度的分类方法，对电子设备中常见的传动控制系统进行分类，并介绍多种类型传动控制系统的特点和应用场合。最后通过回顾电子设备传动控制技术的发展历程，对其未来趋势进行分析和预判，从而为该领域技术的发展指引方向。

1.1 电子设备传动控制系统的基本概念

1.1.1 典型电子设备

典型电子设备是以机械结构为载体，以信息的获取、传输、处理等为目标的机电综合系统，如雷达、通信、导航、电子对抗、数据链和指控装备等，如图1-1所示。雷达是将天线、信息处理、传动控制系统等集成为具有特定功能和性能的电子设备。20世纪中叶以来，电子和计算机技术的飞速发展使雷达等现代高精度微波电子设备逐渐成为现代工业社会和武器系统中的重要装备之一，其种类繁多、形态各异、功能多样，广泛应用于通信、探测、导航、对抗等各类电子系统，是信息探测、存储、处理和传输的载体，是信息时代的支柱，在全电综合系统、预警机、海陆空天一体化等重大武器装备和系统中发挥着极为重要的作用。

1.1.2 传动控制系统

传动控制系统又称伺服系统、随动系统，是保证物体的位置、姿态、状态等输出量能够跟随输入指令值变化的自动控制系统。在电子设备中，传动控制系统通常指输出量为被控对象的位移、速度或加速度的反馈控制系统。

传动控制系统是许多电子设备的重要组成部分。以雷达这一典型的电子设备为例，现代雷达系统追求高性能、高可靠和高机动已成为必然趋势。为实现“三高”，其电信号处理能力、结构和材料无疑是其性能稳定可靠发挥的基本保证，先进的控制和传动技术更是其高性能、高机动的重要保障。

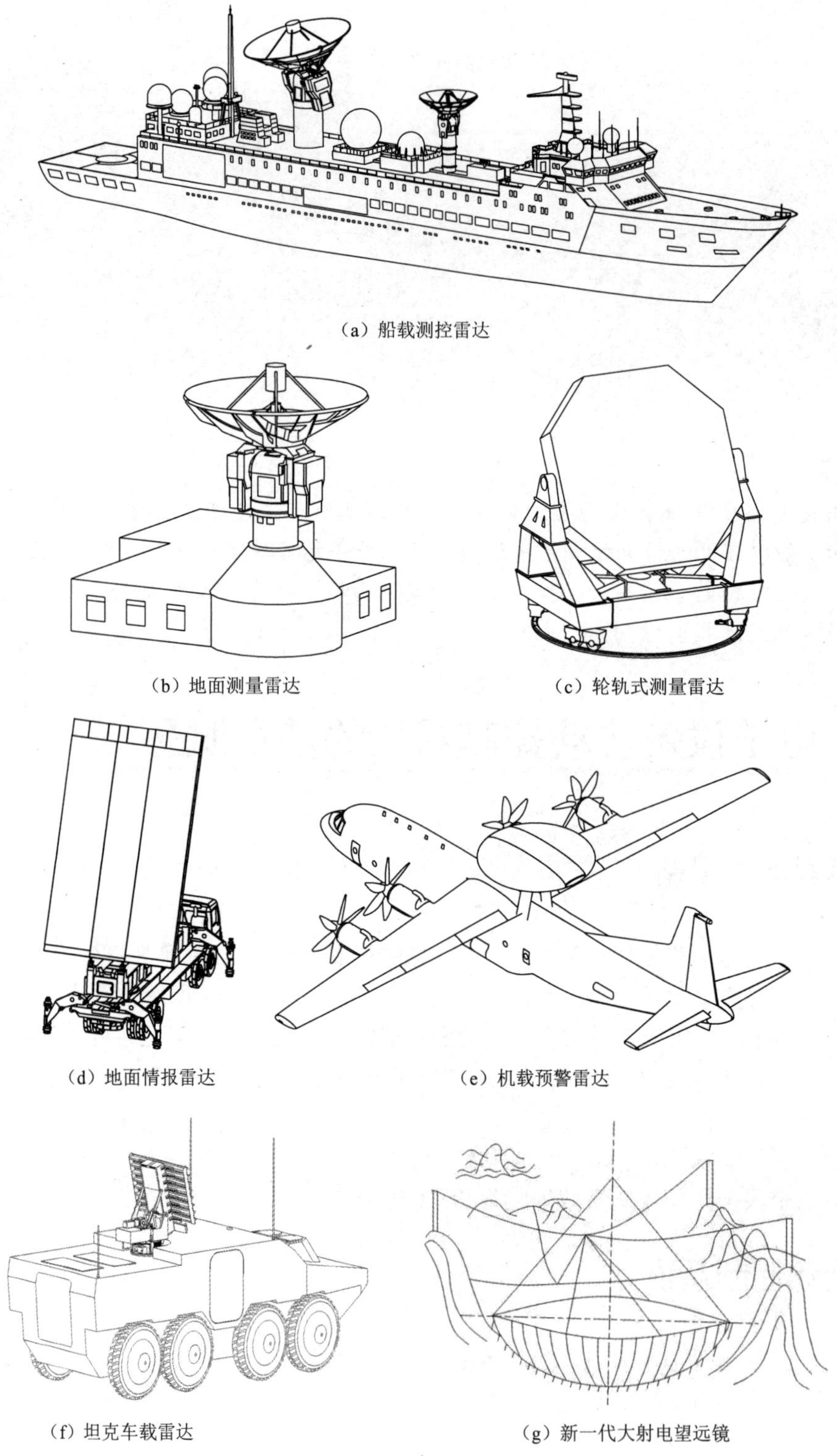

(a) 船载测控雷达

(b) 地面测量雷达　　(c) 轮轨式测量雷达

(d) 地面情报雷达　　(e) 机载预警雷达

(f) 坦克车载雷达　　(g) 新一代大射电望远镜

图 1-1　典型电子设备简图

传动控制系统一般由控制器、功率驱动组件、测量与反馈部件、机械传动机构组成。典型传动控制系统的工作原理图如图 1-2 所示。

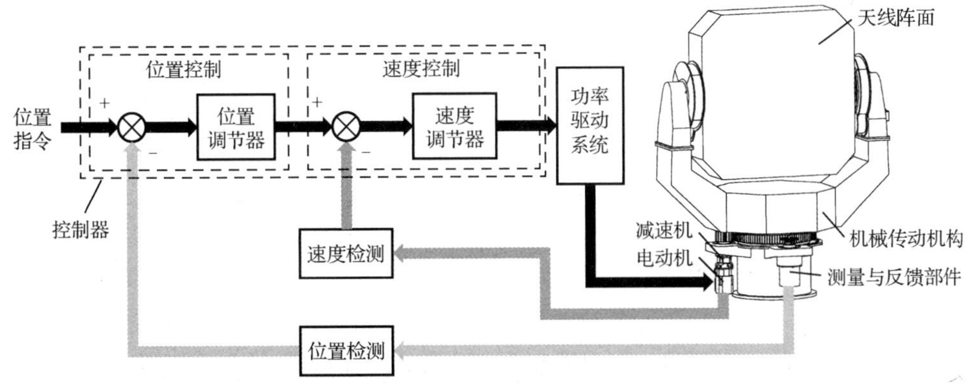

图 1-2　典型传动控制系统的工作原理图

控制器是传动控制系统的大脑，它通过传递信息流并做出决策，保证整个系统协调工作。控制器通过收取给定值和反馈值，通过适当算法调节输出控制量，实现高精度位置控制、速度控制、力控制、自适应控制等各类控制手段和控制效果。

功率驱动系统负责对控制器的输出信息进行接收和放大，以实现位移、转角、转速等的可控输出。功率驱动系统包括各种电动、液压、气动的功率放大装置和直接执行装置。

测量与反馈部件通常是各类被安装于机械结构中的传感器，通过捕捉位移、角度、速度、温度、力、光学等信号，及时反馈给控制器，以实现对整个系统的状态监控和实时控制。

机械传动机构通过运动和动力的传递，实现对作用对象的运动控制。机械系统通常包括减速机、轴承、齿轮副等传动部件和天线基座、转台等支承部件。

对传动控制系统的基本要求包括：稳定性、精度、快速响应性和伺服带宽等。

（1）传动控制系统的稳定性：当作用在系统上的扰动消失后，系统能够恢复到原来的稳定状态下运行，或者在输入指令信号作用下能够达到新的稳定运行状态的能力。在给定输入或外界干扰作用下，稳定性好的系统能快速到达新的平衡状态或者恢复到原有平衡状态。传动控制系统的稳定性通常可以用稳定裕度来表征。

（2）传动控制系统的精度：即输出量跟踪输入量的精确程度。在单脉冲测量雷达伺服系统设计中，跟踪精度一般都在 30″之内。

（3）传动控制系统的快速响应性：一方面是指动态响应过程中，输出量随输入指令信号变化的快速程度；另一方面是指动态响应过程结束的快速程度。快速响应性是传动控制系统的主要性能指标之一，通常又被称为瞬态过程品质。

（4）传动控制系统的伺服带宽：传动控制系统能响应的最大正弦波频率，即幅频响应衰减到−3dB 或者相频响应滞后 90°时的频率，其大小将影响稳定裕度、精度和瞬态过程品质。

电子设备的传动控制技术最初从国防军工技术中发展而来，雷达的自动瞄准跟踪，火炮、导弹发射架的瞄准控制，坦克炮塔的防摇稳定，均需要传动控制技术。此外，传动控制技术也早已逐渐推广到国民经济的许多部门，包括运输行业中高铁、城轨的调速，电梯升降，船舶自操舵，飞机自动驾驶，计算机外围设备中的磁盘驱动系统、打印机，机械制造行业中的高性能数控机床、工业机器人等。特别是近年来蓬勃发展的工业机器人行业，其公认的三大核心零部件为控制器、伺服电动机、减速机，充分表明了传动控制技术在该行业中的重要性。本书重点围绕以雷达为代表的电子设备的传动控制技术展开介绍。

1.2 电子设备传动控制系统的分类与特点

传动控制系统种类很多，按照不同维度的分类方法，可划分出各种各样的传动控制系统。

1.2.1 按机构形式分类

按机构形式可以分为串联机构、并联机构和串并混联机构等。

串联机构是指若干个单自由度的机构依次连接，每一个前置机构的输出作为后置机构的输入，连接点设在前置机构中做简单运动的构件上形成的所谓串联式组合。空间串联机构在工业机器人、仿生机器人、医疗器械、工程机械和电子设备中均有广泛应用，根据连接的运动副形式的不同而有多种形式，如典型的 4DOF 和 6DOF 工业机器人、方位/俯仰型雷达转台等，都是典型的串联机构。

并联机构是指动平台和定平台通过两个及以上的支链连接，且动平台具有两个以上自由度的一种空间闭环机构。与串联机构相比，并联机构具有更高的刚度、精度和承载能力，使其在航空航天、工业机床、机器人等领域得到广泛应用。运动模拟器、机器人操作手、并联机床、天文望远镜等均涉及并联机构的应用，但并联机构也存在工作空间受限等较为明显的缺点，从而限制了其应用场景。

为了更好地发挥串联和并联机构各自的优点，出现了串并混合的机构形式，即串并混联机构。它同时包含了串联和并联的形式，并通过灵活的拓扑关系将两种形式有效复合，充分发挥并联机构的高承载、高精度能力及串联机构控制灵活、工作空间大的优点，同时突破各自机构形式的缺点。但空间串并混联机构布局形式复杂、变化繁多，目前仍然缺乏简单、通用的机构分析综合和拓扑设计方法。

1.2.2 按控制方式分类

传动控制系统按控制方式可分为开环伺服系统、闭环伺服系统和半闭环伺服系统。

开环伺服系统驱动元件通常为步进电动机或电液脉冲马达等，没有反馈测量元件。给定脉冲指令经驱动电路放大后，送给步进电动机或电液脉冲马达，使其转动一个步距角，经过传动机构后最终转换成负载的移动。开环伺服系统的定位精度完全依赖于步进电动机或电液脉冲马达的步距精度，以及齿轮、丝杠螺母副等传动机构的精度，由于没有检测反馈和校正误差的措施，对于诸如精密数控机床或精密测量雷达等精度要求较高的场合不适用。但这种控制系统架构简单、调试方便、成本低，因此在定位精度要求不高的场合仍广泛使用。

闭环伺服系统的输出量同时受输入指令的控制及反馈信号的控制和修正。一般闭环系统利用输出量与输入量之间的差值进行控制，又称负反馈控制。闭环伺服系统的定位精度理论上取决于测量元件的精度，但这并不意味着可以随意降低对传动精度的要求。事实上，传动副间隙等非线性因素、控制环节的参数不合适、传动刚度过低等往往会造成系统性能下降，甚至引起系统振荡或不稳定。

此外，在实际工程应用场合，由于安装困难等原因，反馈信号检测的可能并不是被控负载的实际位姿，而是通过装在传动环节中的角位移测量元件来间接测量被控负载的位姿。以雷达方位随动控制为例，理论上希望控制的是天线阵面的方位角，但通常工程应用时，实际测量的是转台与大地坐标系之间的相对转角，而转台和天线阵面之间在方位上的角度变化则通过结构刚度保证在一定精度范围内。显然，这种半闭环伺服系统的定位精度介于闭环伺服系统和开环伺服系统之间，但因其工程化好，通常比闭环伺服系统的应用更为普遍。

1.2.3　按系统功能分类

按系统功能分类可以分为调速系统、位置随动系统、平台稳定系统等。

伺服系统作为一种随动系统，既可以是速度随动系统，又可以是位置随动系统。速度随动系统又称调速系统，其被调量通常是电动机、液压马达等的转速。以机载预警、地面情报等领域的雷达产品为例，其雷达通常工作在环扫模式，此时，电动机或液压马达的转速给定值为恒值，其控制的追求目标是启停平稳、静态误差小，属于恒定调节问题。此外，高机动雷达的展收、架撤等复杂动作的实现通常也是以调速控制结合限位传感器开关量控制实现的。

位置随动系统主要通过比对给定输入指令和位置检测装置反馈的数据，控制电动机等执行机构的输出，实现对给定输入指令变化的复现或随动。一般在有位置随动要求的伺服系统中，调速系统作为内环控制，位置随动系统作为外环控制。对于精密测量雷达、机载火控雷达及侦察等其他领域工作在引导等模式下的雷达伺服系统，其给定输入指令通常为位置引导指令，因此均属于位置随动系统范畴。

此外，在一些运动平台的场合下，由于振动和运动中的环境变化导致运载工具的姿态发生变化，因而需要建立一个惯性稳定系统，测出稳定平台相对于惯性空间的角运动，最后通过伺服控制补偿该角运动，使负载的末端指向能够克服这些姿态变化等的影响，具体包括“前馈+反馈”的复合控制、增添陀螺环的四回路控制、自抗扰控制等多种实现方法。在机载火控雷达、舰载测量雷达及机载光电测量系统等领域，这类平台稳定系统均有广泛应用。

1.2.4　按传动介质分类

按传动工作介质不同可分为机电传动、液压传动、气压传动。与机电传动不同，后两者的工作介质分别是液体和气体。

液压传动一般采用油液作为工作介质，与机电传动相比，液压传动具有如下优缺点。

（1）优点：液压传动的能量密度大，在同等功率下，尺寸、质量优势明显；工作平稳，可在较大范围内实现无级调速；易于实现载荷控制、速度控制和方向控制。

（2）缺点：效率低于机电系统；速度稳定性等性能受温度影响较大；由于液体具有一定的可压缩性，加上管路的弹性、内漏等，液压系统不太适合于精密传动与定位控制。

气压传动通常采用压缩空气作为工作介质，具有如下优缺点。

（1）优点：工作介质清洁无污染，对环境友好；可以集中供气和远距离传输；气动元件结构简单、成本低、可靠性高；气压回路比液压回路结构简单。

（2）缺点：气体可压缩，运动平稳性受负载变化影响大；工作压力低、承载能力小；受空气传输速度限制，不适宜应用于高速复杂系统。

三种传动技术各有优缺点，其中机电传动和液压传动在雷达等电子设备的传动系统中应用较为普遍，这两种传动技术与伺服控制技术融合，分别形成了机电伺服系统和电液伺服系统。两种伺服系统各有其特点和应用场合，一般而言，机电伺服系统的控制精度高、伺服特性好；电液伺服系统的结构简单，易于实现大功率的驱动控制，并且尺寸紧凑、质量轻。

机电伺服系统按照所采用电动机的类型又分为步进伺服系统、直流伺服系统和交流伺服系统，交流伺服系统又可以进一步划分为直流无刷、交流异步、交流同步等多种类型。直流伺服系统的工作原理及其控制方式简单，启动转矩大，动态性能好，可以实现高性能的伺服控制效果，但因为碳刷的存在，先天存在寿命短、需要维护等问题。交流伺服系统可靠性高、耐久性强，但控制方式复杂，控制器成本较高。随着电力电子技术、元器件水平、芯片运算能力等的提升及各类控制策略的应用，交流伺服系统在控制性能上已经可以媲美直流伺服系统，逐渐成为工业界乃至各类电子设备领域的主流。

电液伺服系统分为阀控系统和泵控系统。阀控系统通过控制伺服阀或比例阀控制液压马达（或缸）的流量，实现对进入执行元件的功率的控制，其操纵功率小，响应快，但系统效率低，能耗大。泵控系统可利用变量泵改变输入液压马达中的流量以改变转速，通过改变功率源的输出以达到控制的目的。这种结构形式操纵功率大，响应慢，但能够达到节能的效果，适合在动态响应要求不高的场合应用。

在伺服系统设计中，需要根据具体需求，灵活选择不同的传动控制系统，充分发挥不同传动技术的最大效能。例如，在地面情报雷达上，通常采用比例泵控技术和液压机构来实现复杂的雷达架设、撤收动作，使系统更简单紧凑，质量更轻；在精密测量雷达上，通常采用交流（或直流）伺服系统和齿轮等机械传动结构，来保证雷达方位、俯仰的运动精度和优良的伺服特性。

1.3 电子设备传动控制技术的发展与趋势

1.3.1 发展历程

电子设备传动控制技术随着军事需求的产生而发展，同时也随着控制理论、电子元器件及执行机构的技术进步而不断提升。第一个伺服系统是火炮自动跟踪目标的伺服系统，由美国麻省理工学院辐射实验室（林肯实验室的前身）于 1944 年研制成功。

第二次世界大战期间，对武器装备及各类加工制造武器的机床等控制系统提出了高精度、快响应的需求。在当时的技术条件下，液压系统比机电系统能够更好地满足这些要求，因此液压伺服技术在人们的深入研究下迅速发展了起来，20 世纪五六十年代，电液伺服技术的基本理论日趋完善，电液伺服系统被广泛应用于航空、航天、舰船、武器等军事工业部门。在当时，由于液压伺服技术所具有的快速性、低速平稳性等优点，也使得电液伺服系统在以雷达，特别是大型精密跟踪雷达为代表的电子设备中应用越来越广泛。相比之下，当时的机电伺服系统多数还局限于步进电动机驱动下的开环系统，其低速特性和过载能力都十分有限，并且由于是开环控制，启动频率过高或负载过大易出现丢步或堵转现象，停止时转速过高易出现过冲现象，不能很好地满足“随动”要求。

但自 20 世纪 70 年代以来，随着稀土永磁材料的发展和电动机制造水平的提升，具有优良调速性能的永磁式直流电动机出现，使得机电伺服系统的位置控制也由开环系统发展为闭环系统，并应用于很多高性能伺服驱动场合。例如，在数控机床的应用领域，永磁式直流电动机占统治地位，其控制电路简单，无励磁损耗，低速性能好。此外，随着电力电子技术的突飞猛进，诸如场效应晶体管（MOSFET）、大功率晶体管（GTR）、可关断晶闸管（GTO）等各类“全控式”电力电子器件陆续推出，特别是 20 世纪 80 年代以后随着结构及其材料、控制技术的突破性进展，出现了直流无刷伺服电动机、交流伺服电动机等各种性能良好的新型电动机，同时随着微电子技术的快速发展，伺服系统的控制方式迅速向微机控制方向发展，由硬件伺服转向软件伺服或智能化的软件伺服。这一系列基础行业和基础技术的进步，使得由 PWM 控制的永磁同步电动机交流伺服系统在技术上已趋于成熟，具备了十分优良的低速性能，并可实现弱磁高速控制，拓宽了系统的调速范围，控制精度较高、运行性能好、过载能力强。交流伺服系统具有共振抑制功能，并且系统内部具有频率解析功能，可检测出机械的共振点，便于系统调整，很好地适应了高性能伺服驱动的要求。特别是转矩电动机的推出，实现了调速范围广、低速平稳性好、最低平稳转速很低的目标，使得在设计中可以避免使用减速机构，从根本上避免了齿隙、空回所带来的各类问题，大大提升了伺服系统的动态性能。以美国的 AN/FPQ-10 雷达为例，它采用了转矩电动机，不仅比用普通直流电动机的 AN/FPS-16 雷达提高了伺服带宽，而且使系统的速度误差常数和加速度误差常数都提高了一个数量级。

相比而言，传统电液伺服系统对油液洁净度的要求极其苛刻，而且制造成本和维护费用都比较高昂，系统能耗损失也较大，一般的工业用户难以承受。在发展工业伺服阀的同时，20 世纪 70 年代初出现电液比例技术。早期的电液比例阀，采用电磁铁和相适应的阀内控制设计，对油液洁净度要求不高，同时阀内损耗小，性能已可满足一般工业控制要求。随着伺服技术的发展和融入，出现伺服比例阀。现在，在一定的范围内，伺服控制与比例控制已经高度相似，伺服比例阀吸收了伺服阀和比例阀的优点，这也体现了电液比例与伺服控制技术融合发展的趋势。

以往雷达等电子设备负载质量小、动作相对单一、机动性指标要求比较低，普遍采用机电系统完成转台方位、俯仰旋转运动和整机架撤。随着需求的变化，现代雷达天线口径日益增大，动作更加复杂，机动性要求更高，电液系统综合了电气和液压两方面的优点，可采用集中驱动，具有响应速度快、输出功率大、易于实现各种参量的反馈等优点，在各种应用场合下具有一定优势。目前国际上比较主流的雷达，已广泛采用机电系统实现方位、俯仰旋转运动，采用电液系统进行自动化架撤。

1.3.2 未来趋势

随着相控阵技术的普遍应用，以雷达为代表的电子设备在近年来呈现出多功能、大惯量、高机动、轻量化等特点，从而对其传动控制系统也提出了新的要求。

一是呈现出全数字交流化、网络化、多传感器数据融合的特点。随着高速微处理器、电力电子技术的不断进步，以及矢量控制技术等的不断完善，使得交流伺服系统在性能等各方面已经足以媲美直流伺服系统，广泛应用于数控机床、机器人、IC 封装、医疗设备等先进制造场合，在军工电子设备领域也不例外。但传统的交流伺服系统多采用模拟量接口和脉冲串实现对驱动器的控制，在当前电子设备多功能、多自由度协同控制的要求下，系统复杂度高、运行效率低，随着如今工业以太网、同步串行总线等技术在工业过程控制和自动控制领域的应用日渐广泛，“协议融合、一网到底”的网络化、信息化控制成为目前雷达等电子设备传动控制系统的发展趋势。此外，网络化和分布式智能驱动也解决了传动控制系统和其他总线设备互联互通的问题，增强了系统的可扩展性，使得多传感器数据共享和融合成为可能。通过光、电、液、压力、位移、振动等各种信号的实时采集和数据融合处理，传动控制系统的故障诊断和故障预测、健康管理、数字孪生的研究逐渐成为热点。尤其是随着工业视觉技术乃至视觉伺服在机器人领域的应用逐步深入，其在雷达传动控制领域与位置、距离、姿态传感器信号相结合，可以显著提高高机动雷达的运动复杂性、精确性、可靠性，从而提高雷达的机动能力，因而正在成为研究的热点。

二是各类现代控制理论越来越多地得到应用。由于在伺服系统的运动过程中，时变惯量、非线性摩擦力、负载转矩等特性和扰动都会增加其控制难度，相较于传统的经典控制理论只针对单输入单输出的线性模型进行分析，在当前硬件运算能力大大提升的基础上，包括模糊控制、鲁棒控制、滑模变结构控制、模型预测控制等在内的现代控制理论得以研究和应用，这些理论和控制策略，有些不依赖于系统的精确数学模型，有些特别适用于非线性和时滞系统，在一些具体的问题和场合中取得了良好的效果。

三是电液伺服和机电伺服方案竞争激烈。当前，无论在工程机械领域还是军用电子设备领域，都存在着较为明显的全电动化趋势。传统的液压系统一般为单动力源多执行机构的架构，在动作复杂、执行机构繁多的高机动场合，能够充分利用动力源的流量，整个系统具有功率密度大的优点；此外，液压缸的结构形式也有助于各类直线运动的设计实现。但单动力源多执行机构的“集中控制”方式，也使得液压传动系统总体效率不高且管路设计复杂。对于执行元件相对较少，但对控制精度、可靠性要求高的场合，机电伺服方案虽具有系统线性度高、动态性能好、能源结构单一、分布式易扩展、便于维护等优点，但由于电传动的回转装置转速需要提升到 3 万转以上才能达到液压马达的功率质量比指标，且还须配置相应大速比减速机构，因此在执行机构繁多、可以共用动力源和油箱的场合，液压系统的功率密度优势仍然十分显著。此外，当前电动静液作动器（EHA）、单泵单执行机构（1P1A）等分布式液压架构被行内所看好和关注，结合电液流量匹配等新控制策略对动态响应能力的提升，因此在一定时期内，电液伺服方案和机电伺服方案仍然将在相关领域共存和彼此竞争。

四是新机构、新材料、新工艺的应用。电子设备对高机动、轻量化不断提升的要求，使得新的传动机构形式、拓扑优化手段、新型制造方法和材料被应用到工程实践当中。各种并联机构或串并联混合空间机构的应用、力学仿真手段的完善、3D 打印及非金属材料的应用等，一方面使电动机、减速机及液压元件等呈现出了小型化、集成一体化和轻质化的趋势，如电动机驱控一体化、电动机减速机一体化、电动机泵结构复合一体化、非金属材料和小型化油箱等；另一方面也使传动系统的负载如天线座架等实现了轻量化，从而进一步降低了驱动、传动元件的质量、尺寸规格，从而实现了电子设备的高机动、轻量化要求。

五是机电融合集成优化设计。电子设备存在显著的机电耦合问题，结构设计与控制器设计直接影响精度与快速响应等伺服性能。传统的电子设备伺服系统设计过程，往往将结构和控制分别单独设计，难以实现结构和控制器性能的共同最优。机电融合集成设计是以控制增益、结构尺寸、速比等参数为设计变量，以质量、精度等为目标函数，以稳定性、跟踪性能及许用应力等为约束，实现传动控制系统结构和控制器性能共同最优的集成设计方法。对于大型相控阵跟踪测量雷达等机电耦合显著的电子设备，控制器性能对于结构设计的要求超出结构设计能力的案例时有发生，结构设计与控制器设计似乎“互为掣肘”。为避免分离设计导致的性能劣化，对于雷达等电子设备，机电融合集成优化设计成了实现传动控制系统结构和控制器设计“双赢”的一种手段。

Chapter 2

第2章 机电伺服控制系统

【概要】

本章首先介绍机电伺服控制系统中的主要元件及其工作原理、特点和应用场合。然后根据经典控制理论，详细阐述机电伺服控制系统的稳态和动态设计方法，并进一步分析机械结构因素对伺服性能的影响，以及基于现代控制理论的解决措施。在此基础上，介绍全数字机电伺服控制系统硬件架构与组成及软件算法，并分析各硬件架构、算法的优缺点和适用场合。最后从多电动机柔性协同控制和刚性协同控制两方面，介绍多电动机协同控制系统等复杂机电伺服控制系统的特殊应用和设计。

2.1 概论

2.1.1 机电伺服控制系统的概念

机电伺服控制系统又称机电随动系统，是用来精确跟踪或复现某个过程的反馈控制系统。

机电伺服控制系统的功能是通过伺服电动机作为主要执行元件完成运动控制对象的调速控制和位置随动控制。例如，在电子设备中，机电伺服控制系统常用于情报雷达、航管雷达等天线阵面的转速控制，在测控雷达、火控雷达中常通过机电伺服控制系统实时控制天线阵面角度指向。

2.1.2 组成和原理

雷达等电子设备中的典型机电伺服控制系统一般由前向通道和后向通道组成，前后方向的定义是相对控制指令而言的，目标是控制对象。前后向通道又由各种控制元件组成，其中前向通道主要包括执行元件，如各种类型的电动机，以及将执行元件作为对象的功率驱动模块；而后向通道主要包括反馈元件。

机电伺服控制系统的工作原理就是运用控制指令和反馈元件的反馈信息比较得到的差值，去控制功率驱动模块，进而驱动电动机并经传动机构使控制对象按控制指令的要求运动。

由于控制过程中需要通过系统校正算法实现指令和反馈的差值到执行元件控制量的计算，这一过程目前一般通过数字计算机实现，而反馈元件和功率驱动模块的接口也常常以电压或电流模拟量的形式出现，因此系统中往往还要包括变换元件，以实现模数或数模转换。

2.1.3 设计要素

机电伺服控制系统的设计要素主要包括稳态设计和动态设计两个方面。稳态设计需要通过对负载、驱动方式和传动速比等要素进行分析和确定，实现系统框架和主要组成及参数的设计。动态设计则主要针对系统的动态性能要求、指令形式和系统自身动态特性等输入要素，选择、确定校正算法满足各控制回路的要求。

另外，机电伺服控制系统的设计要素还包括控制过程实现的硬件载体形式，即全数字机电伺服控制系统的硬件架构和接口，以及在该载体中常用的软件算法等内容。

2.2 机电伺服控制元件

为满足机电伺服控制系统的性能和功能要求，需采用不同类型的机电伺服控制元件。机电伺服控制元件主要包括反馈元件、执行元件、功率驱动模块和变换元件，各元件分别实现机电伺服控制系统的某种功能。反馈元件主要实现对执行元件的速度和位置/角度信息的测量，并将该信息以电信号的形式反馈给变换元件，变换元件将模拟信号（通常是电压信号）转换为计算机可处理的数字控制信号，功率驱动模块对控制信号进行功率放大，执行元件将放大后的控制信号转换为相应的机械动作，由此构成闭环的伺服控制系统。伺服控制系统各种控制元件均对系统性能有着显著影响，下面将分别进行阐述。

2.2.1 反馈元件

机电伺服控制系统的反馈元件是将运动元件的速度或位置/角度信息转换为电信号的传感器件，承担着将速度或角度信息反馈到系统速度或位置调节器的任务，实现系统的速度/位置闭环控制功能，其性能和参数影响机电伺服控制系统的控制精度。机电伺服控制系统中常用的反馈元件主要有测速发电机、旋转变压器、感应同步器、光电编码器、磁电编码器、圆光栅等。下面将一一进行介绍。

1. 测速发电机

测速发电机是利用电磁感应原理直接检测转轴的旋转速度的微特电机。根据输出电压信号的不同，可以将测速发电机划分为直流式和交流式两种。

直流测速发电机输出的是直流电压信号，主要由磁极、电枢、换向器三部分组成。根据定子励磁方式的不同，直流测速发电机可分为电磁式和永磁式，实际中常用永磁式直流测速发电机。

如图 2-1 所示，直流测速发电机的工作原理与直流发电机相同，即在恒定电磁或永磁磁场下，旋转的电枢导体切割磁通，就会在电刷间产生感应电动势。感应电动势 E 和转速 n 呈线性关系，即

$$E = U_o + I_o R = K_e n \tag{2-1}$$

式中，U_o为输出电压；I_o为电枢电流；R为电枢电阻；K_e为电动势系数且为常数。

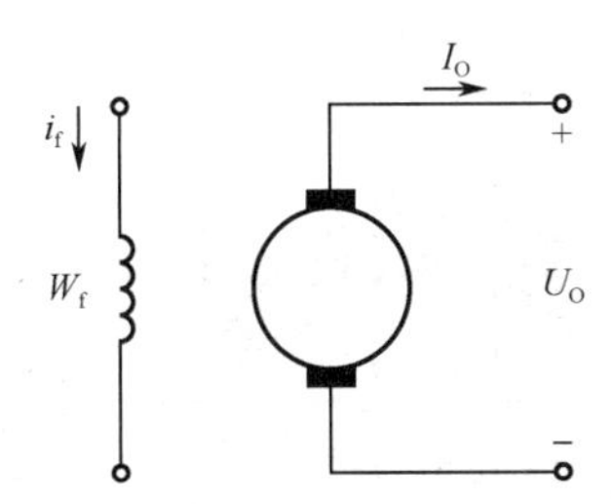

图 2-1 直流测速发电机的工作原理

直流测速发电机具有以下优点：输出为零时，无剩余电压；输出斜率大，负载电阻较小；温度补偿容易。同时也存在以下不足：由于有电刷和换向器，构造和维护比较复杂，摩擦转矩较大；输出电压有纹波；输出电压在0附近存在不灵敏区；正反转输出电压不对称等。影响性能的关键指标包括：电动势系数K_e、不灵敏区范围、线性度、纹波系数、最高转速。直流测速发电机的电动势系数K_e通常为几伏/（千转/分）至几伏/（转/分），线性误差一般为0.3%，不灵敏区通常较小，且常与非线性特性一同考虑，通过外加滤波电路可消除纹波的影响。

直流测速发电机作为测速、校正、解算元件，广泛应用于各种速度和位置控制系统中。当其用于测速或用作阻尼元件时，应优先考虑其电动势系数K_e，即首先选择电动势系数较大的直流测速发电机，可适当降低对其线性度和纹波的要求；当其用于恒速控制或用作解算元件时，应优先考虑其线性度和纹波电压，即选择输出电压稳定且精度较高、线性误差小的直流测速发电机，而适当降低对其电动势输出斜率的要求。

交流测速发电机是输出交流电压信号的测速发电机，分为异步与同步两种。

异步测速发电机在结构上与交流发电机类似，其定子由两相相差90°的绕组构成，分别为励磁绕组和输出绕组。前者与50Hz或400Hz的交流电源相接，后者进行转速信号输出。异步测速发电机按结构可分为杯形转子和笼形转子两种。杯形转子异步测速发电机具有更高的测量精度，基本上均采用该型测速发电机。

图2-2所示为杯形转子异步测速发电机工作原理图。当在励磁绕组W_f上施加频率为f的交流励磁电压U_f时，在励磁绕组W_f的轴线上将产生频率为f的脉振磁通Φ_d。转子旋转时将切割脉振磁通Φ_d，随之产生电动势和电流，该电流将沿着输出绕组W_q的轴线方向产生频率为f的脉振磁通Φ_q。脉振磁通Φ_q在输出绕组W_q上感应出频率为f的交流电动势E_q。异步测速发电机输出交流电压的频率与励磁频率相同，其幅值与转子转速成正比。感应电动势E_q和转速n的关系为

$$E_q = K U_f n \tag{2-2}$$

式中，U_f为交流励磁电压；K为比例系数。

异步测速发电机具有结构简单、无机械接触、噪声低等优点，同时也存在剩余电压（转速为零时的输出电压）、温度影响大等不足。影响性能的关键指标包括比例系数、线性度、相位误差、剩余电压和最高转速。

同步测速发电机采用同步电机结构，输出交流电压的幅值和频率均与转速成正比。因此，同步测速发电机的输出特性较差、线性精度不高，难以满足控制系统的需求，仅作为转速的显示之用。

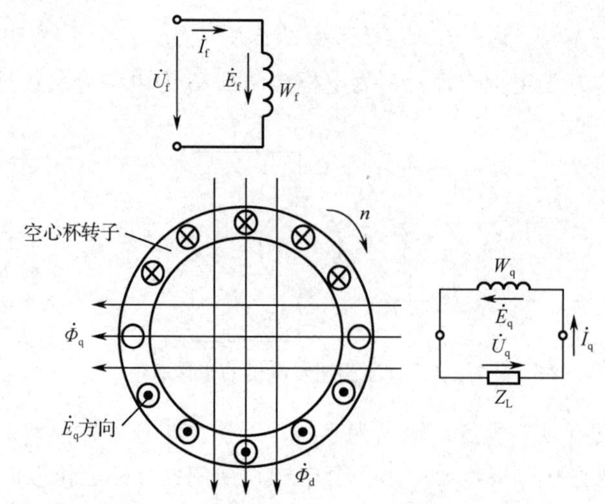

图 2-2　杯形转子异步测速发电机工作原理图

交流测速发电机的应用与直流测速发电机类似，主要用作测速、校正、解算元件。当交流测速发电机作为解算元件使用时，对线性误差、相位误差、剩余电压等要求很高，其误差只允许为千分之几至万分之几，但是并不需要严格要求比例系数，这种测速发电机属于高精度型。当作为校正元件时，主要要求控制系统的稳定性和灵敏度，而对精度要求较低。

2. 旋转变压器

旋转变压器是一种利用电磁感应原理检测转轴旋转位置的微特电机，本质是一种小型交流电机，由定子和转子组成。其中定子绕组作为变压器的一次侧，接受励磁电压。转子绕组作为变压器的二次侧，通过电磁耦合得到感应电压。一次、二次绕组之间的电磁耦合程度与转子转角有关，因而转子绕组的输出电压和转子转角有关。

旋转变压器具有多种分类方式。根据电刷与滑环间的接触方式不同，可分为有刷式和无刷式旋转变压器；根据极对数的不同，可分为单极式和多极式旋转变压器；根据输出电压与转子转角间函数关系的不同，可分为正余弦、线性和比例式旋转变压器。

单极正余弦旋转变压器将励磁电压信号作为输入信号，把两路测量角度经过正余弦调幅后，进行模拟信号输出。图 2-3 所示是简化的旋转变压器工作原理图，安装在旋转变压器定子的励磁线圈输入励磁信号 v_e，产生交变磁场，且励磁信号的波形为频率和幅值固定不变的正弦交流信号；正交安装在旋转变压器转子的正弦信号线圈和余弦信号线圈切割励磁线圈形成磁场，产生交变电压 v_s 和 v_c，这两路信号的波形形式分别为高频信号载波、低频信号调制，其高频信号与励磁信号的频率是相同的，且高频信号的相移很小，其幅值与旋转变压器转子位置有关。旋转变压器的两路输出信号的包络被调制为正弦和余弦信号，其数学表达式如式（2-3）所示。

$$\begin{cases} v_e = U_f \sin(\omega t) \\ v_s = kU_f \sin(\omega t)\sin\theta \\ v_c = kU_f \sin(\omega t)\cos\theta \end{cases} \tag{2-3}$$

式中，k 表示旋转变压器的变压比；U_f 为励磁电压幅值；ω 表示励磁电压角频率；θ 为旋转变压器输出角度。可以看出，需要对输出的正、余弦调制信号进行数字量转换，从而得到电机的实时角度。

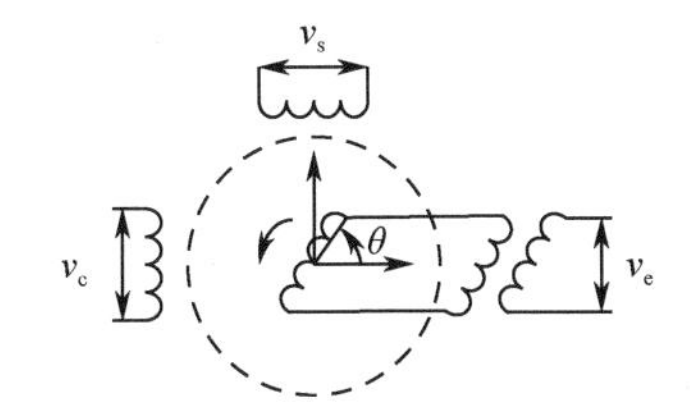

图 2-3　简化的旋转变压器工作原理图

多极旋转变压器的工作原理与单极旋转变压器类似，只是电信号的变化不再是转角的一次函数，而是 p 的变化频率（p 为极对数）。增加极对数补偿了电磁信号的作用空间，故提高了转轴角度位置的测量精度。采用的极对数主要有 2、4、5、8、11、15、16、20、25、30、32、60、64、72 和 128，其中最常用的是 4、5、8、15、16、25、30、32 和 64。

旋转变压器具有耐高温、耐湿度、维护方便、使用寿命长、抗冲击性好、抗干扰性强等优点，同时也存在处理电路复杂等不足的情况。旋转变压器的关键指标包括励磁电压幅值和频率、变压比、零位电压（即剩余电压，它是转子不转时的输出电压）、电气误差等。励磁电压幅值一般在 30V 以下，频率通常为 400Hz～20kHz。零位电压值为最大输出电压的 0.1%左右。单极旋转变压器的电气误差一般为 5′～12′，多极旋转变压器的电气误差随着极对数的增加而减小，极对数较少的为1′ 左右，一般极对数的为10″～30″，极对数多的可在10″ 以内，甚至可达 2″～5″，目前已有电气误差为1″ 的产品。

旋转变压器是一种精密角度、位置、速度检测装置，适用于所有使用光电编码器的场合，特别是高温、严寒、潮湿、高速、高振动等光电编码器无法正常工作的场合，已在雷达、航空、航天、坦克和地炮火控、数控机床和机器人、电力、纺织、印刷、冶金、机械工具和汽车等领域的角度、位置检测系统中得到了广泛应用。

3．感应同步器

感应同步器是一种利用电磁感应原理检测转轴旋转位置或滑块直线位移的传感元件，其工作原理和旋转变压器类似，它是利用两个平面绕组的互感随位置不同而变化的原理工作的。

感应同步器分为直线型和旋转型两大类，其中直线型用于检测直线位移，主要由定尺和滑尺组成；旋转型用于检测旋转角度，主要由定子和转子组成，在转子和定子上各绕有连续绕组和分段绕组，其中分段绕组由两相空间位置相差 90° 的正、余弦绕组组成。图 2-4（a）、（b）所示分别为旋转型感应同步器的定子和转子。

为便于分析旋转型感应同步器的工作原理，可将绕组展开为直线排列，如图 2-4（c）所示。绕组中两相邻导体中心线之间的距离为极距 τ，当转子相对定子的位置从 A 点移到 E 点时，定子和转子的相对位置变化量等于极距 τ。在转子绕组两端加上一定频率的励磁电压后，根据电磁感应原理，在定子绕组上将感应出相同频率的感应电动势。由于转子与定子的位置在相对变化，因此感应电动势呈正、余弦函数变化。当定子和转子的相对位置变化量为极距 τ 时，正、余弦绕组（图中分别用 S、C 表示）分别输出一个完整周期的正、余弦信号。最后对此信号进行检测处理，便可测得转角大小。

与多极旋转变压器类似，多极感应同步器通过多极结构在电和磁两方面对误差起补偿作用，可显著提升感应同步器的测量精度。它的极对数可以做到很多，随着极对数的增加，精度会相应提高。一般极对数取 360、720。

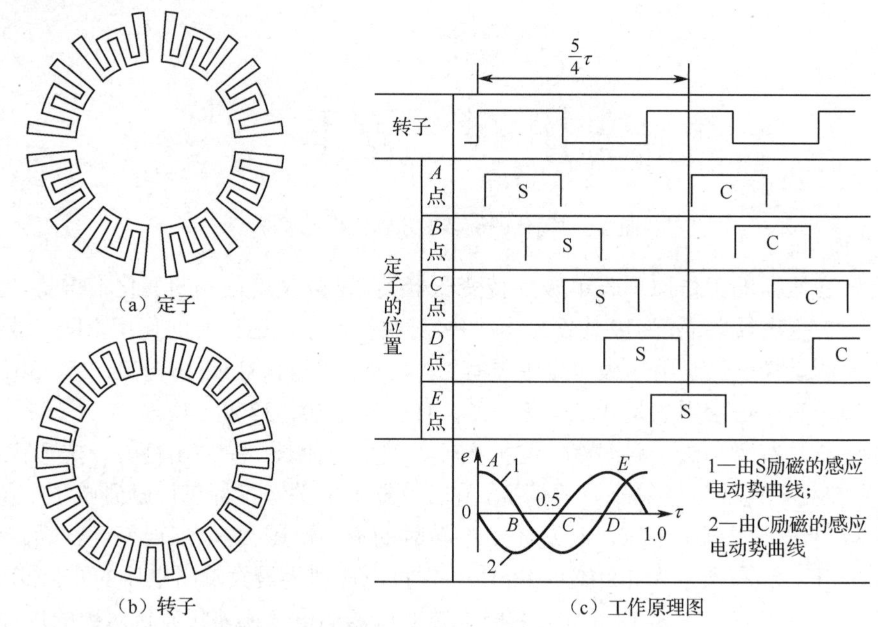

图 2-4　旋转型感应同步器的结构与工作原理图

感应同步器具有精度与分辨率高、抗干扰性强、耐高温、使用寿命长、维护简单、工艺性好等优点，同样也需要较复杂的处理电路。感应同步器的关键指标包括励磁电压幅值、励磁电流幅值和励磁频率、电压传递系数（初、次级耦合电压最大时的电压比）、最大输出电压、零位误差（包括一相零位误差和正交误差）、电气误差等。励磁电压幅值约为零点几伏至几伏，励磁电流幅值一般为 0.1～0.5A，励磁频率一般取 2～10kHz。电压传递系数与感应同步器的结构参数有关，取值范围为几十至几百。最大输出电压通常在几毫伏至十几毫伏范围内。单极感应同步器的应用较少，通常采用多极感应同步器，其精度可达 0.15″。

感应同步器的应用非常广泛，主要用于测量直线及转角位移、线速度及角速度等物理量。直线型感应同步器常应用于坐标铣床、精密机床等数控机床的定位控制和数码显示；旋转型感应同步器常用于导弹制导、雷达天线定位、精密测量仪器设备的分度装置等。

4．光电编码器

光电编码器是一种主要由光源、光阑板、码盘、光电元件和整形电路等组成的传感器。码盘是在一定直径的圆板上等分地开通若干条线纹而形成的，每条相邻线纹构成一个节距，用于产生位置信号。光阑板上有 A、B 两组或 A、B、Z 三组线纹，A、B 两组线纹彼此错开 1/4 节距。光电编码器通常分为增量式光电编码器和绝对式光电编码器。增量式光电编码器是一种通过光电转换将输出轴上的机械几何位移量转换成脉冲量的传感器。

图 2-5 所示为增量式光电编码器的工作原理图。码盘与电动机轴同速旋转时，码盘与光阑板上的条纹会出现重合和错位，经发光二极管等光电元件即可检测输出 A、B 两路正弦波信号，再通过整形电路输出方波脉冲信号。脉冲的个数可表示位移的大小，计算每秒光电编码器输出脉冲的个数就能反映当前电动机的转速，通过 A、B 两路信号的相位差可辨别旋转方向。通常情况下，增量式编码器还需要专门设置零位信号 Z，以消除累积误差，进行误差修正。

增量式光电编码器的优点主要是检测装置简单，但是对位置的测量是靠累计脉冲个数得到的，一旦累计有误，测量结果将出错。另外，当发生故障（断电）时不能再找到事故前的正确位置。增量式光电编码器的关键指标主要是最小分辨角 α（$\alpha = 360^\circ$/条纹数）和最高转速。因此，测量精度与码盘的条纹数有关。目前使用的增量式光电编码器的最小分辨角已达 ±2″，允许的转速可达 10000r/min。

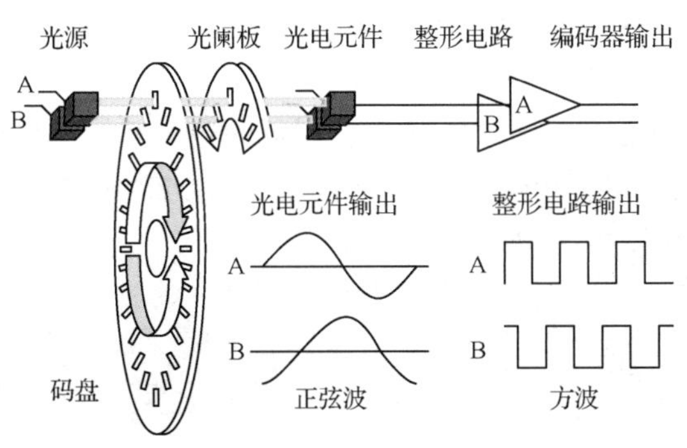

图 2-5　增量式光电编码器的工作原理图

绝对式光电编码器利用光电转换原理直接测量角度的绝对值，并以编码形式表示，即每个位置均由唯一对应的代码输出。绝对式光电编码器与增量式光电编码器的不同之处主要是码盘的码道结构和输出信号类型。在绝对式光电编码器的码盘上有若干沿径向的同心码道，每条码道由透光和不透光的扇形区相间组成，码道数即为其二进制数码的位数。在码盘的两侧分别是光源和对应每个码道的光敏元件；当码盘处于不同位置时，各光敏元件根据受光照与否转换出相应的电平信号，形成二进制数。码道越多，分辨率就越高。绝对式光电编码器常用的码制有自然二进制、循环二进制（格雷码）、二-十进制等。

绝对式光电编码器的优点主要是位置绝对唯一、无须掉电记忆、无累积误差。绝对式光电编码器的关键指标主要是最小分辨角 α（$\alpha = 360^\circ/2^{\text{码道位数}}$）和最高转速。因此，测量精度与码盘的码道位数有关。目前，绝对式光电编码器的码道位数可达 25 位以上，分辨率可达 0.05″。

5. 磁电编码器

磁电编码器与光电编码器类似，输出形式为脉冲/数字量，但其采用的是磁场信号。磁电编码器按工作原理可分为磁阻式和霍尔式。其中磁阻式磁电编码器（简称磁阻编码器）更为常用，其是以磁敏电阻作为磁性传感器进行设计的编码器。以增量式磁阻编码器为例，其结构如图 2-6 所示，它主要由多极充磁磁鼓、磁阻式探头、信号处理电路和机械结构组成。其中磁鼓被设计成等间距多磁极的模型，N 极和 S 极间隔排列。增量式磁阻编码器同样存在 A、B、Z 三组输出信号。

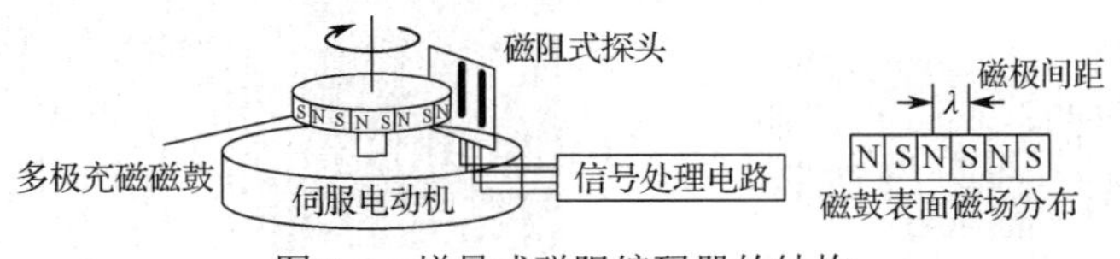

图 2-6　增量式磁阻编码器的结构

增量式磁阻编码器的工作原理可归结为：当磁极被磁化后，转轴旋转时磁鼓产生周期变化的空间磁场，磁阻式探头非接触地感应磁场的变化。通过磁阻效应，磁敏电阻将磁感应强度的变化转换为电阻的变化，在外加电源的作用下，电阻的变化将反映为电压信号的变化。变化的模拟电压信号通过模/数转换和信号处理电路的处理，从而输出标准的方波脉冲信号。

与光电编码器和旋转变压器相比，磁电编码器具有结构简单、组成部件少、响应速度快、体积更小、成本更低、抗冲击能力强等优点，但磁阻元件与磁鼓之间必须保持几十微米的间隙，对装配精度要求高。磁电编码器的关键指标主要包括电源电压、元件电阻、输出电压信号、精度和分辨率等。电源电压一般采用 DC 5V 或 DC 12V。元件电阻由元件薄膜尺寸决定，一般在 1.5～2.5kΩ 。输出电压信号的峰-峰值一般为 40mV 左右，需要进行差分放大和整形后才能得到几伏的方波脉冲信号。磁鼓的磁极数、磁阻传感器的数量及信号处理的方式决定了磁电编码器的分辨率。目前单磁极磁电编码器最高分辨率达到单圈 2.64′，精度为±12′；多磁极磁电编码器分辨率可高达 25.9″，精度可达角秒级。

近年来，磁电编码器在高精度测量和运动控制领域中的应用不断增加，成为系统不可或缺的组成部分。

6. 圆光栅

圆光栅是一种利用光的衍射效应测量角位移的光学传感器，具有检测范围大、测量精度高、响应速度快的优点。圆光栅由指示光栅（动栅）和标尺光栅（定栅）组成。

图 2-7 所示为圆光栅的工作原理图。测量角位移时，指示光栅和标尺光栅配对使用，指示光栅不动，标尺光栅绕主轴旋转。标尺光栅的栅线与指示光栅的栅线存在一个小角度 α ，当标尺光栅随主轴转动时，在沿着近似垂直于光栅栅线的方向上就会产生明暗变化的条纹，这种条纹叫作莫尔条纹。读数头里的光电敏感元件把莫尔条纹的明暗变化转换成电信号输出。两条亮条纹或两条暗条纹之间的距离称为莫尔条纹的宽度，若以 W 表示条纹的宽度，以 w 表示光栅的栅距，由于 α 是小角度，则有

$$W = \frac{w}{\sin\alpha} \approx \frac{w}{\alpha} \tag{2-4}$$

由式（2-4）可以看出莫尔条纹对栅距有放大作用。标尺光栅转过一个栅距，莫尔条纹明暗变化一次，移动的距离为 W。莫尔条纹明暗变化次数与标尺光栅转过的栅距数相等。因此，标尺光栅转过的角度值为

$$\varphi = n\frac{w}{r} \tag{2-5}$$

式中，φ 为标尺光栅相对于指示光栅转过的角度；n 为莫尔条纹明暗变化的次数；w 为标尺光栅的栅距；r 为标尺光栅的半径；w/r 为圆光栅的测角分辨率。

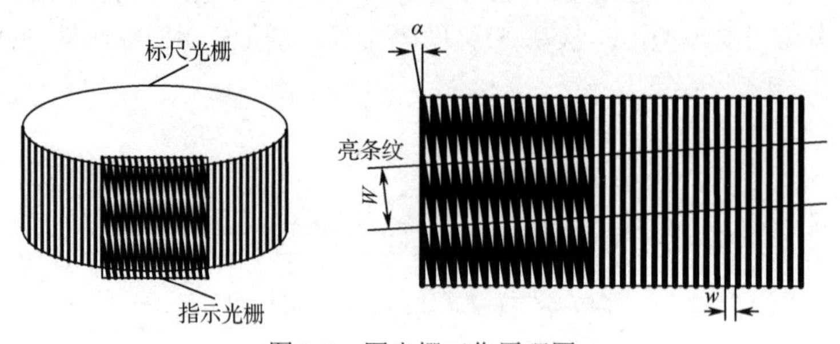

图 2-7 圆光栅工作原理图

通过计数器记录莫尔条纹明暗变化的次数，就可以求出标尺光栅转过的角度，这就是圆光栅测角的基本原理。

圆光栅作为角度测量元件，具有数字量输出、高精度、处理电路简单、惯量小等优点，但也

存在对环境条件（温度、振动、冲击等）敏感、价格昂贵等不足。圆光栅的关键指标主要包括最高转速、精度和分辨率等。最高转速受限于机械允许速度和响应带宽。精度由圆光栅盘和测量装置的精度共同决定，圆光栅盘的精度可达 0.1″～0.2″，测量装置的精度可达 0.15″。分辨率受标尺光栅的栅距和半径影响，可利用电子细分技术实现很高的分辨率，分辨率最高可达 0.1″。

正是因为圆光栅具有高精度等优点，因而常被用在光电经纬仪、雷达和高炮指挥仪等军事领域。此外，在数控机床的主轴系统上，也经常能见到圆光栅的身影。

2.2.2　执行元件

执行元件是将电能转换为机械能的动力部件，是机电伺服系统的核心组成之一。整个伺服系统的调速性能、动态特性和运行精度等均与执行元件息息相关。机电伺服系统的执行元件主要是指伺服电动机，包括直流有刷电动机、交流异步电动机、直流无刷电动机、交流永磁同步电动机、步进电动机等几种类型，下面将一一进行介绍。

1. 直流有刷电动机

直流有刷电动机是将直流电能转换为机械能的旋转机械，主要由定子和转子两部分组成。定子又称磁极，其作用是产生磁场，由主磁极、换向极、机座和电刷装置等组成。转子又称电枢，其作用是产生电磁转矩和感应电动势，由电枢铁芯和绕组、换向器、轴等组成。

图 2-8 所示为简化的直流有刷电动机工作原理图。当在 *A*、*B* 之间施加直流电压时，假设 *A* 接正极，*B* 接负极，则线圈中产生电流。当线圈处于图 2-8 所示位置时，*ab* 边在 N 极下，*cd* 边在 S 极上，两边中的电流方向为 $a \to b$、$c \to d$。由安培定律可知，*ab* 边和 *cd* 边所受的电磁力为：$F=BLI$，式中，I 为导线中的电流，单位为安（A）。根据左手定则可知，两个力的方向相反，形成电磁转矩，驱使线圈逆时针方向旋转。当线圈转过 180° 时，*cd* 边处于 N 极下，*ab* 边处于 S 极上。由于换向器的作用，使两有效边中电流的方向与原来相反，变为 $d \to c$、$b \to a$，这就使得两极下的有效边中电流的方向保持不变，因而其受力和电磁转矩方向都不变。

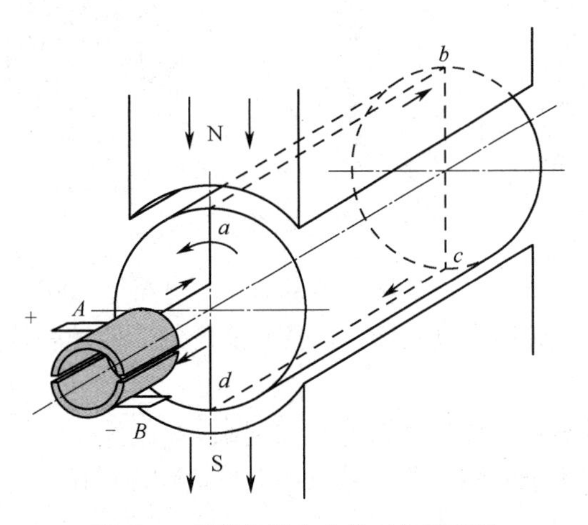

图 2-8　直流有刷电动机工作原理图

直流有刷电动机有以下几大优点：①结构简单，响应快速，具有较大的启动转矩，从零转速至额定转速具备可提供额定转矩的性能；②运行平稳，启动、制动效果好；③控制精度高。

此外，直流有刷电动机也存在以下缺点：①电刷和换向器之间有摩擦，造成效率降低、噪声增加、容易发热，有刷电动机的寿命远低于无刷电动机；②维护麻烦，需要定期更换电刷；③因为电阻大，效率低、输出功率小；④电刷和换向器摩擦会引起火花，干扰大。

直流有刷电动机启动快，调速性能好，因此常应用于对启动和调速有较高要求的场合，如高速电梯、龙门刨床、电力机车、大型精密机床和大型起重机等应用场合。

2．交流异步电动机

交流异步电动机又称感应电动机，是由气隙旋转磁场与转子绕组感应电流相互作用产生电磁转矩，从而将机电能量转换为机械能量的一种交流电动机。常见的异步电动机为三相异步电动机。三相异步电动机主要由定子和转子两部分组成，定子的作用是利用三相对称绕组产生旋转磁场，主要包括铁芯、绕组和机座；转子的作用是通过转子绕组中的感应电流与定子磁场的相互作用产生电磁转矩，主要由铁芯和绕组组成。异步电动机按照转子绕组形式的不同可分为两种形式：鼠笼式和绕线式。

三相异步电动机的工作原理基于定子旋转磁场（定子三相绕组所产生的合成磁场）与转子电流的相互作用。当在三相异步电动机定子绕组（各相差 120° 电角度）上加对称电压后，会产生一个旋转气隙磁场。若定子三相绕组的电流按照图 2-9 所示的规律变化，则利用右手螺旋法则即可确定不同时刻的合成气隙磁场的方向。转子绕组导体切割该磁场将产生感应电动势。由于转子导体两端被短路环短接，在感应电动势的作用下，转子绕组中将产生转子电流。转子电流与气隙磁场相互作用就会产生电磁转矩，从而驱动转子旋转。电动机的转速一定低于磁场同步转速，因为只有这样转子导体才可以感应电动势从而产生转子电流和电磁转矩。所以该电动机被称为异步电动机，也叫感应电动机。

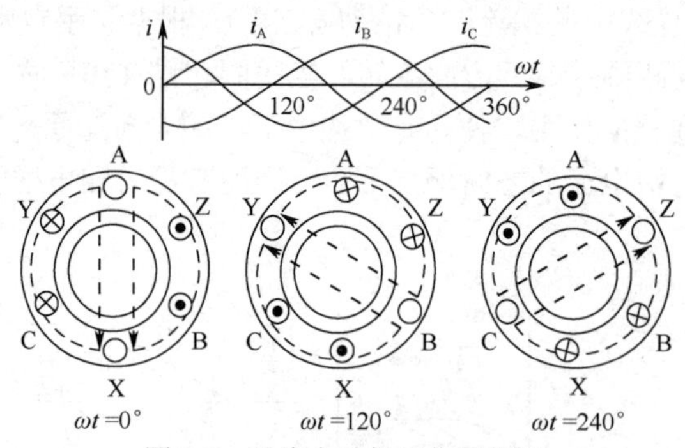

图 2-9　异步电动机工作原理图

异步电动机的特点有：①小型轻量化；②易实现转速超过 10000r/min 的高速旋转；③高速低转矩时运转效率高；④低速时有高转矩，以及有宽泛的速度控制范围；⑤高可靠性（坚固），制造成本低，控制装置简单。

异步电动机的功率范围从几瓦到上万千瓦，是国民经济各行业和人们日常生活中应用最广泛的电动机，在机床、中小型轧钢设备、风机、水泵、轻工机械、冶金和矿山机械、洗衣机、冰箱和空调等众多领域均得到了广泛应用。

3．直流无刷电动机

直流无刷电动机是一种用电子换向装置取代机械换向装置的电动机，由电动机主体、位置传感器和电子逆变器组成。直流无刷电动机的定子绕组一般采用三相对称接法，同三相异步电动机十分相似，转子上粘贴或内埋已充磁的永磁体。电子逆变器为直流无刷电动机提供了电子换相器，而位置传感器则提供换相点位置信息。直流无刷电动机反电动势为梯形波，电枢绕组控制电流为直流电流。直流无刷电动机的实质是由直流电源输入，采用电子逆变器将直流电转换为交流电，有转子位置反馈的三相交流永磁同步电动机。

以三相两极直流无刷电动机两两通电模式、导通 120° 电角度为例介绍其工作原理。如图 2-10（a）所示，电枢绕组全部通电，仅是各相通电顺序和电流方向不同。顺时针旋转时，绕组的通电顺序为 U//WV、W//UV、V//UW、U//VW、W//VU、V//WU，分别打开六个开关管中的两个开关管即可切换通电顺序。其中，U//WV 表示 W 相绕组与 V 相绕组串联以后再与 U 相绕组并联，此时需打开开关管 VT1 和 VT4，并关闭其他四个开关管，其余类推。切换点位置的判断需借助位置传感器实现。如假定流过 U 相绕组的电流为 I，则流过 V、W 相绕组的电流分别为 $I/2$。定子绕组流过的电流通过铁芯产生的磁场和转子永磁体相互作用，从而产生电磁转矩，三相绕组 U、V、W 产生的电磁转矩的相位依次相差 120° 电角度。当通电顺序为 U//WV 时，电枢合成转矩图如图 2-10（b）所示。当电动机旋转一周时，需要进行六次绕组换相，每相邻两次换相时合成转矩夹角为 60°。按照规定的顺序依次切换通电顺序，电动机便能持续旋转。以上即为直流无刷电动机的工作原理。

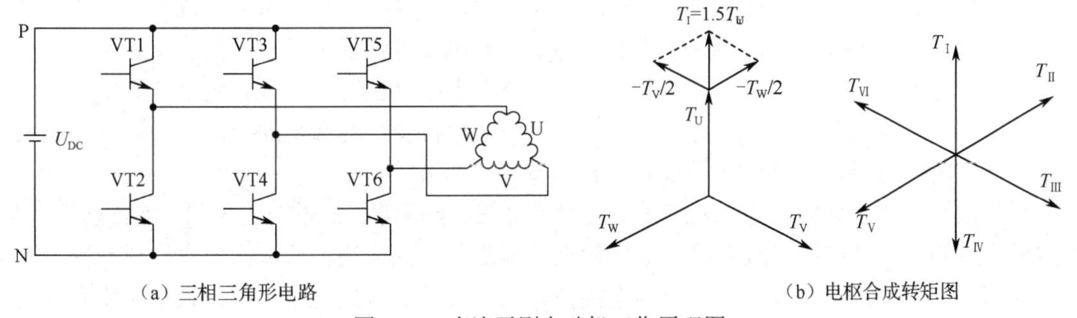

（a）三相三角形电路　　　（b）电枢合成转矩图

图 2-10　直流无刷电动机工作原理图

直流无刷电动机克服了直流有刷电动机的先天缺陷，以电子换向器取代了机械换向器，所以直流无刷电动机既具有直流电动机良好的调速性能等特点，又具有交流电动机结构简单、无换向火花、运行可靠和易于维护等优点。但是直流无刷电动机在换相时易产生转矩脉动，将影响其控制性能。

正是由于直流无刷电动机具备调速性能好、无换向火花、运行效率高等优点，因此广泛应用于航空航天、电动车辆、医疗器械、仪器仪表、数控机床、军事装备、化工、轻纺和现代家用电器等领域。随着稀土永磁材料性价比的不断提高、电力电子技术和微电子技术的不断进步，直流无刷电动机将日益普及。

4．交流永磁同步电动机

永磁同步电动机是一种交流电动机，其主要特点是电动机转速与定子绕组电流频率及极对数间存在恒定不变的关系。交流永磁同步电动机的结构与直流无刷电动机基本相同，转子也是永磁体，定子上对称安装三相绕组，如图 2-11（a）所示。但交流永磁同步电动机的气隙磁场是按正弦波分布的，而直流无刷电动机是按梯形波分布的。与交流异步电动机相比，交流永磁同步电动机的定子结构基本相同，主要区别是将转子绕组换成了永磁体。

交流永磁同步电动机的工作原理基于定子绕组和永磁体两者产生的磁场的相互作用。如图 2-11（b）所示，当给定子绕组通入三相对称电流时，与交流异步电动机类似，气隙中将产生定子旋转磁场，转子上的永磁体产生的励磁磁场与定子旋转磁场相互作用，就会产生电磁转矩，从而带动转子旋转。转子旋转磁场与定子旋转磁场保持相同的旋转速度，因此称为交流永磁同步电动机。

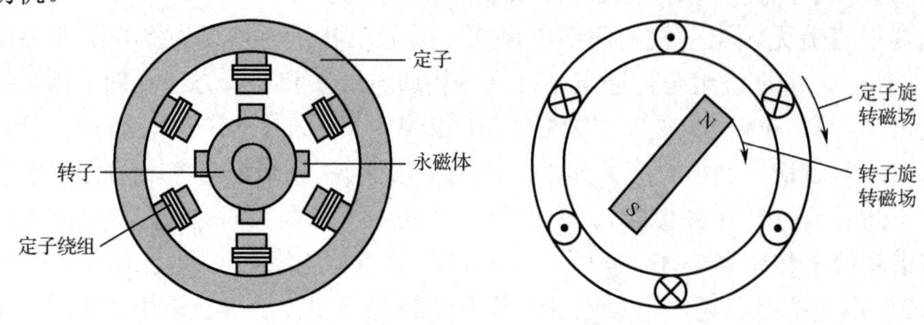

（a）交流永磁同步电动机简化结构　（b）交流永磁同步电动机工作原理

图 2-11　交流永磁同步电机工作原理

交流永磁同步电动机的特点如下：①效率高：嵌入永磁材料的转子绕组消除了感应电流带来的电阻和磁滞损耗，提高了效率；②功率因数高：转子中无感应电流励磁，电动机的功率大大提高；③启动转矩大：在需要大启动转矩的设备中，可以用较小容量的交流永磁同步电动机替代较大容量的交流异步电动机；④力能指标好：相比交流异步电动机，交流永磁同步电动机在负载下工作的力能指标更高；⑤温升低：转子绕组中不存在电阻损耗，定子绕组中几乎不存在无功电流，因而电动机温升低；⑥体积和质量小，耗材少：同容量的交流永磁同步电动机体积、质量、所用材料相较于交流异步电动机可减小 30%左右。

正是由于交流永磁同步电动机具有以上优点，在电梯驱动、船舶电力推进、混合动力汽车、数控机床进给系统、雷达伺服系统等众多领域均得到了广泛应用。随着稀土永磁材料性价比的不断提高，交流永磁同步电动机已成为电机技术的主要发展方向之一，在未来也必将发挥更重要的作用。

5. 步进电动机

步进电动机是利用输入电脉冲的个数来输出与其成正比的角位移量的电动机，位移时序与输入脉冲同步，电动机转速与输入脉冲频率成正比，因此改变电脉冲频率即可调节步进电动机的转速。步进电动机旋转方向由其绕组的通电顺序决定，电动机每转一周都对应固定的步数，理论上其步距误差不会累积。步进电动机按照磁场建立方式来分，主要有反应式、永磁反应式和混合式三种。

这里以图 2-12 所示的三相反应式步进电动机为例，介绍步进电动机的基本工作原理。设 A 相首先通电（B、C 两相不通电），产生 A—A′轴线方向的磁通，并通过转子形成闭合回路。这时 A、A′极就成为电磁铁的 N、S 极。在磁场的作用下，转子总是力图转到磁阻最小的位置，也就是要转到转子的齿对齐 A、A′极的位置［见图 2-12（a）］；接着 B 相通电（A、C 两相不通电），转子便逆时针方向转过 30°，它的齿和 B、B′极对齐［见图 2-12（b）］。不难理解，当脉冲信号一个一个发来时，如果按 A→B→C→A→B 的顺序通电，则电动机转子便逆时针方向转动起来。这种通电方式称为单三拍方式。此外，还有单双拍、双三拍的工作模式，可改进单三拍工作模式的不足。

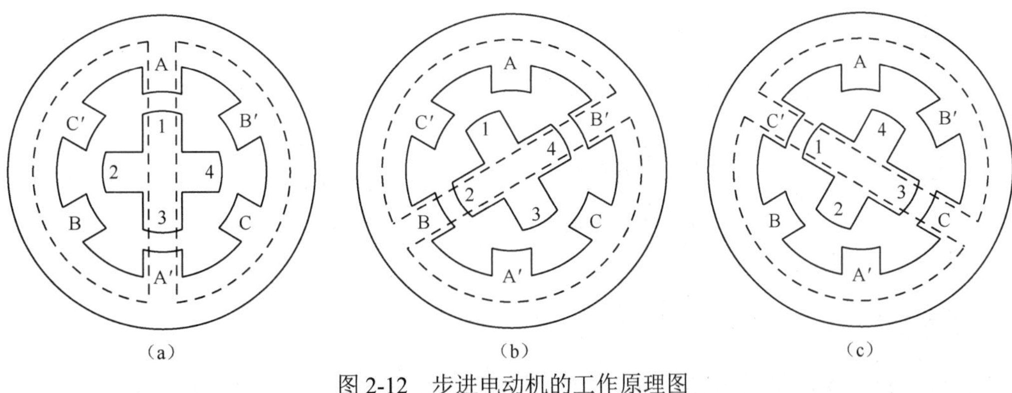

图 2-12　步进电动机的工作原理图

步进电动机结构简单，速度控制比较容易实现，但在大负载和高转速情况下，会产生失步，同时输出功率也不够大。因此，步进电动机主要用于开环控制系统的进给驱动。当为步进电动机装上角度检测元件时，也可构成闭环伺服系统，可用于控制精度要求不高的场合。

2.2.3　功率驱动模块

功率驱动模块是将控制器输出的控制信号进行功率放大，从而驱动电动机转动的模块。伺服系统最常用的是 PWM 放大器技术。下面就逆变电路形式和功率器件两方面进行介绍。

1. 逆变电路形式

1）H 桥

现有的直流有刷电动机控制系统主要采用 H 桥驱动电路。图 2-13（a）所示为经典的直流电动机控制电路，其电桥电路形状与字母 H 相似。H 桥式驱动电路主要由 4 个开关管进行电动机驱动。电路中，开关管需工作在高速开关状态，即通过脉冲宽度调制（PWM）的方法将较大的直流母线电压调制为所需的电压，一般可通过调整占空比的方法实现不同等效电压的输出，开关频率一般为 5～20kHz。要使电动机工作，需要将对角线上的一对开关管导通。根据开关管对导通情况的不同，电流通过电动机的方向也会不同，从而电动机能够实现正、反转。

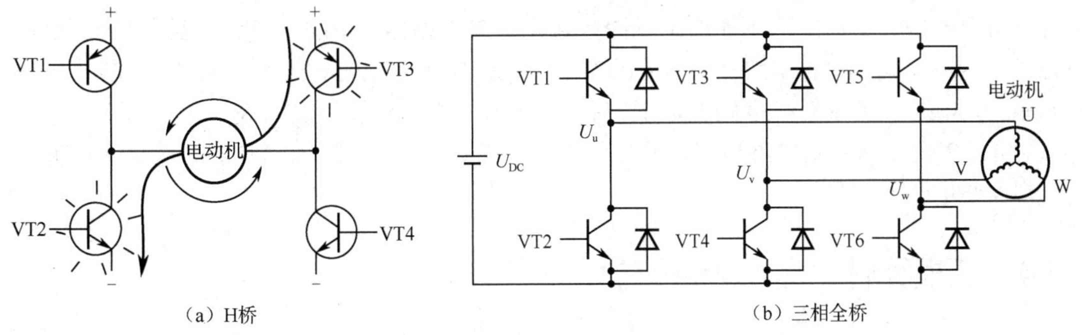

（a）H桥　　（b）三相全桥

图 2-13　逆变电路形式

当 VT1 管和 VT4 管导通时，电流就从电源正极经 VT1 从左至右穿过电动机，然后再经 VT4 回到电源负极。该流向的电流将驱动电动机顺时针转动。当开关管 VT2 和 VT3 导通时，电流将从右至左流过电动机，从而驱动电动机逆时针反向转动。

2）三相全桥

对于直流无刷电动机、永磁同步电动机、异步电动机系统，功率驱动电路主要采用三相全桥电路。图 2-13（b）所示为一个典型的三相全桥电路。它包括 6 个开关管和一个电动机。电动机的三相绕组分别接在三对上下桥臂之间，通过打开、关断不同的开关管实现各相的通断和相电流的大小控制，从而控制电动机的转向和转速。开关管同样工作在高速开关状态，通过 PWM 调制出所需的电压。

2．功率器件

H 桥和三相全桥的开关管均采用高速开关功率管。开关管的类型有 BJT、MOSFET、IGBT 等，材料有 Si、SiC、GaN 等。在中小功率伺服驱动器中，使用较多的是 MOSFET 和 IGBT 这两种功率开关器件，常用的材料是 Si。IGBT 是一种复合型的功率器件，它整合了 MOSFET 和 BJT 的优点，驱动端类似 MOSFET 的结构，通过电压控制，所需功率小；而开关端则与 BJT 相似，耐压水平高、电流大、导通损耗小。但其关断时间较长，因此开关损耗较大，不适宜用于开关频率大于 30kHz 的场合。MOSFET 通过栅极电压来控制漏极电流，与其他流控型功率器件相比，其驱动功率小，开关损耗小，开关频率可达兆赫兹。不过 MOSFET 的导通损耗较大，这是因为存在一个电阻率较高的 N-漂移区，若减小这一层的厚度或降低其电阻率，又会使器件的耐压能力明显降低。所以 MOSFET 的导通损耗和耐压能力之间存在矛盾，虽然有许多新的工艺和技术来改善这一问题，但总的来说 MOSFET 的主要应用还是在 200V 以下的场合。

SiC 和 GaN 作为宽禁带半导体材料，相比于传统的 Si 材料，它们具有更优越的物理特性。宽禁带半导体及其生产的电力电子器件主要有以下几个优点：①禁带宽度是 Si 的 3 倍左右，击穿场强大约是 Si 的 10 倍；②更高的耐压能力和更低的导通压降；③更快的开关速度和更低的开关损耗；④更高的工作频率；⑤更高的工作温度；⑥SiC 具有更高的热导率。SiC 更适合高压大功率的应用场合，GaN 更适合高频小功率的应用场合。目前，SiC 功率器件主要定位于功率在 1～500kW、工作频率在 10kHz～100MHz 的场景。其中，基于 SiC 材料的 MOSFET 由于其开关速度快、开关损耗低、工作频率高、耐高温等特性，可提高电力电子装置的工作环境温度和功率密度。SiC MOSFET 的驱动相对简单，现有的 Si MOSFET 或者 Si IGBT 的驱动拓扑可以用于 SiC MOSFET 的驱动电路。目前，商业化 SiC MOSFET 的生产商主要有 Cree、ROHM 等公司，Cree 公司出产的 SiC MOSFET 最大容量是单芯片 1200V/50A（25mΩ），芯片尺寸为 4.04mm×6.44mm。在对体积和损耗要求较高的场合，可考虑采用 SiC MOSFET 代替现有的 Si MOSFET，以降低对驱动电路体积和散热能力的要求。但是，SiC MOSFET 的稳定性和可靠性当前都需要进一步研究。

2.2.4 变换元件

在机电伺服控制系统中实现模拟信号和数字信号间转换的元件称为变换元件。常用的变换元件有模/数转换器（A/D 转换器）、数/模转换器（D/A 转换器）及旋转变压器数字转换器（RDC）。下面将一一进行介绍。

1. A/D 转换器

模/数转换（A/D）是把连续变化的模拟电压量转换为数字量，送给计算机或数据处理器运算的过程。伺服系统中常需将检测到的连续变化的模拟量如温度、电流、电压等转换成离散的数字量，输入计算机中。目前，主要有三种广泛应用的 A/D 转换器：V/F 变换式、双积分式、逐次逼近式。

A/D 转换的工作流程主要包括取样、保持、量化及编码 4 个过程。在取样阶段，以一定的取样频率对连续的模拟信号量进行提取，使其转换为离散信号量。由于每次取样后需要将模拟信号转换为数字信号，这段时间内必须把模拟信号通过保持电路进行信号保持，以在后续过程提供稳定的量化编码值。在模拟量和数字量的转换量化过程中，还必须按照特定的近似方法，将取样-保持电路的输出电压归化到相应的离散电平上。量化后，将电平数值以编码形式（如二进制等）得到可以用计算机处理的代码，即得到 A/D 转换器输出的数字量。

在使用 A/D 转换器时可直接采用各公司的 A/D 转换芯片，如 ADI、TI 等公司均有成熟的 A/D 转换芯片。影响 A/D 转换芯片性能的主要因素有转换位数、转换速度、参考电压、非线性误差等。转换位数决定了 A/D 转换芯片的分辨率，常见的 A/D 转换位数为 8 位、10 位、12 位、14 位、16 位等。转换速度表示模拟信号转换为数字信号的速率，转换速度可为 100Hz 至数十兆赫兹。转换速度和分辨率是相互制约的关系，转换速度每提高 1 倍，分辨率大约损失 1 位。

因此，在选择 A/D 转换芯片时，应尽量在满足转换速度要求的前提下选择位数较多的 A/D 转换芯片，同时设计稳定可靠的参考电压源电路，以提高 A/D 的转换精度。

2. D/A 转换器

数/模转换（D/A）是将计算机或微控制器处理好的数字量转换为模拟电压量的过程。D/A 转换器输出的模拟电压量输入功率驱动模块，可实现对伺服电动机的控制。D/A 转换器按照转换方式可分为并行 D/A 转换器和串行 D/A 转换器两种。

D/A 转换器输入的数字量是由二进制代码按数位组合起来表示的，任何一个 n 位的二进制数，均可用表达式 data=$d_0 2^0 + d_1 2^1 + d_2 2^2 + \cdots + d_{n-1} 2^{n-1}$ 来表示。其中 d_i=0 或 1（i=0,1,⋯,n−1），$2^0, 2^1, \cdots, 2^{n-1}$ 分别为对应数位的权。在 D/A 转换中，要将数字量转换成模拟量，必须先把每一位代码按其“权”的大小转换成相应的模拟量，然后将各分量相加，其总和就是与数字量相应的模拟量，这就是 D/A 转换的基本原理。

同样，在使用 D/A 转换器时可直接采用各公司的 D/A 转换芯片，如 ADI、TI 等公司均有成熟的 D/A 转换芯片。影响 D/A 转换性能的主要因素有转换位数、转换时间、参考电压、非线性误差等。常见的 D/A 转换位数为 8 位、10 位、12 位、14 位、16 位等。转换时间为输入二进制数变化量是满量程时，D/A 转换器的输出达到离终值±1/2LSB（最低有效位）时所需要的时间，转换时间为几微秒。

因此，在选择 D/A 转换芯片时，应尽量在满足转换时间要求的前提下选择位数较多的 D/A 芯片，同时设计稳定可靠的参考电压源电路，以提高 D/A 的转换精度。

3. RDC

旋转变压器作为一种模拟型反馈元件，须实现旋转变压器输入、输出的模拟信号和控制器产生的数字信号之间的相互转换，这就需要一类 A/D 转换器或者 D/A 转换器，旋转变压器数字转换器（RDC）就是这类特殊的A/D和D/A转换器。RDC将旋转变压器输出的正、余弦模拟信号转换为角度数字量，同时还为旋转变压器提供正弦波模拟励磁信号。

一些国外知名的半导体公司已经将RDC发展成单片集成电路，比如日本多摩川公司的AU6802、AU6803，美国ADI公司的AD2S1205、AD2S1210等。这里以RDC芯片AD2S1205为例，介绍RDC的工作原理。AD2S1205内部结构框图如图2-14所示。EXC和EXC−两个引脚提供正弦励磁信号给旋转变压器的励磁绕组，通过配置FS1和FS2可设定正弦励磁信号的频率，承载转子位置信息的旋变正、余弦输出信号，经过相应处理后送入AD2S1205的Sin/SinLO和Cos/CosLO输入端，分别经A/D转换后，送入Type Ⅱ跟踪环。AD2S1205采用Type Ⅱ闭环跟踪原理，能连续跟踪位置数据，Type Ⅱ跟踪环由乘法器、相敏解调器、积分器、滤波器等组成。为了跟踪角度θ，转换器会产生输出角ϕ，然后将θ和ϕ进行比较，两者的差值即为误差。当两者相等时，误差信号为0，此时转换器产生的输出角ϕ即为旋转角θ。

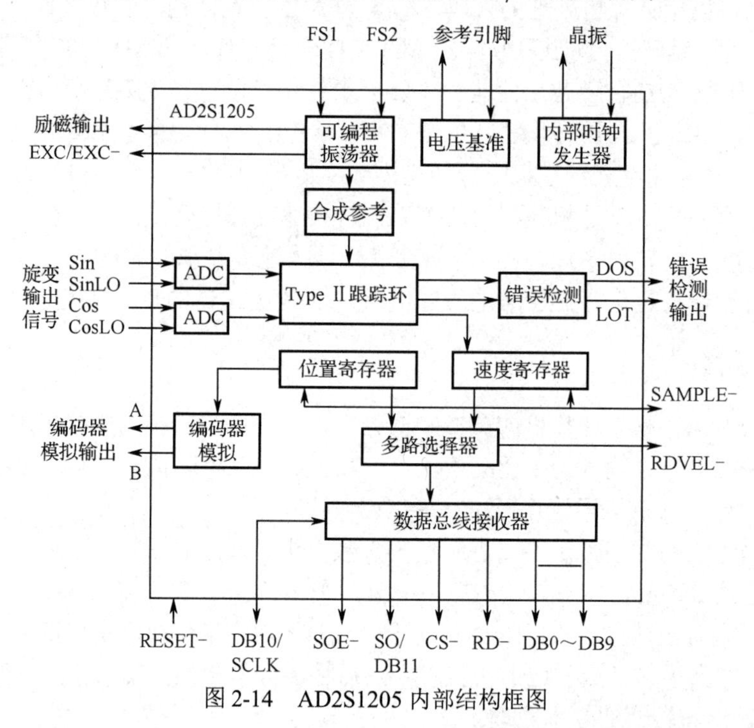

图2-14　AD2S1205内部结构框图

两路旋变模拟输出信号经过A/D转换后送入Type Ⅱ跟踪环中的乘法器，此时解码芯片内部产生的输出角ϕ也送入乘法器，分别经过乘法运算，可得

$$\begin{cases} E_s = E_0 \sin\omega t \times \sin\theta\cos\phi \\ E_c = E_0 \sin\omega t \times \cos\theta\sin\phi \end{cases} \tag{2-6}$$

式中，E_0为输出峰值电压；ω为励磁信号频率；E_s和E_c为经过乘法运算后的两路信号。

由于$\sin\omega t$信号由内部励磁产生，根据内部合成参考量解调式（2-6）中两式之差，当$\theta-\phi$很小时，其值近似于$E_0(\theta-\phi)$，记为转子角度与数字输出角度的误差E_r，可写为

$$\begin{aligned} E_r &= E_0(\sin\theta\cos\phi - \cos\theta\sin\phi) \\ &= E_0\sin(\theta-\phi) \\ &\approx E_0(\theta-\phi) \end{aligned} \tag{2-7}$$

通过相敏解调器、积分器、补偿滤波器的作用，实现闭环控制，从而使误差E_r归0。此时

有 $\theta=\phi$，据此即可解码获得电动机的转子位置。

影响 RDC 转换性能的主要因素有转换位数、参考电压、线性误差、跟踪速度等。常见的 RDC 转换位数为 10 位、12 位、14 位、16 位，高精度应用场合也有 19 位、20 位的 RDC。跟踪速度与转换位数有关，位数越高，跟踪速度越低，跟踪速度一般为几十至几千转/分。在选择 RDC 转换器时，应在满足跟踪速度的前提下尽量选择位数较多的 RDC，以提高 RDC 的转换精度。目前，RDC 在电动汽车、雷达伺服系统、数控机床等领域得到了广泛应用。

2.3 机电伺服控制系统的稳态设计

稳态设计的目的是确定系统的具体组成和主要参数，其过程包括负载分析、驱动方式和传动速比确定、执行元件的选择、驱动电路设计、反馈测量回路设计等环节。稳态设计的结果确定了系统的控制能力，在此基础上才能开展动态设计，使系统达到要求的动态性能。稳态设计是系统设计的基础，稳态设计的欠缺可能会对系统整体设计带来颠覆性的影响。稳态设计的开展需要对系统功能、性能，控制对象的运动学和动力学特性，以及各种主流的控制元件都比较了解，而且同时还要具备一定的工程设计经验。

2.3.1 负载分析

按照通用设计流程从需求开始，机电伺服控制系统的稳态设计首先要进行控制对象的运动学和动力学特性分析，确定执行元件负载特性，作为后面执行、驱动元件及反馈测量元件选型的依据。

以雷达伺服系统为例，控制对象包括转台、天线阵面等，其中单轴对象的运动模式主要是单轴转动，形式上包括加减速转动、匀速转动和定位。多轴串、并联形式对象的运动控制根据运动机构的拓扑构成，以及对象控制目标如相对基座参考坐标系的指向，分解得到各轴的实时运动要求，相当于多个有位置或速度同步需求的单轴控制对象。通过运动学分析得到各轴转速、加速度的边界要求。

明确控制对象的运动要求后，通过动力学分析得到执行元件负载要求。动力学分析需要已知对象的质量、惯量、形状尺寸等自身特性，以及所处的工作环境，如运动副之间的摩擦、风扰动、载体姿态和与运动相关的扰动等。以上因素共同决定了负载大小，负载包括风负载、惯性负载、摩擦负载及重力负载等，具体计算方法参见 3.3.2 节。

2.3.2 驱动方式和传动速比确定

伺服驱动方式一般分为直接驱动和间接驱动两种，两者的区别就在于电动机和负载之间是否安装减速传动装置。直接驱动方式由于不需要减速传动装置，避免了传动环节的摩擦阻滞、弹性变形、间隙空回等因素导致的运动迟滞、传动刚度不高等问题，能实现相对较高的动态性能和控制精度。同时，由于减少了中间环节，还有利于降低噪声、损耗和维护成本。另外，通过直接驱动还避免了为保证最终控制精度必须采用的高低速转轴两套反馈测量元件的要求，通过直通式安装形式，既提高了传动精度，又降低了系统复杂性。

虽然直接驱动在控制特性上有较大优势，但由于电动机的质量与转矩基本呈线性关系，导致在输出转矩较大时，直接驱动方式在质量和成本方面相对都有较大劣势。同时，由于直接驱动电动机的发热量较大，在转矩要求比较大时还需要通过水冷等方式帮助电动机降温，从而在另一方面增加了系统的复杂性，降低了可维护性和可靠性。

以雷达伺服系统为例，在确定驱动方式时需要同时考虑控制特性、成本预算、使用要求等。一般对于输出转矩在几十牛·米的机载雷达伺服系统，为简化结构形式，减小轴向尺寸，提高控制精度，可以尽量采用直驱方式。对于输出转矩要求上千牛·米的伺服系统，要根据控制特性要求，以及设备结构形式选择驱动方式，如测控雷达、火控雷达中具有较高随动精度要求的伺服系统，在结构安装满足要求的前提下可以选择直驱方式。而对于情报雷达、气象雷达、航管雷达等对角度控制动态性能要求较低的伺服系统，一般选用间接驱动方式。对驱动转矩要求上万牛·米，需要多电动机驱动的雷达伺服系统，只能采用间接驱动方式。

如果采用间接驱动方式，还需要进一步确定减速机构的传动速比。

根据初步确定的电动机额定转速，结合控制对象最高转速计算传动速比上限值，公式为

$$i_{\max} = n_{\mathrm{m\_nor}} / n_{\mathrm{l\_max}} \tag{2-8}$$

式中，$n_{\mathrm{m\_nor}}$ 为电动机额定转速；$n_{\mathrm{l\_max}}$ 为负载端最高转速。

再根据电动机的峰值输出转矩，结合控制对象最大转矩载荷计算传动速比下限值，公式为

$$i_{\min} = M_{\mathrm{l\_max}} / M_{\mathrm{m\_max}} \tag{2-9}$$

式中，$M_{\mathrm{l\_max}}$ 为负载端最大转矩；$M_{\mathrm{m\_max}}$ 为电动机峰值转矩。

在 $i_{\max}$ 和 $i_{\min}$ 之间确定具体数值的过程中，需要根据系统的具体性能要求和负载特点来选择最佳传动速比。

对于经常处于匀速转动，且加速度要求不高的系统，如情报类、气象类雷达伺服系统，可以按照最大输出角速度原则确定速比，参照式（2-8）。假设负载端的静态风转矩为 M_{WS}（与负载端转速无关，取实际平均值），负载端的动态风转矩与转速线性相关假设系数为 C_{D}，根据式

$$C_{\mathrm{D}} = F_{\mathrm{x}} \times (D/v) \times (D/6) \tag{2-10}$$

式中，F_{x} 为水平风力；D 为天线口径；v 为风速。

假设电动机和负载的黏性摩擦系数为 μ_1 和 μ_2，齿轮速比为 i，效率为 η，电动机的额定转矩为 M_{M}，负载的角速度为 ω_{L}，负载的角加速度为 0，则负载端的转矩关系为

$$M_{\mathrm{M}} i\eta - M_{\mathrm{WS}} = (\mu_1 i^2 \eta + \mu_2 + C_{\mathrm{D}})\omega_{\mathrm{L}} \tag{2-11}$$

$$\omega_{\mathrm{L}} = \frac{M_{\mathrm{M}} i\eta - M_{\mathrm{WS}}}{\mu_1 i^2 \eta + \mu_2 + C_{\mathrm{D}}} \tag{2-12}$$

对式（2-12）取对 i 的微分，并令 $\mathrm{d}\omega_{\mathrm{L}}/\mathrm{d}i=0$，则得到对应负载转速最大值的传动速比为

$$i_{\mathrm{s}} = \frac{M_{\mathrm{WS}}}{M_{\mathrm{M}}\eta} + \sqrt{\left(\frac{M_{\mathrm{WS}}}{M_{\mathrm{M}}\eta}\right)^2 + \frac{\mu_2 + C_{\mathrm{D}}}{\mu_1 \eta}} \tag{2-13}$$

另外，对于经常加减速，并同时要保证一定转速要求的测控和火控雷达伺服系统，就要按照最大输出角加速度的原则确定传动速比。除以上假设外，假定负载轴的角加速度为 ε_{L}，电动机峰值转矩为 M_{MX}，则负载端的运动方程为

$$M_{\mathrm{MX}} \eta i = (\eta i^2 J_0 + J_1)\varepsilon_{\mathrm{L}} \tag{2-14}$$

$$\varepsilon_{\mathrm{L}} = \frac{\eta i M_{\mathrm{MX}}}{J_0 \eta i^2 + J_1} \tag{2-15}$$

式中，J_0 表示电机转子惯量，J_1 表示负载转动惯量。

对式（2-15）取对 i 的微分，并令 $\mathrm{d}\varepsilon_{\mathrm{L}}/\mathrm{d}i=0$，则得到对应负载角加速度最大值的传动速比为

$$i_{\mathrm{s}} = \sqrt{\frac{J_1}{J_0 \eta}} \tag{2-16}$$

得到以上系统的最佳传动速比 i_{s} 后，再依据 $i_{\max}$ 和 $i_{\min}$ 之间的取值范围及可选择减速机配置的速比，选择最接近 i_{s} 的值，以此作为电动机与负载惯量匹配的评判依据。

2.3.3　执行元件选择

在机电伺服控制系统中执行元件主要是电动机。通常需要按照 2.2.2 节中执行元件的特性，依据驱动方式及系统调速、位置随动、平台稳定等功能要求和负载大小等主要因素，选择电动机类型和电动机电气参数。

1．电动机类型选择

在雷达等电子设备伺服系统中一般可选用的电动机类型有直流（有刷）电动机、交流电动机和步进电动机。其中交流电动机又包括直流无刷电动机、永磁交流同步电动机和交流异步电动机。根据电动机的外特性，直流电动机、永磁交流同步电动机等又可以分为普通伺服电动机和转矩电动机。

依据各类型电动机的特点，以及在不同的电子设备中的应用场景，选择电动机的类型，如表 2-1 所示。

表 2-1　应用场景与电动机类型的匹配关系

应用场景	需求特点	电动机类型	电动机相关匹配特性
精密跟踪测量雷达伺服系统	快速性好，随动精度要求很高，转动不频繁	直流有刷电动机	驱动电路简单可靠，易实现高速、高精度控制性能。对于转动量不大的应用场景可避免电刷磨损带来的维护周期短的缺陷
火控雷达伺服系统、成像雷达伺服系统、反导预警雷达伺服系统	快速性好，随动精度要求较高，转动频繁	直流无刷电动机、永磁交流同步电动机	驱动电路和控制方法较复杂，但基本达到直流电动机的控制效果，采用电子换向避免了有刷电动机频繁转动的电刷维护问题，一般用于间接驱动系统
		永磁交流转矩电动机	驱动电路和控制方法较复杂，但基本达到直流转矩电动机的控制效果，采用电子换向避免了有刷电动机频繁转动的电刷维护问题，一般用于直接驱动系统
情报雷达伺服系统、气象雷达伺服系统、轮轨式大型雷达伺服系统	可调节匀速转动，动态性能要求低，驱动功率要求大	交流异步电动机	驱动电路和控制方法复杂，可实现较高的调速性能，低速控制性能一般。可实现较大功率的驱动能力，同时具备较高的经济性

续表

应用场景	需求特点	电动机类型	电动机相关匹配特性
天线测试转台、多维度扫描架伺服系统	驱动负载、运动轨迹、速度、加速度较为固定，有定位精度要求，驱动功率较小，输出转矩一般在 20N·m 以内，转速在 1000r/min 以内	步进电动机	一般采用开环控制，系统构成简单，使用和控制方便，运行可靠

2．电动机参数选择

电动机参数需要根据伺服电动机、转矩电动机和步进电动机几类进行选择。由于对交流电动机的控制本质上等效于对直流电动机的控制，因此，此处以直流电动机为例进行阐述。

对于使用者而言，主要关心伺服电动机的功率、转速、转矩、绝缘等级等参数。

如图 2-15 所示流程，先得到负载平均转矩，再结合负载转速，可以估算电动机驱动功率，计算公式为

$$P = M_{avg}\omega_{max}/\eta \tag{2-17}$$

式中，M_{avg} 是负载平均转矩；ω_{max} 是负载的最高转速；η 是电动机和传动减速机构的总效率。其中，直流电动机和交流同步电动机的效率为 90%～95%，交流异步电动机的效率为 75%～80%。

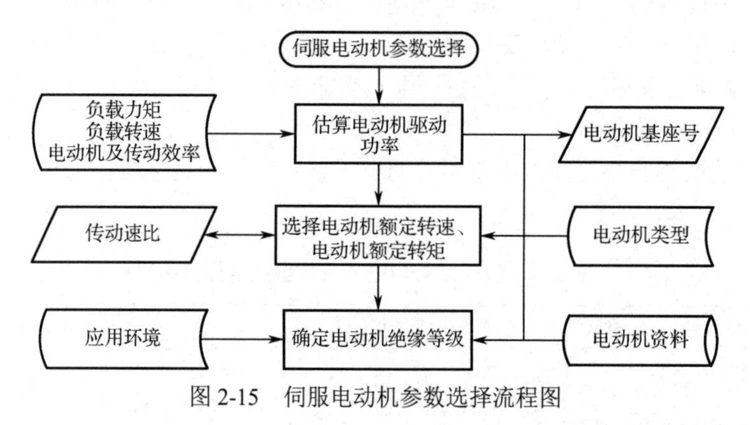

图 2-15　伺服电动机参数选择流程图

确定电动机功率后，就基本确定了电动机基座号的大小。再根据电动机类型，就可以确定电动机的额定转速、额定转矩等参数的可选范围。大多数雷达伺服系统中采用电动机间接驱动形式，电动机的额定转速和转矩与传动速比密切相关，在传动速比未确定时先根据电动机选用经验预定一个转速和转矩值，在传动速比的确定过程中共同决定。

由于伺服电动机工作过程中存在铜耗、铁耗，会导致电动机温度升高，因此还需要根据电动机的热耗，结合使用环境温度上限、散热方式、海拔高度等确定电动机的最高温度，并据此确定电动机的绝缘等级。

转矩电动机具有转速低、转矩大、转矩波动小、机械特性硬度大、线性度好等优点，可以在很低转速，甚至堵转下长期工作，因此一般在直接驱动方式下应用。转矩电动机的性能参数不同于普通的伺服电动机，主要有连续堵转转矩、峰值堵转转矩、堵转电流、控制电压、空载转速等。转矩电动机的性能参数选择流程图如图 2-16 所示。

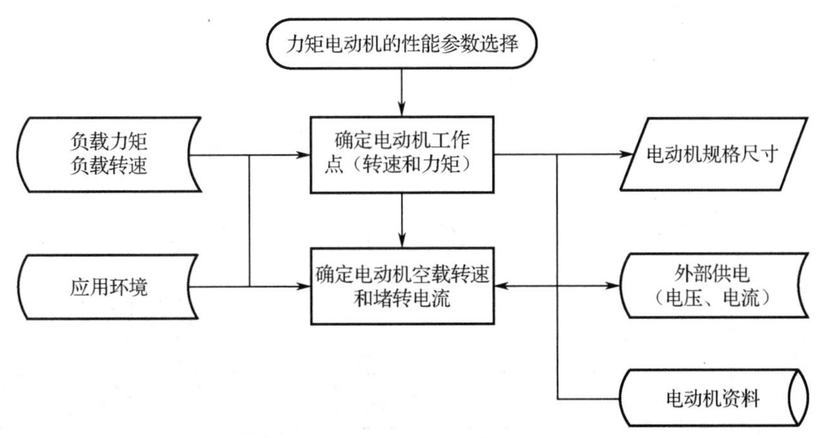

图 2-16　转矩电动机的性能参数选择流程图

当电动机长时间堵转时，电动机在温升允许范围内输出的最大转矩称为连续堵转转矩。此时的电枢电流和电压分别对应连续堵转电流和控制电压。由于发热条件限制，保护电动机磁性，电动机短时输出转矩可以略大于连续堵转转矩，但不能超出峰值堵转转矩。

在随动精度要求较高的火控、成像类雷达伺服系统中，还要对电动机摩擦转矩、齿槽转矩等指标进行限制，一般要求不大于额定转矩或连续堵转转矩的 3%。

此外，如有驱动电路的匹配要求，还需要选择电动机反电动势常数、转矩常数、定子绕组电阻、电感等详细参数。

根据以下直流电动机电枢回路电压平衡方程计算工作过程中的最高电枢电压，与现有系统中的电源电压 U_{dc} 进行匹配。

$$U_{dc} = Ri + L\frac{di}{dt} + C_e n \tag{2-18}$$

式中，R 是绕组电阻；L 是绕组电感；C_e 是反电动势常数；n 是电动机转速；i 是绕组电流。

步进电动机选用时需要确定步距角、最大静止转矩、最大启动转矩、最大启动频率和启动时的惯频特性、最大连续响应频率及矩频特性等指标。

2.3.4　驱动电路设计

典型的伺服电动机驱动电路主要由控制器、调制器和变换器等部分组成，如图 2-17 虚线框中所示。

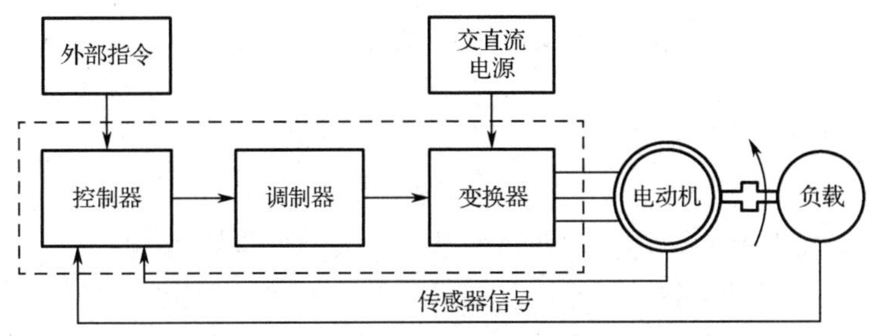

图 2-17　典型电动机驱动系统原理示意图

其中，变换器是驱动电路的基础，在电动机驱动中大多采用电压源型变换器。这些变换器利用直流侧的电容来暂时储存电能。通过电力电子器件的开关可允许调制直流电压，最终产生可变电压和可变频率的波形。对于一般伺服电动机的驱动电路变换器，其主体结构都是通过功率开关管构成桥式电路。以交流电动机驱动电路为例，典型变换器电路拓扑示意图如图 2-18 所示。

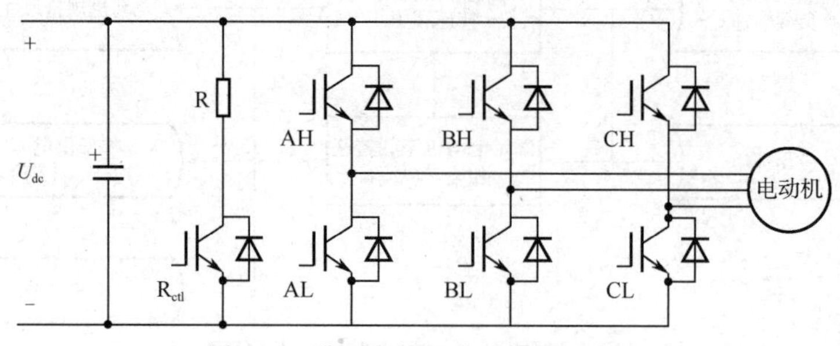

图 2-18　典型变换器电路拓扑示意图

电路中一共有七个功率管，其中六个功率管组成三相全桥，三个桥臂分别连接到电动机三相绕组，驱动电动机运转；另一个功率管控制泄放电阻，实现能耗制动功能。

调制器的作用是根据控制器输出信号的极性和幅度大小，对高频脉冲的占空比进行调制，用于变换器中开关器件的控制。在现代功率驱动电路中，一般将此功能合并到数字化控制器中实现。

控制器是电动机驱动电路的核心，主要完成控制指令和综合电动机及负载反馈信息，根据与电动机类型和参数相适应的控制策略产生变换器控制输入信号。

1. 功率元件的选型

根据 2.2.3 节所述功率元件的特点，在目前的电动机驱动电路中主要以 MOSFET 和 IGBT 为主。二者的主要区别是 MOSFET 耐压较 IGBT 低，所以在电压超过直流 600V 的应用中尽量采用 IGBT 元件。无论选用哪种，功率管的漏极至源极间可能承受的最大电压都应为电源电压的两倍以上。

功率元件的额定电流视电路结构而定，该额定电流应是负载在所有情况下能够承受的最大电流。与电压的情况相似，必须确保所选的功率管能承受这个额定电流，需要考虑连续模式和脉冲尖峰两种情况下的电流。在连续导通模式下，功率管处于稳态，此时电流连续通过器件。脉冲尖峰是指有大量电涌（或尖峰电流）流过器件。一旦确定了这些条件下的最大电流，只需直接选择能承受这个最大电流的器件即可，一般器件的极值电流应为实际最大电流的 1.5～2 倍。

在实际情况下，功率管并不是理想的器件，因为在导电过程中会有电能损耗，称为导通损耗。功率管漏极和源极间的电阻在功率管开关及导通过程中是可变的，并随温度而显著变化。器件的功率损耗可由以下公式计算：

$$W = I^2 R_{dson} t_{on} \tag{2-19}$$

式中，I 为功率管流过的电流；R_{dson} 为导通电阻；t_{on} 为功率管导通时间。

由式（2-19）可知，功率管的功率损耗会随着导通电阻、通电时间及温升变化而变化。某些 MOSFET 管施加的漏源电压 V_{DS} 越小，R_{dson} 就会越大；反之，R_{dson} 就会越小。耐压较高的 MOSFET 管 R_{dson} 会随着电流轻微上升。关于导通电阻的各种电气参数变化可在制造商提供的技术资料表中查到，设计选用时需要根据实际情况进行功耗校核，结合最高结温限制、使用环境和热阻确定使用上是否安全。

2. 能耗制动电路设计选型

以常用有源电压型逆变永磁同步电动机驱动系统为例，多采用如图 2-19 所示的电路结构。

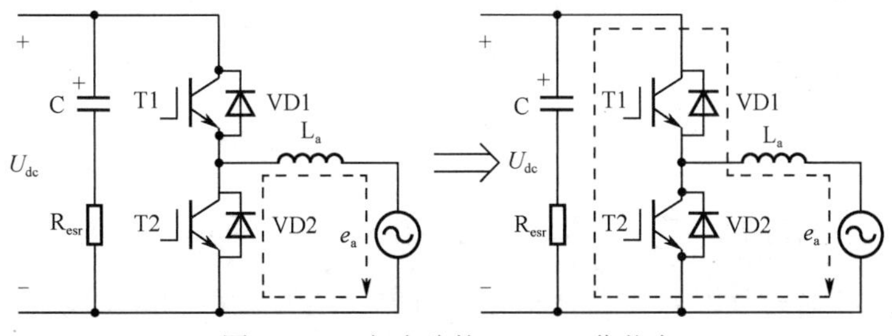

图 2-19　A 相电路的 Boost 工作状态

当永磁同步电动机制动时，如采用如图 2-19 所示的三相半桥驱动电路，则能量再生发生在以下三种情况：①由于开关器件死区时间引起的能量再生；②反电动势高于端电压、小于母线电压的 Boost 方式能量再生；③电动机反电动势高于母线电压的能量再生。

开关死区时间引起的能量再生是驻留在电动机绕组电感中的能量，在电流流经方向的开关管关闭时通过功率管并联的续流二极管向母线电容充电所引起的，受电感值限制，这部分能量较低，一般不会使母线电压明显升高。

另一种是 Boost 方式能量再生，该方式是指电动机反电动势低于母线电压情况下发生的能量再生。式（2-20）是交流永磁同步电动机在 d-q 坐标系下的电压方程。由式（2-20）可知，当交、直轴电感压降和反电动势之和超过逆变电压，即 $\frac{\mathrm{d}\psi_d}{\mathrm{d}t}-\omega_e\psi_q$ 和 $\frac{\mathrm{d}\psi_q}{\mathrm{d}t}+\omega_e\psi_d$ 超过逆变端电压 u_d、u_q 时，电流将改变方向，再生能量向直流侧流动。

$$\begin{cases} u_d = R_s i_d + \dfrac{\mathrm{d}\psi_d}{\mathrm{d}t} - \omega_e\psi_q \\ u_q = R_s i_q + \dfrac{\mathrm{d}\psi_q}{\mathrm{d}t} + \omega_e\psi_d \end{cases} \tag{2-20}$$

式中，u_d、u_q 分别为 d、q 轴支路对应的电压；ψ_d 和 ψ_q 分别为 d、q 轴对应的磁通量；i_d 和 i_q 为 d、q 轴的电流；ω_e 为电动机转速；R_s 为电动机绕组电阻。

取电动机的 A 相电路来分析，此时电路工作模式为 Boost 状态，如图 2-19 所示。在每个开关周期中，电动机线圈切割磁力线会获得能量，该能量会存在于电动机支路电感中。当续流二极管导通时，电感释放能量并将其存储到母线滤波电容中，此时 A 相电感压降和反电动势之和高于母线电压。该状态下可把电动机看作瞬时发电机，驱动器控制电动机产生制动转矩。这种情况发生在电动机运行到停止的各种制动状态。

第三种状态是电动机反电动势高于母线电压的能量再生。机电伺服控制系统负载是位能负载且在位能释放过程或者大惯性负载制动时，电动机转动方向和出力方向相反，电动机从电动状态转变为发电状态，电动机反电动势高于母线电压，电动机输出的电流经功率驱动元件向直流母线侧流动。

以上情况下发生的对母线电容的充电动作会产生泵升电压，若不将这部分能量及时释放，过高的电压将损坏滤波电容和功率模块。因而，必须对再生能量进行处理。

在一般电子设备（如雷达等）中，往往采用外接能耗电阻的方式处理，通过电阻发热将反馈能量消耗掉。选用能耗电阻需要对反馈能量有定量认识，以一个受位能负载作用的伺服系统为例进行介绍，其再生能量包括两部分，第一部分是位能负载及转子所构成的等效负载所具有的能量；第二部分是外界施加在电动机或负载上的驱动转矩所产生的再生能量。假设负载是一个旋转体，电动机绕组电阻为R，电感为L，电流为i，电动机转子及所带负载折算到转子轴上的转动惯量总和为J_s，且受到一个转矩恒为T的负载作用，角速度为ω，则电动机和负载所具有的总动能为$W_K=\dfrac{J_s\omega^2}{2}$，驱动转矩和位能负载在时间$t$内释放的能量$W_P=\int_0^t T\omega \mathrm{d}t$，电动机定子绕组电感存储的能量为$W_L=\dfrac{Li^2}{2}$，电动机绕组消耗的能量为$W_R=\int_0^t Ri^2\mathrm{d}t$。

设负载机械摩擦损耗为W_{mech}，其他损耗设为W_O，在电动机制动位能负载到停止过程中，理论上可以回馈的全部能量可以表示为

$$W_{BK}=W_P+W_K+W_L-W_R-W_{mech}-W_O \tag{2-21}$$

设整个制动过程中回馈能量全部存储在母线滤波电容中，则有

$$W_{BK}=\frac{1}{2}C[u_c^2(t)-u_c^2(0)] \tag{2-22}$$

通过上式和功率元件、电容电压极限值和母线电容的大小，可以得到电容理论能够接收的能量大小，剩余的能量就需要通过外接能耗电阻在作用时间内消耗掉，再结合电动机制动工作间隔时间等计算能耗电阻功率和阻值。

3. 直流有刷电动机驱动电路设计

由于直流有刷电动机只有单路绕组，一般以 2.2.3 节中描述的 H 桥为主电路，通过 PWM 方式直接控制加在绕组两端电压的极性和大小。直流有刷电动机驱动电路示意图如图 2-20 所示，在 H 桥输出和电动机绕组之间串联电流霍尔传感器实时测量电动机绕组中的电流值，并与给定值相减后再与三角波信号比较，自动生成频率和三角波相同、脉宽受误差控制的 PWM 信号，经半桥驱动电路控制 H 桥中四个功率管的通断，从而构成电流闭环。

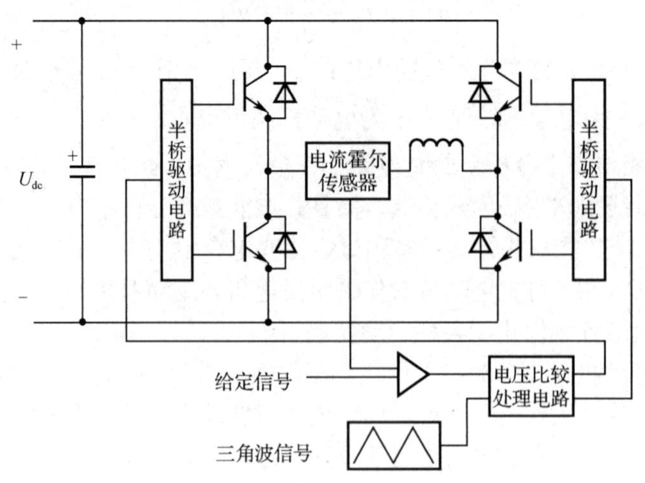

图 2-20　直流有刷电动机驱动电路示意图

H 桥电路可以通过四个分立功率管搭建，也可以直接选用 H 桥功率集成模块。功率器件选

用时，需参考式（2-18）确定驱动电源电压，以及电动机绕组电流的大小。

由于直流驱动电路结构相对简单，可以通过硬件电路直接实现，并由模拟电压控制电动机绕组的电流；也可以结合单片机或 MCU 等嵌入式系统直接采集电流传感器的反馈信号，经闭环算法处理后生成 PWM 信号去控制绕组电流。

4．直流无刷电动机驱动电路设计

如 2.2.2 节所述直流无刷电动机是一种用电子换向装置取代机械换向装置的直流电动机，因此其驱动电路可以借鉴直流有刷电动机电路的处理方法，只是控制对象由单相绕组变为三相绕组。同时，由于电子换向要求，需要设计换相逻辑电路。如图 2-21 中电动机驱动模块为 MSK 公司的直流无刷电动机驱动模块，其中霍尔传感器信号处理电路中集成了表 2-2 所示的导通逻辑关系。

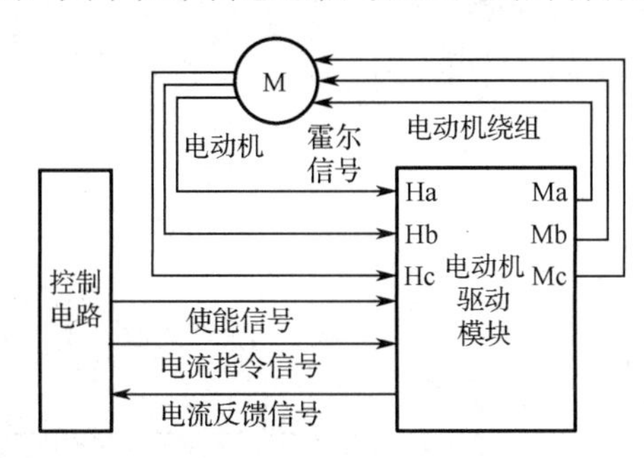

（a）无刷永磁同步电动机控制驱动电路

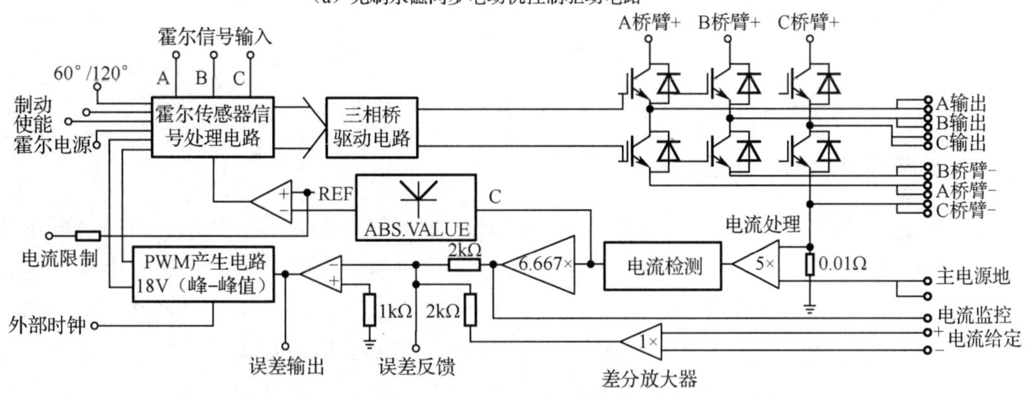

（b）MSK-BLDC电动机驱动模块

图 2-21　直流无刷电动机控制驱动电路及模块示意图

表 2-2　霍尔信号及绕组导通逻辑关系表

霍尔信号			电流控制≥0			电流控制<0		
Ha	Hb	Hc	Ma	Mb	Mc	Ma	Mb	Mc
1	0	0	H	—	L	L	—	H
1	1	0	—	H	L	—	L	H
0	1	0	L	H	—	H	L	—
0	1	1	L	—	H	H	—	L
0	0	1	—	L	H	—	H	L
1	0	1	H	L	—	L	H	—

除此之外，模块还集成了电动机三相绕组电流检测和处理电路，可以在模块内部完成电动机的电流闭环控制。

5．交流电动机驱动电路设计

交流电动机包括异步电动机和永磁同步电动机（PMSM），其驱动电路设计比较相似（如图 2-22 所示），除了采用三相全桥驱动电路外，由于需要结合电动机轴端的角度传感器并采用矢量控制等复杂控制算法，一般都要搭建基于较强计算功能的 MCU 或 DSP 的控制电路。如 TI 公司的 C2000 系列芯片，除了具备几百兆赫兹主频和浮点计算功能外，还集成了 PWM、A/D、QEP、SPI、I^{2}C、CAN 等丰富的外部设备接口。这些接口方便直接与具备标准接口的角度传感器连接，同时也可以直接控制三相全桥电路实现逻辑关系较复杂的控制功能。

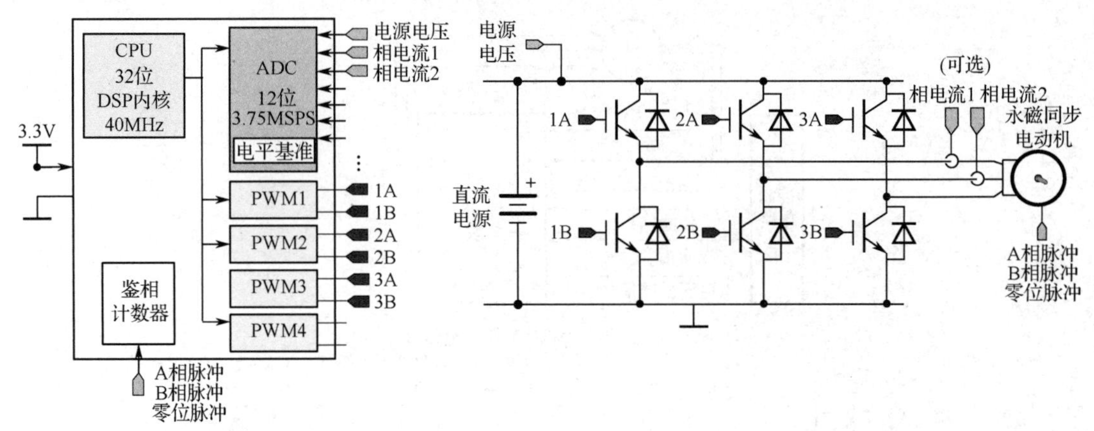

图 2-22　PMSM 驱动电路示意图

6．步进电动机驱动电路设计

步进电动机驱动电路一般包括环形分配器和功率驱动模块两部分。其中，环形分配器根据内部时序逻辑将外部作为控制命令的脉冲指令及方向信号进行分配处理，生成与电动机绕组相数和运行拍数相对应的周期性循环控制信号，按指令信号的频率和极性依次去控制电动机各绕组的通断。环形分配器一般采用 CPLD 或 FPGA 等可编程器件编程实现。功率驱动模块通过 H 桥实现单个绕组的通断和极性控制，或通过上下管实现绕组的通断控制。为保证电动机在各种速度下的运行性能，一般需采用高低压驱动、恒流斩波驱动等控制方式，如图 2-23 所示。

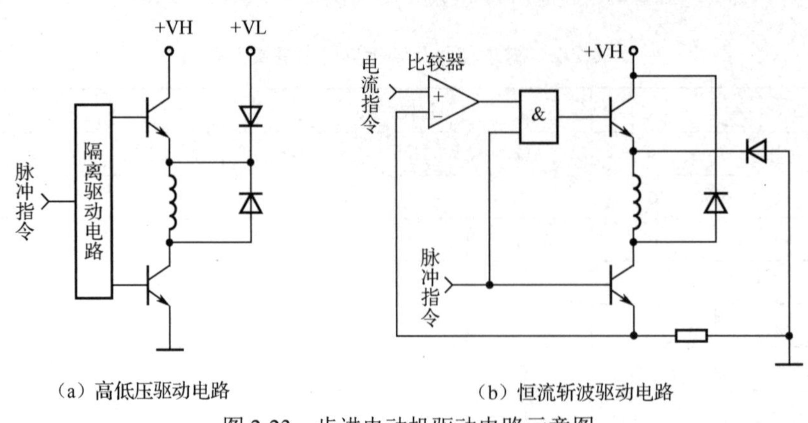

（a）高低压驱动电路　　（b）恒流斩波驱动电路

图 2-23　步进电动机驱动电路示意图

2.3.5　反馈测量回路设计

伺服系统的反馈测量回路包括电流测量回路、角速度测量回路和角位置测量回路几种。

电流测量回路根据电动机绕组电流的范围选择相应的测量元件，主要有电流采样电阻和电流霍尔传感器，测量元件将电流信号转换为电压信号，再经滤波和调理供闭环处理电路或 MCU 的 A/D 采集模块使用。

角速度测量回路一般通过安装在电动机轴端的测速发电机将角速度转换为电压信号，与电流信号一样，通过驱动电路中的滤波和调理电路处理后使用。由于交流电动机在轴端常配置有旋转变压器或增量式编码器测量电动机轴转角位置，用来作为电动机磁场定向控制的输入，因此也可以通过对该角度微分的方法得到电动机轴的角速度供速度闭环使用。

对于角位置测量回路，现有比较常用的测量元件中，旋转变压器技术成熟且应用广泛，有单极、多极等不同类型以适应 0.2°～0.001° 的精度要求。当测角精度较高时，一般只能采用同轴安装形式，由于雷达转台旋转轴内部需要安装汇流环、水铰链等随轴转动设备，通径很大，采用同轴安装的旋变口径将更大，带来制造难度的加大和较高的成本。针对雷达伺服转台结构，可以采用精、粗通道两组同步轮系组合测角的方式，粗通道内含一组 1∶1 同步轮系，安装一个高精度单极旋转变压器；精通道内含一组有一定速比的高精度同步轮系，安装一个多对极双通道旋转变压器，两组同步轮系均与负载主轴大齿轮外齿啮合，其结构实现形式详见 3.3.5 节。该测角回路示意图如图 2-24 所示。

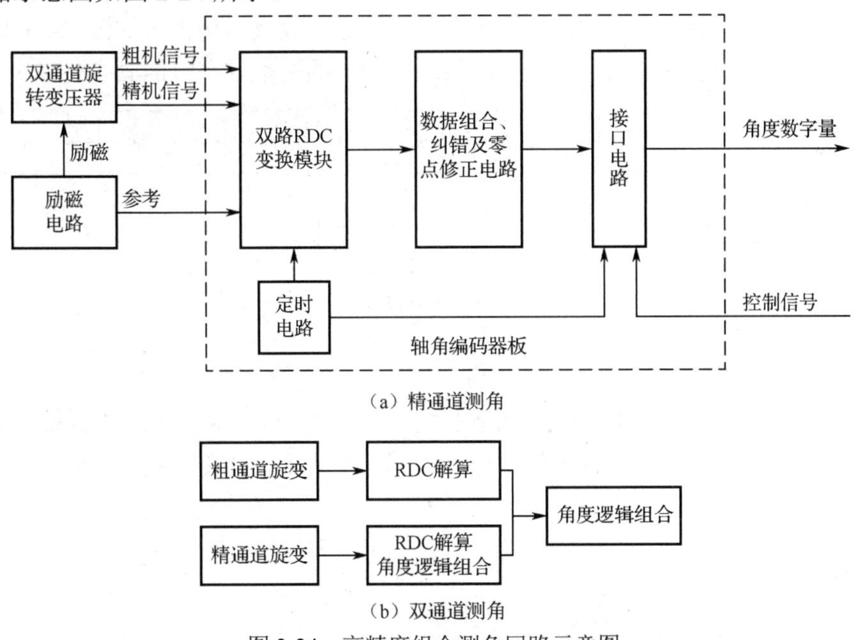

图 2-24　高精度组合测角回路示意图

对于圆感应同步器，由于输出的信号较微弱（一般为毫伏级），容易受到外界干扰，因此该信号需要前级放大。为消除电磁干扰，放大电路需就近装于屏蔽盒内，电路设计选用高增益、低噪声集成运放，采用差动放大方式。随着元件集成度的提高，国内外已有设计均采用一体式结构框架，通过金属铝外壳将电路和圆感应同步器敏感元件封装成一体，既可起到提高集成度，减少体积、质量的作用，又可以提高抗干扰能力。

伺服系统稳态误差主要由反馈测量元件本身及结构的轴系和传动误差等部分组成。设计中通过对反馈测量元件精度，结构轴系垂直度、平行度、同心度及测量元件传动精度的分解，在各部分满足精度要求的前提下，使系统最终的稳态误差指标得到保证。

2.4 机电伺服控制系统的动态设计

为使机电伺服控制系统的性能满足被控对象要求，需要在稳态设计的基础上，进一步做动态设计。动态设计是根据被控对象对系统动态性能的要求，设计出期望的频率特性，再结合系统固有环节的传递函数，确定校正补偿形式、校正装置具体线路和参数，以及校正装置在系统中具体连接的部位和连接方式，使得校正后的系统满足动态性能指标要求的过程。动态设计是机电伺服控制系统设计过程的重要环节，伺服系统主要性能指标——稳定性、带宽、精度和瞬态过程品质等都需要通过动态设计实现。位置闭环伺服系统的动态设计主要包括固有环节传递函数确定、期望特性设计、电流回路设计、速度回路设计和位置回路设计这几大环节。下面将一一进行分析。

2.4.1 固有环节传递函数确定

固有环节包括系统的反馈元件、变换元件、功率驱动模块和执行元件等。在完成机电伺服控制系统的稳态设计之后，系统的固有环节也随之确定，固有结构框图如图 2-25 所示。据此可以着手建立系统的动态数学模型，即按照控制元件的顺序推导系统的固有传递函数。

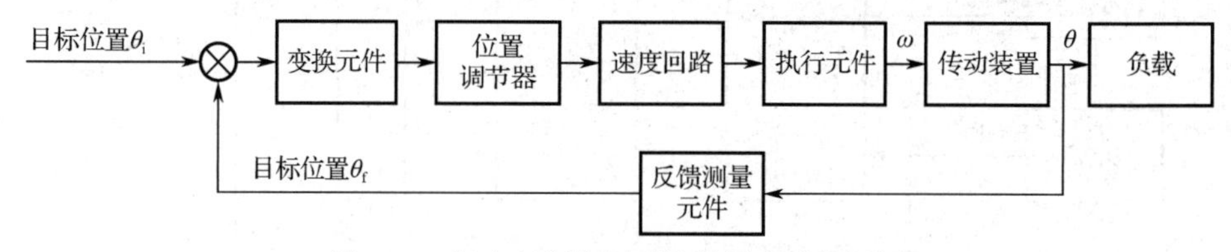

图 2-25　机电伺服控制系统的固有结构框图

1．反馈元件的传递函数

从 2.2.1 节可知，反馈元件主要包括测角传感器、姿态传感器、转速传感器、电流传感器等，位置闭环伺服系统中主要用到测角传感器、转速传感器、电流传感器。测角传感器通常可近似认为是一阶惯性环节，其传递函数可表示为

$$H_p(s)=\frac{K_r}{t_r s+1} \tag{2-23}$$

式中，t_r 为时间常数；K_r 为放大倍数。

转速测量可通过专用的测速传感器（如测速发电机）实现，也可通过对测角传感器输出的角度进行微分得到。测速传感器同样可近似认为是一阶惯性环节。

电流传感器（如霍尔电流传感器）也可近似认为是一阶惯性环节。电流传感器的时间常数远小于电流回路带宽，造成的系统相位滞后较小，通常可以忽略。因此，电流传感器的传递函数可用电流反馈系数 β 表示。

2. 变换元件的传递函数

位置闭环伺服系统中所用到的变换元件如 RDC、A/D 转换器、D/A 转换器等，同样可近似认为是一阶惯性环节，其时间常数为变换频率的倒数。一般来说，变换元件的变换频率（1kHz 以上）远远高于伺服带宽（几十赫兹以内），引入变换元件造成的系统相位滞后较小，通常可忽略。因此，变换元件的传递函数可用比例系数 K 来表示。

3. 功率驱动模块的传递函数

功率驱动模块通常采用脉宽调制（PWM）放大器，PWM 放大器可看成时间常数为 t_v（$t_v=1/f$，f 为晶体管的开关频率）的一阶惯性环节。f 一般取几至几十千赫兹。同样，对于位置闭环伺服系统，PWM 放大器造成的系统相位滞后较小，可将 PWM 放大器视为比例环节。

4. 执行元件的传递函数

执行元件是将电能转换为机械能的装置，它位于伺服系统的末端。通常在考虑执行元件的固有特性时，会将电动机及其负载综合考虑在内。执行元件的传递函数是整个系统固有环节中最重要、最复杂的，其输入为 PWM 放大器输出的电压，输出为传动链末端元件的转角。若电动机采用直流伺服电动机，则执行元件的机电传动框图可简化为如图 2-26 所示的形式，此时执行元件的传递函数框图如图 2-27 所示。

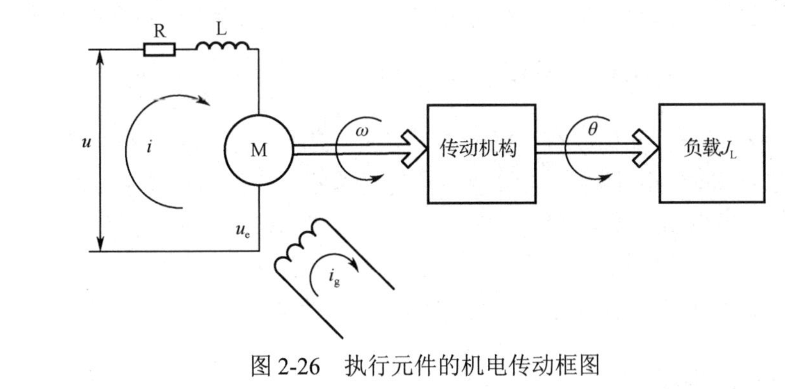

图 2-26　执行元件的机电传动框图

u → [伺服电动机（电压平衡方程）$G_{ui}(s)$] → i → [伺服电动机（机电联系方程）$G_{iT}(s)$] → T_e → [伺服电动机（机械运动方程）$G_{T\omega}(s)$] → ω → [传动装置（传动链换算方程）$G_{\omega\theta}(s)$] → θ → [负载]

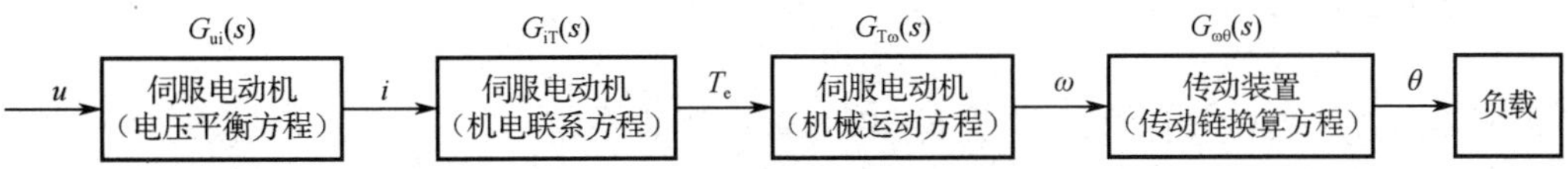

图 2-27　执行元件的传递函数框图

执行元件的传递函数可表示为

$$G_O(s)=G_{ui}(s)G_{iT}(s)G_{T\omega}(s)G_{\omega\theta}(s) \tag{2-24}$$

式中，$G_{ui}(s)$、$G_{iT}(s)$、$G_{T\omega}(s)$、$G_{\omega\theta}(s)$ 分别为相应环节的传递函数，可由电动机的电压平衡方程、机电联系方程、机械运动方程和传动链换算方程得到。推导过程如下。

首先，假设负载转矩仅为惯性转矩，根据直流他励电动机的机电联系方程和机械运动方程，可得

$$J_s\frac{d\omega}{dt}=T_s=T_e=C_e i \tag{2-25}$$

式中，ω 为电动机轴转速；T_s 和 T_e 分别为转换到电动机轴的总惯性转矩和电动机电磁转矩；i

为电动机电枢电流；C_e为电磁转矩系数。$J_s = J_o + J_1/i_0^2$ 为电动机转动惯量 J_o 和负载转动惯量 J_1 折算至电动机轴上之值的和。

同时，利用电动机的电压平衡方程，可得

$$u = L\frac{\mathrm{d}i}{\mathrm{d}t} + Ri + C_\omega \omega \tag{2-26}$$

式中，C_ω 为反电动势系数；L 为电枢电感；R 为电枢电阻。联立式（2-25）和式（2-26），并进行拉普拉斯变换，可得从电枢电压到电枢电流的传递函数为

$$G_{ui}(s) = \frac{I(s)}{U(s)} = \frac{(t_m/R)s}{t_m t_e s^2 + t_m s + 1} \tag{2-27}$$

式中，$t_m = J_s R / C_e C_\omega$ 为电动机的机电时间常数；$t_e = L/R$ 为电磁时间常数。

根据以上推导过程，可得到 $G_{iT}(s)$、$G_{T\omega}(s)$ 的表达式如下：

$$\begin{aligned} G_{iT}(s) &= \frac{T(s)}{I(s)} = C_e \\ G_{T\omega}(s) &= \frac{\omega(s)}{T(s)} = \frac{1}{J_s s} \end{aligned} \tag{2-28}$$

再依据传动链换算关系，可得 $G_{\omega\theta}(s)$ 的表达式为

$$G_{\omega\theta}(s) = \frac{\theta(s)}{\omega(s)} = \frac{1}{i_0 s} \tag{2-29}$$

最后将式（2-27）～式（2-29）代入式（2-24），即可得执行元件的固有传递函数为

$$G_O(s) = G_{ui}(s) G_{iT}(s) G_{T\omega}(s) G_{\omega\theta}(s) = \frac{(C_e t_m / R)s}{J_s i_0 s^2 (t_m t_e s^2 + t_m s + 1)} \tag{2-30}$$

以上过程即完成了执行元件固有传递函数的建立。需要注意的是，在对传动链和负载进行建模时，将机械系统等效为刚体系统，等效的前提是执行元件系统的整体刚度足够高，柔性谐振频率距离最大工作频率足够远。然而，对于柔性谐振频率较低的机电伺服控制系统（如大型雷达天线伺服系统），机械结构的谐振特性不可忽略。对于该类型的伺服系统，在建立执行元件的固有传递函数的过程中，还需进一步考虑机械结构的谐振特性。

2.4.2 期望特性设计

伺服系统期望特性设计是动态设计过程非常重要的一环。它的主要设计流程是首先对伺服系统性能指标的要求转化为对系统期望特性的特定要求，再通过一些设计原则确定系统的期望特性，最后再借助性能指标校验方法确定系统期望特性是否满足要求。对数频率法（也称伯德图法）是系统期望特性设计中最常用且简单、有效的方法。伯德图法只适用于线性定常的最小相位系统，且是单位负反馈系统，当反馈系数不为1时，需转化为单位反馈系统。常见的机电伺服控制系统通常设计为Ⅰ型系统（一阶无静差系统）或Ⅱ型系统（二阶无静差系统）。

1．伺服系统的性能指标要求

伺服系统的主要性能指标包括稳定裕度、伺服带宽、瞬态过程品质和精度。只有明确了这些指标，才能开展系统期望特性的设计。

1）稳定裕度

稳定裕度是反映系统相对稳定性的重要指标，主要包括幅值裕度和相位裕度。在伺服系统设计中，一般要求相位裕度$\gamma(\omega_c) \geqslant 30^\circ$，幅值裕度为$5\text{dB} \leqslant \Delta G(\omega_z) \leqslant 30\text{dB}$。同时，相位裕度还与瞬态过程的超调量息息相关，可依据两者之一确定另一个指标。

2）伺服带宽

伺服带宽是指伺服系统-3dB 闭环带宽，其大小将影响稳定裕度、精度和瞬态过程品质。根据跟踪范围的不同，伺服带宽可分为固定带宽和变化带宽两种。

3）瞬态过程品质

瞬态过程通常指系统进入稳定前的动态过程，表征瞬态过程品质的指标主要是上升时间（输出响应从稳态值的 10%上升到 90%的时间）、调整时间（误差达到规定的允许值，且之后不再超出所需的时间）、超调量和振荡次数。常用的瞬态过程品质指标是超调量和调整时间。

4）精度

伺服系统的精度主要包括静态精度和跟踪精度，又称静态误差和跟踪误差。其中，静态误差反映的是系统跟踪固定目标时产生的误差，跟踪误差是系统在跟踪运动目标时产生的误差。由于伺服系统通常为Ⅰ型或Ⅱ型系统，静态误差可视为 0，在进行期望特性设计时，只需考虑跟踪误差θ_t。

跟踪误差既包括速度误差$\varDelta_v$和加速度误差$\varDelta_a$造成的动态滞后误差θ_d，又包括随机误差和系统误差，通常认为动态滞后误差占据了跟踪误差的主要成分。因此，动态滞后误差可表示为$\theta_d = h\theta_t = \varDelta_v + \varDelta_a$，其中 h 为动态滞后比例系数（取值范围为 h=0.85～0.95）。同时，速度误差$\varDelta_v$和加速度误差$\varDelta_a$与角速度ω和角加速度ε有关，即$\varDelta_v = \omega/K_v$，$\varDelta_a = \varepsilon/K_a$，其中$K_v$和$K_a$分别为速度误差系数和加速度误差系数。为满足跟踪误差θ_t的要求，需要设计期望特性以满足K_v和K_a的要求。通过设置速度误差$\varDelta_v$和加速度误差$\varDelta_a$的分配系数 N（Ⅰ型系统取 N<1，Ⅱ型系统取 N=1），可构造出误差系数计算关系式$\theta_d N = \varepsilon/K_a$，$\omega/K_v = \theta_d - \varepsilon/K_a$。那么当$\theta_t$、$\omega$、$\varepsilon$确定之后，通过选定 h 和 N，即可求出K_v和K_a的值。

2．系统期望特性的设计

机电伺服控制系统通常设计为Ⅰ型或Ⅱ型系统。Ⅰ型系统开环传递函数可表示为

$$G_{\text{I}}(s) = \frac{K_v(t_2 s + 1)}{s(t_1 s + 1)(t_3 s + 1)} \tag{2-31}$$

式中，K_v为速度常数；t_1、t_3为两个惯性环节的时间常数；t_2为导前环节的时间常数。Ⅰ型系统期望特性伯德图如图 2-28 所示。图中 AB、BC、CD、DE 分别为低频段、过渡段、中频段及高频段，ω_c为系统剪切频率，ω_{t_1}、ω_{t_2}、ω_{t_3}分别为第一、二、三转角频率，且$\omega_{t_1} = 1/t_1$，$\omega_{t_2} = 1/t_2$，$\omega_{t_3} = 1/t_3$。

Ⅱ型系统开环传递函数可表示为

$$G_{\text{I}}(s) = \frac{K_a(t_2 s + 1)}{s^2(t_3 s + 1)} \tag{2-32}$$

式中，K_a为加速度常数；t_3为惯性环节的时间常数；t_2为导前环节的时间常数。类似地可以绘

制Ⅱ型系统期望特性伯德图，如图 2-29 所示。图中 BC、CD、DE 分别为低频段、中频段及高频段，ω_c 为系统剪切频率，ω_{t_2}、ω_{t_3} 分别为第二、三转角频率，且 $\omega_{t_2}=1/t_2$，$\omega_{t_3}=1/t_3$。

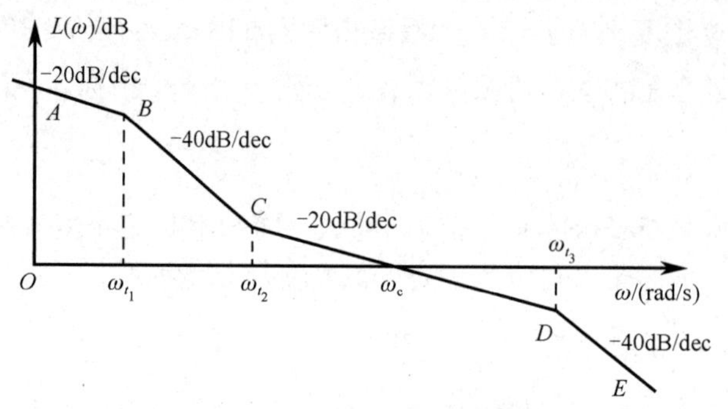

图 2-28　Ⅰ型系统期望特性伯德图

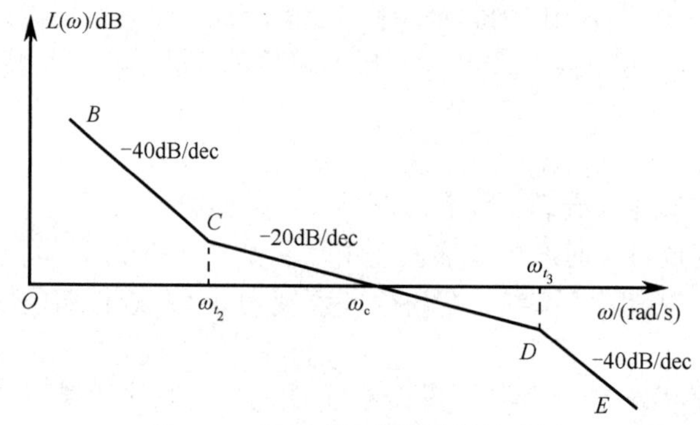

图 2-29　Ⅱ型系统期望特性伯德图

伺服系统期望特性设计的核心就是对伺服系统的类型、各频段的斜率、K_v、K_a、剪切频率 ω_c 和转角频率 ω_{t_1}、ω_{t_2}、ω_{t_3} 进行选择和计算。

1）伺服系统的类型

伺服系统的类型主要是Ⅰ型或Ⅱ型系统，可通过跟踪误差 θ_t 的要求进行选择。若跟踪误差 θ_t 要求较高，计算出的速度常数要求 $K_v > 1000\text{s}^{-1}$，则选择Ⅱ型系统进行期望特性设计较为合适；反之，选择Ⅰ型系统即可。

2）各频段的斜率

期望特性伯德图主要包括低频段、过渡段、中频段和高频段。各频段反映了伺服系统不同的性能。

低频段的斜率与系统的无静差阶次一致，对于Ⅰ型系统，它反映的是速度常数 K_v，系统的速度误差 Δ_v 由低频段斜率决定，斜率设计为-20dB/dec；对于Ⅱ型系统，它反映的是加速度常数 K_a，决定了系统的加速度误差 Δ_a，斜率设计为-40dB/dec。

过渡段只在Ⅰ型系统的期望特性中才会出现，其斜率为-40dB/dec 或-60dB/dec。

中频段的设计是期望特性设计的关键一环。伺服系统性能指标的相位裕度 $\gamma(\omega_c)$ 由中频段的宽度和对称度决定。根据稳定性要求，中频段的斜率一般设计为-20dB/dec。

高频段反映了系统抑制高频干扰及结构谐振的能力。高频段斜率通常为-40dB/dec 或-60dB/dec，一般由闭环速度回路的传递函数决定。

3）剪切频率和转角频率

第三转角频率 ω_{t_3} 反映的是系统的固有特性，由闭环速度回路的传递函数决定，因此，通常认为 ω_{t_3} 是已知的。依据 ω_{t_3} 可开展中频段的设计，即设计剪切频率 ω_c 和第二转角频率 ω_{t_2}。

为便于分析，首先定义中频宽为

$$h = \frac{\omega_{t_3}}{\omega_{t_2}} \tag{2-33}$$

当选定中频宽 h 之后，第二转角频率 ω_{t_2} 即随之确定。中频宽 h 影响了系统的相位裕度 $\gamma(\omega_c)$，h 越大，相位裕度 $\gamma(\omega_c)$ 越大。为提高速度常数 K_v，I 型系统往往对第一转角频率 ω_{t_1} 取较小值，可认为 $\arctan(\omega_c/\omega_{t_1}) \approx 90^\circ$。此时，I 型和 II 型系统的相位裕度 $\gamma(\omega_c)$ 为

$$\gamma(\omega_c) = \arctan(\omega_c/\omega_{t_2}) - \arctan(\omega_c/\omega_{t_3}) \tag{2-34}$$

因此，可不加区分地对 I 型和 II 型系统的中频段进行设计。以 II 型系统设计为例，剪切频率 ω_c 可由下式求得：

$$\omega_c = \frac{h+1}{2h}\omega_{t_3} \tag{2-35}$$

中频宽 h 一般在 5～12 范围内取值，若希望进一步增大稳定裕度，可把 h 增大至 15～18。若给出了对超调量和相位裕度的要求，则可通过表 2-3 或以下计算公式之一得到 h 的取值：

$$h = \frac{\sigma + 64}{\sigma - 16}$$
$$h = \frac{\sigma_r + 1}{\sigma_r - 1}, \quad \sigma_r = \frac{1}{\sin\gamma(\omega_c)} \tag{2-36}$$

式中，σ 为超调量；σ_r 为相对谐振峰值，A_0 为比例系数。中频宽 h 确定之后，剪切频率 ω_c 和第二转角频率 ω_{t_2} 随之确定。

表 2-3　参数表

$\gamma(\omega_c)/(^\circ)$	30	35	40	45	50	55	60	65	70
$\sigma/\%$	54	46	42	35	29	26	23	20	18
A_0	19	13.4	11.3	10	9	8.4	7.6	7.2	6.4

然后依据 II 型系统伯德图，可得到加速度常数 K_a 的计算公式为

$$K_a = \omega_{t_2}\omega_c \tag{2-37}$$

由此，II 型系统伯德图的所有参数均已确定。通过加速度误差 Δ_a 可检验加速度常数 K_a 是否满足跟踪精度的要求。

对于 I 型系统，在剪切频率 ω_c 和第二转角频率 ω_{t_2} 确定之后，第一转角频率 ω_{t_1} 由速度常数 K_v 决定。依据速度误差 Δ_v 可计算得到速度常数 K_v，然后可由以下公式计算第一转角频率 ω_{t_1}：

$$\omega_{t_1} = \frac{\omega_{t_2}\omega_c}{K_v} \tag{2-38}$$

通过以上过程，可设计出 I 型或 II 型系统的期望特性。

3．性能指标校验

按照上述过程设计出的系统期望特性，应满足伺服系统的主要性能指标，即相位裕度、伺服带宽、超调量、调整时间和跟踪精度。期望特性的校验即是对以上性能指标进行验证。

1）相位裕度

Ⅰ型系统的相位裕度校验式如下：

$$\gamma(\omega_c)=180^\circ+\arctan(\omega_c/\omega_{t_2})-[90^\circ+\arctan(\omega_c/\omega_{t_1})+\arctan(\omega_c/\omega_{t_3})] \tag{2-39}$$

Ⅱ型系统的相位裕度校验式如式（2-34）所示。

2）伺服带宽

伺服带宽 ω_b 可利用剪切频率 ω_c 进行计算，关系式如下：

$$\omega_b=(1.5\sim2)\omega_c \tag{2-40}$$

此外，式（2-40）不仅可用于校验伺服带宽是否满足要求，还可利用伺服带宽 ω_b 对剪切频率 ω_c 进行设计，并对系统固有时间常数提出要求，从而确定执行元件的结构参数。

3）超调量

超调量可依据相位裕度 $\gamma(\omega_c)$ 直接利用表 2-3 给出的数据或通过式（2-36）得到。

4）调整时间

调整时间同样可依据表 2-3 给出的数据 A_0，再借助下式计算得到：

$$t_s=A_0/\omega_c \tag{2-41}$$

此外，下面的公式也可用于调整时间的校验：

$$\begin{cases} t_s=\dfrac{\pi[2+1.5(\sigma_r-1)+2.5(\sigma_r-1)^2]}{\omega_c}, & 1.1\leqslant\sigma_r\leqslant1.8 \\ t_s=\left(8-\dfrac{3.5}{\omega_c/\omega_{t_2}}\right)\dfrac{1}{\omega_c}, & \text{其他} \end{cases} \tag{2-42}$$

5）跟踪精度

依据跟踪误差 θ_t 对速度误差 Δ_v 和加速度误差 Δ_a 的要求，即可计算得出速度常数 K_v 和加速度常数 K_a 的取值范围，与设计期望特性的速度常数 K_v 和加速度常数 K_a 进行对比，即可判断跟踪误差 θ_t 是否满足要求。

在对期望特性进行校验的过程中，以上指标均需满足要求才能完成期望特性设计；否则，应重新设计期望特性。

2.4.3　电流回路设计

位置回路结构框图如图 2-30 所示，它包括了位置反馈元件、变换元件、位置环调节器、速度回路、执行元件等几个主要环节；速度回路结构框图如图 2-31 所示，它包括速度传感器、速度采样和滤波回路、电动机、速度调节器、电流回路等环节；电流回路结构框图也体现在

图 2-31 中，它包括电流传感器、电流采样和滤波回路、电流调节器、功率驱动模块、反电动势回路、电动机电枢回路等环节。电流回路和速度回路均为位置回路的内回路，且电流回路是速度回路的内回路。

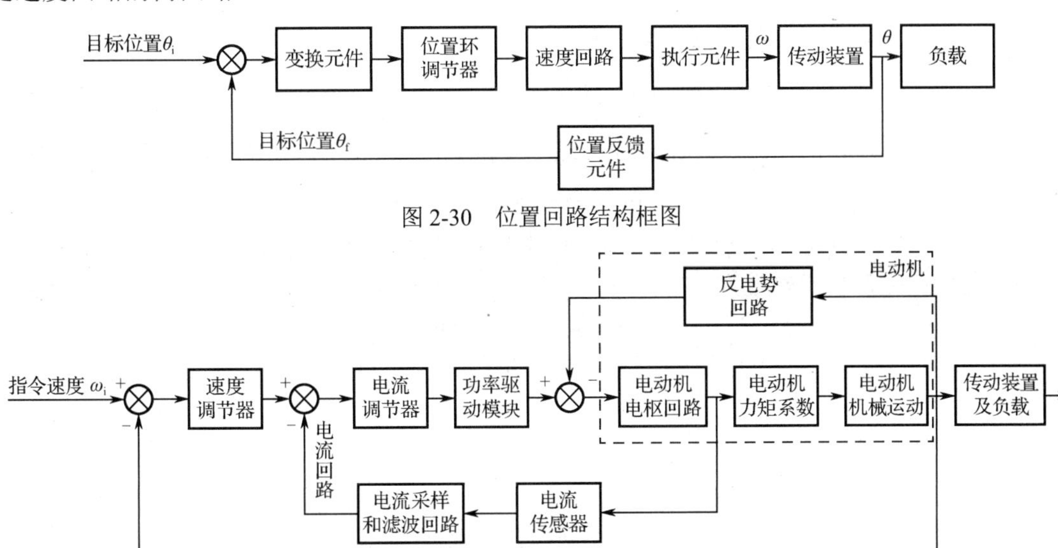

图 2-30　位置回路结构框图

图 2-31　速度回路结构框图

设置电流回路主要有两个目的：一是限制电动机的启动电流；二是减小电动机电枢回路的时间常数。因此，电流回路能够充分利用电动机的过载能力来提高整个系统的动态响应。对于系统的动态干扰，由于电流变化远比转速变化要快得多，故电流回路的调节能力也远大于速度回路。

电流回路的设计过程与位置伺服系统的设计类似，包括确定固有环节传递函数、期望特性设计、电流调节器选择和参数设计等。电流回路控制对象包括功率驱动模块、电动机电枢回路、电流采样和滤波回路。由 2.4.1 节可知，功率驱动模块可看成时间常数为 t_v 的一阶惯性环节。电流采样和滤波回路可看成时间常数为 t_f 的一阶惯性环节。电动机电枢回路的传递函数可由式（2-27）得到。因此，电流回路的固有传递函数可写为

$$G_{io}(s)=\frac{\beta}{t_f s+1}G_{ui}(s)\frac{K_{volt}}{t_v s+1}=\frac{(\beta K_{volt}t_m/R)s}{(t_m t_e s^2+t_m s+1)(t_f s+1)(t_v s+1)} \tag{2-43}$$

式中，K_{volt} 为 PWM 电压放大倍数；β 为电流反馈系数。

由于电流回路一般以其跟随性能为主，通常将电流回路设计为典型的 I 型系统，在设计电流调节器时可忽略电动机反电动势的影响，因此，电流回路的固有传递函数可简化为

$$G_{io}(s)=\frac{\beta K_{volt}/R}{(t_e s+1)(t_{fv}s+1)} \tag{2-44}$$

式中，$t_{fv}=t_f+t_v$ 为等效小惯性环节时间常数。

电流调节器 $G_{ic}(s)$ 可选用 PI 调节器，传递函数为

$$G_{ic}(s)=\frac{K_{ip}\tau_{ii}s+1}{\tau_{ii}s} \tag{2-45}$$

式中，K_{ip}、τ_{ii} 分别为电流调节器比例系数、积分时间常数。

为了将电流回路设计为典型的 I 型系统，需利用 PI 调节器的零点对消固有传递函数中的大时间常数极点，即

$$K_{\mathrm{ip}}\tau_{\mathrm{ii}}s+1=t_{\mathrm{e}}s+1 \tag{2-46}$$

由此，电流回路期望开环传递函数可写为

$$G_{\mathrm{ik}}(s)=G_{\mathrm{io}}(s)G_{\mathrm{ic}}(s)=\frac{K_{\mathrm{i}}}{s(t_{\mathrm{fv}}s+1)} \tag{2-47}$$

式中，$K_{\mathrm{i}}=\beta K_{\mathrm{volt}}/(R\tau_{\mathrm{ii}})$ 为电流回路的开环放大倍数。对于电流回路系统，选择 $K_{\mathrm{i}}t_{\mathrm{fv}}=0.5$ 时系统具有最佳阻尼比 0.707。此时系统超调量为 4.3%，且响应速度较快。

利用式（2-46）和式（2-47）即可确定 PI 调节器的参数，从而完成电流回路的设计。设计完成的电流回路闭环传递函数为

$$G_{\mathrm{ib}}(s)=\frac{G_{\mathrm{ik}}(s)}{1+G_{\mathrm{ik}}(s)}=\frac{K_{\mathrm{i}}}{K_{\mathrm{i}}+s(t_{\mathrm{fv}}s+1)} \tag{2-48}$$

2.4.4 速度回路设计

速度回路是位置回路设计的基础。速度回路在机电伺服控制系统中占有重要位置，其设计优劣直接影响位置伺服系统的性能。速度回路设计要求有良好的快速性、较小的超调量、尽量少的振荡次数、高稳定性和大带宽。速度回路除具有与电流回路相同的作用外，还能起到加大速度阻尼、减小时间常数、提高回路的动态特性、增加系统的相位裕度、改善瞬态过程品质、提高系统低速性能、扩大调速范围等作用。

类似地，速度回路的设计过程主要包括确定固有环节传递函数、期望特性设计、速度调节器选择和参数设计等环节。速度回路控制对象包括电动机、电流回路、速度采样和滤波回路。由 2.4.1 节可知，速度采样和滤波回路可看成时间常数为 $t_{\omega\mathrm{f}}$ 的一阶惯性环节。电动机回路的传递函数可由式(2-28)得到。一般情况下要求速度环剪切频率 $\omega_{\mathrm{c}\omega}$ 满足电流环剪切频率 ω_{ci} 的 1/4，因此，电流回路的固有传递函数可近似写为

$$G_{\mathrm{ib}}(s)\approx\frac{1}{t_{\mathrm{i}}s+1} \tag{2-49}$$

式中，$t_{\mathrm{i}}=1/K_{\mathrm{i}}$。因此，速度回路的固有传递函数可写为

$$G_{\omega\mathrm{o}}(s)=\frac{\beta_{\omega}}{t_{\omega\mathrm{f}}s+1}G_{\mathrm{ib}}(s)G_{\mathrm{iT}}(s)G_{\mathrm{T}\omega}(s)=\frac{C_{\mathrm{e}}\beta_{\omega}}{J_{\mathrm{s}}s(t_{\omega\mathrm{f}}s+1)(t_{\mathrm{i}}s+1)} \tag{2-50}$$

式中，β_{ω} 为速度反馈系数。当速度环剪切频率满足 $\omega_{\mathrm{c}\omega}\leqslant\sqrt{1/(t_{\omega\mathrm{f}}t_{\mathrm{i}})}/4$ 时，可将小惯性时间常数合并为 $t_{\omega\mathrm{s}}$，$t_{\omega\mathrm{s}}=t_{\omega\mathrm{f}}+t_{\mathrm{i}}$，速度回路的固有传递函数可简写为

$$G_{\omega\mathrm{o}}(s)=\frac{K_{\omega\mathrm{k}}}{s(t_{\omega\mathrm{s}}s+1)} \tag{2-51}$$

式中，$K_{\omega\mathrm{k}}=C_{\mathrm{e}}\beta_{\omega}/J_{\mathrm{s}}$ 为速度开环放大倍数。为实现速度无静差，必须采用积分环节并将其置于负载扰动前，即速度调节器中必须包含一阶积分环节。则速度回路开环传递函数中有两个积分环节，速度回路将校正成典型的 II 型系统。速度调节器选择 PI 调节器，传递函数为

$$G_{\omega\mathrm{c}}(s)=\frac{K_{\omega\mathrm{p}}(\tau_{\omega\mathrm{i}}s+1)}{\tau_{\omega\mathrm{i}}s} \tag{2-52}$$

式中，$K_{\omega p}$、$\tau_{\omega i}$ 分别为速度调节器比例系数、积分时间常数。

经过校正后，速度回路变为典型的II型系统，开环传递函数为

$$G_{\omega k}(s)=\frac{K_{\omega}(\tau_{\omega i}s+1)}{s^{2}(t_{\omega s}s+1)} \tag{2-53}$$

式中，$K_{\omega}=K_{\omega p}K_{\omega k}/\tau_{\omega i}$ 为速度环开环放大倍数。对速度调节器两个参数的确定，可借助 2.4.2 节期望特性设计过程实现。

首先需引入中频宽 h，依据伺服系统对相位裕度、超调量等性能指标的要求，可通过式（2-36）和表 2-3 得到中频宽 h，也可直接在 5～12 范围内取 h 的值。然后依据下式可求得速度调节器的参数：

$$\begin{cases}\tau_{\omega i}=ht_{\omega s}\\ K_{\omega p}=\dfrac{h+1}{2h}\dfrac{1}{t_{\omega s}K_{\omega k}}\end{cases} \tag{2-54}$$

由此，速度回路的初步设计已完成。接下来还需根据伺服系统对速度回路的性能指标要求对所设计的参数进行校验，可参照 2.4.2 节性能指标校验部分对所选参数进行性能验证。

设计完成的速度回路闭环传递函数为

$$G_{\omega b}(s)=\frac{G_{\omega k}(s)}{1+G_{\omega k}(s)}=\frac{K_{\omega}(\tau_{\omega i}s+1)}{s^{2}(t_{\omega s}s+1)+K_{\omega}(\tau_{\omega i}s+1)} \tag{2-55}$$

2.4.5 位置回路设计

位置回路是伺服系统中最外面的一个回路，其作用是实现位置闭环。在完成了电流回路和速度回路的设计后，才可进行位置回路的设计。位置回路一般设计为I型或II型系统。类似地，位置回路的设计过程主要包括确定固有环节传递函数、期望特性设计、位置环调节器选择和参数设计等环节。位置回路控制对象包括传动机构、速度回路、位置采样和滤波回路。

传动机构的传递函数可由式（2-29）得到，由 2.4.1 节可知，位置采样和滤波回路的时间常数较小，其传递函数可近似为 K_r。由 2.4.4 节可知，速度回路是一个三阶系统，位置环调节器较为复杂，需进行降阶处理。由于系统速度响应远比位置响应快，因此可将速度闭环回路等效为一阶惯性环节。等效的前提是位置环剪切频率满足 $\omega_{c\theta}\leqslant\omega_{c\omega}/4$，因此，速度回路的固有传递函数可近似写为

$$G_{\omega b}(s)=\frac{K_{\omega b}}{t_{\omega b}s+1} \tag{2-56}$$

式中，$K_{\omega b}$ 为速度环闭环放大倍数，表示电动机实际速度和伺服速度指令间的比值，可利用稳态时速度指令与电动机实际速度的关系求得；$t_{\omega b}$ 为等效惯性环节时间常数，常用伺服系统单位速度阶跃响应时间（电动机在设定转矩 T_e 下，空载启动到设定转速 ω 时的响应时间）表示，可由下式求得：

$$t_{\omega b}=\frac{\omega J_s}{T_e} \tag{2-57}$$

位置回路的固有传递函数可简写为

$$G_{\theta o}(s)=K_r G_{\omega b}(s)G_{\omega\theta}(s)=\frac{K_r K_{\omega b}/i_0}{s(t_{\omega b}s+1)} \tag{2-58}$$

位置回路可设计为Ⅰ型或Ⅱ型系统。对于连续跟踪控制应用来说，位置伺服系统不希望位置出现超调与振荡，以免位置控制精度下降。因此，位置环调节器可采用比例调节器，将位置环校正为Ⅰ型系统。位置系统的开环传递函数为

$$G_{\theta k}(s)=\frac{K_{\theta p}K_{r}K_{\omega b}/i_0}{s(t_{\omega b}s+1)} \tag{2-59}$$

式中，$K_{\theta p}$ 为位置环调节器比例系数。通过选择比例系数，满足 $K_{\theta p}K_{r}K_{\omega b}t_{\omega b}/i_0\approx 0.25$，即可将系统校正为临界阻尼系统。此外，还可采用如下形式的超前-滞后环节，将位置系统的开环传递函数校正为2.4.2节所示的典型Ⅰ型系统，并依据设计的典型Ⅰ型系统的期望特性得到超前-滞后环节的参数。

$$G_{\theta c}(s)=\frac{K_{cz}(t_2 s+1)}{(t_1 s+1)} \tag{2-60}$$

当对系统的稳态精度要求较高时，位置回路可设计为Ⅱ型系统，可采用 PI 调节器设计位置环调节器。位置环调节器的传递函数如下：

$$G_{\theta c}(s)=\frac{K_{\theta p}(\tau_{\theta i}s+1)}{\tau_{\theta i}s} \tag{2-61}$$

式中，$\tau_{\theta i}$ 为位置环调节器积分时间常数。

经过校正后，位置回路变为典型的Ⅱ型系统，开环传递函数为

$$G_{\theta k}(s)=\frac{K_{\theta}(\tau_{\theta i}s+1)}{s^2(t_{\omega b}s+1)} \tag{2-62}$$

式中，$K_{\theta}=K_{\theta p}K_{\omega b}/i_0\tau_{\theta i}$ 为位置环开环放大倍数。与速度调节器的设计过程类似，对位置环调节器两个参数的确定，同样可借助2.4.2节期望特性的设计过程实现。

2.4.6 机械结构因素对动态性能的影响

按照上述过程设计出的系统期望特性和内外回路的控制器参数，可使得伺服系统的主要动态性能指标（即相位裕度、伺服带宽、超调量、调整时间和跟踪精度）满足要求。然而在上述设计中，忽略了伺服机械的结构因素对其动态性能的影响，实际中结构因素的影响是不能忽略的。结构因素主要包括转动惯量、系统刚度、摩擦转矩、传动空回等。下面将分别分析各因素对动态性能的影响。

1．转动惯量

转动惯量通常是指伺服系统的执行元件、传动机构及负载的合成转动惯量，它是机电伺服控制系统的基本参数之一。一般来说，传动机构和负载的转动惯量大于执行元件的转动惯量。转动惯量的大小将影响系统的开环剪切频率、调整时间、跟踪误差、机电时间常数、低速跟踪性能等，下面进行简要分析。

位置环剪切频率 $\omega_{\theta c}$ 与负载转动惯量 J_1 的关系可表示为

$$\omega_{\theta c}=\sqrt{\frac{T_{fs}\varphi_{\omega c}}{J_1[2\varDelta]}} \tag{2-63}$$

式中，T_{fs} 为静摩擦转矩；$[2\varDelta]$ 为传动空回；$\varphi_{\omega c}$ 为传动空回的等效相位滞后。由式（2-63）可

知，当静摩擦转矩、传动空回及其相位滞后一定时，转动惯量越大，开环剪切频率越小，从而造成调整时间加长，系统快速性变差，由此跟踪误差越大。

机电时间常数与转动惯量的关系可表示为

$$t_{\mathrm{m}}=\frac{(J_{\mathrm{o}}+J_{1}/i_{0}^{2})R}{C_{\mathrm{e}}C_{\omega}} \tag{2-64}$$

由式（2-64）可知，机电时间常数与转动惯量成正比。转动惯量越大，机电时间常数越大，导致系统的相位裕度越小，超调量变大。

伺服系统在低速跟踪时，将产生低速“爬行”现象，爬行时的角加速度可表示为

$$\varepsilon_{1}=\frac{T_{\mathrm{fs}}-T_{\mathrm{fk}}}{J_{1}} \tag{2-65}$$

式中，T_{fk} 为库仑摩擦转矩。从式（2-65）可以看出，当静摩擦转矩和库仑摩擦转矩一定时，转动惯量越大，爬行的角加速度越小。因此，增大转动惯量可改善系统的低速跟踪性能。

综上所述，增大转动惯量，将对系统的动态性能产生不利影响，具体体现为降低系统开环剪切频率、增大调整时间、增大跟踪误差、降低相位裕度和增加超调量，但同时也能改善系统的低速爬行性能。一般来说，低速爬行性能可通过合理选择执行元件和设计速度回路实现。因此，在满足转动惯量匹配的条件下，应取小转动惯量，以提高系统动态性能。

2．系统刚度

在 2.4.1～2.4.5 节所介绍的动态设计过程中，均假设伺服系统的机械结构是刚性的，即系统刚度无穷大。实际上，机械系统的刚度总是有限的，机电伺服控制系统的刚度通常以扭振刚度表示。刚度主要通过影响系统的谐振特性，从而影响系统的动态性能。对于谐振频率较低的机电伺服控制系统（如大惯量雷达伺服系统），系统刚度对伺服系统动态性能的影响不可忽略。考虑系统刚度时的机电传动框图如图 2-32 所示。系统的扭振刚度 K_{ol} 可表示为

$$K_{\mathrm{ol}}=\frac{K_{\mathrm{o}}K_{1}}{K_{\mathrm{o}}+K_{1}} \tag{2-66}$$

式中，K_{o} 和 K_{1} 分别为电动机和负载的扭振刚度。通常情况下，电动机刚度远大于负载的扭振刚度，因此，式（2-66）可简化为

$$K_{\mathrm{ol}}\approx K_{1} \tag{2-67}$$

由式（2-67）可知，系统的扭振刚度主要由负载的扭振刚度决定。

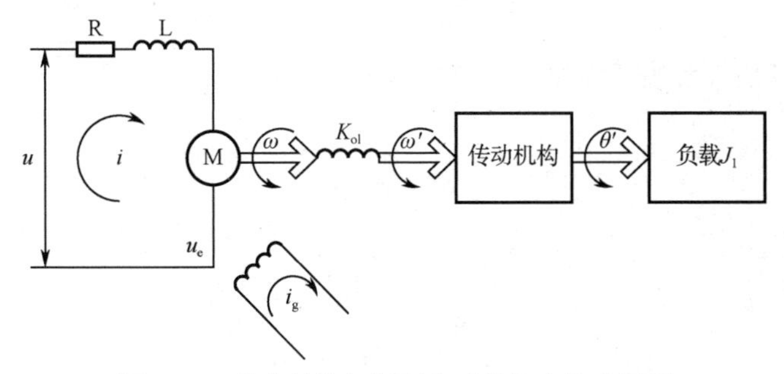

图 2-32 考虑结构扭振刚度时的机电传动框图

在负载扭振刚度的影响下，从电动机输出转速到负载端转速的传递函数不再为常数，需改写为

$$G_{\omega\theta'}(s)=\frac{\theta'(s)}{\omega(s)}=\frac{1/i_0}{s^2/\omega_1^2+2\xi_1 s/\omega_1+1} \tag{2-68}$$

式中，ω_1 和 ξ_1 分别为结构谐振频率和阻尼比，且可表示为

$$\omega_1=\sqrt{\frac{K_1}{J_1}}$$
$$\xi_1=\frac{F_1}{2\omega_1} \tag{2-69}$$

式中，F_1 为结构速度阻尼系数；J_1 为负载转动惯量。

同时，电动机电磁转矩到电动机输出转速的传递函数也需改写为

$$G_{\mathrm{T}\omega}(s)=\frac{\omega(s)}{T(s)}=\frac{s^2/\omega_1^2+2\xi_1 s/\omega_1+1}{J_{\mathrm{o}}s(s^2/\omega_{\mathrm{ml}}^2+2\xi_{\mathrm{ml}}s/\omega_{\mathrm{ml}}+1)} \tag{2-70}$$

式中，ω_{ml} 和 ξ_{ml} 分别为综合谐振频率和阻尼比；J_{o} 为电机转子转动惯量，且可表示为

$$\begin{cases}\omega_{\mathrm{ml}}=\sqrt{\dfrac{K_{\mathrm{ol}}(J_{\mathrm{o}}+J_1)}{J_{\mathrm{o}}J_1}}\approx\sqrt{\dfrac{K_1(J_{\mathrm{o}}+J_1)}{J_{\mathrm{o}}J_1}}\\ \xi_{\mathrm{ml}}=\dfrac{F_{\mathrm{ml}}}{2\omega_{\mathrm{ml}}}\end{cases} \tag{2-71}$$

式中，F_{ml} 为综合速度阻尼系数。

可以看出，当考虑系统扭转刚度这一因素时，综合谐振频率和结构谐振频率分别影响电动机端速度响应和负载端速度响应。由于结构谐振频率直接影响负载端速度，对于需要进行负载端位置闭环的伺服系统，需着重考虑结构谐振频率对系统性能的影响。

结构谐振频率将影响伺服系统的带宽和速度回路截止频率的选择，从而限制系统开环剪切频率，最终影响系统的相位裕度、跟踪误差、超调量和调整时间。

通常情况下，当系统工作频率位于 $0.7\omega_1\leqslant\omega_{\mathrm{g}}\leqslant1.4\omega_1$ 时，结构谐振特性将被激起，从而造成控制精度和稳定性的降低。为避免系统工作在结构谐振频率附近，一般要求伺服带宽满足以下关系：

$$\omega_{\mathrm{b}}\leqslant2\xi_1\omega_1 \tag{2-72}$$

阻尼比一般设计在 0.1～0.35 范围内，在大型雷达等电子设备中，阻尼比一般只能做到 0.1～0.15，中间值为 0.125，则式（2-72）可写为

$$\omega_{\mathrm{b}}\leqslant\omega_1/4 \tag{2-73}$$

由式（2-40）可知，系统开环剪切频率通常可取为 $\omega_{\mathrm{c}}=\omega_{\mathrm{b}}/2$，因此，可得开环剪切频率与谐振频率的关系为

$$\omega_{\mathrm{c}}\leqslant\omega_1/8 \tag{2-74}$$

将式（2-69）代入式（2-74），可得开环剪切频率与负载扭振刚度的关系为

$$\omega_{\mathrm{c}}\leqslant\frac{1}{8}\sqrt{\frac{K_1}{J_1}} \tag{2-75}$$

由式（2-75）可知，开环剪切频率与负载扭振刚度为正相关，负载的扭振刚度越大，开环剪切频率的取值上限越高。依据式（2-36）和式（2-42）可知，开环剪切频率越高，相位裕度越大，系统的超调量和调整时间越小，同时系统响应更快，跟踪误差越低。此外，由式（2-75）可知，

当负载扭振刚度不变时，负载转动惯量越大，许用开环剪切频率越低，同样验证了上一节的结论。

综上所述，扭振刚度通过改变系统的结构谐振频率，从而限制系统的开环剪切频率，最终对系统的动态性能，如相位裕度、跟踪误差、超调量和调整时间造成显著影响。扭振刚度越高，动态性能越好。而高扭振刚度需要结构上的合理设计才能实现。因此，在对执行元件传动链和负载等结构进行设计和选型时，应尽量提高系统的扭振刚度。

3．摩擦转矩

机电伺服控制系统不可避免地会受到摩擦转矩的作用，其大小不仅会影响负载分析和执行元件的选择，还会对系统的动态性能产生显著影响。

摩擦转矩分为静摩擦转矩和动摩擦转矩，其特点详见 3.3.2 节。摩擦转矩对动态性能的影响主要体现在两方面：静态精度和低速平稳性。

静摩擦转矩产生的静态误差可表示为

$$\varDelta_{e} = T_{fs} / K_{t1} \tag{2-76}$$

式中，K_{t1} 为静态转矩误差系数。当 K_{t1} 一定时，静态误差 $\varDelta_{e}$ 与静摩擦转矩成正比，静摩擦转矩越大，静态误差越大，静态精度越低。

由式（2-65）可知，当执行元件处于低速“爬行”状态时，角加速度与静摩擦转矩和库仑摩擦转矩之差成正比。因此，当负载转动惯量一定时，静摩擦转矩与库仑摩擦转矩之差越大，转动部件的低速运行越不平稳，从而会增大低速跟踪误差。

综上所述，摩擦转矩的存在，将对系统的动态性能产生显著影响。在进行系统设计时，应降低静、动摩擦系数，以降低摩擦转矩对静态精度和低速平稳性的影响。

4．传动空回

空回是指不致引起反向可测量输出的最大输入量，而传动空回是指从执行元件即电动机到负载间的整个传动链的空回，它由传动链上的各种间隙（包括齿轮侧向间隙、轴承间隙、连接轴销间隙等）产生，是衡量伺服传动机构性能好坏的重要指标之一。图 2-33 所示为机电伺服控制系统的传动空回组成框图，主要包括执行元件到负载的动力减速传动机构空回和位置反馈系统的减速传动机构空回。

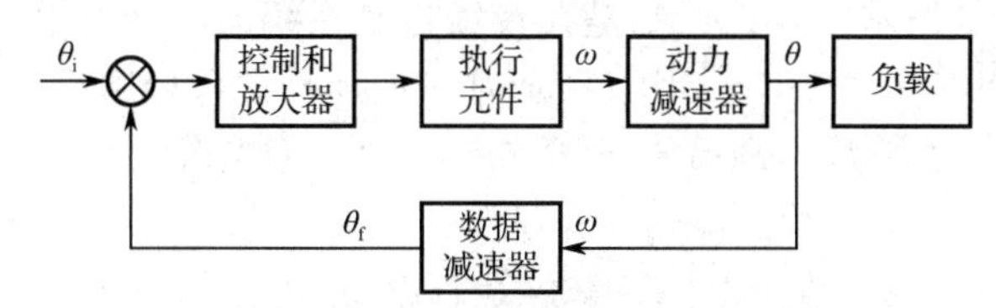

图 2-33　机电伺服控制系统的传动空回组成框图

闭环内的传动空回，主要会产生两种不利影响：一是作为滞后环节使得相位滞后，从而影响系统稳定性；二是会造成静态误差和自持振荡误差。其中，执行元件到负载的动力减速传动机构空回主要会引起自持振荡误差，但是并不会影响静态精度；而位置反馈系统的减速传动机构空回不仅会造成自持振荡误差，还会影响系统的静态精度。

传动空回将会对系统的稳定性、静态精度和跟踪精度等动态性能产生影响。因此，需要采取相应的措施以降低传动空回。对于齿轮传动，常用的空回消除方法包括结构消除法和电消除法。电消除法将在 2.6.2 节予以介绍。

传动空回的结构消除法主要有以下几种。

（1）中心距调整法。在装配过程中可以略微改变齿轮支点的作用位置，从而调整齿轮中心距来控制啮合侧隙的大小。

（2）游丝接触法。齿轮正、反转时，由于游丝产生的反转矩作用，使得齿面始终处于单面接触状态。因此，无论正转还是反转，齿轮齿面始终接触传动，即使存在侧隙，也不会进一步影响整个传动空回。用接触法安装游丝时，为了将传动链中所有零件都保持单向压紧状态，应把游丝装于传动链中的最后一环。

（3）分片齿轮控制侧隙。该方法将啮合齿轮中的从动齿轮做成两片，调整装配工艺，将两片齿轮错开一定角度并调整齿侧间隙后紧固安装，在不传动时，齿间总保持应力接触状态，因此在齿轮传动时能有效减小侧隙。

2.4.7 提高机电伺服控制系统性能的其他方法

2.4.6 节对影响机电伺服控制系统动态性能的因素（如转动惯量、结构谐振和摩擦转矩等）进行了分析，这些结构因素对系统动态性能的影响显著，基于经典控制理论设计的三环控制器无法有效降低结构因素造成的不利影响。为此，本节首先将在经典理论的基础上，针对转动惯量和结构谐振因素，提出相应的复合控制策略。同时，针对非线性、时变的摩擦转矩等负载干扰，运用自适应控制、滑模变结构、鲁棒控制等现代控制策略，以降低摩擦转矩等干扰对伺服控制精度的影响。

1．提高系统跟踪性能的方法

快速、精确的位置跟踪是机电伺服控制系统的发展目标，2.4.2 节～2.4.5 节所介绍的控制系统设计方法，仅仅适用于Ⅰ型或Ⅱ型系统，而在高跟踪精度要求的应用场合，对于加加速度（也称急动度）等指令信号无法有效跟踪。同时，由于机械系统转动惯量等影响因素的存在，使得位置输出信号不能完全跟随系统输入指令信号，转动惯量越大，跟踪误差越大。因此，需要采用其他方法以提高伺服系统的跟踪精度。

为提高系统的跟踪性能，在 2.4.2 节～2.4.5 节所介绍的传统闭环控制的基础上，提出了一种前馈+闭环的复合控制技术。前馈控制是在反馈控制系统的基础上增加相应环节，引入前馈补偿，其原理框图如图 2-34 所示。图中，$G_r(s)$为前馈补偿传递函数，$G_c(s)$为控制器传递函数，$G_0(s)$为控制对象传递函数，$R(s)$为参考输入，$C(s)$为系统输出，$E(s)$为误差。由图 2-34 可知，系统输出量为

$$C(s)=\frac{[G_c(s)+G_r(s)]G_0(s)}{1+G_1(s)G_2(s)}R(s) \tag{2-77}$$

系统闭环传递函数为

$$T(s)=\frac{[G_c(s)+G_r(s)]G_0(s)}{1+G_c(s)G_0(s)} \tag{2-78}$$

系统误差传递函数为

$$E(s)=\frac{1-G_r(s)G_0(s)}{1+G_c(s)G_0(s)} \tag{2-79}$$

选取前馈补偿传递函数为

$$G_r(s) = \frac{1}{G_0(s)} \tag{2-80}$$

依据式（2-78）～式（2-80），可得

$$\begin{cases} T(s) = 1 \\ E(s) = 0 \end{cases} \tag{2-81}$$

式（2-81）说明，系统的输出量在任何时刻都可以完全无误地复现输入量，具有理想的时间响应特性。前馈补偿 $G_r(s)$ 的存在，相当于在系统中增加了一个输入信号 $G_r(s)R(s)$，其产生的误差信号与原输入信号 $R(s)$ 产生的误差相比，大小相等、方向相反，两者叠加正好实现系统无差跟踪。故式（2-80）称为输入信号的误差全补偿条件。由于前馈增益不形成回路，因此前馈控制不损坏系统的稳定性。

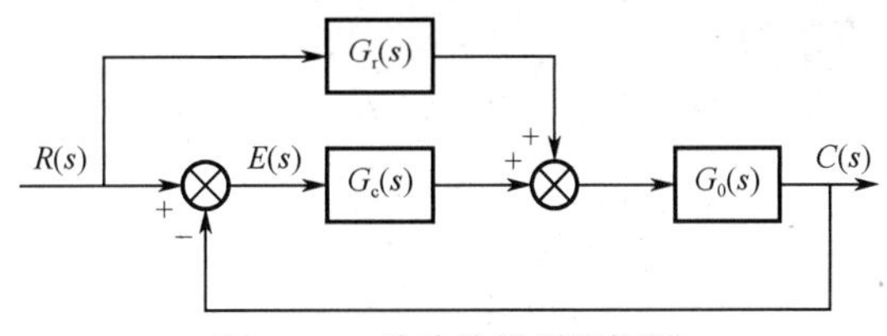

图 2-34　前馈补偿原理框图

一般来说，由于 $G_0(s)$ 的组成形式较为复杂，且会随工况发生变化，故全补偿条件式（2-80）不易实现。为了达到工程目标，可以在满足特定的要求下实现部分补偿条件，或者在系统性能灵敏频段内完成近似全补偿，这样可使 $G_r(s)$ 的形式简单并易于实现。

速度前馈和加速度前馈在机电伺服控制系统中的应用较为普遍，其补偿原理框图如图 2-35 所示。速度前馈指令可由位置指令通过微分计算得出，也可用速度指令 V_c 直接得出。加速度前馈指令可由位置指令通过两次微分得到，同样也可用加速度指令 A_c 直接得出。添加速度和加速度前馈后，对稳定裕度与扰动响应没有任何影响，还可使系统对加加速度输入信号具有跟踪能力，从而显著提升系统的跟踪性能。

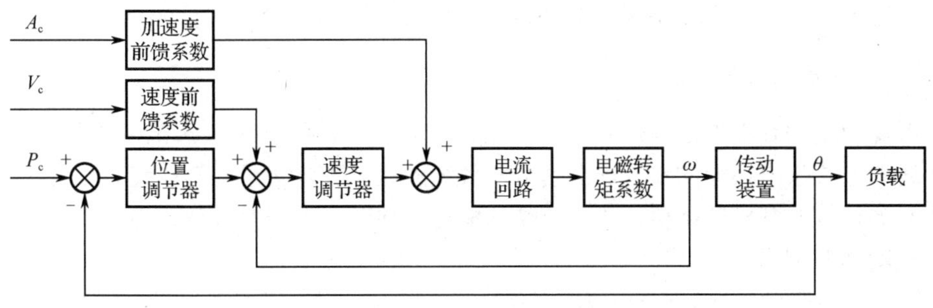

图 2-35　速度和加速度前馈补偿原理框图

2. 降低系统谐振的方法

系统扭振刚度引起的谐振特性，将会对伺服系统的动态性能造成显著影响。除在设计上尽量满足系统开环剪切频率和带宽远离谐振频率外，还应采取特殊的控制策略，以避免谐振特性的激发。常用的方法有陷波器，也称凹口网络，即在谐振频率附近降低系统的幅值，削弱谐振振峰，从而提高系统的幅值裕度。陷波器补偿原理图如图 2-36 所示。

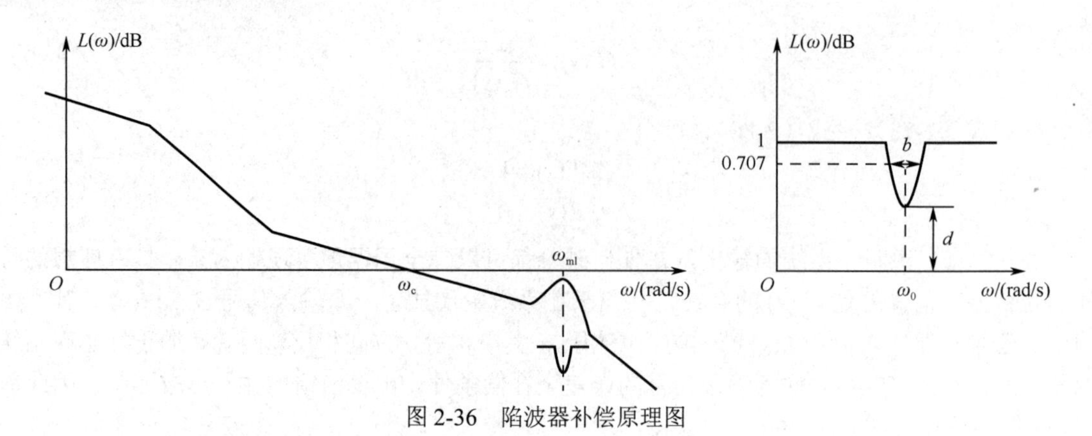

图 2-36　陷波器补偿原理图

陷波器的传递函数可表示为

$$G_f(s)=\frac{s^2+\left(\dfrac{bd}{\sqrt{1-2d^2}}\right)s+\omega_0^2}{s^2+\left(\dfrac{b}{\sqrt{1-2d^2}}\right)s+\omega_0^2} \tag{2-82}$$

式中，ω_0 为陷波中心频率；d 为陷波衰减深度；b 为陷波器带宽，即幅度衰减 3dB 时的频带宽度。

在对陷波器进行设计时，必须对位置回路的开环特性进行测试，以测出谐振特性和特征参数。然后再依据谐振特性与特征参数来设计陷波器。其中，陷波中心频率需设计为谐振频率，陷波衰减幅度需设计为谐振峰值，陷波器带宽可依据幅度相对谐振峰值衰减 3dB 时的频带宽度来确定。

3. 抑制摩擦转矩等负载干扰的方法

降低摩擦转矩对动态性能的影响主要通过补偿的方法实现。摩擦转矩补偿方法包括基于摩擦模型的补偿方法和非基于摩擦模型的补偿方法两类。下面将分别进行分析。

1）基于摩擦模型的补偿方法

基于摩擦模型的补偿方法本质是前馈补偿，首先建立系统中摩擦环节的摩擦模型，并通过离线或在线的方式获得模型的参数。由模型和系统的状态变量对摩擦转矩进行估计，然后在控制转矩中叠加估算的摩擦转矩值，从而消除摩擦转矩环节对系统性能的影响。基于摩擦模型补偿原理图如图 2-37 所示。

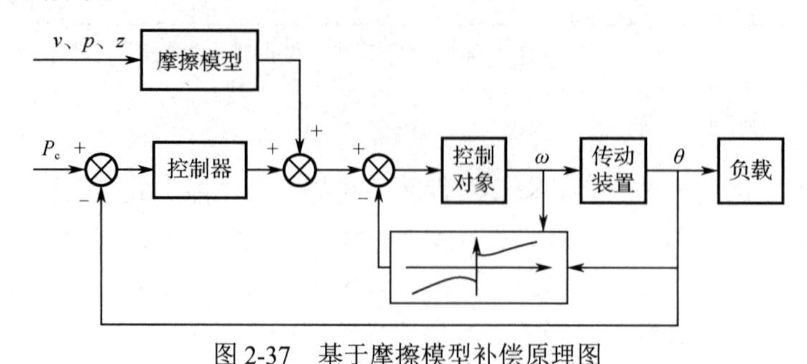

图 2-37　基于摩擦模型补偿原理图

基于模型的摩擦转矩补偿一般有两种方式，分别为固定模型补偿和自适应补偿。固定模型补偿的参数是根据系统离线辨识获得的，在实际运行过程中补偿不发生改变；而自适应补偿的摩擦模型参数是根据系统在线运行的参数变化，通过迭代算法进行辨识的，在控制过程中参数会随着系统运行状态的改变而变化。对于摩擦力随压力、稳定性、润滑条件等环境因素变化较小的系统，可采用固定模型补偿方法，通过精确测量模型参数，从而有效补偿摩擦转矩。对于摩擦转矩受环境因素影响较大的系统，如运动系统，它需要在长行程、大调速范围下运动，采用固定的摩擦力模型可能不能满足要求，这时采用自适应补偿策略是必要的。

在控制领域中，常用的摩擦力模型包括库仑模型、静态摩擦力模型、LuGre 模型、双模型、Maxwell-Sliding 模型、Leuven 模型、GSM 模型和 DNLRX 模型等几种结构。以 LuGre 模型为例，介绍摩擦转矩模型。LuGre 模型认为刚体表面通过弹性鬃毛接触，其中下表面材料的刚度大于上表面材料的刚度。当施加外力时，由于产生切向力，鬃毛发生形变，形变产生的力即为摩擦力，当切向力达到某一临界点时，鬃毛产生滑动位移。稳态时，鬃毛的形变由系统运行速度决定，速度较小时，形变很小；速度增大时，形变增大，如图 2-38 所示。

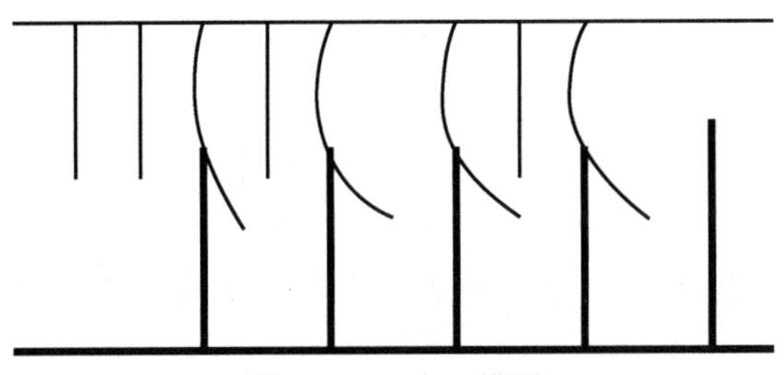

图 2-38　LuGre 模型

自适应补偿作为一种智能控制方式，能够感知并跟踪系统动态特性的变化，并依据目标状态实时修正控制器参数，达到良好的控制效果。可利用自适应补偿在线辨识摩擦力模型和负载参数。自适应补偿按实用角度可分为自校正补偿、模型参考自适应补偿和其他自适应补偿。

在此以反步设计法为例，对自校正补偿进行简要介绍，其他关于自适应补偿理论的更多信息可查阅相关书籍。反步设计法是一种递归式的非线性系统设计方法，将复杂的非线性系统分解成多个更简单和阶数更低的子系统，然后选择适当的李雅普诺夫函数和中间虚拟控制量来保证每个子系统的稳定性，然后一直“反步”到整个系统，并集成设计出系统的控制律，实现对系统的全局调节和跟踪控制。基于自适应反步控制的摩擦转矩补偿控制系统框图如图 2-39 所示。自适应反步控制器通过对摩擦转矩参数和其他未知负载转矩的有效估计，可提高伺服系统的控制性能。自适应反步控制器的具体设计过程可参考相关文献。

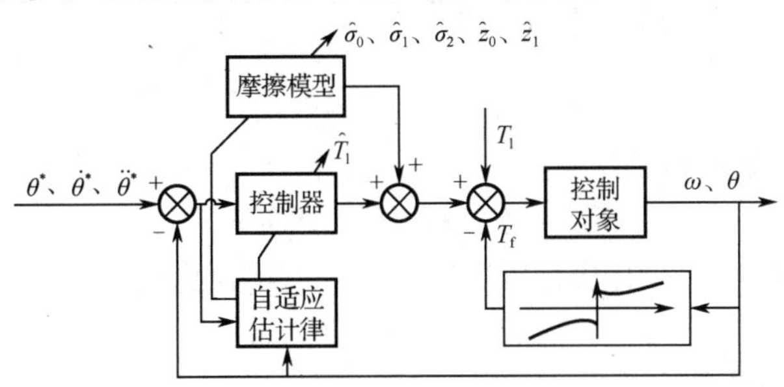

图 2-39　基于自适应反步控制的摩擦转矩补偿控制系统框图

2）非基于摩擦模型的补偿方法

非基于摩擦模型的补偿方法是把摩擦力作为系统的一个外部扰动，不需要对摩擦机理进行深入研究，大多数情况下采用先进的控制策略来减小摩擦力的影响。常采用的控制策略主要有转矩反馈法、滑模控制、鲁棒控制和自抗扰控制等。

转矩反馈法采用转矩传感器获取系统的输出转矩，并利用获得的转矩构成高增益反馈环节。此方法控制效果好、原理简单，但是转矩传感器价格昂贵，安装不便，且安装转矩传感器后会改变系统刚度，引入新的误差量。

滑模控制也叫变结构控制，本质上是一类特殊的非线性控制，且非线性表现为控制的不连续性。这种控制策略与其他控制的不同之处在于系统的“结构”并不固定，而是可以在动态过程中，根据系统当前的状态（如偏差及其各阶导数等）有目的地不断变化，迫使系统按照预定“滑动模态”的状态轨迹运动。由于滑动模态可以进行设计且与对象参数及扰动无关，这就使得滑模控制具有快速响应、对参数变化及扰动不敏感、无须系统在线辨识、物理实现简单等优点。正是由于上述特点，滑模控制常常应用于考虑摩擦力等负载的伺服系统设计中。

依据滑模控制理论，滑模控制器的设计过程可分为两步：第一步是构建一个满足性能要求的滑模面，第二步是设计合理的控制律使系统状态始终保持在滑模面上。其中，滑模面可由跟踪误差及其导数进行设计，控制律结构及控制参数可依据李雅普诺夫稳定性理论进行设计和选取。设计合理的滑模控制器可有效抑制摩擦转矩等负载干扰对控制性能的影响。滑模控制器的具体设计过程可参考相关书籍。基于滑模控制的干扰抑制系统框图如图 2-40 所示。

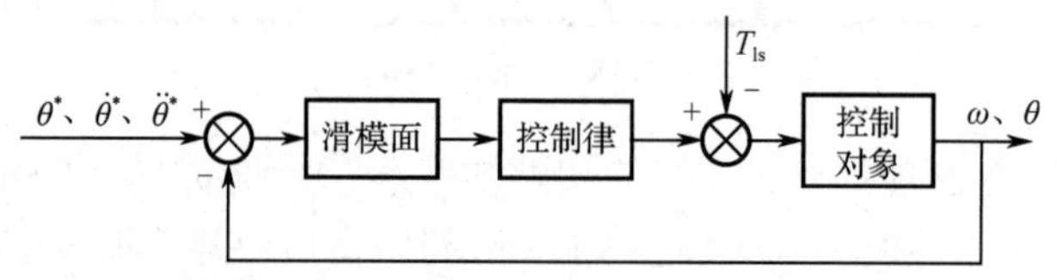

图 2-40　基于滑模控制的干扰抑制系统框图

另一种常用的非基于摩擦模型的补偿方法是鲁棒控制。鲁棒控制器的设计需要使用 H∞控制理论。H∞控制是一种基于模型的控制方法，H∞控制的出发点是在系统建模和控制器设计中考虑不确定性对系统的影响，通过最小化干扰输入到输出误差的 H∞范数，从而找到最佳的镇定控制器，该过程即求解使闭环系统 H∞范数达到最小的最优化问题。H∞的设计问题可以用图 2-41 来表示，通过最小化输入 $\boldsymbol{w}$（包括指令输入、负载干扰和传感器测量噪声等）到输出误差 $\boldsymbol{z}$ 的 H∞范数即可找到最佳的镇定控制器 $\boldsymbol{K}$。输入、输出的映射关系可表示为

$$\begin{bmatrix} \boldsymbol{z} \\ \boldsymbol{e} \end{bmatrix} = \boldsymbol{P}\begin{bmatrix} \boldsymbol{w} \\ \boldsymbol{u} \end{bmatrix} = \begin{bmatrix} \boldsymbol{P}_{11} & \boldsymbol{P}_{12} \\ \boldsymbol{P}_{21} & \boldsymbol{P}_{22} \end{bmatrix}\begin{bmatrix} \boldsymbol{w} \\ \boldsymbol{u} \end{bmatrix} \tag{2-83}$$

式中，$\boldsymbol{P}$ 为控制器参数矩阵，$\boldsymbol{P}_{11}$、$\boldsymbol{P}_{12}$、$\boldsymbol{P}_{21}$、$\boldsymbol{P}_{22}$ 为矩阵算子。

则 $\boldsymbol{w}$ 到 $\boldsymbol{z}$ 的闭环传递函数为

$$\boldsymbol{T}_{zw} = \boldsymbol{P}_{11} + \boldsymbol{P}_{12}\boldsymbol{K}(\boldsymbol{I} - \boldsymbol{P}_{22}\boldsymbol{K})^{-1}\boldsymbol{P}_{21} \tag{2-84}$$

通过 γ 函数找到满足下式的控制器 $\boldsymbol{K}$，实现控制器的次优设计。

$$\|\boldsymbol{T}_{zw}\|_{\infty} \leqslant \gamma \tag{2-85}$$

H∞控制器可通过混合灵敏度的设计方法完成，通过求解 Algebraic Riccatti 函数来最小化成本函数 γ 的目标即可得到最优控制器。具体设计过程可参考 H∞控制理论相关书籍。

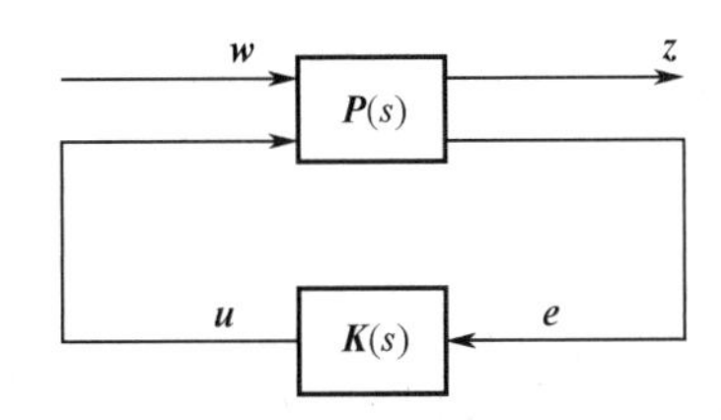

图 2-41 H∞控制输入、输出的映射关系图

自抗扰控制（Active Disturbance Rejection Control，ADRC）是一种新型的非线性鲁棒控制算法，它发扬了 PID 控制技术的精髓（基于误差来消除误差），并在现代控制理论提出的系统状态观测器的基础上，创新性提出了扩张状态观测器来对干扰进行估计和补偿。ADRC 不依赖于被控对象的精确数学模型，具有鲁棒性强、系统响应快、抗干扰能力强等优点。正是由于 ADRC 的上述特点，使其可用于摩擦转矩的补偿。

非线性自抗扰控制（ADRC）结构图如图 2-42 所示，它主要由非线性跟踪微分器（TD）、非线性扩张状态观测器（NLESO）和非线性 PD 控制律（NPD）三部分组成。TD 可在各种扰动和测量噪声的情况下，获得高质量的微分信号；NLESO 可估计出摩擦扰动及其他未知扰动并进行补偿；NPD 用来合成控制作用，进一步提高系统的控制品质。具体设计过程可参考 ADRC 控制理论相关书籍。ADRC 表现出对干扰的优异抑制效果，在 stewart 平台定位控制中有效实现了摩擦补偿，并成功应用于 FAST 天线的馈源精确定位。

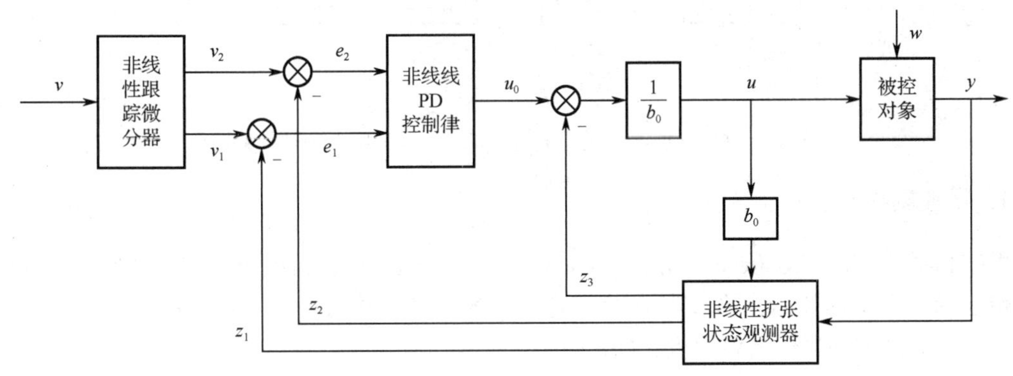

图 2-42 非线性自抗扰控制（ADRC）结构图

2.5 全数字机电伺服控制系统

全数字机电伺服控制系统不仅完成数据采集、处理和输出，还需完成系统电流、速度和位置回路的反馈闭环控制。与模拟伺服系统相比，全数字机电伺服控制系统具有抗干扰能力强、简单灵活、易于实现等特点，已成为伺服系统控制的主流形式。全数字机电伺服控制系统包括实现数字控制的硬件系统和完成数字控制的软件算法。下面将分别予以介绍。

2.5.1 全数字机电伺服控制系统分布式、模块化硬件架构

全数字机电伺服控制系统根据其分布状况，可以分为集中模块化数字控制系统和分布式数

字控制系统。集中模块化数字控制系统采用接口丰富的微控制器、可编程逻辑控制器和工业控制机等构成集中控制模块，具有易于对全局情况进行控制、计算和判断，易于统一协调安排等优点。分布式数字控制系统适应现代工业控制系统多元化、分散化的趋势，以微控制器、可编程逻辑控制器、工业控制机等数字控制器为基础，通过网络通信和现场总线，实现“集中管理、分散控制”，逐渐成为现代机电伺服控制系统的主流。

总线形式的全数字机电伺服控制系统包括上位机、伺服控制器、电动机、总线等部分。上位机主要实现信号采集、电动机调度、伺服指令输出等功能，伺服控制器主要完成电动机的数字控制，总线则实现信号的传递功能。上位机和伺服控制器之间均通过总线进行通信。上位机和伺服控制器主要有微控制器、可编程逻辑控制器和工业控制机。总线包括基金会现场总线、Lonworks、Profibus、HART、CAN 总线、EtherCAT 等。CAN 总线形式的全数字机电伺服控制系统结构框图如图 2-43 所示。

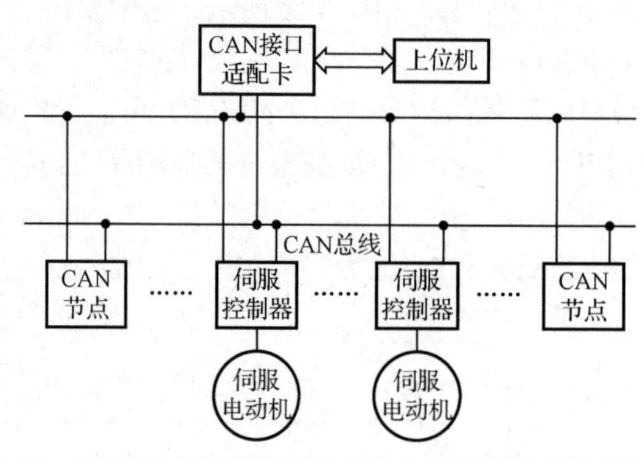

图 2-43　CAN 总线形式的全数字机电伺服控制系统结构框图

1. 微控制器

微控制器（Micro Controller Unit，MCU）又称单片微型计算机或单片机，是把微型处理器和一定容量的存储器及部分输入/输出接口电路都集成在一块芯片上所形成的单芯片式微型计算机。常用的微控制器包括单片机、DSP 等。

1）MCU 的硬件组成

MCU 的硬件主要包括中央处理器（CPU）、存储器（RAM/ROM）、总线和输入/输出接口（I/O）四部分，如图 2-44 所示。

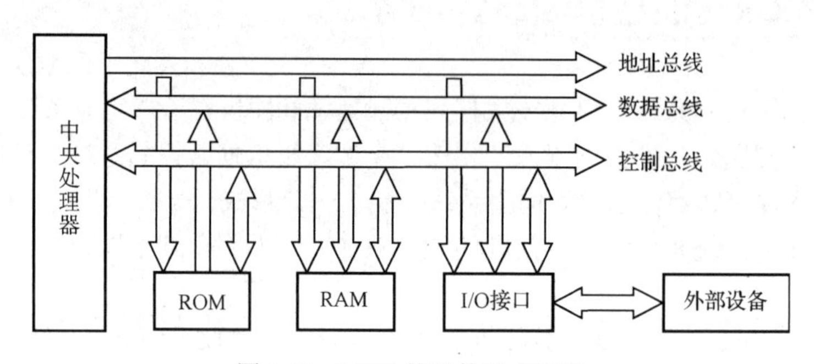

图 2-44　MCU 的硬件组成框图

（1）中央处理器（CPU）。CPU 是 MCU 的核心处理单元，它对系统产生的一切数据进行算术运算、逻辑运算和控制操作，主要由算术逻辑单元、寄存器组和控制器组成。算术逻辑单元用来执行基本的算术和逻辑运算；寄存器组用来存放操作数、中间运算结果及运算状态标志位等；控制器指挥整个系统的工作，按照一定的顺序从存储器中读取指令、译码，并在时钟信号的控制下发出操作指令，控制 CPU 及整个系统有条不紊地工作。

（2）存储器（RAM/ROM）。存储器的主要功能是存放程序和数据。存储器由许多寄存器组成，可以看成一个寄存器堆。存储器被划分成许多存储单元，每个存储单元有一个固定的单元地址，存储器内部自带地址译码器。访问存储器时，先由地址译码器将送来的单位地址进行译码，找到相应的存储单元；再根据送来的读/写命令确定访问存储器的方式，由读/写控制电路进行读出或写入操作。存储器主要包括随机访问存储器（RAM）和只读存储器（ROM）。

（3）总线。总线是计算机把各个部分有机连接起来的一组导线，是各个部分之间进行信息交换的公共通道。MCU 中将把 CPU、存储器和 I/O 接口连接起来并相互传送信息的信号线和控制线统称为系统总线，包括地址总线、数据总线和控制总线。

（4）I/O 接口。外部设备与计算机之间通过 I/O 接口连接。I/O 接口包括数字 I/O 接口和 ADC 模拟量 I/O 接口。数字 I/O 接口内部电路含端口锁存器、输出驱动器和输入缓冲器等电路，通常具有复用功能；ADC 模拟量 I/O 接口需要经过 A/D 或 D/A 转换电路转换为数字信号后再输入/输出。

（5）外部设备。外部设备是输入、输出设备的统称，是计算机系统的重要组成部分，起到信息传输、转入和存储的作用。常见输入设备包括模/数转换器等，常见的输出设备包括数/模转换器等。

2）MCU 的功能特点

MCU 是一个集成了 CPU、RAM、ROM、I/O 等的微型计算机，可以按照用户编写的程序执行相应的控制功能，既可以用于简单的开关控制、定时调节、电动机驱动等，又可以用于更加复杂的机电系统控制。MCU 特点明显，具体包括：①集成度高、体积小；②可靠性高，抗干扰能力强；③控制功能强；④可扩展性好；⑤功耗低；⑥性价比高。

3）MCU 的应用场合

单片机具有体积小、功耗低、控制功能强、环境适应能力强、扩展灵活和使用方便等优点，广泛应用于智能仪器仪表（如功率计和示波器等各种分析仪器）、工业控制（如工厂流水线的智能化管理、电梯智能化控制、各种报警系统等）、家用电器（如洗衣机、电冰箱、空调机等）、办公用品（如打印机、传真机等）、网络通信（如楼宇自动通信呼叫系统、列车无线通信、移动电话、无线电对讲机等）、医疗设备（如医用呼吸机、监护仪、超声诊断设备等）、汽车电子（如发动机控制器、GPS 导航系统、制动系统等）、军用武器设备（如导弹、雷达等）中。

2．可编程逻辑控制器及其模块化设计

可编程逻辑控制器（Programmable Logic Controller，PLC）是一种面向工业自动化应用的数字运算操作电子系统，它在可编程存储器内部执行可存储的逻辑运算、算术运算、计数及定时等操作，通过数字式或模拟式的输入、输出来程序化控制各种类型的机械设备或生产过程。

1）PLC 的硬件组成

PLC 的品牌众多，所采用的指令系统与编程语言也不尽相同，但结构组成却大致一样，主要由 CPU 模块、输入模块、输出模块、编程装置和电源等相对标准化的模块组成，如图 2-45 所示。下面分别介绍各个组成部分。

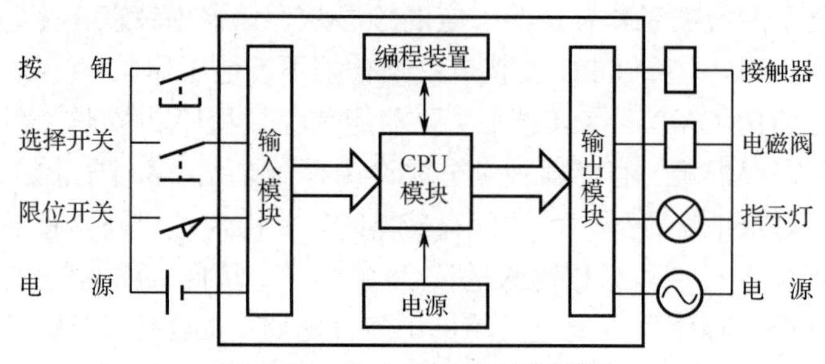

图 2-45 PLC 的硬件组成框图

（1）CPU 模块。在 PLC 控制系统中，CPU 模块相当于人的大脑，主要作用是采集输入信号、执行程序处理、输出操作信号。CPU 模块主要由 CPU 芯片和存储器组成。

CPU 芯片负责输入/输出处理、程序解算、通信处理等，是 PLC 硬件的核心。PLC 的主要性能，如速度、规模都由 CPU 的性能决定。一般 PLC 使用的 CPU 芯片包括三类：通用微处理器、单片微处理器和位片式微处理器。其中 8 位和 16 位通用微处理器或单片微处理器常分别用于小型和中型 PLC，而高速位片式微处理器多用于大型 PLC。

存储器分为系统程序存储器和用户程序存储器。前者主要用来存放 PLC 的系统软件固有程序，后者主要用来存放 I/O 状态及用户程序。一般 PLC 使用的物理存储器包括三类：随机存取存储器（RAM）、只读存储器（ROM）、可电擦除可编程的只读存储器（EPROM）。

（2）I/O 模块。输入模块用来接收和采集用户及生产过程的输入信号。数字量输入模块用来接收从各类按钮和开关传送来的数字量电平输入信号；模拟量输入模块用来接收测速发电机、编码器等提供的连续变化的模拟电流、电压信号。

输出模块用来送出程序计算结果，对输出信号进行功率放大，驱动执行元件实现设备控制。数字量输出模块用来控制指示装置，如电磁开关、指示灯、数字显示装置等；模拟量输出模块用来控制执行装置，如调速阀、变频器等。

（3）编程装置。编程装置用来生成用户程序，并对它进行编辑、检查和修改。手持式编程器不能直接输入和编辑梯形图，只能输入和编辑指令表程序，因此又称为指令编程器。它的体积小、价格便宜，一般用来给小型 PLC 编程，或用于现场调试维修。

（4）电源模块。PLC 常用电源为 220V AC 或 24V DC。内部的开关电源为各模块提供 5V、±12V 等多种直流电源。小型 PLC 的输入电路、传感器、驱动负载等通常使用由用户提供的 24V 直流电源。

2）PLC 的功能特点

由于具有很高的性价比，目前 PLC 技术广泛应用于各个工业领域。PLC 不仅能够实现数字量的逻辑控制，如代替继电器进行组合逻辑控制、定时控制与顺序逻辑控制等，还能够用于各种智能控制设备的数据通信与各类执行机构的联合运动控制。PLC 的特点可归结为：①编程简单，方法易学；②功能强大，性价比高；③配套齐全，通用性强，使用方便；④可靠性高，抗干扰性强；⑤设计施工的工作量大幅减少；⑥体积小，能耗低。

3）PLC 的应用场合

PLC 在国内外广泛应用于钢铁、石油化工、机械制造、汽车装配、电力、轻纺、电子电气等各行各业，其具体应用包括以下几个方面：①开关量的逻辑控制；②模拟量控制；③运动控制，PLC 具有专门的运动控制模块，如可驱动步进电动机或伺服电动机的单轴或多轴位置控制模块，可以用于圆周运动或直线运动的控制，在各种机械、机床、机器人、电梯等场合有广泛的应用；④过程控制；⑤数据处理；⑥通信及联网。

3．工业控制机及其模块化设计

工业控制机（Industrial Personal Computer，IPC）是一种加固的增强型个人计算机，它以模块化设计理念为基础，采用某种标准总线作为通信设计，集成符合工业标准的主板、符合工况要求的功能模块和多种 I/O 模块，从而实现用户对设备的功能需求。在各类工业领域，IPC 能够稳定且可靠地运行。

1）IPC 的硬件组成

为了提高通用性、灵活性和扩展性，方便用户使用，IPC 的各部件均采用模块化结构设计。在设备底板上，它采用一条并行总线，能够插接多个不同的功能模块。IPC 的硬件组成框图如图 2-46 所示，包括构成计算机基本系统的主板、人机外设、系统支持板、磁盘系统，以及上百种工业 I/O 接口板。在内部总线作用下，各模块实现信息互通，并由 CPU 直接完成数据的传输和处理。下面具体介绍 IPC 的硬件组成部分。

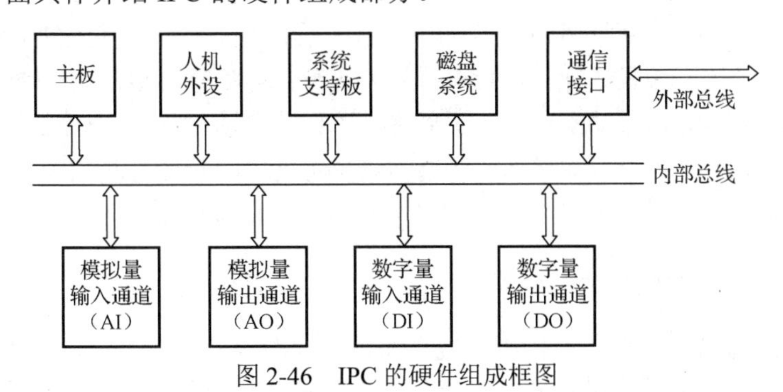

图 2-46　IPC 的硬件组成框图

（1）并行总线：并行总线由内部总线和外部总线构成。前者是 IPC 内部各模块进行信息传送的公共通道，常用的国际标准有 PC 总线、VME 总线、STD 总线和 MULTIBUS 总线等；后者是 IPC 与外部设备实现功能通信的公共通道，常用的国际标准有 RS-232C、RS-485 和 IEEE-488 通信总线等。

（2）主板：由中央处理器（CPU）、内存储器（RAM、ROM）等部件组成，它是 IPC 的运算及处理核心。

（3）人机外设：是用户与计算机交流通信的输入和输出设备，如键盘、鼠标、显示器、打印机等。

（4）系统支持板：主要功能包括系统程序运行监视、电源断电保护、工作定时及记录日志等。具体来说，就是系统能够自主监测设备运行环境，当系统环境异常时（如存储崩溃、程序错误、死机断电），系统能够及时检测并保护已有的重要数据和寄存器状态，同时自动记录操作和状态日志供用户查看分析，并进入保护模式使设备恢复运行。

（5）磁盘系统：包括通用的软盘、硬盘系统，也能与外部移动磁盘进行读/写操作。

（6）通信接口：是 IPC 与外部智能设备的通信接口，常用的接口通信协议有 RS-232C、RS-485 和 IEEE-488 等标准。

（7）输入/输出模块：是 IPC 在生产过程中实现外部和内部信号传递及转换的模块，主要包括模拟量输入（AI 或 A/D）和输出模块（AO 或 D/A）、数字量输入（DI）和输出模块（DO）等种类。由于输入或输出均涉及生产现场被控参数的种类、数量、精度等，因而该模块是 IPC 硬件中性能差异最大、品种类型最多、用户选择最多样的组件。

2）IPC 的功能特点

IPC 是一种专用于工业场合下的控制计算机。一方面，工业环境常常处于高温、高湿、腐蚀、振动、冲击、灰尘，以及电磁干扰严重、供电条件不良等恶劣环境中；另一方面，工业生产的过程和工艺要求因行业、原料、产品的不同而不同。IPC 采用的总线技术、模块化结构和多重抗干扰措施，使 IPC 具有其他计算机无法比拟的功能特点。IPC 的优点可归纳为：①可靠性和可修复性好；②环境适应性强；③通用性和扩展性好；④软件丰富、功能强大；⑤控制实时性强。

3）IPC 的应用场合

总线式 IPC 具有可靠性、实时性、扩充性、兼容性等诸多优点，能满足不同层次、不同控制对象的需要，能在恶劣的工业环境中可靠地运行。随着自动化水平的提升，IPC 广泛应用于各种控制场合，具体如下：①医疗行业，如监护仪、诊断仪等；②交通行业，如车载野外仪器设备、超速抓拍系统等；③服务行业，如校园一卡通等；④资源监测行业，如污水处理系统等；⑤设备与机械制造行业，如自动配料控制系统等；⑥钢铁自动化行业，如钢厂能源调度系统等；⑦电力自动化行业，如电力调度系统等；⑧通信设备行业，如光缆监测控制系统、计费系统等；⑨楼宇自动化行业，如智能家居系统等；⑩机器视觉行业，如在线读码系统等。

4．分布式数字控制系统及现场总线技术

分布式数字控制系统包括集散控制系统（Distributed Control System，DCS）和现场总线控制系统（Fieldbus Control System，FCS），两者均采用管理与控制相分离的系统方式，其核心思想为“集中管理、分散控制”。DCS 采用层次化的体系结构，利用上位机实现集中监视管理，同时将若干下位机分散到工控现场进行分布式控制，信息传递局限在上、下位机之间；FCS 用现场总线这一开放的、可互操作的网络将现场各控制器及仪表设备连接起来，实现一对 N 连接，从底层的传感器、变送器和执行器到最高层的操作站，全都可以双向通信，同时控制功能彻底下放到现场，真正实现了“集中管理、分散控制”。DCS 和 FCS 的结构对比如图 2-47 所示。

FCS 具有以下特点：①功能更加分散，可以由现场仪表组成自治的控制回路，现场设备具有足够的自主性；②具有良好的抗干扰能力，大大提高了控制系统的可靠性；③采用彻底分散的分布式结构，一方面大量节省了布线费用，另一方面也便于系统的安装、调试和维护，降低系统的安装维护成本；④具有开放性的特点，能够保证良好的互换性和互操作性。

FCS 得到快速的发展，最重要的因素在于现场总线技术的应用。目前，有多种现场总线技术具有较大的影响力，获得广泛的应用，包括基金会现场总线、Lonworks、Profibus、HART、

CAN-总线、EtherCAT 等。

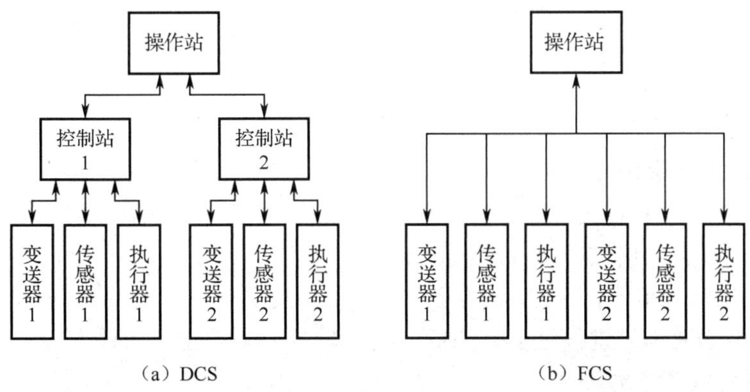

（a）DCS　　（b）FCS

图 2-47　DCS 和 FCS 的结构对比

1）基金会现场总线（Foundation Fieldbus，FF）

FF 是由现场总线基金会推出的一种现场总线。它提供了两种物理层标准，分别为 H1 和 H2。其中 H1 是一种低速总线，传输速率可达 31.25kbps，传输距离为 200m、450m、1200m、1900m 四种，主要用于过程控制和总线供电，支持本质安全设备和非本质安全总线设备。H2 是高速总线，传输速率为 1Mbps（距离 750m）或 2.5Mbps（距离 500m）。H1 和 H2 可以通过网桥实现通信连接，每段节点数可达 32 个，并可使用中继器扩展节点，最多可达 240 个。FF 总线在设备互操作性的提高、过程数据的改善、系统安全性和可靠性维护及预测等方面有明显的优点。

2）Lonworks

Lonworks 是采用 ISO/OSI 模型的现场总线，由美国 Echelon 公司于 20 世纪 90 年代初推出。它具有 7 层通信协议，并提供全部总线服务。该总线以神经元芯片作为核心，控制网络中各个节点内置的神经元芯片来进行事件处理，并完成协议的监控功能。该总线按照统一通信协议方式，在不同介质作用下将处理结果发送给网络中的其他节点。一个 Lonworks 网络可以拥有较多节点，一般在几个到几千个之间。Lonworks 能够提高系统的稳定性和响应速度，并降低系统的维护、运行等费用。

3）Profibus

Profibus 是德国 Siemens 公司提出并大力推广的现场总线，技术非常成熟，目前为德国国家标准 DIN19245 和欧洲标准 EN50170，在工程上的应用十分广泛。Profibus 包含三个系列总线，分别为 Profibus-PA、Profibus-DP 和 Profibus-FMS。Profibus-PA 用于过程自动化的低速数据传输，其基本特性与 FF 的 H1 总线相同，可以提供总线供电和本质安全。Profibus-DP 与 Profibus-PA 兼容，基本特性与 FF 的 H2 总线相同，可实现高速传输，适用于分散的外部设备和自控设备之间的高速数据传输，用于连接 Profibus-PA 和实现加工自动化。Profibus-FMS 适用于一般自动化中的中速数据传输，主要用于纺织电气传动、速度传感器、工控执行器等。

4）HART

HART 是美国 Rosemount 公司开发并逐渐推广使用的现场总线，其特点是在现有模拟信号传输线上实现数字信号通信，属于模拟系统向数字系统转变过程中的过渡性产品。HART 通信模型由物理层、数据链路层和应用层组成，采用统一的设备描述语言 DDL，由 HART 基金会登记管理这些设备。HART 能利用总线供电，可满足本质安全防爆要求。

5）CAN 总线

CAN 总线是由德国 BOSCH 公司开发的控制器局域网，同时作为国际标准 ISO11898 应用最为广泛。该总线采用多主机竞争式串行通信，即通信网络中各节点根据访问优先级采用逐位仲裁竞争方式向总线其他节点发送数据通信请求，不分主次地进行实时自由通信。CAN 总线传输介质可以采用同轴电缆，在 10km 的远距离通信情况下仍可保持约 5kbps 的高速数据传输。CAN 总线总线技术较为先进，性价比较高，在目前的汽车电子、安防监控、智能制造等工业控制领域具有强劲的竞争力。

6）EtherCAT

EtherCAT 是以以太网为基础的现场总线系统，最早由德国 Beckhoff 公司研发。EtherCAT 充分利用了以太网技术的全双工传输特性，它使用主从模式进行访问控制，通信由主站发起，主站发出的数据帧传输到一个从站站点时，从站将解析数据帧，每个从站从对应报文中读取输出数据，并将输入数据嵌入子报文中，同时修改工作计数器 WKC 的值，以标识从站已处理该报文。网段末端的从站处理完报文后，将报文转发回主站，主站捕获返回的报文并对其进行处理，完成一次通信过程。一个通信周期中，报文传输延时大概为几纳秒。EtherCAT 可以支持线形、树形和星形设备连接拓扑结构，物理介质可以选 100Base-TX 标准以太网电缆或光缆，使用 100Base-TX 电缆时站间间距可以达到 100m。EtherCAT 克服了传统以太网先对数据包进行解析，再复制成过程数据而造成通信效率低的缺陷，并为系统的实时性能和拓扑的灵活性树立了新的标准，同时还具有高精度设备同步、降低现场总线成本等特点。EtherCAT 在包装机、高速印刷机、注塑机、木工机械等场合得到了广泛应用。

2.5.2 全数字机电伺服控制系统软件算法

全数字机电伺服控制系统软件算法包括控制算法架构制定和控制算法的数字实现两部分。对于直流和交流电动机，由于工作原理不同，导致控制算法结构存在本质不同。但是不管采用什么控制算法结构，都需要对位置、速度和电流等回路的闭环调节器进行数字化实现，即控制器的数字实现。为此，在对直流和交流电动机的全数字伺服系统软件算法进行介绍前，首先以常用的 PID 控制器为例介绍控制器数字实现方法。

连续形式的 PID 控制器表示为

$$u(t)=K_{\mathrm{p}}\left[e(t)+\frac{1}{\tau_{\mathrm{i}}}\int_{0}^{t_0}e(t)\mathrm{d}t+\tau_{\mathrm{d}}\frac{\mathrm{d}e(t)}{\mathrm{d}t}\right] \tag{2-86}$$

式中，K_{p} 为比例系数；τ_{i} 为积分时间系数；τ_{d} 为微分时间系数；$\int_{0}^{t_0}e(t)\mathrm{d}t$ 为积分项；$\frac{\mathrm{d}e(t)}{\mathrm{d}t}$ 为微分项。

与模拟控制不同，由于数字控制的不连续性，数字控制只能使用周期采样控制，控制偏差的计算只能参照所采样时刻对应的偏差值，却无法同模拟控制一样可连续输出控制量，且控制过程没有间断。正是因为数字PID控制的上述特征，使得式（2-86）中的积分项与微分项在使用前要进行离散化处理。具体离散化过程为：假设 T 为采样周期，k 为采样序号，则离散采样的时间为 kT，把这个值对应连续时间 t；用累加和近似代替积分，用一阶向后差分近似代替微分，把积分部分和微分部分做如下变换：

$$t \approx kT$$

$$\int_0^T e(t)\mathrm{d}t \approx T\sum_{j=0}^{k} e(jT) = T\sum_{j=0}^{k} e_j \tag{2-87}$$

$$\frac{\mathrm{d}e(t)}{\mathrm{d}t} \approx \frac{e(kT)-e((k-1)T)}{T} = \frac{e_k - e_{k-1}}{T}$$

这样即可得到数字形式的PID控制器如下：

$$u_k = K_\mathrm{p}\left(e_k + \frac{1}{\tau_\mathrm{i}}T\sum_{j=0}^{k} e_j + \tau_\mathrm{d}\frac{e_k - e_{k-1}}{T}\right) \tag{2-88}$$

这种输出形式的数字PID也称为位置式PID，但是每次的输出都与过去状态有关，需要不断地累积 e_k，工作量非常庞大；另外，输出量 u_k 与整个执行机构的实际位置有关，一旦输出量 u_k 发生大幅变化，执行机构也将发生大幅变化，这将可能产生巨大的生产事故，在实际的应用中是不允许的，因此增量式PID算法被提出来以解决这种现象。

首先由式（2-88），可得第 $k-1$ 时刻的输出为

$$u_{k-1} = K_\mathrm{p}\left(e_{k-1} + \frac{1}{\tau_\mathrm{i}}T\sum_{j=0}^{k-1} e_j + \tau_\mathrm{d}\frac{e_{k-1} - e_{k-2}}{T}\right) \tag{2-89}$$

两式相减可得增量式PID控制算法的公式为

$$\Delta u = u_k - u_{k-1} = K_\mathrm{p}\left(1 + \frac{T}{\tau_\mathrm{i}} + \frac{\tau_\mathrm{d}}{T}\right)e_k - K_\mathrm{p}\left(1 + \frac{2\tau_\mathrm{d}}{T}\right)e_{k-1} + K_\mathrm{p}\frac{\tau_\mathrm{d}}{T}e_{k-2} \tag{2-90}$$

从式（2-90）中可以看出，如果计算机系统的采样频率和PID参数恒定，那么只要知道前后三次测量的偏差值，就可以求出控制量。对比增量式PID和位置式PID可以看出，增量式PID的计算量要小很多，所以在实际生产中得到了广泛应用。

1．直流有刷电动机的全数字控制软件算法

直流有刷电动机由于电磁转矩与励磁电流始终成正比，因此可直接通过PWM调制的方法调节电动机线圈端电压，使得线圈电流跟踪电流指令值，从而实现电磁转矩的间接调控。然后分别通过引入速度和位置回路，即可实现对指令速度或位置的跟踪，构成闭环伺服系统。采用2.5.2节～2.5.5节介绍的设计方法，可完成基于PID的直流电动机伺服系统设计。基于数字控制的直流电动机伺服系统结构框图如图2-48所示，其中速度PI控制器和电流PI控制器均在全数字伺服系统上实现，PI控制器可借鉴增量PID形式实现软件表达。

电流PI控制器输出的PWM信号，可调节线圈端平均电压，从而增大或减小线圈电流。PWM实现平均电压调整的具体方法是通过控制固定电压的直流电源开关频率，并根据需要改变一个周期内“接通”和“断开”时间的长短即“占空比”来改变平均电压的大小，从而实现对速度和电流的调控。

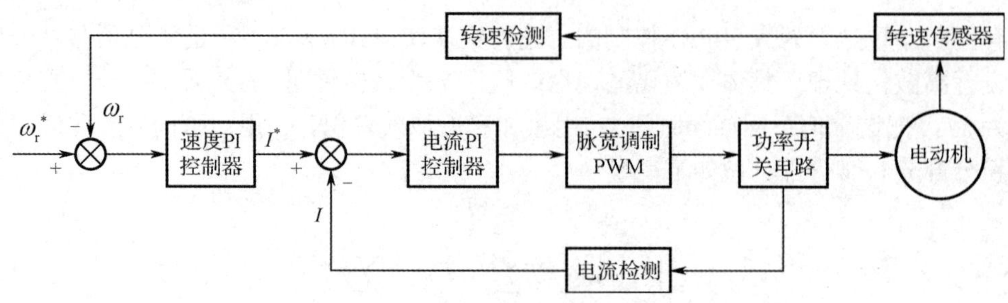

图 2-48　直流电动机伺服系统结构框图

2. 交流电动机的全数字控制软件算法

交流电动机包括直流无刷电动机、异步电动机和永磁同步电动机。不同类型的交流电动机，由于工作原理的不同，其控制器软件算法存在差异。下面分别进行介绍。

1）直流无刷电动机的全数字控制软件算法

直流无刷电动机的工作原理与直流有刷电动机类似，只是多了电子换相环节，因此借鉴直流有刷电动机的控制算法，结合电子换相策略，可构建直流无刷电动机的控制算法，即常规换相控制策略。同时，为提高直流无刷电动机各方面的性能，相继提出多种改进控制策略，如无位置传感器控制、转矩脉动抑制、直接转矩控制等。下面对各种控制软件算法分别进行介绍。

（1）常规换相控制策略。由 2.2.2 节可知，直流无刷电动机是一种用电子换向装置取代机械换向装置的直流电动机。根据三相 Y 形直流无刷电动机的工作原理，当其工作在两两通电模式、导通 120° 电角度时，任意时刻仅两相有电流流过，且电流大小相等、方向相反，而另一相电流为 0。由于导通相的反电动势近似不变，与直流有刷电动机类似，可认为直流无刷电动机的两相导通绕组产生的合成电磁转矩与电流成正比，因此，同样可构建直流无刷电动机的控制系统框图，如图 2-49 所示。与直流有刷电动机不同，直流无刷电动机的控制系统环节中多了一个换相环节，它依据位置传感器判断换相点，通过开关不同的功率管切换导通相和非导通相，从而保证电动机正常运转。可制定换相规则表，从而建立位置信号与功率开关管通断的一一对应关系，如表 2-4 所示。

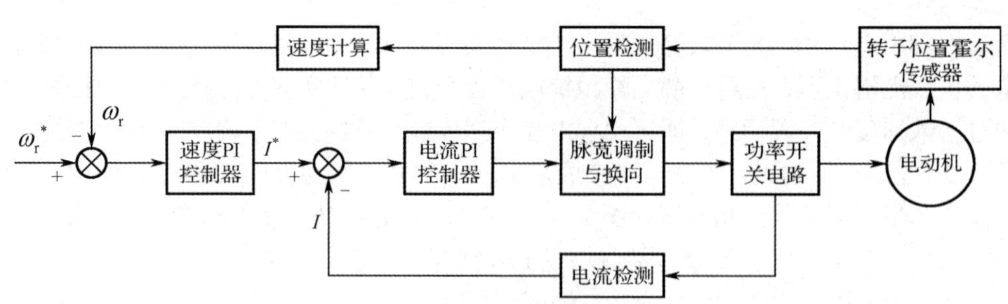

图 2-49　直流无刷电动机常规换相控制系统框图

表 2-4　逆变器开关管导通逻辑

磁 状 态	1	2	3	4	5	6
$H_aH_bH_c$	110	010	011	001	101	100
通电绕组	A+B−	A+C−	B+C−	B+A−	C+A−	C+B−

续表

导通开关管（顺时针）	T1T6	T1T2	T3T2	T3T4	T5T4	T5T6
导通开关管（逆时针）	T3T4	T5T4	T5T6	T1T6	T1T2	T3T2

与直流有刷电动机类似，速度 PI 控制器和电流 PI 控制器均在全数字伺服系统上实现，PI 控制器可借鉴增量 PID 形式实现软件表达。换相规则表可存储在 ROM 上，根据位置传感器信号输出不同的功率开关管的通断信号。

常规换相控制策略具有结构简单、控制方便、成本较低等优点，但是由于存在转矩脉动，造成电动机振动较大。因此，该方法多用于家电设备、办公自动化等只要求调速而对性能指标要求不高的场合。

（2）无位置传感器控制策略。基于位置传感器的直流无刷电动机控制系统存在传感器体积大、抗干扰能力差等不足，为此，研究人员进一步提出了无位置传感器的控制策略。目前，对无位置传感器直流无刷电动机转子位置信息检测技术的研究，主要有反电动势法、磁链法、电感法、人工智能法等方法。

无位置传感器的控制策略不需要安装位置传感器，具有机械结构简单、体积小、成本低等优点，常常用于对成本和体积要求较高的应用场合。

（3）换相转矩脉动控制策略。常规换相控制策略易产生转矩脉动问题。换相转矩脉动产生的原因主要是由于直流无刷电动机定子绕组电感的存在，在换相过程中非导通相相电流的下降过程和导通相相电流的上升过程都不是在一瞬间完成的，而需要一定的时间，这样相电流波形不可能是理想的方波，非导通相相电流的下降过程和导通相相电流的上升过程时间很难保证一致，造成非换相相电流的脉动，从而引起换相转矩脉动。研究人员提出了多种换相转矩脉动控制策略，包括滞环电流控制、PWM 调制、电流预测控制等。

换相转矩脉动控制策略可有效降低换相转矩脉动，有利于降低电动机的振动和噪声，因此，可用于转速、位置控制要求精度高，低噪声的场合，如数控机床、电动汽车、雷达伺服系统等。

（4）直接转矩控制策略。为提高直流无刷电动机的动态性能，借鉴异步电动机的直接转矩控制原理，研究人员还进一步提出了直接转矩控制策略。直接转矩控制以转矩为被控对象直接对转矩进行控制，是一种高性能的电动机控制策略，可以有效抑制转矩脉动尤其是换相转矩脉动，并获得更快的转矩响应速度。直流无刷电动机直接转矩控制系统框图如图 2-50 所示。直接转矩控制技术的关键是要能实时获取定子磁链和电磁转矩，根据电动机原理可知，定子磁链和电磁转矩可以通过反电动势、相电流及角速度进行推导计算。根据是否有磁链闭环，直接转矩控制可分为带磁链观测器和不带磁链观测器两种。

直接转矩控制能显著提升系统的动态性能，但是在低速时会引起较大的转矩脉动，因此该方法适用于有高速、高抗扰要求的场合。

综上所述，直流无刷电动机不同的软件算法各具特点，在实际应用中，可依据伺服系统的工作特点选择不同的控制策略，以满足使用需求。

2）异步电动机的全数字控制软件算法

异步电动机的控制算法主要基于变频调速原理，主要分为两类：①基于稳态电动机模型，常见的有恒定子电流控制和恒压频比控制；②基于动态电动机模型，主要有矢量控制（磁场定向控制）和直接转矩控制。根据估算磁链角度方法的不同，矢量控制可分为直接磁场定向控制和间接磁场定向控制。直接转矩控制中一般采用圆形的磁链轨迹，如果采用六边形的磁链轨迹则可称为直接自控制。下文将分别介绍各种控制软件算法。

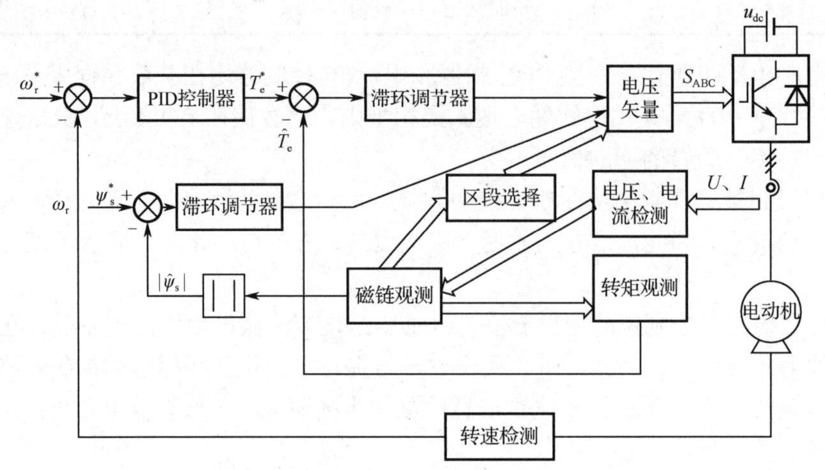

图 2-50　直流无刷电动机直接转矩控制系统框图

（1）恒压频比控制策略。恒压频比控制是一种开环的恒磁链控制方法，以直接前馈的方式给定定子电压。恒压频比控制下定子输出电压与给定频率、直流母线电压采样、逆变器非线性相关，不依赖于电动机参数和电流采样。

三相异步电动机每相定子电动势公式可表示为

$$E_1=4.44f_1N_1K\phi_m \tag{2-91}$$

式中，E_1 为定子每相感应电动势有效值；f_1 为定子频率；N_1 为定子每相串联匝数；K 为电动势系数；ϕ_m 为每极气隙磁通。为保持 ϕ_m 恒定，在改变 f_1 的同时就要相应改变电动势 E_1，使 E_1/f_1 为常数。此时，可保证磁通基本不变，电动机允许输出的最大转矩不变。一般情况下，频率 f_1 是从额定值往下调的，所以需同时降低电动势 E_1。因此，需要对电动势进行测量。然而，绕组中的电动势一般是难以直接测量和控制的，为便于实现，通常采取近似的方法：当电动势较高时，可忽略定子绕组中的漏阻抗压降，用定子电压代替定子电动势，使 E_1/f_1 为常数，这就是恒压频比的控制方式。

恒压频比控制作为一种基于电动机稳态模型的控制方法，具有结构简单、参数鲁棒性高的优势。但是恒压频比控制下的电动机驱动系统依旧存在动态性能不佳的缺点。目前，该方法依旧广泛应用在绝大多数的变频调速系统中，尤其是在对动态性能要求不高的场合，如驱动风机、水泵等。

（2）矢量控制策略。矢量控制就是在交流电动机动态数学模型的基础上，通过坐标变换的方式将交流电动机的定子电流分解为励磁电流分量和转矩电流分量，使两个被控电流分量实现解耦，进而对电动机的磁场和转矩分别进行控制。矢量控制法借鉴了直流电动机调速系统的控制方法，因此具有相似的电动机动态性能。图 2-51 所示为异步电动机磁场定向矢量控制系统框图。其中，虚线框内的部分在全数字伺服系统中由软件程序实现，根据功能可分为三部分：磁链观测器、矢量控制器、I/O 辅助连接（包括 SVPWM 模块及 ADC 采样）。磁链观测器主要实现转子磁链幅值和角度的动态估计。矢量控制器建立在估算的转子磁链定向的旋转坐标系上，有四个调节器，包括两个电流调节器、一个磁链调节器和一个转速调节器，四个调节器均可采用数字 PID 控制器。

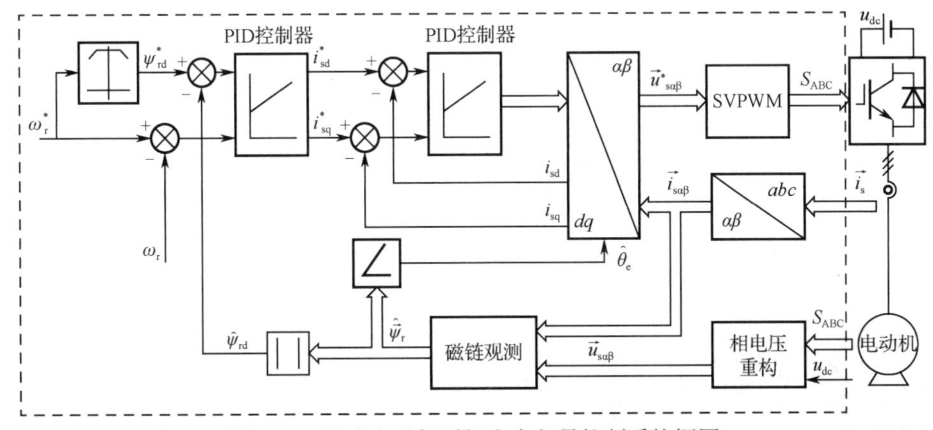

图 2-51　异步电动机磁场定向矢量控制系统框图

按系统中磁链旋转角度计算方法的不同，矢量控制可分为直接磁场定向控制和间接磁场定向控制。按照有无转速传感器划分，矢量控制可分为有速度传感器矢量控制和无速度传感器矢量控制。

间接磁场定向控制中，通过计算转差和转子电角速度之和，可以得到同步转速，进而对同步转速进行积分即可得到磁场定向角度。转子电角速度可以通过速度传感器直接测量得到，也可以通过速度观测器估算得到，而转差频率必须依赖电动机参数通过估算得到，所以间接磁场定向通常又称为转差频率控制。此外，磁链幅值可以依靠测量电流值和重构电压值，并结合电动机参数估算得到，也可以通过仅仅利用采样电流值并结合转速估算得到。与间接磁场定向技术相比，直接磁场定向角度无须估算转差频率，而是直接利用静止坐标系下的磁链估算比值结合反三角函数运算得到，除此之外，两种定向方式的控制环及相应的解耦原理完全一致。直接磁场定向的磁链估算器也同间接定向技术一样，可依靠测量电流值和重构电压值，结合电动机参数估算得到，也可通过采样电流值并结合转速估算得到。

在复杂的运行环境（如高温、潮湿）下利用速度传感器获取转速，不仅降低了系统的可靠性，而且还增加了整个系统的复杂性。为此，研究人员提出了无速度传感器矢量控制策略，其关键技术是采用软测量方法替代实际物理转速传感器并实现转速控制，通常利用容易测量的定子电流和电压对转速进行观测，实现转速的间接测量。近年来，在电动机转速观测方面，学者们进行了大量的研究工作，研究方法主要集中于基于电动机模型的直接计算、模型参考自适应法、基于状态观测器方法、基于高频信号注入法和人工智能方法等。磁链和转速观测是无速度传感器控制的关键技术，其性能决定了控制性能的好坏。目前，无速度传感器控制在中高速的转速控制应用中表现良好，然而在低速和极低速中控制性能表现一般，因此常常应用于高速、体积要求高的场合。

矢量控制的优点是转矩调节平滑性好、连续性强、调速范围宽。但由于运行过程中转子参数变化无常，对转子磁链和转速难以精确地观测，因此系统参数鲁棒性较差。此外，矢量运算的复杂性较强，实际控制效果与理论相比存在较大偏差，导致控制器设计的参数很难在调速范围内保持一致，需要在线修正和调整。正是由于矢量控制具有平稳、高精调速的特点，基于矢量控制的异步电动机在数控机床主轴、大功率起重设备、机车牵引等场合得到了广泛应用。

（3）直接转矩控制策略。为提高异步电动机的动态响应性能，研究人员进一步提出了直接转矩控制策略。直接转矩控制的原理是：在定子坐标系下，根据空间矢量的概念，对定子磁链进行定向，通过检测的定子电压、电流等参数，直接计算定子坐标系下的磁链和转矩。同时，采用施密特触发器分别对转矩和磁链进行闭环控制，使转矩响应限制在一拍之内，因而可获得较高的转矩动态性能。由于磁链控制选用定子磁链，避开了转子励磁时间常数的变化，故参数鲁棒性好。直接转矩控制与矢量控制相比，不同点是不需要磁链角度将定子电流中的转矩分量和磁链分量进行解耦，相同点是仍然需要磁链观测器和转矩观测器。异步电动机直接转矩控制系统框图如图 2-52 所示，可以看出其控制器结构与直流无刷电动机的直接转矩控制类似，只是在定子磁链和转矩观测方法及电压矢量选择上有所区别。

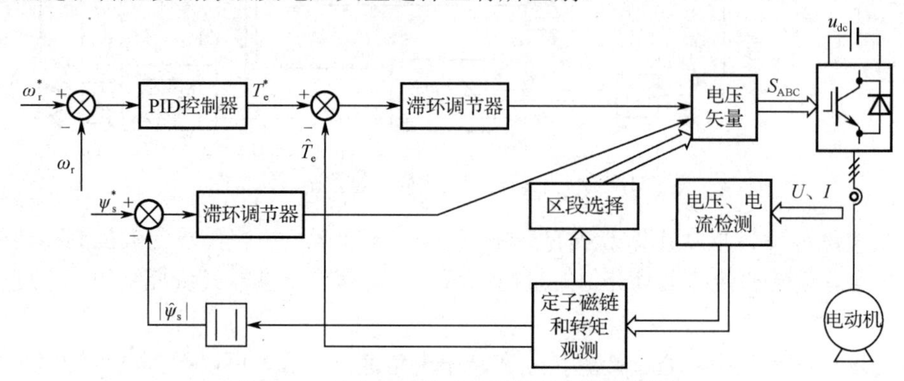

图 2-52　异步电动机直接转矩控制系统框图

直接转矩控制的优点是避免了控制信号的坐标旋转变换，控制结构简单，且动态响应快速；缺点是转矩脉动大，调速范围受限，特别是低速时调速性能较差。因此，直接转矩控制适用于有高速、高抗扰要求的场合。

综上所述，异步电动机不同的控制算法各具特点，表 2-5 给出了各种控制策略的性能比较。在实际应用中，可依据伺服系统的工作特点选择不同的控制策略，以满足使用需求。

表 2-5　交流异步电动机控制策略性能比较

性　能	方　法			
	恒压频比开环控制	间接磁场定向控制	直接磁场定向控制	直接转矩控制
调速范围	10∶1	50∶1	200∶1	100∶1
调速精度	1%～2%	1%	0.01%	2%
转速上升时间	慢	较快	较快	快
转矩控制	一般	较好	好	好
低速运行	一般	较好	好	较好
特点	电路结构简单，调试容易，调速范围小，适用于定速恒载场合	转矩响应较快，对电气参数准确性要求高	调速范围较大，转矩响应快，对电气参数准确性要求高	转矩响应很快，低速性差

3）永磁同步电动机的全数字控制软件算法

永磁同步电动机与异步电动机工作原理类似，其相电压、电流均为正弦波，只是异步电动机的转子磁场由定子线圈电流感应产生，而永磁同步电动机的转子磁场则直接由转子上的永磁体产生。因此，可借鉴异步电动机的控制算法实现对永磁同步电动机的控制。常用的永磁同步电动机调速控制策略有多种，其中，主要以转子磁场定向控制（矢量控制）及直接转矩控制两种方案为主。下文将对各种控制软件算法进行介绍。

（1）矢量控制策略。与异步电动机类似，永磁同步电动机的矢量控制同样利用坐标变换的手段，将交流电动机的定子电流分解为励磁电流分量 i_d 和转矩电流分量 i_q，即模仿直流他励电动机的控制方式，对电动机的磁场和转矩分别进行控制。与异步电动机的不同之处在于，永磁同步电动机的转子磁场由永磁体提供，而异步电动机则由定子电流的励磁分量提供，因此在相同的输入功率下，永磁同步电动机能获得更大的功率输出。对于常用的表贴型永磁同步电动机，其直轴和交轴电感相等，因此电磁转矩与转子磁链和转矩电流成正比。在恒转矩区间，可令励磁电流 $i_d=0$，定子电流完全提供转矩电流，而不提供励磁电流；在恒功率区间，需要令励磁电流 $i_d<0$，对转子磁链进行弱磁处理，从而进一步提升调速范围。

图 2-53 所示为励磁电流 $i_d=0$ 时的永磁同步电动机矢量控制系统框图。对于励磁电流 $i_d=0$ 的矢量控制，虽然不能完全发挥电动机的效力，但是实现方法简单，计算量少，且没有电动机去磁的风险。速度调节器输出转矩电流指令 i_q^*，而保持励磁电流指令为 0。转矩电流指令 i_q^* 和实际转矩电流 i_q 进行比较后可得到电流误差信号，然后根据电流调节器算法获得电压指令信号，再利用空间矢量方法获得实际控制 PWM 的信号，从而驱动后级逆变器工作，使得永磁同步电动机完成相应的动作以满足控制要求。

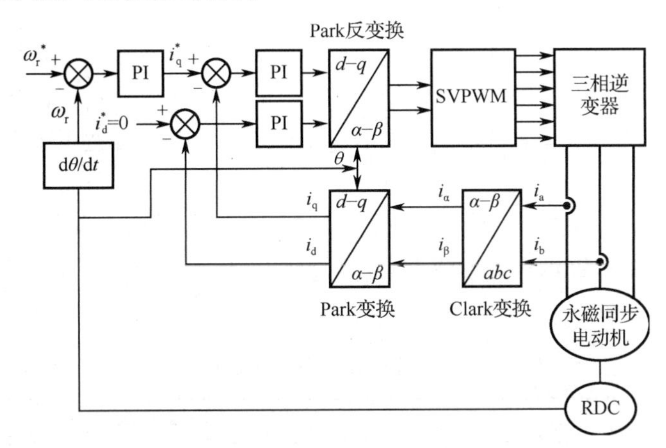

图 2-53　永磁同步电动机矢量控制系统框图

永磁同步电动机的转速永远等于同步转速，它只取决于供电频率。所以变频调速方法对于永磁同步电动机来说，彻底解决了启动和失步问题，同时发挥了机械特性硬和功率因数高的优势。此外，永磁同步电动机还具有结构简单、可靠性高的特点，因此在中小功率系统中得到了广泛应用。

（2）直接转矩控制策略。与异步电动机类似，永磁同步电动机的直接转矩控制将电动机转矩作为直接控制对象，省去了中间控制环节，将电动机和逆变器作为一个整体，利用空间电压矢量在控制定子磁链幅值恒定的条件下通过控制转矩实现调速控制。与异步电动机不同的是，永磁同步电动机不存在异步电动机中的转差，同时，永磁同步电动机转子磁链由永磁体独立提供，一般为定值，和异步电动机中转子磁链经感应得到有所区别。因此，永磁同步电动机的直接转矩控制策略在转矩控制和空间电压矢量选择上和异步电动机存在显著差别，不能直接照搬异步电动机的直接转矩控制策略。此外，由于直流无刷电动机的电压、电流等变量不是正弦波，而永磁同步电动机的电压、电流是标准的正弦波，因此永磁同步电动机的直接转矩控制策略也与直流无刷电动机不同。图 2-54 所示为永磁同步电动机直接转矩控制系统框图。

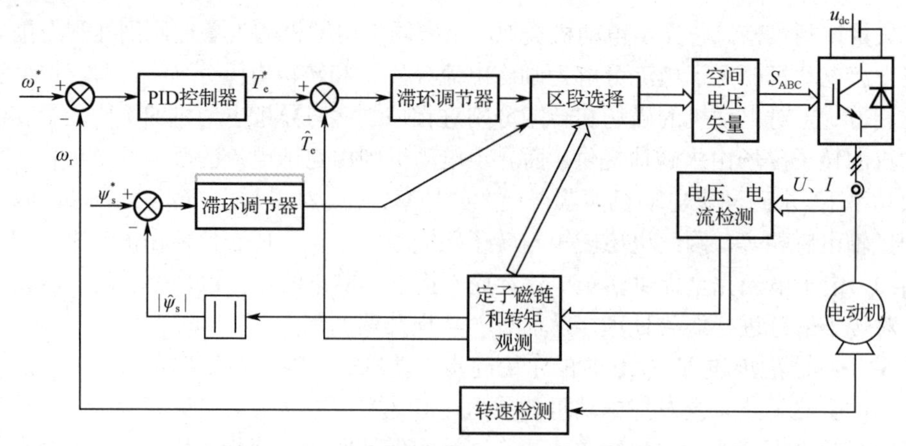

图 2-54　永磁同步电动机直接转矩控制系统框图

直接转矩控制方法有如下特点：直接在定子两相静止坐标下观测磁链，计算转矩，并实现对二者的控制，无须旋转坐标变化，对转子的位置信息要求不高，易于实现无传感器控制；对电动机参数的依赖性较低，仅在观测磁链时用到定子电阻参数，系统鲁棒性高；直接将电动机转矩作为控制对象，省去了电流控制环节，具有较好的动态性能。但直接转矩控制方法采用了一种类似于开关控制的实现方式，导致电动机转矩和磁链脉动较大，特别是对其低速性能影响尤为显著。因此，基于直接转矩控制策略的永磁同步电动机适用于有高速、高抗扰要求的场合。

综上所述，永磁同步电动机的矢量控制和直接转矩控制算法各具特点，表 2-6 给出了两种控制策略的性能比较。可依据伺服系统的工作特点和应用场合选择不同的控制策略，以满足使用要求。

表 2-6　永磁同步电动机控制策略性能比较

性　能	控制策略	
	矢量控制	直接转矩控制
电流脉动	小	大
动态电流冲击	小	较大
转矩电流特性	电流与转矩呈正比关系	电流与转矩呈非线性关系
调速范围	高于 10000 : 1	几百比 1
低速性能	好	较差
启动性能	软启动，启动性能好	需要辅助启动措施，启动性能差
电流利用率	高	低

2.6　机电伺服控制系统的多电动机协同控制

随着当代工业技术对设备智能化、高效化的发展需求，产品的多功能集成化越来越受到重视。在很多应用场合，如雷达伺服系统、纸胶印机、高档数控机床等，单电动机控制已经难以满足功率和操作需要，因此多电动机同步驱动的需求促使同步控制技术成为研究重点。根据各电动机之间机械连接方式的不同，多电动机协同控制可分为多电动机未经严格的机械连接，各自独立输出的柔性协同控制（如多轴车床、纸胶印机等），以及多电动机经齿轮齿圈刚性连接，共同驱动同一个对象的刚性协同控制。针对不同的连接方式，需要采用不同的同步控制结构，从而满足不同场合对跟踪精度、同步性能、抗负载能力等方面的差异需求。

2.6.1 多电动机柔性协同控制结构

对于多电动机柔性协同控制场合，一般需要控制各电动机的速度-位置一致或为设定的比例，进而通过多电动机的协同配合实现目标动作。本节以柔性连接的多电动机同步控制为例进行介绍；对于非同步的目标场合，调节减速器速比或在控制器中额外增加比例环节即可。

1．并联控制方式

各电动机都有独立的速度-位置控制，直接将其并联起来参考同一控制信号即可实现最简单的并联控制结构，如图 2-55 所示。该结构实现简单、拓展性强，是一般非精密工业应用场合的主要选择。该结构的缺点也很明显，各个控制回路各自独立，无法对受额外负载的电动机进行补偿，抗干扰能力差。

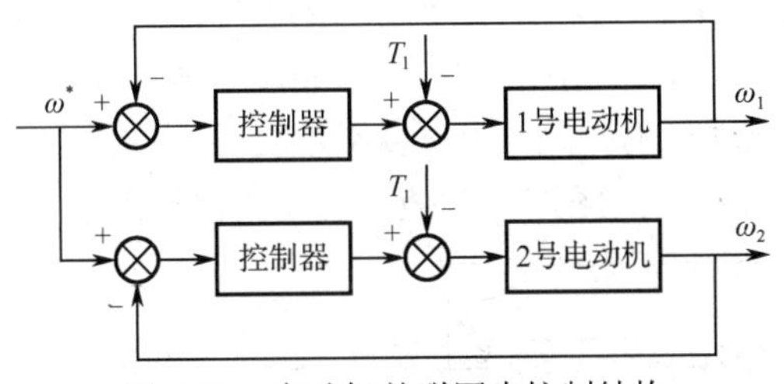

图 2-55 电动机并联同步控制结构

2．主从控制方式

图 2-56 所示为多电动机主从同步控制结构，控制单元发送转速指令给 1 号电动机（称为主电动机），其他各号电动机则参考前一电动机的实际输出。主从控制方式的特点是每台电动机运行状态的变化只会影响它后面跟随的电动机，而不会影响前面的电动机。由于每台电动机的转速信号是由前面电动机提供的，所以同步时存在时间差，特别是在系统的启动、停止阶段，同步效果最差。因此，主从控制方式只适用于对电动机实时同步性要求低的场合。

3．交叉耦合控制方式

针对并联和主从控制结构存在的问题，研究人员提出了交叉耦合同步控制的概念，结构如图 2-57 所示。其原理是在并联同步结构上增加了转速差补偿，从而形成闭环系统。运行时转速补偿模块通过检测两台电动机之间存在的转速差，实现对每台电动机转速的调整，因此系统有着较高的同步性能。

此结构下相邻两台电动机的转速反馈存在差值，系统根据该差值对二者的转速进行相应的补偿，便能减小同步误差。当电动机转速因系统负载或外界干扰产生偏差时，系统能较快地进行补偿以同步二者转速，该交叉耦合控制方式使得系统的鲁棒性大大提高。然而，当控制的电动机数量多于两台时，转速补偿计算量会随之增大，系统响应速度和稳定性均会下降，因此不利于多电动机的应用场合。

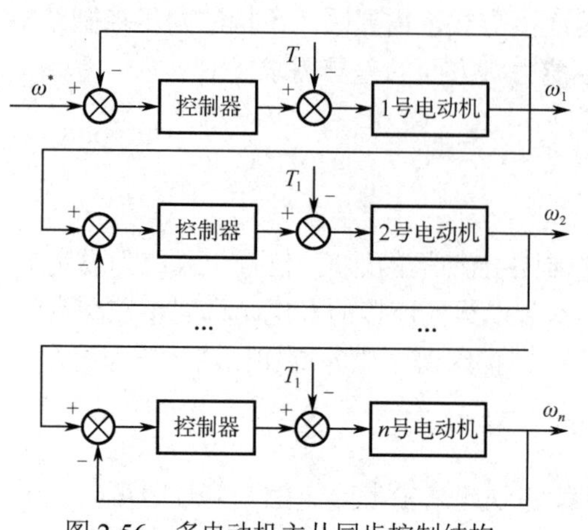

图 2-56　多电动机主从同步控制结构

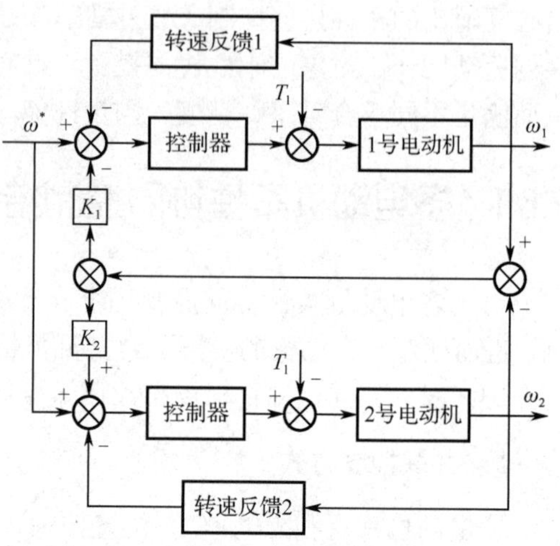

图 2-57　多电动机交叉耦合同步控制结构

4．相邻交叉耦合控制方式

相邻交叉耦合结构又可称为环形耦合结构，其控制结构如图 2-58 所示。对于任意一台电动机的控制，基于最小相关个数的控制思想，即只将与其相邻的两台电动机纳入考虑范围，就可以较大程度地简化每台电动机的控制。相邻交叉耦合控制中的每个控制器输入都包含了相邻两路的同步误差信号 ε_{i1}、ε_{i2} 和一路跟踪误差信号 e_i，具体如图 2-59 所示。

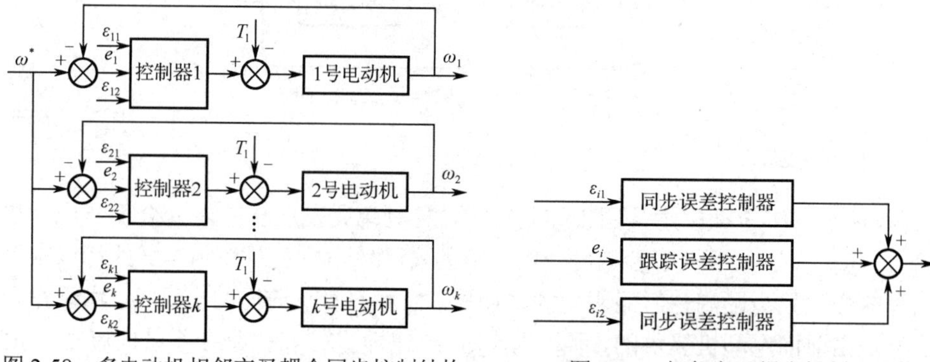

图 2-58　多电动机相邻交叉耦合同步控制结构

图 2-59　相邻交叉耦合控制器结构

相邻交叉耦合控制方式的优点是每台电动机的控制器同时考虑了跟踪误差和系统的同步误差，当负载扰动等因素引起其中任意一台电动机速度波动时，系统中其他电动机也会收到该波动信息，从而做出调整，因此，整个系统的同步性能良好。不过应注意到，即便是采用相邻交叉耦合，控制程序的计算量仍然不小，因此研究人员提出了如图 2-60 所示的改进型相邻交叉耦合控制器，通过计算各电动机的平均输出来计算各电动机的同步误差，从而显著降低了计算量。

一般而言，以上控制结构中的控制器大多采用结构简单的比例积分控制器。为了实现更好的控制效果，可将其替换为其他更为先进的控制方法，如模糊神经网络控制或基于反步法的自适应控制。

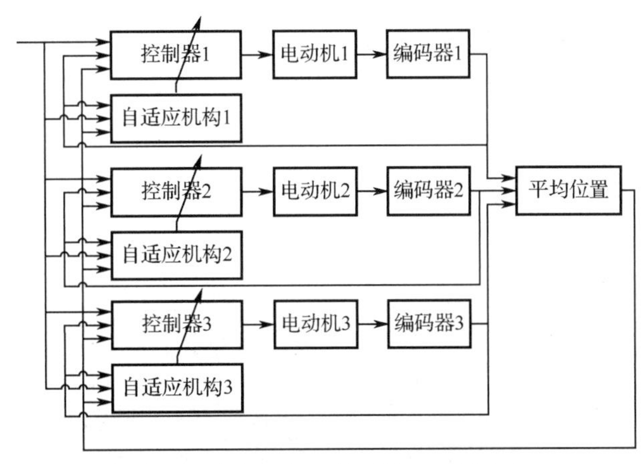

图 2-60　改进型相邻交叉耦合控制器结构

5．虚拟总轴控制方式

虚拟总轴控制策略是在机械轴连接相对刚度的概念基础上提出的。虚拟总轴控制模拟机械轴连接的物理特性，因此具有机械轴连接控制方式所固有的同步特性，同时又具有并行控制方式输出功率大、各单元距离不受约束的优点。虚拟总轴控制系统由虚拟电动机、从属电动机及虚拟机械单元等部分组成，其中虚拟电动机和虚拟机械单元采用软件模拟，省去了反复装卸机械零部件的麻烦。虚拟总轴控制策略以虚拟机械单元取代机械长轴，其优点是虚拟部分的参数易于调节，通过调节参数可避免机械轴驱动带来的机械振动；此外，不同于机械轴驱动需要添加或更改机械部件，虚拟部分配置非常灵活，可以适应不同场合的需求。

以三台电动机为例，典型的虚拟总轴控制结构如图 2-61 所示。虚拟总轴控制模拟机械总轴的物理特性，系统输入信号要经过虚拟总轴的作用才能得出各电动机的参考信号。本质上，单电动机控制回路中的速度环、位置环属于比例控制，所以，每台电动机的输出和虚拟主轴输出的基准间存在稳态误差。而当电动机载荷产生动态扰动时，各电动机转速均向减小该电动机与其他电动机之间同步误差的方向变化，从而使系统快速达到同步。但是采用虚拟总轴控制策略的系统中各电动机的参考信号并不一定等于系统输入信号，因此在主参考值和每台电动机实际输出量之间可能存在偏差，而且在系统启动或停机，以及电动机载荷发生扰动等时，各电动机之间也会出现不同步的情况。

6．柔性结构的自适应/自校正控制算法

对于采用多电动机驱动的柔性索结构，如 FAST 天线上的馈源驱动机构，除有驱动系统（伺服电动机）、减速系统外，还有更复杂的悬索，其特点是柔性、滞后、速度低、定位精度要求高等。由于柔性索的固有特性，很难给出精确的数学模型，因此，需要采用能够适应参数变化、随机干扰等的自适应/自校正控制算法。

基于自适应反馈控制算法的柔性结构控制基本原理如图 2-62（a）所示，首先基于现代控制理论建立系统的状态空间模型，通过神经网络方法来对系统的参数进行辨识，直至系统真实输出与估计值的误差达到设定要求，由此完成参数的自适应调节过程。自校正控制算法与自适应反馈控制算法类似，通过递推最小二乘法迭代参数矩阵直至系统输出与系统给定轨迹满足误差要求。此外，由于天文运动的重复特性，可通过多次重复扫描，并利用学习型的自校正调节控制策略，充分利用以往的控制经验，逐渐降低跟踪误差。基于学习型自校正控制算法的柔性

结构控制基本原理如图 2-62（b）所示。

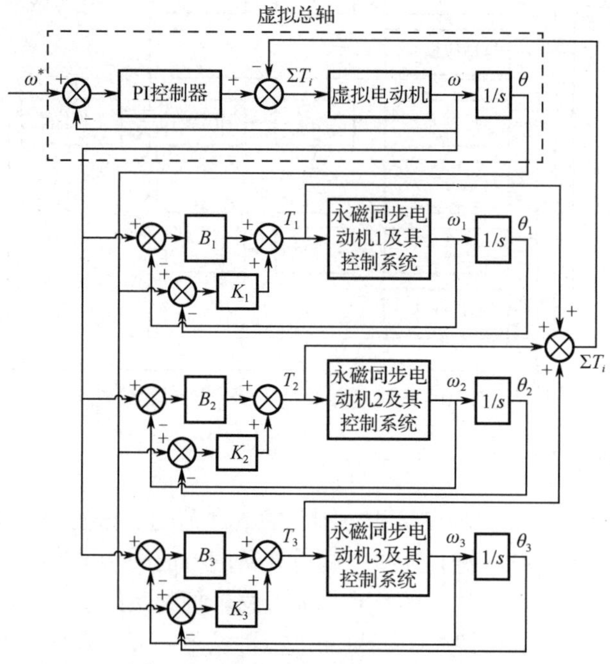

图 2-61　典型的虚拟总轴控制结构

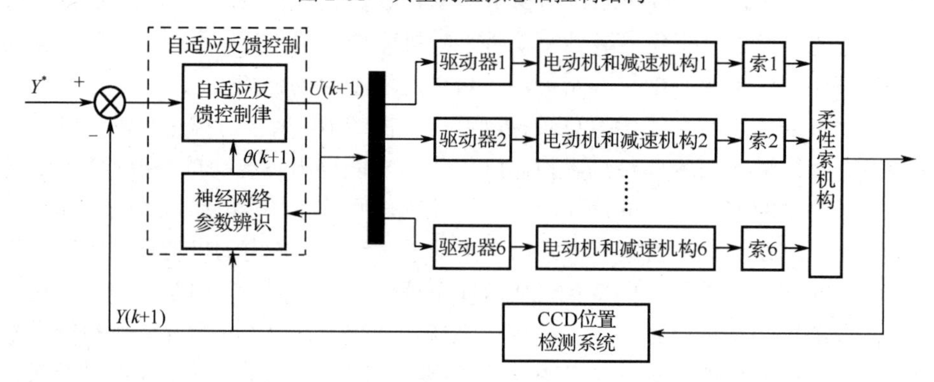

（a）自适应反馈控制

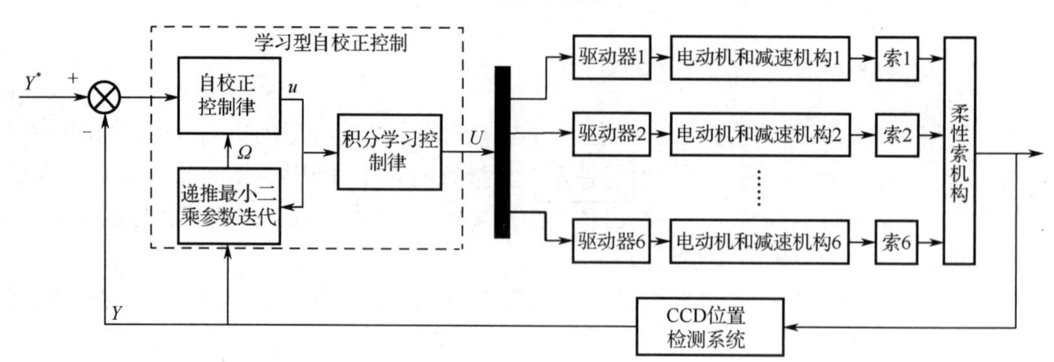

（b）学习型自校正控制

图 2-62　基于自适应反馈/自校正控制算法的柔性结构控制框架

2.6.2　多电动机刚性协同控制结构

当需要驱动大惯量、重负载对象时，多电动机需通过并联多点啮合的齿轮齿圈传动系统刚性耦合在一起，此时各电动机的理论速度是一致的，但由于齿轮传动系统空回的影响，电动机的实际负载取决于其与多电动机共同驱动的齿圈的相对运动。在重载应用场合，不当的控制策略容易导致各电动机载荷不均，甚至个别电动机过载导致停机。而当系统需要往复运动定位或者承受交变载荷时，传动空回将严重影响定位精度和系统稳定性。

1．多电动机刚性连接转矩同步

对于需要多电动机协同出力的重载场合，如果直接沿用如图 2-55 所示的并联同步控制结构，则各电动机间转速的不同步势必会导致转速较高的电动机出力大，转速低的电动机出力小，甚至成为系统负载。因此，对于此类场合一般采用转矩主从控制结构，如图 2-63 所示，选择一台电动机作为主机工作在速度环来控制系统转速，其他电动机作为从机，其电流环与主机一样，参考主机速度环的输出，从机的转速自由调节从而跟随主机的转矩。由于电流环需要的计算频率较高，需要各控制器之间以极高的速度进行运算和通信，因此 2.6.1 节中的相邻交叉耦合方法并不适用于转矩同步控制。此外，由于从机需要通过间接的自适应的速度调节来跟踪主机的转矩，因此主机的速度环应适度放软，避免从机的速度出现剧烈变化进而影响系统的稳定性。

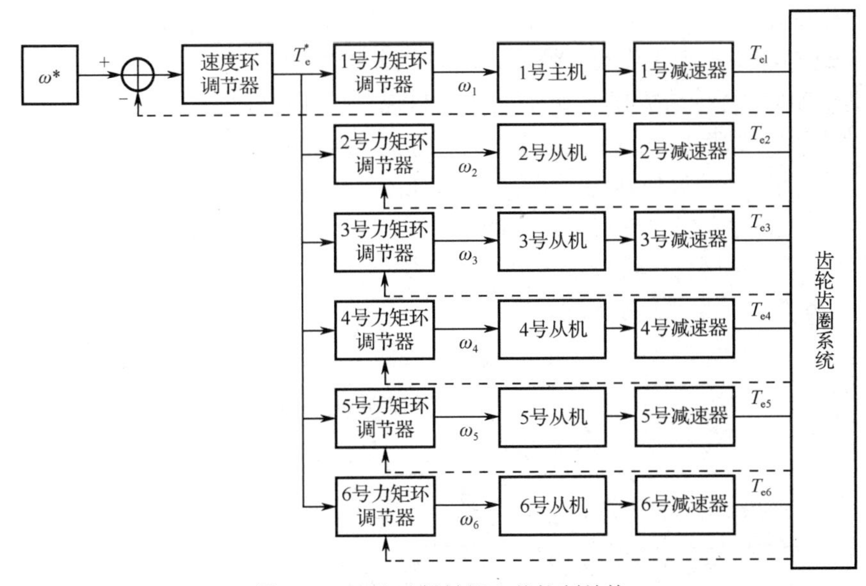

图 2-63　多电动机转矩主从控制结构

2．双电动机消隙控制

为了实现大惯量平台的驱动，电动机一般需要经过多级齿轮减速装置，其中的传动空回对于系统定位和往复运动具有严重的干扰。传统的机械消隙方法仅适用于精度要求不高的场合，对于负载和目标转速的变化适应能力差，因此目前广泛采用多电动机控制消隙。以双电动机消隙控制为例，该系统由两台电动机共同驱动负载，两台电动机的物理参数和减速器都是相同的，如图 2-64 所示。两台电动机分为主机和从机，二者保留各自的电流环，将电流环指令信号并联。主机的速度环保留，和电流环组成内环，从机的速度环断开。当其系统内部产生扰动时，电流反馈与速度反馈便能起到抑制干扰、稳定系统的作用。

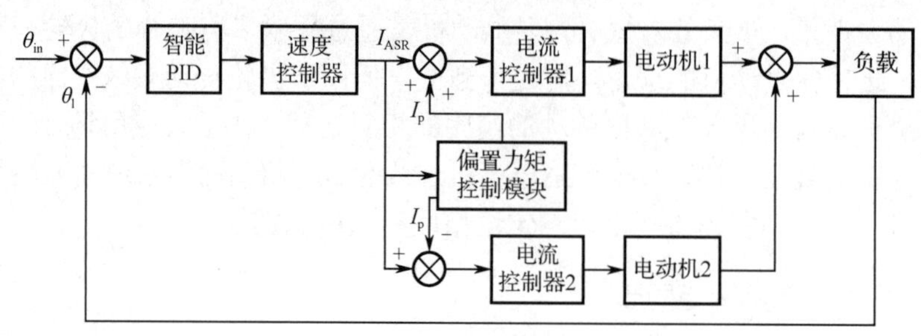

图 2-64　典型的双电动机消隙控制结构

为了消除齿隙，大小相等但方向相反的偏置电流被分别施加在两台电动机上。偏置电流产生的偏置转矩使大齿轮被两个小齿轮卡紧，无法自由转动。基于该原理，可以给系统电动机施加一个常偏置电流，使得电动机在启动或换向时保持预紧状态，齿轮齿隙便会大大减小甚至消除。但这种方法造成系统功率损耗，不经济。针对这个缺点，可以根据系统所处不同的运动状态来施加偏置电流，具体做法是通过速度控制器的输出或电流反馈大小来决定何时加入偏置转矩。此时，两台电动机的输出转矩与控制信号的关系如图 2-65 所示。在系统控制零时刻，即 O 点位置时，由于偏置电流的存在，两台电动机分别产生大小相等、方向相反的转矩 M_o 和 $-M_o$。此时两个小齿轮在两个转矩作用下分别贴合大齿轮的不同侧面，使大齿轮无法转动，消除了齿轮间隙。随着控制信号的不断增大，如图中 OA 段，电动机 1 转矩从 M_o 处逐渐增大，电动机 2 转矩从 $-M_o$ 处逐渐减小，当提供反向偏置转矩的电动机输出转矩降为零时（此时对应图中的 A 点），两电动机贴向大齿轮的同侧。此时若电动机控制信号继续增大，则两台电动机共同拖动负载转动，如图中 AB 段所示。按照偏置电流的特性，从 B 点到 C 点，偏置转矩逐渐减小至归零，两台电动机共同拖动齿轮转动。当控制信号反向作用时，系统按照 $CBAOA'B'C'$ 的顺序，偏置转矩逐渐增大，电动机 2 的转矩逐渐减小并反向贴向齿轮异面，而电动机 1 保持转动方向不变。此后两台电动机回到初始位置，对应图中 O 点，电动机反向转动，这时电动机 2 提前贴合齿轮异面，齿轮便实现了无隙传动。

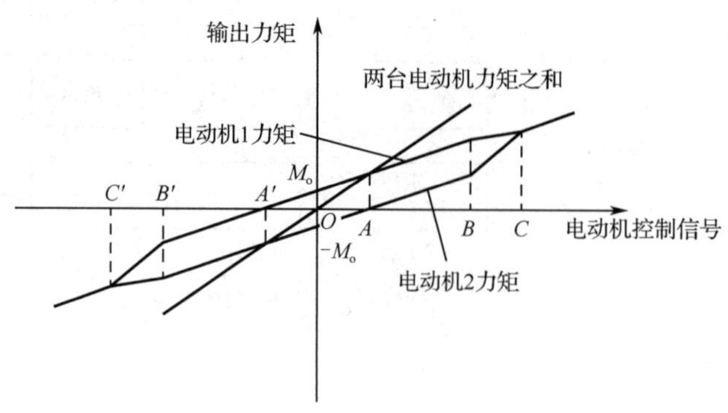

图 2-65　两台电动机的输出转矩与控制信号的关系

Chapter 3

第3章 机电伺服传动结构

【概要】

本章首先介绍机电伺服传动结构中的主要元件及其工作原理、分类、特点和应用场合。在此基础上，从系统分析、座架形式、轴系支承与动力传动装置设计、轴系误差分析与综合等方面，对天线座这一典型电子设备传动结构进行详细阐述。最后，对综合交连、电动倒竖机构、电动调平机构、方舱行走机构等电子设备上常用的一些特种传动结构的工作原理、分类特点、应用场合进行介绍。

机电伺服传动结构是机电传动控制系统的重要组成部分，主要功能是实现从伺服电动机到负载之间的减速、增大转矩和改变旋转方向，是伺服电动机传递动力和运动的核心部件。

雷达等电子设备中典型的传动元件主要包括轴承、丝杠、齿轮副和减速机等。典型机电伺服传动结构一般包括天线座、综合交连、电动倒竖机构、电动调平机构和方舱行走机构。

3.1 传动元件

为实现机电伺服传动结构的功能和性能要求，需要采用不同类型的传动元件，主要包括轴承、齿轮副、丝杠和减速机等。轴承主要用于实现传动结构的旋转支承，降低其运转过程中的摩擦系数，并保证其运动精度；齿轮副主要用于实现空间任意两轴间的运动和动力传递；丝杠主要用于实现旋转运动与直线运动之间的切换；减速机主要用于实现驱动元件与执行机构之间的转速匹配和转矩传递。伺服传动结构元件的性能直接影响系统性能，下面将分别进行阐述。

3.1.1 轴承

按照摩擦副性质不同，轴承可分为滚动轴承和滑动轴承。其中，滚动轴承主要有深沟球轴承、角接触球轴承、圆柱滚子轴承、圆锥滚子轴承、调心滚子轴承、推力球轴承、推力滚子轴承和回转支承等；滑动轴承主要有关节轴承、固体润滑轴承和静压轴承等，如图 3-1 所示。

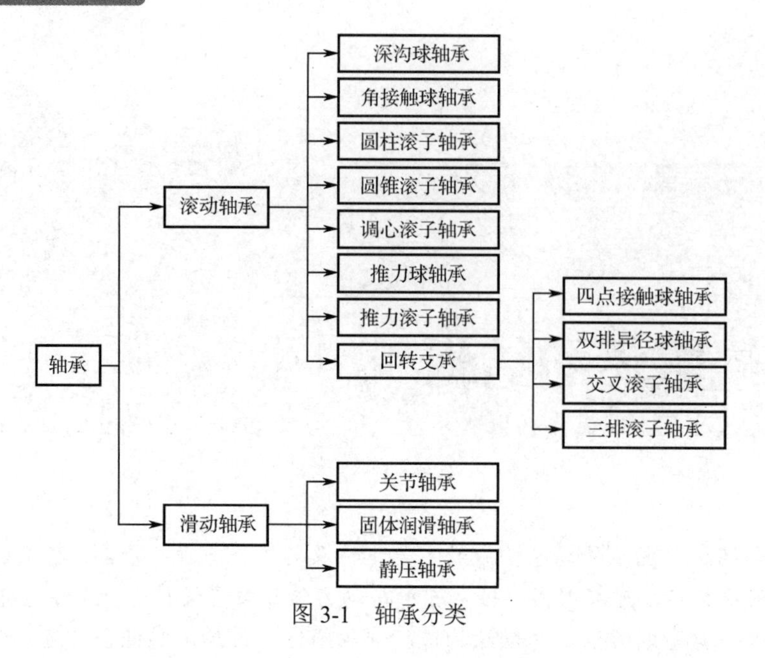

图 3-1　轴承分类

1．滚动轴承

滚动轴承是将运转的轴与轴承座之间的滑动摩擦变为滚动摩擦，从而减少摩擦损失的一种精密机械元件。滚动轴承一般由内圈、外圈、滚动体和保持架组成，如图 3-2 所示。

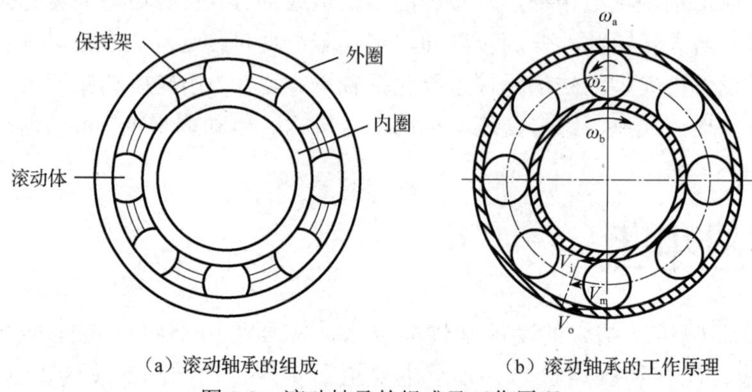

图 3-2　滚动轴承的组成及工作原理

轴承内圈一般装配在轴上，并与轴一起旋转；外圈一般装配在轴承座或支座上，起固定支承作用；内圈和外圈上均有滚动体滚动的滚道；滚动体借助于保持架均匀地分布在内圈和外圈之间，其形状、大小和数量直接影响滚动轴承的承载能力。滚动体类型有球、圆柱滚子、圆锥滚子、球面滚子和滚针等。滚动轴承内圈、外圈和滚动体通常采用高碳铬轴承钢制作，具有良好的淬透性和淬硬性，如 GCr15SiMn 或 Cr18Mo。对于承受高冲击载荷和交变弯曲应力的轴承，其表面需要具有较高的硬度和耐磨性，心部具有良好的韧性，一般采用渗碳钢，如 20CrNi2MoA、20Cr2Ni4A、16Cr2Ni4MoA 等，零件表面经渗碳、淬火、回火等热处理后，表面硬度可以很高（≥HRC60），心部硬度则较低（HRC35～40）；或者采用耐高温轴承钢，如 Cr4Mo4V、W18Cr4V 等。此外，还可以采用淬火钢，如 42CrMo、50Mn、5CrMnMo 等，通过局部表面淬火处理获得较高硬度。若在腐蚀介质中使用，则需要采用不锈轴承钢（又称耐腐蚀轴承钢），常用的有 1Cr18Ni9Ti、9Cr18、9Cr18Mo、0Cr17Ni7Al 等。

保持架的主要作用是实现滚动体隔离并均匀分布，防止其相互间接触摩擦，同时引导滚动体旋转。与无保持架的满装球或滚子轴承相比，带保持架轴承的摩擦阻力较小，更适用于高速旋转。保持架形式主要有冲压、车制和注塑三种。大多数冲压保持架由一般碳素结构钢板、不锈钢板、黄铜板制造，如 10#钢板、黄铜板 H62 等，具有较高的强度，多用于中小型轴承；车制保持架一般由钢、黄铜、铝铸造或锻造而成，如 20#钢、30#钢、黄铜 HPb59-1、铝 ZL102 等，其强度要比冲压保持架高，多用于较高转速的轴承；注塑保持架采用加玻璃短纤维增强的尼龙 66 材料经模压后制成，具有良好的弹性和自润滑性，可在润滑条件差的情况下运行。

滚动轴承一般采用脂润滑或油润滑方式。润滑剂的选择需要根据运行速度、温度及周围环境等多方面因素进行考虑。正常工作条件下，大部分滚动轴承都可以采用脂润滑方式，润滑脂不易泄漏，而且还有密封的作用；当转速或工作温度很高而不适合使用脂润滑，或需要把摩擦而产生的热或外热从轴承带走时，可采用油润滑方式。在雷达等电子设备中常用的润滑脂主要有 2#锂基脂、长城润滑脂 7007 或 7012、MOLYKOTE 的 BG20 等，常用的润滑油有美孚 SHC-629 等。

部分滚动轴承还带有密封圈和防尘盖等，主要作用是将滚动轴承工作部分与外界隔离，使滚道、滚动体和保持架形成封闭的环状空间。密封圈材料以丁腈橡胶为主。

1）深沟球轴承

深沟球轴承结构简单、使用方便，内、外圈不分离，摩擦阻力小，适合高转速甚至极高转速运行。它主要用于承受径向载荷，也可承受一定的轴向载荷，一般在对安装、密封、配合没有特殊要求的部件中均可采用，在雷达等电子设备中，常用于伺服电动机输出轴、减速机轴系、汇流环、锁定装置、同步轮系等的旋转支承。深沟球轴承如图 3-3 所示。

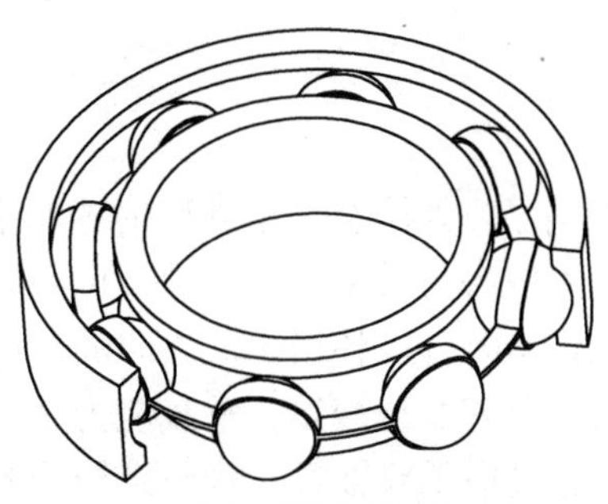

图 3-3 深沟球轴承

2）角接触球轴承

角接触球轴承能够同时承受径向和轴向载荷，可以在较高的运转速度下工作。轴向承载能力的大小随接触角的大小变化，接触角越大，所能承受的轴向载荷也越大，多用于高转速、高精度和轴向载荷较小的场合。由于单个角接触球轴承只能承受单个方向的轴向载荷，因此很多场合下常采用两个角接触球轴承相对或相向安装方式，这样可以具有较好的刚性，能够承受双向轴向载荷，同时也可以承受一定的倾覆转矩，在雷达等电子设备中，常用于调平腿、水铰链的回转支承结构中。角接触球轴承如图 3-4 所示。

3）圆柱滚子轴承

圆柱滚子轴承大多属于可分离轴承，安装和拆卸都很方便。圆柱滚子与滚道呈线接触，能承受较大的径向载荷，适用于重载和冲击载荷，也适用于较高速旋转。该类轴承根据装用滚动体的列数不同，分为单列、双列和多列圆柱滚子轴承，在雷达等电子设备中，主要用在双轴天线座俯仰支承部位的活动端，用于补偿轴系因热胀冷缩变形及制造安装误差所引起的长度变化。圆柱滚子轴承如图 3-5 所示。

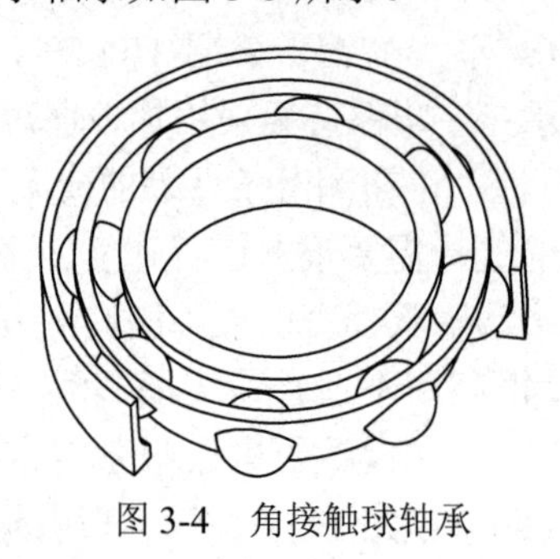

图 3-4　角接触球轴承

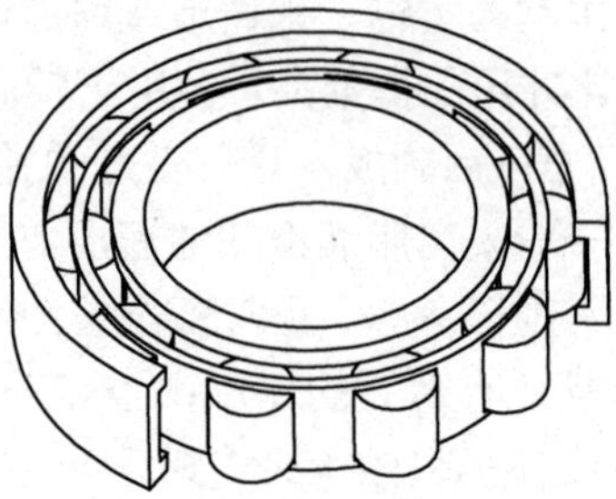

图 3-5　圆柱滚子轴承

4）圆锥滚子轴承

圆锥滚子轴承内、外圈的滚道和滚子均为锥形，所有锥形表面的延伸线汇合在轴承线上的某一点，因此圆锥滚子轴承的滚子在滚道上的运动为纯滚动。圆锥滚子轴承属于分离型轴承，轴承内组件（滚子、保持架、内圈）和外圈可以分离，可以很方便地安装在轴颈和轴承座上。该类轴承特别适用于同时承受径向和轴向载荷的场合，轴向承载能力的大小取决于接触角 α，即外圈滚道角度，接触角 α 越大，轴向承载力越大。由于单列圆锥滚子轴承只可承受单方向的轴向载荷，通常工程中采用两个相同结构的单列圆锥滚子轴承面对面或背对背安装，来承受双向轴向载荷，在雷达等电子设备中，主要用于双轴天线座俯仰支承部位的固定端。圆锥滚子轴承如图 3-6 所示。

5）调心滚子轴承

调心滚子轴承具有两列球面滚子，外圈有一个共用的球面滚道，内圈有两个滚道，与轴承轴线成某一角度，外圈滚道的曲率中心与轴承中心一致。调心滚子轴承是自调心的，不受轴与轴承座的不对中或轴变形挠曲的影响，可以补偿由此引起的同心度误差。该类轴承除承受径向载荷外，还可以承受双向轴向载荷及其联合载荷，承载能力大，同时具有较好的抗振动、抗冲击能力，在雷达等电子设备中，主要用于双轴类天线座结构的俯仰支承环节。调心滚子轴承如图 3-7 所示。

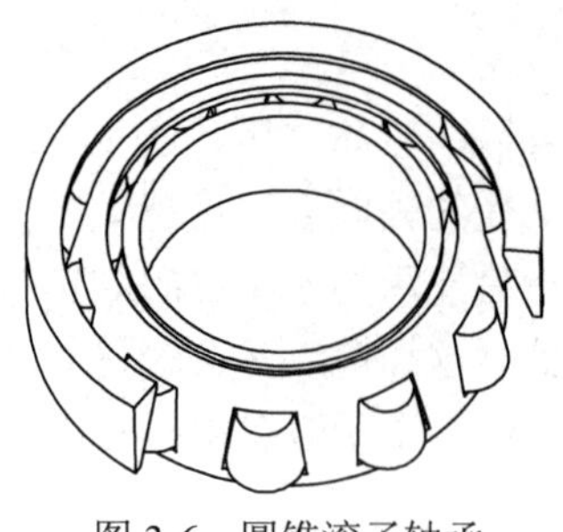

图 3-6　圆锥滚子轴承

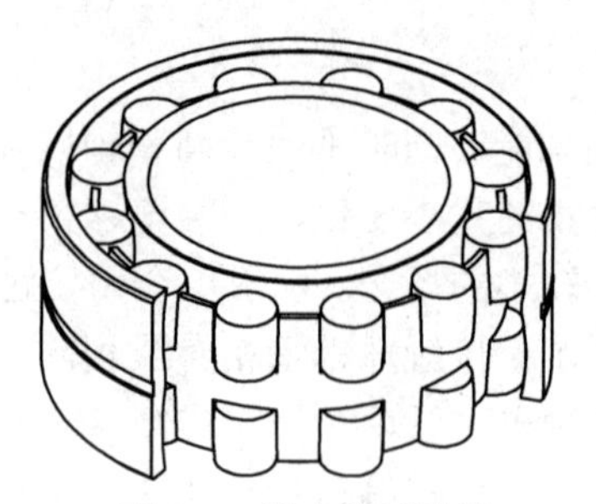

图 3-7　调心滚子轴承

6）推力球轴承、推力滚子轴承

推力球轴承、推力滚子轴承都属于分离型轴承，均承受单向轴向载荷，不能承受径向载荷，也不能限制径向位移，可做单方向的轴向定位。其中推力滚子轴承的轴向承载能力更大一些，转速低一些，在雷达等电子设备中，主要用于重载调平腿结构的回转支承。推力球轴承、推力滚子轴承如图 3-8 所示。

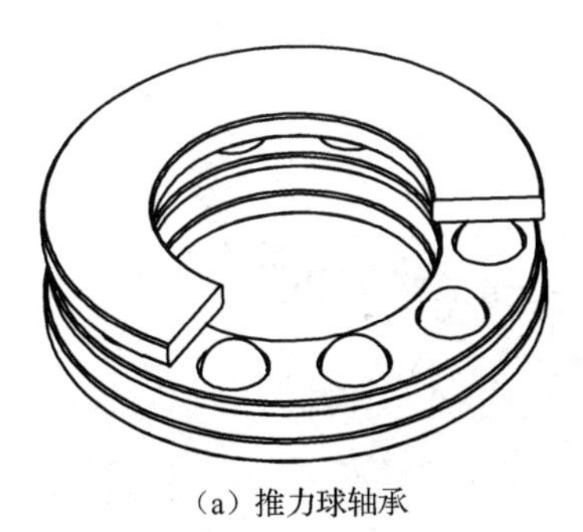
（a）推力球轴承

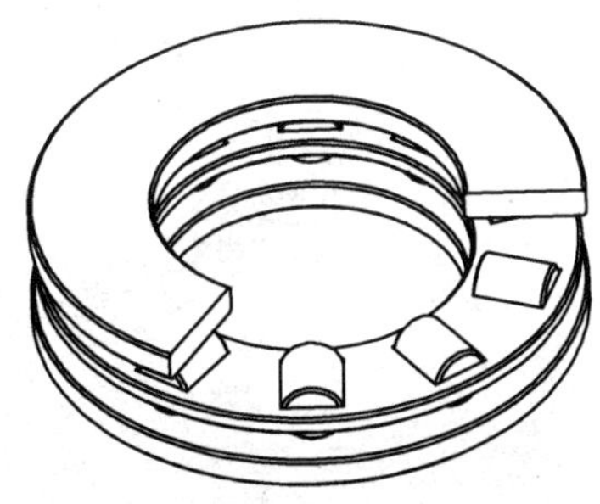
（b）推力滚子轴承

图 3-8　推力球轴承、推力滚子轴承

滚动轴承的主要指标有承载能力、旋转速度（高速性）、调心性、精度、刚度、可分离性等，各类轴承的工作性能比较见表 3-1。

表 3-1　轴承的工作性能比较

工作性能		深沟球轴承	角接触球轴承	圆柱滚子轴承	圆锥滚子轴承	调心滚子轴承	推力球轴承	推力滚子轴承
承载能力	径向	中	中	优	优	优	无	无
	轴向	差	良	无	良	中	良	优
高速性		优	优	良	中	良	中	差
调心性		差	中	无	无	优	无	无
精度		优	优	优	良	中	良	中
刚度		中	中	优	优	中	无	优
可分离性		不可	可	可	可	不可	可	可

滚动轴承的特点是摩擦系数小，启动灵活；互换性好，便于维修和更换；润滑方便，润滑剂消耗少，便于密封，易于维护；可较方便地在高温或低温条件下使用；部分种类的轴承可通过施加预紧载荷提高支承刚性；径向游隙较小，回转精度高。但滚动轴承径向尺寸较大，减振能力较差，高速时寿命低，噪声大。滚动轴承的应用比滑动轴承广泛得多，对于转速要求不高，冲击、振动要求不严的一般条件均能很好地适应。

7）回转支承

回转支承也称转盘轴承，是一种集支承、旋转、传动和固定于一体的特殊结构的大型轴承，可同时承受轴向力、径向力和倾覆转矩，通常自带安装孔、润滑油孔和密封装置，可满足各种工况条件下设备的不同需求，被广泛用于工程机械、风力设备、医疗器械、雷达等大型回转设备上。回转支承主要由内圈、外圈、滚动体、保持架（或隔离块）和密封圈等构成，如图 3-9 所示。

回转支承一般有以下三种安装方式：座式安装、立式安装和悬挂式安装，示意图如图 3-10 所示。

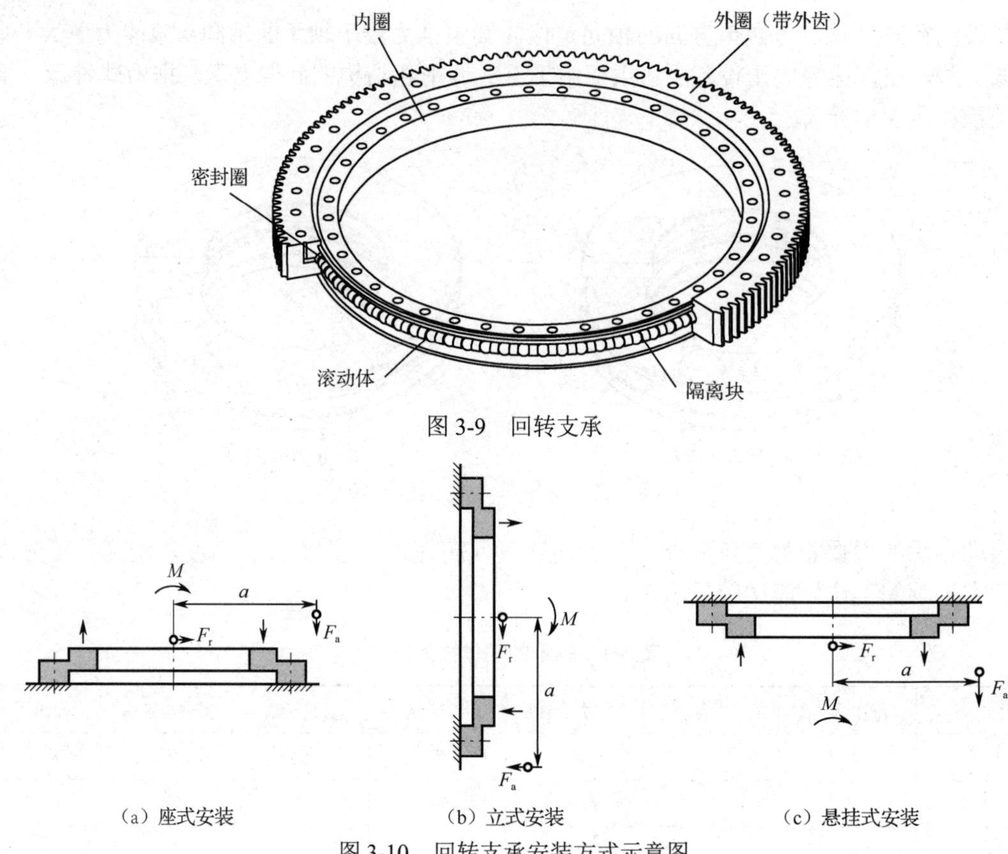

图 3-9　回转支承

（a）座式安装　（b）立式安装　（c）悬挂式安装

图 3-10　回转支承安装方式示意图

与普通滚动轴承相比，回转支承一般具有径向尺寸大、轴向尺寸小、结构紧凑、承载能力大、维护方便等特点，但一般转速较低。在雷达等电子设备中，常用的回转支承有四点接触球轴承、双排异径球轴承、交叉滚子轴承和三排滚子轴承。

（1）四点接触球轴承。四点接触球轴承可以同时承受轴向载荷、径向载荷和倾覆载荷。在轴向载荷和倾覆载荷共同作用下，几乎所有的钢球均参与承载；当承受纯轴向载荷时，钢球与内、外圈滚道分别为单点接触。为应对各种工况条件下的不同轴向力、倾覆转矩和径向力组合，接触角可以做相应调整。该类轴承主要适用于以轴向载荷为主，倾覆转矩较小的场合，常用于较高转速及内、外圈安装基础刚度较差的回转结构中，按照是否带齿及齿的分布部位分为无齿式、外齿式和内齿式，分别如图 3-11 所示。

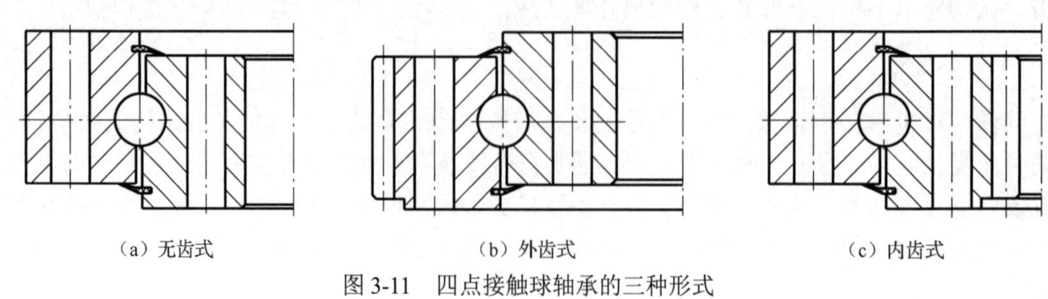

（a）无齿式　（b）外齿式　（c）内齿式

图 3-11　四点接触球轴承的三种形式

（2）双排异径球轴承。双排异径球轴承可以同时承受轴向载荷、径向载荷和倾覆载荷。其中上排球主要承受轴向载荷和倾覆载荷，下排球主要承受反向倾覆载荷。因此，它的承载能力要大于四点接触球轴承，但摩擦阻力和高度尺寸要大于四点接触球轴承。该轴承适用于以轴向载荷为主、有较大倾覆转矩、轴承径向安装位置受限的场合。该结构对安装精度及轴承支承的轴向和径向变形敏感性最小，常用于转速较高、承载较大及内、外圈安装基础较差的回转结构中，按照是否带齿及齿的分布部位分为无齿式、外齿式和内齿式，分别如图 3-12 所示。

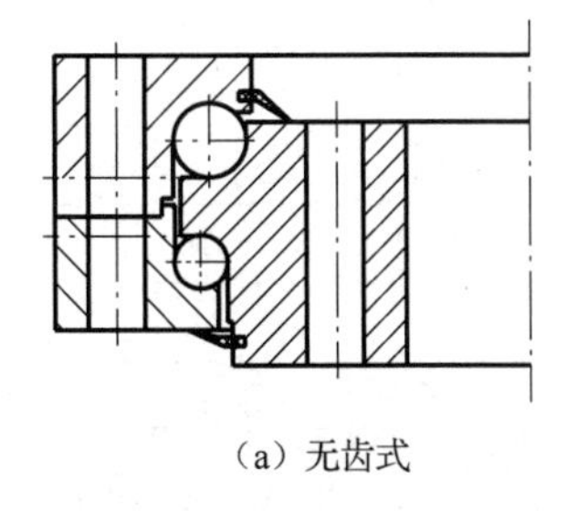

（a）无齿式

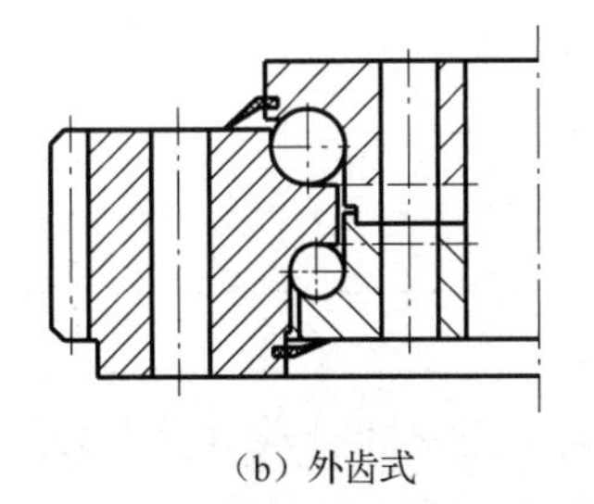

（b）外齿式

（c）内齿式

图 3-12　双排异径球轴承的三种形式

（3）交叉滚子轴承。交叉滚子轴承可以同时承受轴向载荷、径向载荷和倾覆载荷。交叉滚子轴承的结构和应用与四点接触球轴承基本相同，只是滚动体由球变为滚子，滚动体与内、外圈的接触由点接触变为线接触，故承载能力增强，但磨损和摩擦转矩同时也增大。交叉滚子轴承中滚子的形状有两种，一种为圆柱滚子，另一种为圆锥滚子。由于圆锥滚子在滚道内做纯滚动，因此交叉圆锥滚子轴承较交叉圆柱滚子轴承有更高的旋转精度、更高的转速和较低的摩擦转矩。交叉滚子轴承常用于承受较大载荷、较低转速及内、外圈支承刚度较好的回转结构中，按照是否带齿及齿的分布部位分为无齿式、外齿式和内齿式，分别如图 3-13 所示。

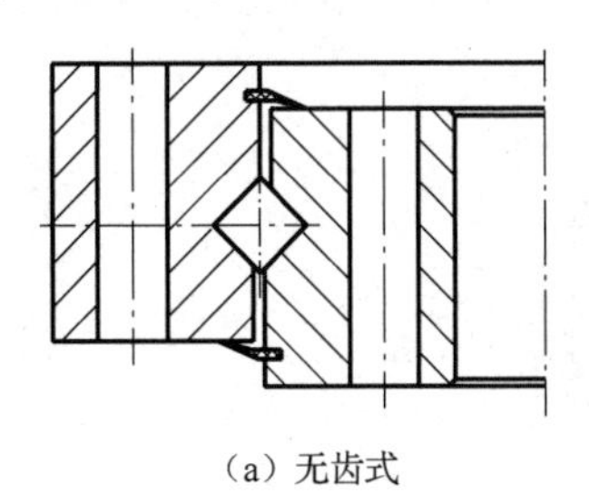

（a）无齿式

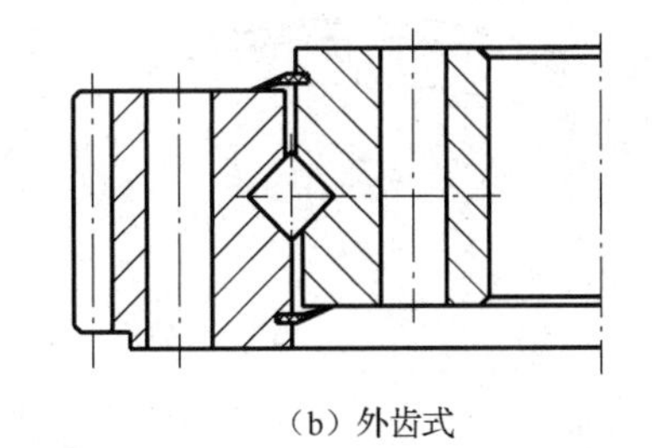

（b）外齿式

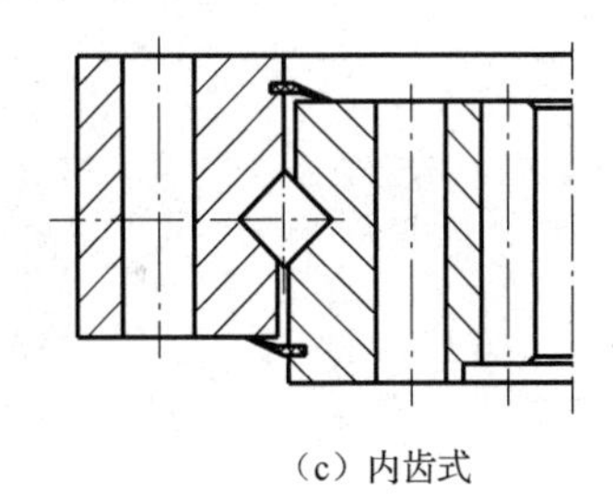

（c）内齿式

图 3-13　交叉滚子轴承的三种形式

（4）三排滚子轴承。三排滚子轴承可以同时承受轴向载荷、径向载荷和倾覆载荷，在相同外形尺寸条件下是承载能力最大的回转支承。该结构的轴向载荷和径向载荷分别由不同的滚子承受。其中，轴向载荷和倾覆载荷由轴线水平放置的两排滚子承受，径向载荷由轴线垂直放置的一组滚子承受。该轴承适用于大轴向载荷和倾覆转矩、有较大径向载荷、摩擦转矩要求不高的场合，常用于承受重载、慢速及内、外圈支承刚度较好的回转结构中，按照是否带齿及齿的分布部位分为无齿式、外齿式和内齿式，分别如图 3-14 所示。

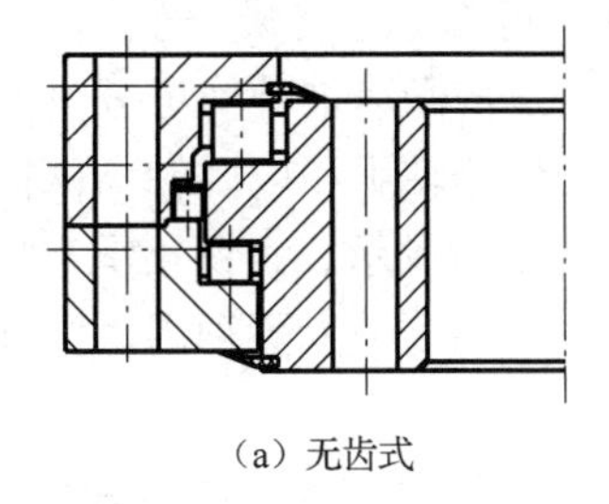

（a）无齿式

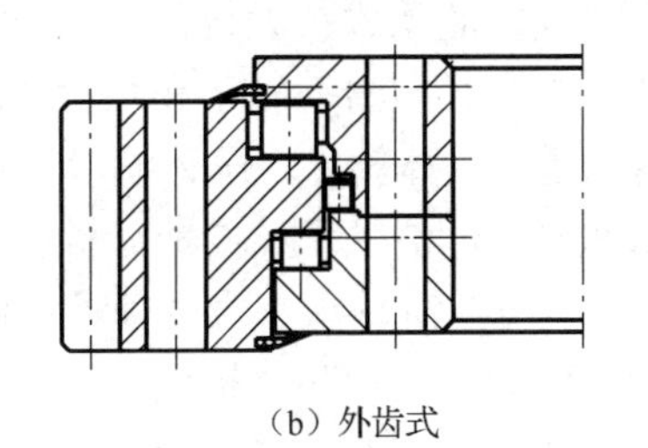

（b）外齿式

（c）内齿式

图 3-14　三排滚子轴承的三种形式

四类常规回转支承的工作性能比较如表 3-2 所示。

表 3-2　四类常规回转支承的工作性能比较

工作性能	四点接触球轴承	双排异径球轴承	交叉滚子轴承	三排滚子轴承
承载能力	中	良	良	优
高速性	优	良	中	中
质量	小	较小	较大	大
刚度	中	良	良	优
摩擦阻力	小	较小	较大	大

在一些空间尺寸和质量要求苛刻而又同时承受轴向载荷、径向载荷和倾覆载荷的场合，由于空间限制，难以使用成对轴承支承，同时常规的回转支承在质量和外形尺寸上也难以满足要求，因而需要定制轻量化的薄壁回转支承。根据具体应用场景和结构形式进行定制，如图 3-15 所示，多为四点接触球结构，可以实现与安装支承结构一体化设计，安装可采用螺栓连接、过盈安装及压紧安装等方式。

薄壁非标定制轴承的高度尺寸和壁厚系数建议符合薄壁轴承相关标准要求，通过特殊的加工控制方法，实现较轻量化的情况下，其承载能力和回转精度无明显降低，但相对普通轴承加工成型更为困难，对安装基础的刚度要求也更高。轴承内、外圈及滚动体多为高强度不锈钢 9Cr18 材质，可以适应高低温交变、霉菌、盐雾等恶劣环境。

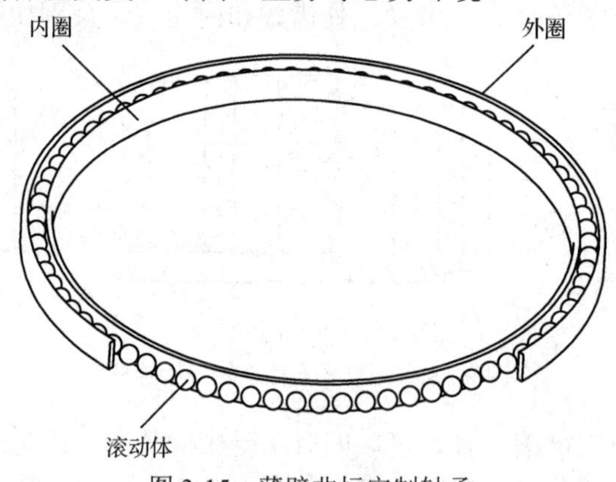

图 3-15　薄壁非标定制轴承

2. 滑动轴承

滑动轴承是在滑动摩擦下工作的轴承。由于滑动轴承本身具有一些独特的优点，使得它在某些特定场合仍占有重要地位。滑动轴承一般由耐磨材料制成，不分内、外圈，也没有滚动体，通常结构简单，制造容易，成本较低，能承载较大载荷，工作平稳、可靠，运转噪声小。

滑动轴承按承受载荷的方向可分为径向滑动轴承和推力滑动轴承；按润滑剂种类可分为油润滑轴承、脂润滑轴承、水润滑轴承、气体轴承、固体润滑轴承、磁流体轴承和电磁轴承；按润滑膜厚度可分为薄膜润滑轴承和厚膜润滑轴承；按轴瓦材料可分为青铜轴承、铸铁轴承、塑料轴承、宝石轴承、粉末冶金轴承、自润滑轴承和含油轴承；按轴瓦结构可分为圆轴承、椭圆轴承、三叶油轴承、阶梯面轴承、可倾瓦轴承和箔轴承。

在雷达等电子设备中，常用的滑动轴承有三种，即关节轴承、固体润滑轴承及静压轴承。

1）关节轴承

关节轴承是接触面为球面的滑动轴承，也称球面轴承。关节轴承可按照不同的方式进行分类，按受力方向可分为向心、角接触和推力关节轴承；按外圈结构可分为整体型、单缝型、剖分型、镶垫型和装配槽型。向心关节轴承的基本结构如图 3-16 所示。

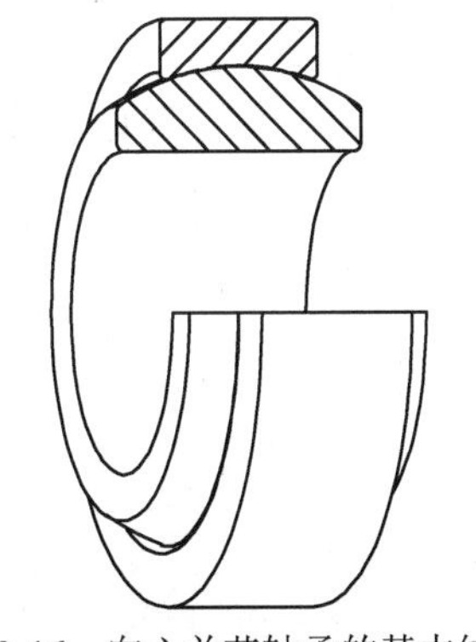

图 3-16　向心关节轴承的基本结构

相比滚动轴承，关节轴承的结构简单、承载能力大，在机器人的关节、固定翼飞机的起落、机架、尾翼及直升机的旋翼系统中均有应用；相比其他滑动轴承，关节轴承能实现多角度的摆动，在冶金炼钢设备的回转台、转炉等设备上也有较多应用。

2）固体润滑轴承

固体润滑轴承是用固体润滑剂润滑的滑动轴承，由金属基体承受载荷，特殊配方的固体润滑材料（石墨、二硫化钼、聚四氟乙烯等）起润滑作用，如图 3-17 所示。它具有承载能力高、耐冲击、耐高温和润滑能力强等特点，特别适用于重载、低速、往复或摆动等难以润滑和形成油膜的场合，也不怕水冲和其他酸液腐蚀，在雷达等电子设备中，常用于液压缸支耳和天线支耳的转轴支承部位。

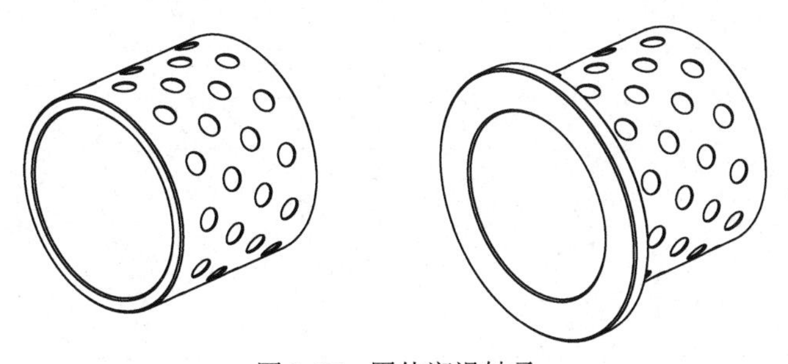

图 3-17　固体润滑轴承

Pv 值是衡量固体润滑轴承磨损极限和使用寿命的重要指标，以承载压力 P（N/mm^2）和线速度 v（m/s）的乘积 Pv 来表示。

$$
\begin{aligned}
P &= F/(dL) \\
v &= \pi dn/1000 \\
Pv &= \pi Fn/(1000L)
\end{aligned}
\qquad (3\text{-}1)
$$

式中，F 为垂直承载载荷（N）；d 为轴承内径（mm）；L 为轴承宽度（mm）；n 为轴承的转速（r/min）。

轴承内径 d 由所用轴的直径确定，轴承宽度 L 由轴承允许表面载荷确定，即 $L \geqslant F/(Pd)$。由此可见，增大轴承宽度可有效提升承载能力，降低表面载荷。但过大的轴承宽度会导致抗偏载能力和冷却效果降低，过早地损伤轴承。一般 L/d=0.5～1.5。

3）静压轴承

静压轴承是一种油膜全润滑的滑动轴承，依靠外部供油系统供给压力油，经过节流器，在轴承中形成承载油膜，将转动结构浮起。它在任何转速（包括静止）和重载情况下，都能使转动结构与固定结构间处于液体摩擦的状态，而且油膜的刚度很大，当外载荷发生变化时，油膜的变化量也很小。

一般静压轴承系统主要由轴瓦、转台、节流器和供油系统等组成，工作原理如图 3-18 所示。供油系统输出油压为 P_s 的高压油，分别通过与各油室串联的节流器进入各个油室，油压由 P_s 降为 P_r，当油室压力 P_r 较小时，转台与轴瓦面紧贴，P_r 将继续上升，直至浮起转台。

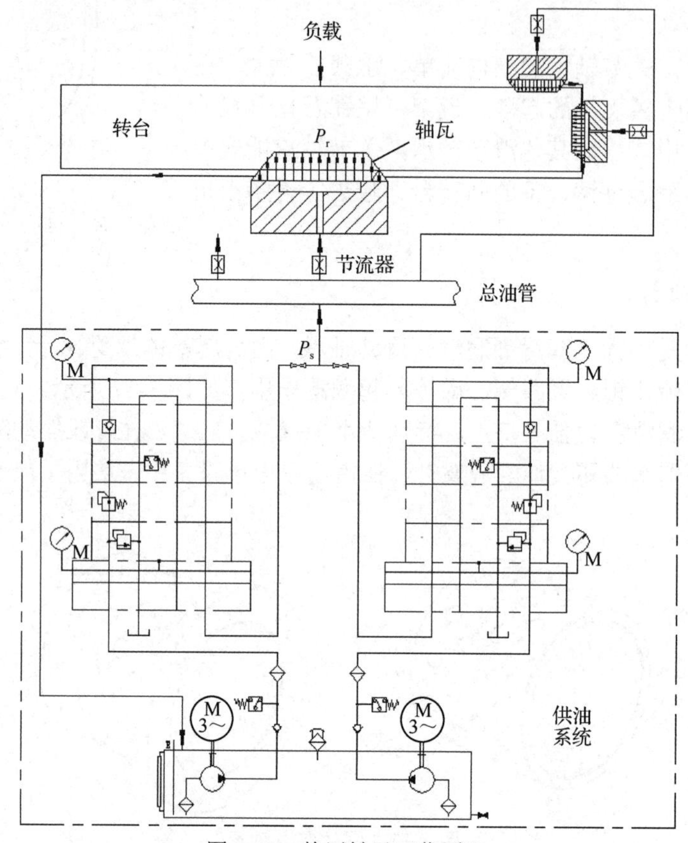

图 3-18　静压轴承工作原理

静压轴承具有摩擦转矩小、使用寿命长、转速范围宽、抗振性能好、回转精度高等特点，适用于各类精密重型机床、大型精密测控雷达等设备。但静压轴承需要一套供油系统，且压力油必须经过精细过滤，使用和维护成本较高。

3.1.2　丝杠副

丝杠副全称丝杠螺母副，是一种螺旋传动机构，用于实现旋转运动-直线运动之间的转换。根据螺旋摩擦状态的不同，通常可分为滑动螺旋副和滚动螺旋副。常用的丝杠副中，梯形丝杠副属于滑动螺旋副，滚珠丝杠副、行星滚柱丝杠副属于滚动螺旋副。

三种常用丝杠副的特点及应用场合见表 3-3。

表 3-3　三种常用丝杠副的特点及应用场合

类　别	特　点	应用场合
梯形丝杠副	（1）结构简单，加工方便，成本低； （2）当螺旋升角小于摩擦角时，可自锁； （3）传动平稳； （4）摩擦阻力大，效率低，仅在 0.3～0.7 之间，自锁时效率低于 0.5，通常为 0.3～0.4； （5）螺纹有间隙，反向有空程，定位精度及轴向刚度较差； （6）磨损大； （7）低速及微调时可能出现爬行现象	广泛应用于各种直线传动机构，如天线倒竖机构、电动推杆、调平腿、螺旋千斤顶等，特别是一些需要自锁的场合
滚珠丝杠副	（1）传动效率高，在 0.9 以上； （2）摩擦转矩小，刚度好，长期工作温升及热变形小； （3）工作寿命长，平均可达滑动螺旋的 10 倍以上； （4）传动间隙小，无爬行，精度高，并且可预紧； （5）高速性能好； （6）传动具有可逆性，既可把旋转运动转换成直线运动，又可把直线运动转换成旋转运动，且逆传动效率与正传动相近； （7）不能自锁； （8）结构复杂，成本高	广泛应用于各种线性模组、机床、天线倒竖机构、重载调平腿等
行星滚柱丝杠副	除具有上述滚珠丝杠副的特点外，行星滚柱丝杠副在承载能力、寿命、刚度、工作转速、加速度等方面更具优势，同时结构、技术更复杂，成本最高	适用于对承载能力、尺寸、质量有较高要求的场合，在航空、军工、精密仪器等领域有一定应用

1．梯形丝杠副

梯形丝杠副是指采用梯形螺纹的丝杠副，由梯形丝杠和螺母组成，主要用于螺旋传动，通常采用 30° 牙型角，螺纹副的小径和大径处间隙相等，结构简单、工艺性好，虽然传动效率低，但在一定条件下可自锁，在雷达等电子设备中的倒竖机构、调平机构中应用较多。

梯形丝杠副在设计时主要进行强度计算，对要求自锁的场合需验算是否满足自锁条件，受压的长丝杠需进行压杆稳定性计算，对有传动精度要求的丝杠还需进行磨损和刚度计算，具体计算方法可参考《机械设计手册》。

2．滚珠丝杠副

滚珠丝杠副是在丝杠与螺母之间置入钢球，从而将丝杠、螺母之间的滑动摩擦变成滚动摩擦的一种螺旋传动副，主要由丝杠、螺母、钢球、预压片、反向器等组成，可实现高效、高速、高精度的螺旋传动。

根据滚珠循环结构的不同，常用的滚珠丝杠副又分为固定式内循环（G 型）、浮动式内循环（F 型）、插管式外循环（C 型）等几种，其结构分别如图 3-19～图 3-21 所示。几种常用滚珠丝杠副不同循环方式的比较如表 3-4 所示。

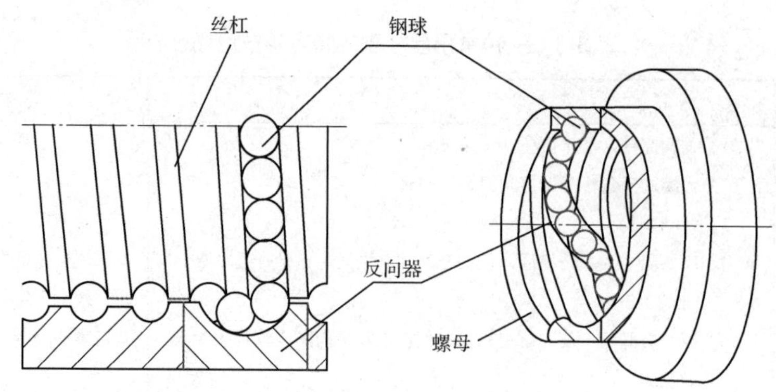

图 3-19　固定式内循环（G 型）滚珠丝杠副

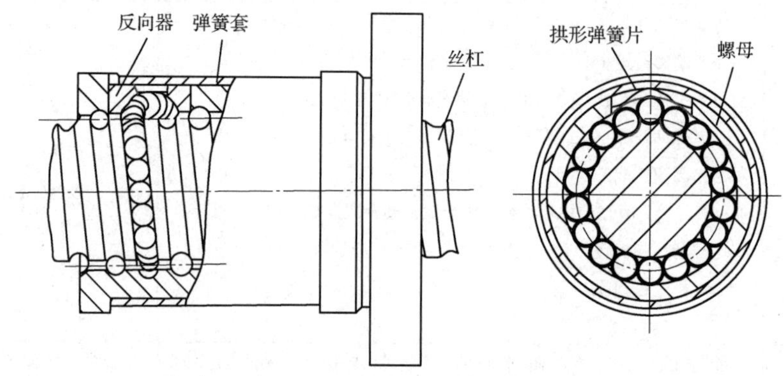

图 3-20　浮动式内循环（F 型）滚珠丝杠副

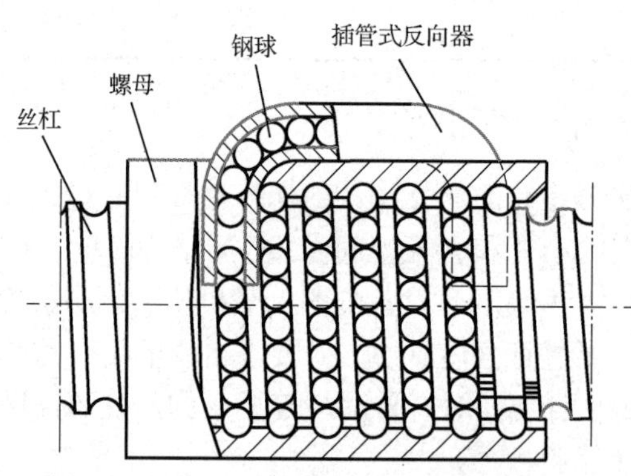

图 3-21　插管式外循环（C 型）滚珠丝杠副

表 3-4　几种常用滚珠丝杠副不同循环方式的比较

循环方式	内循环		外循环
	浮动式	固定式	插管式
标准代号	F	G	C
结构特点	滚珠循环链最短，反向灵活，结构紧凑，刚度好，工作寿命长，螺母配合外径较小		滚珠循环链较长，但轴向排列紧凑，轴向尺寸小，螺母配合外径较大（C 型较小），刚度较差，但滚珠流畅性好，灵活、轻便
摩擦转矩	小	小	较小
适应场合	各种高灵敏、高精度、高刚度的进给定位系统		重型载荷、高速运动及精密定位系统，在大导程、多头螺纹中独具优势

为了消除滚珠丝杠副之间的间隙，提高传动精度及轴向刚度，一般采用预紧螺母方式来实现。根据具体结构不同，可以分为双螺母齿差预紧、双螺母垫片预紧、双螺母螺纹预紧、单螺母变位导程预紧、单螺母增大钢球直径预紧五种方式。滚珠丝杠副不同预紧方式的比较如表 3-5 所示。

表 3-5　滚珠丝杠副不同预紧方式的比较

预紧方式	双螺母齿差预紧	双螺母垫片预紧	双螺母螺纹预紧	单螺母变位导程预紧	单螺母增大钢球直径预紧
标准代号	C（Ch）	D	L	B	Z
受力方式	拉伸	拉伸 压缩	拉伸（外） 压缩（内）	拉伸（$+\Delta P_h$） 压缩（$-\Delta P_h$）	—
结构特点	可实现 2μm 以下的精密微调，预紧可靠，调整方便，结构复杂，轴向尺寸偏大，工艺复杂	结构简单，轴向刚度好，预紧可靠，不可调整，轴向尺寸适中，工艺性好	使用中可随时调整预紧力，但不能实现定量调整，螺母轴向尺寸大	结构紧凑、简单，完全避免了双螺母结构中形位误差的干扰，技术性强，不可调整	结构最简单、紧凑，但不适宜预紧力过大的场合，不可调整，轴向尺寸小
适用场合	用于要求准确预加负荷的精密定位系统	用于高刚度、重载荷的传动，目前应用最广泛	用于不需要准确预加负荷且用户自调的场合	用于中等载荷以下，且对预加负荷有要求的精密定位、传动系统	用于中等载荷以下轴向尺寸受限制的场合

注：ΔP_h 为螺母的内螺纹导程变位。

由于具有高效率（0.92～0.98）、高精度、高速度、长寿命、传动可逆、无低速爬行的优点，滚珠丝杠副在雷达等电子设备传动机构中应用广泛。但滚珠丝杠副不能自锁，在需要防止逆转的场合需考虑加装制动器或自锁的蜗轮蜗杆机构。

滚珠丝杠副的选型计算主要包括承载能力、寿命、精度和刚度计算，具体可参考产品样本或《机械设计手册》。

3. 行星滚柱丝杠副

行星滚柱丝杠副也是一种滚动摩擦的螺旋传动副。与滚珠丝杠副不同，在行星滚柱丝杠副的丝杠与螺母之间置入的是螺纹滚柱，丝杠副工作时，螺纹滚柱与丝杠、螺母之间是线接触，而滚珠丝杠的钢球与丝杠螺母之间是点接触，因而行星滚柱丝杠副具有承载能力大、刚度高的优点。滚珠丝杠和行星滚柱丝杠如图 3-22 所示。

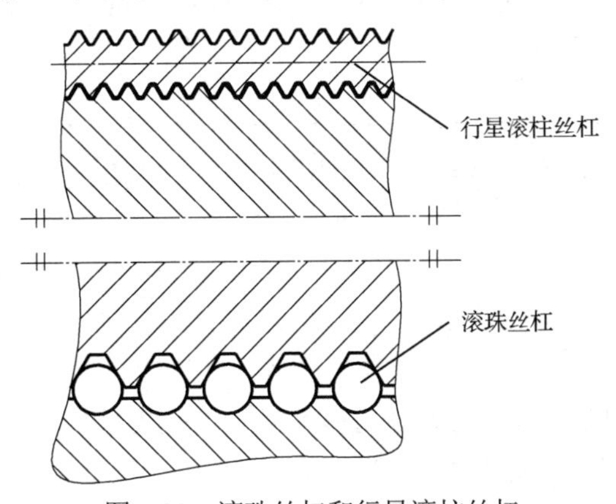

图 3-22　滚珠丝杠和行星滚柱丝杠

行星滚柱丝杠副主要由丝杠、螺母、若干个螺纹滚柱等组成，如图 3-23 所示。

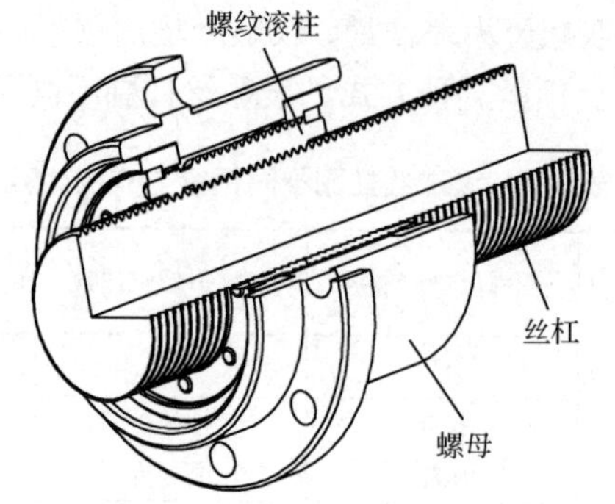

图 3-23　行星滚柱丝杠副的结构

与滚珠丝杠副相比，行星滚柱丝杠副具有如下优点。

- 更高的静载荷和动载荷，承载能力高，寿命长；
- 更高的转速及更大的加速度，加速度最大可达 3*g*；
- 更小的导程和螺距，通常导程可以做到 1mm，微分丝杠可以到 0.1mm 或更低；
- 由于采用线接触并且接触点多，故行星滚柱丝杠传动刚度高、抗冲击能力强。

行星滚柱丝杠副的缺点是：技术复杂，加工精度要求高，制造难度大，不能自锁。

行星滚柱丝杠副目前尚无相关国家标准，各厂家分类方法不一，根据结构的不同，通常可分为滚柱非循环式行星滚柱丝杠副、滚柱循环式行星滚柱丝杠副、反转式行星滚柱丝杠副、微分式行星滚柱丝杠副，如表 3-6 所示。

表 3-6　行星滚柱丝杠副的分类

分　类	特　点	适用场合
滚柱非循环式行星滚柱丝杠副	滚柱支架安装在螺母上，大负载、高速、高加速度	各种重载、高速、高加速度、尺寸空间紧凑的应用场合，如飞机起落架电动作动器、雷达调平机构等
滚柱循环式行星滚柱丝杠副	滚柱安装在保持架上，滚柱轴每旋转一圈，螺母端部的两个凸轮使滚柱回到初始位置，定位精度高，中低速	机床等高精度定位场合
反转式行星滚柱丝杠副	原理同滚柱非循环式结构，但滚柱支架与丝杠固定，滚柱相对于螺母轴向运动，行程受限于螺母长度	一体化的电动缸等
微分式行星滚柱丝杠副	导程可小至 0.05mm 或更低，精度极高	光学仪器、测量仪器等精密定位场合

行星滚柱丝杠副的选型计算与滚珠丝杠副类似，包括承载能力、寿命和刚度计算等，具体可参见各厂家的样本。

3.1.3　齿轮副

齿轮副是由两个相互啮合的齿轮组成的基本机构，是机械传动中最主要的一种传动形式，主要用来传递空间任意两轴间的运动和动力，不但应用广泛，而且历史悠久。齿轮传动由小齿轮、大齿轮和机架组成，如图 3-24 所示，由一对及一对以上齿轮副和相关机架组成齿轮机构。

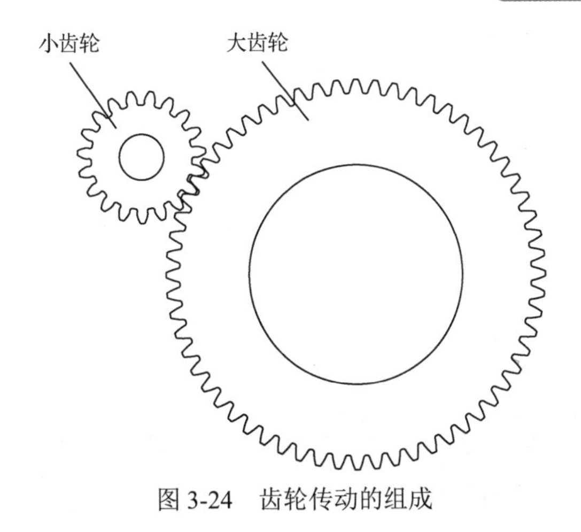

图 3-24　齿轮传动的组成

根据啮合过程中的传动比是否恒定，可将齿轮机构分为两大类：定传动比齿轮机构和变传动比齿轮机构。其中，定传动比齿轮机构可以保证传动比恒定不变，机械运转平稳，避免发生冲击、振动和噪声，在各种机械中应用最广泛；变传动比齿轮机构则用于一些具有特殊要求的机械结构中。

在雷达等电子设备传动控制技术领域，主要采用定传动比齿轮机构，常见的主要有直齿圆柱齿轮传动、斜齿圆柱齿轮传动、圆锥齿轮传动和蜗轮蜗杆传动。直齿圆柱齿轮传动、斜齿圆柱齿轮传动主要用于两平行轴之间的传动，属于平面齿轮传动；而圆锥齿轮传动和蜗轮蜗杆传动主要用来传递空间两相交轴或相错轴之间的运动和动力，属于空间齿轮传动。齿轮传动分类如图 3-25 所示。

1．直齿圆柱齿轮传动

直齿圆柱齿轮简称直齿轮，其轮齿与轴线平行。齿轮传动是依靠主动轮轮齿的齿廓推动从动轮轮齿的齿廓来实现的。外啮合齿轮传动的两齿轮转动方向相反，而内啮合齿轮传动的两齿轮转动方向相同，如图 3-26 所示。直齿圆柱齿轮的轮齿上只承受垂直于齿面的法向力，法向力分解为圆周力和径向力，圆周力在主动轮和从动轮上大小相等、方向相反，径向力分别指向各轮轮心。直齿圆柱齿轮传动一般分为外啮合齿轮传动、内啮合齿轮传动和齿轮与齿条传动。直齿圆柱齿轮传动是齿轮传动中最简单、最基本，同时也是应用最广泛的一种。它的传动速度和功率范围很大，传动效率也很高，对中心距的敏感性小，装配和维修都比较简单，还可进行变位和各种修形。直齿圆柱齿轮传动也是雷达等电子设备传动控制领域最主要的动力传动形式。

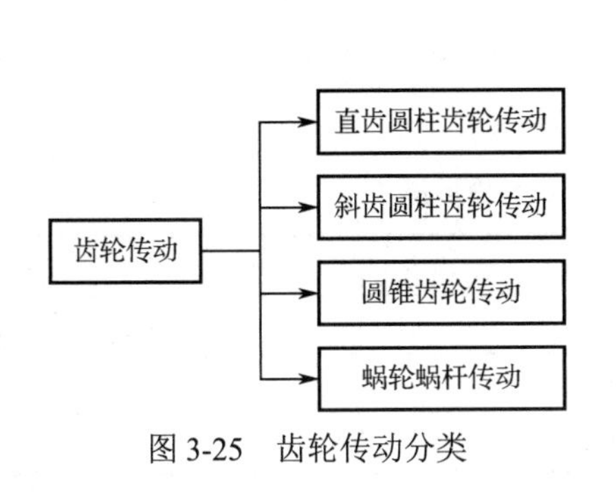

图 3-25　齿轮传动分类

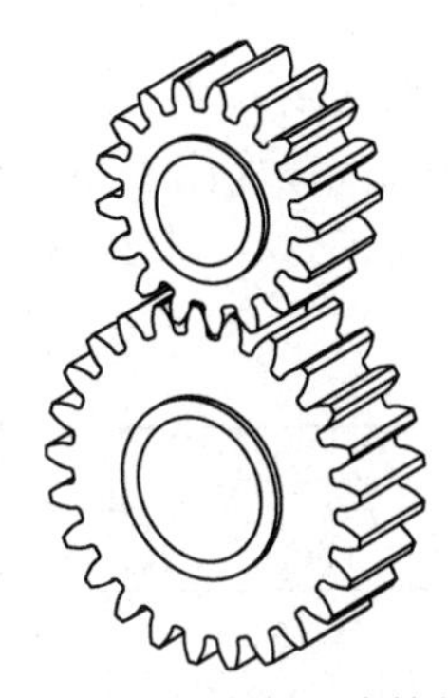

图 3-26　直齿圆柱齿轮传动

齿轮传动由于受到制造精度和安装误差、齿轮弹性变形及热变形等因素的影响，在啮合过程中不可避免地会出现啮入啮出冲击、振动和偏载现象，从而产生振动与噪声，最终导致机械设备运转不稳定或出现异响。采用“齿轮修形”技术，可减小由齿轮受载变形和制造、安装误差引起的啮合冲击，明显改善齿轮的运转平稳性，降低齿轮传动噪声和减小振动，提高齿轮的啮合性能与承载能力，延长齿轮的使用寿命。齿轮的修形方式主要有两种：齿廓修形和齿向修形。

1）齿廓修形

齿廓修形就是将一对相啮合的轮齿上发生干涉的齿面部分适当削去一部分，即对靠近齿顶的一部分进行修形，也称修缘。修形量主要取决于齿轮受载产生的变形量和制造误差等因素，目前主要有以下三种方式，如图 3-27 所示。

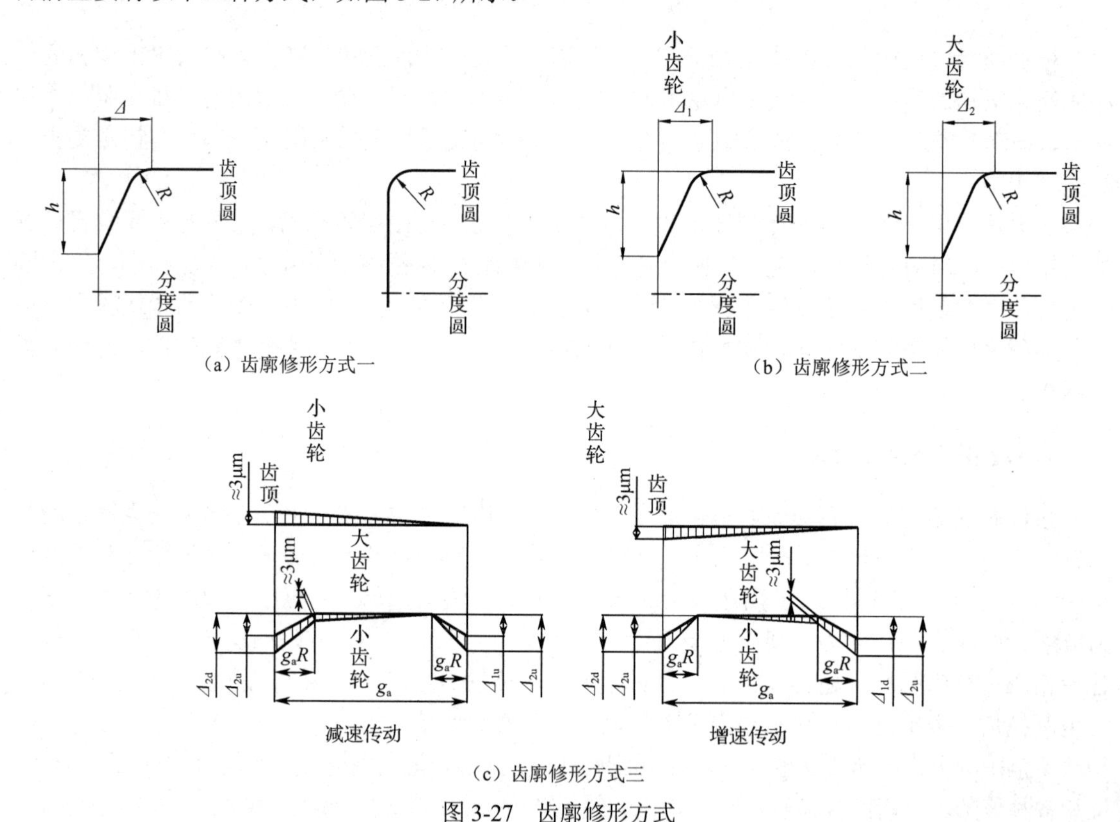

图 3-27　齿廓修形方式

（1）小齿轮齿顶修薄，大齿轮齿廓不修，只进行齿顶倒圆，如图 3-27（a）所示，该方法适合于齿轮圆周线速度低于 100m/s 的情况，修形高度 $h=0.4m_n\pm0.05m_n$，齿廓修形量 Δ 与齿顶倒圆 R 的取值见表 3-7，其中 m_n 为法向模数。

表 3-7　方式一齿廓修形量

m_n/mm	Δ/mm	R/mm
1.5～2	0.01～0.015	0.25
2～5	0.015～0.025	0.5
5～10	0.025～0.04	0.75

（2）大、小齿轮齿顶都修形，详见图 3-27（b）所示，该方法适合于齿轮圆周线速度大于 100m/s、功率大于 2000kW 的情况，修形高度 h=0.4m_n±0.05m_n，齿廓修形量 Δ_1 和 Δ_2 按表 3-8 取值。

表 3-8　方式二齿廓修形量

m_n/mm	Δ_1/mm	Δ_2/mm	R/mm
3～5	0.015～0.025	0.005～0.01	0.5
5～8	0.025～0.035	0.0075～0.0125	0.75

（3）小齿轮齿顶和齿根都修形，大齿轮不修形，如图 3-27（c）所示，该方法适用于任何情况下。其中，g_a=$p_{bt}\varepsilon_a$ 为啮合线长度，p_{bt} 为端面基节，ε_a 为端面重合度，g_aR=（g_a−p_{bt}）/2 为修形长度，W_t 为单位齿宽载荷。以直齿轮为例，其齿廓修形量按表 3-9 选取。

表 3-9　方式三直齿轮齿郭修形量

Δ_{1u}/μm	Δ_{1d}/μm	Δ_{2u}/μm	Δ_{2d}/μm
7.5+0.05W_t	15+0.05W_t	0.05W_t	7.5+0.05W_t

2）齿向修形

齿向修形一般有齿端倒坡、齿向鼓形和齿向修形+两端倒坡三种方式，其中第三种方式的计算与第一、二种相差不大。在雷达等电子设备中一般采用前两种修形方式，如图 3-28 所示，其中修形长度：l=0.25b，修形量：0.013mm≤Δ≤0.035mm。

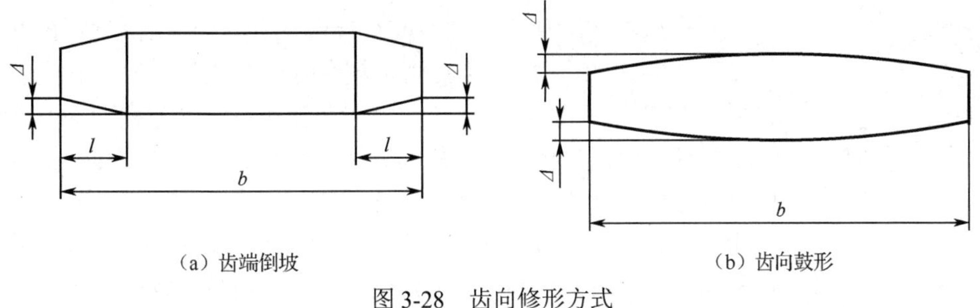

（a）齿端倒坡　　（b）齿向鼓形

图 3-28　齿向修形方式

（1）对于采用配磨工艺的高精度齿轮副，往往以齿端倒坡或齿向鼓形来替代齿向的变形修形。

（2）对于低速重载齿轮，根据经验数据，齿端修形量和修形长度取值为：齿端修形量 Δ=2F_β（F_β 为齿向公差，按 GB10095—2008 中 5 级精度取值），齿端修形长度 l≤0.1b+5mm。

2．斜齿圆柱齿轮传动

斜齿圆柱齿轮又称斜齿轮，其传动原理与直齿轮基本相同，轮齿相对轴线倾斜一个角度（称为螺旋角），如图 3-29 所示。斜齿轮轮齿上的载荷除圆周力和径向力外，还存在轴向力。圆周力在主动轮和从动轮上大小相等、方向相反，径向力分别指向各轮轮心，轴向力的方向取决于齿轮的回转方向和轮齿的螺旋方向，分别指向各轮的啮合齿面。斜齿圆柱齿轮传动也分为外啮合齿轮传动、内啮合齿轮传动和齿轮与齿条传动三种。与直齿轮相比，斜齿轮的接触强度更高，啮合性能更好，重合度也更大，传动更加平稳，结构也更加紧凑；主要缺点是啮合过程中会产生轴向力，制造成本较高。在雷达等电子设备中，常用于高速动力传动减速装置。

3. 圆锥齿轮传动

圆锥齿轮传动用于两相交轴之间，轴线间可成任意角度，但常用的是 90°，如图 3-30 所示。由于圆锥齿轮各剖面齿廓的大小与其到锥顶的距离成正比，所以圆锥齿轮沿齿宽方向的载荷分布是不均匀的。圆锥齿轮传动的振动和噪声都比较大，承载能力也较低，多用于低速（$v \leq 5$m/s）、轻载而稳定的传动。在雷达等电子设备中，常用于一些直角减速箱传动装置、数据传动装置及手摇减速装置等。

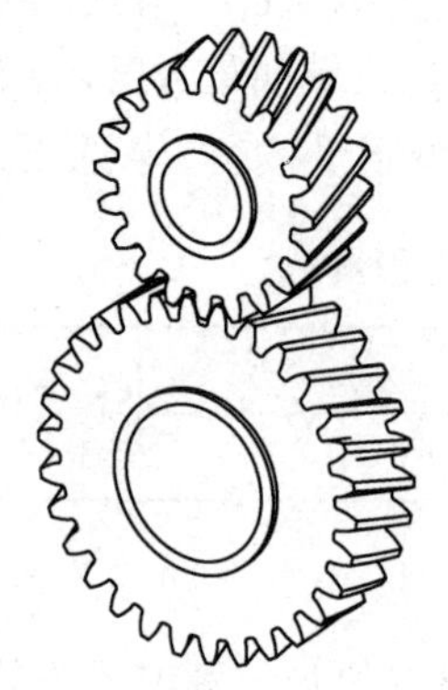

图 3-29 斜齿圆柱齿轮传动

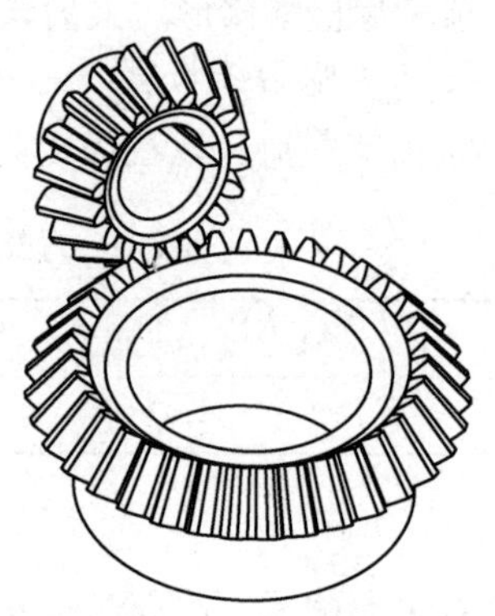

图 3-30 圆锥齿轮传动

4. 蜗轮蜗杆传动

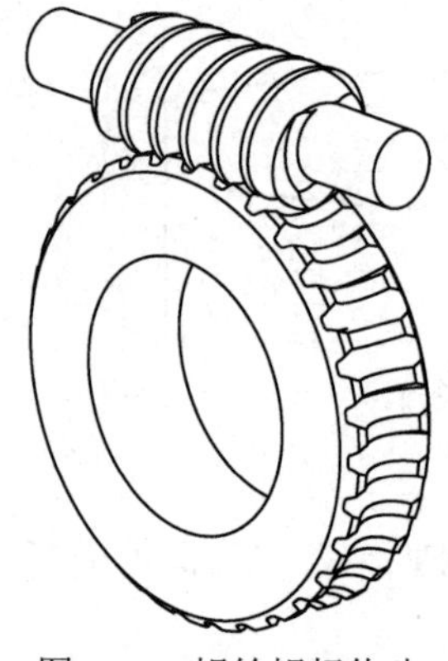

图 3-31 蜗轮蜗杆传动

蜗轮蜗杆传动用于传递空间交错两轴之间的运动和动力，其交错角一般为 90°。蜗轮蜗杆传动由蜗轮和蜗杆组成，一般蜗杆为主动件，如图 3-31 所示。蜗杆的螺纹一样有左旋和右旋之分，称为左旋蜗杆和右旋蜗杆。通常条件下，蜗杆与轴制成一体。蜗轮蜗杆传动的优点是结构紧凑且传动比大，工作平稳、无噪声，一定条件下可实现自锁。但其传动效率较低，一般蜗轮蜗杆传动效率只有 0.7～0.9，自锁性的蜗轮蜗杆传动效率在 0.5 以下，且易发热，齿面易磨损，蜗轮的制造需要贵重的减摩性有色金属（如青铜）。蜗轮蜗杆传动常用于空间交错两轴间的传动、传动比较大、传递功率不太大或间歇工作、具有自锁要求的场合，因而在雷达等电子设备中常用于天线倒伏机构、摆动结构、调平腿结构及手摇机构。

齿轮的常见失效主要有以下几种形式：轮齿折断、齿面磨损、齿面点蚀、齿面胶合和塑性变形等。齿轮传动设计中，应使齿面具有较高的抗磨损、抗点蚀、抗胶合及抗塑性变形能力，而齿根要有较高的抗折断能力，因此对齿轮材料及热处理性能的基本要求为：齿面要硬，齿心要韧。制造齿轮常用的钢有调质钢、淬火钢、渗碳淬火钢和渗氮钢。

软齿面齿轮通常采用调质后的 45 钢或 40Cr 等材料制造，一般应用在载荷较小、接触疲劳强度要求低或使用寿命要求较短的场合，如手摇机构、测角装置等。硬齿面齿轮通常采用淬火钢、渗碳淬火钢或渗氮钢，比软齿面齿轮具有较高的强度和耐磨性，因而在重载、接触疲劳强度和使用寿命要求高的场合应用广泛。几种常用齿轮材料的性能比较如表 3-10 所示。在雷达等电子设备中，末级传动一般采用渐开线直齿圆柱齿轮副，通常将大齿轮与回转轴承进行一体化设计，材料采用 42CrMoA，小齿轮材料推荐选用 20CrNi2Mo 或 38CrMoAlA。

表 3-10　几种常用齿轮材料的性能比较

材　料	性能特点
20CrNi2Mo	渗碳钢，特点同 20CrMnTi，因含 Ni，故冲击韧性更好，特别适用于系统冲击载荷较大的场合
38CrMoAlA	渗氮钢，齿面硬度高、耐磨、心部韧性很好，为提高心部强度，应进行调质处理，渗氮处理变形小，渗氮后可不磨齿，故特别适用于一些没有齿面精加工设备而精度要求不太高的场合。缺点是渗氮层很薄，抗冲击性能差
40CrNi2Mo	调质及表面淬火钢，适用于截面尺寸很大、承受载荷大，并要求有足够韧性的齿轮
42CrMo	调质及表面淬火钢，适用于截面尺寸较大、承受较大载荷、要求比较高的齿轮

齿轮在啮合传动过程中，齿面间存在相对滑动，会产生摩擦和磨损，增加动力消耗，降低传动效率。因此，为保证齿轮副正常运行和提高其使用寿命，需保持其工作时处于良好的润滑状态。按照润滑剂种类及润滑方式，一般可以分为润滑脂涂抹润滑、润滑脂喷射润滑、油浴润滑、循环润滑、油雾润滑、离心润滑、固体润滑等。对于重载、低速和容易泄漏的齿轮装置，一般采用润滑脂涂抹润滑方式，既可以减轻磨损，又可以避免漏油，从而保证润滑的可靠性；在雷达等电子设备中，测控类、情报类雷达的动力齿轮传动一般均采用人工周期性涂抹的脂润滑方式，简单、可靠；对于长期连续旋转、转速较高的齿轮装置，一般采用油浴润滑方式，以实现充分润滑，如航管类雷达的动力传动一般采取油浴润滑方式。

雷达等电子设备齿轮传动的常用润滑剂如表 3-11 所示。

表 3-11　雷达等电子设备齿轮传动的常用润滑剂

名　称	牌　号	应　用
通用航空润滑脂	7007	一般用于无特殊要求的齿轮传动的润滑
低温极压脂	7011	低速、重载类齿轮传动的润滑，如测控、情报类雷达的动力齿轮传动
极低温润滑脂	7012	低温、轻载类齿轮传动的润滑，如机载、星载类雷达的动力齿轮传动
润滑油	SHC-629	高速、重载类齿轮传动的润滑，如航管类雷达的动力齿轮传动

齿轮的承载能力取决于齿轮的材料、尺寸、制造、热处理、润滑及工作环境等，因此提高齿轮承载能力的途径也有多种。工程上通常采用减小作用载荷和提高齿轮极限应力等手段来提高齿轮的极限承载能力。通过功率分流的方式减小作用载荷，比如行星轮系传动方式可降低计算载荷，提高功率密度；通过均载技术、齿轮修形技术（齿廓修形、齿向修形等）可提高啮合齿轮之间的载荷均匀性；也可通过增大齿宽减小轮齿单位线载荷。提高齿轮的接触疲劳极限应力和弯曲疲劳极限应力是提高齿轮承载能力和可靠性的重要手段，目前大多采用齿面改性和齿面改形两种方式。齿面改性主要通过合金锻钢+渗碳淬火+磨齿来提高齿面硬度，也可通过齿面喷丸强化来增加轮齿表层残余压应力、齿面硬度和改善轮齿次表层残余应力分布等；齿面改形主要通过齿根过渡曲线形貌优化降低齿根处的应力集中，采用超精加工手段降低齿轮表面粗糙度。

3.1.4 减速机

减速机是一种由封闭在刚性壳体内的齿轮传动或蜗轮蜗杆传动所组成的传动装置，用于原动机与工作机或执行机构之间的减速传动，实现原动机和工作机或执行机构之间的转速匹配和转矩传递。减速机主要由传动零部件（齿轮或蜗杆、蜗轮）、轴、轴承、箱体及其附件组成。典型平行轴减速机示意图及原理如图 3-32 所示。

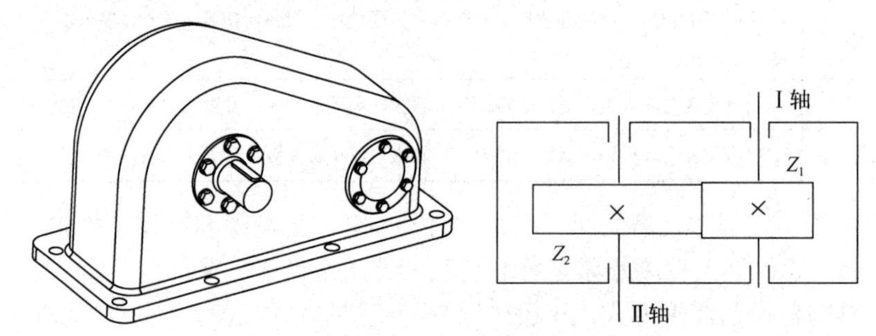

图 3-32 典型平行轴减速机示意图及原理

在雷达等电子设备中，常用减速机的分类如图 3-33 所示。按照传动类型可分为齿轮减速机、蜗杆减速机、行星齿轮减速机、谐波齿轮减速机和摆线针轮减速机等；按照传动级数不同可分为单级和多级减速机；按照齿轮形状可分为圆柱齿轮减速机、圆锥齿轮减速机和圆锥-圆柱齿轮减速机；按照传动的布置形式可分为展开式、分流式和同轴式减速机。

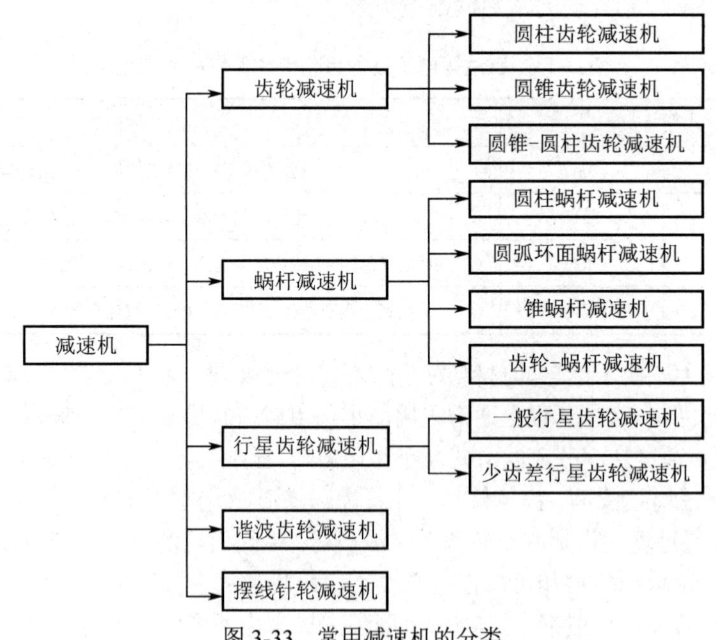

图 3-33 常用减速机的分类

减速机的主要指标包括速比、额定输出转矩、回程间隙、满载效率、噪声、横向/径向受力和工作温度等。

（1）速比：输入转速与输出转速的比值。

（2）额定输出转矩：输入转速在额定输入转速内，为保证减速机的工作寿命，允许使用的最大输出转矩。

（3）回程间隙：工作状态下，输入轴由正向改为反向旋转时，输出轴在转角上的滞后量，也称“空程”“回差”“背隙”。

（4）满载效率：在最大负载情况下，减速机的传输效率。它是衡量减速机的一个关键指标，满载效率高的减速机发热量小，整体性能好。

在无特殊要求的情况下，首选圆柱齿轮减速机，其输入轴与输出轴互相平行，效率高，成本低。当输入轴与输出轴之间成 90° 布置时，可选用圆锥齿轮或圆锥-圆柱齿轮减速机。当传动比较大、结构紧凑时，可选用蜗杆减速机，但蜗杆减速机传动效率低，适用于短期间歇使用。当结构紧凑、传动比大、效率高、质量轻时，选用行星齿轮减速机或谐波齿轮减速机。

为了满足雷达等电子设备快速平稳跟踪、精确定位的基本要求，减速机必须具备较高的扭转刚度、传动精度；同时，考虑安装空间及质量，减速机需体积小、质量轻，再加上可靠性高等要求，在雷达等电子设备中常用的减速机有圆锥-圆柱齿轮减速机、蜗杆减速机、行星齿轮减速机、谐波齿轮减速机及摆线针轮减速机。

1．圆锥-圆柱齿轮减速机

圆锥-圆柱齿轮减速机主要由箱体、齿轮、轴、轴承和轴承盖等组成，轮齿可做成直齿、斜齿和人字齿。其结构及原理如图 3-34 所示。

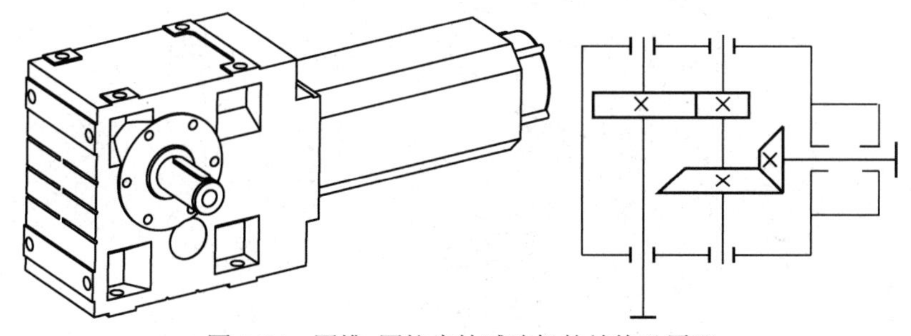

图 3-34　圆锥-圆柱齿轮减速机的结构及原理

相对于其他减速机，圆锥-圆柱齿轮减速机具有以下特点：①结构简单，加工方便，精度容易保证，成本低，效率高，应用广泛；②齿轮减速机在模块组合体系基础上设计制造，有较多的电动机组合、安装形式和结构方案，传动比分级细密，可满足不同的工况，易实现机电一体化。

圆锥-圆柱齿轮减速机一般采用稀油润滑，箱体留有观察孔、放油孔和加油孔，通过定期添加或更换润滑油，减速机可做到长期连续运转，在雷达等电子设备中，一般应用于传动精度要求不高、长期连续工作的场合。

2．蜗杆减速机

蜗杆减速机包括圆柱蜗杆减速机、圆弧环面蜗杆减速机、锥蜗杆减速机和齿轮-蜗杆减速机，有齿轮传动在高速级和蜗杆传动在高速级两种形式，前者结构紧凑，后者传动效率高。蜗杆减速机主要由箱体、齿轮、蜗轮、蜗杆、轴、轴承和轴承盖等组成，其结构及原理如图 3-35 所示。

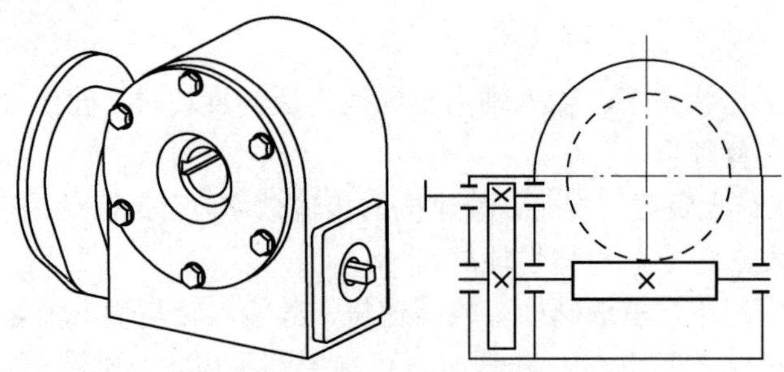

图 3-35　蜗杆减速机的结构及原理

相比其他减速机，蜗杆减速机具有以下特点：①具有反向自锁功能，传动比大，结构紧凑，传动平稳，噪声低；②传动效率不高，精度不高，发热量大，齿面容易磨损，在雷达等电子设备中，主要用于提升作业，如升降梯、维修梯、升降机构等具有自锁要求的场合。

3．行星齿轮减速机

行星齿轮减速机包括一般行星齿轮减速机、少齿差行星齿轮减速机等。行星齿轮减速机由行星轮、太阳轮、内齿圈和行星架等组成。其结构及原理如图 3-36 所示。

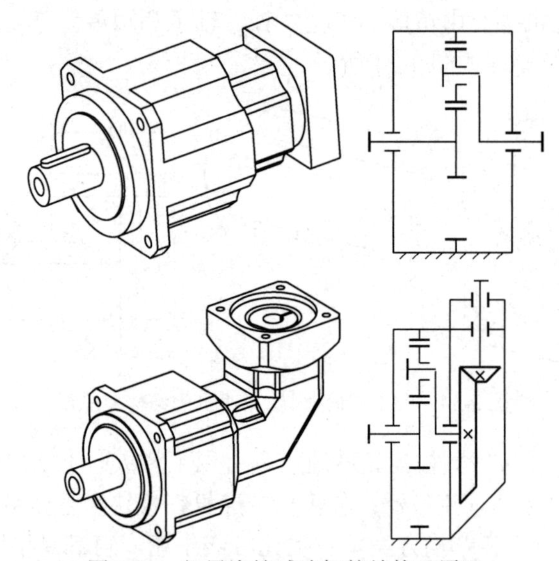

图 3-36　行星齿轮减速机的结构及原理

行星齿轮减速机有效利用了功率分流和输入、输出的同轴特性，并合理地使用了内啮合。相对于其他减速机，行星齿轮减速机具有以下特点：①体积小，质量轻，功率密度大；②传动链结构布局紧凑；③回程间隙小，传动精度及传动效率高，运转平稳，可靠性高；④成本较高。

行星齿轮减速机一般采用油脂润滑，免维护，选用时需根据工况严格计算选型，在雷达等电子设备中，一般应用于传动精度高、非长期连续工作的场合。

4．谐波齿轮减速机

谐波齿轮减速机是一种突破传统机械传动，采用刚性构件的模式，依靠柔性构件弹性变形来实现传动的新型结构。它一般包含波发生器、柔性齿轮（简称柔轮）和刚性齿轮（简称刚轮）三个基本部件，其中的任何一个都可以作为主动件，其余两个分别作为从动件和固定件，在波发生器的作用下，迫使柔轮产生弹性变形，并与刚轮相互作用从而实现传动。谐波齿轮减速机的结构及原理如图 3-37 所示。波发生器由凸轮（通常为椭圆形）及薄壁轴承组成，刚轮为刚性内齿轮，柔轮为薄壳形弹性的外齿轮。

谐波齿轮减速机具有以下特点：①传动比大，单级传动比为 70～3200；②侧隙小，甚至可以实现无侧隙传动；③精度高，同时啮合齿数可达到总齿数的 20%左右，在相隔 180° 的两个对称方向上同时啮合，因此误差被平均化，运动精度高；④结构简单、零件数少、体积小、质量轻；⑤运转平稳，效率高。

由于谐波齿轮的传动是柔性变形的多对齿啮合，在外载荷作用下，轮齿中将产生径向啮合力，此时刚轮、柔轮与波发生器三者互为支撑，各自都会产生一定的变形量。而当变形量不一致时，就会发生卡死现象；当变形量不一致的差值超过齿高时，就会发生跳齿现象。这一结构缺陷影响了谐波传动承载能力的提高及应用的推广。在雷达等电子设备中，谐波齿轮减速机一般应用于轻载、刚度要求不高的场合。

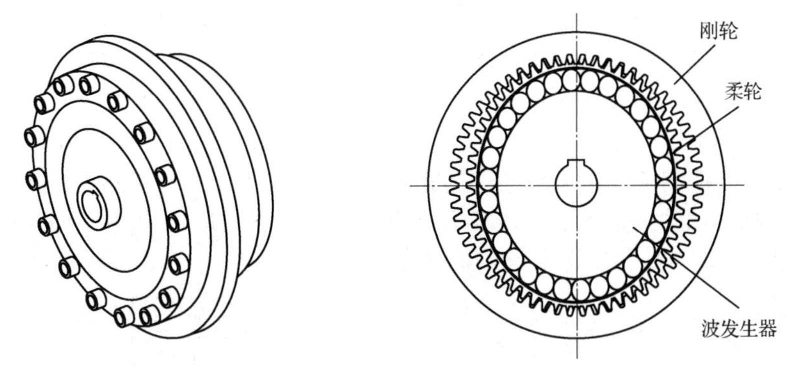

图 3-37　谐波齿轮减速机的结构及原理

5. 摆线针轮减速机

摆线针轮减速机是一种应用行星式传动原理，采用摆线针齿啮合的传动装置。输入轴上安装一个错位 180° 的双偏心套，并在其上安装有两个滚柱轴承，形成 H 机构，两个摆线轮的中心孔即为滚柱轴承的滚道，通过摆线轮与针齿轮相啮合，形成差为一齿的内啮合减速机构。其结构及原理如图 3-38 所示。

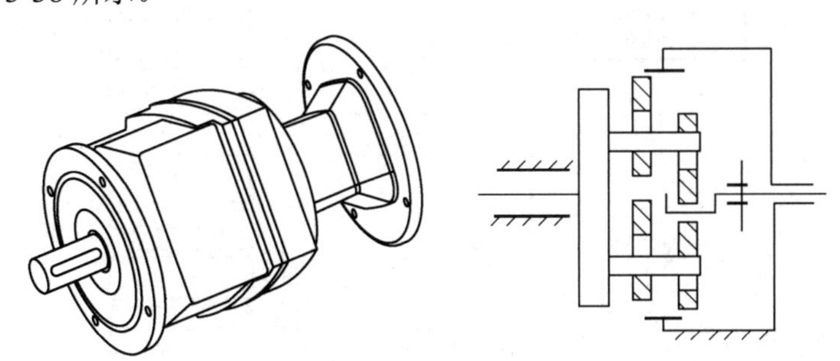

图 3-38　摆线针轮行星减速机的结构及原理

摆线针轮行星减速机具有以下特点：①传动比范围大，单级传动比为 11～87，两级传动比为 121～7569；②体积小、质量轻，与同等的普通减速机相比，其体积可减小一半左右；③传动效率高，一般单级效率为 0.9～0.95；④运转平稳、噪声低；⑤工作可靠、寿命长。摆线针轮行星减速机广泛应用于对传动精度要求不高的冶金、矿山、轻纺、食品机械领域。但从摆线针轮行星传动的结构可以看出，其传动精度较低、回差大，因而不适合正反运转、有测角精度要求的精密传动设备。

3.2 天线座

天线座是雷达、通信天线的支承与运动驱动的载体，主要由轴系支承装置、动力传动装置、测角装置和安全保护装置等组成，起到连接基础（或平台）和天线的作用，通过轴系支承装置实现天线的高精度支承与回转，通过动力传动装置实现天线旋转驱动，通过测角装置实时测量并输出天线运动角度信息，通过安全保护装置实现天线运动的安全防护，同时也作为综合交连等组件的安装及传动基础。天线座的机械性能主要包括轴系精度、测角精度、传动精度、驱动能力、支承结构的动力学性能等，其中轴系精度、测角精度直接影响雷达的指向精度；传动精度与驱动能力直接影响雷达对目标的动态跟踪性能；支承结构的动力学性能直接影响雷达系统的精度和安全性能，尤其是对于动平台雷达天线座。天线座大型结构件的加工制造工序多、生产周期长。因而，天线座的设计与制造对雷达整机的精度、安全性、生产周期和成本影响很大，是雷达的重要组成部分。

雷达、通信设备应用广泛，天线结构形式多样，因此导致天线座的种类与形式众多，不同文献中采用了多种不同的分类方式，主要分类方式如图 3-39 所示。本书中采用按照转轴数目进行分类的方式。

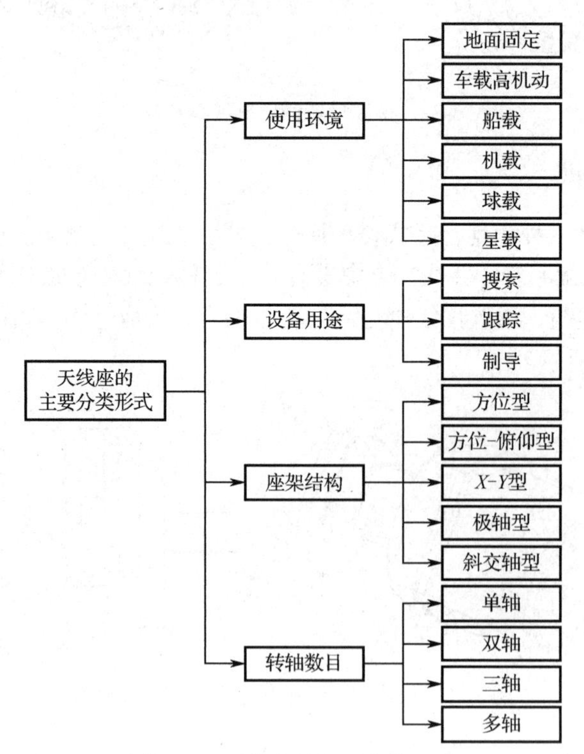

图 3-39　天线座的主要分类形式

3.2.1　系统需求分析和天线座结构形式

1．系统需求分析

天线座作为雷达、通信设备的一个重要组成部分，其设计要求取决于整个设备的功能和指标要求及天线的结构形式。一般情况下，天线座的设计要求包含如下内容。

1）运动范围要求

天线座的运动范围是根据雷达、通信设备天线体制和波束覆盖范围来确定的。对方位-俯仰型天线座，方位转动范围一般为 360°，俯仰转动范围 0°～90°；考虑到安全保护装置的工作行程，俯仰转动范围还需适当扩大，如-5°～+95°。

2）角速度、角加速度要求

天线座的角速度和角加速度是根据雷达、通信设备的使用要求和目标的运动特性来确定的，如搜索雷达天线的转速一般为 3～60r/min。随着目标速度的提高和雷达作用距离的增大，天线的转速范围越来越宽，既要能快速地跟踪近距离的高速飞行目标，又要能连续跟踪远距离目标。如某精密跟踪雷达，要求天线的最大角速度为 10°/s，最大角加速度为 8°/s^2；在跟踪远距离目标时，要求天线的最低转速为 0.005°/s，并要求低速运动平稳。

3）精度要求

天线座精度要求主要包含轴系精度、传动精度和测角精度三个方面，取决于雷达、通信设备的目标空间坐标和运动参数的测量及跟踪精度。

4）结构刚度要求

天线座的结构刚度一般包含静态刚度（变形）和动态刚度（谐振频率）两个方面，直接影响雷达及通信设备的精度、系统的固有频率及动态性能，因此天线座必须具有足够的刚度，以实现雷达、通信设备的精度和动态性能。

5）结构强度要求

天线座结构应具有足够的强度，以满足在外部载荷（如风载、重力载荷、振动和冲击等）下的结构安全性及寿命要求。

6）尺寸、质量要求

对机载、舰载和车载等动平台雷达的尺寸和质量都有严格的限制。尤其是机载雷达，随着阵面规模和质量的不断增大，对天线座的质量轻量化需求日益迫切，尺寸和质量日益成为一项重要的技术指标。进行中型和大型天线座结构设计时还要根据具体设计要求，考虑公路、铁路或飞机运输的尺寸界限和安装时的吊装能力。

7）外观设计要求

天线座造型应符合现代美学设计原则，美观大方、经济实用；各部分应光滑连接，避免尖角、锐角；警示铭牌文字布置整齐、匀称，并铆接或螺接在天线座的醒目位置。

8）经济性和工艺性要求

天线座设计时应根据当前的生产条件，合理选用结构形式及加工精度要求，降低制造成本；尽量采用成熟的结构、材料和工艺技术，降低研发风险、试验和工装成本。

9）电磁兼容性要求

天线座是天线设备的主要支承结构，同时也是各类电子设备的安装载体，因而在天线座结构设计中应充分考虑设备使用的电磁环境适应性要求，采用封闭、屏蔽等措施，确保其内的电子设备不受外部电磁辐射的影响，能稳定、可靠工作。

10）三化要求

在天线座设计过程中应严格贯彻三化设计要求，提升系统的可靠性，提高零部件的互换性和维修性，缩短新产品的研制周期。

11）六性设计要求

安全性方面，应具有完备的安全保护装置、策略、措施和警示标识；可靠性方面，结构设计应力求简单、合理，注重一体化集成设计，减少不必要的过度焊接；维修性方面，应具有良好的维修可达性和维修条件，提高标准和互换性程度，具有完善的防差错措施及识别标记；测试性方面，应在尽可能少地增加硬件和软件的基础上，实现检测诊断的简便、迅速和准确；环境适应性方面，应具有良好的抗风、防尘、防盐雾能力；保障性方面，备件品种和数量应合理有效，技术资料完整。

2．传统结构形式的天线座

目前雷达和通信设备中广泛使用天线座，传统结构形式的天线座主要包含单轴天线座、双轴天线座、三轴天线座和多轴天线座。其中单轴天线座和双轴天线座应用广泛，根据其结构形式与组成的不同，单轴天线座主要分为立轴式、转台式和轮轨式；双轴天线座主要分为方位-俯仰型、*X-Y* 型、极轴型、斜交轴型等。

1）单轴天线座

单轴天线座是指只有一个旋转轴的天线座，多数为方位旋转型，即天线阵面为固定俯仰角度，通过方位转动增大方位的扫描范围，广泛应用于地面情报类、航管、气象、机载火控、机载预警类雷达结构中。根据回转支承机构形式的不同，一般可以分为以下三大类：立轴式、转台式和轮轨式。

（1）立轴式天线座。立轴式天线座是支承结构采用一根中心轴，中心轴上端和下端各布置作为支承点的轴承，用以承受径向、轴向和倾覆载荷，实现一定回转精度的天线座。立轴式天线座主要由中心轴、轴承、底座、方位大齿轮、驱动装置及测角装置等组成。中心轴通过上端和下端轴承连接在底座上，通过不同结构形式轴承的配对使用及调整上、下端轴承安装距离，实现不同承载及轴系精度要求；中心轴上一般套装传动大齿轮，通过与安装在底座上的方位驱动装置中的小齿轮啮合，实现中心轴的转动；测角装置可同轴或非同轴安装，实现转角数据的实时测量。

立轴式天线座结构简单，径向尺寸紧凑，一般选用标准轴承组合即可实现大承载及高精度回转，设计、制造成本较低；但中心轴占据旋转轴的中心空间，不利于其他需与方位轴同轴安装的汇流环、水铰链等装置的安装，因此，多用于中小型天线座结构，在大型相控阵雷达领域应用较少。图 3-40 所示为某典型方位立轴式天线座结构。

（2）转台式天线座。转台式天线座是采用一个能同时承受径向力、轴向力和倾覆转矩的轴承作为轴系支承的天线座，主要由轴承（一般为回转支承或静压轴承）、大齿轮、底座、转台、驱动装置和测角装置组成。转台通过轴承连接在底座上，通过与轴承一体化或同轴安装的大齿轮，与安装在底座的驱动装置中小齿轮啮合，实现转台的转动；测角装置可同轴或非同轴安装，实现方位转角的实时测量。相对于立轴式天线座，转台式天线座可省略粗大的中心轴，在轴承中间可同轴安装汇流环、水铰链等水电旋转通路及其他部件，其结构紧凑、轴向尺寸小，可大大降低转动部分的重心，增加天线座的稳定性，广泛应用于中小型雷达结构中。

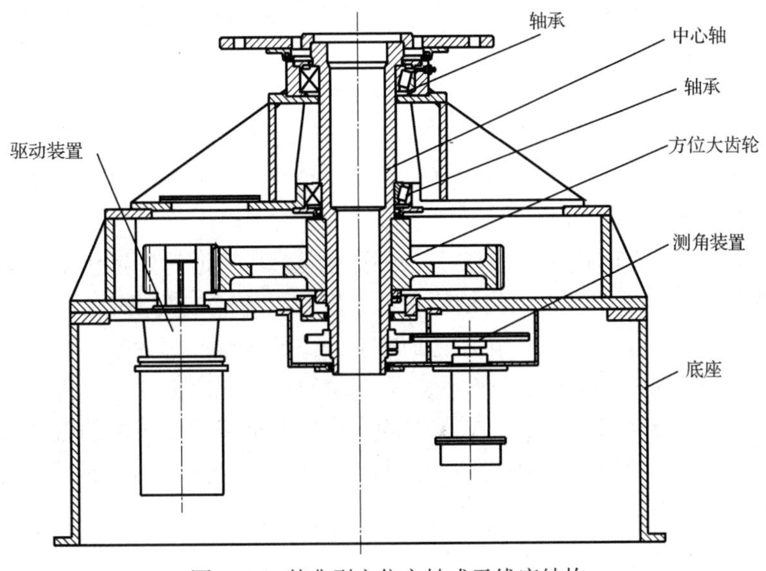

图 3-40　某典型方位立轴式天线座结构

图 3-41 所示为采用回转支承的典型转台式天线座结构，图 3-42 所示为采用静压轴承的典型转台式天线座结构。

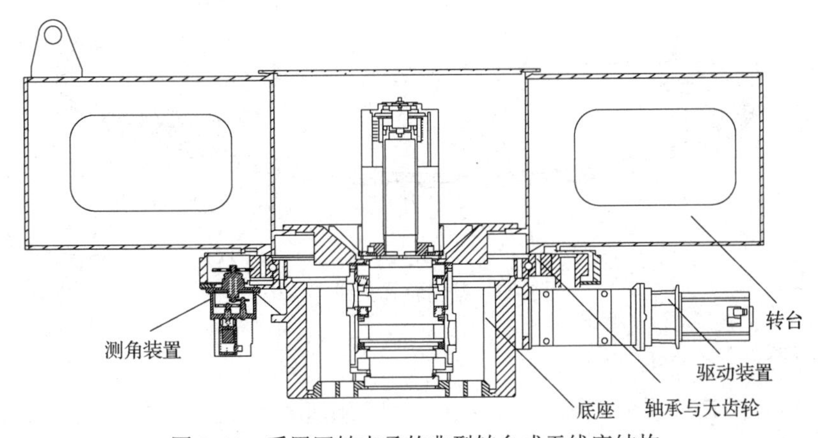

图 3-41　采用回转支承的典型转台式天线座结构

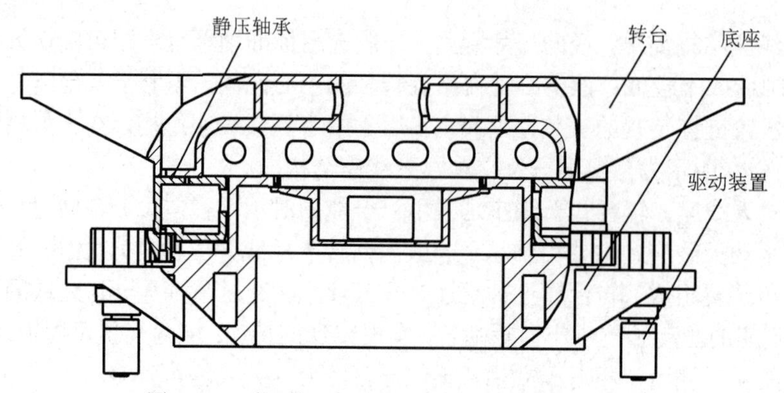

图 3-42　采用静压轴承的典型转台式天线座结构

（3）轮轨式天线座。轮轨式天线座是采用滚轮与轨道实现轴向支承，用中心枢轴实现径向支承的天线座，主要由滚轮组合、轨道、中心枢轴、座架、驱动装置和测角装置等组成，用于实现大型、重载设备的方位旋转支承和运动。

与转台式天线座相比，轮轨式天线座具有以下特点。

① 在支承方式上，轮轨式天线座一般利用多个滚轮作为方位轴向支承，可以通过增加滚轮的个数或直径尺寸实现大的轴向和倾覆承载能力，突破了常规回转支承受制于尺寸、加工和成本因素而无法实现大承载的问题。

② 在传动方式上，轮轨式天线座末级一般采用滚轮与轨道的摩擦传动结构，避免了常规转台结构大承载下方位轴承、方位大齿轮的制造难度和制造成本大幅增加问题，因而规模可以做得很大，如德国的 100m 口径射电望远镜 Effelsberg Telescope，系统总质量约 3200t；美国的 100m 口径射电望远镜 Green Bank Telescope，系统总质量约 7800t。

因而，相较于转台式天线座，轮轨式天线座在大型、重载天线设备的方位支承和旋转上具有较大的技术、工艺、成本等方面的优势，尤其在大型射电望远镜领域应用广泛。图 3-43 所示为某轮轨式天线座结构。

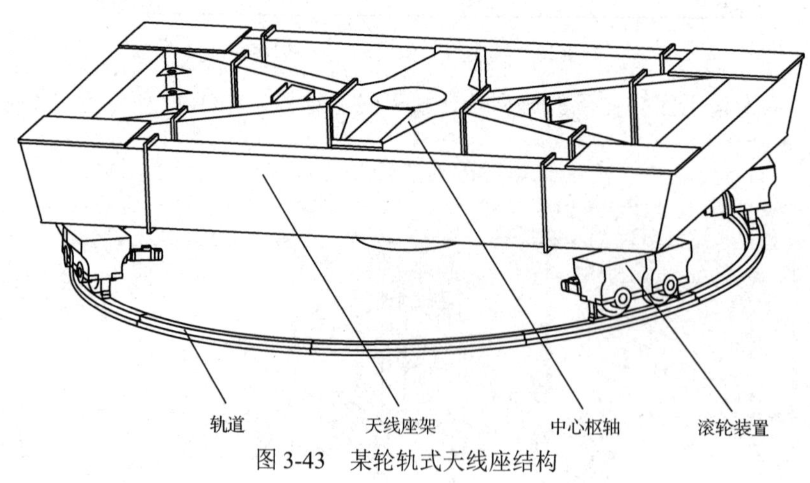

图 3-43　某轮轨式天线座结构

2）双轴天线座

双轴天线座是指具有两个旋转轴的天线座，是应用最为广泛的一种天线座结构形式，通过两轴旋转运动组合，基本实现全空域扫描范围的覆盖。根据使用用途和结构形式不同，可分为方位-俯仰型、*X*-*Y* 型、极轴型、斜交轴型等。下面对最常用的三种天线座进行介绍。

（1）方位-俯仰型天线座。方位-俯仰型天线座以水平面为基准，方位轴与水平面垂直，俯仰轴与方位轴正交，一般由方位机构、俯仰机构组成，可以看作方位型和俯仰型两个单轴天线座的组合。典型的方位-俯仰型天线座如图 3-44 所示。该结构形式天线座具有结构紧凑、承载能力大、调整测量方便等优点，已广泛应用于机载火控、地面测控、舰载等产品领域，是双轴天线座中应用最为广泛的一种结构形式。但在单脉冲雷达领域，当目标过顶时，由于方位角速度近似无穷大，仅依靠伺服速度无法跟上，从而存在一个“盲锥区”问题。

（2）*X*-*Y* 型天线座。*X*-*Y* 型天线座同样以水平面为基准，*X* 轴水平，*Y* 轴与 *X* 轴垂直，相当于把方位-俯仰型天线座的方位轴旋转至水平位置，主要用来消除过顶目标的“盲锥区”问题。典型的 *X*-*Y* 型天线座如图 3-45 所示。该结构形式天线座在跟踪过顶目标时，相比于其他双轴天线座，角速度最快，且每个轴只需转动±90°，就能覆盖全部空域。但 *X*-*Y* 型天线座两个转轴均不与地面垂直，若转动部位的重心不在转轴上，就会产生不平衡转矩。为了实现动平衡，需额外增加配重或机构，导致体积、质量和惯量增大，因而一般适用于跟踪运动卫星、气象卫星和宇宙飞船等转动范围较小的卫星通信地面站。

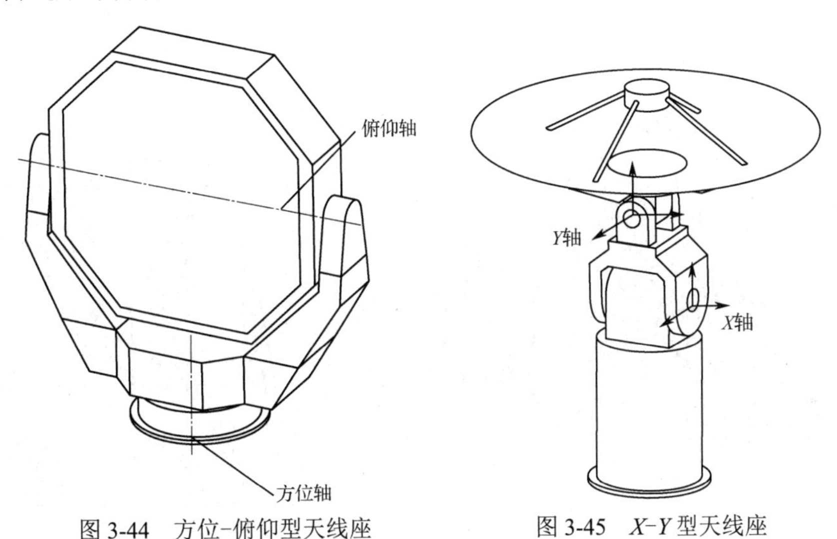

图 3-44 方位-俯仰型天线座　　图 3-45 *X*-*Y* 型天线座

（3）极轴型天线座。极轴型天线座以赤道面为基准，下轴为赤经轴，与地球自转轴线平行；上轴为赤纬轴，与下轴垂直。由于天体视运动的轴线是地球的自转轴，采用极轴型天线座，将天线调整对准星体后，只需转动赤经轴抵消地球的自转速度，就能使天线始终对准被观察的星体，因而极轴型天线座广泛应用于天文望远镜等结构设计中。但由于极轴需与地面倾斜，导致极轴天线座受力情况不佳，平衡与调整困难，因而不适用于大型结构。

3）三轴天线座

三轴天线座是在方位-俯仰型双轴天线座基础上增加横滚轴的天线座，实现天线的极化角度补偿。三轴天线座通常包括方位轴、俯仰轴、横滚轴。横滚轴一般设置在方位轴、俯仰轴的后端，直接与基座相连。相对于双轴天线座，增加第三轴会使系统质量有所增加，结构尺寸有所增大，但三轴天线座可以实现极化补偿功能。三轴天线座主要应用于机载、具有极化角度补偿功能的场合。典型的三轴天线座如图 3-46 所示。

3．新型结构形式的天线座

随着国内外对新型天线的需求不断提高及相关领域技术的进步，天线座的构型和实现形式也越来越丰富，从而保证其性能得到不断提升，满足各类天线运行需求。近年来，国内外涌现出来的比较典型的新型天线座结构主要包括基于 Stewart 平台的六自由度并联机构天线座、方位-俯仰型并联机构天线座和斜盘机构天线座。

1）基于 Stewart 平台的六自由度并联机构天线座

基于 Stewart 平台的六自由度并联机构天线座不同于传统的串联机构，天线与基座之间通过六个支链并行相连，其结构刚度大、承载能力强、负荷自重比高，可沿空间中任意虚拟轴线运动，且通过具体的构型综合和参数优化设计后，可在满足传统结构形式天线座功能的基础上，实现高刚度、轻量化和无水电交连设计，显著提高天线系统的稳定性和动态跟踪能力，极大降低系统成本。随着雷达等电子设备对体积、质量、机动性及跟踪能力要求的日益提高，六自由度并联机构技术具有的结构简单、刚度大、承载强、无累积误差等优势得到了进一步体现，在部分领域已实现工程应用。

六自由度并联机构天线座原理示意图如图 3-47 所示。

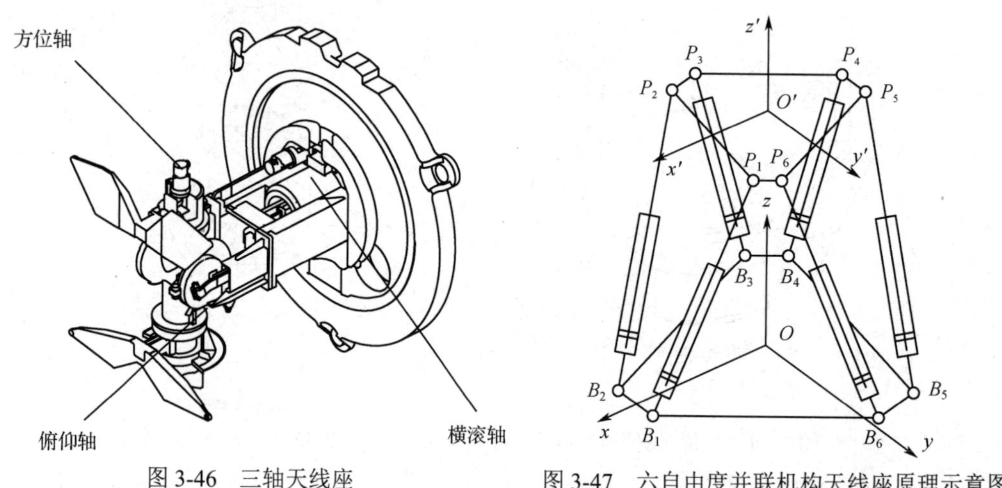

图 3-46　三轴天线座

图 3-47　六自由度并联机构天线座原理示意图

例如，用来观测宇宙微波背景辐射和星系团苏尼亚耶夫-泽尔多维奇效应的电波望远镜-宇宙微波背景辐射阵列（Array for Microwave Background Anisotropy，AMiBA）于 2006 年 10 月建设完成，它采用基于 Stewart 平台的六自由度并联机构天线座，角度分辨率达到 6′。

2）方位-俯仰型并联机构天线座

方位-俯仰型并联机构天线座中天线俯仰运动及方位旋转运动由一套并联机构驱动，并联驱动机构几何简图如图 3-48 所示，两根驱动连杆的上端通过虎克铰链（简称虎克铰）与天线背架结构相连，下端则采用三转动自由度复合铰链与滑动机构相连，通过 A、D 点在圆弧上的同速、差速运动实现方位轴的旋转与俯仰轴的转动。

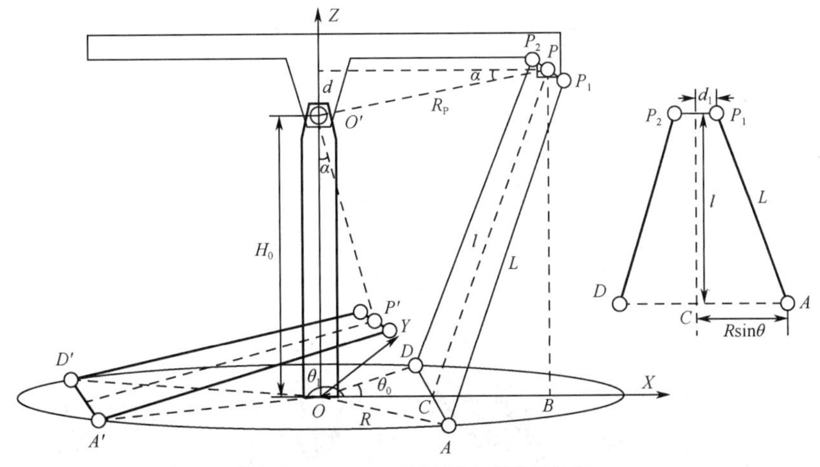

注：$\theta_0<\theta<\theta_1$，θ_0、θ_1 为两个极限角度位置

图 3-48　并联驱动机构几何简图

方位-俯仰型并联机构天线座如图 3-49 所示，主要由底座、转台、方位轴承（位于转台和底座之间）、驱动装置、虎克铰链、连杆等组成。驱动装置由方位小齿轮、电动机、减速机、滑块、齿圈、导轨等组成。该并联机构天线座结构形式新颖，运动范围广，可广泛应用于地面中小型规模、精度要求较低、轻量化要求较高的地面固定站、轻型舰载相控阵雷达或民用旋转类转台设备中。

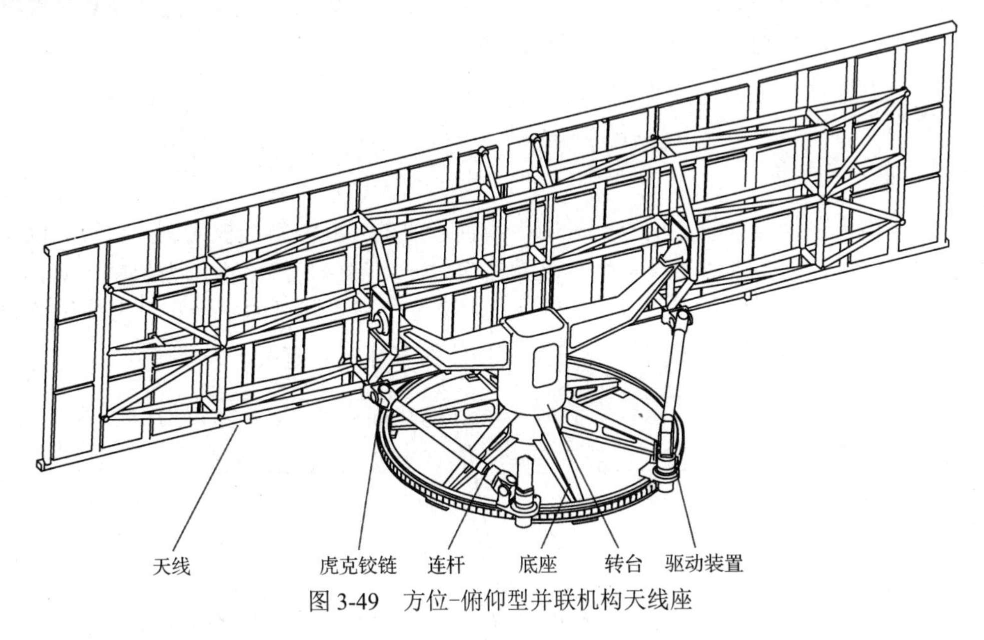

图 3-49　方位-俯仰型并联机构天线座

3）斜盘机构天线座

斜盘机构天线座采用回转斜盘机构来实现整体运动，突破了传统双轴正交传动结构形式，采用单一驱动系统同时实现方位和俯仰的复合运动，达到天线姿态摆动的目的。整体结构刚度较高、承载能力较大、质量小、结构稳定性较好、外观简洁、无复杂结构零部件，易于实现工程制造。但与传统的正交型天线座扫描范围为圆柱形区域不同，该型天线座扫描范围为圆锥形，特别适用于实现相控阵天线座的扩视需求，无须滑环和铰链，在轻量化、可靠性等方面更具优

势，可用来代替传统的方位-俯仰型天线座。图 3-50 所示为某斜盘机构天线座简图。

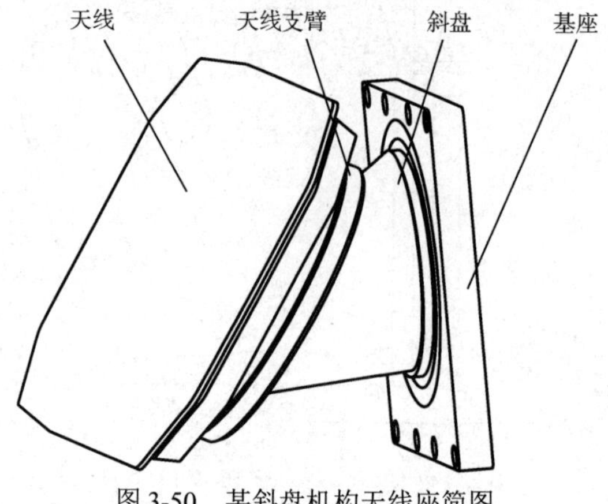

图 3-50　某斜盘机构天线座简图

3.2.2　负载分析与计算

负载是传动结构设计时进行传动元件选型计算、结构刚/强度校核的依据，只有正确分析各种负载的分布规律及大小，才能实现结构的合理设计，确保在驱动能力、结构刚/强度和寿命等方面有足够的安全系数，以满足使用要求。进行天线座结构设计时考虑的负载一般有风负载、惯性负载、摩擦负载、重力负载及不平衡转矩等。

1．风负载

1）风负载计算方法

风负载是由于物体与气流之间存在相对运动而产生的。以倾斜平板为例，当气流以一定速度水平吹向物体时，在物体的边缘发生分离并在后方产生涡区，涡区内压力急剧下降，导致物体正面和背面对应点上形成压差（$\Delta P = P_1 - P_2$），在整个物体迎风面积上积分形成风负载，如图 3-51 所示。风负载主要与空气密度、风速及物体的表征尺寸有关。

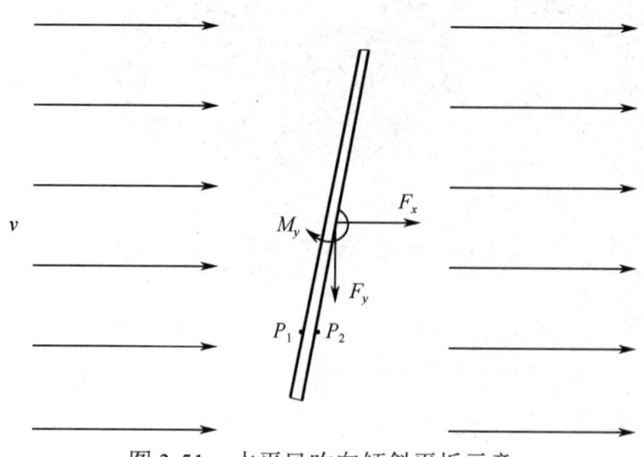

图 3-51　水平风吹向倾斜平板示意

以雷达为例，承受风负载的物体主要为天线，按照其基本形状可以分为圆抛物面天线和平板天线两大类，风负载主要包含水平风力 F_x、垂直风力 F_y 和风转矩 M_y，方向如图 3-52 所示，一般工程计算中可参照以下公式进行。其中，水平风力和垂直风力可供结构刚/强度设计及系统抗倾覆设计使用，风转矩可供传动系统功率计算及传动元件选型使用。

$$F_x = C_x qA \tag{3-2}$$

$$F_y = C_y qA \tag{3-3}$$

$$M_y = C_{my} qAD + F_x \omega D^2/(6v) \tag{3-4}$$

式中，C_x 为水平风阻系数；C_y 为垂直风阻系数；C_{my} 为风转矩系数；q 为动压头；A 为迎风面积；D 为表征尺寸，对圆抛物面天线而言 D 为天线口径，对平板天线而言 D 为天线的长度；ω 为物体转动角速度；v 为风速。

动压头 q 按照如下公式计算：

$$q = \rho v^2/2 \tag{3-5}$$

式中，ρ 为空气密度，在 20℃和标准大气压下 $\rho = 1.25\text{kg/m}^3$。

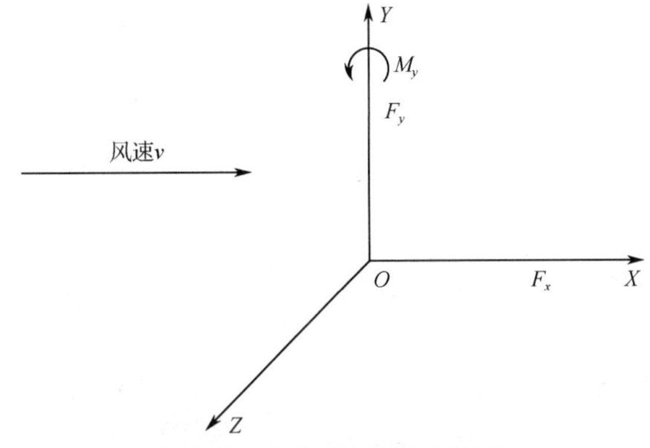

图 3-52　风负载坐标系示意图

2）风负载系数

风负载系数包括水平风阻系数、垂直风阻系数和风转矩系数，一般有以下四种获取方式：现场原型测试、理论分析、数值模拟和风洞试验。

现场原型测试为自然风环境，测试结果真实，但需以具备原型机为前提，耗费大量的人力、物力和财力，且由于自然风易受外部环境影响，一般难以通过重复测试来验证数据的有效性；由于大多数雷达天线甚至天线罩属于非流线型，因此很难通过理论分析计算获得较为准确、可靠的数值；数值模拟作为理论分析的有效替代，近年来对它的研究比较活跃，已有一些相应的研究成果，但结果的置信度尚有待提升；相比之下，风洞试验在结果数据的置信度、成本等方面始终具有不可取代的优势。

风洞试验是在符合一定相似准则的前提下，利用人工产生的控制气流模拟被测模型同周围气体的相对运动来进行试验。风洞试验具有流动条件易控制、基本上不受外界环境的影响、测量方便精确、可重复获取试验数据等优点。

根据相对于天线处于静止状态还是转动状态的不同，风洞试验也有静态、动态之分。一般情况下，通过静态风洞试验来获取模型的风负载系数，通过动态风载试验来验证模型的动态风载特性，校核结构强度、转速稳定性、定位精度等是否满足要求。由于条件所限，一般情况下风洞试验都是在天线静止状态下进行的。

模型风洞试验是取得气动数据的最可靠手段，但由于成本与时间等因素，不可能对每一个设计案例都通过风洞试验来获取相关数据。因此，研发设计人员需了解典型结构的风载荷系数及其规律，并进行类比和估算。

工程计算中，对于如图 3-53 和图 3-54 所示的典型实面抛物面天线和平板天线，对应的风负载系数可参照表 3-12，其中 α 为天线仰角（天线法向与水平面的夹角）。图 3-55 所示为天线转轴位置与风洞实验位置关系。

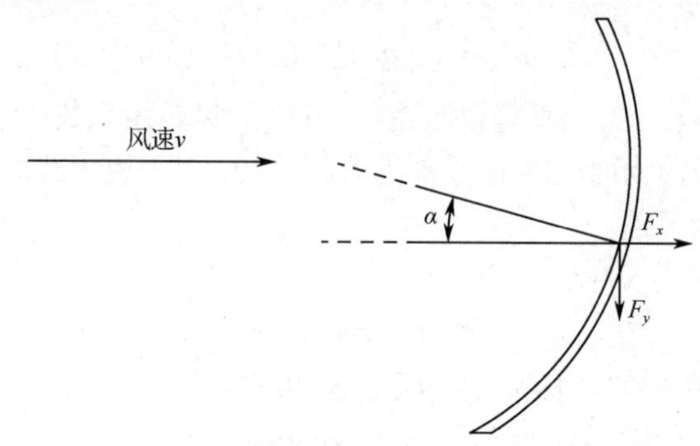

图 3-53　典型实面抛物面天线示意图

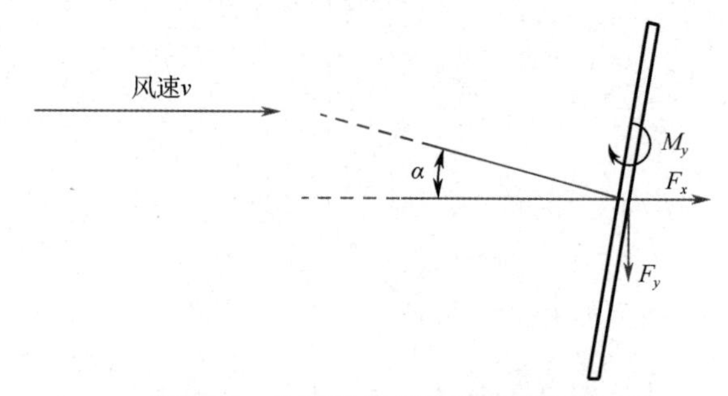

图 3-54　典型实面平板天线示意图

表 3-12　典型天线结构对应的风负载系数

天线结构	α/（°）	C_x	C_y	C_{my}
实面抛物面天线	0	1.5～1.56	0	0
	90	0.28	0.12	0.13
	120～140	0.55	0.15～0.18	0.17～0.18
实面平板天线	0	1.6	0	0.16
	20	1.4	0.2	0.05

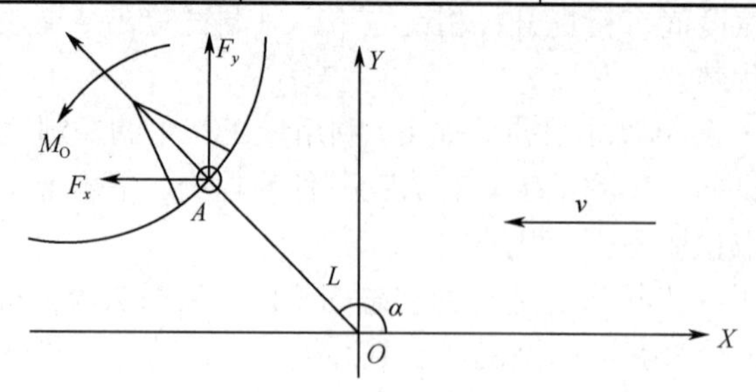

图 3-55　天线转轴位置与风洞实验位置关系

精确的风负载系数不仅取决于天线结构形式，还与天线上的细节结构、天线座、载车或固定安装基础形状相关，需通过建立缩比模型进行风洞试验，获得不同天线仰角下精确风负载系数。图 3-56 所示为某平板桁架式天线风洞试验，模型与实物缩比 1∶20，特征长度 $D=0.4\text{m}$，特征面积 $A=0.12\text{m}^2$，试验后获得：水平风阻系数 $C_{x\max}=0.86$，最大垂直风阻系数 $C_{y\max}=0.37$，和最大风力矩系数 $C_{\text{my}\max}=0.07$。

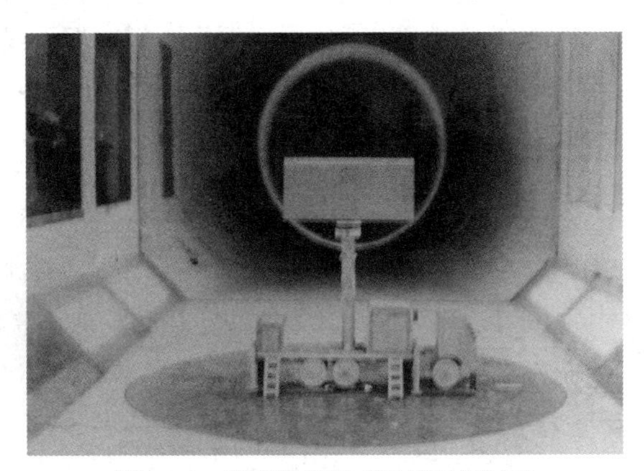

图 3-56　某平板桁架式天线风洞试验

3）风速选取

由于风力及风转矩均与风速的平方成正比，因此恰当地选取设计风速，既能保证设备安全，又能避免在电动机功率、结构刚度、设备质量等方面造成过大的设计冗余。

对于机载雷达，设计风速基本取决于载机最大飞行速度，根据实际情况再叠加阵风的影响。并且气动载荷与飞行姿态紧密相关，对于天线罩需要与天线一体旋转的雷达来说，必须考虑气动载荷与对应飞行工况下惯性载荷的共同作用。

对于地面雷达，风速受到设备距离地面高度、周边设备或建筑物干扰、地形地貌等多种因素的综合影响，情况较为复杂，通常可参照相应国军标要求进行设计取值。若精确计算需参照雷达实际架设地点的气象资料，并根据雷达的实际工作高度进行修正。地面雷达抗风性能指标通常可分为工作风速（保精度工作风速、降精度工作风速）、收藏风速、保全风速等。根据保精度工作风速及降精度工作风速来进行电动机功率和结构刚度计算，并取其最大值；根据保全风速进行结构强度校核。需要注意的是，地面雷达抗风性能指标一般是按照风力等级或平稳风速（稳定风速）给出的，两者都是在一定气象条件下，距地面 10m 高度处，风速在时距内的平均值。同样的风，时距取值越大，得出的平稳风速越小。我国平稳风速的风速时距为 10min，而瞬时风速的平均时距为 2s，数值可能远大于平稳风速，必要时需要考虑瞬时风速的破坏力。一般有以下两种处理方法。

- 选择最大瞬时风速进行设备安全性校核，如设备抗倾覆；
- 通过阵风因子将脉动风压的动力作用折算成静力来计算，相当于对平稳风速进行修正，适当考虑阵风（瞬时风速）的影响。

大多数车载情报雷达无行进间工作要求，因而雷达工作时只需要考虑自然风环境即可，雷达撤收运输状态则需要考虑由载车行进速度带来的风载荷。对于行进间工作车载雷达，确定工作状态下的设计风速时需要叠加载车的行进速度。

对于舰载非罩内雷达，风速情况与地面雷达相似，均需考虑瞬时风速及架高高度的影响，同时需叠加舰船的行进速度。

4）减小风负载的若干措施

从式（3-2）～式（3-5）可以看出，风负载的大小与风负载系数、迎风面积及风速平方成正比，风转矩还与风压中心对旋转轴的垂直距离相关，这些都为减小风负载提供了有效途径，如采用圆滑的天线外形，允许的情况下采用天线罩；采用孔板、栅条或网格替代实体反射面，提高天线透孔率；安装风翼（阻力板）来平抑风转矩峰值；改变回转轴与天线之间的相对位置，使风转矩中心、质心、回转轴心“三心合一”。

2．惯性负载

惯性负载是在加速度作用下产生的与结构质量直接相关的一种负载。凡需要进行机械扫描的天线，都要绕一个或多个轴做匀速或匀加（减）速回转运动，这种情况下天线和天线座转动部分必然会受到离心力、切向力等惯性负载的作用。

1）匀速圆周运动时的离心力

如果相对于某个轴的转动部件在结构上是对称的，则绕该轴做匀速圆周运动时的惯性力就只有离心力，其合力作用点通过转动部件的质心，方向背离回转中心。由于相对于天线来说，天线座各轴转动部件的尺寸和质量通常都要小得多，因而常被忽略或用安全系数来包容。离心力主要在校核结构强度时加以考虑，特别是对高速旋转系统来说。

离心力可以通过下式进行计算：

$$P = mR\omega^2 = mv^2/R \tag{3-6}$$

式中，m 为天线的总质量（kg）；ω 为旋转角速度（rad/s）；R 为天线质心的回转半径（m）；v 为旋转线速度（m/s）。

2）加（减）速圆周运动时的惯性矩

在天线启停或扇形扫描过程中，瞬时惯性负载除了上述离心力以外，还有切向力作用并形成惯性矩，在校核结构强度、方位传动链强度及选择驱动功率时需要加以考虑。

惯性矩可以通过下式进行计算：

$$M = J\varepsilon \tag{3-7}$$

式中，M 为惯性矩（N · m）；J 为天线对回转轴的转动惯量（$\mathrm{kg\cdot m^2}$）；ε 为角加速度（$\mathrm{rad/s^2}$）。

从式（3-7）可以看出，惯性矩的大小与运动部件转动惯量成正比。一般来说，希望负载转动惯量越小越好，但需和驱动电机的转动惯量相匹配。因此，应从结构形式、质量分布、质心配置等方面综合考虑，选择有利于降低转动惯量的设计方案。

转动惯量是物体内各个质点的质量与质心到转轴垂直距离平方的乘积之和。其数值大小不仅与总质量有关，还与结构件质量的分布情况有关。均质、规则形状物体的转动惯量可用理论力学公式进行计算。对形状比较复杂的物体，可将其划分为若干均质、规则形状的物体，分别求其转动惯量，然后组合。若物体的质心与回转轴不重合，则该物体对回转轴的转动惯量用“平行轴定理”来计算。

$$J = mR^2 + J_c \tag{3-8}$$

式中，J 为物体绕定轴的转动惯量；J_c 为物体绕其质心轴的转动惯量；R 为物体质心与回转轴之间的距离。

在计算传动系统的转动惯量时，常需要将低速轴负载惯量折算到高速电动机轴上，以便计

算电动机功率使用。若低速轴和高速轴两轴的速比为 i，则

$$J_G = \frac{J_D}{i^2} \tag{3-9}$$

式中，J_D 和 J_G 分别是低速轴负载惯量和折算到高速轴上的转动惯量（$kg \cdot m^2$）。

惯性负载除了考虑控制对象的惯量外，还应包括电动机本身及各级传动件的惯量。

转动惯量可采用实验方法测定，也可以通过在三维建模软件上进行精确建模来获得。

3）减小惯性负载的措施

在保证结构刚/强度及不失稳的前提下，降低各零部件的质量，如使用减重孔，采用空心薄壁结构，选用密度小、强度高的材料等；减小回转部分质心与回转轴之间的距离，如对天线俯仰回转部分配重，合理布置天线方位回转部分的质量等，使质心尽量靠近回转轴；提高传动比，特别是末级传动比，减小低速轴折算到高速轴的转动惯量；减小高速轴上的转动惯量，特别是电动机转子的惯量。

3．摩擦负载

摩擦负载是在两个相互接触的物体接触面上存在的一种阻止其运动的力或转矩。摩擦负载仅当两个接触物体间有相对运动或有相对运动的趋势时才产生。

以旋转运动为例，转动摩擦转矩示意图如图 3-57 所示。

在物体处于静止状态但有相对运动趋势时的摩擦转矩称为静摩擦转矩。静摩擦转矩从零起逐渐增加，当物体由静止即将转入运动但尚未运动时，静摩擦转矩达到极大值，称为最大静摩擦转矩。物体转动时的摩擦转矩称为动摩擦转矩。

动摩擦转矩是库仑摩擦转矩和黏性摩擦转矩的叠加。库仑摩擦转矩指控制对象的转动部分由静止刚转入转动时的摩擦转矩，为恒定值，与转速无关。黏性摩擦转矩先随转速增加，最后趋于定值。在油脂润滑或稀油润滑的场合，如轴承、减速机，需要重点关注黏性摩擦转矩。

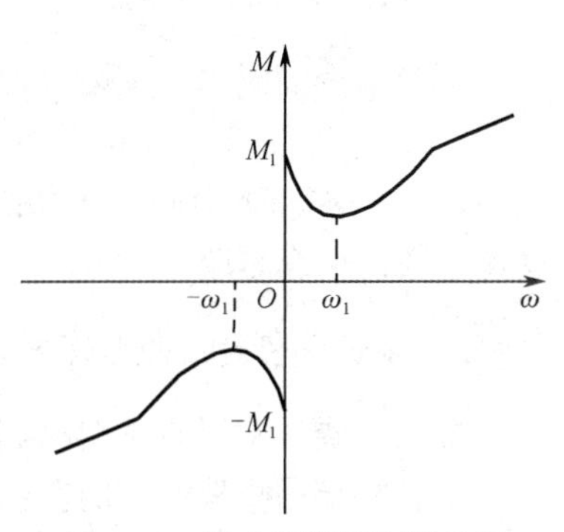

图 3-57　转动摩擦转矩示意图

摩擦转矩对系统性能的影响，主要表现在跟踪误差和调速范围（低速跟踪不平稳）两方面。一般来说，希望摩擦转矩小些为好，可在运动副处采用良好的润滑剂和采用较高的光洁度等。

天线座中的摩擦载荷来自所有运动副，主要是轴承、接触式密封。电动机、减速机的摩擦转矩同样来自这些部位，可用其机械效率来衡量。

1）滚动轴承摩擦转矩的近似计算公式

滚动轴承摩擦转矩可视为由两部分组成：一部分为载荷项，另一部分为黏滞项。其中黏滞项与轴承转速有关。当轴承处于重载低速的运转条件时，载荷项是主要的，黏滞项有时可忽略；当轴承处于轻载高速的运转条件时，黏滞项是主要的，载荷项有时可忽略。某单列向心球轴承计算实例中，当转速为 1000r/min 时，纯径向力作用下黏滞项大小接近载荷项，纯轴向力作用下黏滞项不到载荷项的一半。

当外载荷 F 为轴承额定动负荷 C 的 10%左右，载荷角 β 大致跟轴承接触角 α 相同，轴承转速不超过其极限转速的 50%，润滑油黏度中等，润滑方式为油浴润滑时，滚动轴承的摩擦转矩可按下式近似估算：

$$M_f = fFd/2 \tag{3-10}$$

式中，M_f为摩擦转矩（N·mm）；d为轴承内径（mm）；F为轴承所受外载荷（N）；f为摩擦系数。常用轴承摩擦系数如表 3-13 所示。

表 3-13　常用轴承摩擦系数

轴承类型	摩擦系数
向心球轴承	0.0015
球面球轴承	0.001
单列向心推力球轴承	0.0016
双列向心推力球轴承	0.0024
圆柱滚子轴承	0.0011
圆锥滚子轴承	0.0018
球面滚子轴承	0.002
推力球轴承	0.0013
推力向心球面滚子轴承	0.002

2）回转支承上的摩擦转矩

该类轴承多应用于雷达方位轴支承，其摩擦转矩的估算公式为

$$M_f = fFd_m/2 \tag{3-11}$$

式中，d_m为滚动体中心圆直径；F为各滚动体与滚道之间法向接触载荷绝对值之和；f为当量摩擦系数，估算时取$f = 0.01$。

3）接触式密封上的摩擦转矩

接触式旋转密封有填料密封、皮碗密封、端面密封等几种。对于其上的摩擦转矩，《机械设计手册》及一些教材中均有估算公式，在此不再赘述。

对于小型雷达天线座，尤其是机载雷达天线座，还需额外考虑电缆阻转矩和低温下润滑脂的摩擦转矩。由于产生摩擦转矩的因素很多，计算烦琐且难以准确计算，工程设计中，一般不逐项进行计算，通常是取其为驱动总负载转矩的某一百分比。对于大中型地面雷达其占比较小，按总负载转矩的 10%考虑；对于偏载严重、在低温环境下工作的雷达，按总负载转矩的15%考虑。

4．重力负载及不平衡转矩

1）重力负载

结构件自身所受重力始终存在，方向始终向下垂直于水平面。天线特别是大中型天线所受重力，是天线座的纯负载，必须加以考虑。而天线座内部结构件，一般既发挥支承作用，同时又是其他结构件的负载，如俯仰-方位型天线座的俯仰转动部分就是方位轴的负载。

此外，一定气象条件下，户外天线表面可能会出现“裹冰”，不仅大大增加了结构负载，而且即使不丧失刚/强度也无法保证正常工作。由于工作状态下天线表面不易积雪，而且雪的密度较小（150～400kg/m^3），也容易清除，所以一般不考虑天线的积雪负载。

2）不平衡转矩

在部分设计中因为系统布局要求或空间尺寸的限制，控制对象的质心无法与转轴重合，导致重力及所在动平台直线加减速或圆周运动引起的惯性力都必然产生附加转矩，因此都要计入负载进行计算。

对于机载雷达来说，载机过载飞行时，由于天线偏心带来的不平衡转矩被放大数倍，可能成为驱动系统主要负载之一，需重点予以考虑。

3.2.3　轴系支承设计

轴系支承是天线座的重要组成部分，由轴承或轴承组合、支承结构组成，主要实现雷达天线的旋转支承，一般分为方位轴系支承、俯仰轴系支承和横滚轴系支承等。

轴系支承的主要设计要求如下。

（1）轴系的旋转精度：轴承的选型、轴系支承结构的加工制造误差、轴系的装配误差都会影响轴系的旋转精度，进而直接影响天线座的精度。

（2）刚度：轴系支承结构的刚度直接影响系统的谐振频率、阵面的指向精度，同时局部支承结构刚度还会使轴承等传动元件载荷的分布不均，导致使用寿命降低。

（3）强度：轴系支承应具有足够的安全系数，在设计要求的外载荷下不发生强度破坏和永久性变形，并在规定的工作载荷下具有足够的使用寿命。

（4）其他：旋转运动过程中摩擦转矩小，结构加工和安装工艺性好等。

1．典型方位支承设计

在雷达等电子设备的天线座中，常见的方位支承形式有立轴式、转台式和轮轨式。下面分别对这三种结构进行介绍。

1）立轴式方位支承设计

立轴式方位支承主要由中心轴、轴承、底座组成。中心轴通过上、下端轴承连接在底座上，实现不同的载荷及轴系精度的支承要求。

（1）轴承选型。立轴式方位支承中的轴承受轴向力、径向力作用。为了提高方位支承的抗倾覆能力，保证轴系精度，上、下端轴承之间应留有足够的跨距。轴承通常采用通用滚动轴承，并进行合理的组合、配置。常用的滚动轴承有深沟球轴承、角接触球轴承、单列圆锥滚子轴承、推力球轴承、推力滚子轴承、球面滚子轴承等。

常用于天线座立轴式方位支承的几种典型轴承配置形式如表 3-14 所示。

表 3-14　典型轴承配置形式

轴承配置	结构形式	特　　点	应用场合
角接触球轴承		轴承留有合适的轴向间隙，以便游动；可同时承受径向力及双向轴向力	适用于轻载高速、轴承跨距较小的电子设备

续表

轴承配置	结构形式	特　点	应用场合
双向推力球轴承+深沟球轴承		可允许较大的轴向游隙量，补偿热胀冷缩影响；可同时承受径向力及较大的双向轴向力	适用于重载、受温度影响变形显著的电子设备
圆锥滚子轴承		轴承可预紧，提高支承刚度；能承受较大的双向轴向载荷；但圆锥滚子不能游动，温度变化时，易引起摩擦转矩或间隙增大，影响轴系精度	适用于旋转精度较高、中载中速的电子设备
圆锥滚子轴承+圆柱滚子轴承		可承受较大的径向、轴向载荷；圆柱滚子轴承轴向可游动，补偿热胀冷缩影响；支承精度高、刚性好	适用于旋转精度较高、中载中速、轴承跨距较大、受温度影响变形显著的电子设备

在选用轴承时，须根据载荷大小、方向、转速及底座结构，综合考虑轴承的类型、径向刚度、轴向刚度、精度等级、结构尺寸等进行选择。

轴承载荷计算包括当量静载荷 P_o 计算和当量动载荷 P 计算，轴承选型时须同时满足额定静载荷及额定动载荷要求。

根据基本额定静载荷选择轴承规格按下式计算：

$$C_o = S_o P_o \tag{3-12}$$

式中，C_o 为基本额定静载荷；P_o 为当量静载荷；S_o 为安全系数。

雷达等电子设备对旋转精度和平稳性要求较高，有些还要承受冲击载荷，一般 $S_o \geqslant 1.2 \sim 2.5$。

根据基本额定动载荷选择轴承规格按下式计算：

$$C = \frac{f_h}{f_n} P \tag{3-13}$$

式中，f_n 为速度系数，可根据轴承速度系数表查出；f_h 为寿命系数，可根据轴承寿命系数表查出；P 为当量动载荷，通过如下公式计算：

$$P = f_p(XF_r + YF_a) \tag{3-14}$$

式中，F_r 为径向载荷；F_a 为轴向载荷；X 为径向系数；Y 为轴向系数；f_p 为载荷系数，在雷达等电子设备天线座中，一般取 $f_p \geqslant 1.2 \sim 1.8$。

（2）中心轴结构设计。对中心轴的要求主要是刚度和旋转精度，在外载荷作用下，转轴发生弯曲变形和扭转变形，它将影响传动精度、轴系精度和结构谐振频率。为提高中心轴刚度，可适当加大其直径，通常设计成空心的，这样不仅可以方便铺设电缆，也有利于提高刚度。另外，合理选择轴承的支承距离，合理布置传动件在中心轴上的位置，可减小载荷引起的中心轴变形。

中心轴的旋转精度与主轴的刚度、制造精度和安装精度有关，必须经过良好的时效处理，以免在使用过程中由于内应力的重新分布导致的变形。一般选择 45 钢及 40Cr 等优质碳素结构钢或合金钢作为中心轴材料。

（3）底座结构设计。底座是整个雷达天线座的基础，承受较大载荷，必须具备足够的刚度、强度。底座结构形状一般比较复杂，通常为箱形骨架结构，通过铸造而成。常用材料有球墨铸铁 QT-600、灰铁 HT-350、铸钢和铸铝合金，也可采用钢板、铝板焊接成型。底座内部布置若干加强筋，并安装动力传动系统、测角装置等。

2）转台式方位支承设计

随着大、中型雷达的广泛应用，一种能同时承受径向力、轴向力和倾覆转矩的回转支承技术日趋成熟，用其作为方位轴系支承，可省略粗大的方位轴，在轴承中间可以安装其他部件，一般将方位大齿轮与其做成一体。其结构紧凑、轴向尺寸小，可降低转动部分的质心，增强天线座的稳定性。

（1）轴承选型。大型回转支承按其滚动体分为球和滚子两类。对于轻载、结构刚度不易提高的设备，选用滚动体为球的回转支承；重载设备用滚子作为滚动体的回转支承。典型回转支承的结构形式及特点详见 3.1.1 节。

轴承所受外载荷是指作用在雷达天线座支承结构上的外载荷，包括天线质量、惯性载荷和风载荷等。以地面相控阵雷达方位支承为例，方位支承轴承主要承载包括：径向力，一般为风阻力；轴向力，一般为天线及方位轴承以上天线座的质量；倾覆转矩，天线所受的风阻力与风阻力作用点到方位轴承距离的乘积。

根据以上载荷及不同转盘轴承的结构形式，按厂家样本中的计算方法，计算出当量静载荷和当量动载荷，对照承载曲线对选定的轴承进行承载能力和寿命校核。

（2）转台结构设计。通常将转台设计成箱形结构，并借助拓扑优化设计方法，获得叉形转台结构内部最佳布局形式，具备较高的弯曲和扭转刚度，满足轴系和传动精度要求。在结构布局允许的条件下，适当增加转台的高度，可提高天线座整体刚度。典型转台结构示意图和优化后的转台内部结构布局分别如图 3-58 和图 3-59 所示。

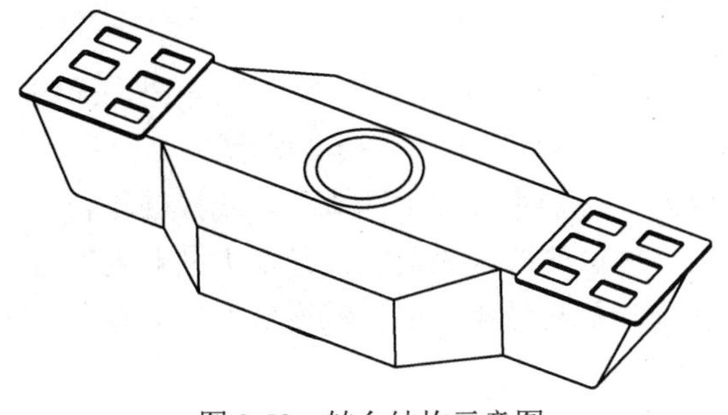

图 3-58　转台结构示意图

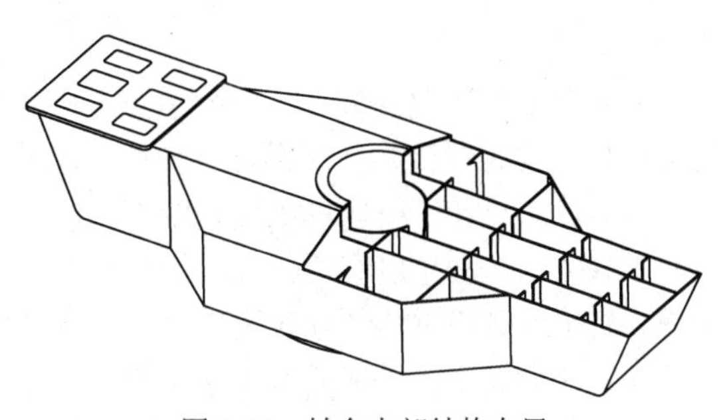

图 3-59　转台内部结构布局

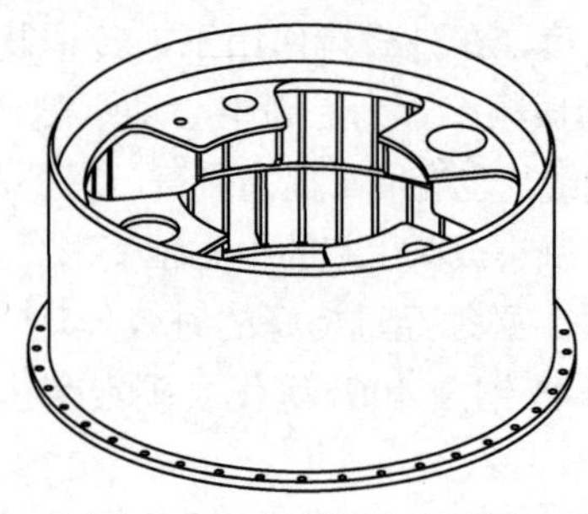

图 3-60　底座结构示意图

（3）底座结构设计。底座为整个天线座的基础，承受较大载荷，要求具有较高的刚性和足够的尺寸稳定性。底座通常设计为圆筒形结构，内壁布置环形层筋和若干辐射筋，以提高其抗弯、抗扭刚度。底座上表面安装轴承，底座内安装减速器、电缆、水铰链和轴角编码器等设备。底座结构示意图如图 3-60 所示。

3）轮轨式方位支承设计

轮轨式方位支承主要由滚轮装置、轨道、中心枢轴、转台等组成，通常用于实现一些低速、重载的大型天线的方位旋转运动，如大型地面站、大型相控阵雷达、射电望远镜等。对于典型的抛物面天线，轨道直径通常为天线口径的 1/2～2/3；转台通常采用空间桁架结构，俯仰轴到轨道面的高度为天线口径的 1/2 左右，一般采用 4～8 组滚轮装置；对于大型相控阵雷达，轨道直径和滚轮的数量需要综合考虑负载、外观协调性、精度等因素来确定。

滚轮装置分为驱动轮和从动轮。驱动轮和从动轮的基本结构形式相同，均由滚轮、滚轮座、轴承、滚轮轴等组成，驱动轮额外增加电动机减速器驱动装置。驱动轮和从动轮可以根据需要组合在一起和转台相连，也可以分别安装到转台下方，如图 3-61 所示。

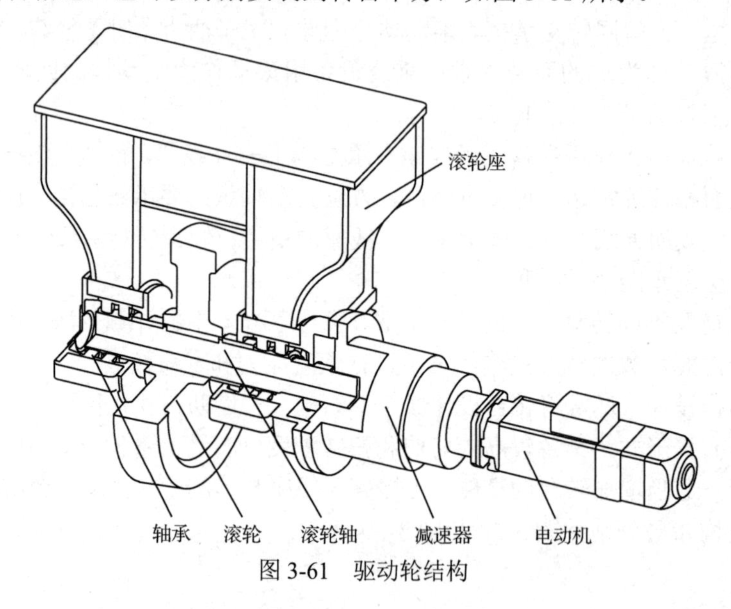

图 3-61　驱动轮结构

若两个滚轮装置安装在一个支承点，则滚轮装置与转台之间采用均衡承载结构平衡轮压。均衡承载结构有球铰、平衡梁等多种结构。某平衡梁滚轮座结构如图 3-62 所示。

（1）轨道设计。根据轮轨接触副不同，一般分为点接触和线接触两大类。线接触轮轨系统具有承载大、传动精度高等优点，但对加工、安装、调试的要求相对较高，在大型射电望远镜领域、高精度测控雷达领域应用广泛。点接触轮轨承载相对较小，但对轨道的安装调整要求不高，在铁路和起重机等对精度要求不高的领域广泛应用。

轨道与混凝土基础之间通过地脚螺栓连接。轨道铺设时，预埋地脚螺栓固定在水泥基础上，利用地脚螺栓上的螺母可以调整轨道高低，从而实现整轨的调平，并采用高强度、低收缩比的二次灌浆方式，实现轨道与混凝土基础直接的可靠连接。

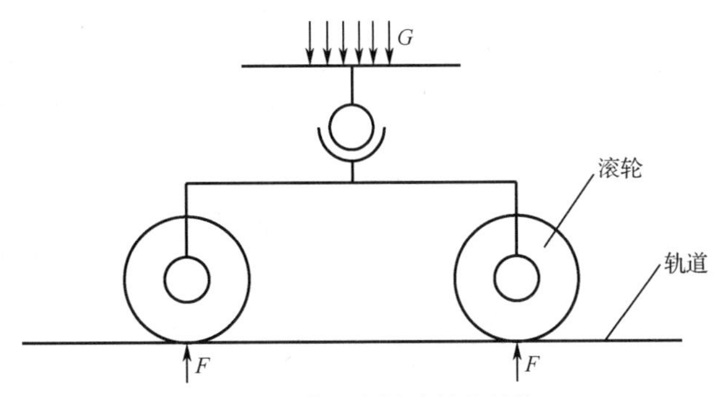

图 3-62 某平衡梁滚轮座结构

某高精度相控阵雷达天线座为了保证轴系精度，采用了线接触轮轨结构。轨道中心直径为 16.5m，轨道宽 360mm，接触面宽 220mm，高 200mm，轨道采用分段加工、现场拼装与焊接的工艺方案，整轨平面度不大于 0.4mm。轨道采用 40CrNi2Mo 锻钢制造，整体调质，表面进行中频淬火处理，硬度 HRC44～48；采用直径为 1.2m、厚度为 200mm 的重型滚轮，采用 42CrMo 锻造，并经特殊工艺的热处理，表面硬度为 HRC50～55。轮心部分有足够的韧性，以保证抗压强度和使用寿命。为了实现轮轨之间的线接触，滚轮表面设计成一定锥度，使滚轮轴线的延长线与轨道面的交点正好在方位旋转轴线上，保证滚轮在轨道面上纯滚动。滚轮锥度与其在轨道上的旋转中心关系示意图如图 3-63 所示，线接触轮轨基本结构与安装示意图如图 3-64 所示。

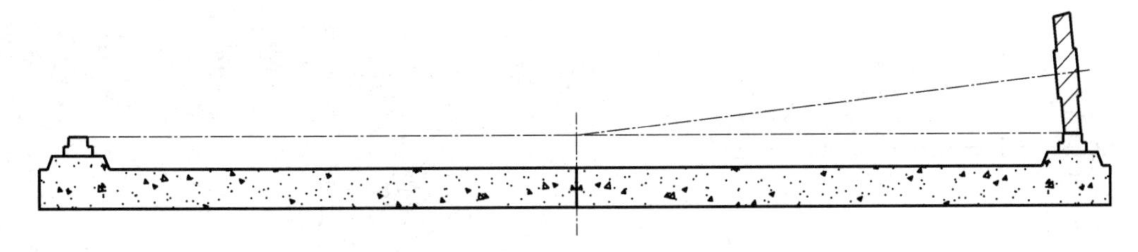
图 3-63 滚轮锥度与其在轨道上的旋转中心关系示意图

某雷达轮轨转台采用点接触结构，轨道采用标准起重机钢轨分段弯曲而成，钢轨顶面为圆弧面，滚轮座的受力变形不影响滚轮和轨道的接触。轨道的材料为中碳锰钢，调质后硬度为 HB320，滚轮采用 40Cr 锻造而成，淬火后硬度为 HRC42～45。点接触轮轨结构示意图如图 3-65 所示。

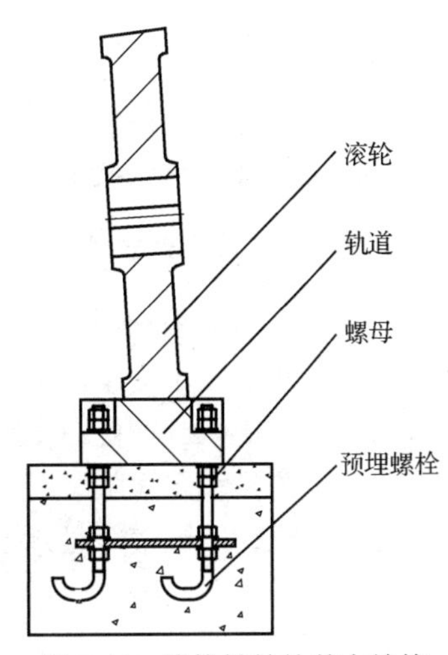

图 3-64 线接触轮轨基本结构与安装示意图

（2）中心枢轴结构设计。中心枢轴是天线的旋转中心，由底座、轴承和多边形中心座等组成，起到天线定心作用，其旋转精度直接影响整个设备的指向精度。它承受整个设备的径向负载，选用圆柱滚子轴承支承，允许轴向小范围移动。中心转轴上一般安装有方位测角、水铰链等装置，有的还有电缆绕曲装置。

（3）转台结构设计。转台是天线座的重要组成部分，上表面用于支臂或天线的安装固定，下表面用于滚轮的安装固定，中间部分与中心枢轴相连。转台一般是由若干滚轮安装座、辐射梁、切向梁或纵横梁等组成的大型多边形钢结构。常规大型结构件为了解决运输问题，通常采用分段制造、现场拼装与焊接的工艺方案。美国 GBR-P 雷达、北京密云 50m 射电望远镜、上海天马 65m 射电望远镜等产品均采用现场拼焊方案，而某相控阵雷达的轮轨式天线座为了满足可搬迁运输要求，采用组合化设计方案，将转台分成若干运输单元，现场拼装螺栓连接，如图 3-66 所示。

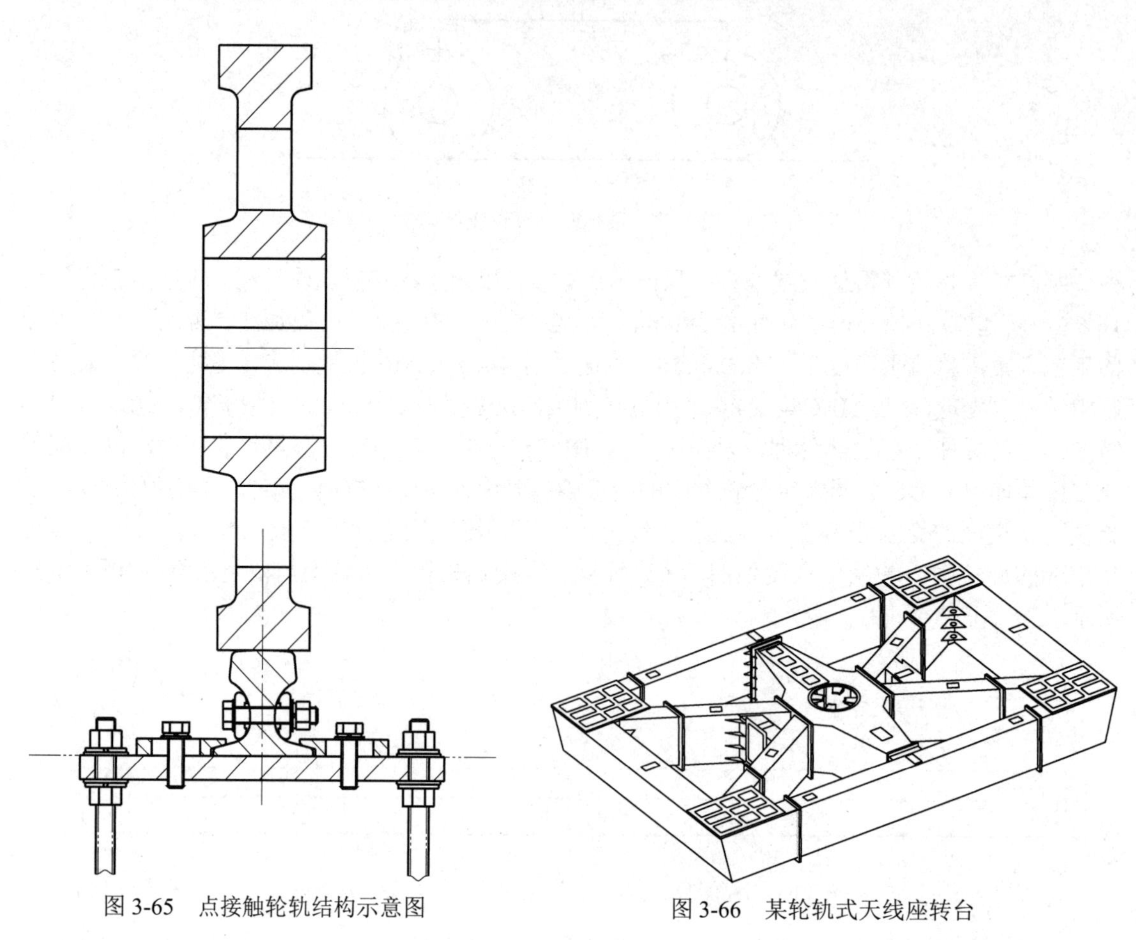

图 3-65　点接触轮轨结构示意图

图 3-66　某轮轨式天线座转台

2. 典型俯仰支承设计

雷达天线座的俯仰支承结构一般设计成双支点回转支承形式，常选用滚动轴承作为回转支承，根据俯仰支承天线的安装结构形式可分为叉臂式和燕尾式。

1）俯仰轴承的选型

俯仰轴承典型的组合形式有两端固定支承、固定-游动支承两种类型。

（1）两端固定支承。对于小型雷达等电子设备，俯仰轴较短、载荷小、转速较高，通常采用两端固定支承，如图 3-67 所示。两轴承的外圈均靠轴承端盖做轴向固定，其中一侧留有调整垫片，调整轴向间隙，用于补偿轴的热胀冷缩量。一般选用向心类轴承，如深沟球轴承、角接触球轴承、圆锥滚子轴承等。

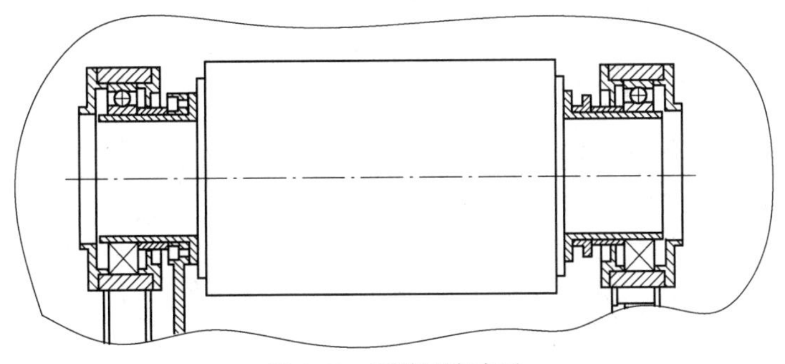

图 3-67　两端固定支承

（2）固定-游动支承。对于中、大型雷达等电子设备，俯仰轴较长、载荷较大、转速不高，通常采用一端固定、一端游动式支承。常用的组合形式有如下几种。

固定端选用两个单列圆锥滚子轴承，通过螺母或轴承端盖轴向预紧安装，具有较好的支承刚性；活动端选用两个单列圆柱滚子轴承，轴向可移动，用以补偿雷达等电子设备结构的热胀冷缩量，如图 3-68 所示。

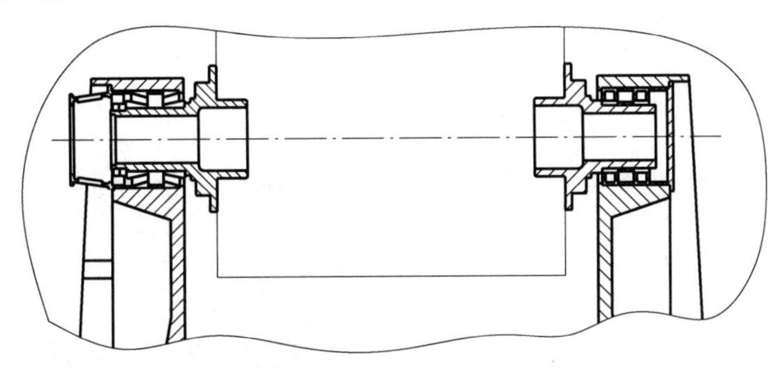

图 3-68　固定-游动支承（一）

固定端采用转盘轴承，如三排滚子轴承，具有较好的支承刚性；活动端采用调心圆柱滚子轴承，轴向可移动，且具有调心性能，用以补偿电子设备结构的热胀冷缩量和消除由于结构挠曲变形引起的附加弯矩，如图 3-69 所示。

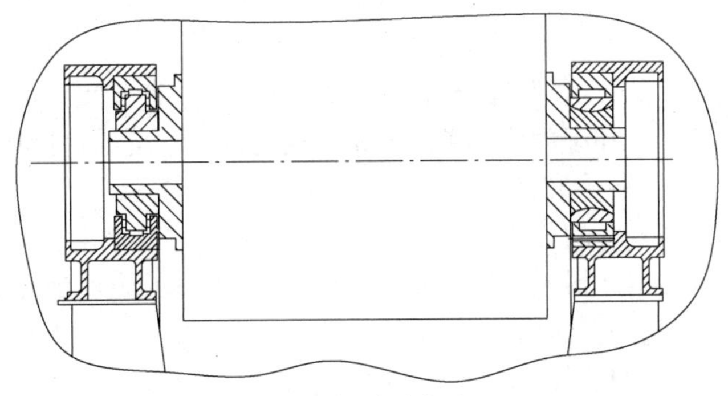

图 3-69　固定-游动支承（二）

固定端和活动端均采用双列调心滚子轴承，适用于径向负载较大的设备，具有调心性能，同样可以补偿雷达等电子设备结构的热胀冷缩量和消除由于结构挠曲变形引起的附加弯矩，如图 3-70 所示。

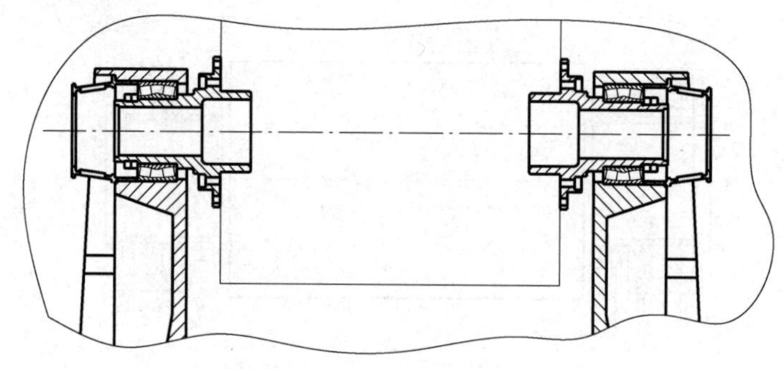

图 3-70　固定-游动支承（三）

2）俯仰支承设计

俯仰支承作为雷达天线的支承环节，自身又绕方位轴转动，是一个承上启下的中间部件。下面主要介绍两种典型的俯仰支承结构形式：叉臂式和燕尾式俯仰支承结构。

（1）叉臂式俯仰支承结构设计。叉臂式也称叉架式或龙门式，这种结构的天线与两个俯仰轴形成一个整体，两端用两对轴承支承，轴承座和支臂作为轴承的支承结构，一般为箱形结构，内部安装有传动系统、测角装置等。该结构的俯仰轴与天线质心基本重合，无须配平，且天线前后空间均无遮挡，安装维护方便，转动范围可达 0°～180°，常见于相控阵雷达的俯仰支承部位。

叉臂式俯仰支承结构主要由俯仰轴、俯仰轴承、轴承座和叉臂组成，如图 3-71 所示。

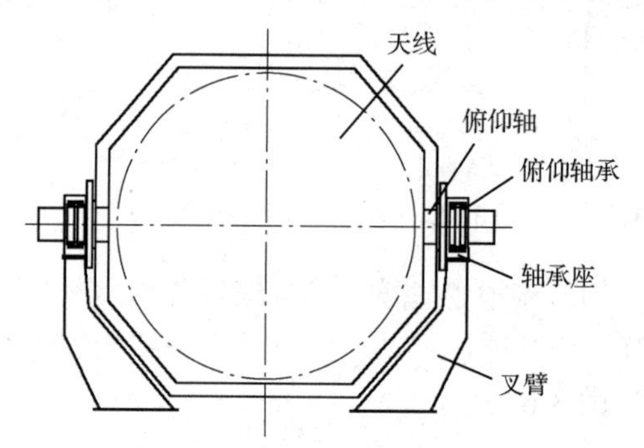

图 3-71　叉臂式俯仰支承结构

轴承座是叉臂式俯仰支承中轴承的承载体，左右各一个，通常也是动力传动系统的安装基础，因此需要有足够的刚度和强度。轴承座通常采用铸件，常用的材料有球墨铸铁 QT-600、灰铁 HT-350、铸钢和铸铝合金等。

俯仰轴是连接轴承与天线的一个重要部件，需要具备足够的刚度、强度和耐磨性，材料通常选用优质碳素钢或合金钢，如 45 钢、40Cr 等，并通过整体或表面处理。俯仰轴一般由圆钢或锻件经切削加工制成，再与天线通过止口法兰相连，采用过盈配合；也可将俯仰轴与天线结构骨架焊接成一体，然后整体组合加工。俯仰轴通常为中空式结构，内部可通电缆、冷却管路等。

叉臂式俯仰支承结构中，俯仰轴与俯仰轴承内圈做回转运动，俯仰轴承与俯仰轴之间一般采用过盈或过渡配合；轴承座与俯仰轴承外圈固定，俯仰轴承与轴承座之间一般采用过渡或间隙配合。

叉臂作为俯仰支承的一个主要承力部件，通常采用箱形骨架结构，由钢板焊接而成，内部布置若干加强筋。这种结构零件加工简单、质量较小。

（2）燕尾式俯仰支承结构设计。这种结构利用托架将天线安装在俯仰轴的两边旋伸端，俯仰轴两端利用两对轴承作为支承，天线置于俯仰轴的一侧，需额外配重进行配平。该结构支承点跨距小，刚度好，转动范围可达 0°～180°。但背部部分空间有遮挡，维修便利性稍差。望远镜、雷达反射面天线、地面站等电子设备通常采用该结构形式。

燕尾式俯仰支承结构主要由俯仰轴、俯仰轴承、俯仰箱和支架等组成，如图 3-72 所示。

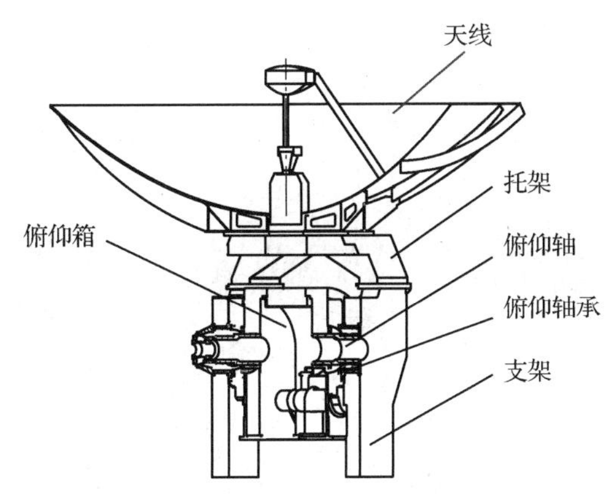

图 3-72　燕尾式俯仰支承结构

俯仰轴的设计与叉臂式俯仰支承结构中的俯仰轴是相同的，在此不再赘述。

燕尾式俯仰支承结构中，俯仰轴与俯仰轴承内圈固定，俯仰轴承与俯仰轴之间一般采用间隙或过渡配合；支架与俯仰轴承外圈做回转运动，俯仰轴承与支架之间一般采用过渡或过盈配合。

俯仰箱通常采用箱形骨架结构铸造而成，常用材料有球墨铸铁 QT-600、灰铁 HT-350、铸钢和铸铝合金，也可采用钢板、铝板焊接成型。俯仰箱内部布置若干加强筋，并安装动力传动系统、测角装置等。

支架与托架一起构成天线的安装载体，布置在俯仰支承结构的外侧。支架一般由钢板、铝板焊接成箱形结构，抗弯、抗扭刚度较好，支架上可安装一些辅助电子设备及配重。

两种轴系支承结构形式的对比如表 3-15 所示。

表 3-15　两种轴系支承结构形式的对比

项　目	叉臂式俯仰支承结构	燕尾式俯仰支承结构
质量	质心在俯仰轴线上，无须额外配重即可实现俯仰平衡驱动，系统质量较小	天线的质心通常在俯仰轴一侧，需要增加配重以实现俯仰平衡驱动，系统质量较大
刚度	跨距受天线大小影响，支承点一般较大，刚度和精度不容易做高	支承点不受天线大小影响，支承跨距相对于叉臂式支承较小，刚度及精度高
维修性	设备前后均敞开，前向、后向维修操作方便	电子设备背面有遮挡，后向维修需增加维修通道，使得阵面中心偏离俯仰旋转中心的距离进一步增大，配重质量增加
成熟性	常用结构形式，尤其在相控阵雷达上应用广泛，技术成熟	常用结构形式，尤其在抛物面天线上应用广泛，技术成熟

3. 典型横滚支承设计

天线座横滚支承用横滚中心轴前端法兰盘支承天线座的方位及俯仰部分，横滚轴由前后轴承组合作为旋转支承，两支承点有适当的间距，用以保证具有较高的抗倾覆转矩能力和回转精度。中心轴上套装传动大齿轮、横滚驱动装置及测角装置等。该种结构常用在早期的机载雷达天线座中，结构简单，采用通用轴承，设计制造、装配、维修都比较方便。但轴承横滚轴系占据较大的横滚轴向空间，使天线及方位、俯仰部分悬臂较长，不利于其他需安装在横滚轴的器件排布。图 3-73 所示为某天线座横滚支承结构。

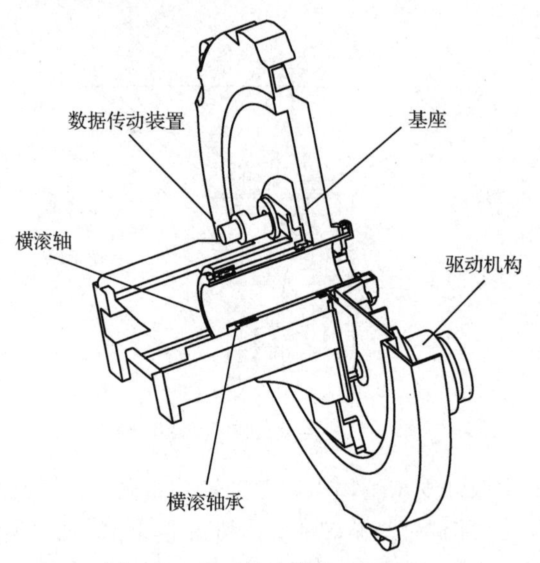

图 3-73　某天线座横滚支承结构

随着能同时承受径向力、轴向力和倾覆转矩的回转支承技术日趋成熟，转盘轴承也开始应用到机载雷达天线座中。用该类轴承作为横滚轴系支承，可大大节省横滚轴系的轴向空间，在转盘轴承中间可同轴安装汇流环、水铰链等部件，也可将横滚大齿轮和转盘轴承座做成一体。其结构紧凑、轴向尺寸小，减小了负载的悬臂长度，提高了天线座的刚度/强度。图 3-74 所示为某天线座横滚转盘轴承支承结构。

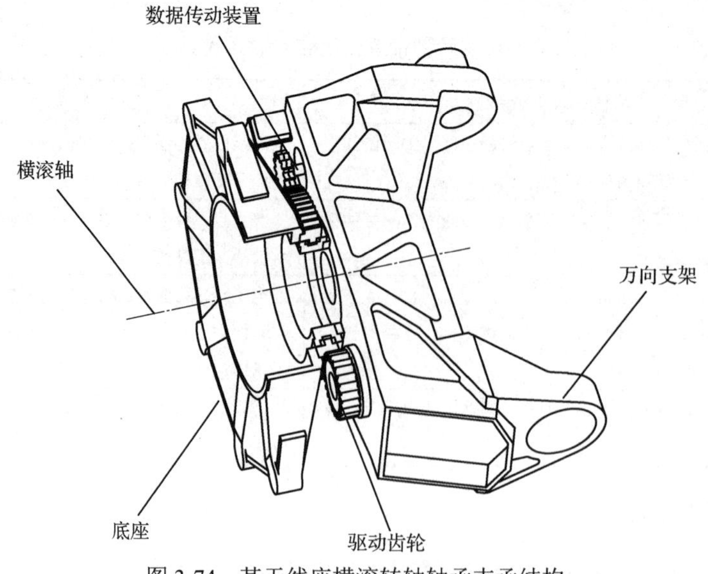

图 3-74　某天线座横滚转轴轴承支承结构

（1）轴承选型。受平台的环境工况影响，横滚轴承往往需承受轴向力、径向力、倾覆转矩的综合载荷，对其承载能力要求极高。根据实际承载能力，一般选用四点球轴承、交叉滚子轴承、三排滚子轴承等类型。此外，可考虑轴承外圈自带齿轮，形成与动力链的齿轮传动，简化系统安装结构。

（2）底座结构设计。底座为整个天线座的基础，根据结构布局方案，底座上需安装轴承、驱动链、数据链、汇流环、水铰链等功能构件。底座需承受较大载荷，其结构自身应具备良好的刚度/强度，典型的底座主体为圆筒形结构，并通过若干辐射筋与安装接口连接，实现良好的抗弯、抗扭刚度。材料多为钛合金或高强铝，为了实现刚度/强度、轻量化、功能结构的最优化，应对底座开展拓扑优化、多工况力学仿真等分析计算。图 3-75 所示为某天线座底座的拓扑优化及力学仿真效果图。

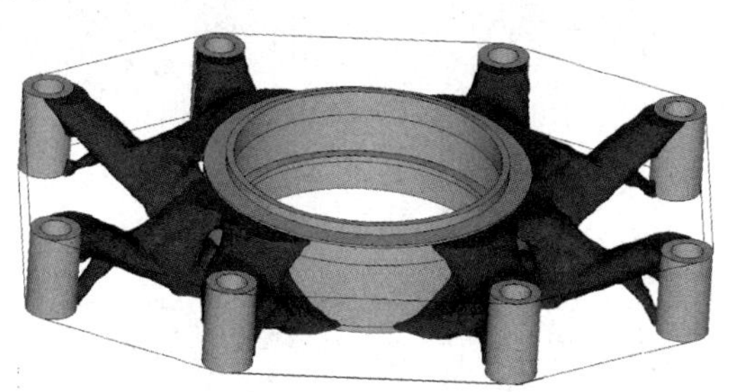

图 3-75　底座的拓扑优化及力学仿真效果图

3.2.4　动力传动装置设计

动力传动装置是把电动机的运动和动力传递给执行机构的中间装置。基本功能是将电动机发出的动力传给雷达转动机构，产生驱动力，使雷达转动部分能按照一定的速度、加速度等运行，实现天线的运转、定位、定向等功能。动力传动装置分为直接驱动和间接驱动两种形式。

直接驱动是将转矩电动机与轴同轴安装，直接驱动负载，不需要减速装置。该传动方式简化了传动结构，使得系统布局更紧凑，系统刚度好、精度高、动态性能好，但输出转矩相对有限。目前，直接驱动形式已在小型化雷达中普遍应用。

间接驱动通常是在电动机和负载端增加一套减速装置，可以大大提高系统的输出转矩。常见的间接动力传动方式有齿轮传动、蜗轮蜗杆传动、轮系、带传动和链传动。齿轮传动的特点是传动稳定、高效，可靠性高，寿命长，但制造成本高，不适于远距离传动；蜗轮蜗杆传动的特点是速比大，结构紧凑，易发热，效率低；带传动挠性好，可缓和冲击，吸振，结构简单，成本低，但易打滑，速比不固定；与带传动相比，链传动没有弹性和打滑，能保证准确的速比，与齿轮相比，其制造精度要求低，中心距大，结构简单，但瞬时传动比不是常数，传动平稳性较差。

目前在雷达等电子设备中，直接驱动形式主要应用于小型化雷达中；常用的间接驱动主要有齿轮传动和轮轨传动，广泛应用于中、大型雷达中。以下针对这三种形式进行重点介绍。

1. 直接驱动

直接驱动工作模式分为 360° 环扫、有限角度往复扇扫两种。其结构设计的主要区别在于信号传输形式的不同：360° 环扫必须通过交连（光纤环、汇流环、射频交连等）实现信号传输；有限角度往复扇扫可以通过随动绕线的形式实现，从而降低质量、空间等资源需求。

直接驱动典型的轴承支承分为两类：一是单轴承支承，包括双向推力角接触球轴承、四点球轴承等；二是双轴承支承，包括深沟球轴承或角接触轴承等。轴承支承形式及轴承选型主要从结构布局、承载能力、质量、尺寸、安装、环境适应性等多个维度考虑。

图 3-76 所示为典型的单轴承支承直接驱动结构形式。

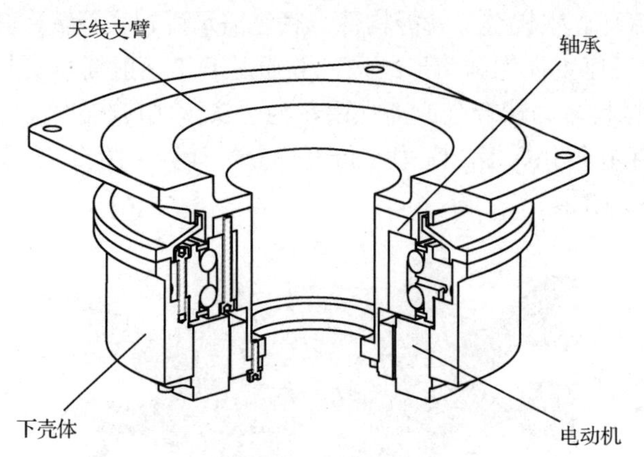

图 3-76 单轴承支承直接驱动结构形式

图 3-77 所示为典型的双轴承支承直接驱动结构形式。其设计要点包括：

（1）通过两个深沟球轴承进行支承，通过端面法兰及轴肩进行轴承固定，通过垫片修配实现轴系的游隙控制。

（2）根据负载情况进行轴承配合公差带选择，一般承载越大，配合越紧。

通过端面压紧、法兰等形式进行电动机内外环固定。

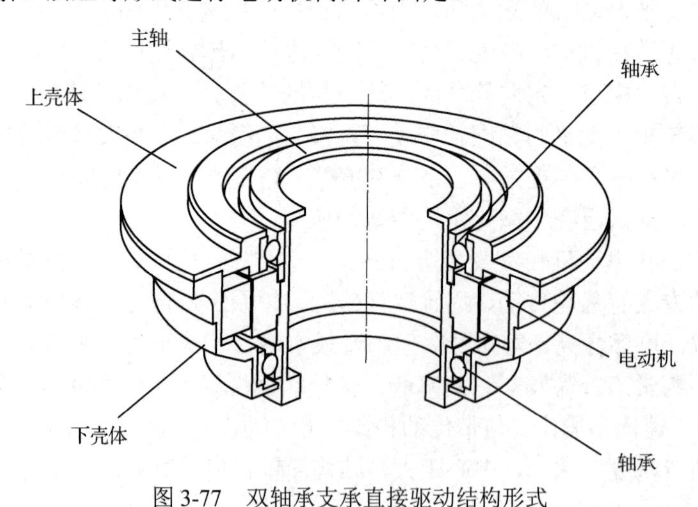

图 3-77 双轴承支承直接驱动结构形式

2．齿轮传动

在雷达等电子设备领域中，间接驱动结构一般采用齿轮传动方式，主要由电动机、减速机、离合器和末级齿轮副等组成。齿轮传动方式如图 3-78 所示。

其工作原理是通过齿轮传动将电动机、减速机的输出转速和转矩变成天线旋转所需的转速和转矩，传输的途径是电动机及减速机的输出轴带动小齿轮旋转，通过小齿轮与大齿轮啮合，带动天线旋转。齿轮传动方式动力传动原理图如图 3-79 所示。

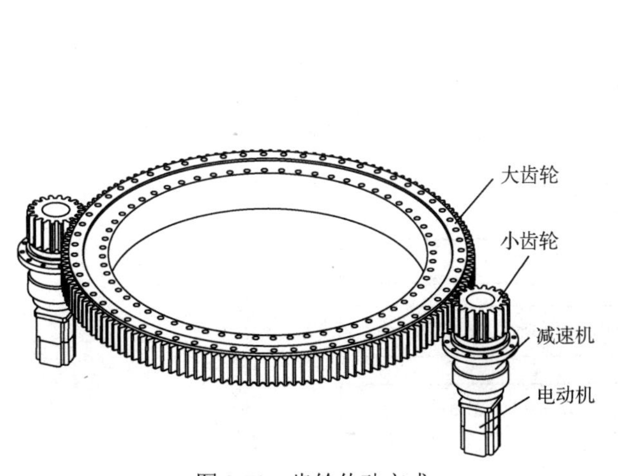

图 3-78　齿轮传动方式

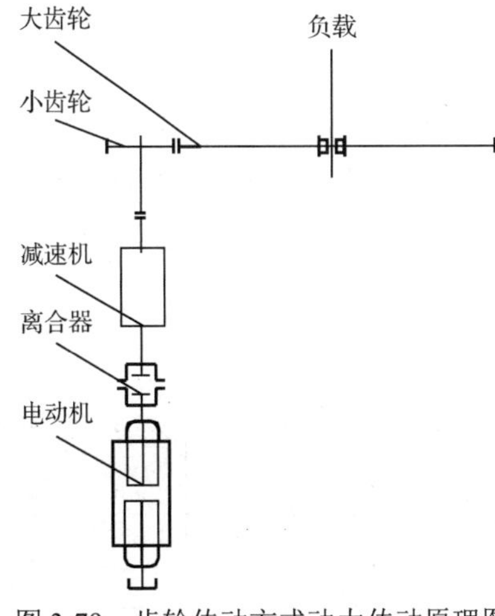

图 3-79　齿轮传动方式动力传动原理图

齿轮传动的设计主要包括速比分配、减速机的选型及末级齿轮副的设计校核。

1）速比分配

按 2.3.2 节中介绍的方法确定负载、速比，确定动力传动装置，配置在执行元件与负载之间，以实现转矩、转速的匹配。执行元件跟负载之间的总速比通常较大，根据不同使用需求，可到几百甚至上万。减速机与末级齿轮副速比的分配及选型通常需考虑以下几个因素。

（1）折算转动惯量小。降低传动链上的转动惯量可有效提高系统的效率，降低功率损耗。原则上，由高速级到低速级，各级速比应逐级增加；传动比越大，总折算惯量越小，越接近高速级的轴，其上的转动惯量对总折算惯量的影响越大，特别是电机轴及其后的一根轴上的惯量。

（2）折算转角误差小。传动链上各级齿轮回差是影响系统精度的重要因素，需通过合理分配保证系统精度，原则上低速级的误差在总误差中所占的比重最大，因此，末级应采用精度等级较高的齿轮副；各级速比逐级递减时的总转角误差要比逐级递增时大，因此，提高末级速比可有效减小总折算转角误差。

（3）质量小。质量限制是传动控制系统的一个重要指标，尤其对于航天、航空设备，对质量限制十分严苛。对于大功率传动装置，各级速比逐级递减；对于小功率传动装置，为了保持结构紧凑，各级速比数值可取为彼此相等。

考虑上述因素，存在彼此一致或相互矛盾之处。具体确定时应结合惯量、精度、刚度、结构布局等因素，统筹兼顾，有所侧重。通常情况下，在满足刚度/强度的同时，根据结构空间布局，尽可能选取大的末级速比，以减小负载轴上的折算惯量、折算转角误差。此外，确定各级齿轮齿数时，尽量使大、小齿轮的齿数互质，可以有效均衡磨损，提高齿面寿命。

2）减速机选型

减速机承载能力计算、安装要求等可参考各减速机厂家样本规定。减速机选型流程图如图 3-80 所示。

减速机选型完成后，还需满足下面几个条件：

$$i_{减} \leqslant n_{额}/(n_{\max} i_{末}) \tag{3-15}$$

式中，$i_{减}$为减速箱的速比；$n_{额}$为电动机的额定转速；n_{max}为天线最大工作转速；$i_{末}$为天线负载端末级速比。

$$T_{2m}=T/i_{末},\qquad T_{2m}<T_{2N} \tag{3-16}$$

$$T_{2max}=T_{mB}i_{减}K_S\eta,\qquad T_{2max}<T_{2B} \tag{3-17}$$

式中，T为天线的最大负载转矩；$i_{末}$为天线负载端末级速比；T_{2N}为减速箱许用额定输出转矩；T_{2B}为减速箱许用最大输出转矩；T_{mB}为电动机额定输出转矩；η为减速箱运转效率；K_S为负载系数。

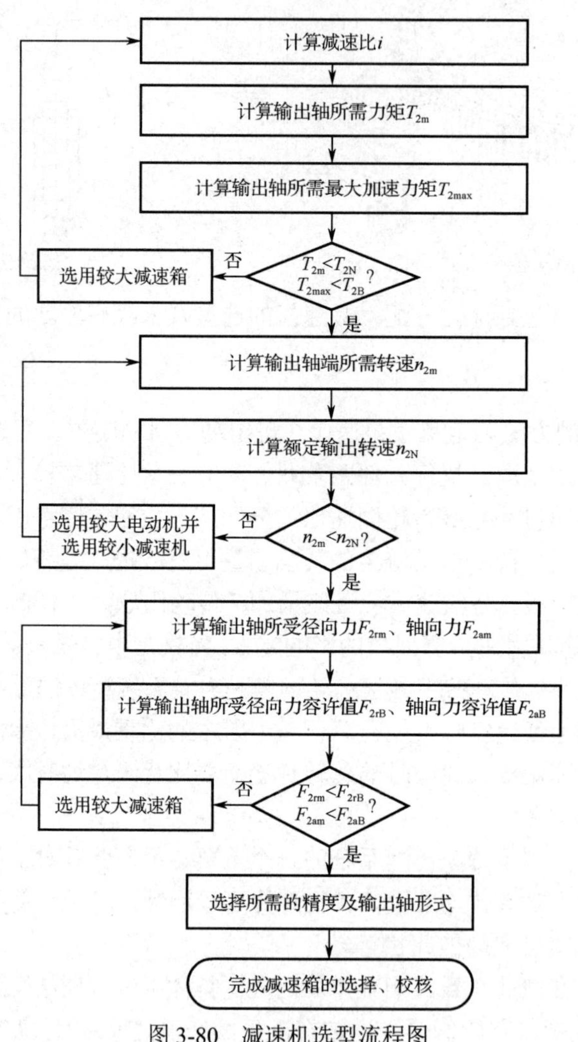

图 3-80　减速机选型流程图

3）齿轮副设计

（1）齿轮尺寸计算。根据齿面接触强度计算齿轮尺寸：

$$\begin{cases} a \geqslant A_a(u\pm1)\sqrt[3]{\dfrac{KT_1}{\varphi_a u\sigma_{HP}^2}} \\ d_1 \geqslant A_d\sqrt[3]{\dfrac{KT_1}{\varphi_d\sigma_{HP}^2}\cdot\dfrac{u\pm1}{u}} \\ T_1=T_2 i \end{cases} \tag{3-18}$$

式中，a 为中心距；d_1 为小齿轮直径；T_1 为作用在小齿轮上的转矩；T_2 为电动机额定输出转矩；i 为减速箱速比；u 为齿数比，$u=z_2/z_1$（z_2 和 z_1 分别为大齿轮和小齿轮齿数）；K 为综合系数；φ_a、φ_d 为齿宽系数；σ_{HP} 为许用接触应力，$\sigma_{HP}=0.9\sigma_{H\lim}$，$\sigma_{H\lim}$ 为试验齿轮的接触疲劳极限。

（2）齿轮模数计算。根据齿根弯曲强度计算齿轮模数：

$$m \geqslant A_m \sqrt[3]{\frac{KT_1 Y_{FS}}{\varphi_d z_1^2 \sigma_{FP}}} \tag{3-19}$$

式中，m 为小齿轮模数；A_m 为系数值，取值可参考《机械设计手册》；Y_{FS} 为复合齿形系数；σ_{FP} 为许用齿根应力。

主要尺寸确定后，原则上应进行强度校核，根据校核计算结果，必要时再调整初定尺寸，以保证必要而适当的承载能力。

（3）接触强度安全系数计算。

强度条件为

$$\sigma_H \leqslant \sigma_{HP} \text{或} S_H \geqslant S_{H\min} \tag{3-20}$$

齿轮接触应力为

$$\sigma_H = Z_H Z_E Z_\varepsilon Z_\beta \sqrt{\frac{F_t}{d_1 b} \cdot \frac{u \pm 1}{u} \cdot K_A \cdot K_V \cdot K_{H\beta} \cdot K_{H\alpha}} \tag{3-21}$$

式中，Z_H 为节点区域系数；Z_E 为弹性系数；Z_ε 为接触强度计算的重合度系数；Z_β 为接触强度计算的重合度系数；F_t 为端面内分度圆上的名义切向力；d_1 为小齿轮分度圆直径（mm）；b 为齿宽（mm）；u 为齿数比，$u=z_2/z_1$；K_A 为使用系数；K_V 为动载系数；$K_{H\beta}$ 为接触强度计算的齿向载荷分布系数；$K_{H\alpha}$ 为接触强度计算的齿间载荷分配系数。

齿轮许用接触应力为

$$\sigma_{HP} = \frac{\sigma_{H\min} Z_N}{S_{H\min}} Z_L Z_V Z_R Z_W Z_X \tag{3-22}$$

式中，$\sigma_{H\lim}$ 为试验齿轮的接触疲劳极限；Z_N 为接触强度计算的寿命系数；$S_{H\min}$ 为接触强度计算的最小安全系数；Z_L 为润滑油系数；Z_V 为速度系数；Z_R 为粗糙度系数；Z_W 为齿面工作硬化系数；Z_X 为接触强度计算的尺寸系数。

接触强度计算的安全系数为

$$S_H = \frac{\sigma_{H\lim} Z_N Z_L Z_V Z_R Z_W Z_X}{S_H} \tag{3-23}$$

（4）弯曲强度安全系数计算。

强度条件为

$$\sigma_F \leqslant \sigma_{Fp} \text{或} S_F \geqslant S_{F\min} \tag{3-24}$$

齿根应力为

$$\sigma_F = \sigma_{F0} K_A K_V K_{F\beta} K_{F\alpha} \tag{3-25}$$

式中，σ_{F0} 为齿根应力基本值；$K_{F\beta}$ 为弯曲强度计算的齿向载荷分布系数；$K_{F\alpha}$ 为弯曲强度计算的齿间载荷分配系数。

许用齿根应力为

$$\sigma_{FP} = \frac{\sigma_{F\lim}}{S_{F\min}} Y_{ST} Y_{NT} Y_{\delta relT} Y_{RrelT} Y_X \tag{3-26}$$

式中，σ_{Flim} 为试验齿轮的齿根弯曲疲劳极限；S_{Fmin} 为弯曲强度的最小安全系数；Y_{ST} 为试验齿轮的应力修正系数；Y_{NT} 为弯曲强度计算的寿命系数；$Y_{\delta\mathrm{rel}}$ 为相对齿根圆角敏感系数；Y_{RrelT} 为相对齿根表面状况系数；Y_{X} 为弯曲强度计算的尺寸系数。

安全系数为

$$S_{\mathrm{F}} = \frac{\sigma_{\mathrm{FP}}}{\sigma_{\mathrm{F}}} \tag{3-27}$$

3．轮轨传动

轮轨强度主要进行轮轨接触部分产生的接触应力和轨道在受轮载作用下的弯曲应力的计算。

1）接触应力计算

滚轮和轨道的接触可视为圆柱体在一平面上滚动的线接触，轮轨的接触应力可采用经典赫兹计算公式得到，也可通过有限元仿真计算得到，二者应相差不大。滚轮和轨道间不仅有垂直载荷，还有切向载荷和径向载荷，其中主要是垂直载荷。计算时先按垂直载荷求出接触表面上的最大压应力，然后再乘以适当的修正系数。

在垂直载荷作用下，根据赫兹公式可以得出线接触轮轨接触表面的最大接触应力为

$$\delta = 0.418\sqrt{\frac{PE}{Rl}} \tag{3-28}$$

式中，P 为作用于滚轮上的垂直载荷（N）；E 为滚轮轨道的弹性模量（MPa）；R 为滚轮半径（mm）；l 为滚轮宽度（mm）。

再乘以修正系数，求出最大接触应力 $\delta_{\max}$，它应小于许用接触应力，即 $\delta_{\max} \leqslant [\delta]$。

对于点接触轮轨，弹性模量 $E=2.1\times10^5$MPa，根据赫兹公式可以得出轮轨接触表面的最大接触应力为

$$\delta_{\text{点}} = 4000\times\sqrt[3]{P\left(\frac{2}{D}+\frac{1}{r}\right)^2} \tag{3-29}$$

式中，P 为作用于滚轮上的垂直载荷（N）；D 为滚轮直径（mm）；r 为钢轨顶面的曲率半径（mm）。

2）弯曲应力计算

轨道弯曲应力是轨道受力弯矩在截面上产生的拉、压应力。整个圆形轨道是安装在混凝土基础的预埋螺栓上的，并在轨道底部与混凝土基础之间用水泥基灌浆料充实，因此可以将轨道看作支承在连续弹性基础上的无限长梁来计算其受力情况。为使计算简化，有如下的几个假定条件。

- 假定轨道底部为弹性基础支承，作用于弹性基础上的压力与其引起的沉陷之间呈线性比例关系；
- 滚轮做圆周运动，轮轨间的接触假定为垂直平面接触；
- 轮载作用在轨道纵向中心对称面上；
- 不考虑轨道本身重力。

轨道计算简图如图 3-81 所示，根据温克尔假定弹性地基梁计算方法，轨道截面的挠度 y、弯矩 M、剪力 Q 和基础梁单位长度反力强度 q 分别为

$$y=\frac{p\beta}{2k}\varPsi_1,\ M=\frac{p}{4\beta}\varPsi_2,\ Q=\frac{p}{2}\varPsi_3,\ q=\frac{p\beta}{2}\varPsi_1 \tag{3-30}$$

式中，$\varPsi_1 = \mathrm{e}^{-\beta x}(\cos\beta x+\sin\beta x)$，$\varPsi_2 = \mathrm{e}^{-\beta x}(\cos\beta x-\sin\beta x)$，$\varPsi_3 = \mathrm{e}^{-\beta x}\cos\beta x$，$p$ 为单个滚轮最大承重（N）；β 为轨道基础与轨道的刚比系数，$\beta=\sqrt[4]{k/(4IE)}$（mm^{-1}），其中 I 为轨道截面相对水平中性轴的惯性矩，$I=b\times h^3/12$（mm^4），b 为轨道接触面宽度（mm），h 为轨道高度（mm），E 为轨道钢材弹性模量（MPa）；k 为轨道基础弹性系数，$k=k_0 b$，其中 k_0 为轨道混凝土基础弹性系数（$\mathrm{N/mm^3}$）。

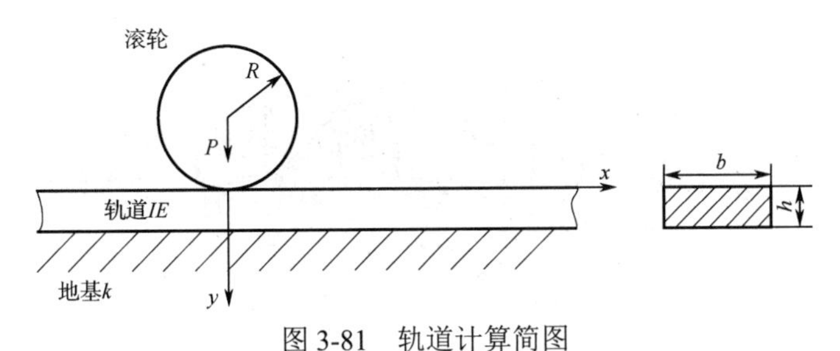

图 3-81　轨道计算简图

（1）最大弯矩及轨道截面最大应力。当 $x = 0$ 时，M 最大，截面产生的拉压应力也最大，上表面为最大纵向压应力，下表面为最大纵向拉应力，有

$$\sigma_{\max 上、下}=\frac{M_{\max}}{W} \tag{3-31}$$

式中，W 为轨道底部和顶部对水平中心轴的截面模量，$W=I/y$，$y=h/2$ 是截面中心轴到顶面和底面的距离。

（2）最大剪切应力为

$$\sigma_{剪切}=\frac{Q_{\max}}{A} \tag{3-32}$$

式中，A 是轨道截面积。

（3）轨道最大支承反力。根据梁单位长度最大反力 $q_{\max}$，可求得基础梁上最大受压应力为

$$\sigma_{\max}=\frac{q_{\max}}{W} \tag{3-33}$$

通过以上计算可得出地基梁对轨道的单位分布支承力为 $\sigma_{\max}$，应小于设计抗压强度，即 $\sigma_{\max}<\sigma$。

3.2.5　测角装置

在雷达测角系统中，为了实现天线位置数据的反馈、比较和传递，通常会使用各种类型的反馈元件，这些元件常被传动机构按一定的传动比带动，这些传动机构和反馈元件一起，组成测角装置。

测角装置的功能就是把雷达各传动轴的机械运动转角转换成电信号输出，并实时传递给伺服控制系统，由伺服控制系统进行数据反馈和传递。常见的反馈元件有测速发电机、旋转变压器、同步感应器、电编码器、圆光栅等。传动机构按其安装方式可分为两大类：同轴安装和非同轴安装。

1. 同轴安装

测角装置的同轴安装是将反馈元件的转子与雷达天线转轴同轴布置，即反馈元件转子的运动转角直接反映雷达天线的运动角度。在转子和雷达天线转轴之间通常设计有弹性环节，用来补偿测角装置和雷达转动轴之间的由加工、安装因素带来的同轴误差、垂直误差等。同轴安装形式一般为中空式结构，如图 3-82 所示。

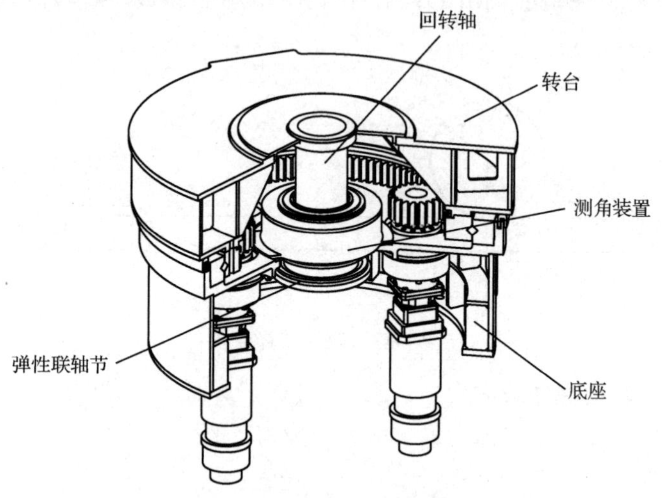

图 3-82　同轴安装结构

根据反馈元件的不同，同轴安装测角装置有以下几种典型结构，如图 3-83 所示。

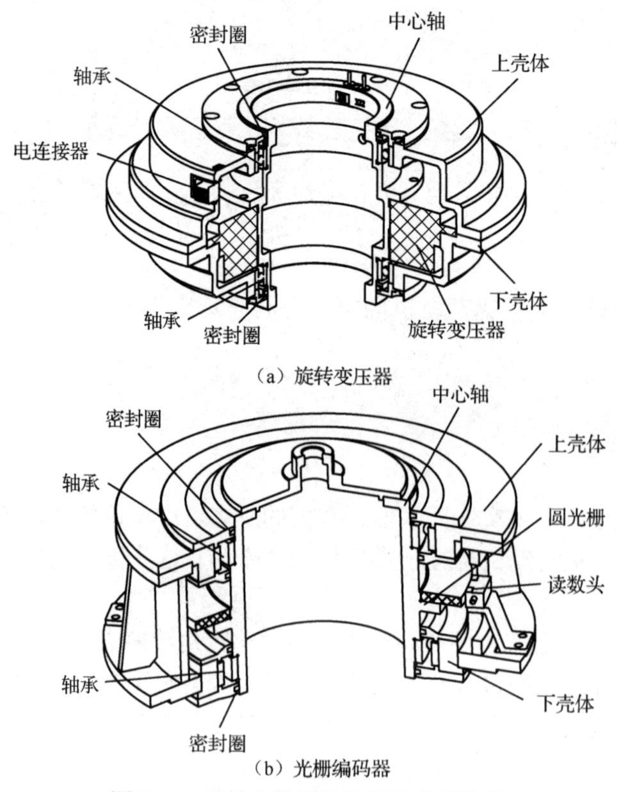

图 3-83　同轴安装测角装置的典型结构

同轴安装结构紧凑，测角精度高，响应快，传动误差及回差小，与反馈元件转子相连接的转动轴在运转过程中不允许有较大的冲击和振动，一般用于精度要求比较高的雷达测角系统中，如单脉冲测量雷达、精密测控雷达等，也常应用于轻小型的机载雷达，如直升机载雷达、无人机载雷达等。

2．非同轴安装

非同轴安装测角装置指的是反馈元件的转轴与雷达天线转轴并非同轴布置，而是通过一套齿轮传动机构进行连接。一般反馈元件的转角和雷达转动轴的转角是固定速比关系。该结构由于包含传动环节，存在传动误差、回差、齿轮加工误差及安装误差，传动机构中均采用双片齿轮啮合来消隙，提高测角精度。非同轴安装测角装置的工作原理如图 3-84 所示。

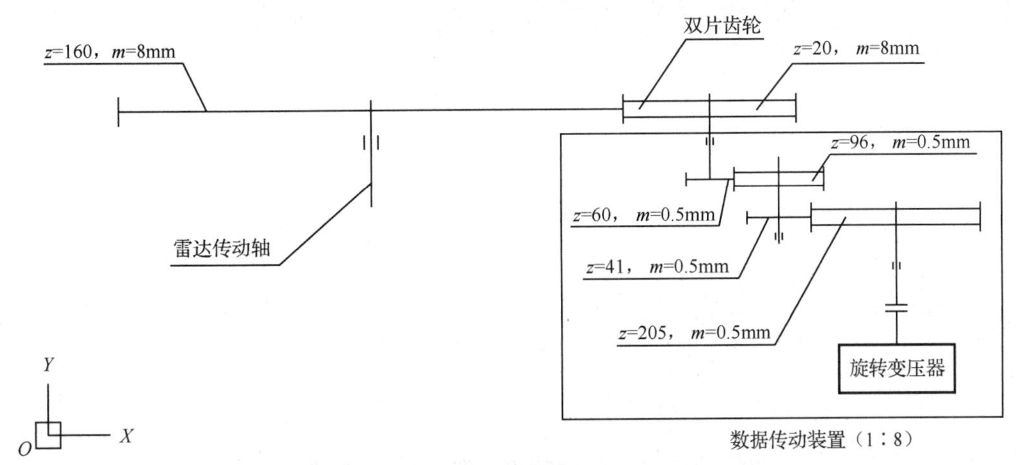

图 3-84　非同轴安装测角装置的工作原理

图 3-85 所示是几种非同轴安装测角装置的典型结构。

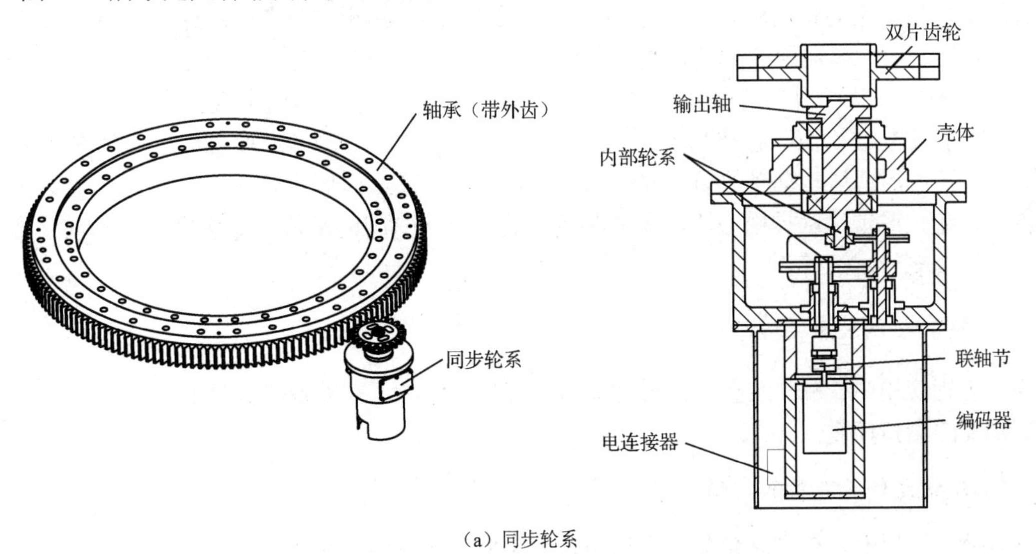

（a）同步轮系

图 3-85　非同轴安装测角装置的典型结构

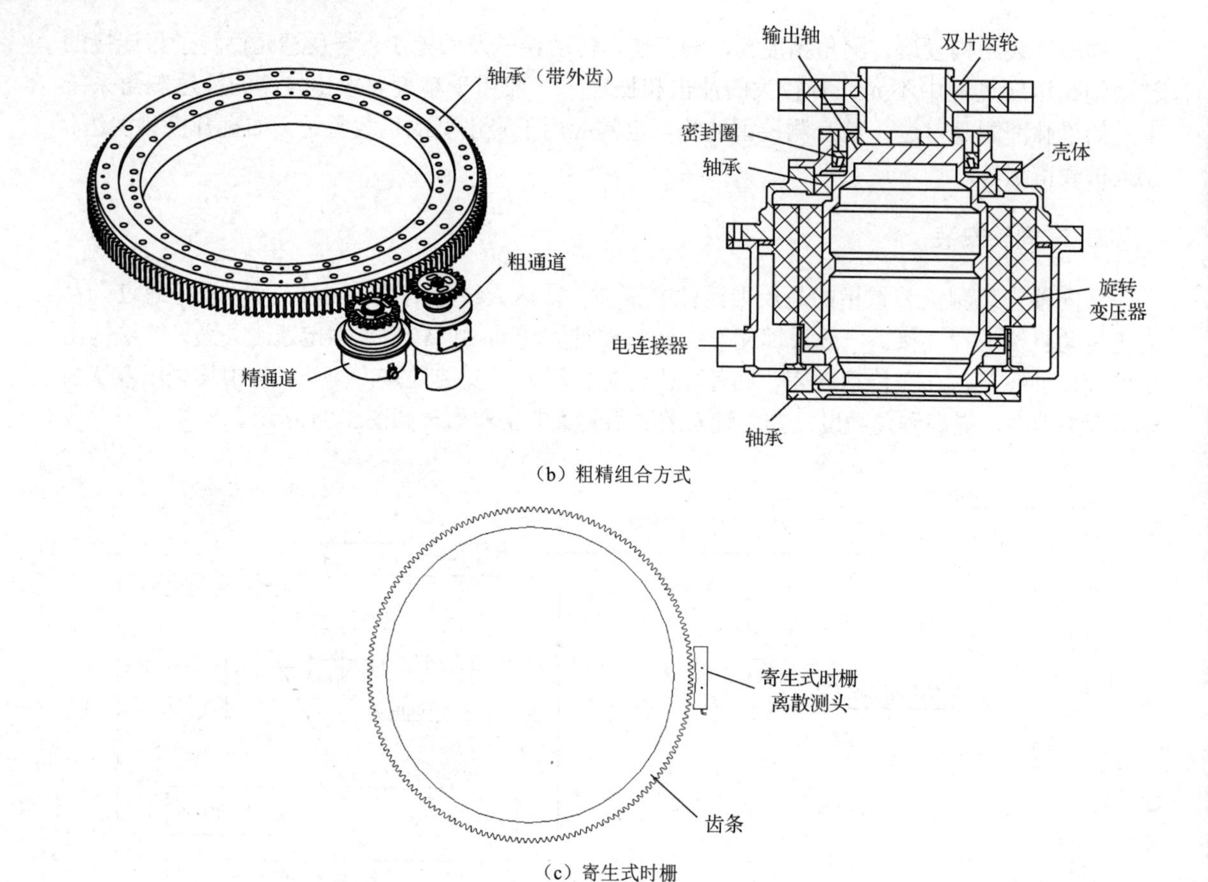

（b）粗精组合方式

（c）寄生式时栅

图 3-85　非同轴安装测角装置的典型结构（续）

其中，粗精组合方式测角是两套测角装置安装两个旋转变压器，分别作为粗通道和精通道进行角度测量。粗通道与转台的速比为 1∶1，保证 360° 的测量范围；精通道与转台的速比为 1∶*n*（*n*>1），放大精通道的测量数据，保证测量精度。由于精通道速比大于 1，所以在转台旋转一个周期内，精通道的测量数据将出现 *n* 个周期，需将粗、精通道数据进行组合。

非同轴安装结构由于存在齿形、齿向误差等因素的限制，测角精度要低于同轴安装结构形式。但其不占用雷达转动轴位置，安装和维护较容易。该结构形式通常用于测角精度要求不高的雷达系统，或雷达回转中心不具备安装测角装置结构空间的场合，如情报雷达、预警雷达、气象雷达、航管雷达等。

3．提高测角装置精度的措施

在工程应用中，测角装置各部分都会对精度产生影响，需要反馈元件和机构采取措施，来达到需要的测角精度。

1）反馈元件的选择和应用

目前，雷达中高精度测角装置常用旋转变压器、感应同步器、圆光栅三大类，其性能指标互有优劣，具体对比如表 3-16 所示。

表 3-16　三种反馈元件性能指标对比

性能指标	旋转变压器	感应同步器	圆　光　栅
分辨率	4.9″（18 位）	最高±0.5″	最高 0.01″
精度	±5″	±2″	±1″（直径 300mm）
后处理及解算精度	RDC 解算，有解算误差，±5″	RDC 解算，有解算误差，±2″	数字量输出，无解算误差
安装要求及产生的安装误差	一般，安装要求同轴 0.03～0.05mm，轴端径跳 0.02～0.05mm	一般，安装要求同轴 0.05～0.1mm，轴端径跳 0.05～0.2mm	高，安装要求同轴 0.003mm，轴端径跳小于 0.01mm
实现精度	5″～10″（RMS）	4.7″～7″（RMS）	2″～5″（RMS）
常用场合	中等精度测角设备（低于 5″）、雷达	高精度转台、火炮、航天设备	天文台、高精度机床、高精度测控雷达

2）弹性元件的选择

通常采用精密金属弹性联轴器作为连接反馈元件和雷达转轴之间的弹性元件，它具有良好的动态响应性能，可在传递较小转矩的同时保证较高的传动精度。常见的联轴器有金属螺旋梁联轴器、波纹管联轴器、金属膜片联轴器等。

金属螺旋梁联轴器有很多种，基本都是将一圈或者多圈从联轴器一端延伸到另一端的曲线梁组合起来而形成的。梁是螺旋形的，从而形成空心的圆柱。

波纹管联轴器用波纹管直接与两个半联轴器相连而成。波纹管是一种外表面呈波纹状的薄壁管件，一般由不锈钢或铜合金加工制成，具有较高的轴向弹性。此类联轴器是所有柔性联轴器中可以提供最好耦联效果的联轴器，但是与此同时其抗扭刚度也相对较小。该联轴器一般用于转矩小于 10N · m 的场合，在测角装置中主要用于传动轴与反馈元件间的连接。

金属膜片联轴器主要由金属膜片组（钢片）、半联轴器、中间节、压紧元件、螺栓、防松螺母、垫圈等组成。金属膜片是联轴器的关键部件，它由一定数量的薄金属膜片叠合而成膜片组，膜片厚度一般为 0.2～0.8mm。此类联轴器的特点是质量轻、体积小；许用转速高，可传递大转矩，适用于较大的轴向、径向位移和角度偏转；扭转刚度较大，具有一定的阻尼和吸振、隔振能力。

3）采用粗精组合方式

在一些特殊场合下，结构旋转中心的径向跳动和端面跳动误差比较大，通过传统的直接连接并通过弹性元件的补偿仍然不能达到要求。例如，某轮轨式天线座转台，中心轴的径向跳动为 0.25mm，而系统的测角精度需要在 5″以内。反馈元件采用了精度为 1″的绝对式高精度圆光栅，但其他部分采用常规设计，测角精度无法满足系统要求。最终采用误差削减组合机构，把轴承传来的径向、端面跳动进行隔离和消除，使之无法传递到测角反馈元件上。测得反馈元件的径向跳动不大于 0.015mm，测角装置最终测量精度在 3″左右，满足系统要求。带误差削减组合机构的高精度测角装置如图 3-86 所示。

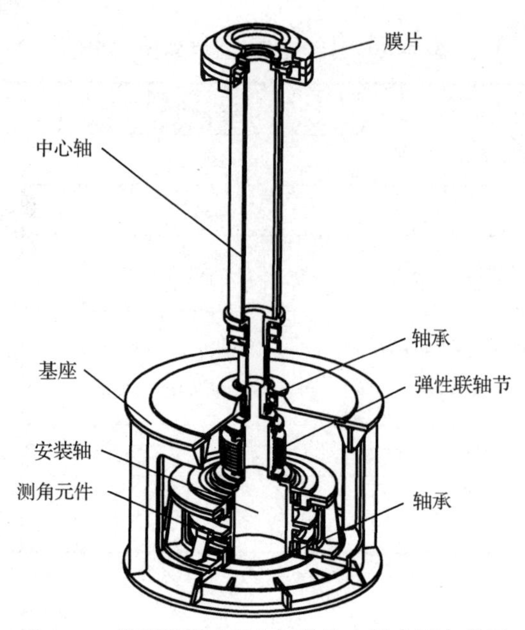

图 3-86　带误差削减组合机构的高精度测角装置

3.2.6　安全与保护

为了保证雷达等通信设备的使用性能、安全可靠、操作简便，预防由于载荷过大、突然断电、操作程序不正确及其他意外的事故，造成天线和天线座的损坏，甚至导致工作人员的伤亡，在天线座中必须设置各种安全保护装置，主要包括限位装置、锁定装置、绕曲装置等。

1．限位装置

对于转动范围有限的天线设备，为保证调试和使用过程中设备、人员工作安全，在天线座系统中通常需要设计完善的限位装置。一般采用三级限位的安全控保措施：软件限位、电气限位和机械限位。

1）软件限位

伺服控制系统根据测角信息对旋转运动进行加、减速及角度限制，正常工作状态下只有软件限位起作用。

2）电气限位

电气限位装置主要包括行程挡块、限位开关和控制保护电路。当天线转到极限位置时，行程挡块触动限位开关，通过控保电路，使驱动电动机断电或者反向制动。当转速较高，或阵面尺寸和惯量较大时，每个极限位置都设有几套行程挡块和限位开关。第一挡为预限位，先切断控制信号，减速滑行；第二挡为终限位，在电动机断电的同时制动器制动，使天线停止转动。回转运动电气限位装置如图 3-87 所示。

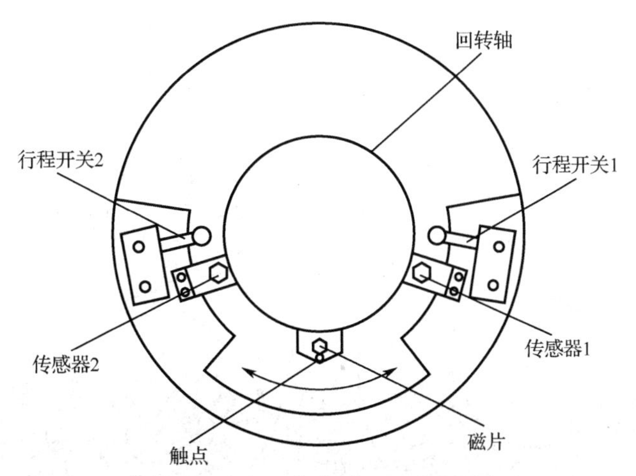

图 3-87　回转运动电气限位装置（运动范围小于±180°）

图 3-88 所示为丝杠螺母限位装置，固定于回转轴上的小丝杠随回转轴一起做回转运动，丝杠带动螺母做直线运动，当运动到用户要求的极限位置时，固定在丝杠螺母上的磁片接近霍尔传感器，此时系统接收到限位信号，使系统断电，达到制动的目的。如果限位传感器系统控制失灵，回转轴继续运动，丝杠螺母也随之继续做直线运动，当固定在螺母上的触点接触到行程开关（触点开关）时，系统断电，实现制动，达到限位保护的目的。

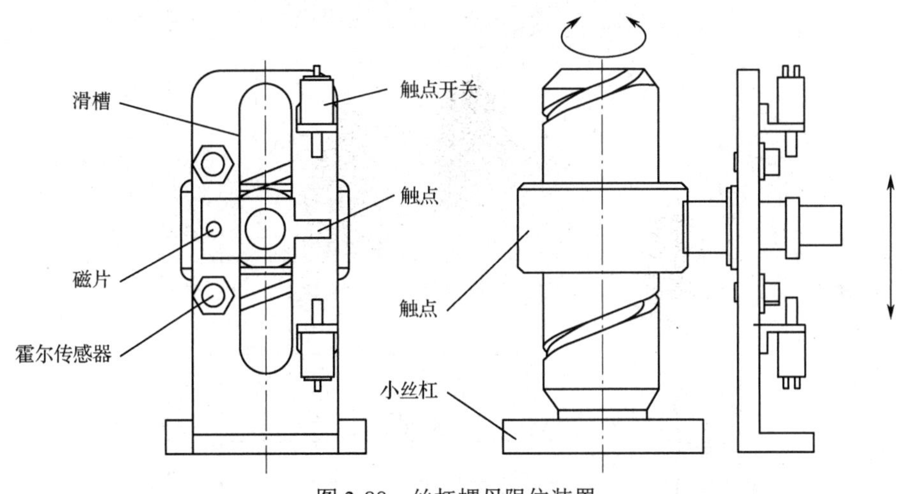

图 3-88　丝杠螺母限位装置

图 3-89 所示为一种采用减速机的凸轮机构限位装置，凸轮机构上端齿轮与方位大齿轮啮合，通过减速机后可转换为±180° 内的角度输出，再经过凸轮两侧触碰开关的方式给出信号，从而实现平台在超过±180° 范围内的限位。

3）机械限位

当电气限位装置失效，或者发生其他意外情况时，为防止天线超越极限位置撞到天线座上产生巨大的冲击载荷，引发天线和天线座损坏，需要设置极限位置机械限位装置。机械限位装置可大致分为三种：液压吸振器限位（见图 3-90）、弹簧缓冲器限位（见图 3-91）和弹性材料限位。弹性材料经常与液压缓冲器组合使用，可以达到更好的限位保护效果。对一些体积较小、运动冲击能量不大的天线座，也可以单独使用弹性材料作为限位保护装置。其主要功能是：将冲击载荷转化为缓慢作用的载荷，延长加载时间，减小冲击力；具有一定的减振作用，将吸收的能量通过摩擦转化为热能散掉，回弹小，从而减小天线与天线座的冲击与振动。

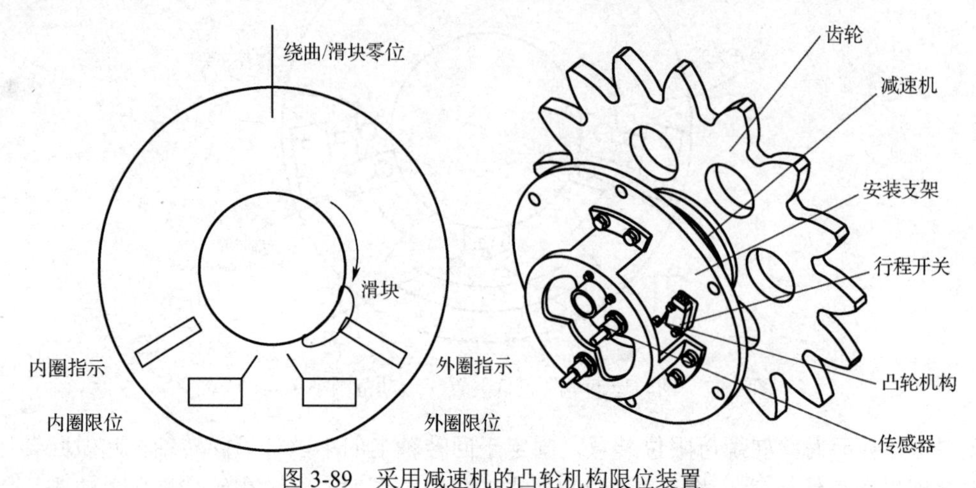

图 3-89　采用减速机的凸轮机构限位装置

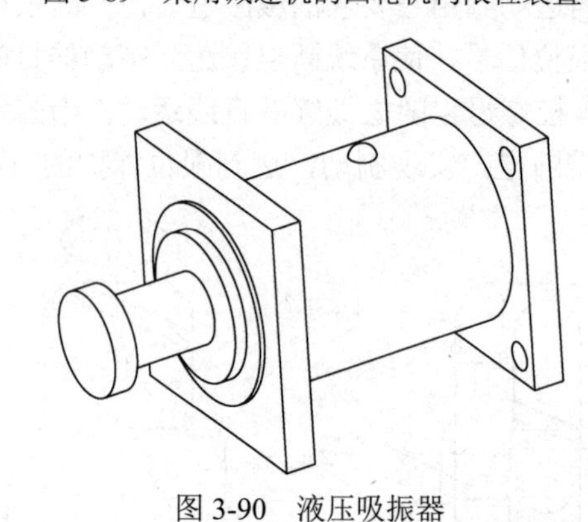

图 3-90　液压吸振器

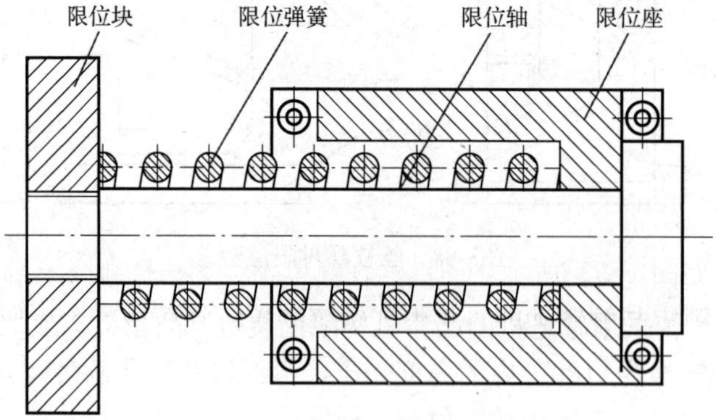

限位块　限位弹簧　限位轴　限位座

图 3-91　弹簧缓冲器基本结构

缓冲器依据以下最恶劣条件进行结构设计和器材选取。

- 天线转动角速度最大；
- 电动机仍在工作。

缓冲器应能同时吸收系统动能、电动机做功二者之和。

系统动能为

$$E_{K} = 0.5J\omega^{2} \tag{3-34}$$

式中，J 为转动惯量；ω 为角速度。

电动机做功为

$$E_{\mathrm{m}} = F_{\mathrm{D}} S \tag{3-35}$$

$$F_{\mathrm{D}} = T / R_{\mathrm{S}} \tag{3-36}$$

式中，T 为电动机驱动转矩（N · m）；S 为缓冲行程（m）；R_{S} 是缓冲器安装位置与俯仰轴线的距离（m）。

总能量为

$$E_{\mathrm{T}} = E_{\mathrm{K}} + E_{\mathrm{m}} \tag{3-37}$$

最大冲击力为

$$F_{\mathrm{p}} = \frac{E_{\mathrm{T}}}{\eta S} \tag{3-38}$$

式中，η 为缓冲器效率；S 为缓冲行程（m）。

根据以上计算，进行缓冲器结构设计或缓冲器选型。

在小型天线座中一般采用弹性材料限位方式，常用弹性材料为聚氨酯。聚氨酯全称聚氨基甲酸酯，可用于制造塑料、橡胶等，将其用于限位时，可以吸收大量冲击动能，达到限位保护的效果。

2．锁定装置

锁定装置主要用于实现天线在任意位置或固定位置的锁定，以提升工作的稳定性和系统的安全性。任意位置锁定一般通过在驱动机构上安装抱闸来实现，固定位置锁定一般采用机械锁定装置。在天线座结构中，普遍采用锁销结构形式的锁定装置，主要由基座、销轴、驱动机构、位置检测装置等组成，销轴头部设计有圆角或锥角，以实现销轴初始插入的导向功能，具有结构简单、安全可靠等优点。根据驱动机构及结构形式的不同，锁定装置基本可以分为液压、电动、手动三大类。

液压锁定装置采用液压缸作为驱动装置，主要由基座、销轴、液压缸、解锁检测开关和锁定检测开关等组成，其典型结构如图 3-92 所示。当需要锁定时，由伺服控制系统发出指令信号，驱动液压缸运动，推动销轴向上插入锁孔，直到行程终点，完成锁定。锁定装置的解锁过程与锁定过程相反。该形式锁定装置广泛应用于具备液压系统的地面高机动雷达。

电动锁定装置采用电动机作为驱动装置，主要由基座、销轴、减速机、电动机、检测开关等组成，其典型结构如图 3-93 所示。通过丝杠螺母副将电动机和减速机的旋转运动转换为销轴的直线运动，实现锁定与解锁功能。该形式锁定装置广泛应用于全电驱动雷达中。

手动锁定装置的基本结构与电动锁定装置类似，只是将电动机驱动改为手摇驱动。

锁定装置设计时主要校核驱动力、销轴的抗剪能力及抗挤压能力。

剪切应力为

$$\tau = \frac{Q}{\pi d^2 / 4} \tag{3-39}$$

挤压应力为

$$\delta = \frac{Q}{dt} \tag{3-40}$$

式中，Q 为销轴承受的剪力；d 为销轴直径；t 为重合段长度。

抗剪切安全系数：$S_1 = \dfrac{[\tau]}{\tau} \geqslant 1.5 \sim 2$。

抗挤压安全系数：$S_2 = \dfrac{[\delta]}{\delta} \geqslant 1.5 \sim 2$。

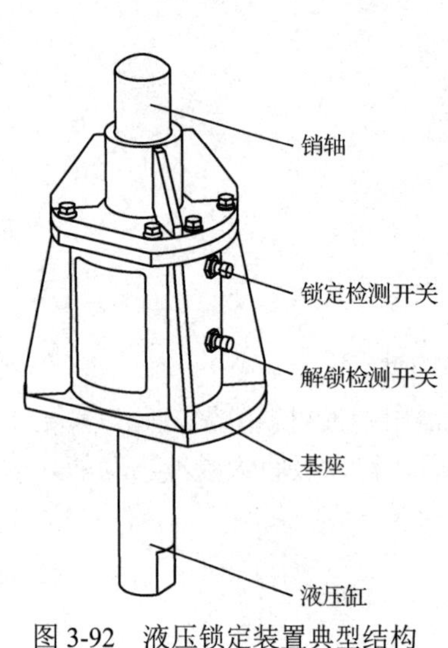

图 3-92 液压锁定装置典型结构

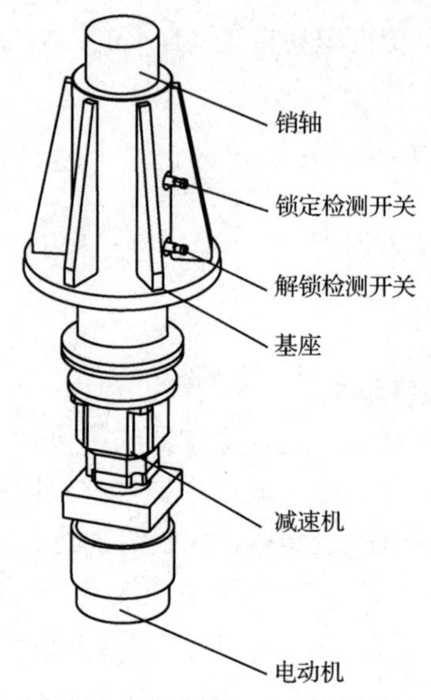

图 3-93 电动锁定装置典型结构

3．绕曲装置

在天线转动范围有限的情况下，大功率电源、信号和液压油等的传输可以无须汇流环、油铰链等装置，而采用软电缆和油管直接传输。为避免天线转动时电缆、光缆、油管发生磨损、擦伤甚至拉断，需设计相应的绕曲装置。

如图 3-94 所示，绕曲装置一般由固定盘、托盘支架、1 个（或多个）升降盘、支座、钢丝绳等组成。固定盘安装在转台内，托盘支架固定在支座上，中间有 1 个（或多个）升降盘，用钢丝绳悬挂在固定盘上，最下面的一个升降盘通过拉绳与支座相连，从天线下来的电缆通过天线座转台，利用固定夹夹在固定盘、托盘支架和升降盘上，并经过托盘支架通到天线座外。在转台方位 0° 时，悬挂的钢丝绳和盘间电缆都沿轴线下垂。转台方位转动某一角度时，固定盘转动同样的角度，并通过钢丝绳带动升降盘转动和轴向移动。固定盘和升降盘之间的距离缩小，盘间电缆更加松弛。即使电缆较多，也不会乱绞，可以有效减少磨损，避免擦伤。

3.2.7 轴系误差分析与综合

对于不同结构形式的天线座，构成轴系误差的因素有所不同。下面以天线座中应用最为广泛的方位-俯仰型双轴天线座为例，对影响轴系精度的主要因素及轴系精度计算方法进行分析、介绍。一般用方位轴与大地的垂直度、俯仰轴与方位轴的垂直度两项误差的均方根值作为天线座轴系精度的综合指标，如图 3-95 所示。

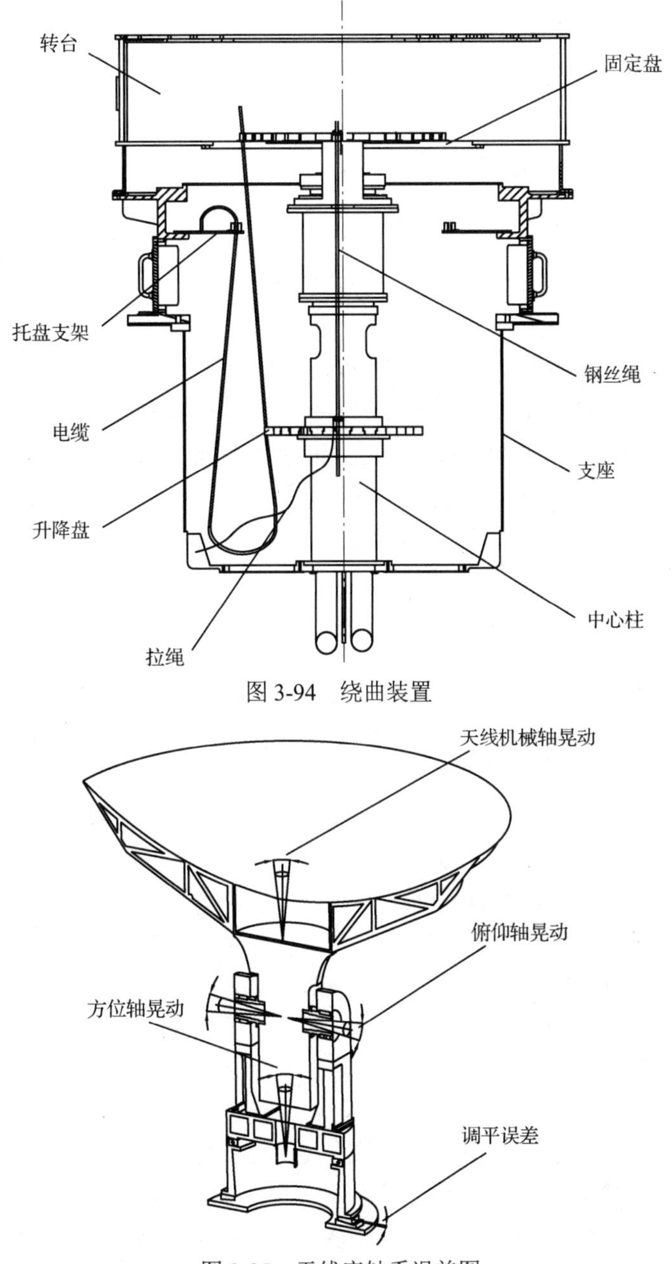

图 3-94　绕曲装置

图 3-95　天线座轴系误差图

雷达等电子设备的轴系误差是在制造、装配、调整、使用过程中误差相互作用的结果。按照影响轴系误差的因素来源，大体上可分为静态误差和动态误差两大类。静态误差主要是指在制造、安装、调整过程中产生的误差；动态误差主要是指在各种载荷作用下结构变形产生的误差。

1．静态误差分析

静态误差主要由轴系零部件的尺寸误差、几何形状误差、装配误差及调平装置精度误差等制造和装配过程中产生的误差组成，综合形成了方位轴与大地的垂直度误差、俯仰轴与方位轴的垂直度误差两大类。

1）方位轴与大地的垂直度误差

方位轴与大地的垂直度误差主要包括方位轴回转精度误差和方位轴的理论轴线与大地的垂直度误差两方面。

方位轴回转精度误差主要由方位轴承端跳产生，主要影响因素包括滚道的平面度、滚动体的尺寸误差及形状误差、轴承安装面的平面度误差、固定轴承的结构件安装面平面度误差、材料硬度不均匀等。因此，应从提高轴承及其安装基础的加工精度，对轴承滚动体进行筛选装配，减小滚动体的形状误差等方面入手，减小方位轴晃动误差。

方位轴的理论轴线与大地的垂直度误差主要由轴承滚道面与轴承安装面平行度、轴承安装面与安装轴承的平面之间的平行度、基础预埋件安装面的水平度等引起。该误差可以通过增加调整环节进行水平调整来部分消除。通常采用调平腿或者调整斜铁，根据三点确定一个平面的原理进行水平调整。为减小斜铁的负载及支承结构件的变形，调整环节斜铁的数量尽可能多，以三点定位为主，其余作为辅助支承点。此外，为保持方位轴垂直度的长期稳定性，主要支承结构件如底座、转台等应采用尺寸稳定性好的材料及方法进行成型，并在加工过程中安排两次以上的退火处理，确保长期使用的精度。

2）俯仰轴与方位轴的垂直度误差

俯仰轴与方位轴的垂直度误差主要包括俯仰轴回转精度误差和俯仰轴的理论轴线与方位轴的垂直度误差，包括三个方面：俯仰轴的倾斜及回转精度误差、方位轴的回转精度误差和转台与方位轴承结合面对方位轴的垂直度误差。

俯仰轴回转精度误差主要由俯仰轴承径向跳动产生，主要影响因素有滚道的圆度、滚动体的尺寸及形状误差、材料硬度不均匀及轴承的径向游隙等。因此，为了减小俯仰轴回转精度误差，应提高轴承的精度和刚度；对轴承的滚动体进行筛选装配，减小滚动体的形状误差。对精密滚动轴系而言，轴承的游隙是影响轴系精度的主要因素。因此，在轴系结构设计时，常采用向心轴承，并通过调整轴承预紧力来有效减小轴承的游隙，提高整个轴系的精度。从精度的角度来看，希望轴承游隙越小越好，但适当的游隙又是轴系稳定运转的必要条件，有间隙才能保证轴承具有较小的摩擦阻力。此外，轴系在运转中必然会引起温升，它将导致间隙减小，严重时可能会抱轴卡死。

俯仰轴的理论轴线与方位轴的垂直度误差主要由结构件尺寸链制造累积误差引起，包括俯仰轴两端轴头同轴度、轴承座不等高等。俯仰轴两端轴头同轴度须靠机加工保证。可通过在轴承座与其下部支承件之间增加调整垫板作为调整环节，通过配磨垫片提高俯仰轴水平度。

3）典型方位-俯仰型双轴天线座静态误差计算方法

不同结构形式天线座静态误差的计算方法略有不同，某方位-俯仰型天线座方位采用转台式方位支承，俯仰采用如图 3-68 所示的固定-游动支承，其静态误差计算方法如下。

（1）方位轴与大地的垂直度误差。

轴承定圈安装平面的平面度误差为$\delta_{平面度1}$，则该项引起的误差为

$$\delta_{方位1} = \arctan(\delta_{平面度1}/L_1) \tag{3-41}$$

式中，L_1为轴承滚道直径。

轴承动圈安装平面的平面度误差为$\delta_{平面度2}$，则该项引起的误差为

$$\delta_{方位2} = \arctan(\delta_{平面度2}/L_1) \tag{3-42}$$

固定轴承定圈的结构件安装面平面度误差为$\delta_{平面度3}$，则该项引起的误差为

$$\delta_{方位3} = \arctan(\delta_{平面度3}/L_1) \tag{3-43}$$

安装在轴承动圈的结构件安装面平面度误差为$\delta_{平面度4}$，则该项引起的误差为

$$\delta_{方位4} = \arctan(\delta_{平面度4}/L_1) \tag{3-44}$$

轴承端面跳动误差为$\delta_{端跳}$，则该项引起的误差为

$$\delta_{方位5} = \arctan(\delta_{端跳}/L_1) \tag{3-45}$$

方位水平调整误差为$\delta_{方位6}$。

方位轴与大地的垂直度误差为

$$\delta_{方位} = \sqrt{\delta_{方位1}^2 + \delta_{方位2}^2 + \delta_{方位3}^2 + \delta_{方位4}^2 + \delta_{方位5}^2 + \delta_{方位6}^2} \tag{3-46}$$

（2）俯仰轴与方位轴的垂直度误差。

俯仰左轴承径向跳动误差为$\delta_{左径跳}$，则该项引起的误差为

$$\delta_{俯仰1} = \arctan(\delta_{左径跳}/L_1) \tag{3-47}$$

式中，L_1为左、右轴承之间的跨距。

俯仰右轴承径向跳动误差为$\delta_{右径跳}$，则该项引起的误差为

$$\delta_{俯仰2} = \arctan(\delta_{右径跳}/L_1) \tag{3-48}$$

俯仰左、右轴不等高为$\delta_{不等高}$，则该项引起的误差为

$$\delta_{俯仰3} = \arctan(\delta_{不等高}/L_1) \tag{3-49}$$

转台与方位轴承安装平面的平行度为$\delta_{平行度1}$，则该项引起的误差为

$$\delta_{俯仰4} = \arctan(\delta_{平行度1}/L_2) \tag{3-50}$$

式中，L_2为方位轴承上平面外径。

方位轴承与底座安装平面的平行度为$\delta_{平行度2}$，则该项引起的误差为

$$\delta_{俯仰5} = \arctan(\delta_{平行度2}/L_3) \tag{3-51}$$

式中，L_3为方位轴承下平面外径。

俯仰轴与方位轴的垂直度误差为

$$\delta_{俯仰} = \sqrt{\delta_{俯仰1}^2 + \delta_{俯仰2}^2 + \delta_{俯仰3}^2 + \delta_{俯仰4}^2 + \delta_{俯仰5}^2 + \delta_{方位}^2} \tag{3-52}$$

2．动态误差分析

天线座在各种载荷（自重、惯性载荷、风载荷和温度应力）的作用下，其结构变形会引起方位轴线和俯仰轴线的偏移，从而影响方位轴与大地的垂直度和俯仰轴与方位轴的垂直度，产生轴系误差。

1）自重、风载荷对轴系误差的影响

在雷达等电子设备中一般采用回转支承作为方位旋转支承，它对风载荷比较敏感。在风载荷的作用下，会引起方位轴承偏摆，直接影响方位轴与大地的垂直度误差。当雷达等电子设备处于最大迎风面积状态时，风载荷所产生的倾覆转矩最大，对轴系误差的影响也最为严重。自重和偏载会引起轴系弯曲变形，造成轴系误差。

2）温度对轴系误差的影响

温度变化会引起轴系配合间隙的变化、轴系零件的变形及由此产生的应力作用等。此外，轴系零件的局部受热或热传导不均也能引起畸变，使轴系零件变形，破坏轴系精度。一般选用线膨胀系数相同或相近的材料。对于轴系动态误差，一般是通过建立详细的有限元模型，利用仿真分析计算得出的。

3.3 特种传动结构

3.3.1 综合交连

综合交连是为了满足雷达等的天线阵面供电、通信、冷却、微波收发需求，能够在固定基座与旋转的天线阵面之间连续传输光、电、液的特种装备，主要包括传输电信号的汇流环、传输光信号的光纤环、传输冷却介质的水铰链和传输微波信号的射频交连。

1. 汇流环

汇流环又称滑环，是一种实现旋转部分与固定部分之间各类弱电及强电信号可靠旋转传输的特种装置。汇流环的应用极为广泛，在雷达、炮塔、卫星、机器人、医疗设备、工业机械等各种装备上均有应用。

汇流环通常位于装备的旋转中心，主要由轴承组、旋转部件、静止部件及两者的旋转连接部件等组成，与设备旋转端连接的部件称为“转子”，与设备静止端连接的部件称为“定子”。

汇流环的技术指标如下。

- 基本指标：环路数、转动转矩、外形尺寸、寿命；
- 电性能指标：传输功率及供电模式、动态接触电阻变化、绝缘电阻、介电强度；
- 传输中频信号的汇流环还应有隔离度、驻波比、损耗等指标。

汇流环可按信号类型和结构形式进行分类，具体如图 3-96 所示。在雷达等电子设备领域一般按结构形式进行分类。

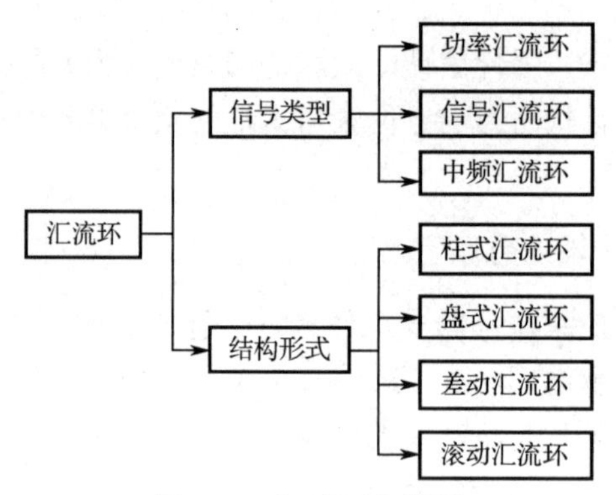

图 3-96　汇流环分类图

1）柱式汇流环

柱式汇流环又称叠式汇流环，是发展最早且在大量电子设备中得到最普遍应用的一种汇流环结构，可用于传输各类数据、模拟信号及大功率电能。

柱式汇流环各导电环在轴向上依次叠加，各导电环之间用绝缘环隔开，以保证环与环之间的绝缘。这种结构形式适合轴向尺寸限制较低的场合，能实现长寿命高速旋转。柱式汇流环结构示意图如图 3-97 所示。

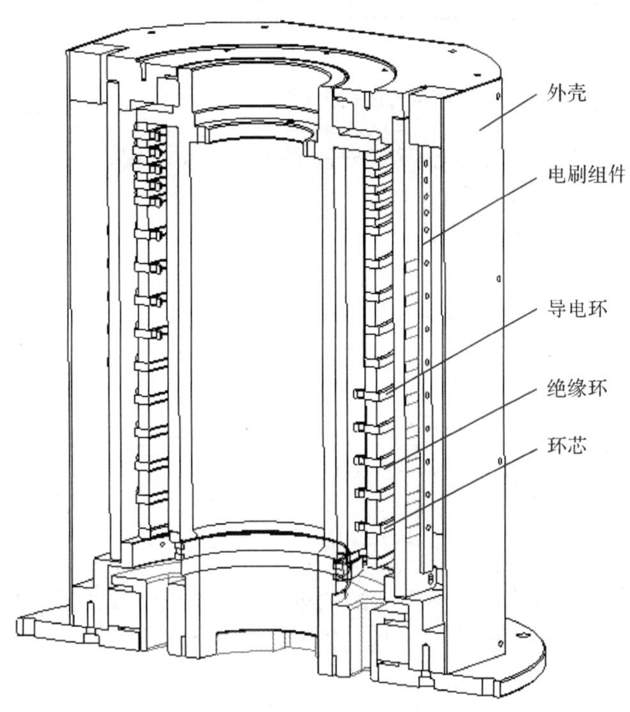

图 3-97　柱式汇流环结构示意图

柱式汇流环轴向叠加在一起的导电环、绝缘环及支承固定结构构成环芯。每个导电环对应一组或多组电刷组件，电刷组件固定在壳体上，与每个导电环之间构成一组电接触副。导电环的电传输接触面是每个导电环的圆周面，每一环形成一个信号通道。转子端与定子端相对旋转时，电刷与导电环外圆面摩擦接触，从而实现信号的旋转传输。电刷和导电环在径向圆周面上接触，易于维护。

柱式汇流环在结构尺寸受限的情况下，可通过增加每一环电刷数量的方式增大接触面积，实现传输更大功率电能的目的。

传输几十至几百赫兹中频信号的汇流环通常也采用柱式结构，由于其传输的频率较高，在结构布局上有一定的特殊性。在常规结构上设置相应的隔离环道，在信号通道之间形成信号隔离腔，起到各信号通道间信号隔离的作用。信号隔离腔结构示意图如图 3-98 所示。

传输中频信号的汇流环输出电缆通常采用同轴电缆，在环芯端同轴电缆的芯线与导电环相连，屏蔽网与屏蔽环相连；在电刷组件端同轴电缆的芯线与中心电刷相连，外壳与屏蔽电刷相连，通过中心电刷与导电环，屏蔽电刷与屏蔽环的滑动接触实现中频信号的旋转传输，同时保证了各信号通道间的屏蔽隔离。

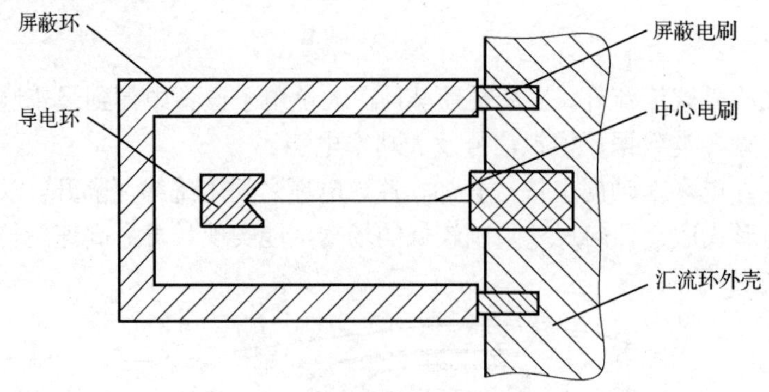

图 3-98　信号隔离腔结构示意图

柱式汇流环电刷一般有两种典型结构，一种是如图 3-99（a）、（b）所示的叉臂式电刷，另一种是图 3-99（c）所示的柱塞式电刷。

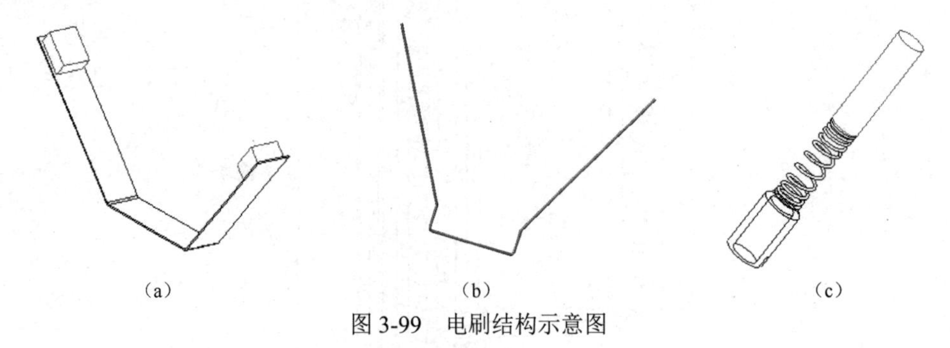

图 3-99　电刷结构示意图

图 3-99（a）所示的叉臂式电刷刷臂一般为弹性导电材料，通常为弹性模量较高的铜合金如铍青铜、磷青铜，触点材料一般为银石墨、铜石墨等具有自润滑性同时电导率又较高的复合材料。

图 3-99（b）所示的叉臂式电刷刷臂与电接触件为一体化结构，一般采用成分为金、银、铜、钯、镍等各类金属的合金丝材。

图 3-99（c）所示的柱塞式电刷弹性元件一般为圆柱螺旋压缩弹簧，触点材料为银石墨、铜石墨等复合材料，触点上压接导线，作为电刷与外部电传输的介质。

柱式汇流环中电刷与导电环外圆面的接触压力决定了信号传输的稳定性，压力越大，接触电阻越小，信号传输越稳定，但随着接触压力的增大，电刷的磨损也随之增大，一定程度上会影响汇流环的使用寿命，因此，电刷接触压力的选择是柱式汇流环设计的关键。

如图 3-100 所示，叉臂式电刷刷臂预设转角计算公式为

$$\theta = \frac{FL^2}{2EI} \tag{3-53}$$

式中，F 为电刷接触压力；L 为电刷臂长；E 为电刷弹性模量；I 为电刷截面的轴惯性矩。

柱塞式电刷由于弹性元件为螺旋弹簧，故电刷预设压缩量计算可参考弹簧设计计算公式：

$$F = \frac{Gd^4}{8D^2 n} h \tag{3-54}$$

式中，F 为电刷接触压力；G 为材料剪切模量；d 为材料直径；D 为材料中径；n 为弹簧有效圈数；h 为弹簧预设压缩量（变形量）。

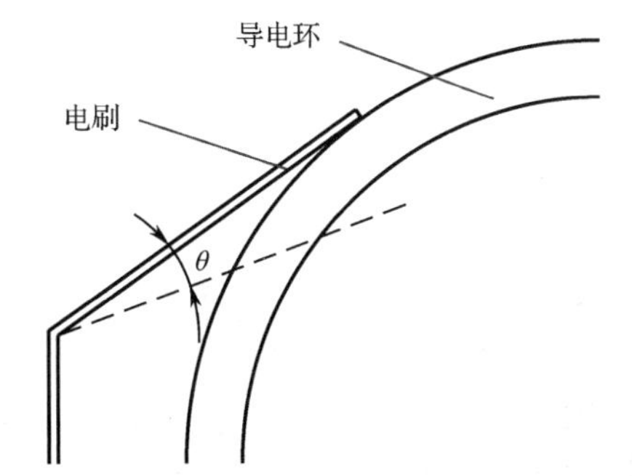

图 3-100 叉臂式电刷刷臂预设转角示意图

2）盘式汇流环

盘式汇流环又称平面式汇流环，是为了减小汇流环的轴向尺寸而采用的一种汇流环结构形式，可用于传输各类数据、模拟信号及较小功率的电能。盘式汇流环导电环是呈平面分布的，因此电刷磨屑容易堆积，从而导致绝缘性能下降，故盘式汇流环应用面较窄，适用于低转速及轴向尺寸要求较苛刻的场合，如卫星、医疗、机器人等电子设备中。

盘式汇流环各导电环在圆周上呈同心圆分布，各导电环之间用绝缘环隔开，以保证环与环之间的绝缘，导电环的端平面作为电接触面。盘式汇流环首先将不同直径的导电环成同心圆分布安装在绝缘支承盘上，形成汇流盘。汇流盘在轴向上再依次叠加隔离，形成环芯。每个导电环对应一组或多组电刷组件，电刷组件固定在壳体上，与每个导电环之间构成一组电接触副，壳体与环芯之间通过轴承实现相对旋转。盘式汇流环结构示意图如图 3-101 所示。

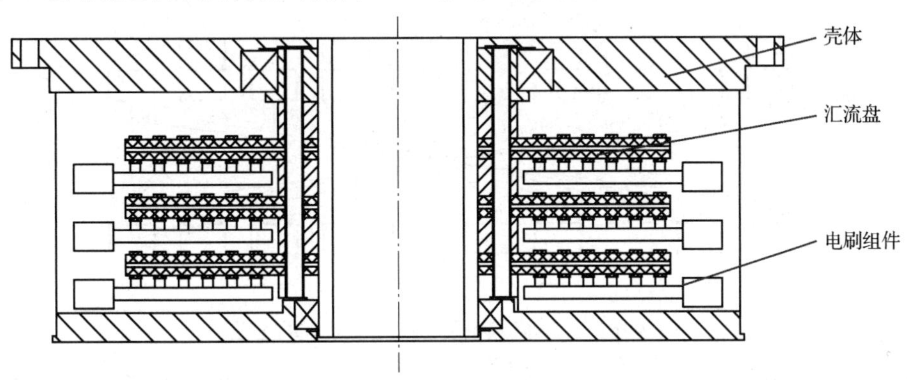

图 3-101 盘式汇流环结构示意图

盘式汇流环导电环的电传输接触面是每个导电环的端平面，每一环形成一个信号通道。转子端与定子端相对旋转时，电刷与导电环的端平面摩擦接触，从而实现信号的旋转传输。

盘式汇流环电接触原理与柱式汇流环一致，盘式汇流环电刷一般采用叉臂式电刷，其设计要点可参考柱式汇流环相关设计计算。

3）差动汇流环

差动汇流环是汇流环中的一种特殊形式，因其传动系统为 1∶2 的差动轮系而得名。这种汇流环主要用于传输各类数据、模拟信号及较小功率的电能。差动汇流环轴向尺寸较小，但直径和质量大，内部结构复杂，相对于柱式及盘式汇流环成本较高，而且最高转速较低，故应用场合较为受限，一般应用在低转速、传输电信号数量较多，但功率较小的雷达、旋转炮塔等装备中。

差动汇流环主要由传动机构、环芯、定电刷组、动电刷组等几个功能部件组成。定电刷组安装在固定不动的外壳上，形成定子；动电刷组安装在转动的外壳上，形成转子，定子及转子呈上下分布。差动汇流环结构示意图如图 3-102 所示。

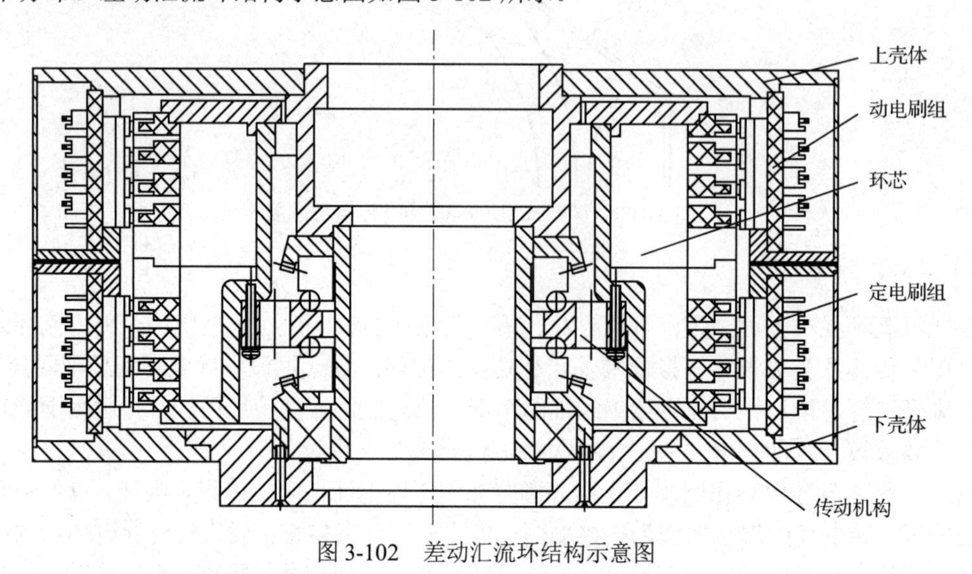

图 3-102　差动汇流环结构示意图

定电刷组及动电刷组之间通过由接触块组成的环芯连通，差动汇流环电刷、环芯结构配置图如图 3-103 所示。

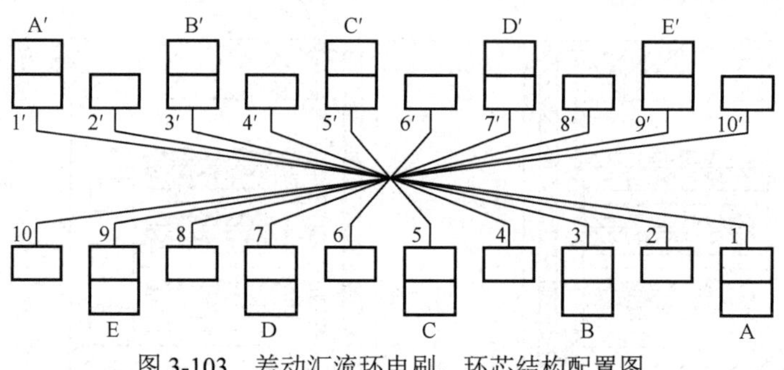

图 3-103　差动汇流环电刷、环芯结构配置图

电刷 A、B、C……是固定的，A′、B′、C′……是转动的。接触块 1、2、3……和 1′、2′、3′……之间在内部分别用导线连接，并用绝缘材料固定在一起形成环芯，环芯由传动机构带动，以动电刷组速度的一半与动电刷组同向转动，若以环芯为参考点（即假定环芯不动），则看到的相对运动是动电刷组与定电刷组两者以相同的速度反向转动。由图 3-104 可以清楚地看出，旋转时定电刷组与动电刷组一直是连续导通的。图 3-104（a）中，电刷 A 通过接触块 1-1′与 A′导通，转动后变成图 3-104（b）所示的位置，电刷 A 通过接触块 1-1′和 2-2′与电刷 A′导通。继续转动变成图 3-104（c）所示的位置，A 与 A′仍导通。以此类推，在旋转过程中，电刷 A 与 A′一直是连续导通的。同理，其他对应电刷在旋转过程中也是一直连续导通的，从而实现多路信号的旋转传输。

差动汇流环所有接触块为同一规格，每个通道乃至整个汇流环的传输信号功率受到一定限制，当传输功率较大的信号时必须多个环路并联使用。

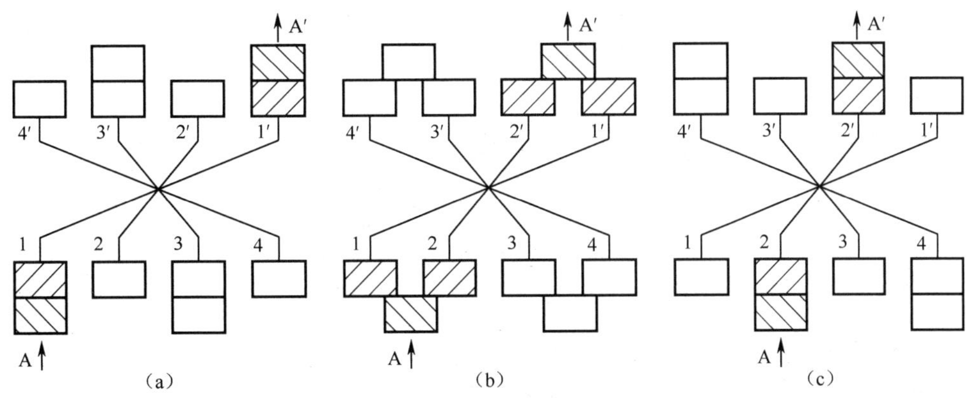

图 3-104　差动汇流环工作原理图

传动机构就是一个自由度为 2 的差动轮系，差动轮系工作原理如图 3-105 所示，锥齿轮 1 为主动轮，与转子端相连，通过方位轴输入，转速为 ω_1；锥齿轮 3 与定子端相连，为固定轮，转速 $\omega_3=0$，锥齿轮 1 及锥齿轮 3 齿数一致。锥齿轮 2 及 2′ 为太阳轮，H 为行星架，行星架与环芯相连。由差动汇流环电传输的工作原理可知，$\omega_H=\dfrac{1}{2}\omega_1$。

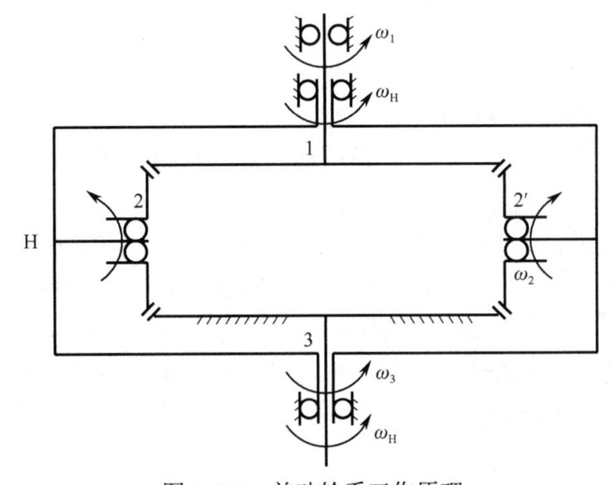

图 3-105　差动轮系工作原理

差动汇流环电刷一般采用柱塞式电刷，其电刷设计要点参考柱式汇流环柱塞式电刷设计。

4）滚动汇流环

滚动汇流环由于其电接触副为滚动摩擦，因此称为滚动汇流环，简称滚环。其主要组成部分由一个或多个弹性环和内、外导电环构成，弹性环与内、外导电环接触，构成滚动电接触摩擦副。滚动汇流环结构示意图如图 3-106 所示。

假定外导电环固定不动，内导电环顺时针旋转，则可以在带动弹性环逆时针自转的同时围绕电接触副的轴线顺时针公转。在弹性环转动过程中，由于弹性环与内、外导电环间存在一定的接触压力，迫使弹性环产生一定的径向压缩变形，因此弹性环与内、外导电环之间始终能保持电接触，从而实现内、外导电环电信号的连续旋转传输。

与传统电接触摩擦副为滑动摩擦的汇流环相比，滚动汇流环是一种较为新颖的结构形式，具有接触电阻低、转矩小、传输效率高、免维护、长寿命等优点，目前在空间站、卫星、雷达等领域已得到应用，但由于其设计加工难度大，目前仅有个别厂家具备研制能力。

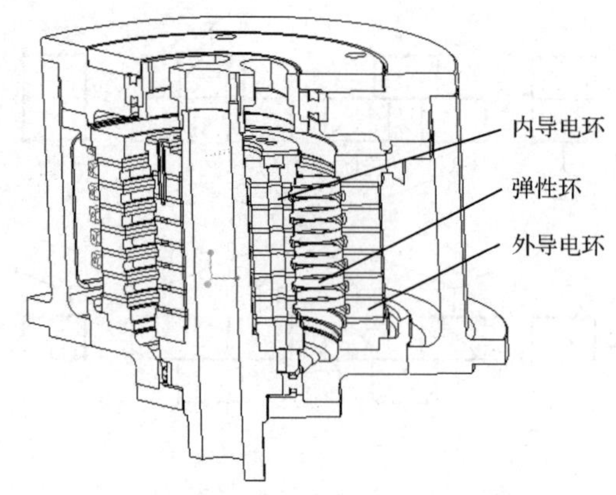

图 3-106　滚动汇流环结构示意图

2．光纤环

光纤环可实现旋转端与固定端的光纤信号连续传输，是一种精密的光学无源传输器件，又称光滑环、光铰链、光纤汇流环、光纤旋转连接器。光纤环一般采用透镜、棱镜等光学器件对光纤信号进行光路扩束、折转，再配合相应的转动机构，实现旋转端与固定端的信号传输，属于非接触式信号传输。

光纤环的主要性能指标包括通道数、工作波长、插入损耗、旋转变化量、回波损耗、通道串扰、最大转速、转动转矩、寿命等。

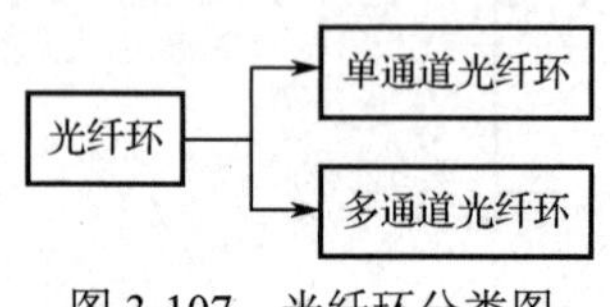

图 3-107　光纤环分类图

光纤环按通道数可分为单通道光纤环和多通道光纤环，如图 3-107 所示。

光纤环具有使用寿命长、免维护、结构尺寸小、传输数据量大等优点。光纤环典型的数据传输方式是结合光波分复用技术，把不同种类的信号转变为不同波长的光信号，经合波器汇合在一起，并耦合到同一根光纤进行传输，再经过分波器将各个波长的光信号分离还原。传输方式可以是单向传输，也可以是双向传输，图 3-108 所示是光纤环单通道双向传输原理图。光波分复用技术降低了系统对光纤环通道数的要求，但却需要复杂的光收发模块及复用解复用模块，所以也可以根据情况采用多通道光纤环传输来代替波分复用技术。

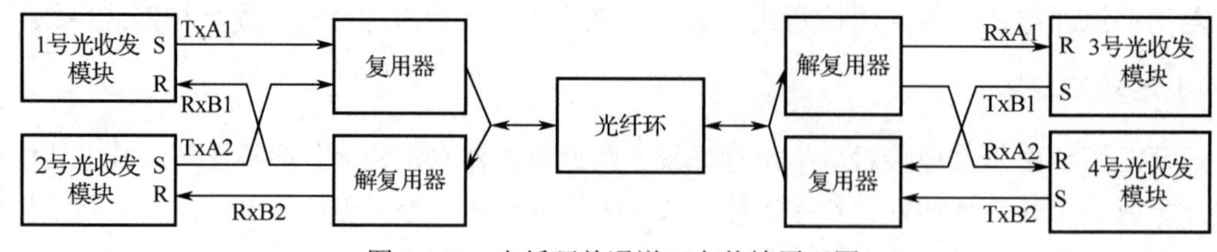

图 3-108　光纤环单通道双向传输原理图

1）单通道光纤环

顾名思义，单通道光纤环是只有单路光纤的光纤环，通过调整动、静光纤与旋转中心同轴，从而实现光信号的旋转传输，原理简单，无通道间串扰。单通道光纤环主要由光纤耦合系统、旋转端、固定端及轴承等组成，示意图如图 3-109 所示。光纤耦合系统由固定端光纤和旋转端光纤组成，光纤端部可连接具有准直扩束作用的光学元器件，将光纤信号准直扩束后进行耦合，也可直接将光纤对准后耦合。

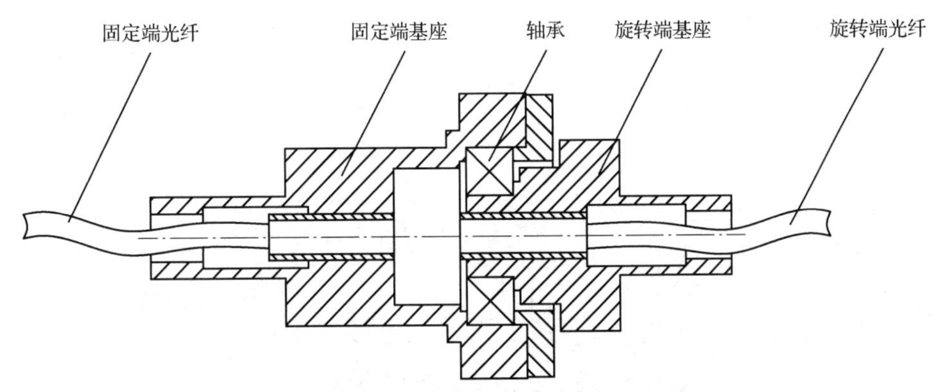

图 3-109　单通道光纤环组成示意图

2）多通道光纤环

多通道光纤环是指具有两路及以上光纤的光纤环，各通道需要离轴排布，各路光纤不可能与光纤环的旋转中心同轴对准，需要通过光路折转来保证旋转端与固定端的光信号传输。多通道光纤环的实现原理一般基于道威棱镜的光传输特性，当道威棱镜自身转速为输入平行光束绕其转轴旋转转速的一半时，经过道威棱镜输出的光束位置不变。如图 3-110 所示为采用光学仿真软件模拟的道威棱镜光束传输原理图，其中图 3-110（a）所示为起始时的光路图，图 3-110（b）所示为道威棱镜绕其光轴旋转 90°，入射平行光束绕道威棱镜光轴旋转 180° 后的光路图，图 3-110（c）所示为道威棱镜旋转 180°，入射平行光束绕道威棱镜光轴旋转 360° 后的光路图，图 3-110（d）所示三种状态的出射平行光束的位置相同。

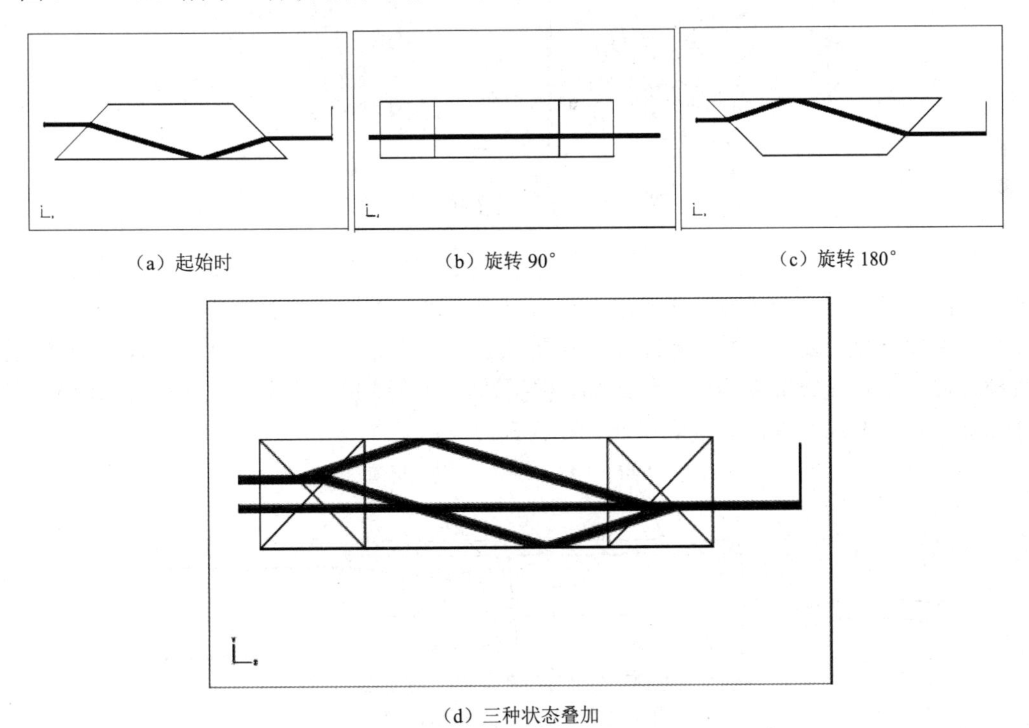

（a）起始时　（b）旋转 90°　（c）旋转 180°

（d）三种状态叠加

图 3-110　道威棱镜光束传输原理图

多通道光纤环主要由道威棱镜、传动机构、光纤准直装置、旋转端及固定端组成，如图 3-111

所示。通过传动机构保证当道威棱镜以 ω 的角速度旋转时，旋转端以 2ω 的角速度旋转，同时采用光纤准直器对光纤信号进行准直扩束及耦合对准。

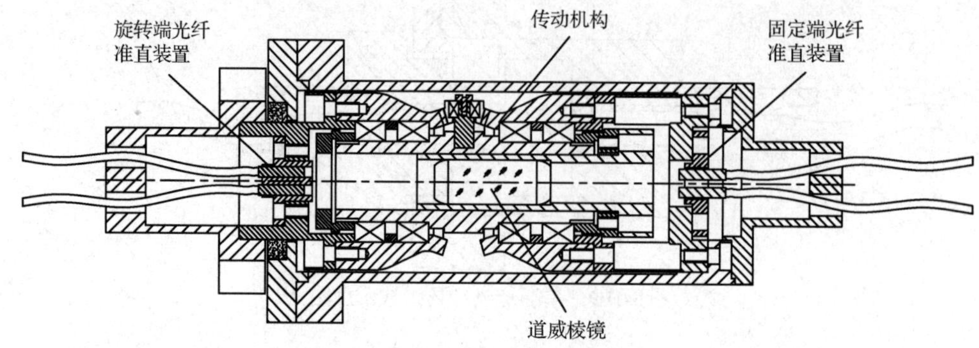

图 3-111　多通道光纤环结构图

传动机构需实现 2∶1 的转速关系，一般采用行星轮的传动机构，多通道光纤传动机构如图 3-112 所示，图 3-112（a）所示为直齿轮的传动机构，图 3-112（b）所示为锥齿轮的传动机构。传动机构设计时需考虑将中心孔作为通光孔，用于安装道威棱镜，中心孔越大，越有利于多通道的排布，中心孔确定后即可确定道威棱镜的尺寸及此光纤环的通光孔径。

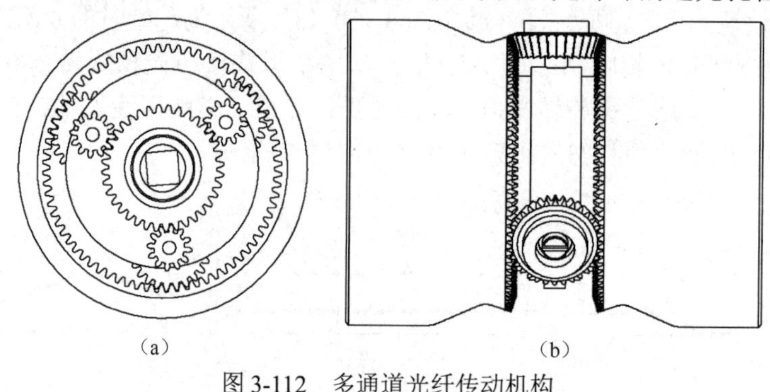

图 3-112　多通道光纤传动机构

光纤准直装置一般采用光纤准直器对光纤信号进行准直扩束，如图 3-113 所示为光纤准直器结构简图。多通道光纤环设计时应注意光纤准直器的选型，主要有工作波长、工作距离、光斑尺寸、套筒外径等要求。根据光纤环指标要求选取光纤准直器的工作波长，根据安装位置及道威棱镜尺寸确定光纤准直器的工作距离，根据通道数及通光孔径确定光纤准直器的光斑尺寸及套筒外径，应布局合理，有效利用通光孔径。

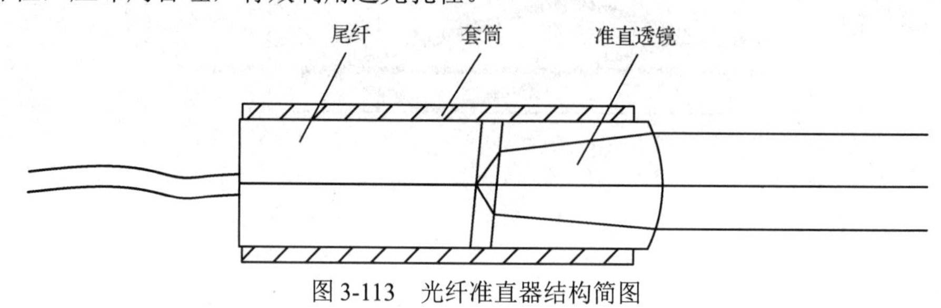

图 3-113　光纤准直器结构简图

3. 水铰链

水铰链又称水关节，是一种连接动、静流体管路的装置，可以实现液体在静止管路与旋转管路之间的可靠传输，主要由支承结构件、动密封组件、静密封组件、轴承等组成。其主要指标包括水铰链耐压能力、泄漏量、寿命、通流面积、流量、流阻等性能指标。

水铰链可以按运动方式、密封布局结构、通道数和密封原理进行分类，具体如图 3-114 所示。

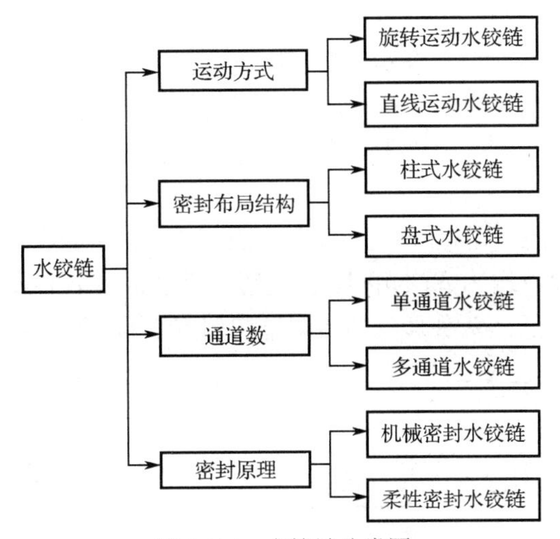

图 3-114　水铰链分类图

按密封原理进行分类较为合理，且能涵盖所有类型，据此可分为机械密封水铰链和柔性密封水铰链。机械密封水铰链是利用机械密封副实现动密封的水铰链，柔性密封水铰链是利用柔性密封件实现动密封的水铰链。

1）机械密封水铰链

机械密封水铰链是指动密封组件为机械密封副的水铰链。机械密封是一种通过弹性元件对存在相对运动的端面密封副进行预紧，在密封介质压力和弹性元件压力共同作用下压紧，从而实现密封的端面密封装置，因此又称端面密封。机械密封副（静环、动环）均采用陶瓷等高硬度耐磨材料，具有使用寿命长、可实现全寿命周期内免维护等卓越的优势和特点，但结构复杂，生产成本较高。基于机械密封的特点，其主要应用于使用环境恶劣、可靠性要求高、不易更换维修、密封介质具有一定的腐蚀性等场合。机械密封主要由密封副（静环、动环）、辅助密封、弹性元件、防转件组成，如图 3-115 所示。

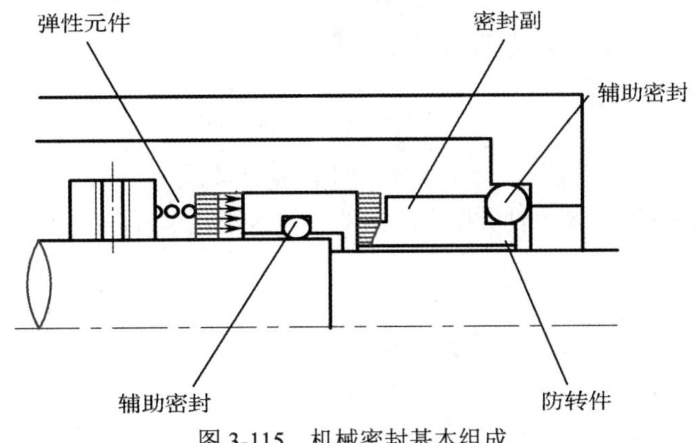

图 3-115　机械密封基本组成

机械密封基本组成元件的功能如下：密封副是存在相对运动的高硬度环状结构件，是形成动密封的主要元件；辅助密封部署在密封副周边，是密封副与金属结构件之间静密封的主要元件；弹性元件位于密封副的端部，是保持机械密封环始终处于贴合状态的主要元件，当密封副出现磨损后，是能够补偿并保持密封副的密封面仍然贴合的元件；防转件是可以保证密封副能够追随金属结构件转动的元件。

机械密封设计的主要参数包括载荷系数、弹簧比压、端面比压。载荷系数是载荷面积与接触面积的比值，反映密封端面压力受介质压力的影响程度。弹簧比压是在密封副端部的弹性元件在接触面积上产生的压力。端面比压是表征密封介质和密封副底部弹性元件共同作用下，接触面积上产生的压力。

机械密封按密封介质压力与弹性元件产生的压力方向一致还是相反，分为内装式和外装式。内装式介质压力与弹簧压力方向相同，密封可靠性较高；外装式介质压力与弹簧压力方向相反，密封可靠性相对较低。两种形式的具体结构如图 3-116 所示。

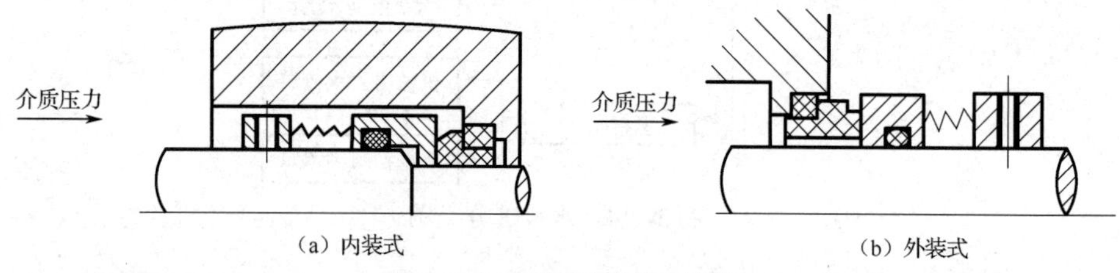

图 3-116　机械密封基本结构

机械密封按平衡比分为非平衡式和平衡式。非平衡式是指介质压力变化引起的密封端面比压变化值与介质压力变化值之比大于 1，即载荷系数 $K \geqslant 1$，端面比压随介质压力增加而快速增加的机械密封。非平衡式主要应用于密封介质压力或波动较小的情况下，以提高动密封可靠性。平衡式是指介质压力变化引起的密封端面比压变化值与介质压力变化值之比小于 1，即载荷系数 $K<1$，端面比压随介质压力增加而缓慢增加的机械密封。平衡式主要应用于密封介质压力或波动较大的情况下，可以减小磨损、增加机械密封的使用寿命。

机械密封设计参数的计算如下，各参数的物理含义如图 3-117 所示。

（1）载荷系数。

内装式：

$$K = \frac{\text{载荷面积}}{\text{接触面积}} = \frac{D_2^2 - d_0^2}{D_2^2 - D_1^2} \tag{3-55}$$

式中，K 为载荷系数；D_1、D_2、d_0 的物理含义见图 3-117。

外装式：

$$K = \frac{\text{载荷面积}}{\text{接触面积}} = \frac{d_0^2 - D_2^2}{D_2^2 - D_1^2} \tag{3-56}$$

（2）弹簧比压。弹簧比压一般根据介质黏度和转速进行选择，根据水铰链的使用工况一般选择 0.2MPa。

（3）端面比压。

$$\begin{gathered} P_{\mathrm{C}} = P_{\mathrm{S}} + P_{\mathrm{L}}(K - \lambda) \\ \lambda = \frac{2D_2 + D_1}{3(D_2 + D_1)} \end{gathered} \tag{3-57}$$

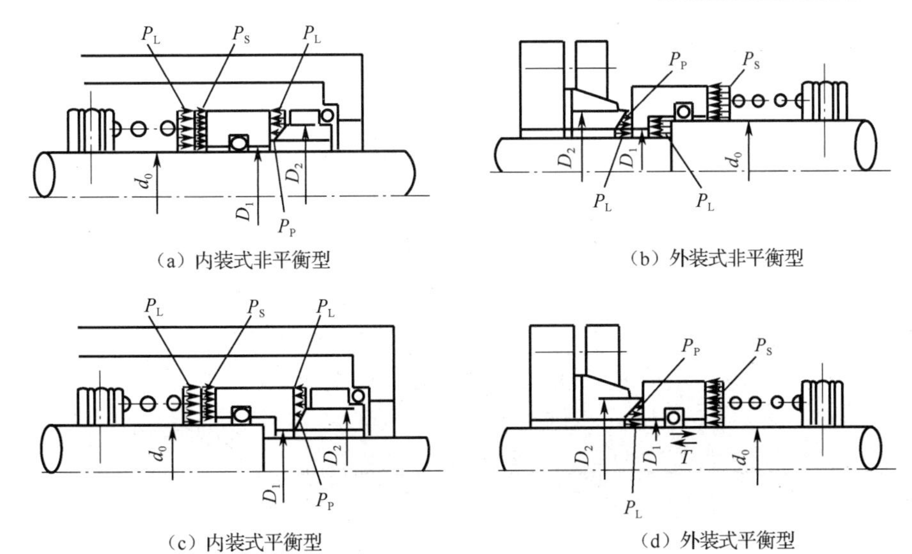

（a）内装式非平衡型　（b）外装式非平衡型

（c）内装式平衡型　（d）外装式平衡型

d_0—轴径（mm）；D_1—密封环接触端面内径（mm）；D_2—密封环接触端面外径（mm）；

P_L—密封介质压力（MPa）；P_S—弹簧比压（MPa）；P_P—密封环接触端面平均压力（MPa）

图 3-117　各参数的物理含义

式中，P_C 为端面比压；P_L 为密封介质压力；K 为载荷系数；λ 为反压系数。λ 值不仅与密封端面尺寸有关，而且与介质的黏度有关。常见的反压系数见表 3-17。

表 3-17　反压系数 λ 取值表

内装式密封				外装式密封
介　质				
水	油	气	液　化　气	
0.5	0.34	0.67	0.7	0.7

雷达等复杂电子设备用水铰链主要工作于低压、低转速工况，因此一般采用内装式平衡型机械密封。

2）柔性密封水铰链

柔性密封水铰链是指动密封组件采用的是柔性密封形式的水铰链。柔性密封通过弹性体受到压缩后在密封面上产生压力，从而实现密封的目的，具有结构简单、加工和维护成本低的优点，但寿命较短是重要缺陷。基于柔性密封的特点，可以应用于一些使用频率不高、易于更换和维修的场合。柔性密封水铰链结构图如图 3-118 所示。

柔性动密封最为关键的组件——柔性动密封组件主要由动密封件和静密封件组成，如图 3-119 所示。

柔性密封基本组成元件的功能如下：动密封件是与运动的金属结构件直接运动接触的元件，其性能直接影响动密封的效果和使用寿命；静密封件是动密封件与金属结构件之间起到静密封作用的元件，该元件与其他零部件之间没有相对运动，同时通过该元件的预压缩，使动密封件牢牢地贴合在密封表面上。

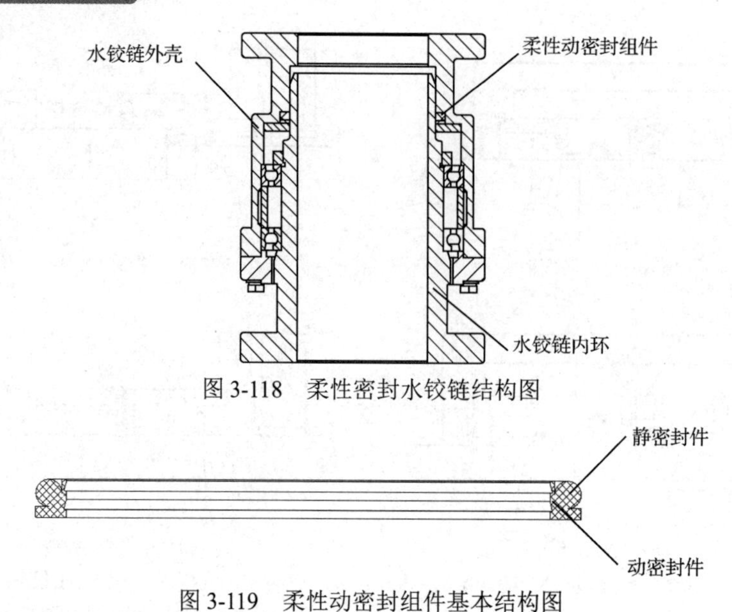

图 3-118　柔性密封水铰链结构图

图 3-119　柔性动密封组件基本结构图

柔性密封水铰链结构相对简单，应用灵活、广泛，具体如下：

（1）旋转运动水铰链：动、静部分相对运动为绕轴线旋转的水铰链称为旋转运动水铰链，其结构如图 3-120 所示。

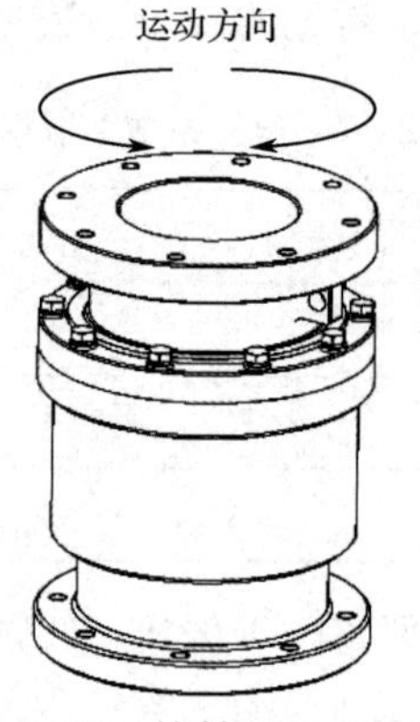

图 3-120　旋转运动水铰链

（2）直线运动水铰链：动、静部分相对运动为轴向移动的水铰链称为直线运动水铰链，其结构如图 3-121 所示。

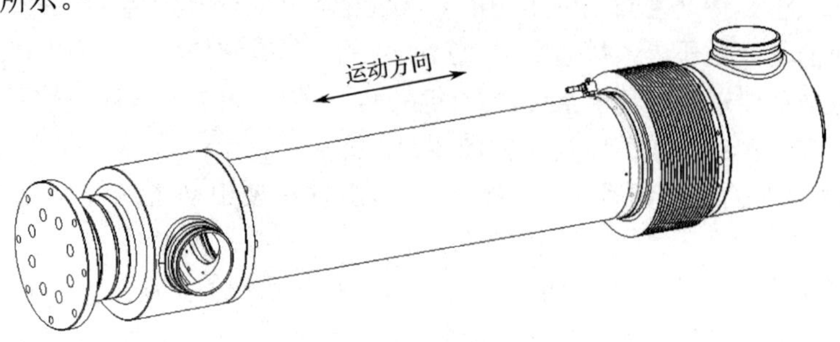

图 3-121　直线运动水铰链

（3）多通道水铰链：内部包含两个及以上独立腔体的水铰链，其结构如图 3-122 所示。

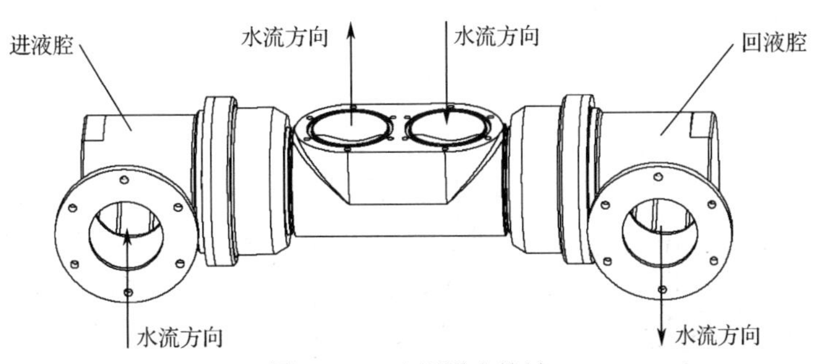

图 3-122　多通道水铰链

（4）单通道水铰链：内部仅含 1 个腔体的水铰链，其结构如图 3-123 所示。

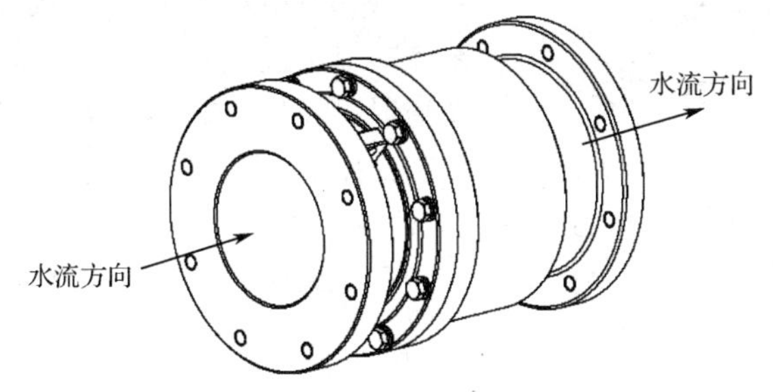

图 3-123　单通道水铰链

3）O 形密封圈设计

无论在机械密封水铰链还是柔性密封水铰链中，均涉及 O 形密封圈设计，主要参数有材料选择、压缩率和密封圈线径。

（1）材料选择。O 形密封圈一般用橡胶材料制作，因此材料与其所处介质的化学和温度环境的相容性、材料的化学稳定性（老化）及材料成本是首要考虑的问题。随着材料基础研究的广泛开展，适合各种应用场合的新型橡胶材料被开发出来，材料的使用局限被打破。丁腈类橡胶材料通过改质，已能够在乙二醇溶液中使用；全氟醚橡胶是最好的橡胶材料之一，基本能够耐受所有溶液，使用环境温度也可以达到-55～+200℃的范围，但价格昂贵；氟硅橡胶与全氟醚橡胶相比，其所处介质的化学和温度环境的相容性相似，但价格下降一个数量级，因此氟硅橡胶是高性能 O 形密封圈材料的首选。除材料类型的选择外，还需要考虑材料的性能指标，最重要的一个指标就是硬度，它与密封圈的密封性、使用过程中压缩量变化均相关，会对柔性密封的性能产生影响。

（2）压缩率。压缩率是指柔性密封圈在使用状态下截面相对于自由状态下减小的尺寸与自由状态下截面尺寸的比值。压缩率是 O 形密封圈设计的重要指标，也是最难以取舍的参数之一。压缩率包括两部分：初始压缩率和工作压缩率。

初始压缩率主要是表征 O 形密封圈在装入沟槽时产生的压缩率。该指标主要反映 O 形密封圈的制造公差引起的安装问题。初始压缩率过大，孔用密封圈在沟槽内会出现扭曲的情况，密封圈状态不稳定，存在密封失效的隐患。初始压缩率也会影响轴用密封圈的使用性能，过大会导致轴用密封圈过度拉伸，密封圈截面直径减小，工作压缩率不能满足设计要求，密封失效；过小会导致密封圈无法装入沟槽内。因此，初始压缩率的设计原则是：根据密封圈的尺寸公差按最小初始压缩率选取。孔用密封圈初始压缩率一定要根据 O 形密封圈的制造公差进行选取，否则会出现 O 形密封圈内径小于结构件孔径，密封圈和配合的内轴无法安装的情况，如图 3-124 所示。

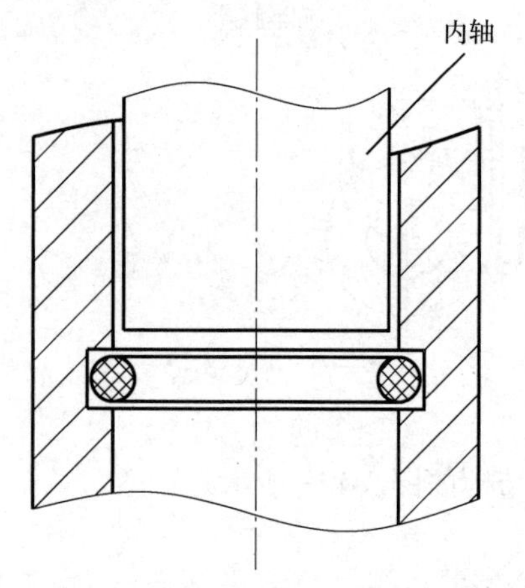

图 3-124　O 形密封圈小于内孔直径示意图

工作压缩率主要表征密封圈处于工作状态下截面积与自由状态下截面积之间的比值，也就是通常所说的压缩率。工作压缩率过大，密封可靠，但密封面摩擦和密封圈变形增大，易出现密封圈过度磨损和永久变形的情况。但是过小的压缩率会导致密封不可靠。因此，在工作压缩率的选择上需要遵循以下原则：在保证密封可靠的情况下，尽可能使用最小的推荐压缩率。压缩量的选择一定要合理：过大密封效果好，但使用寿命较短；过小密封效果差，易出现泄漏。

（3）密封圈线径。密封圈线径是指密封圈截面直径，在设计中尽可能选用线径较大的柔性密封圈，这有利于提高密封可靠性。减小密封圈线径可以减小因压力引起的密封圈与涂层的摩擦力，在相同使用条件和压缩率的情况下，线径小的密封圈比线径大的密封圈所受的摩擦力小。从加工角度看，线径小的密封圈，尺寸波动范围更小，压缩率更易保证。但是从柔性密封可靠性的角度看，在相同压缩率的情况下，采用线径较大的密封圈，密封的可靠性更高。

3.3.2　电动倒竖机构

电动倒竖机构是一种常用的雷达架设撤收机构，采用电动机驱动，通过减速机、丝杠螺母副将电动机的旋转运动变换为丝杠的直线运动，实现天线倒竖。典型的电动倒竖机构如图 3-125 所示。

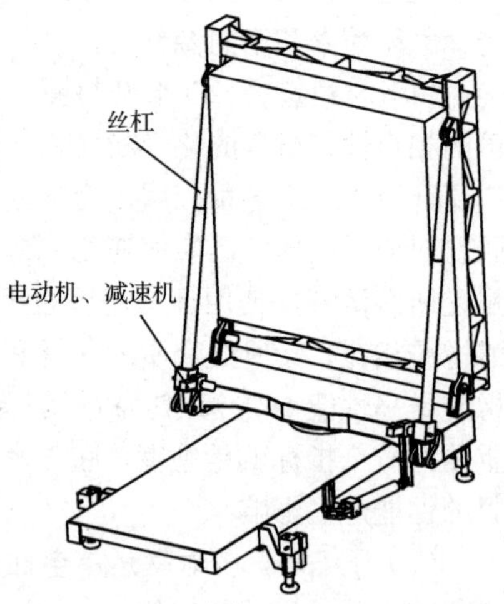

图 3-125　典型的电动倒竖机构

根据控制要求的不同，电动机可以采用普通三相异步电动机，也可以采用伺服电动机。

减速机通常采用正交轴布局，如中空的蜗轮蜗杆减速机或螺旋伞齿轮减速机。

丝杠可采用梯形丝杠、滚珠丝杠或行星滚柱丝杠，梯形丝杠可设计成自锁结构，但传动效率低，体积大；后两种丝杠传动效率高、尺寸紧凑，但需另行考虑锁定机构。

电动倒竖机构设计的重点是安全性，结构安全性方面可采取的措施有：

- 传动链应优先采用自锁结构来确保天线长期保持在工作位置，通常选用具备自锁能力的梯形丝杠、蜗轮蜗杆减速机；
- 电动倒竖机构的关键部位应考虑适当的防拆结构，避免意外拆卸导致的安全事故；
- 可采用转矩限制器来避免过载；
- 优先采用机械同步措施（如同步减速机）来保证双连倒竖机构的同步可靠性；
- 采用合理的密封和润滑结构，减少长期磨损、锈蚀导致的安全性问题。

3.3.3 电动调平机构

电动调平机构主要指采用电动机减速机驱动、丝杠螺旋副将回转运动转变为套筒直线运动的执行机构。天线车或平台一般布局 4 或 6 条电动调平腿组成电动调平系统，用于实现天线车、平台或放舱调平。方舱电动调平机构如图 3-126 所示。

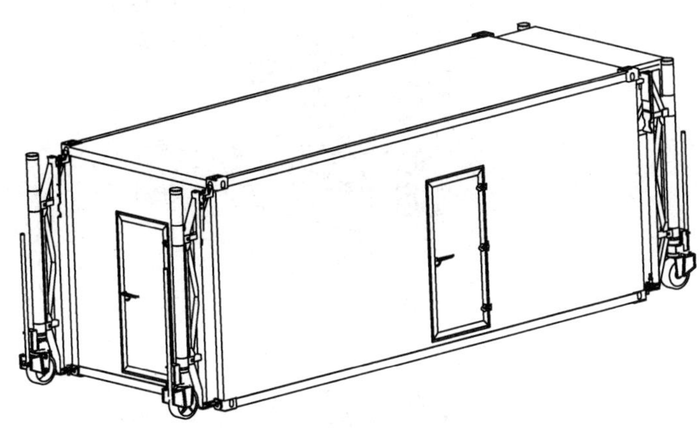

图 3-126　方舱电动调平机构

一般电动调平机构采用如下三种结构形式。

1）电动机（带抱闸）+减速机+滚珠丝杠

这种形式下电动调平机构采用滚珠丝杠，效率高，采用减速机则速比相对较小，伸缩速度快，整体体积小，质量轻，但因为滚珠丝杠本身不自锁，靠电动机抱闸锁定，调试及工作过程中需要确保电动机通电后才能解锁电动机抱闸。

2）电动机+减速机+梯形丝杠（自锁）

该种形式电动调平机构采用自锁形式梯形丝杠，效率低，采用减速机则速比相对较大，伸缩速度慢，整体体积相对较大，质量相对较大，但因为梯形丝杠本身可靠自锁，无须使用电动机抱闸。

3）电动机（带抱闸）+减速机（自锁）+滚珠丝杠

该种形式电动调平机构用于重载、安全性要求极高的场合，通过减速机自锁、电动机抱闸双重锁定，在确保安全性的同时，存在效率低、伸缩速度相对较慢、质量大等缺点。

相对液压马达调平腿和自锁液压缸调平腿，电动调平机构无须液压油源与管路，布局简单，但是其每条调平腿均需配置一台电动机减速机，功率密度较小，需要更大的安装空间，成本较高。

调平腿受侧向载荷，伸出行程越大，侧向载荷对机构产生的效应越明显，应通过增大内外套筒的重合长度、增加内外套筒抗弯截面系数等方式确保侧向力作用下调平机构不发生塑性变形、损坏等。

如图 3-127 所示，某重载电动调平机构采用滚珠丝杠，直径 125mm，导程 20mm，其传动效率约为 0.87，采用蜗轮蜗杆减速机（自锁），速比为 30，行星减速机，速比为 20，额定输出转矩 3700N · m，总速比为 600，电动机带抱闸，额定功率 2.0kW，额定转速 1500r/min，额定转矩 12.7N · m。

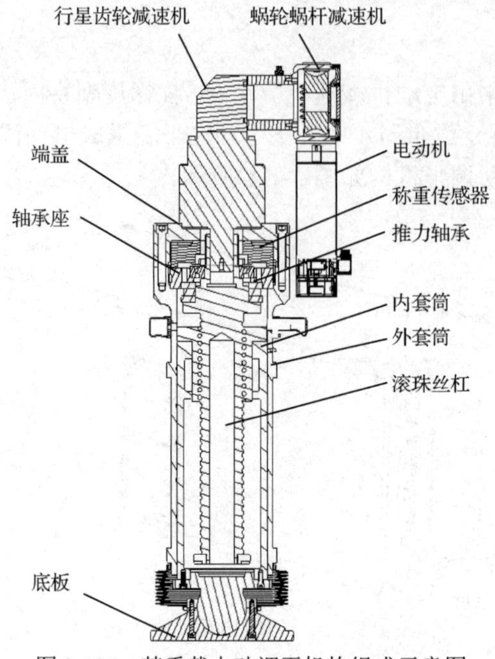

图 3-127　某重载电动调平机构组成示意图

该电动调平装置可实现动载 70t、静载 80t、横向载荷 10t，考虑安全性原因，采用具有自锁能力的蜗轮蜗杆减速机。

3.3.4　方舱行走机构

方舱行走机构作为一种自身可升降、可移动的机构/装备，在不使用吊车、吊具等复杂的外部设备的情况下，能够实现方舱的自装卸和短距离移动运输等。方舱行走机构的升降状态和行走状态如图 3-128 和图 3-129 所示。根据其功能特点，通常方舱行走机构的性能指标主要包含升降行程、最大载荷、升降速度、升降操作力、机构质量。

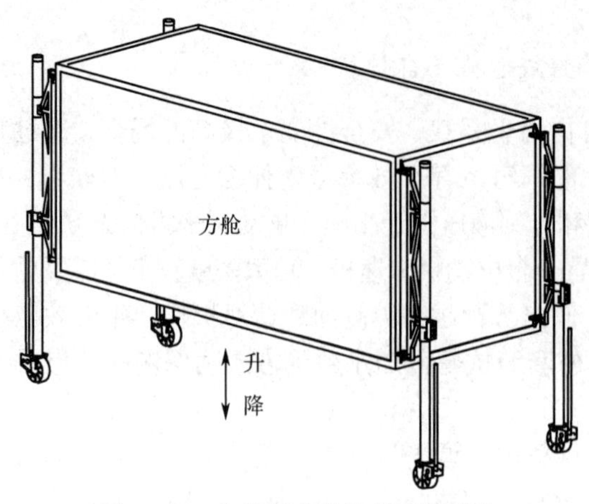

图 3-128　方舱行走机构的升降状态

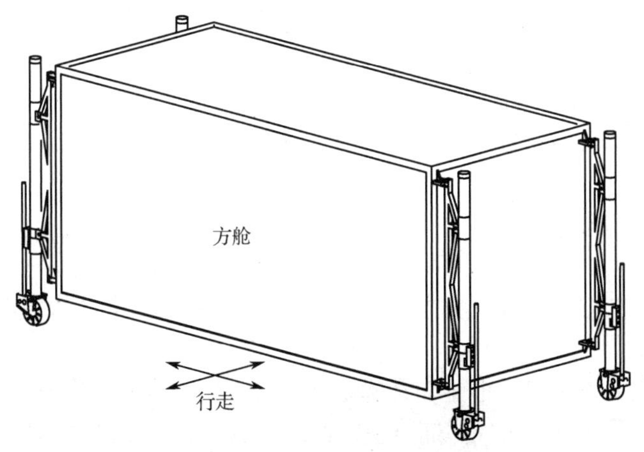

图 3-129　方舱行走机构的行走状态

按照驱动形式划分，方舱行走机构可分为机械式方舱行走机构（手动）和电动式方舱行走机构。

1．机械式方舱行走机构（手动）

机械式方舱行走机构由升降机构主体（齿轮齿条传动/螺旋传动）、行走轮、连接支架、摇把、舱体连接座、锁定/制动装置等组成。

升降机构主体通过连接支架、连接座与方舱固连，非工作状态下方舱行走机构收回，方舱落于地面或载车平台上，需要方舱装卸或短距离移动时，将摇把插入齿轮箱转轴，通过齿轮箱将摇把转动运动传递到升降机构主体内的丝杠螺母（或齿轮齿条）上，升降主体内部通过丝杠螺母（或齿轮齿条）传动产生相对运动，将行走轮机构伸出并落到地面，将方舱撑起，完成方舱的装卸和转运。

机械式方舱行走机构按升降主体传动类型可分为：梯形丝杠式方舱行走机构、滚珠丝杠式方舱行走机构、齿轮齿条式方舱行走机构。

1）梯形丝杠式方舱行走机构

梯形丝杠式方舱行走机构结构组成示意图如图 3-130 所示。

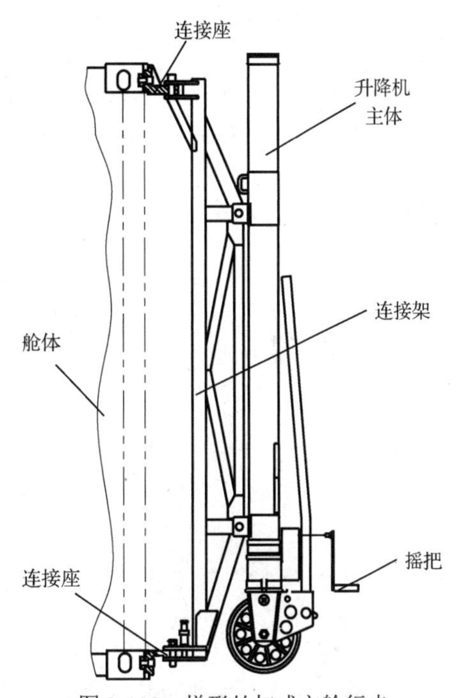

图 3-130　梯形丝杠式方舱行走机构结构组成示意图

梯形丝杠自身能够实现自锁，结构简单、成本低，但传动效率低，升降时人工操作力较大，适合升降载荷不是很大的场合。

2）滚珠丝杠式方舱行走机构

滚珠丝杠传动效率很高，升降时人工操作力小，但丝杠自身无法实现自锁，需另设锁定或制动装置，结构复杂、成本高、装配及维护要求高，适合升降载荷较大的场合。

3）齿轮齿条式方舱行走机构

齿轮齿条传动效率较高，升降时人工操作力较小，成本较低，但齿轮齿条自身无法实现自锁，需另设复杂的锁定或制动装置，结构复杂，齿条表面防护较困难，适合升降载荷较大、环境较清洁的场合。

2. 电动式方舱行走机构

电动式方舱行走机构由升降机构主体、行走轮、连接支架、电动机驱动系统、舱体连接座、锁定/制动装置等组成。

通过电动机驱动系统代替摇把驱动升降机构运动，实现升降自动化。

自动化程度高、升降平稳可控、速度快，但制作成本高、机构本体设备量大、自身所占空间大、质量大，适用于安装空间充裕、尺寸和质量要求不高的特定场合。

3. 典型结构设计

以最常见的一种梯形丝杠式方舱行走机构为例，一般其结构设计流程如下。

1）确定结构形式

某标准通用方舱，负载较小，自动化程度要求不高，因而选取机械式方舱行走机构。

2）确定传动形式

梯形丝杠作为末端执行机构，摇把作为驱动源，在二者中间需要设置中间传动装置，将手摇运动转化为梯形丝杠的直线运动，故中间设置齿轮箱，兼顾速比和机构运动形式的转化。

3）丝杠参数计算

丝杠最大轴向力 F，螺母旋合高度 H，许用压强 $[P]$（根据丝杠螺母材料及工况确定）。

选取丝杠型号，螺距 p，螺纹工作高度 $h=0.5p$，螺纹中径 $d_2=d-h$，其中 d 为丝杠公称直径，中间系数 $\psi=H/d_2$。

丝杠螺纹中径：

$$d_2 \geqslant \sqrt{\frac{Fp}{\pi\psi h[P]}} \tag{3-58}$$

进一步化简得：

$$d_2 \geqslant 0.8\sqrt{\frac{F}{\psi[P]}} \tag{3-59}$$

导程：$s=p$

螺纹升角：

$$\lambda = \arctan\left(\frac{p}{\pi d_2}\right) \tag{3-60}$$

当量摩擦角：$\rho_V = \arctan(f_V) = \arctan(f/\cos\beta)$（根据材料选取摩擦系数，$\beta=30°/2$），判定丝杠的自锁性能。其中 f 为摩擦系数，β 为螺纹牙型半角，f_V 为螺旋副的当量摩擦系数。

4）减速箱参数计算

根据动载 F' 计算，梯形丝杠输入转矩为

$$T = F' \times 0.5d_2 \times \tan(\lambda + \rho_V) \tag{3-61}$$

参考梯形丝杠输入转矩需求，以及手摇输入力的指标要求，确定速比，根据中间速比，设计或选取合适的减速箱。

行走轮和其他结构件的详细设计过程此处不再赘述。

Chapter 4

第4章 电液控制系统和传动机构

【概要】

本章首先介绍电液控制系统的基本概念和主要组成；然后根据电液控制系统元件功能的划分，系统地阐述了放大器、反馈测量元件、液压动力元件、液压控制元件、液压执行元件、液压辅助元件的功能特性和典型结构；接着详细介绍了典型电液控制系统的稳态及动态分析与设计；在此基础上，最后介绍了与之匹配的展收机构、调平机构、并联调姿机构等典型传动机构。

4.1 概述

采用液压控制元件和液压执行元件，使得输出能以一定精度快速准确地跟踪目标规律的自动控制系统称为电液控制系统。电液控制系统分为电液比例和电液伺服系统两类，电液比例控制技术和电液伺服控制技术是液压传动技术的重要分支，也是自动控制技术的重要分支。

尽管电液比例与电液伺服系统架构不尽相同，功能也存在差异，但都可以归纳为由一些基本功能元件所组成，典型的电液控制系统组成框图如图 4-1 所示。

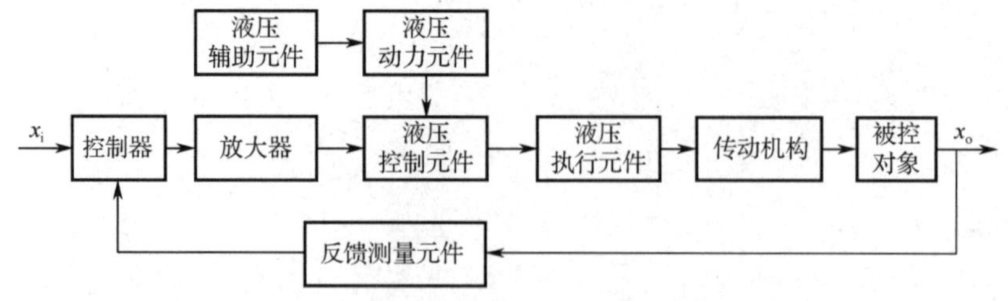

图 4-1　典型的电液控制系统组成框图

组成电液比例与电液伺服控制系统的功能元件大致可包括以下几个部分。

（1）反馈测量元件：测量系统的输出值或中间值，并通过数据变化转换为与输入的控制参考对象（如力、速度等）同量纲的反馈信号，作为闭环控制参考。

（2）控制器：将控制指令转换为电气信号的元件，在闭环控制中，控制器对控制指令和反馈测量数据进行编译和校正，以改善系统的动态性能，如 2.5.1 节中介绍的 MCU、PLC 等。

（3）放大器：将控制器的输出信号放大，驱动液压控制元件中的电磁铁或转矩马达，实现电-机控制转换。

（4）液压控制元件：主要是电液比例阀或电液伺服控制阀。液压控制元件控制由动力源输出到液压执行元件的压力或流量，实现机-液控制转换。

（5）液压动力元件：指将机械能转换为液压能的电动机-泵组合。

（6）液压执行元件：主要包括液压马达或液压缸，将液压能转换为机械能驱动被控对象。

（7）传动机构：指若干个执行元件的自身运动到驱动实际被控对象的机构组合。

（8）被控对象：被控制的机械设备或其他物体，其惯量将直接影响系统的静、动态性能。

（9）液压辅助元件：主要包括管路与接头、蓄能器、过滤器、油箱，以及起到限压、保压功能的安全阀、液压锁及平衡阀等，是确保电液控制系统性能指标正常实现的重要保障。

此外，系统的组成部分中还可能有各种机液反馈校正装置及不包含在回路中的液压油液。

电液控制系统应用于雷达等电子设备后，实现的主要功能是：通过伺服系统控制包括倒竖、折叠、旋转、调平、锁定等子系统在内的架撤系统，完成雷达的自动化快速架设和撤收，满足装备的机动性和精度指标要求。

4.2　电液控制系统元件

4.2.1　放大器

放大器是用来控制电液伺服阀和电液比例阀的电子装置。按照被控元件是伺服阀还是比例阀，放大器可分为伺服放大器和比例放大器，两者的共同之处在于都要求较高的电磁抗干扰和死区补偿能力，以及较高的输出/输入线性增益。此外，伺服放大器的输出特性应具有饱和限幅特性和更高的响应速度；比例放大器更倾向于具有较好的稳态控制性能。

目前使用较多的放大器有板式和集成式两种，板式放大器由一块符合 EURO 标准或 DIN 标准的印制电路板和一个电路板保持架组成，主要用于工业控制，其特点是控制性能好，参数调节方便，但需安装在机箱中；集成式放大器与阀做成一体，结构紧凑，不需另行安装，但参数调节较困难，大多数参数在阀出厂时已调整设定完毕，用户无法更改。伺服和比例放大器所使用的电源有 220V、50Hz 的交流电源，也有直流电源，一般多为 DC 20～36V。放大器的输入控制信号均采用标准信号：0～±5V、0～±10V、0～20mA、4～20mA 等。

伺服放大器主要用于由伺服阀组成的伺服系统中，因此该放大器的输入信号由给定信号端输入信号和反馈输入端输入信号所构成。比例放大器用来控制比例阀，有单输入（仅指令信号输入）和多输入（指令信号和反馈信号输入）两种，可用于控制无内置反馈传感器和有内置反馈传感器的比例阀。按放大器中传递的信号类型来分，有模拟式和数字式两种，目前使用较多的是模拟式，即放大器中传递、运算的信号均为模拟信号。虽然穆格（MOOG）和力士乐（Rexroth）公司都出品了数字式放大器，即放大器中的指令信号可由计算机直接以数字量的形式给出，但由于现在的伺服阀和比例阀多为模拟信号（如连续的电流信号）控制，因此放大器中的部分运算和最后的输出仍为模拟量形式。

作为放大器，伺服放大器和比例放大器具有相同的基本电路结构，都由电源、输入电路、处理电路、调节电路、功率放大电路和颤振电路等组成，放大器功能框图如图 4-2 所示。

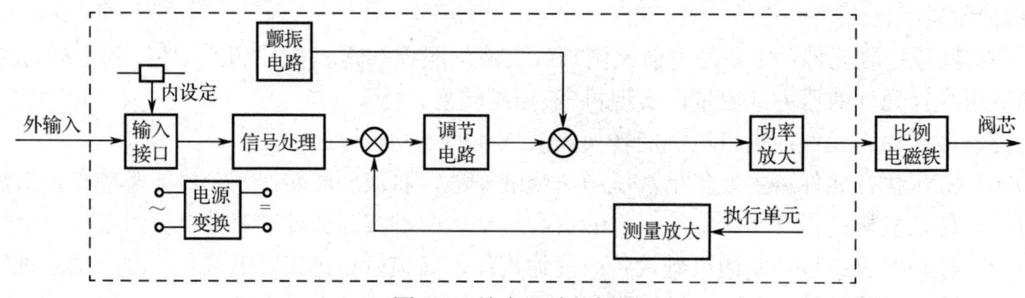

图 4-2　放大器功能框图

电源电路为放大器的正常工作提供能源，作用是从标准电源中获得放大器正常工作所需的各种直流稳定电源，当电网电压、负载电流等发生小幅变化时，保证输出直流电源的稳定性。同时，电源电路还具有过流、短路、电压极性反接等自动保护功能。

一般放大器的模拟量输入采用差分输入电路，回路的输出电压和偏差信号成正比。为了满足数字控制的需要，有的放大器还具有数字 D/A 接口。为了适应 2.5.1 节中分布式总线控制的需求，放大板上可以使用 RS-485 或 CAN 总线接口，从而提高与计算机的交互能力。一些有特殊用途的放大板还具有支持无线通信协议如 ZigBee 等的无线接口，可实现移动互联控制。

为适应不同控制对象和工况的需要，放大器中往往还集成有信号处理电路来对输入信号进行处理，如斜坡发生器、阶跃发生器等。其中斜坡信号电路的功能是将输入的阶跃信号变化为一个缓慢上升或缓慢下降的连续信号，信号的变化速率一般可通过电位器进行调节，从而实现被控系统工作压力或速度等的无冲击过渡，满足系统的缓冲要求。阶跃发生器发出一个阶跃电流，使得阀芯能够快速越过零位死区，从而削弱阀芯正遮盖的影响，适应零区控制特性的要求。

为了获得较好的输出信号品质，需要各种电压调节电路对输入信号进行处理，使阀或系统具有较好的动态控制性能和工作稳定性。电压调节回路可分为 P（比例）、I（积分）、D（微分）型及其组合。

功率放大电路是放大器的核心单元，在很大程度上决定了放大器的稳态和动态特性及其稳定性，其输出控制电流应能抵抗温度变化和电源电压变化的干扰。目前应用较多的是模拟式放大电路，它具有较大的输出阻抗，输出接近于恒流源，即电流负反馈的输出电流基本不受负载电阻变化的影响。模拟式功率放大电路的功放管工作在线性区，因而电功率利用率较低，发热量较大。为了降低功放管功耗，可以采用开关式的功率放大级，如脉宽调制（PWM）式等。

为了提高电液伺服阀和电液比例阀的灵敏度，降低电磁铁的摩擦滞环，往往采用在控制信号上叠加颤振信号的方法。在放大器中，一般颤振幅值和颤振频率应可调，以满足各阀的控制需要。

若电液比例阀或电液伺服阀阀内自带用于检测阀芯的实际位置或阀内压力的传感器，或系统中的位移、压力等实际输出参数需经各种传感器检测并传递至放大器输入端，形成阀内和系统的闭环反馈控制，则此时传感器的检测信号往往不能直接引用，需用测量放大电路将检测到的信号进行相应的处理放大。

除以上各种电路外，放大器中还有一些特殊功能电路，如报警电路等。报警电路用于指示放大器在工作中出现的各种可能错误，如电源电压异常、过载、输入信号超出范围、传感器检测信号出错等。一般放大器中以各指示灯的点亮与否表示其工作情况是否正常。

4.2.2　反馈测量元件

在电液控制系统或内含反馈的电液控制元件中，流量、压力、位移等常通过传感器检测，经处理放大后成为反馈信号，构成系统或元件内部的闭环。本节介绍可单独对系统或元件的压力、流量或位移等进行检测，并将测量结果输出为电量的传感器。

1．压力传感器

1）电阻应变式压力传感器

电阻应变式压力传感器是一种通过测量导体或者半导体的应变效应引起的电阻变化，来间接测量压力的一类传感器。弹性敏感元件将力转换为弹性体的应变值，然后电阻应变计将弹性体的应变值转换为电阻值的变化，弹性敏感元件和电阻应变计以适当的方式组成电桥，最终将被测的力转换为电信号。

电阻应变式压力传感器结构简单，精度一般在±0.2%～±0.5%，环境适应性好，压力变化根据频率范围能在毫秒或更低的时间量级上测量。

2）压电式压力传感器

压电式压力传感器的工作原理建立在石英晶体的压电效应上。对于一个石英晶体，若在直角坐标三个方向中的一个方向施加一作用力，则在垂直加载面表面将产生电荷，这就是压电效应。利用这一特性，可制成以电荷量或电压量作为输出的力、加速度和压力传感器。

在力加载过程中，压电式压力传感器变形很小，因而具有极高的刚度。压电式压力传感器的测量范围很广（100Pa～100MPa），工作频带可达 $10\sim2\times10^5$Hz，且输出电压没有明显的力和压力变化引起的时间延迟，非常适用于动态测试，且具有较大的工作温度范围。压电式压力传感器具有测量范围宽、线性和稳定性高的优点，但缺点是由于电荷泄漏而不可避免地存在力漂移问题，导致其无法用于静态测量。

2．流量传感器

流量传感器是能够感应到流体流量，并能将其转换为可接收的输出信号的传感器，该类传感器放置在流体的通路中，通过流体与传感器感应模块的相互作用测出流量的变化，主要包括以下几类。

1）机械式涡轮流量计

机械式涡轮流量计一般用于稳态流量和累计流量的检测。当流体流过传感器管道时，其内部的叶轮受液体带动旋转，叶轮周期性的旋转使感应线圈的磁通量发生变化而产生脉冲电信号，经放大器放大后送至二次仪表进行显示或累计。

在测量范围内，尺寸已经定型的叶轮的转速与流量基本成正比，而信号脉冲数则正比于叶轮的转速，故而当测得频率 f 和某一时间内的脉冲总数 N 后，再分别除以仪表常数 r，便可求得瞬时流量 q 和累计流量 V 为

$$q = f/r \tag{4-1}$$

$$V = N/r \tag{4-2}$$

2）超声波流量计

当超声波在流体中传播时，其传播时间将会受到流体流动的扰动而发生微小变化，据此可推测出流体的流速，再结合管径就可以计算出实时流量。超声波流量计特别适合于大管径场合，其测量精度几乎不受温度、压力、黏度和密度等参数的影响。

3．位移（角度）传感器

在电液控制系统中，常用的位移传感器有绕线式拉绳传感器、电感式位移传感器和光栅等。

1）绕线式拉绳传感器

其功能是将与位移信号对应的拉绳长度变化直接转换为模拟电压量输出。绕线式拉绳传感器结构简单、尺寸小、量程范围大，但其位移-电压特性易受负载电阻的影响，且存在摩擦和磨损。

2）电感式位移传感器

电感式位移传感器的两螺线管状电感线圈差动连接，组成了交流测量电桥的一对相邻桥臂，另两个桥臂则外接电阻。当衔铁位置变化时，两线圈的电感量差值发生变化，电桥输出电压的幅值大小与位移值成正比，其相位与位移方向有关。

电感式位移传感器的调制解调型测量放大电路，有集成在传感器上的，也有包含在比例放大电路内的。电感式位移传感器一般安装在液压缸中，为非接触式检测器件，根据不同的活塞直径，量程可达 1000mm，分辨率可达 0.1mm。

3）光栅（NC 光电数字式长度测量系统）

光栅是一种高精度位移传感器，通过用光电信号扫描测量尺上设计的光栅刻度，在量尺与扫描模块之间周期性地激发发光二极管，产生正弦信号。对此信号进行处理即可产生反映位移的电压信号。光栅式位移传感器的量程一般为 10～1000mm，精度为 1～10μm。

4.2.3 液压动力元件

液压泵是将电动机或内燃机的回转机械能转换为液压能的装置，为液压系统提供适当流量和压力的油液，是液压系统的动力源。为保证系统的可靠性，一般要求系统的工作压力不超过泵额定压力的 70%。如果液压系统的功率较小，为了降低成本可以选用普通电动机+定量泵的组合；如果功率较大，为满足机构的需要和节能，应选择普通电动机+变量泵或变速电动机+定量泵的可调组合。

1．变量泵

顾名思义，变量泵的排量独立可调，如轴向柱塞泵可通过调整斜盘角度，径向柱塞泵和叶片泵可通过调整偏心距调节排量，在电动机转速不变的情况下调节输出流量。通过与专用的机液反馈控制阀组进行集成，变量泵可通过排量调节实现对压力、流量和功率等的控制，如泵口压力能随输入信号变化的恒压泵；泵的输出流量不随负载压力和电动机转速变化，始终保持与输入信号相关的恒流泵；以及控制压力与流量乘积为恒定值，从而充分利用原动机效率的恒功率泵等。

恒压变量泵控制原理及其 P-q 曲线如图 4-3 所示，其中二通控制阀的左侧控制腔接泵的出口压力，并通过其中心的节流孔 D_p 引入右侧的弹簧控制腔，弹簧控制腔内的压力由一可调的先导压力阀设定。当 P 口压力低于该先导压力阀的设定值时，先导压力阀无泄漏流量，静压状态下控制阀芯两侧压力相等，在弹簧预压缩力的作用下，控制阀芯停在左侧的初始位置，变量机构 A 口通泄油口 T 卸荷，在有杆腔系统压力的作用下将斜盘推向最大摆角位置，泵保持全排量工作状态。一旦系统压力升高到先导压力阀设定值时，先导阀开启，先导回路中的控制流量在节流口 D_p 上产生压差 Δp。随着先导控制流量的增大，Δp 也随之增大。当该压差在控制阀芯上的作用力超过阀芯的预设弹簧力时，便推动阀芯向右移动，使得 P 口到 A 口的油路接通，A 口压力升高，从而克服变量机构有杆腔上的液压力推动斜盘摆角减小，泵的排量也随之减小，直至泵的输出流量与系统要求的流量相匹配，系统压力再次达到稳定为止。

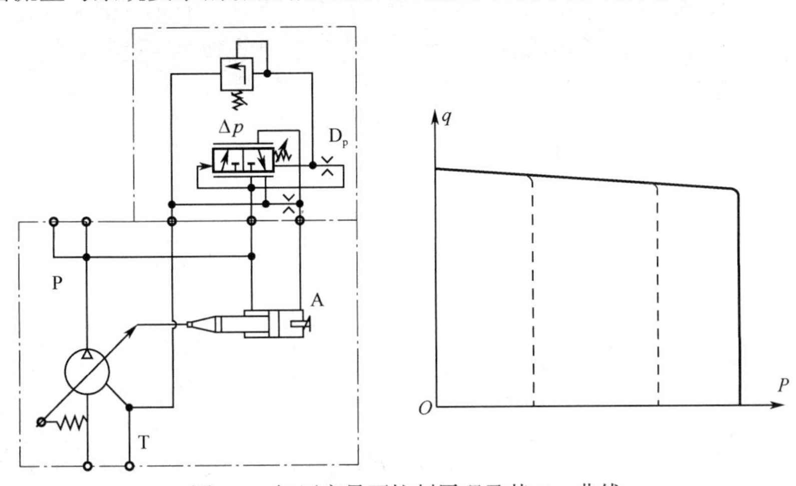

图 4-3　恒压变量泵控制原理及其 P-q 曲线

负载敏感变量泵的控制原理与恒压变量泵相仿，如图 4-4 所示，其结构差异在于阀芯控制腔端的先导压力取自系统的实际负载压力，从而在控制泵的输出流量满足系统要求的同时，系统压力仅比负载压力高出弹簧预设的恒定压差 Δp。当系统只有图 4-4 所示的一个节流控制阀时，此时阀两端压降恒定，节流阀的流量也即负载速度仅与阀的开口线性相关。当负载压力超过先导压力阀设定值时，先导阀将开启，泵的恒压变量功能起效，使得系统压力保持在先导阀设定的补偿压力。

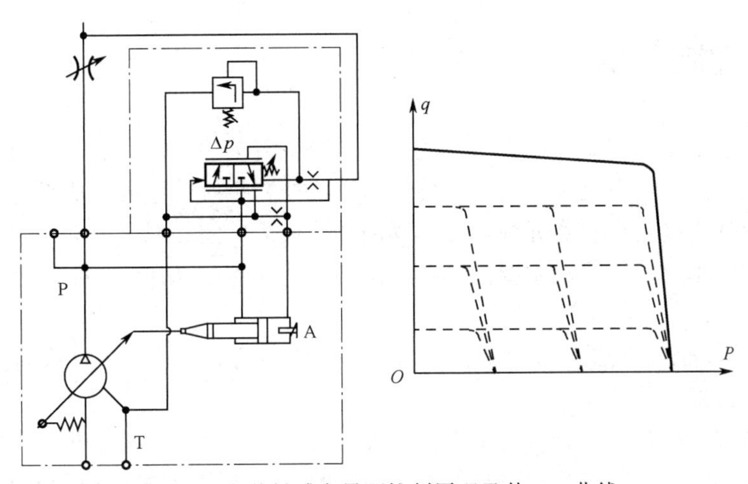

图 4-4　负载敏感变量泵控制原理及其 P-q 曲线

2. 定量泵

普通电动机的转速一般不可实时调节，而定量泵每转输出的油液体积是恒定的，因此该组合的输出流量通常是恒定的，而负载流量是实时变化着的，因此不可避免地有溢流损失。定量泵适用于功率较小、无节能要求、对经济性和可靠性要求较高的液压系统。常见的定量泵有齿轮泵、柱塞泵、叶片泵等。

由于变量泵的结构复杂，成本较高，斜盘机构的惯量较大导致其动态响应速度较慢，为了实现较高的动态响应，同时提高系统的效率，提出了伺服（变频）变速电动机+定量泵的方案，其典型应用是静液作动器（EHA）。静液作动器（EHA）工作原理如图 4-5 所示，通过调节电动机的转速-角位移实现对执行液压缸的速度-位移控制，非对称液压缸的油液差异由蓄能器吸收，因此无须远程供油，无节流溢流损失，配合 2.5.1 节中的分布式控制系统，可满足远程、离散式目标的控制需求。

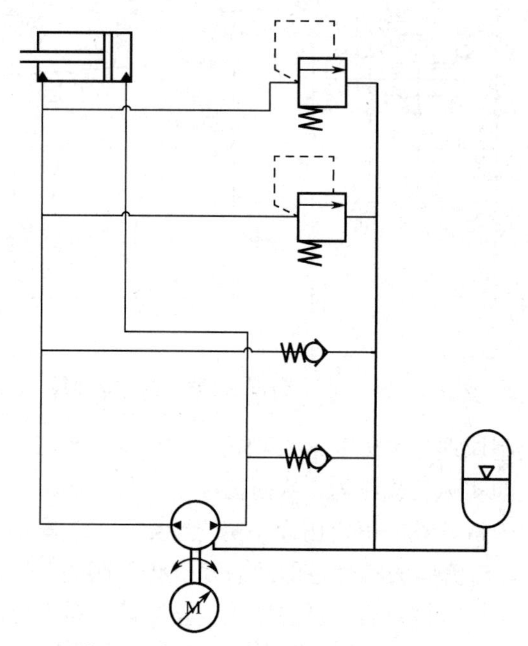

图 4-5　静液作动器（EHA）工作原理

4.2.4　液压控制元件

液压控制元件是用来控制系统中液体的流动方向或调节油液压力、流量的元件，直接影响电液传动控制系统的定位精度和运动平稳性，是电液控制系统的重要组成部分。

液压控制元件主要是指阀类元件，液压阀的种类很多，但它们具有以下类似的特点。

（1）在阀的结构上，液压阀主要由阀体、阀芯和驱使阀芯动作的零部件（弹簧、电磁铁、手柄等）组成。

（2）在工作原理上，液压阀的开口大小，进、出油口间的压差及流过阀的流量之间的关系都符合孔口流量公式。

在电子设备传动控制技术领域，按控制方式分类，常用的液压阀有电磁开关阀、电液比例阀、伺服阀和数字阀。本书按此分类对各种液压阀的典型结构和功能进行介绍。

1. 电磁开关阀

电磁开关阀仅有 0（完全封闭）和 1（完全打开）两个工作状态，多用于控制精度不高或存在到位限制的机构。按连接形式电磁开关阀可分为管式连接、法兰式连接、板式连接和插装式连接。其中，管式连接和法兰式连接的阀，占用的空间较大，拆装、维护不方便，且不方便集成，在移动平台上逐渐被板式连接和插装式连接阀代替。插装式连接阀在高压大流量的液压系统中应用广泛；板式连接阀可以多层叠加使用，可大大减少连接管路，因此，在电子设备中最常使用板式叠加连接的电磁开关阀。

板式叠加阀可选用不同功能的液压阀，将它们安装到阀块上，利用阀块和阀之间的孔道实现油路间的连接，组成叠加阀组。如图 4-6、图 4-7 所示，某装备上使用的五路叠加阀组，由阀块、节流阀、单向阀、换向阀组成。阀块是系列化、标准化元件，有高压口、回油口和执行元件的接口；节流阀控制执行元件两个方向的运动速度；单向阀用于执行元件的保压或中位时的位置保持；换向阀控制执行元件的启动、停止或变换运动方向。

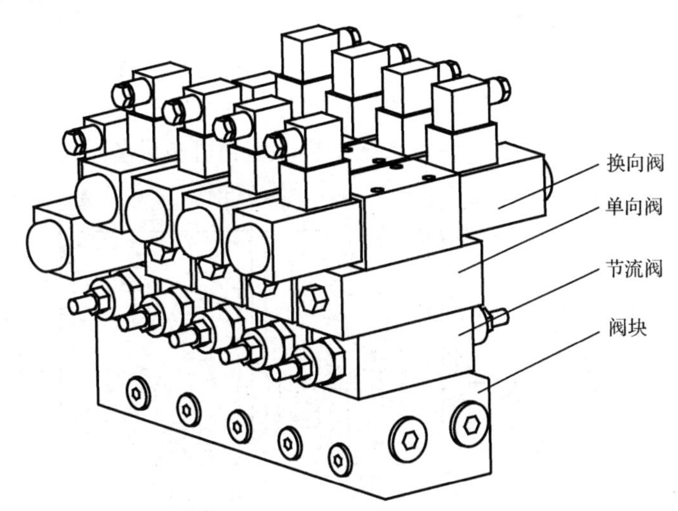

图 4-6　叠加阀外形图（五路）

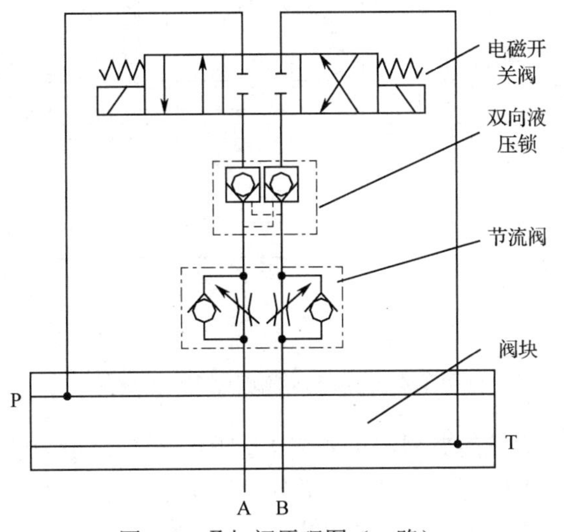

图 4-7　叠加阀原理图（一路）

电磁开关叠加阀组是液压系统集成化的一种方式，结构紧凑，易于实现系列化选型设计。

2. 电液比例阀

电液比例阀包括比例方向阀、比例调速阀和比例压力阀等，是介于电磁开关阀和电液伺服阀之间的阀类。电液比例阀主要由比例电磁铁和阀两部分组成，比例电磁铁根据输入信号产生电磁力来控制阀芯的位置，对流量或压力进行控制。与开关阀相比，比例阀能实现连续、比例控制，控制精度高，反应速度快；与伺服阀相比，比例阀加工精度低，制造成本低，抗污染性能好，阀内压降小。比例阀能满足大多数控制系统的需要，因此应用广泛。

针对电子设备集成化协同控制的需求，多个比例换向阀可与单向阀、安全阀、补油阀、分流阀、制动阀等功能性阀组集成为一体的比例多路阀。比例多路阀的出现，使多执行器液压系统变得结构紧凑、管路简洁、压力损失小。

在电子设备传动控制技术领域，常将比例多路阀与负载敏感变量泵一同使用以达到节能效果，其原理图如图 4-8 所示。所有换向阀块的最高负载压力信号 Ls 由梭阀网络选择出来，并传递到负载敏感泵的变量机构，变量机构根据负载压力的大小调整变量泵的排量，从而实现变量泵输出的流量与负载完全匹配，而压力仅比最大负载压力高一设定值。当所有换向块都处于中位时，负载敏感泵以较低的压力和很小的流量卸荷，系统处于低功耗待机状态。通过负载敏感控制，可以提高原动机利用效率，降低系统发热，达到机械设备结构紧凑和节能的目的。

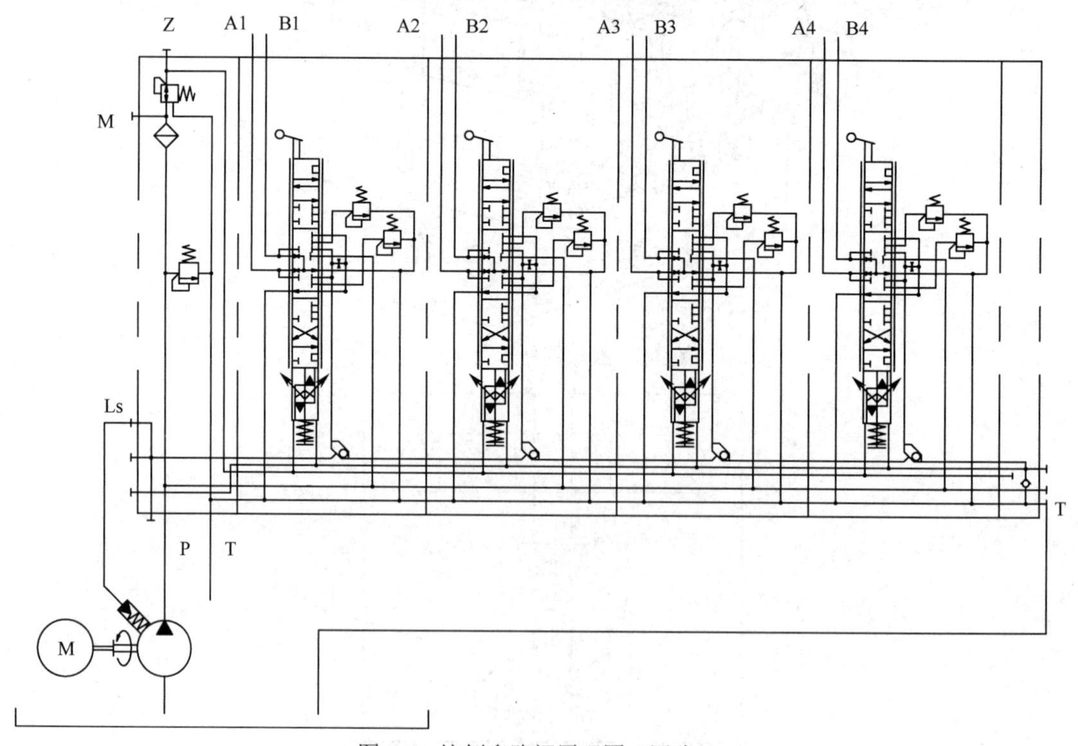

图 4-8 比例多路阀原理图（四路）

比例多路阀负载敏感系统的典型结构如图 4-9 所示，连接块是进、回油功能块；内置三通减压阀用于为比例减压阀提供先导控制油；溢流阀用于限制系统最大压力；换向块集成定差减压阀、比例电磁铁、负载敏感溢流阀、梭阀等主要功能插件，是实现执行元件换向及比例调速的功能块。此时，由于存在多路控制阀和执行器，每个比例换向阀的阀口都配有独立的定差减压阀保证阀口压降恒定，使得每路控制流量都和控制信号呈近似的线性关系。

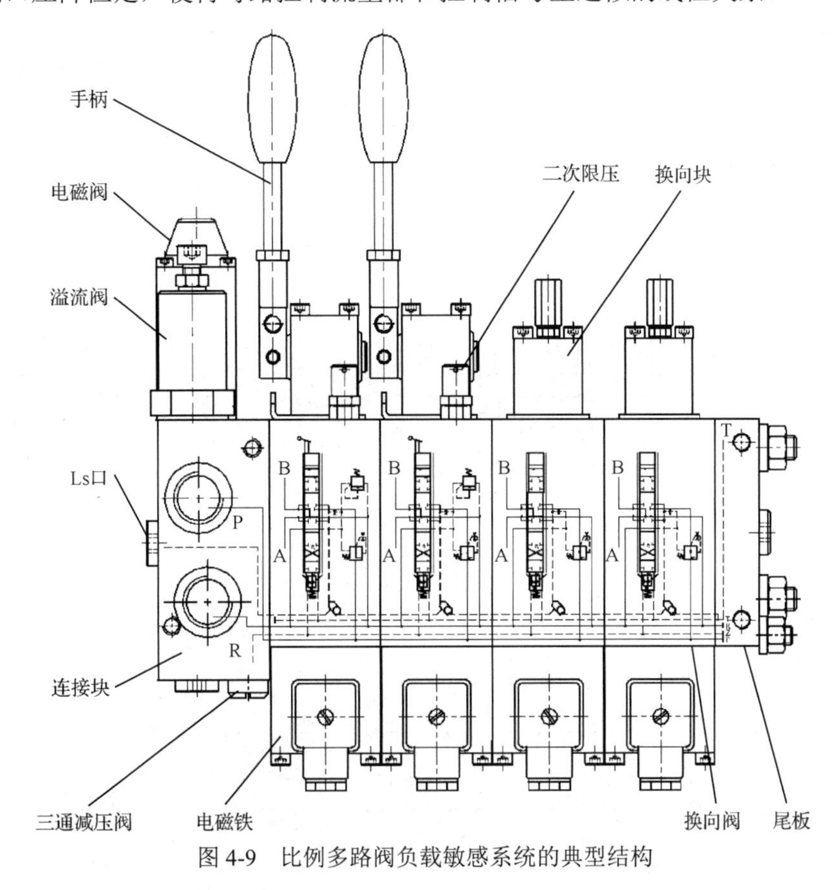

图 4-9　比例多路阀负载敏感系统的典型结构

3．伺服阀

伺服阀是在电液伺服系统中将电信号输入转换为大功率的压力或流量信号输出的电液转换和功率放大元件，可对大功率、快速响应的液压系统实现远距离自动控制。伺服阀控制精度高，响应速度快，是一种高性能的电液控制元件，在液压伺服系统中得到了广泛应用。根据输出液压信号的不同，伺服阀可分为流量控制伺服阀和压力控制伺服阀两大类。对于电液流量伺服阀，按其结构形式可以进一步分为三类：单级伺服阀、两级伺服阀和三级伺服阀。本书以两级伺服阀中的双喷嘴挡板伺服阀为例，介绍伺服阀的结构和原理。

如图 4-10 所示，转矩马达输入的电信号所产生的电磁力作用于衔铁两端，形成电磁转矩，此时衔铁偏转带动管弹簧及挡板偏转，挡板偏离中位，一侧喷嘴的流量减小，与该喷嘴相通的阀芯一侧的压力增大，所产生压差将推动阀芯朝另一侧移动，阀芯打开。同时，阀芯的移动带动与挡板相连的反馈杆产生变形，形成与阀口开度成正比的回复转矩，当回复转矩与电磁转矩相平衡时，阀芯保持在这一平衡状态，直到给定信号发生变化。阀芯位移与输入电信号大小成正比，在恒定压降下，负载流量与阀芯位移成正比。

4．数字阀

随着机电系统朝着智能化、轻量化和绿色化快速发展，传统液压系统效率低、非线性控制困难的难题急需解决。部分专家学者向传统以模拟控制为主的电液系统中引入数字化控制思想，提出了数字阀的概念，如图 4-11 所示。狭义的数字阀是由多个小流量、高响应的高速开关阀组成的集成阀组，集成了阀芯轻量化设计、转阀、3D 打印阀体流道等先进技术，目前仍处于实验室研究阶段。广义的数字液压阀还包括采用数字信号直接驱动先导级控制器并集成主级滑阀参数反馈及控制的阀，具有更高的应用价值。目前，国内外均已开发出数字先导级，主阀芯带位移、压力、流量反馈，可通过编程实现自定义功能的多路阀产品，采用该类产品可显著提高电液系统的响应速度和精度，同时该类阀集成的多类传感器和通信协议可支撑液压系统故障诊断。

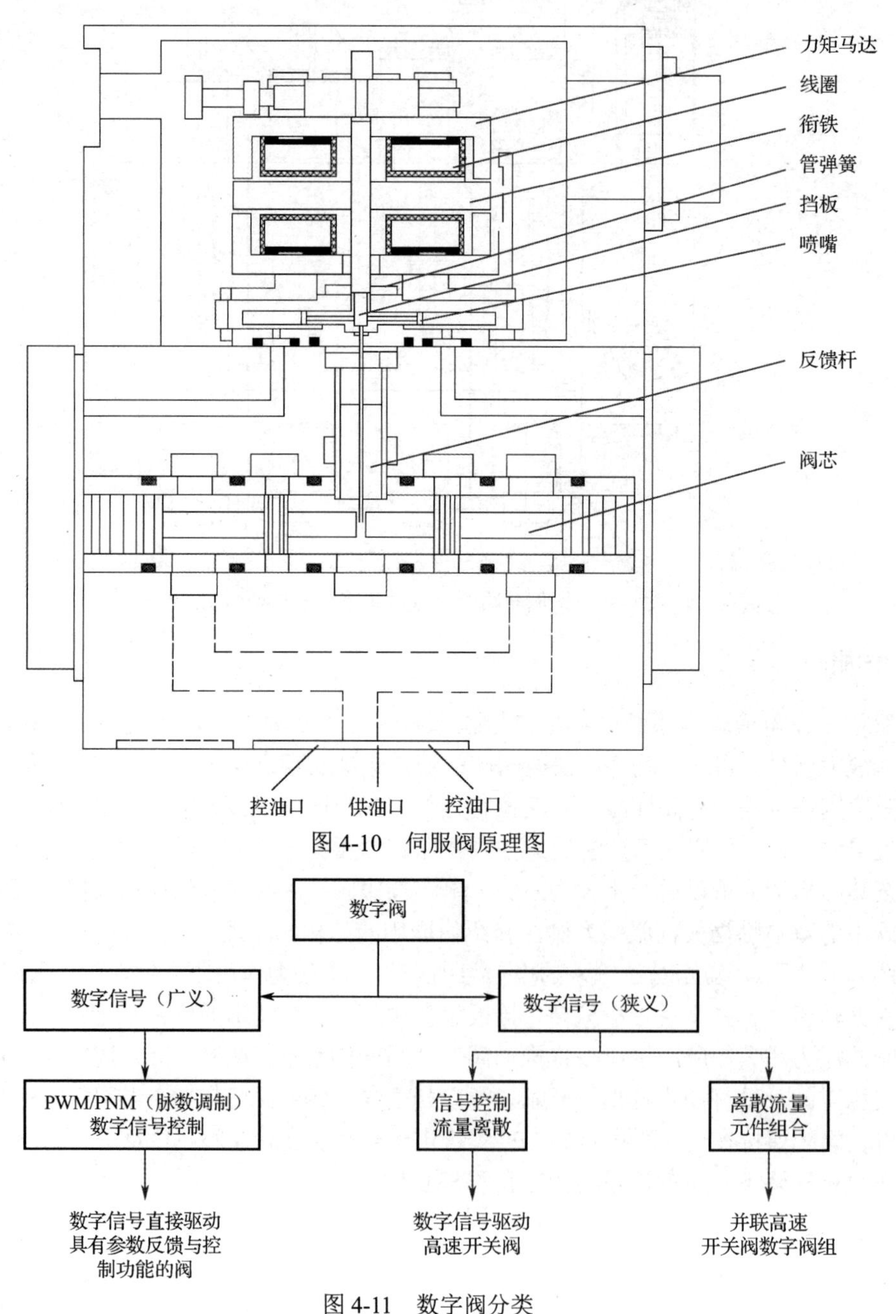

图 4-10　伺服阀原理图

图 4-11　数字阀分类

4.2.5 液压执行元件

液压执行元件是将液体的压力能转换为机械能的元件，常用的液压执行元件有做旋转运动的液压马达和做直线运动的液压缸。它们的输入相同，均为压力和流量；输出不同，液压马达为转矩和转速，液压缸为力和速度。

1. 液压马达

液压马达是将油液的压力能转换为输出轴机械能的元件。液压马达属于容积式设备，按容腔结构形式不同，液压马达可分为齿轮式、叶片式、柱塞式、摆线式等。在雷达等电子设备中应用最广泛的是轴向柱塞式液压马达，它具有变量易实现、功率密度高、效率高等优点。

轴向柱塞式液压马达工作原理如图 4-12 所示。当排量调节到期望值后，斜盘保持固定不动，柱塞可在缸体的腔内滑动。高压油进入缸体的柱塞孔后，将高压腔中的柱塞顶出，通过滑靴压在斜盘上，斜盘对柱塞产生大小为 N 的反作用力。N 可分解为沿柱塞轴向的分力 P 和垂直分力 F，其中 P 与柱塞上的液压力平衡，F 使缸体产生转矩，带动马达轴转动。设第 i 个柱塞和缸体的垂直中心线夹角为 θ，它与马达中心线的实时距离为 r，则在柱塞上产生的转矩为

$$T_i = Fr = FR\sin\theta = PR\tan\varphi\sin\theta \tag{4-3}$$

式中，R 为柱塞在缸体中的分布圆半径；φ 为斜盘的倾斜角度。

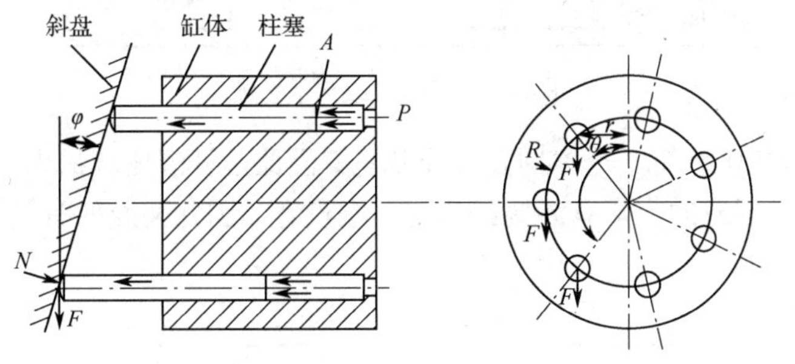

图 4-12 轴向柱塞式液压马达工作原理

液压马达产生的转矩应是处于高压腔柱塞产生转矩的总和，即

$$T = \sum PR\tan\varphi\sin\theta \tag{4-4}$$

液压马达的排量 V 是指马达轴旋转一周，由其各密封工作腔容积变化累积的液体体积，是一个重要的参数。液压马达在工作中输出的转矩大小是由负载转矩决定的，推动同样大小的负载，工作容腔大的马达需要的工作压力低，因此排量的大小决定了液压马达的工作能力。

实际工作时，液压马达的密封工作腔不可避免地存在泄漏，因此实际输入的流量 q 大于理论流量 q_{t}，马达容积效率为

$$\eta_{\mathrm{v}} = \frac{q_{\mathrm{t}}}{q} \tag{4-5}$$

与此同时，液压马达内部存在各种摩擦，实际输出的转矩 T 小于理论转矩 T_{t}，实际的机械效率为

$$\eta_{\mathrm{m}} = \frac{T}{T_{\mathrm{t}}} \tag{4-6}$$

马达的总效率为

$$\eta = \eta_{\mathrm{v}} \eta_{\mathrm{m}} \tag{4-7}$$

因此，当输入流量为 q 时，马达的转速为

$$n = \frac{q\eta_{\mathrm{v}}}{V} \tag{4-8}$$

当马达进出口压差为 Δp 时，液压马达的实际转矩为

$$T = \frac{1}{2\pi} \Delta p V \eta_{\mathrm{m}} \tag{4-9}$$

2. 液压缸

液压缸是将流体的压力能转换为直线往复运动的动能的执行元件。按结构形式，液压缸可分为活塞缸、柱塞缸、伸缩缸，其中活塞缸的应用最为广泛。活塞缸主要由缸筒、缸盖、活塞、活塞杆、密封件等部分组成，如图 4-13 所示。

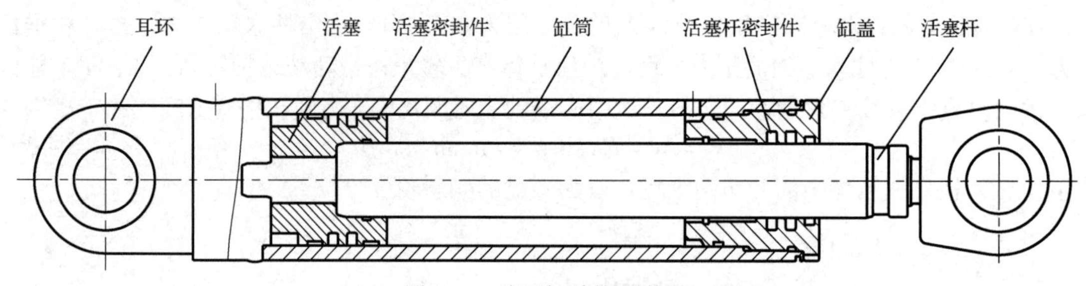

图 4-13　液压缸结构示意图

一般情况下，液压缸只有一个方向是工作状态，因此单杆液压缸最为常见。液压缸受力分析如图 4-14 所示，在活塞的一端有活塞杆，另一端没有，因此两腔的有效工作面积不相等。

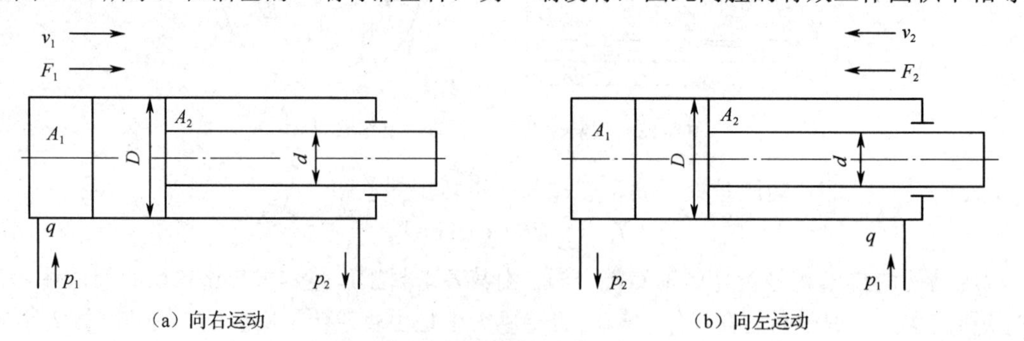

图 4-14　液压缸受力分析

推力和速度按下式计算：

$$F_1 = (p_1 A_1 - p_2 A_2) = \frac{\pi}{4}[p_1 D^2 - p_2(D^2 - d^2)] \tag{4-10}$$

$$F_2 = (p_1 A_2 - p_2 A_1) = \frac{\pi}{4}[p_1(D^2 - d^2) - p_2 D^2] \tag{4-11}$$

$$v_1 = \frac{q}{A_1} = \frac{4q}{\pi D^2} \tag{4-12}$$

$$v_2 = \frac{q}{A_2} = \frac{4q}{\pi(D^2 - d^2)} \tag{4-13}$$

液压缸选型计算如下。

（1）缸筒内径 D 和活塞杆外径 d。根据负载大小和选定的工作压力，按式（4-13）计算，再从 GB/T 2348—2018 中选取近似的标准值作为所选择的缸筒内径和活塞杆外径。

以无杆腔作为工作腔时，有

$$D = \sqrt{\frac{4F_{max}}{\pi P}} \tag{4-14}$$

以有杆腔作为工作腔时，有

$$D = \sqrt{\frac{4F_{max}}{\pi P} + d^2} \tag{4-15}$$

式中，P 为液压缸工作腔的工作压力；F_{max} 为最大作用负载；d 为活塞杆外径。

（2）缸筒长度 L。缸筒长度 L 由最大工作行程长度加上耳环、活塞、缸盖等产生的结构死区长度来确定，即

$$L = S + A \tag{4-16}$$

式中，S 为活塞的最大工作行程；A 为液压缸结构死区长度。

活塞杆轴向受压时，其直径 d 一般不小于长度 L 的 1/15。当 $L/d \geqslant 15$ 时，要进行压杆稳定性校核，确保受压力 F 不能超过使它保持稳定工作所允许的临界负载 F_k，以免发生纵向弯曲，影响液压缸的工作刚度，防止不可逆的变形损坏。压杆稳定性校核按《机械设计手册》有关公式进行。

液压缸的设计和使用正确与否，直接影响到它的性能和可靠性。在设计液压缸时，应注意以下几点。

- 尽量使活塞杆在受拉状态下承受最大负载，同时在受压状态下应注意压杆稳定性校核；
- 液压缸密封材料必须满足环境温度要求，尤其是低温环境要求；
- 液压缸需根据推荐的结构形式和设计标准开展设计，做到结构简单，加工、装配和维修方便。

4.2.6　液压辅助元件

1．管路与接头

在雷达等典型电子设备的液压系统中，常用的管路一般分为无缝钢管和橡胶软管。

液压系统设计中，管路内油液的流速应满足以下推荐值要求。

- 吸油管路 $v \leqslant 0.5 \sim 1.2\text{m/s}$；
- 压力油管路 $v \leqslant 2.5 \sim 6\text{m/s}$；
- 短管路及局部收缩处 $v \leqslant 5 \sim 10\text{m/s}$；
- 回油管路 $v \leqslant 1.5 \sim 3\text{m/s}$；
- 泄油管路 $v \leqslant 1\text{m/s}$。

以上流速值在管路较长、黏度大时应取较小值。

设计过程中，可根据流速 v 与流量 q 计算管路内径 d，有

$$d=\sqrt{q/\left(\frac{\pi}{4}v\right)} \tag{4-17}$$

根据压力等级计算管路壁厚δ，进而选择较大规格的钢管。

钢管的弯曲半径应尽量大，一般大于3倍外径。

橡胶软管可用于两个相对运动部件之间的管路，以钢丝缠绕或者钢丝编织为骨架的橡胶软管可应用于高压环境，低压软管则大多以麻线编织或者棉线编织为骨架，实际中应根据工作压力和软管内径选择较大的软管尺寸规格。对于使用频繁，经常弯扭、甩动的软管，其额定工作压力相对标准要降低40%；软管通压后会收缩3%～4%，在设计管长时应当考虑。选择管长和安装时应避免软管处于拉紧状态，软管的弯曲半径不宜过小，应满足具体管件样本要求。

液压接头主要包括硬管接头、软管接头、端直通接头、法兰接头、快插接头等，硬管接头一般采用预压机与钢管预压后组成硬管总成；软管接头可与橡胶软管扣压组成软管总成；端直通接头是安装于阀、油压过渡块、液压执行器与管路总成之间的过渡接头；法兰接头一般用于大通径管路总成与液压泵、油箱的连接。

快插接头是一种无需工具就可以快速连接和断开管路的部件，多采用两端开闭式快换接头，阴接头与阳接头断开后，由单向阀自行密封管路，且管道内液压油不会流失，适用于经常拆卸的场合。组合快插接头是一种可同时连接和断开多路液压管路的部件，采用凸轮锁紧机构实现连接后的锁紧。

2. 蓄能器

蓄能器是将油液的液压能转换为势能储存起来，当系统需要时再将势能转换为液压能做功的容器，可以作为辅助或者应急动力源补充系统泄漏，稳定系统压力，吸收泵的脉动、回路的液压冲击和封闭管路的温升膨胀。

雷达等电子设备的液压系统中，蓄能器常用于降低封闭管路因温升引起的压力升高值。当温度上升时，封闭管路中的液压油体积膨胀，且液压油膨胀系数大于管路膨胀系数，导致油压升高，采用蓄能器吸收体积增量，控制最高压力，可降低快插接头的对接阻力。图 4-15（a）所示的隔膜式蓄能器通常安装于低压管路，高压管路通过换向阀卸荷到低压管路；图 4-15（b）所示的活塞式蓄能器可用于高压管路，通过截止阀控制与高压管路通断。

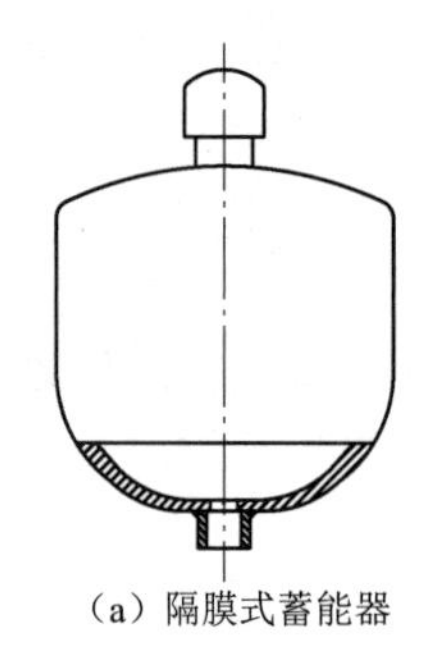
（a）隔膜式蓄能器

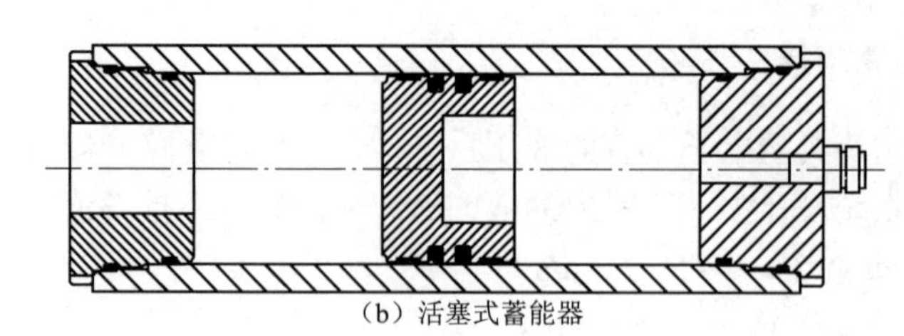
（b）活塞式蓄能器

图 4-15　不同结构形式的蓄能器

3. 过滤器

过滤器用于过滤油液中的污染物，控制油液清洁度，分为高压过滤器、回油过滤器、吸油过滤器等。高压过滤器用于供油管路油液的过滤，回油过滤器用于回油管路油液的过滤，吸油过滤器用于泵入口油液的过滤。

过滤器选择时需要考虑过滤精度、压力损失、纳污容量、通流能力和工作压力。

4．油箱

油箱的主要功能是存储系统所需的液压油，散发工作过程中产生的热量，并分离回油时带入的气体及沉淀物。

根据油箱液面是否与大气相通，分为开式油箱和闭式油箱。开式油箱在工程机械中应用相对广泛，雷达等电子设备的液压系统也普遍采用开式油箱，在箱顶设置空气滤清器或干燥空气呼吸器，与大气相通。

液压油箱推荐采用不锈钢板直接焊接或内衬骨架与不锈钢钢板焊接，钢板厚度为 1.5～6mm。当容量在 100L 以内时，壁厚为 1.5～3mm；当容量为 100～320L 时，壁厚为 3～4mm；当容量大于 320L 时，壁厚为 4～6mm。

雷达等电子设备的液压系统在调试阶段使用时间较长，调试完毕后液压系统为间歇工作系统，负载敏感液压系统功率损失小，可以采用新型轻量化油箱。轻量化油箱采用碳纤维箱体和金属箱盖，在箱体内部安装导热条通过箱盖散热。

4.3　电液控制系统的稳态分析与设计

电液控制系统的设计应当结合需求，分析运行工况，针对负载特性，明确控制指标及其动、静态需求，综合考虑成本和环境后开展，并进行反复迭代，具体的流程可参考图 4-16。下面将分别对电液控制系统的稳态和动态设计的一般原则和方法进行介绍。

与 2.3 节相似，电液控制系统的稳态设计应首先开展负载特性分析，包括对目标运动范围内与加速度相关的惯性负载、与速度相关的黏性负载、与位移相关的弹性负载、动/静摩擦及各类时变负载等的分析；随后根据系统动态控制要求，梳理系统动态响应、成本、功耗等互相矛盾的指标之间的权重，确定合适的执行器及控制方式；根据控制指标的类型、精度要求及范围选择反馈测量元件；结合执行器类型和控制指标确定系统的流量-压力范围，据此选择液压泵源；最终结合室内外环境、温度及湿度范围、油液清洁度等级、振动与冲击、寿命及可靠性要求等选择系统附件。

稳态设计的结果决定了系统动态性能的上限，是系统动态特性得以实现的前提条件，需要具有一定设计经验的研发设计人员综合考虑各种元件的性能指标开展设计。

4.3.1　负载特性分析

电液控制系统设计首先需要分析受控对象的运动范围内的负载特性，绘制负载特性曲线。以负载力为横坐标（可转化为负载压力），负载速度为纵坐标（可转化为负载流量）做出的曲线称为负载特性曲线（见图 4-17），其方程为负载轨迹方程。负载特性曲线与负载结构、大小及所响应的控制信号有关。通常，采用频率法分析系统的负载特性，比如分析系统在正弦信号作用下的位移、速度和受力情况。

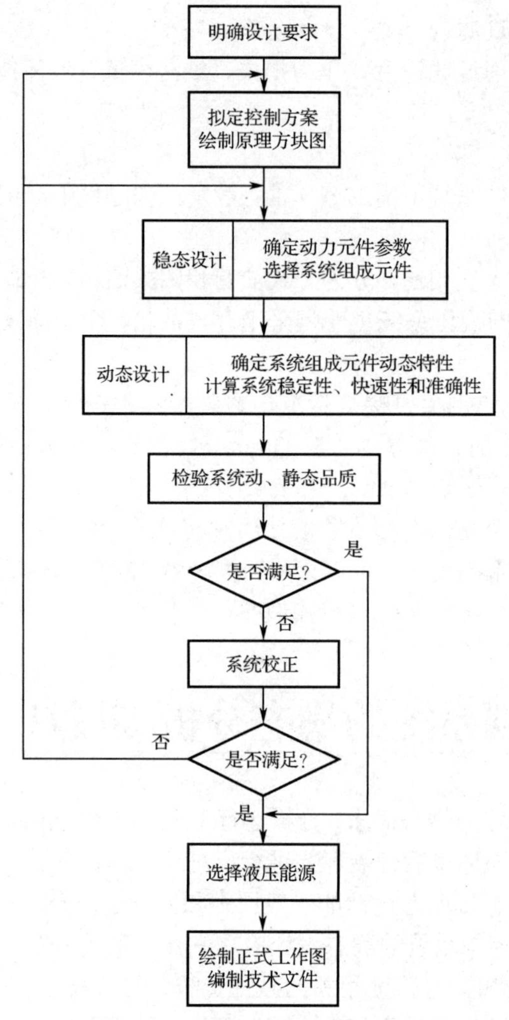

图 4-16　电液控制系统设计流程

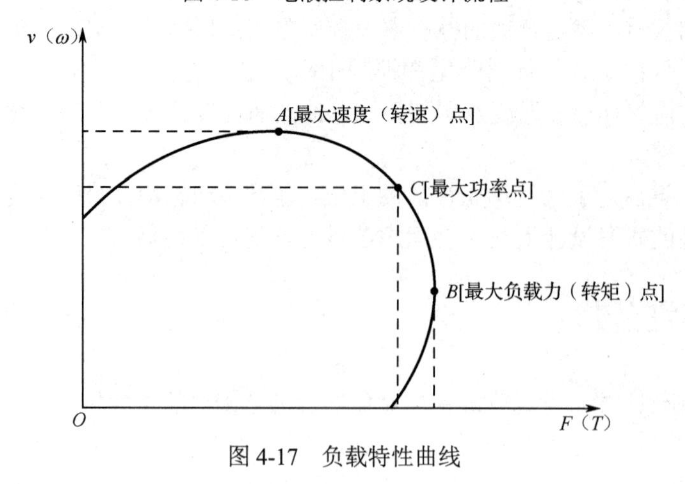

图 4-17　负载特性曲线

（1）惯性负载特性。由牛顿第二定律知惯性力

$$F_{\mathrm{m}} = m_{\mathrm{L}}\ddot{x}_{\mathrm{L}} \tag{4-18}$$

式中，m_{L} 为负载质量；对于负载的正弦位移 $x_{\mathrm{L}} = A\sin\omega t$，其负载速度为 $v = \dot{x}_{\mathrm{L}} = A\omega\cos\omega t$，

加速度为 $\ddot{x}_L = -A\omega^2 \sin\omega t$，其中 A 为位移幅值，ω 为角频率。所以

$$F_m = -m_L A\omega^2 \sin\omega t \tag{4-19}$$

利用三角函数中的正、余弦函数平方和为 1 的关系，可得

$$\frac{v^2}{(A\omega)^2} + \frac{F_m^2}{(m_L A\omega^2)^2} = 1 \tag{4-20}$$

即纯惯性负载的负载特性曲线是长、短轴分别在两个坐标轴上的椭圆。

（2）黏性负载力满足

$$F_B = B\dot{x}_L \tag{4-21}$$

式中，B 为黏性系数。黏性负载的负载特性曲线为一直线段。

（3）弹性负载力满足

$$F_s = Kx_L = KA\sin\omega t \tag{4-22}$$

式中，K 为弹性系数。类似地，其负载特性方程满足

$$\frac{v^2}{(A\omega)^2} + \frac{F_s^2}{(KA)^2} = 1 \tag{4-23}$$

（4）惯性负载、黏性负载及弹性负载共同作用下的负载方程为

$$\frac{v^2}{(A\omega)^2} + \frac{(F_t - Bv)^2}{A^2(K - m_L\omega^2)^2} = 1 \tag{4-24}$$

其中，

$$F_t = F_m + F_B + F_S$$

每一个工况都应在负载特性曲线内。在负载特性曲线上定位具有最大功率、最大速度和最大负载力的特征工作点 C、A、B，如图 4-17 所示。

4.3.2　执行器及控制方式选择

液压控制与执行元件组合类型、特点及适用工况如表 4-1 所示。在实际应用中，应当根据需求中各种控制指标的优先级，确定系统动态响应、成本、功耗等互相矛盾的指标之间的权重来进行选择。应当注意，对于高响应的阀控系统，可采用负载敏感的变量泵配合阀控，降低系统的溢流损失。完成液压控制与执行元件的匹配选择后，需要将其输出特性与 4.3.1 节中分析的负载特性进行匹配迭代，以完善设计。

表 4-1　液压控制与执行元件组合类型、特点及适用工况

类　型	特　点	控制对象及场景
阀控缸	结构紧凑，频响高，存在溢流或节流损失	适用于动态响应要求较高的紧凑型直线或摆动的压力、速度和位移控制
阀控马达	频响较阀控缸偏低，回转刚度高，存在溢流、节流和泄漏损失，效率较低	控制性能要求较高的回转速度或角位移控制场合，也可经丝杠螺母驱动大行程直线运动场合
泵控马达	效率高，系统参数稳定；频响低，响应慢	大功率系统的回转速度控制场合

1. 输出特性分析

将伺服阀的负载流量除以液压缸的面积（或马达的排量），负载压力乘以液压缸面积（或

马达的排量），也即将伺服阀的流量-压力曲线经坐标变换，即可得到液压控制与执行元件组合后的输出特性。在速度（转速）-力（转矩）平面上绘出的输出特征曲线如图 4-18 所示。当伺服阀规格（空载流量 q_{om}）和液压缸面积 A_p 不变时，提高供油压力 p_s，曲线向外扩展，最大功率提高，最大功率点右移［见图 4-18（a）］；当供油压力和液压缸面积不变时，增大伺服阀规格，曲线不变，曲线的顶点 $A_p p_s$ 不变，最大功率提高，最大功率点不变［见图 4-18（b）］；当供油压力和伺服阀规格不变时，加大液压缸面积，曲线变低，顶点右移，最大功率不变，最大功率点右移［见图 4-18（c）］，通过调整 p_s、q_{om}、A_p 三个参数，即可调整输出特性。

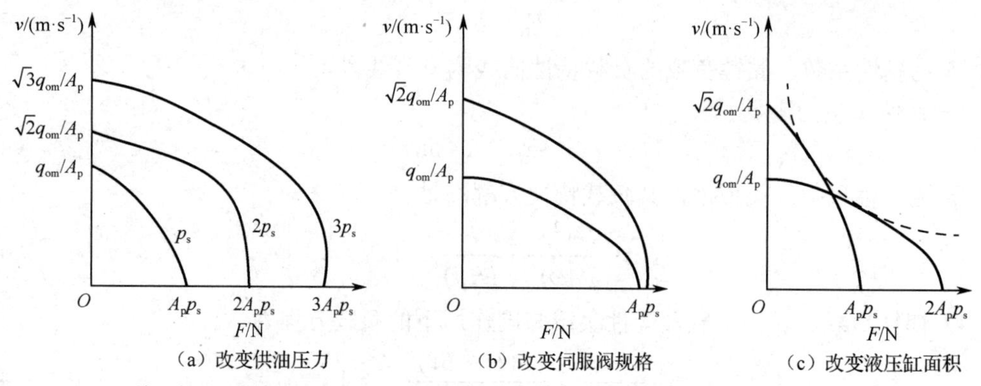

F—输出力；v—活塞运动速度；p_s—供油压力；A_p—液压缸有效面积；q_{om}—伺服阀空载流量

图 4-18　液压控制与执行元件（阀控缸）输出特性曲线

2．负载与输出最佳匹配

（1）图解法：在速度-力坐标系内绘出负载轨迹曲线和执行元件输出特性曲线，并使每一条输出特性曲线均与负载轨迹相切，调整参数，使输出特性曲线从外侧完全包围负载轨迹曲线，即可保证执行元件能够推动负载。如图 4-19 所示，曲线 1、2、3 代表三条执行元件的输出特性曲线。曲线 3 的最大输出功率点与负载轨迹最大功率点 c 重合，满足负载最佳匹配条件。曲线 1 和曲线 2 的最大输出功率点（a 点和 b 点）大于负载的最大功率点（c 点），虽能推动负载，但动力元件的功率未被充分利用，效率都较低。

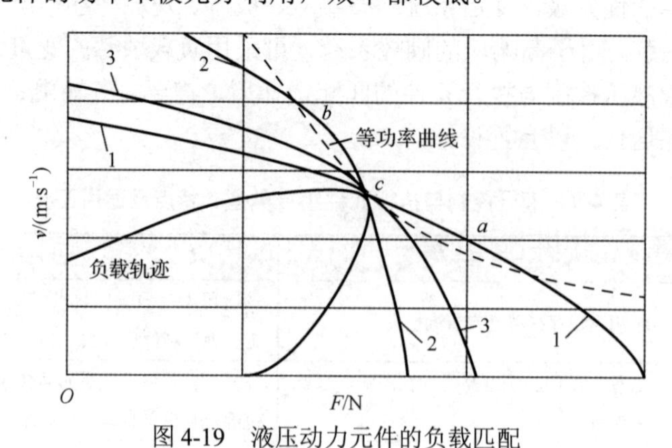

图 4-19　液压动力元件的负载匹配

（2）解析法：对于简单的负载特性场合，可采用解析法近似确定液压控制和执行元件的参数。阀输出功率最大时，负载压力 p_L 与供油压力 p_s 之间满足

$$p_{\mathrm{L}}=\frac{2}{3}p_{\mathrm{s}} \tag{4-25}$$

故最大输出功率点的负载力为

$$F_{\mathrm{L}}=p_{\mathrm{L}}A_{\mathrm{p}}=\frac{2}{3}p_{\mathrm{s}}A_{\mathrm{p}} \tag{4-26}$$

在供油压力选定的情况下，可由式（4-26）求得液压缸的有效面积为

$$A_{\mathrm{p}}=\frac{3F_{\mathrm{L}}}{2p_{\mathrm{s}}} \tag{4-27}$$

如果要求双向输出特性相同，则应使用双杆液压缸。由于阀输出功率为最大值时对应负载流量 p_{L} 与最大空载流量 q_{om} 的关系为

$$q_{\mathrm{L}}=\frac{q_{\mathrm{om}}}{\sqrt{3}} \tag{4-28}$$

故最大输出功率点的负载速度为

$$v_{\mathrm{L}}=\frac{q_{\mathrm{L}}}{A_{\mathrm{p}}}=\frac{q_{\mathrm{om}}}{A_{\mathrm{p}}\sqrt{3}} \tag{4-29}$$

再根据式（4-27）计算出液压缸缸筒（活塞）直径 D、活塞杆直径 d 和圆整后的有效面积 A_{p} 后，即可由式（4-29）求出伺服阀的最大空载流量为

$$q_{\mathrm{om}}=\sqrt{3}A_{\mathrm{p}}v_{\mathrm{L}} \tag{4-30}$$

3．控制阀规格的确定

根据所确定的供油压力 p_{s} 和负载流量 q_{L} 可计算得到空载流量 q_{om}，随即可由样本确定阀的规格。为保证系统频宽，阀的输出应留有余量。通常应取到 15%以上。

除了流量参数外，在伺服阀选择时还应考虑以下因素。

（1）阀的流量增益线性度。在位置控制系统中，一般选用零开口的流量阀，这类阀压力增益较大，控制刚度高，并可提高系统的快速性及系统控制精度。

（2）阀的频响。为了降低阀自身动态特性对系统的影响，阀的频响应高于系统频响的 5～10 倍。

（3）阀的零点漂移、温度漂移和死区应尽量小，降低由此引起的系统误差。

（4）其他特性，包括零位泄漏、抗污染能力、供电功耗、寿命和价格等，需要结合系统需求来确定。

4.3.3　反馈测量元器件的选择

反馈测量元器件的选择首先应当与需要控制的变量类型及范围相匹配，常用的传感器的类型见 4.2.2 节。为了使反馈测量的值较为准确，一般应使实际受控变量分布在检测量程的 1/3～2/3 之间，留有充足的测量裕度。

选择反馈测量元件时要根据系统总误差的分配情况，校核它们的精度（如线性度、零漂、灵敏度等）是否满足要求。众所周知，控制系统所能达到的精度不可能超过检测精度，传感器的精度应高于系统所要求的精度，一般高 1 个数量级。例如，系统精度为 1%，则传感器精度应为 0.1%。在选择传感器时，还应考虑抗电磁干扰和温度变化干扰的能力等因素。

此外，反馈传感器的动态响应需要比比例-伺服阀和液压执行元器件的动态响应高得多，其动态特性可以忽略，在随后的动态分析中可以被看成比例环节。

4.3.4 液压动力源设计

为保证液压伺服系统长期可靠工作，需要合理选择和配置液压泵动力源，具体的设计要求如下。

- 液压动力源应能提供足够的压力、流量以满足负载的需要，同时又不造成能量的过度浪费；
- 保证油液的清洁度防止控制阀堵塞，一般要求有 5～10μm 的泵口出油和阀后回油过滤器；
- 防止空气混入，以免影响液压油刚度，降低控制稳定性和快速性，一般油中的空气含量不应超过 2%～3%；
- 采用冷却器或加热器保持油温恒定，以提高系统性能并延长元件寿命，在环境温度-40～50℃中，油温应能稳定控制在 35～55℃之间；
- 必要时采用蓄能器保持压力稳定，降低压力脉动，确保控制精度。

所选择的油源方案应能与负载很好地匹配，即应使液压动力源完全包围负载的压力-流量特性曲线并留有 15%左右的裕量。

图 4-20 表示了液压动力源与不同负载的压力-流量匹配情况，具体地，对于负载特性曲线 *a* 和 *b*，液压动力源分别出现了流量或压力不足的情况，需要进行改进设计。此外，为了充分发挥动力源功率，提高系统效率，动力源的最大功率点应尽量接近负载特性曲线的最大功率点。

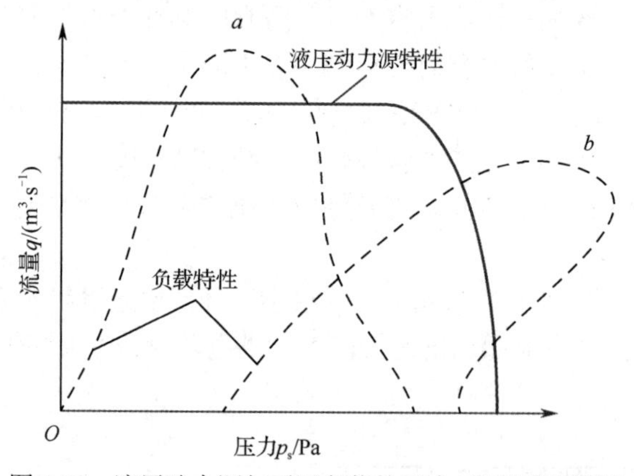

图 4-20 液压动力源与不同负载的压力-流量匹配情况

进一步讨论阀控系统动力能源的选择，如图 4-21 所示，液压动力源的特性曲线虽未完全包围伺服阀的特性曲线，但完全包围了负载特性曲线，因此可以满足负载的要求。参考负载特性曲线完成动力源特性曲线匹配设计后，即可参考 4.2.3 节中不同的电动机-泵组合完成动力源系统的选择设计。

参考控制需求，首先电液系统要增加一些必要的逻辑和安全辅助回路，如优先级排序的顺序阀、防失速的平衡阀、过压保护的安全阀等；其次要考虑多个执行器同时工作时的流量干扰问题，对可靠性要求较高时还应增设备用泵；最后还要考虑节能问题，当工作循环中流量瞬时需求差异较大时，可采用蓄能器辅助供油，对于频繁举升的系统，还应当设计二次调节系统回收举升势能，从而降低能耗。

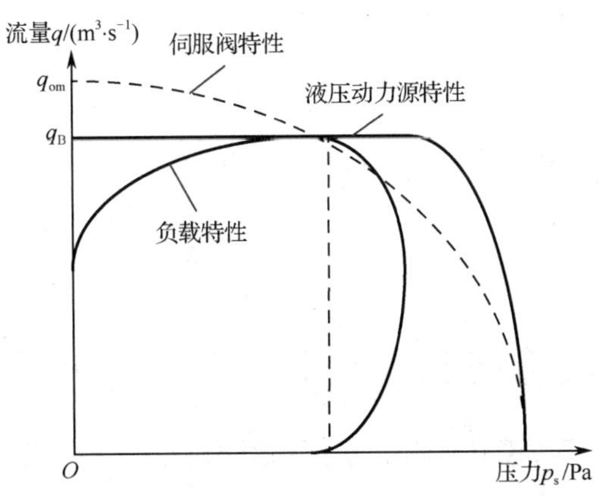

图 4-21　液压动力源的特性曲线未完全包围伺服阀的特性曲线

4.4　电液控制系统的动态分析与设计

电液控制系统的动态特性一般体现在液压控制元件驱动执行元件带动负载这一级。参照4.2.3 节中的介绍，变量泵的内部机构也是阀控柱塞缸的形式，因此阀控缸系统是最典型的电液控制系统。本节以电液位置伺服控制系统为例，分析其流量、容积和力平衡特性，归纳推导系统的传递函数，进而研究系统的频响、稳定性和误差，并设计相应的校正环节。

4.4.1　固有环节传递函数

电液位置伺服控制系统的动态分析建立在系统传递函数模型上，因此在系统动态分析前，必须基于元器件的工作机理建立系统的数学模型。电液位置伺服控制系统广泛应用于机床工作台位置控制、板带轧机的板厚控制和雷达等装备的等控制系统；同时，在其他物理量，如速度、力的控制系统中，也往往有位置小闭环回路作为子环节。下面以图 4-22 所示的典型电液位置伺服控制系统为例，介绍电液位置伺服控制系统的特点及其分析方法。

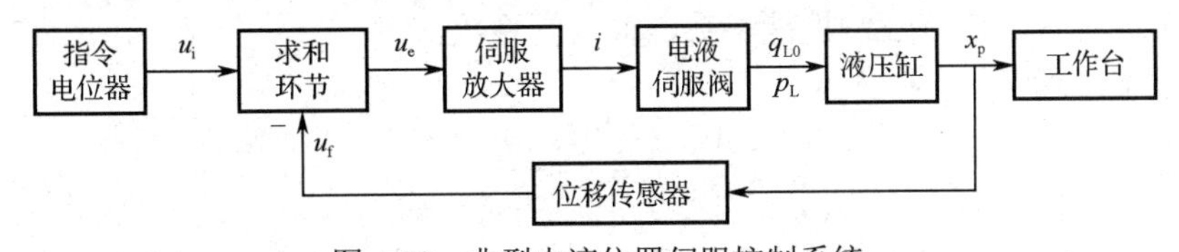

图 4-22　典型电液位置伺服控制系统

1. 环节分析

1）求和环节与伺服放大器的传递函数

求和环节计算指令信号 u_i 与测量反馈信号 u_f 之间的偏差 u_e，一般通过惠斯通电桥实现。伺服放大器将偏差进行功率放大，得到驱动电液伺服阀的电流信号 i。电子器件的响应速度远

高于伺服阀，因此该环节可视为比例环节，其输入、输出关系的拉氏变换式可以写为

$$[u_i(s)-u_f(s)]K_a=u_e(s)K_a=i(s) \tag{4-31}$$

式中，K_a为放大器增益。

2）位移传感器的传递函数

系统中的位移传感器及其放大部分将液压缸的位移转换成可供计算的电信号，其传递函数可表示为

$$u_f(s)=x_p(s)K_f \tag{4-32}$$

式中，K_f为传感器的增益。

3）电液伺服阀的传递函数

电液伺服阀的输出一般以其空载流量 q_{L0} 表示，其与控制电流 i 之间是一个二阶振荡环节关系。一般情况下，电液伺服阀的频响远高于液压动力元件，此时两者之间可看作比例环节，表示为

$$q_{L0}(s)=K_{sv}i(s) \tag{4-33}$$

式中，K_{sv}为伺服阀的增益。

假定滑阀零开口，四个节流窗口完全对称且无泄漏。当阀芯处于阀套的中间位置时，四个控制节流口全部关闭。当阀芯移动时，负载流量为

$$q_L=C_dA(|x_v|)\sqrt{\frac{2}{\rho}\Delta p}=C_dA(|x_v|)\sqrt{\frac{2}{\rho}[p_s-\mathrm{sgn}(x_v)p_L]} \tag{4-34}$$

式中，q_L为负载流量；C_d为阀口的流量系数，对于薄壁型阀口取值0.60～0.65；$A(x_v)$为与阀芯开度x_v成比例的窗口函数；ρ为流体密度；q_s和q_L分别为油源和负载压力；Δp为液压缸两腔压差。

阀的压力-流量方程是伺服-比例系统分析时的重要方程，但阀的压力-流量特性是非线性的，利用线性理论对系统进行分析时，必须将阀的压力-流量方程线性化。即将式（4-34）在某一工作点 A（q_{LA}，P_{LA}，x_{vA}）附近展开成泰勒级数。

$$\Delta q_L=q_L-q_{LA}=\left.\frac{\delta q_L}{\delta x_v}\right|_A\Delta x_v+\left.\frac{\delta q_L}{\delta p_L}\right|_A\Delta p_L \tag{4-35}$$

该式表示，阀输出的负载流量不仅随阀芯控制位移的变化而变化，同时还要受负载压力p_L变化的影响。式中的两个偏导数表示阀芯的位移变化和负载压力变化对阀的负载控制流量变化的影响程度，是代表阀特性的性能参数，称为阀系数。

（1）阀的流量增益 K_q 定义为

$$K_q=\frac{\delta q_L}{\delta x_v} \tag{4-36}$$

表示负载压降一定时，单位阀芯位移变化引起的负载流量变化的大小。其值越大，表示该点处对阀芯位移控制越灵敏。

（2）阀的流量-压力增益 K_c 定义为

$$K_c=-\frac{\delta q_L}{\delta p_L} \tag{4-37}$$

流量-压力系数表示阀开度一定时，单位负载压降增加所引起的负载流量的减少量。K_c 越小，表示单位负载压降增加所引起的负载流量的减少量小，阀抵抗负载变化的能力强，即阀的

刚度大。从动态角度看 K_c 代表系统的阻尼。当系统振动加剧时，负载压力增大，K_c 越大，将使阀的输出负载流量减小得越多，对振动的衰减作用越大。

阀系数值随工作点而变，对于液压伺服系统来说，一方面零位是伺服系统的常用工作点，另一方面是阀在零位时流量增益最大，流量-压力系数最小，因而系统的开环增益最大，液压阻尼比最小，系统稳定性最差。因此，在进行系统稳定性分析时，都要采用零位阀系数进行计算。

在零位附近，定义了以上阀系数后，式（4-36）所表示的阀的线性化流量方程可改写为

$$q_L = K_q x_v - K_c p_L = q_{L0} - K_c p_L \tag{4-38}$$

其拉氏变换式为

$$q_L(s) = K_{sv} i(s) - K_c p_L(s) = K_q x_v(s) - K_c p_L(s) \tag{4-39}$$

（3）液压缸流量连续性方程。忽略阀与液压缸之间的管道特性、油液体积弹性压缩及油温变化，同时假设液压缸内、外泄漏均为层流，则可得到液压缸流量连续性方程为

$$q_L = A_p \frac{dx_p}{dt} + \left(C_{ip} + \frac{C_{ep}}{2}\right) p_L + \frac{V_t}{4\beta_e}\frac{dp_2}{dt} = A_p \frac{dx_p}{dt} + C_{tp} p_L + \frac{V_t}{4\beta_e}\frac{dp_L}{dt} \tag{4-40}$$

该方程的拉氏变换式可以写为

$$q_L(s) = A_p s x_p(s) + \left(C_{tp} + \frac{V_t}{4\beta_e} s\right) p_L(s) \tag{4-41}$$

式中，A_p 为双杆活塞液压缸的有效作用面积；x_p 为活塞位移；C_{ip} 和 C_{ep} 分别为液压缸内、外泄漏系数；β_e 为油液的等效体积弹性模量；C_{tp} 是总的泄漏系数；V_t 为总的压缩容积。

4）液压缸的受力分析

忽略库仑摩擦等非线性载荷，可得液压缸活塞上的动力学平衡方程为

$$A_p p_L = m_t \frac{d^2 x_p}{dt^2} + B_p \frac{dx_p}{dt} + K x_p + F_L \tag{4-42}$$

式中，m_t 为折算后的等效负载质量；B_p 为活塞与负载的黏性摩擦系数；K 为负载的弹簧刚度；F_L 为活塞上的附加负载力。

该式的拉氏变化式可以写为

$$A_p p_L(s) = m_t s^2 x_p(s) + B_p s x_p(s) + K x_p(s) + F_L(s) \tag{4-43}$$

2．方框图与传递函数

由以上公式可以画出电液位置伺服控制系统的传递函数方框图，如图 4-23 所示。

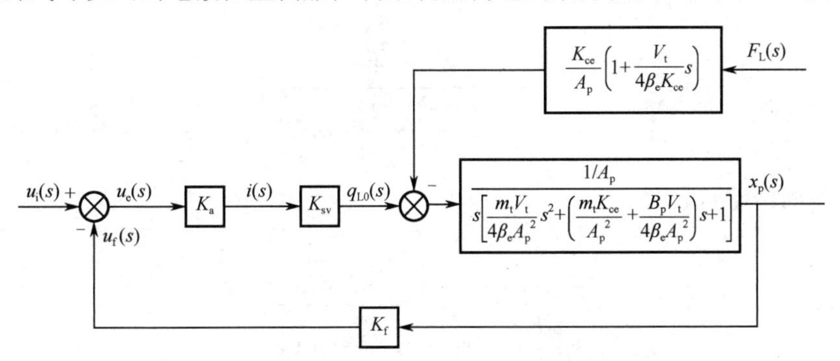

图 4-23　电液位置伺服控制系统的传递函数方框图

消去中间变量 p_L 和 q_L，或者通过方框图的变化都可以得到阀芯位移 x_v 和外界负载 F_L 同时作用时的活塞位移为

$$x_p=\frac{\dfrac{q_{L0}(s)}{A_p}-\dfrac{K_{ce}}{A_p^2}\left(1+\dfrac{V_t}{4\beta_e K_{ce}}s\right)F_L}{\dfrac{m_t V_t}{4\beta_e A_p^2}s^3+\left(\dfrac{m_t K_{ce}}{A_p^2}+\dfrac{B_p V_t}{4\beta_e A_p^2}\right)s^2+\left(1+\dfrac{B_p K_{ce}}{A_p^2}+\dfrac{KV_t}{4\beta_e A_p^2}\right)s+\dfrac{KK_{ce}}{A_p^2}} \tag{4-44}$$

式中，K_{ce} 为总的流量-压力系数，$K_{ce}=K_c+C_{tp}$。

3. 传递函数简化

方程是考虑了惯性和黏性负载、油液压缩性和液压缸泄漏等复杂因素的通用形式，实际应用时可结合负载情况和动态要求进行简化。伺服系统在大多数情况下都以惯性负载或风载为主，没有或只有很小的弹性负载；同时黏性系数一般很小，由黏性摩擦 $B_p s x_p$ 引起的泄漏流量 $\dfrac{B_p K_{ce}}{A_p^2}sx_p$ 可忽略不计，则式（4-44）可写为

$$x_p=\frac{\dfrac{K_q}{A_p}x_v-\dfrac{K_{ce}}{A_p^2}\left(1+\dfrac{V_t}{4B_e K_{ce}}s\right)F_L}{s\left[\dfrac{m_t V_t}{4\beta_e A_p^2}s^2+\left(\dfrac{m_t K_{ce}}{A_p^2}+\dfrac{B_p V_t}{4\beta_e A_p^2}\right)s+1\right]} \tag{4-45}$$

该式可简化为

$$x_p=\frac{\dfrac{K_q}{A_p}x_v-\dfrac{K_{ce}}{A_p^{22}}\left(1+\dfrac{V_t}{4\beta_e K_{ce}}s\right)F_L}{s\left(\dfrac{s^2}{\omega_h^2}+\dfrac{2\xi_h}{\omega_h}s+1\right)} \tag{4-46}$$

式中，液压固有频率 $\omega_h=\sqrt{\dfrac{4\beta_e A_p^2}{m_t V_t}}$；液压阻尼比 $\xi_h=\dfrac{K_{ce}}{A_p}\sqrt{\dfrac{\beta_e m_t}{V_t}}+\dfrac{B_p}{4A_p}\sqrt{\dfrac{V_t}{\beta_e m_t}}$，当 B_p 较小时，可以近似写为 $\xi_h=\dfrac{K_{ce}}{A_p}\sqrt{\dfrac{\beta_e m_t}{V_t}}$。该公式给出了以惯性负载为主时的阀控缸动态特性，分子中的第一项是稳态情况下活塞的空载速度，第二项是因外负载力造成的速度降低。

对指令输入 x_v 的传递函数为

$$\frac{x_p}{x_v}=\frac{\dfrac{K_q}{A_p}}{s\left(\dfrac{s^2}{\omega_h^2}+\dfrac{2\xi_h}{\omega_h}s+1\right)} \tag{4-47}$$

对扰动 F_L 的传递函数为

$$\frac{x_p}{F_L}=\frac{-\dfrac{K_{ce}}{A_p^2}\left(1+\dfrac{V_t}{4\beta_e K_{ce}}s\right)}{s\left(\dfrac{s^2}{\omega_h^2}+\dfrac{2\xi_h}{\omega_h}s+1\right)} \tag{4-48}$$

根据实际应用情况和动态要求，进一步忽略油液的可压缩性，对指令输入 x_v 的传递函数可以表示为

$$\frac{x_p}{x_v}=\frac{\dfrac{K_q}{A_p}}{s\left(\dfrac{M_t K_{ce}}{A_p^2}s+1\right)}=\frac{\dfrac{K_q}{A_p}}{s\left(\dfrac{s}{\omega_1}+1\right)} \tag{4-49}$$

其中，ω_1 为惯性环节的转折频率。

4.4.2　系统稳定性分析

稳定性是控制系统正常工作的必要条件，它是系统最重要的特征。电液位置伺服控制系统的动态设计和性能分析一般都是以稳定性为基础展开的。

由图 4-23 可知系统的开环传递函数为

$$G(s)H(s)=\frac{K_v}{s\left(\dfrac{s^2}{\omega_h^2}+\dfrac{2\xi_h}{\omega_h}s+1\right)} \tag{4-50}$$

式中，K_v 为系统的开环放大系数，也称速度放大系数，定义为

$$K_v=K_f K_a K_{sv}/A_p \tag{4-51}$$

由式（4-51）可以画出系统的开环伯德（Bode）图，如图 4-24 所示。该曲线在低频区域为一条斜率近似为−20dB/dec 的直线，在高频区域的斜率近似为−60dB/dec，两条近似渐近线交点处的频率定义为液压固有频率 ω_h，在 ω_h 处的渐近频率特性的幅值为 20lg（K_v/ω_h）。由于阻尼比较小，在 ω_h 处出现了一个谐振峰值，其幅值为 20lg（$K_v/2\xi_h\omega_h$）。该处的相角为 ω_g=−180°（相位穿越频率）。

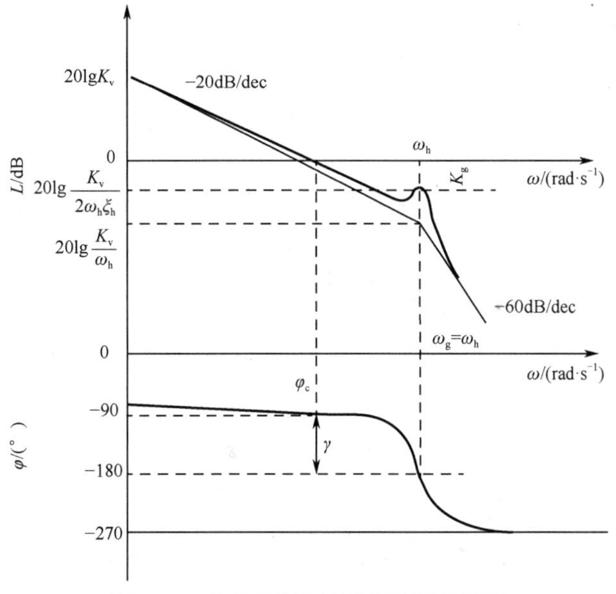

图 4-24　电液位置伺服控制系统伯德图

为了保证系统的稳定，必须使相位裕量 γ 和增益裕量 K_g 均为正值且有一定的裕量。相位裕量是增益交界频率（穿越频率）ω_c 处的相角 φ_c 与−180° 的差值，即有 $\gamma=\varphi_c+180°$；增益裕量

是相位穿越频率 ω_g 处的增益与零分贝线的距离，即该点增益的倒数，写为

$$K_g(\text{dB}) = -20\lg\left|G(\text{j}\omega_g)H(\text{j}\omega_g)\right| \tag{4-52}$$

对所讨论的系统而言，穿越频率 ω_c 处的渐近线斜率为-20dB/dec，所以相位裕量一般都是正值，系统稳定只需要增益裕量为正值。考虑到 $\omega_g=\omega_h$，故

$$-20\lg\left|G(\text{j}\omega_g)H(\text{j}\omega_g)\right| = -20\lg\frac{K_v}{2\omega_h\xi_h} > 0 \tag{4-53}$$

从而得到未经校正的电液位置伺服控制系统的稳定性判据为 $K_v < 2\omega_h\xi_h$。

这表明为了系统的稳定，开环放大系数 K_v 的增大将受到液压固有频率 ω_h 和阻尼比 ξ_h 的制约。实验室测量表明，阀控液压缸的 ξ_h 一般在 0.1～0.2 之间。

事实上，为了获得满意的性能，仅仅满足稳定性判据还是不够的，还应给系统预留足够大的稳定裕量。通常增益裕量应大于 6～12dB，相位裕量则应大于 30°～60°。在此计算并讨论增益裕量 $K_g \geqslant 6\text{dB}$，相位裕量 $\gamma \geqslant 45°$ 时，ω_h、ξ_h 和 K_v 之间的关系。

此时 $K_g \geqslant 6\text{dB}$，则有 $\dfrac{K_v}{2\omega_h\xi_h} \leqslant 0.5$，在 $\gamma \geqslant 45°$ 时，其对应的相位为

$$\varphi_c \leqslant -\pi + \gamma = -\frac{\pi}{2} - \arctan\frac{2\xi_h(\omega_c/\omega_h)}{1-(\omega_c/\omega_h)^2} \tag{4-54}$$

考虑到 ω_h 只能取正值，可求出

$$\frac{\omega_c}{\omega_h} = -\xi_h + \sqrt{\xi_h^2 + 1} \tag{4-55}$$

ω_c 对应的对数幅值

$$20\lg\frac{K_v}{\omega_c\sqrt{\left[1-\left(\dfrac{\omega_c}{\omega_h}\right)^2\right]^2 + \left(2\xi_h\dfrac{\omega_c}{\omega_h}\right)^2}} = 0 \tag{4-56}$$

可解出 $\gamma \geqslant 45°$ 时，应有

$$\frac{K_v}{\omega_h} \leqslant 2\sqrt{2}\xi_h\left(\sqrt{\xi_h^2+1} - \xi_h\right)^2 \tag{4-57}$$

由此可以画出无因次开环增益 K_v/ω_h 与阻尼比 ξ_h 之间的关系曲线，如图 4-25 中的曲线 1、曲线 2 所示。图中还给出了闭环频率响应谐振峰值 M_r=1.3 时 K_g/ω_h 与 ξ_h 之间的关系曲线 3。可以看出，由式（4-57）得到的曲线与 M_r=1.3 时的曲线比较一致，这表明满足增益裕量 $K_g \geqslant 6\text{dB}$，相位裕量 $\gamma \geqslant 45°$ 的系统，能近似使其闭环频响的谐振峰值 M_r<1.3，单位阶跃响应的最大超调量小于 23%。

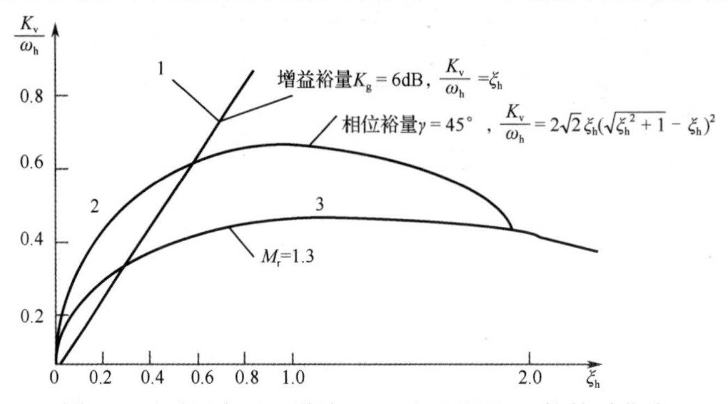

图 4-25　无因次开环增益 K_v/ω_h 与阻尼比 ξ_h 的关系曲线

4.4.3　提高电液位置伺服控制系统性能的方法

大多数电液位置伺服控制系统中都没有弹性负载，此时电液位置伺服控制系统的开环传递函数一般都可以简化为一个积分和一个振荡环节。液压系统的阻尼比一般都较小，且随工作点的变化有明显差异，系统的增益裕量不足而相位裕量通常有一定的裕量。

为了提高电液伺服系统的性能，下面介绍一些典型的校正方法。

1．滞后校正

伺服控制系统中经常采用滞后校正来提高低频增益，从而提高系统的稳态精度，或是通过降低系统高频段的增益以保证系统的稳定性。

1）滞后校正网络及其传递函数

典型的滞后校正网络传递函数可推导为

$$G_c(s)=\frac{u_c(s)}{u_i(s)}=\frac{\dfrac{s}{\omega_{rc}}+1}{\dfrac{\alpha s}{\omega_{rc}}+1} \tag{4-58}$$

式中，ω_{rc}为超前环节的转折频率；α为滞后超前比，$\alpha>1$，因此滞后时间常数大于超前时间常数，网络具有相位滞后特性，故称为滞后网络，其伯德图如图 4-26 所示，是一个低通滤波器，具有高频衰减的特性。

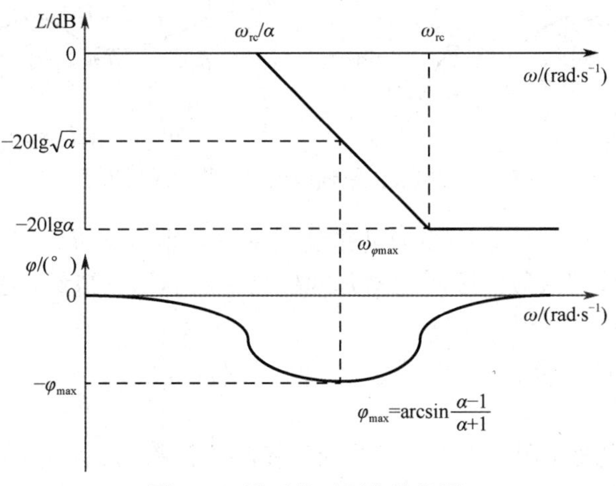

图 4-26　滞后校正网络伯德图

2）滞后校正的作用

原电液位置伺服控制系统加入滞后校正后，其传递函数方框图如图 4-27 所示。开环传递函数为

$$G_c(s)G_h(s)H(s)=\frac{K_{vc}\left(\dfrac{s}{\omega_{rc}}+1\right)}{s\left(\dfrac{\alpha}{\omega_{rc}}s+1\right)\left(\dfrac{s^2}{\omega_h^2}+\dfrac{2\xi_h}{\omega_h}s+1\right)} \tag{4-59}$$

式中，K_{vc} 为校正后的速度放大系数。

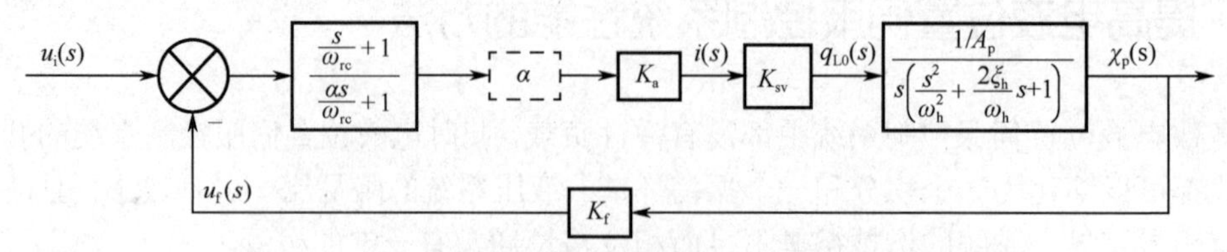

图 4-27　加入滞后校正后的电液位置伺服控制系统方框图

滞后校正网络串入系统以后，可以利用其高频衰减特性来提高系统的稳定性，图 4-28（a）中伯德图的曲线 1 表示未校正的不稳定的电液位置伺服控制系统，加入滞后校正网络后，系统就拥有了一定的稳定裕量，如图 4-28（a）中的曲线 2 所示。

滞后校正还能利用其高频衰减特性，在保持系统稳定的前提下，提高系统的低频增益，改善系统的稳态性能。图 4-28（b）中曲线 1 代表一个稳定系统，但由于开环增益较小，系统精度达不到要求，通过滞后校正，并提高系统的开环增益，可使 $K_{vc}=\alpha K_v$，这样既减小了系统的稳态误差，系统的稳定性又基本不受影响，校正后的伯德图如图 4-28（b）中曲线 2 所示。

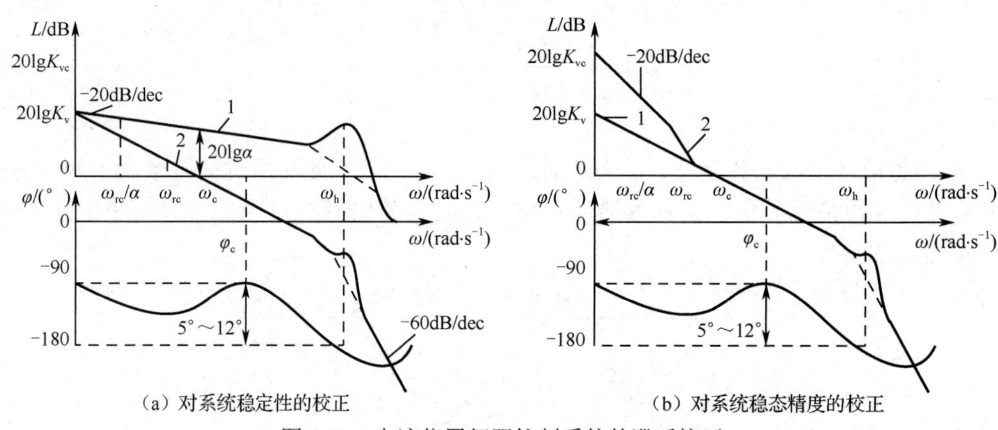

（a）对系统稳定性的校正　　（b）对系统稳态精度的校正

图 4-28　电液位置伺服控制系统的滞后校正

滞后校正利用的是滞后校正网络的高频衰减特性而非相位滞后。在阻尼比较小的液压伺服控制系统中，提高放大系数的限制因素是幅值裕量而非相位裕量，因此，采用滞后校正很适合。

2. 速度反馈校正

速度反馈校正的主要作用是提高主回路的刚度，减小速度反馈回路的内、外干扰和非线性的影响，如伺服放大器和伺服阀的零漂、死区、滞环等的影响，提高系统的静态精度。

如图 4-29 所示的系统，从液压缸工作台接上速度传感器，检测工作台的速度并将其信号与放大器输入端相连，构成局部速度反馈校正（反馈系数为 K_{fv}）回路。

由图 4-29 可推出速度反馈回路的闭环传递函数为

$$G(s)=\frac{K_aK_{sv}/A_p}{s\left(\frac{s^2}{\omega_h^2}+\frac{2\xi_h}{\omega_h}s+1+\frac{K_aK_{sv}K_{fv}}{A_p}\right)}=\frac{K'_{v1}}{s\left(\frac{s^2}{\omega_{hv1}^2}+\frac{2\xi_{hv1}}{\omega_{hv1}}s+1\right)} \tag{4-60}$$

式中，$K'_{v1}=\dfrac{K_aK_{sv}/A_p}{(K_aK_{sv}K_{fv}/A_p)+1}$；$\omega_{hv1}=\omega_h\sqrt{(K_aK_{sv}K_{fv}/A_p)+1}$；$\xi_{hv1}=\dfrac{\xi_h}{\sqrt{(K_aK_{sv}K_{fv}/A_p)+1}}$。

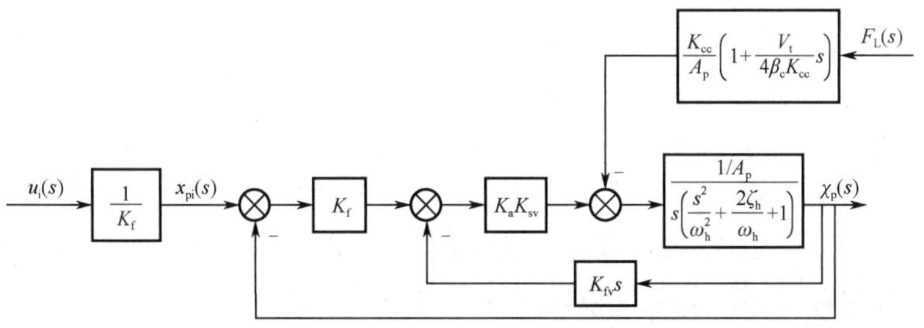

图 4-29　具有速度反馈校正的电液位置伺服控制系统方框图

由图 4-29 可知，校正系统的放大系数为 $K_v=K_aK_{sv}K_{fv}/A_p$，校正后的系统开环放大系数为

$$K'_v=K_fK'_{v1}=\frac{K_v}{(K_aK_{sv}K_{fv}/A_p)+1} \tag{4-61}$$

由以上公式可以看出，速度反馈并不更改原系统的结构，但使得原系统的开环增益降至 1/（$K_aK_{sv}K_{fv}/A_p$+1），固有频率增加了 $\sqrt{(K_aK_{sv}K_{fv}/A_p)+1}$ 倍，使得液压阻尼比降低至原有的 $1/\sqrt{(K_aK_{sv}K_{fv}/A_p)+1}$。

增加了速度反馈后，原系统位置回路的开环增益降低了，将会降低系统的频宽。此时，为了保持系统增益不变，可在系统中增加放大倍数为（$K_aK_{sv}K_{fv}/A_p$+1）的增益。因为 $\omega_{hv1}\xi_{hv1}=\omega_h\xi_h$，校正后系统增益的提高并不能超过原系统的增益 K_v，因此速度反馈并不能改善系统的动态特性。

速度补偿校正后的系统在液压缸没有输出运动时，速度反馈不起作用，此时系统的开环增益等于未补偿时的增益 K_v。液压缸运动后速度回路闭环，系统的开环增益降低为 K'_v。如果使系统静止时的开环增益 K_v 提高，通常设计为 4000～5000rad/s，系统就可以具有很高的静态刚度和稳态精度；而速度反馈后，系统运动时的开环增益 K'_v 很低，通常为 8～50rad/s，那么系统就具有较大的稳定裕量，稳定性好，无超调。

由于速度反馈回路包含了伺服放大器、伺服阀、液压缸等元件，所以大大减少了这些元件的非线性影响，使负载扰动和伺服阀零漂等影响被抑制，从而减小了这些扰动所引起的位置误差。系统输出至干扰输入点的增益越大，这些扰动的影响将被抑制得越小。但是，在增加速度回路增益的同时，要注意速度回路本身的稳定性及对系统高频噪声的限制。

4.5 典型传动机构

4.5.1 展收机构

展收机构是两组或多组结构件，是绕转轴旋转至设定角度的执行元件。根据雷达等电子设备的物理特征，上述结构件主要用于天线阵面、平台、馈源、副瓣天线、保护架、蛙腿、抗倾覆梁等部位的展收，下面根据展收角度和是否存在联动关系进行分类介绍。

1. 90°展收机构

90°展收机构是两组或多组结构件，绕转轴旋转 90°的执行元件，主要用于实现天线、馈源等结构件工作状态与运输状态的相互转换。90°展收机构一般采用单液压缸驱动，分为液压缸直接驱动和液压缸驱动平面连杆机构等形式。

如图 4-30 所示，液压缸直驱 90°展收机构主要由中块支耳、边块支耳和液压缸等组成，液压缸为该机构系统的动力源。动作过程如下：当边块需要展开时，通过液体压力驱动液压缸伸长，液压缸的伸长将驱动边块绕轴 1 转动，通过合理设计液压缸的最短安装距离和行程，可实现当液压缸伸出到极限位时，边块刚好绕轴 1 旋转 90°。

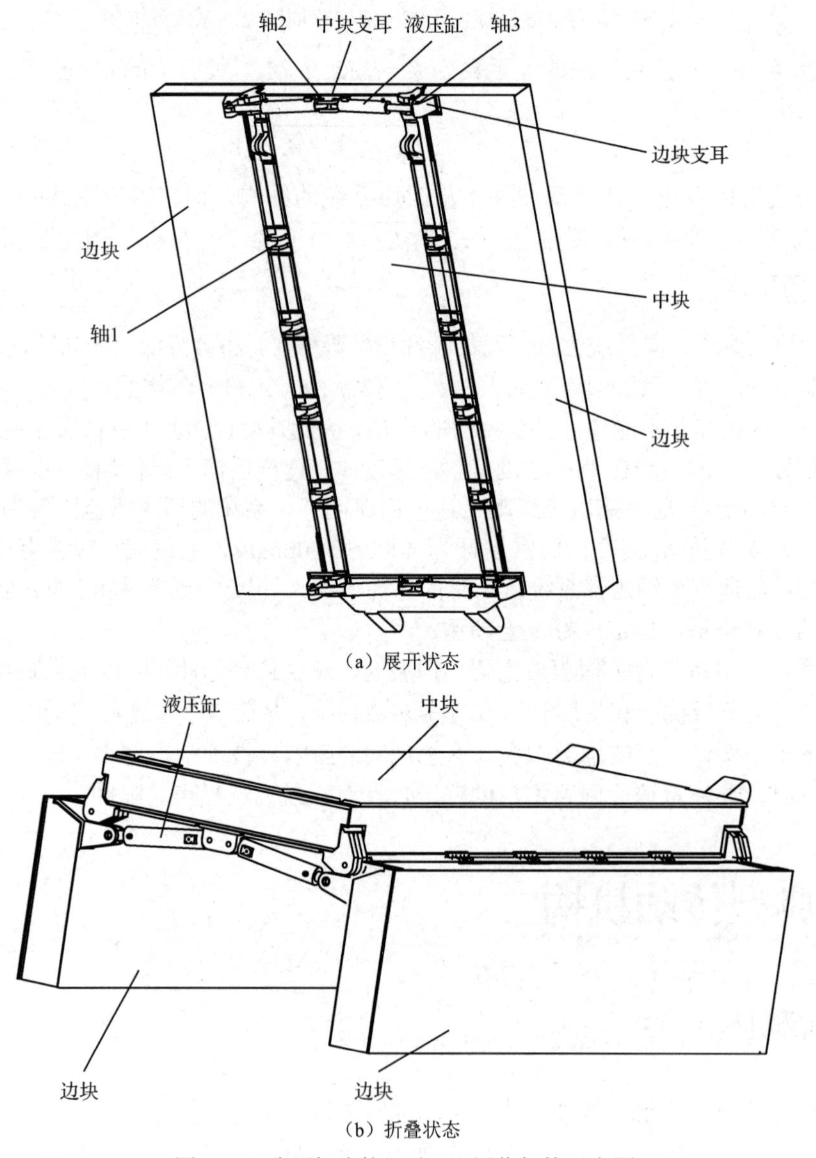

图 4-30　液压缸直接驱动 90°展收机构示意图

如图 4-31 所示，液压缸驱动平面机构主要由支臂（展收结构件）、撑杆支座、撑杆、连杆和液压缸等组成，液压缸为该机构系统的动力源。动作过程如下：当支臂需要展开时，通过液压力驱动液压缸伸长，液压缸的伸长将驱动撑杆绕轴 1 逆时针转动，根据平面四连杆机构的固有性质，从动杆（支臂）将按照唯一确定的轨迹运动，这里表现为绕轴 2 的转动。通过合理设计各连杆的长度，即可实现当主动杆（撑杆）绕轴 1 逆时针转过某一角度α时，从动杆（支臂）刚好绕轴 2 顺时针转过 90°。当支臂 90°展开到位后，液压缸伸长至最长状态，此时依靠机构系统本身形成的空间桁架结构实现对支臂展开状态的锁定。

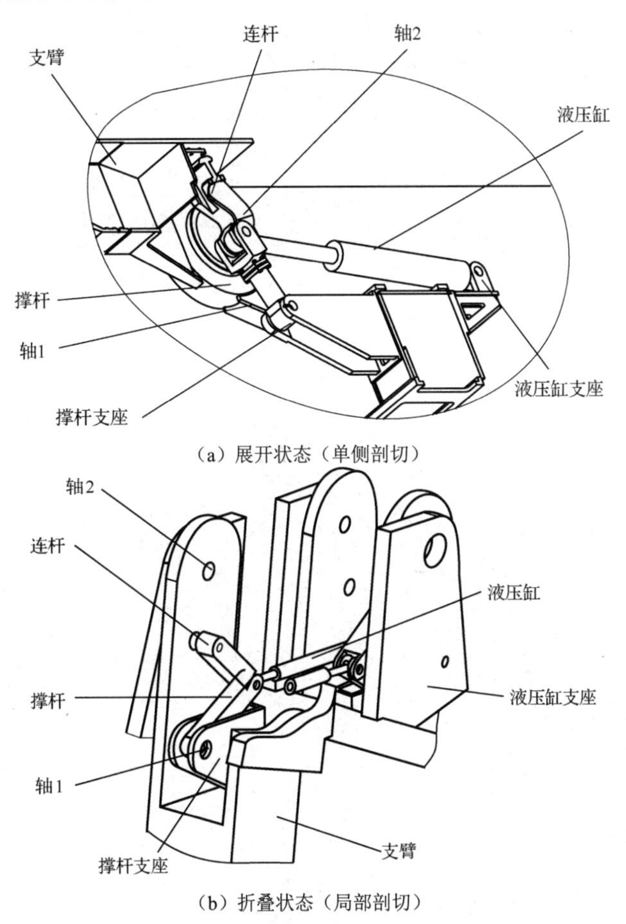

（a）展开状态（单侧剖切）

（b）折叠状态（局部剖切）

图 4-31　液压缸驱动平面机构 90°展收示意图

在系统结构设计过程中将支撑杆设计成可以无级调节长度的结构形式，从而保证在系统装配过程中通过微量调节支撑杆的长度来部分消除装配累积误差对折叠动作精度的影响。支撑杆的结构形式如图 4-32 所示。

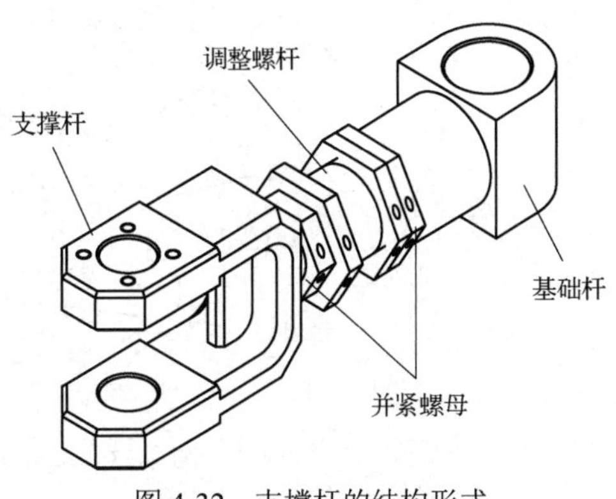

图 4-32　支撑杆的结构形式

2．180°展收机构

180°展收机构是两组或多组结构件，绕转轴旋转 180°的执行元件，主要用于实现天线、平台等结构件工作状态与运输状态的相互转换。180°展收机构分为单液压缸驱动和双液压缸驱动等形式，区别在于单液压缸驱动连杆机构空间布局紧凑，但驱动力有限，一般适用于载荷较小的工况；双液压缸驱动可变三角形机构空间布局，需占用较大尺寸，但驱动力较大，一般适用于重载工况。

如图 4-33 所示，单液压缸驱动采用平面双曲柄四连杆机构，主要由支耳 1、支耳 2、支撑杆、连杆和液压缸等组成，液压缸为该机构系统的动力源。动作过程如下：首先液压缸在液压力的作用下伸长，驱动支撑杆绕轴 1 顺时针转动，根据平面四连杆机构的固有性质，从动杆（支耳 1）将按照唯一确定的轨迹运动，这里表现为绕轴 2 的转动。通过合理设计各连杆的长度，即可实现当主动杆（支撑杆）绕轴 1 顺时针转过某一角度α时，从动杆（支耳 1）刚好绕轴 2 顺时针转过 180°，从而实现阵面边块的 180°展开；撤收时，阵面边块折叠动作过程刚好与此相反。

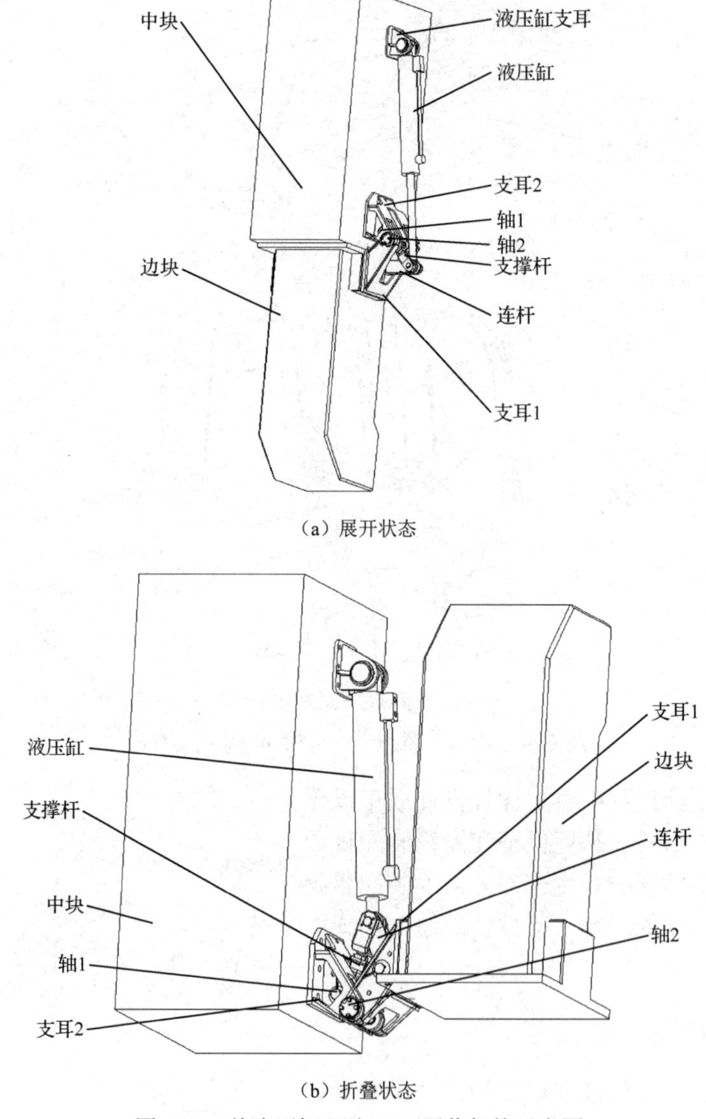

图 4-33　单液压缸驱动 180°展收机构示意图

为提高折叠机构的对中精度，在系统结构设计过程中将支撑杆设计成可以无级调节长度的结构形式，从而保证在系统装配过程中通过微量调节支撑杆的长度来部分消除装配累积误差对折叠动作精度的影响。支撑杆的结构形式参见图 4-32。

双液压缸驱动 180° 展收机构示意图如图 4-34 所示，主要由主块、支耳、边块、连杆和主、副两个液压缸等组成，液压缸为该机构的动力源。动作过程如下：当副液压缸有杆腔进油时，该液压缸提供拉力，此时主液压缸不动作，与连杆和主块支耳组成固连的三角形，副液压缸独自驱动平台边块绕转动轴向上折叠；当副液压缸达到最短限位时，通过双向平衡阀保持长度不变，与连杆和边块支耳组成另一个固连的三角形，然后主液压缸有杆腔进油，提供拉力驱动副液压缸组成的三角形继续向上翻转；当重心切换后，主液压缸受力转变为受压，该压力由双向平衡阀平衡，保持边块平稳折叠到位。边块展开是折叠的逆过程，油液进入主液压缸无杆腔，推动副液压缸组成的三角形向上翻转，当主液压缸走完行程后，由双向平衡阀保持长度不变，组成固连三角形，然后副液压缸无杆腔进油，驱动边块展开到位。

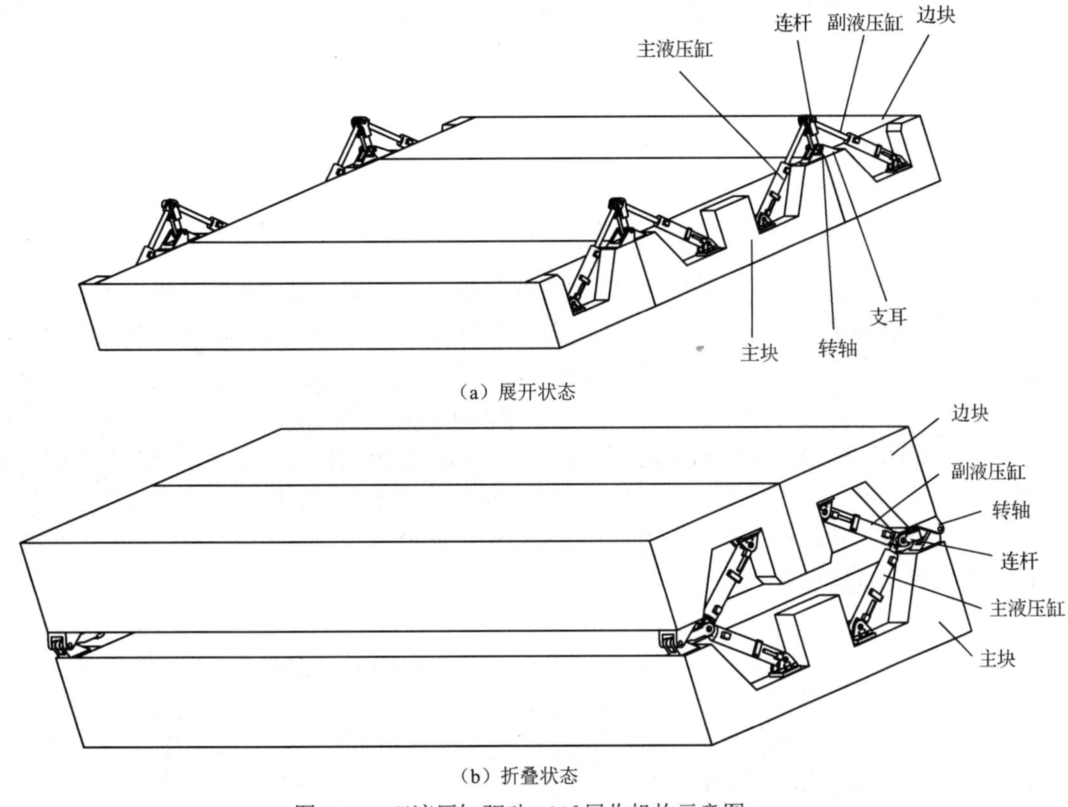

（a）展开状态

（b）折叠状态

图 4-34　双液压缸驱动 180°展收机构示意图

在系统结构设计过程中，将两组液压缸活塞杆头设计成可以无级调节长度的结构形式，从而保证在系统装配过程中通过微量调节液压缸的长度来部分消除装配累积误差对折叠动作精度的影响。

3. 其他展收机构

除上述常用的 90° 和 180° 展收机构外，在雷达结构设计中还存在其他角度展收机构和联动展收机构，主要用于蛙腿、保护架等辅助结构件展收。

液压驱动仿生联动蛙腿展收装置主要由大腿、小腿、液压缸、连杆、承载钩、支架等组成，其优点是平台横向跨距较大，可以有效提升整机抗倾覆能力。

蛙腿展收机构原理图如图 4-35 所示，平行四边形四连杆分别为：大腿、小腿、支架和连杆 1。液压缸驱动大腿带动整个连杆机构动作，实现蛙腿的展收。整个过程中连杆 1 一直处于受拉状态，展开到位之前（承载钩未动作）液压缸一直受拉力，展开到位时，液压缸推动连杆 2 同时带动曲柄转动，曲柄与承载钩通过键耦合在一起，承载钩也跟着转动一个小角度，直到完全钩住平台，展开动作结束。收拢过程与展开过程相反。

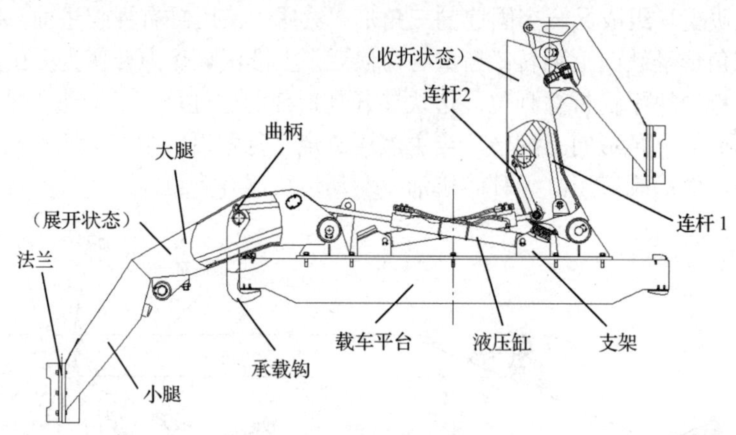

图 4-35　蛙腿展收机构原理图

如图 4-36 所示，保护架展收机构共有三个运动关节。第一级为竖直部分，通过转轴与载车平台相连，翻转液压缸驱动后，经平面四连杆机构传递，实现 180°翻转。第二级为保护架斜角部分，分别通过转轴、连杆与竖直部分和载车平台相连，当翻转液压缸驱动时，一个铰接点随竖直部分运动，另一个铰接点在长连杆的限制下联动，折叠角度为 134°。第三级为保护架水平部分，通过转轴与斜角部分相连，该级运动如果采用连杆联动机构，因存在急回问题与相邻结构干涉，所以设置一组折叠液压缸带动四连杆机构翻转 209°，最终完成保护架的自动展收。为保证展开后位置不变，翻转液压缸采用缩回到位钢球锁自锁液压缸，实现保护架在运输过程中的长期位置保持状态。

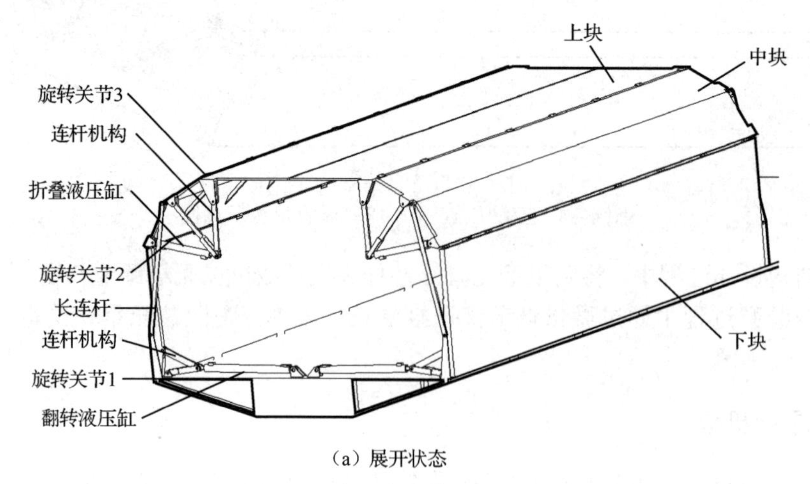

（a）展开状态

图 4-36　保护架展收机构示意图

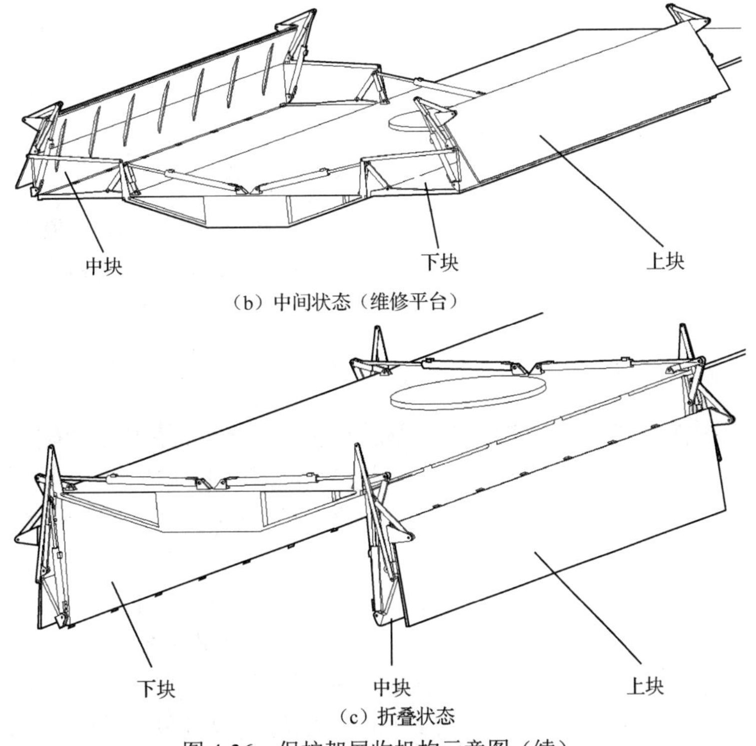

图 4-36　保护架展收机构示意图（续）

4.5.2　调平机构

调平机构是自动调平系统的执行元件，根据控制系统指令完成伸出或缩回动作，快速将电子设备调整到水平位置。雷达等电子设备长时间工作时，调平机构需要克服环境温度变化、风载等外在因素影响，稳定地保持载车平台水平状态不变。常用的液压调平机构主要有马达式调平机构和液压缸式调平机构。

1. 马达式调平机构

马达式调平机构是液压马达驱动的调平机构，主要由液压马达、螺旋副、外套筒、内套筒、底座等部分组成，原理图如图 4-37 所示。螺旋副利用螺杆和螺母实现运动和动力的传递，并能够将液压马达的回转运动和转矩转变成套筒的直线运动和力。外套筒一般为圆柱形，与载车固联。内套筒安装在螺母上，与外套筒之间为小间隙配合，承受调平机构的侧向力。球铰底座实现小坡度范围内自动调正。

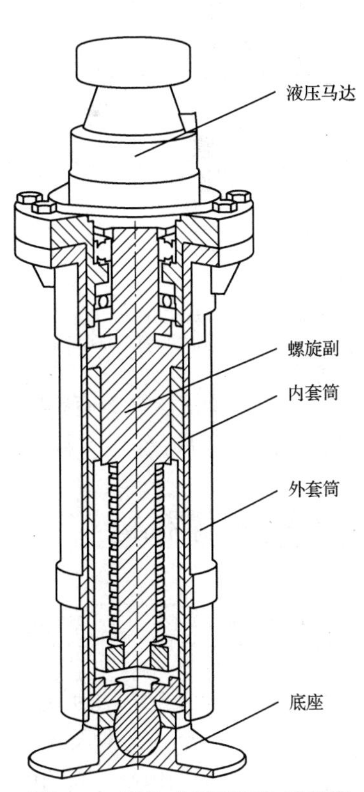

图 4-37　马达式调平机构原理图

调平系统的调平精度一般根据系统需要确定，液压马达常选用低速大转矩液压马达。低速液压马达输入压力高、排量大，可在转速 10r/min 以下平稳运转，输出转矩大，满足自动调平的需要。

常用的螺旋副有梯形丝杠螺母副、滚珠丝杠螺母副、行星滚柱丝杠螺母副三种形式。梯形丝杠的螺纹升角不大于当量摩擦角时，可实现自锁，但传动效率较低，使用时应进行耐磨性计算和自锁性能验算；滚珠丝杠传动效率高，承受动载能力强，耐疲劳，但不能自锁，液压马达需增加制动器；行星滚柱丝杠是一种新型的传动元件，综合了行星运动、螺纹传动、滚珠丝杠、滚针轴承的优点，承载能力高，使用寿命长，应用前景广阔。

在液压马达与螺旋副之间增加一级蜗轮蜗杆传动，蜗杆一端与马达连接，另一端作为手摇端，可实现调平机构的手动撤收，满足应急架撤的需要。在调平机构的极限行程位置设置检测元件，输出运动部件的到位信息，可实现架设自动化。

2. 液压缸式调平机构

用液压缸实现往复直线运动结构简单，不需要减速装置，没有传动间隙，运动平稳，已广泛用于起重机的支撑腿，也非常适用于雷达等电子设备的调平机构。

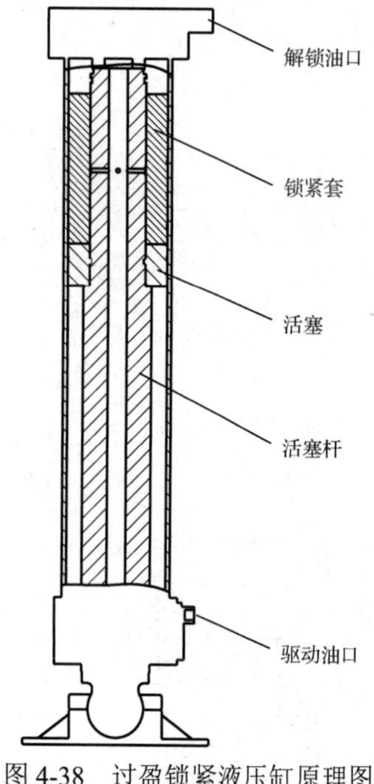

图 4-38　过盈锁紧液压缸原理图

根据锁紧方式不同，液压缸锁紧回路可分为两种。一种是利用液压阀限制油液流通来实现锁紧，如常用的有液控单向阀锁紧、平衡阀锁紧等；另一种是利用液压缸额外增加的机械装置进行锁紧，目前常用的有钢球锁紧液压缸、过盈锁紧液压缸。

利用液压控制阀可实现液压缸在任意位置锁紧功能，但由于液压缸及阀存在一定程度的泄漏，以及液压油的可压缩性和温度缩胀，在长时间交变温度环境下的锁紧性能不可靠，不能长时间保持精度。钢球锁紧液压缸只能在最短和最长行程位置进行机械锁紧，无法在任意位置锁紧。

过盈锁紧液压缸可在任意位置机械锁紧，如图 4-38 所示。过盈锁紧液压缸的锁紧套安装在活塞上，与缸筒可形成过盈配合。当锁紧套内无压力时，缸筒将被锁紧套抱紧，并形成强大的正压力。该摩擦副由高摩擦系数材料制成，有利于在锁紧套与缸筒之间产生很大的摩擦力，将活塞锁紧。当高压先导油通过解锁油口通入锁紧套时，高压油将缸筒撑开产生弹性变形，使锁紧套和缸筒之间形成间隙，此时过盈锁紧型液压缸与普通液压缸一样，活塞可以正常往复运动。

过盈锁紧液压缸具有锁紧力大、锁紧可靠、结构简单、尺寸小、质量小等特点，在车载电子设备的自动调平系统中获得了广泛应用。

4.5.3 高架机构

高架机构作为天馈系统的承载平台，可以将雷达由运输状态举升到一定的高度来克服强地杂波和低空障碍物，从而提高雷达的作用范围。根据动力形式的不同，高架机构可分为电动、液压驱动、气动和手动方式。一般情况下，电动、气动的高架机构主要用于小型天线或者举升高度不高的场合。大型天线的质量和风载荷较大，高架机构需要较大的动力，同时受空间布局限制，因此多采用液压驱动的形式。

高架机构设计时，应针对举升载荷、举升高度、闭合高度、举升时间、强度和精度（偏摆和扭转）等指标选择不同的结构形式，目前国内外主流的高架机构有以下两大类。

1．升降塔形式的高架机构

升降塔形式的高架机构一般用于车载雷达，一般采用多级塔节，每级塔节之间有导轨和滑块，能够进行相对滑动。为了满足运输要求，一般除升降动作外，还具有倒伏功能，以降低整体高度。塔节结构形式有桁架结构和封闭结构，桁架结构质量相对较轻，迎风面积小，适合小载荷工况；封闭结构外观美观，受力情况更好，适合重载工况，驱动采用电动或液压驱动方式。以下对几种典型升降塔结构形式进行介绍。

1）桁架结构多级升降塔

桁架结构多级升降塔典型结构主要由塔节、纤绳装置、座架、倒竖机构、运输座架、升降机构、调平系统等组成。升降机构主要由升降绞盘、滑轮组、钢丝绳及防坠器组成。

桁架结构多级升降塔工作原理：升降塔需要上升或下降时，由电动机或液压马达带动升降绞盘旋转，通过钢丝绳和滑轮组带动塔节顺序升降。

桁架结构多级升降塔的优点是自身质量轻，迎风面积小，升降高度高，同等上升高度收藏后尺寸小，通过拉缆绳或塔节消隙等辅助手段，可以达到较高的精度，内部采用钢丝绳卷筒或液压缸直驱的传动方式，技术相对成熟，安全系数高。

桁架结构多级升降塔主要应用场合为升降高度高、载荷较小（1t 左右）的工况，图 4-39 所示为国内某型号 40m 高塔。

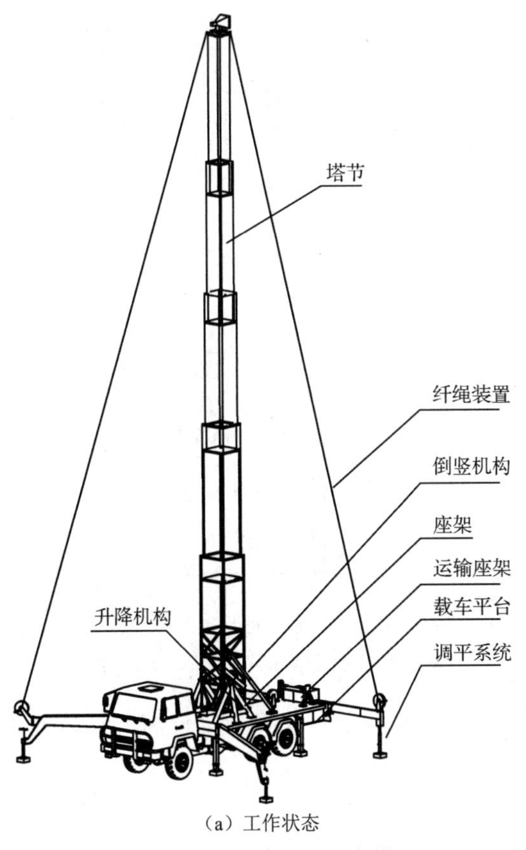

（a）工作状态

图 4-39　某型号 40m 高塔

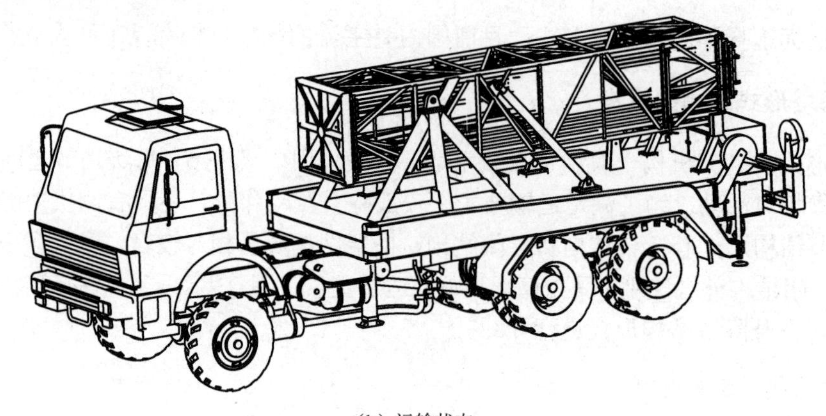

（b）运输状态

图 4-39　某型号 40m 高塔（续）

2）封闭结构多级升降塔

与桁架结构多级升降塔类似，封闭结构多级升降塔典型结构也主要由塔节、座架、倒竖机构、运输座架、升降机构、锁定机构等组成。升降机构主要由升降液压缸、升降滑轮组、上拉钢丝绳和下拉钢丝绳等组成。

封闭结构多级升降塔原理图如图 4-40 所示。工作时，由升降液压缸直接驱动第二塔节升降，同时通过钢丝绳和升降滑轮组带动其余塔节同时升降。封闭结构多级升降塔的优点是：外形简洁美观，刚性好，承载能力大，通过拉缆绳或塔节消隙等辅助手段，可以做到较高的精度。

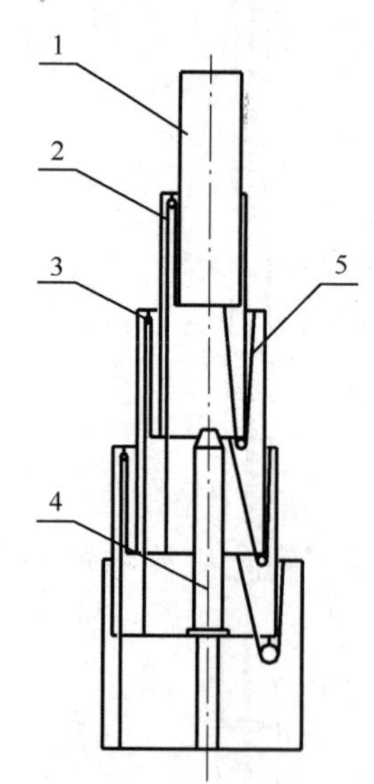

1—塔节；2—上拉钢丝绳；3—升降滑轮组；4—升降液压缸；5—下拉钢丝绳

图 4-40　封闭结构多级升降塔原理图

封闭结构多级升降塔主要应用场合为升降高度较高、载荷较大的工况，如图 4-41 所示为国内某型号 25m 封闭结构多级升降塔。

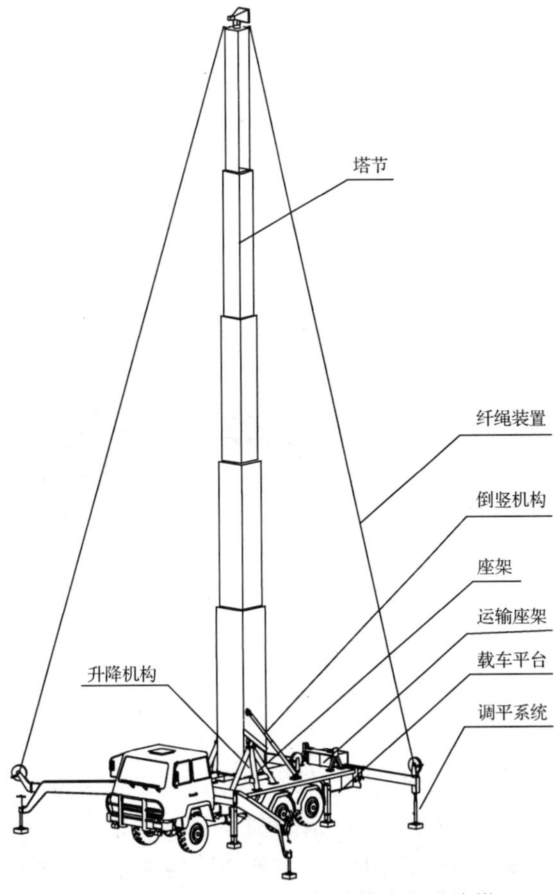

图 4-41　某型号 25m 封闭结构多级升降塔

3）重载高塔

重载高塔主要由塔柱、随动平台、倒竖机构、辅助支撑杆等组成，一般情况采用一节塔柱，无升降功能，由倒竖机构将高塔从水平运输状态举升至工作状态。高塔顶部安装重型天线设备，图 4-42 所示为俄罗斯 40B6M 高塔，自重约为 52t，塔顶安装面距地面约为 19m，承载能力约为 13t。

重载高塔工作原理：通过驱动机构（一般为大型多级液压缸）驱动塔身由水平运输状态举升至竖直工作状态，在此过程中，塔身顶部随动平台通过随动机构一直保持水平状态；同时，辅助支撑杆展开，高塔竖直后，锁定机构将辅助支撑杆与塔身锁定，保持整个高塔的稳定性。

如果高塔竖直后，高度还不能满足要求，则在设计时，高塔可设计成内、外两节塔柱，竖直后通过升降机构再将高塔进一步举升至相应高度。国内某型号高塔即采用了此结构，塔顶安装面距地面约为 23m，承载能力约为 15t，如图 4-43 所示。

重载高塔的优点是升降高度高，承载能力大。

重载高塔主要应用于需要将包括方位俯仰在内的整个结构举升至一定高度的场合。

2．多连杆高架机构

多连杆高架机构一般采用液压缸或电动推杆驱动空间连杆展开和折叠的方式实现高架功能。因为空间布局和受力条件限制，该类型机构天线举升高度较低，承载能力较小。

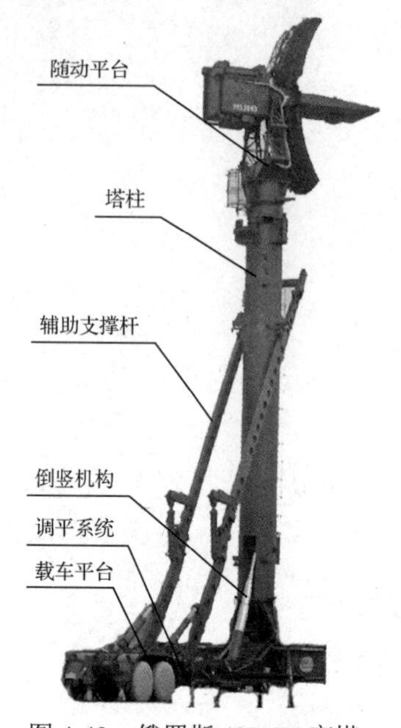

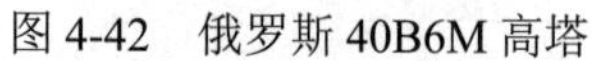
图 4-42　俄罗斯 40B6M 高塔

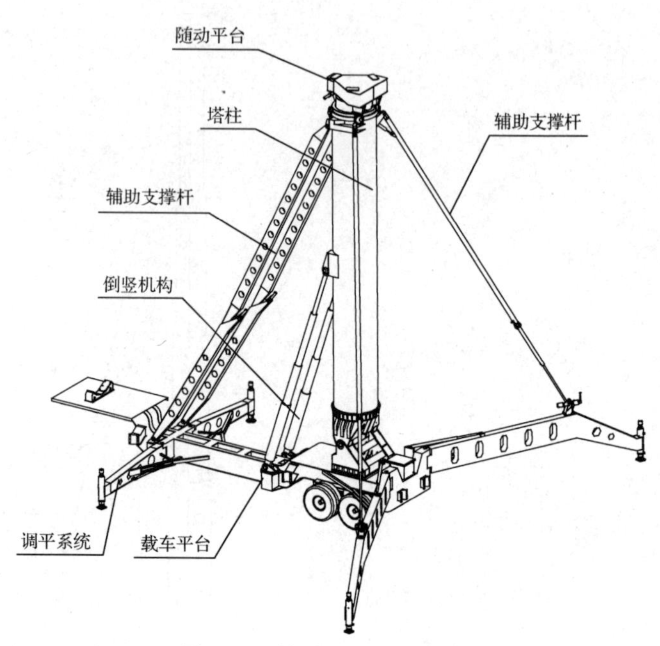

图 4-43　某型号 15t 重载高塔

多连杆高架机构工作原理：液压缸或电动推杆伸长，推动连杆机构转动，从而将雷达天线举升至一定的高度。

多连杆高架机构的主要优点是稳定性较好，机动性高。

多连杆高架机构主要应用于质量较小、高转速的雷达系统中。

图 4-44 所示为典型的四连杆高架机构，主要由座架、连杆、液压缸和锁定装置等组成。举升时，液压缸驱动连杆运动，将相应设备举升至一定高度。如果四连杆为平行四边形机构，则可以保证被举升设备姿态不变。

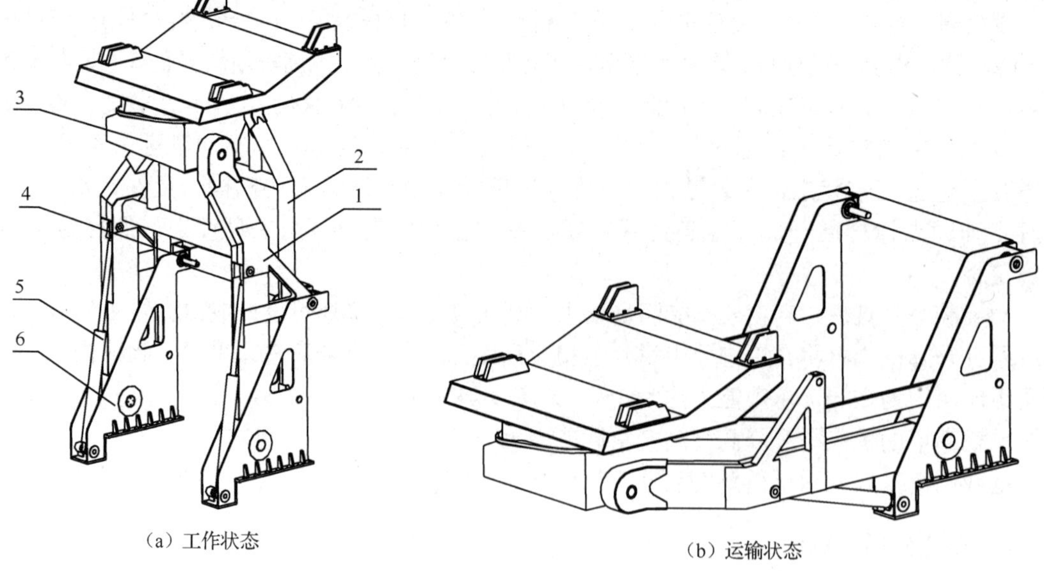

（a）工作状态　　（b）运输状态

1—主连杆；2—副连杆；3—举升设备；4—锁定装置；5—液压缸；6—座架

图 4-44　四连杆高架机构

国外“长颈鹿”系列雷达的举升也采用此类机构，其结构如图 4-45 所示。该雷达采用了两套多连杆机构，雷达架设时，主液压缸先驱动大臂将天线举升至一定高度，然后副液压缸再驱动小臂展开，将雷达举升至最大高度。该套举升机构可将雷达举升至离地高度约 8m，举升时间为 8～10min。

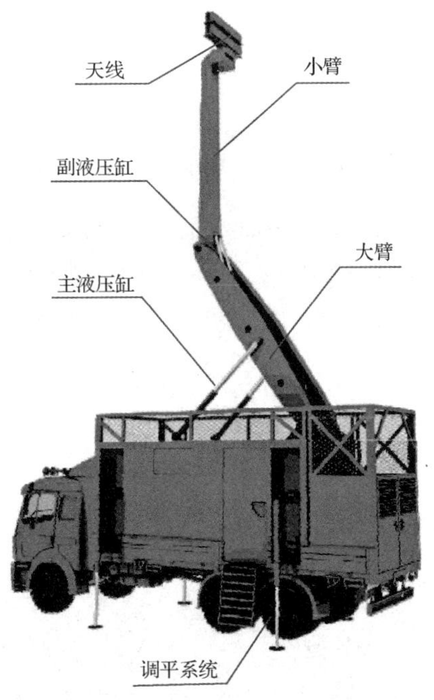

图 4-45 “长颈鹿”AMB 雷达高架机构

4.5.4 并联调姿机构

并联调姿机构是一种由多个独立运动链封闭组成，用于调整平台在空间中的位置和姿态的运动机构。相较于串联机构，并联机构的运动空间较小，但具有更高的刚度、精度和承载能力，使其在航空航天、工业机床、机器人等领域得到了广泛应用。

1. 基本结构

并联调姿机构由静平台、动平台，以及连接动、静平台的并联独立运动链组成，按照运动副与动、静平台铰点连接数量的不同，可以分为 6×6、6×3 和 3×3 等结构形式。6-6 结构形式的上、下铰点分别连接于动、静平台的 6 个不同点上，如图 4-46（a）所示。6×3 结构形式的并联调姿机构是将 6×6 结构形式的动平台的 3 条短边分别合为一点，如图 4-46（b）所示。3×3 结构形式则进一步将 6×3 结构形式的下平台的 3 条短边分别合为一点，如图 4-46（c）所示。考虑到工作范围，同时为了制造和装配的方便，6×6 结构形式应用最为广泛。

并联调姿机构按照运动链中运动副连接形式的不同，又可以分为 6-SPS、6-UPS、6-UCU 和 6-SCS 等类型，其中的 S、P、U、C 分别指三个回转自由度的球副、一个平移自由度的平移副、两个回转自由度的虎克副和回转-平移两个自由度的圆柱副。由于 6-SPS 和 6-SCS 的机构存在冗余自由度，容易出现奇异性问题，因此实际中一般采用 6-UPS 或 6-UCU 的机构形式。

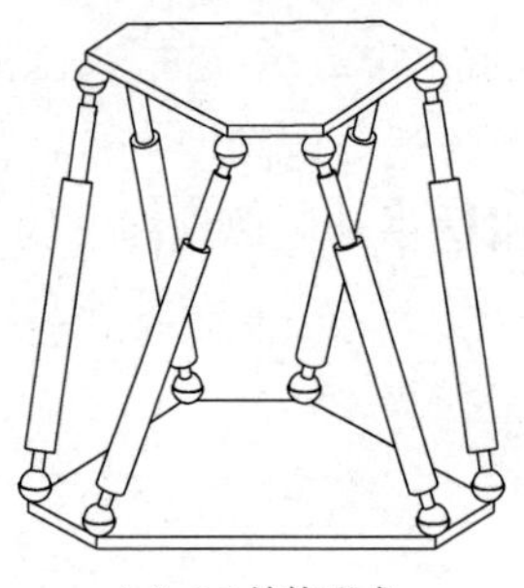

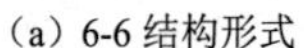
（a）6-6 结构形式

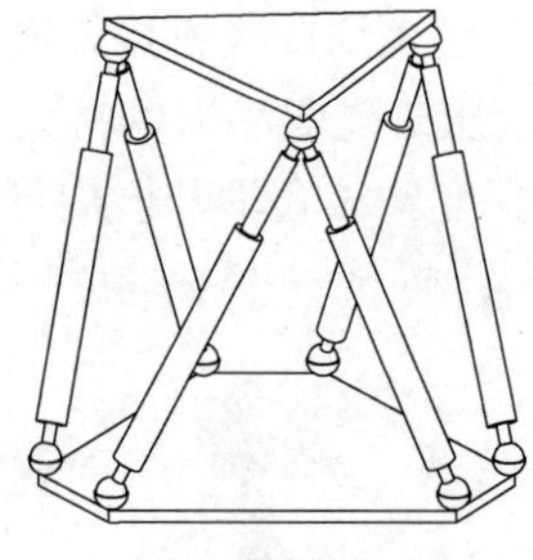
（b）6-3 结构形式

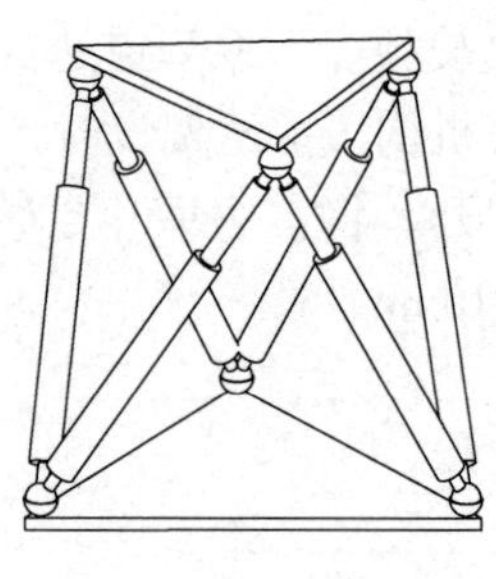
（c）3-3 结构形式

图 4-46　并联调姿机构的结构形式

一种典型的液压驱动六自由度并联调姿机构如图 4-47 所示。采用 6-UCU 结构，液压缸加虎克铰的组合形式使该调姿机构具有承载能力大、结构刚度好的优点，适用于大型、重载场合。液压缸由安装在其上的伺服阀直接控制，响应快，控制精度高，通过调节 6 个液压缸的位移量可以灵活地调整动平台在三维空间中的位置和姿态。

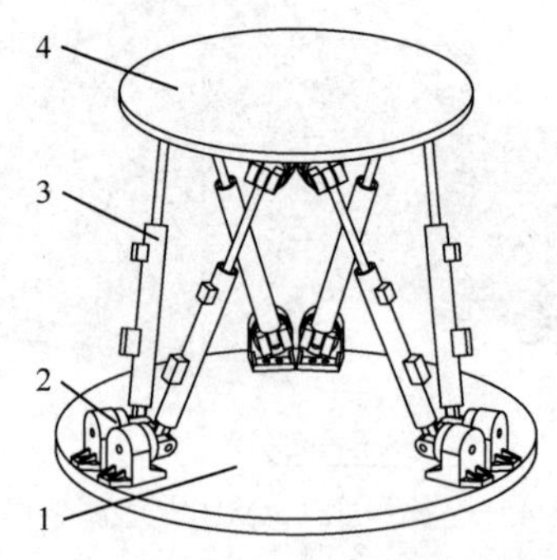

1—静平台；2—虎克铰（12 个）；3—液压缸（6 个）；4—动平台

图 4-47　液压驱动六自由度并联调姿机构

2．运动学分析

相对于正运动学，并联调姿机构的逆运动学相对简单。如图 4-48 所示为并联调姿机构运动学模型，在静平台上建立固定坐标系 *O-XYZ*，在动平台上建立跟随动平台一起运动的动坐标系 *o-xyz*。两个坐标系之间的几何矢量关系可表示为

$$\boldsymbol{B_i b_i} = \boldsymbol{Oo} + \boldsymbol{ob_i} - \boldsymbol{OB_i} \tag{4-62}$$

式中，B_i 和 b_i 分别表示第 i 根支链的下固定铰点和上运动铰点。

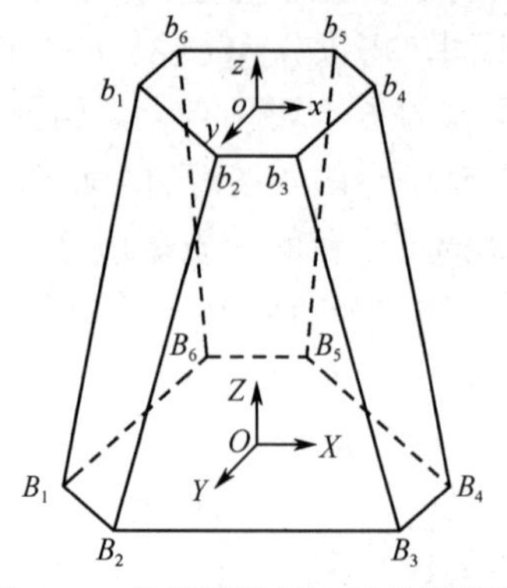

图 4-48　并联调姿机构运动学模型

平台位置逆解是在给定了动平台的空间位置和姿态角信息后，求各个液压缸的位移。并联调姿机构的运动逆解是从工作坐标反求关节坐标，将动平台坐标系中的 $\boldsymbol{Ob}_i$ 利用坐标变换转换到固定平台坐标系中求解，并且有唯一解。静平台坐标系中有两个参数，分别为位置和姿态。位置参数表示动平台的中心位置（x，y，z），姿态参数表示动平台的空间角姿态。设平台在 x、y、z 方向上的旋转角分别为 γ 、β、α，则旋转角 γ 、β、α 对应的变换矩阵 $\boldsymbol{R}$ 分别为

$$\boldsymbol{R}_z = \begin{bmatrix} \cos\gamma & -\sin\gamma & 0 \\ \sin\gamma & \cos\gamma & 0 \\ 0 & 0 & 1 \end{bmatrix} \tag{4-63}$$

$$\boldsymbol{R}_y = \begin{bmatrix} \cos\beta & 0 & \sin\beta \\ 0 & 1 & 0 \\ -\sin\beta & 0 & \cos\beta \end{bmatrix} \tag{4-64}$$

$$\boldsymbol{R}_x = \begin{bmatrix} 1 & 0 & 0 \\ 0 & \cos\alpha & -\sin\alpha \\ 0 & \sin\alpha & \cos\alpha \end{bmatrix} \tag{4-65}$$

动平台的姿态在空间上可看作分别绕 z 轴、y 轴、x 轴旋转得到，则其相应的转换矩阵为

$$\boldsymbol{R}=\boldsymbol{R}_z\boldsymbol{R}_y\boldsymbol{R}_x \tag{4-66}$$

令 $\boldsymbol{B}_i\boldsymbol{b}_i$ 为 $\boldsymbol{l}_i$，则 $\boldsymbol{ob}_i = \boldsymbol{ROb}_i$，代入式（4-62）得

$$\boldsymbol{l}_i = \boldsymbol{Oo} + \boldsymbol{ROb}_i - \boldsymbol{OB}_i \tag{4-67}$$

其中，

$$\boldsymbol{l}_i = (l_{ix}, l_{iy}, l_{iz})^{\mathrm{T}}$$

则支链 i 对应的上、下铰点之间的长度为

$$L_i = |\boldsymbol{l}_i| = \sqrt{l_{ix}^2 + l_{iy}^2 + l_{iz}^2} \tag{4-68}$$

再与液压缸的初始长度相减后，即可得到各液压缸的运动伸缩距离。

并联调姿机构的正运动学却要比逆运动学复杂得多，一般都有多解。求解正运动学问题时可能会遇到两种情况，一是动平台当前的位姿未知（比如启动机构时），一是已知相对准确的平台位姿（比如实时控制中，正运动学问题已在上一次采样时得到了解决）。在第一种情况时唯一的方法是确定逆运动学的所有解，方法有消元法、连续法、Grobner 基法和区间算法等，这些方法计算量大、耗时长。在第二种情况时往往采用 Newton-Raphson 迭代法或 Newton-Gauss 迭代法，迭代法计算速度很快，但程序有可能不收敛或更糟，收敛到一个错误的平台位姿，即收敛于另一种构型所对应的平台位姿。这时如果将得到的结果直接用于控制，则后果会很严重，所以往往需要结合其他区间算法来判断所迭代收敛的解是否为机构正确的位姿。

3. 工作空间分析

并联调姿机构的工作空间相对于串联机构来说相对要小，工作空间的分析也复杂很多。一般来说，并联调姿机构的工作空间受以下因素的限制。

- 驱动关节变量的限制：液压缸的位移受安装距离和死区限制，存在上、下极值；
- 驱动关节能力的限制：液压缸缸径确定后，最大受压和受拉能力存在限制；
- 关节铰链运动范围的限制：无论是球铰还是虎克铰，其关节可变角都受到关节自身结构形式的限制；

● 并联调姿机构内部结构干涉：动平台、静平台、铰链和液压缸之间的干涉限制。

并联调姿机构工作空间的求解是一个复杂的过程，通常采用搜索法来求解。选定动平台的坐标原点作为计算工作空间的参考点，当选定参考点的位姿后，各连杆的长度、受力、关节的转角和相邻两杆的距离，都可以通过反解求出，随后判断以上参数是否满足上述四个条件，如果其中任意一个值超过了允许值，则此时的位姿已不在边界以内。

4. 特点

并联调姿机构具有以下特点。

● 并联调姿机构的动平台由 6 个并联驱动链支撑，系统的承载大、刚度强；
● 动力驱动装置可固定于动平台之外，末端执行器质量轻，可以获得良好的动态特性，容易实现高速、高加速度的运动；
● 各并联驱动链不存在误差的累积与放大，其误差趋向平均化，因此精度高；
● 并联调姿机构反解简单，控制过程中支持实时的运动学的反解。

4.5.5 锁定机构

电子设备传动控制系统中，锁定机构主要实现被锁定对象在负载作用下的位置锁定功能，常用的锁定机构如液压锁定销，通过销轴插入销孔进行机械锁定，主要用于阵面展开锁定、阵面举升到位锁定。液压动力锁钩为被动锁定，即通过被锁定件挤压锁定机构，实现锁定，解锁动作由液压缸驱动实现。

1. 液压锁定销

液压锁定销通过液压缸驱动销轴从而实现被锁定对象在负载作用下的位置锁定功能，如阵面边块展开到位后，通过液压锁定销插入销孔实现阵面边块的机械锁定。液压锁定销由液压缸驱动，销轴与导向套组成滑动副，在液压缸作用下销轴在导向套中往复滑移，导向套和销轴采用间隙配合，销轴所受侧向力由导向套承受，从而避免造成液压缸在侧向力作用下损坏。液压锁定销示意图如图 4-49 所示。

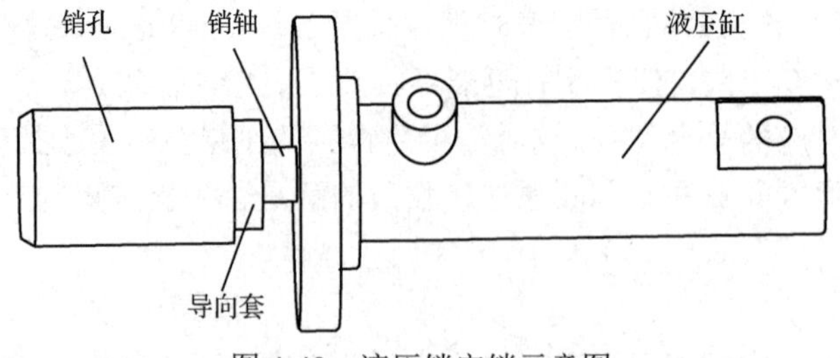

图 4-49　液压锁定销示意图

为避免液压锁定销误伸出，液压缸为两端极限位置自锁液压缸，其结构如图 4-50 所示，配合 Y 型控制阀，可确保锁定销在振动、冲击及温度变化情况下仍可保持位置。另外，通过检测装置可检测锁定销的伸缩状态，即使锁定销出现误伸出，通过合理的安全控保策略，也可避免设备损坏。

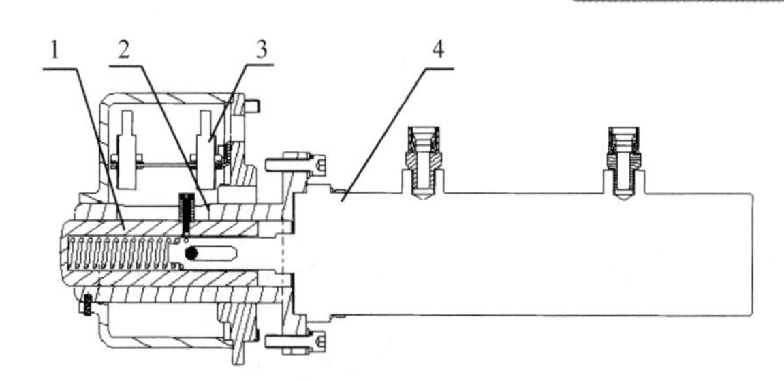

1—销轴；2—导向套；3—接近开关；4—两端自锁液压缸

图 4-50　两端自锁液压缸锁定销示意图

2. 液压动力锁钩

雷达阵面架设时，液压缸伸出驱动卡钩，带动锁钩解锁，使阵面处于解锁状态后才能进行阵面举升；雷达阵面撤收时，锁杆压迫锁钩，实现对运动部件的锁固，确保运输过程中阵面被锁固。

液压动力锁钩原理图如图 4-51 所示，通过安装在机构部件上的被锁体（锁杆或锁块）压迫锁紧机构的锁钩，克服扭簧转矩，解除锁紧机构的解锁状态；同时，卸荷后的单作用液压缸通过杆腔内的受压迫弹簧的恢复力使液压缸杆缩回，拉动卡钩锁紧锁钩，此时锁钩锁紧运动部件上的锁杆或锁块，实现对运动部件的锁固。运动的部件需要解锁时，由外部液压力经液压缸的无杆腔推动液压缸杆，克服内部受压弹簧恢复力而伸出，使卡钩解除对锁钩的锁固，此时运动部件上的锁杆或锁块可以脱离锁紧机构，实现解锁。锁钩在扭簧恢复转矩的作用下转动至行程终端，受到安装扭簧的销轴限位而始终保持张开状态，为下一次锁紧动作做准备。

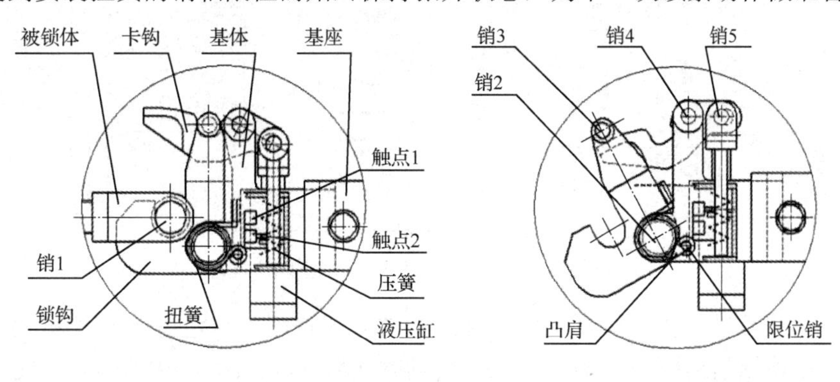

（a）锁紧状态　　（b）解锁状态

图 4-51　液压动力锁钩原理图

锁紧机构的锁紧状态具有自锁性是实现锁紧可靠的保证。如果锁紧机构的锁紧状态无自锁性，在重载情况下则容易意外解锁，导致雷达机构运动部件锁固失效，造成机构动作混乱，严重时损坏设备。如图 4-52 所示，锁钩受力 F_1 时，卡钩在基体液压缸内压簧恢复力 F_2 的作用下锁死锁钩。尽管结构设计中通过锁钩和卡钩之间相对合理的尺寸布置即可从理论上实现锁紧机构自锁，但是为了实现锁紧自动化及保证锁紧状态可靠，对锁紧状态液压缸内的压簧恢复力需要进行精确控制，确保锁紧可靠，同时确保在额定的解锁压力下顺畅解锁，低于额定解锁压力时自锁状态可靠。

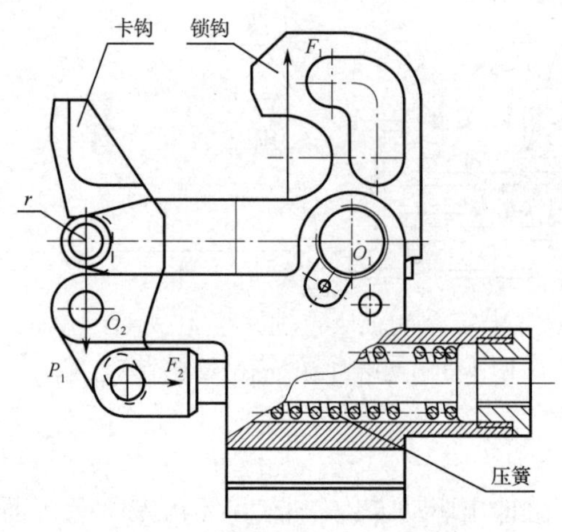

图 4-52　锁紧状态受力示意图

液压动力锁钩一般应用在有顺序动作的液压回路中，且其解锁动作多发生在下一步机构动作之前，而锁固状态要求可靠保持。典型的液压应用回路如图 4-53 所示，顺序阀用于设定压力门限值，要求大于液压动力锁钩的开启压力，保证液压动力锁钩在执行机构动作之前解锁。使动力锁钩解锁的唯一途径是液压缸的开启压力，为防止锁固状态下液压动力锁钩意外解锁，要求动力锁钩支路中的最大背压不能超过其开启压力。

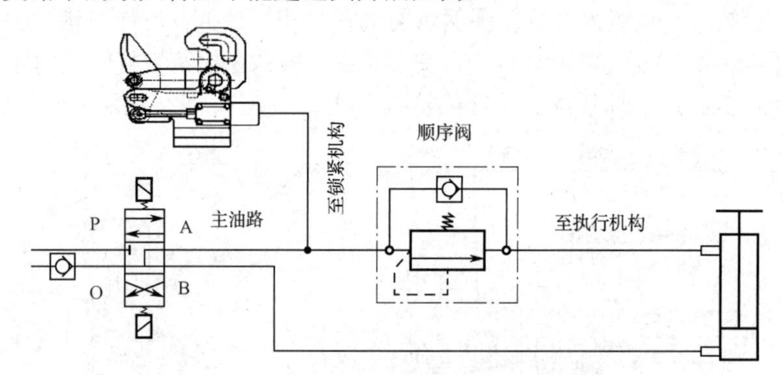

图 4-53　液压动力锁钩典型液压应用回路

另外，锁钩锁紧过程及锁紧后，在锁钩力 F_1 作用下产生的转矩由 T 形槽机构承受。锁紧机构安装时，应使锁紧机构 Y 轴方向与负载转轴方向平行，如图 4-54 所示，以避免锁紧机构承受侧向转矩造成设备损坏。

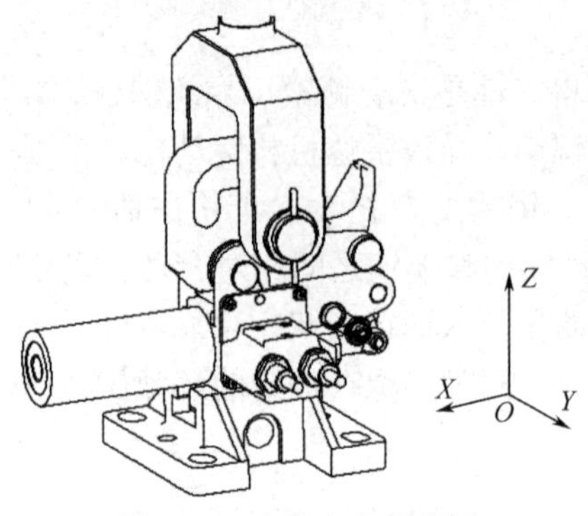

图 4-54　安装方向示意图

4.5.6　升降维修平台

升降维修平台是指用于承载操作人员进行高空维修作业的辅助升降设备。主要性能指标包含额定载重、最大平台高度、最小平台高度、升降速度、偏摆量（可选）、自重等。

升降维修平台按结构形式可划分为剪叉式、桅柱式、电梯式、臂架式升降维修平台等。

1．剪叉式升降维修平台

剪叉式升降维修平台由叉臂架、底盘、工作台、支腿、液压缸、驱动装置及其他附加设备等组成，如图 4-55 所示。叉臂架最下面的一侧铰支点铰接在底盘上，另一侧铰支点通过滑块可在底盘长度方向滑动，液压缸在油源系统的压力油作用下伸出，进而将叉臂架平行四边形机构撑开，使工作台向上运动。下降过程与上述过程相反。

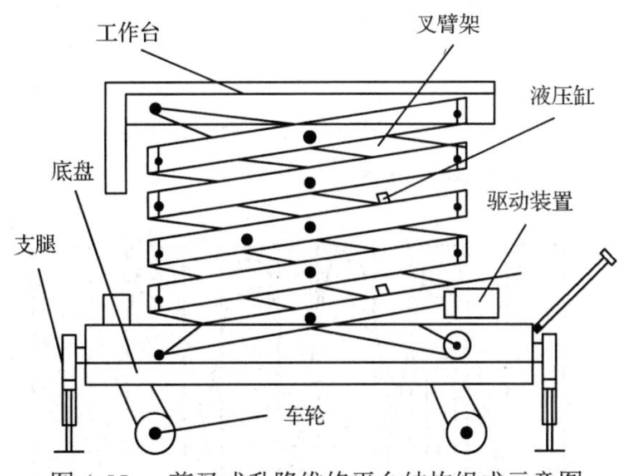

图 4-55　剪叉式升降维修平台结构组成示意图

剪叉式升降维修平台载质量大，结构简单，制造、维修方便，成本低，升降平稳，举升高度一般不超过 20m，适用于各行业高空设备的安装、检修等工作场合。

2．桅柱式升降维修平台

桅柱式升降维修平台由多级桅柱、链轮传动机构（或钢丝绳、滚轮）、行走底盘、滑移平台、护栏、动力系统及其他附加设备等组成。按桅柱数量还可分为单桅柱式升降维修平台、双桅柱式升降维修平台、多桅柱式升降维修平台。图 4-56 所示为四桅柱式升降维修平台结构组成示意图。

桅柱组初始工作位置示意图如图 4-57 所示，第一节桅柱固定在底盘上，第二、三、四、五节桅柱上装有链轮，通过装在第二节桅柱上的链轮，用链条将一、三节桅柱相连，链条固定在一、三节桅柱的固定块上，其他桅柱上的链条、链轮布置同理。上升、下降时，液压缸在油源的压力油作用下，推动第二节桅柱运动，通过链条、链轮的联动作用，多级桅柱实现相对运动，进而实现平台的上升、下降。

桅柱式升降维修平台的特点是载质量大，偏摆量小，整机质量轻，机动性好，升降平稳，结构紧凑，运输状态尺寸小，举升高度可达 20m 左右，广泛应用于工厂、宾馆、车站、机场、影院、展馆等场所，是装修、保养、维修等场合中常用的辅助工具。

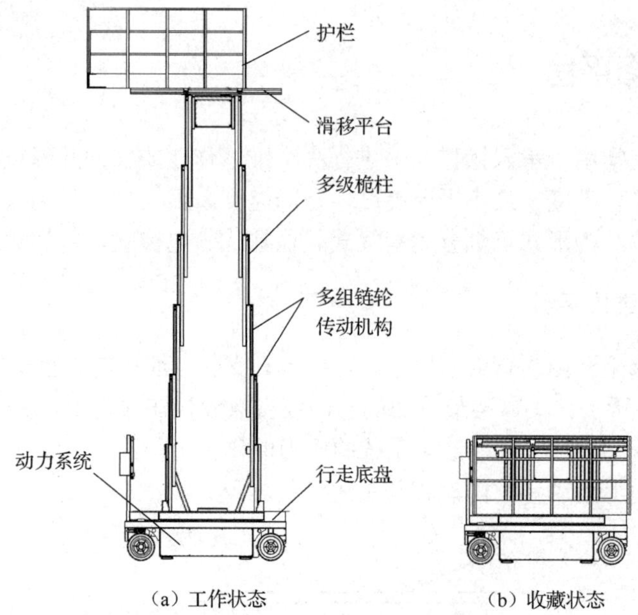

（a）工作状态　　（b）收藏状态

图 4-56　四桅柱式升降维修平台结构组成示意图

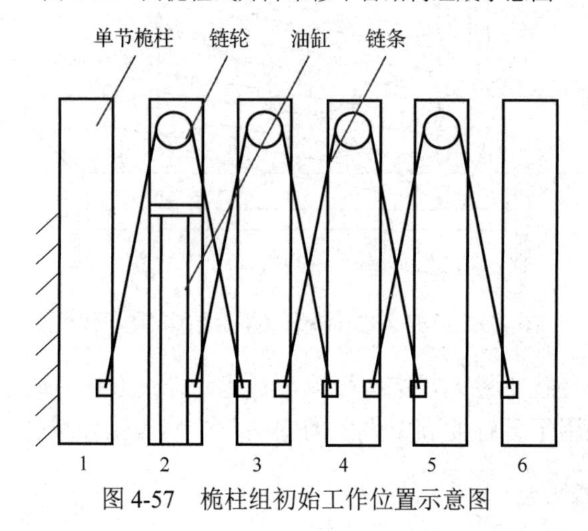

图 4-57　桅柱组初始工作位置示意图

3．电梯式升降维修平台

电梯式升降维修平台由导轨、导轮机构、驱动机构（钢丝绳牵引）、移动平台、限位装置及其他附加设备等组成，如图 4-58 所示。根据驱动机构与移动平台的相对位置可分为分体式电梯升降维修平台和一体式电梯升降维修平台。图 4-58 所示为一体式电梯，驱动机构与电梯框架为一体化设计，驱动机构自身也作为负载；分体式电梯升降维修平台的驱动机构自身则不随电梯上下运动。

如图 4-58 所示，移动平台框架通过四组导轮机构被限制在一对导轨内，钢丝绳从驱动机构的卷绕机构引出，通过一系列滑轮机构沿导轨延伸至导轨顶部，固定在紧绳器上，驱动机构通过卷绕钢丝绳，将移动平台拉起上升；下降时靠移动平台和负载自重拉紧钢丝绳，通过卷绕机构松放钢丝绳，实现平台下降。

电梯式升降维修平台优点是质量轻，升降平稳，结构尺寸不受升降高度影响，因有导轨限制其运动，故除因滚轮与导轨间隙造成的横向窜动外，不会产生其他晃动，不会发生因维修高度的增加而晃动越发明显的情况；但因其结构特殊性，需固定安装于其维修操作面上，受空间限制较大，且需要在维修操作面上安装导轨，定制化要求高，难以实现一机多用，一般用于维修要求较高的特殊场合，如雷达阵面维修等。

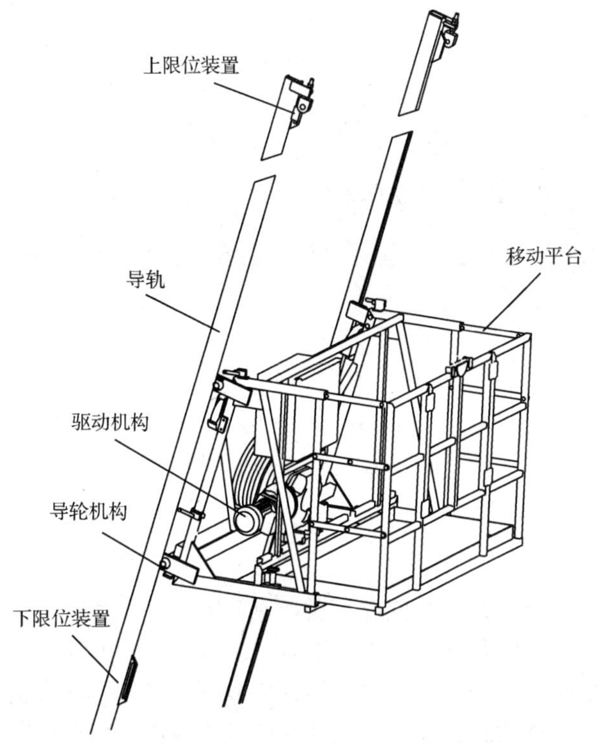

图 4-58　电梯式升降维修平台结构组成示意图

4．臂架式升降维修平台

臂架式升降维修平台由转台、伸缩臂、飞臂、工作平台及其他附加设备等组成，如图 4-59 所示。通过液压缸驱动使其伸缩臂实现展开、收拢动作，以达到指定高度，维修高度较高的维修平台可通过伸缩臂（工作原理类似桅柱伸缩）伸出获得更大高度，到达指定高度后，通过液压缸驱动飞臂展开以满足部分维修部位较小的活动空间限制要求。

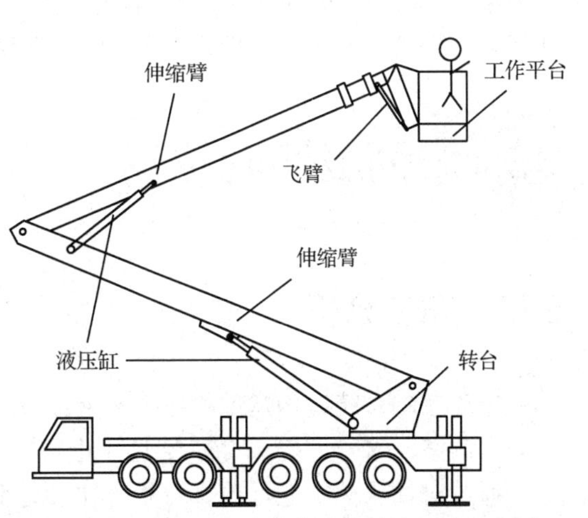

图 4-59　臂架式升降维修平台结构组成示意图

臂架式升降维修平台可达工作高度高，但臂架操作难度大，伸展所需空间大，不适合在狭小空间内作业，适用于维修所需高度较高，且操作空间较空旷的场合，如用于路灯维修、用作消防云梯等。

Chapter 5

第5章 传动控制系统仿真

【概要】

本章首先对雷达等电子设备传动控制系统仿真的目的、分类及特点进行介绍。根据系统功能的划分，详细阐述伺服控制、机构运动学与动力学、液压系统、机电液联合等仿真的需求、仿真分析方法、常用工具软件、仿真模型构建和仿真结果分析。在此基础上，结合实例对半物理仿真测试的方法和流程进行介绍。

雷达等电子设备传动控制系统主要由伺服控制、运动机构及液压系统等组成。系统设计时不仅要满足静态性能要求，更要满足动态特性要求。因此，为在原理样机设计阶段获得系统的性能指标，进一步降低研制风险，需对其中的伺服控制、运动机构及液压等子系统开展仿真，并在此基础上进行系统联合仿真计算和深入的功能品质分析，以达到优化传动控制系统稳态和动态性能的目的。

根据物理系统组成及功能要求，传动控制系统仿真主要分为伺服控制仿真、机构运动学与动力学仿真、液压系统仿真及机电液联合仿真等，分别对系统的控制特性、运动学和动力学特性、动态特性、机电液系统之间的相互影响及整体特性等进行仿真分析。

5.1 伺服控制仿真

5.1.1 需求分析

传动控制系统在构建过程中需要对系统的稳定性、准确性和快速性进行评估，并据此进行优化和调整，这一过程通常需要通过计算机仿真来实现。

通过对伺服控制进行仿真分析，主要达到以下目的。

（1）需要通过仿真确定伺服控制对系统稳定性的影响，确定稳定裕度。

（2）根据不同输入控制指令，通过仿真确定是否满足控制精度要求和快速性要求。

（3）根据实际使用中可能存在的扰动情况，通过仿真明确扰动的影响，以及通过伺服控制所能实现的抗扰动性能。

5.1.2 仿真模型建立

传动控制系统作为一类典型的闭环系统，可以通过数学的方法进行功能或结构上的相似描述，如通过微分方程或差分方程描述系统各变量间的动、静态关系，直接建立数学仿真模型。传动控制系统中的电气、液压、传动机构等部分都有对应的物理特征，也可以先建立物理仿真模型，再由仿真工具自动完成数学描述，进而开展仿真工作。

1. 仿真工具

伺服控制的仿真一般采用 MATLAB 软件，其具有易用性与可靠性、通用性与专业性、一般目的应用与高深科学技术应用有机结合的特点。

MATLAB 不仅提供了丰富的矩阵运算处理功能，同时还具备符号运算功能，可用于求解代数方程、微积分、复合导数、二重积分、有理函数、微分方程、泰勒级数展开等。在人机界面方面，除能实现丰富的多维度绘图功能，方便计算结果可视化外，还具备更高效的结构图编程工具。

1）Simulink 仿真集成环境

Simulink 是对动态系统进行建模、仿真和综合分析的图形化软件。它可以处理线性和非线性、离散、连续和混合系统，也可以处理单任务和多任务系统，并支持具有多种采样频率的系统。

Simulink 采用了更直观、更简单方便的图形化仿真方式，如通过该工具可以创建控制系统的动态方框图模型，使仿真模型的组成和信号流向更加直观、容易理解。并且可以在仿真的同时就能看到仿真结果，很大程度上简化了设计流程，减轻了设计负担，降低了设计成本，提高了工作效率。Simulink 中与传动控制系统仿真相关的模块包括常用模块、线性系统模块、非线性系统模块、离散系统模块、数学运算模块、输入源模块和输出显示模块，用于方便地构建常用的连续和离散系统、线性和非线性系统数学模型。输入源模块提供的常用信号源的形式有阶跃、斜坡、脉冲、正余弦等信号，另外还提供了更加灵活的从文件或数据区直接导入，以固定间隔时间排序的数据接入方式。常用模块则提供输入、输出、比较等环节，以及总线方式的输入、输出形式等建模必要的组成部分。一般线性系统模块提供微积分、PID、状态空间，以及直接反映频域特性的传递函数和以零极点方式表示的算法模块。非线性系统模块有死区、迟滞、间隙、饱和限制等模型。离散系统模块主要对应连续系统模型离散化后的相关模型。输出显示模块提供了示波器及文件和数据区等多种输出形式，使 Simulink 仿真的结果除了以波形方式直接显示外，还能够以变量的形式保存到 MATLAB 的工作空间，供进一步分析处理。

另外，Simulink 内置有各种分析工具，集成了大量的工程模型库，建立系统模型时可以直接配置使用，非常方便实用。例如，Simscape 扩展工具模块结合 SimMechanics、SimDriveline、SimHydraulics 和 SimPowerSystems，可以用来建立多种不同类型物理系统的模型并进行仿真，如由机械传动、机构、液压和电气元件构成的传动控制系统。可以使用基本物理建模单元构造模型，并提供建模所需的模块库和相关简单数学运算单元。使用者可指定参数和变量的单位，模块内部自动实行单位转换和匹配，模块之间可以通过具有连接不同类型物理系统的桥接模块进行互连。在 Simscape 的环境中，用户的建模过程如同装配真实的物理系统，通过物理拓扑网络方式构建模型，每一个建模模块都对应一个实际的物理元器件，如油泵、马达、阀组或功率运放，模块之间的连接线代表元器件之间的装配和能量传递关系。这种建模方式以直观的物理系统组成结构，自动构造出可以计算系统动态特性的数学方程，这些方程可同其他 Simulink 模型一起结合运算。

以伺服控制常用的 SimPowerSystem 为例，作为一种集成在 Simulink 工具中的专门针对电子电路分析、电机分析等的功能模块，其元件库提供了典型的电气设备和元件模型，主要包括：电源库，内有各种电源，包括交流电压源、交流电流源、直流电压源、受控电压源、受控电流源、电池、三相电源、三相可编程电压源等；一般电子元件库，包括开关、传输线、电阻、电感、电容、变压器等；电机库，包括直流、同步、异步、步进等多种类型电机；测量库，包括电压、电流、阻抗测量及三相电流电压测量。另外，还提供了附加库，提供了常用的如锁相环、单稳电路、脉宽调制电路、傅里叶变换、有功/无功测量、有效/无效值测量和向量测量等常用电路或功能模型。

2）通过 m 语言完善仿真过程

除了通过直观的图形化工具进行系统建模外，一些数据的定义、配置，以及仿真过程的逻辑安排、部分结果的分析和多样化显示等功能还需要通过 m 语言来编程实现。

为保证 Simulink 工具建立模型的良好维护性，以及便于系统调试，一般在模型中都采用变量形式建立各个子模块的表达公式，在实际运行时，需要首先对模型中的变量进行初始化赋值。

2. 系统模型

传动控制系统中的伺服控制主要涉及控制电路及电气驱动和系统控制算法两方面的仿真，其中控制电路及电气驱动仿真的组件建模主要通过物理建模方式，采用 Simscape 和 SimPowerSystem 工具实现并仿真。系统控制算法主要通过数学模型实现，通过 Simulink 建立包含控制算法的整个系统模型开展仿真。

1）组件建模

（1）Simscape 工具建模。以建立电子电路模型为例，如前所述，在 MATLAB 软件中建立.mdl 文件，调用 Simulink 工具的 Simscape 模块库，在.mdl 文件中加入各种功能模块，并建立各模块的连接关系，设置模块参数和仿真参数进行仿真。以某二阶有源滤波电路为例，建立如图 5-1 所示仿真模型。

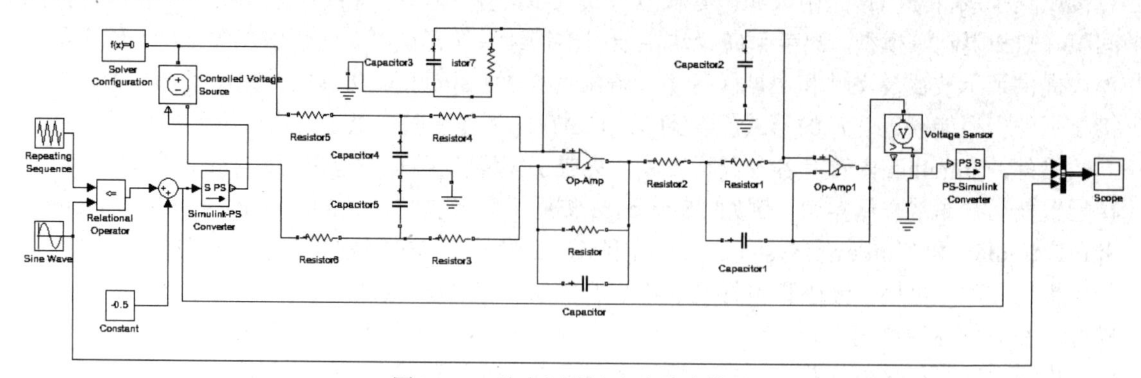

图 5-1　二阶有源滤波电路仿真模型

该电路将输入的 PWM 信号经滤波后得到幅值与 PWM 信号占空比对应的信号，作为一般数字控制芯片输出模拟信号时替代 D/A 专用电路的一种方式，建立仿真模型的目的是获取 PWM 频率、滤波器参数、源信号频率对输出信号幅度和相位的影响。仿真模型的建立包括与源信号关联的 PWM 信号产生、二阶有源滤波电路、输出电信号及中间信号的显示等部分的构建，其中二阶有源滤波电路调用了 Simscape 模块电气元件（Electrical Elements）库中的运算放大器、电阻、电容等通用元件。输入/输出部分则调用了 Simulink 通用库中的正弦波信号和三角波信号、比较模块、示波器等元件。

Simscape 模块元件有 Conserving Ports（受保护端口）和 Physical Signal inports and outports（物理信号输入和输出端口）两种端口。Simscape 里有不同类型的 Physical Conserving Ports（物理保存端口），只有同种类型的端口才能相连。每一种类型都有与之相关的 Through 和 Across 变量，直接相连的 Conserving Ports 的所有 Across 变量必须相同。物理连接线可以分支，与别的组件直接相连的组件拥有相同的 Across 变量。任何在物理连接链上传递的 Through 变量分布在所有相连的组件上，对于同一个子域所有传入的变量之和等于所有传出的变量之和。

就像一般的 Simulink 信号那样，Physical Signal Ports（物理信号端口）之间可以互连。由于无单位的 Simulink 数学元件无法直接与 Simscape 中有具体物理量定义的元件连接，在 Simscape 模块的公用库（utilities）中提供了双向转换的元件，如 Simulink-PS Converter（仿真-物理信号转换模块）、PS-Simulink Converter（物理-仿真信号转换模块），以及在 Electrical Sources（电源模块库）中的 Controlled Voltage Source（受控电压源）和 Voltage Sensor（电压传感器）等，如图 5-1 中模型所示，从而实现了数学元件和物理元件的数据交互。

另外，每一个含有 Simscape 模块元件的仿真模型都必须包含一个 Solver Configuration（求解器配置）模块，否则会在仿真过程中报错。

仿真结果通常需要对比观察，可以如图 5-1 所示采用 Bus Creator（信号汇总模块）将多个信号输入到同一个二维坐标窗口中，结果如图 5-2 所示，但这一过程必须将所有信号数据类型调整一致，否则仿真过程中会报错。

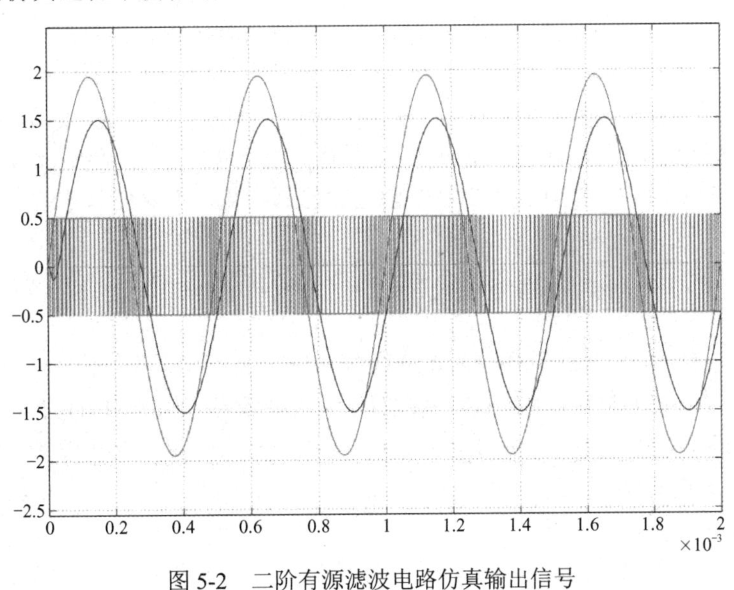

图 5-2 二阶有源滤波电路仿真输出信号

仿真参数设置包括设置仿真时间，即起始和结束时间，主要由仿真对象动作过程时间或动作的周期时间来定，如图 5-3 所示。另外，主要设置 Solver options（求解器选项），包括步长和解算器的计算方法等。对于仿真步长来说，变步长会根据模型状态变化的快慢适当调节步长，也就是相邻仿真计算的时间间隔，这样在保证了一定精度的同时又减少了仿真次数，从而可以减少仿真时间。

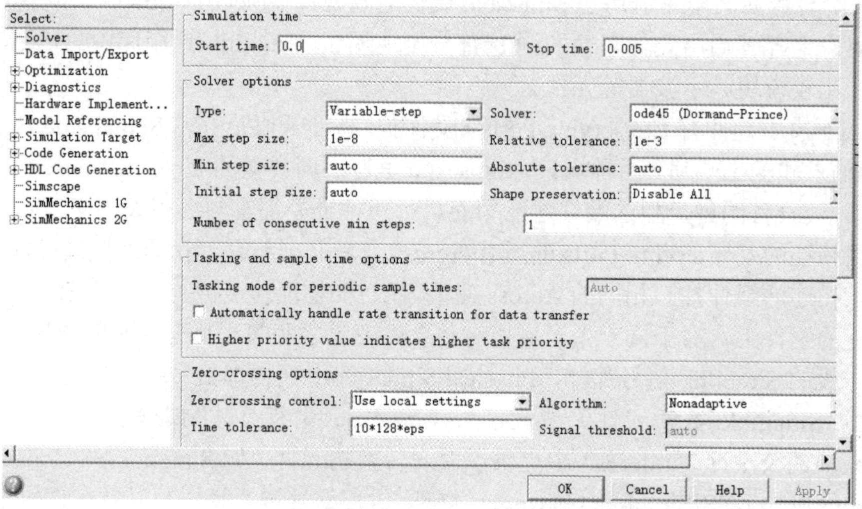

图 5-3 仿真参数设置界面

对于 continuous solver（连续系统求解器）而言，可以人为设定 max step size（最大步长）和 min step size（最小步长），然后计算机自动选择积分步长进行数值积分。固定步长就是仿真从头到尾用同一个步长，对于 continuous solver 而言，固定步长可以人为任取；而对于 discrete solver（离散系统求解器）而言，固定步长可以自动选择，若人工选择必须遵守和 sample time（采样时间）之间的关系。对于 Simulink 中搭建一些 DSP、FPGA 等外设模块，仿真通过后自动生成代码并在实际器件上运行的情况，simulation step（仿真步长）一定要用 fixed step（固定步长）。

对于 discrete solver，由于更新 discrete block（离散系统模块）在各离散点的状态，步长的大小与模型中的 sample time 关系密切。其表现可从差分方程运行方式看出，差分方程中采样时间是固定的，对于 discrete solver 而言，不管是 variable step（变步长）还是 fixed step，simulation step（仿真步）必须要出现在 sample time（T）所有的整数倍上，即 simulation step 的设置必须使 simulator 在 $1T$、$2T$、$3T$ 时间点都要对模型进行仿真计算，以免错过主要状态的转换。若一个离散仿真模型中具有多个 sample time（T），那么要保证每个模型在其采样时间的 $1T$、$2T$、$3T$ 上都能进行仿真，最小步长只能取各个仿真时间的公约数，其中最大公约数又称 fundamental sample time（基本采样时间）。

除离散解算方法外，Solver 选项还包括常微分方程算法，该算法又分成非刚性和刚性两类，其中 ode15s、ode23s、ode23t、ode23tb 等刚性算法针对变量微分值相对分散的对象，非刚性算法 ode45、ode23、ode113 等主要针对变量微分值相对集中的对象。以上各种算法的特点如下。

- ode45 算法采用四阶、五阶 Runge-Kutta 单步计算，是一种解决大多数线性问题的仿真方法；
- 与 ode45 算法相比，ode23 算法由于阶数降低计算量有所减少，在容差和刚度要求不高的情况下要比 ode45 算法更为有效；
- ode113 算法作为一种可变阶数求解算法，在容差约束强的情况下比 ode45 算法更为有效，但作为一种多步求解算法，在求解当前值时需要前面多步的结果；

- ode15s 算法采用后向微分公式，也是一种可变阶多步求解算法，当刚性问题造成 ode45 算法失败或计算效率非常低下时采用；
- ode23s 算法是在 ode15s 算法基础上改进后的二阶算法，作为一种一步求解算法，当容差要求不高时比 ode15s 算法更为高效；
- ode23t 算法是采用自由插值的梯形法则的一种算法，是一种适合中等刚性对象的算法；
- ode23tb 算法相对复杂，在第一级使用梯形法则，第二级使用二阶倒向差分公式的 Runge-Kutta 算法，相比 ode15s 算法对粗容差和相对刚性、非线性对象有较高效率。

（2）SimPowerSystem 工具建模。如建立与电机驱动相关的组件仿真模型，可直接参考 SimPowerSystem 仿真工具箱，其中提供大量电机驱动仿真模型，可以在此基础上直接根据实际对象进行参数配置，开展仿真。如图 5-4 所示即为仿真工具软件直接提供的 BLDC 电机驱动仿真模型。

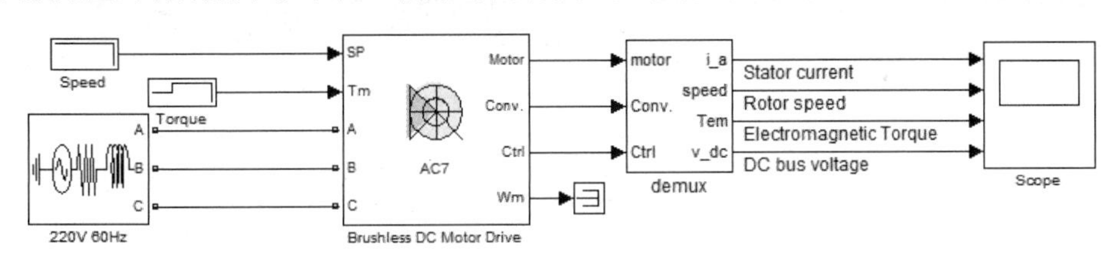

图 5-4　BLDC 电机驱动仿真模型

仿真过程中只需对图 5-5 中的参数进行配置，就可以开展仿真，结果如图 5-6 所示。

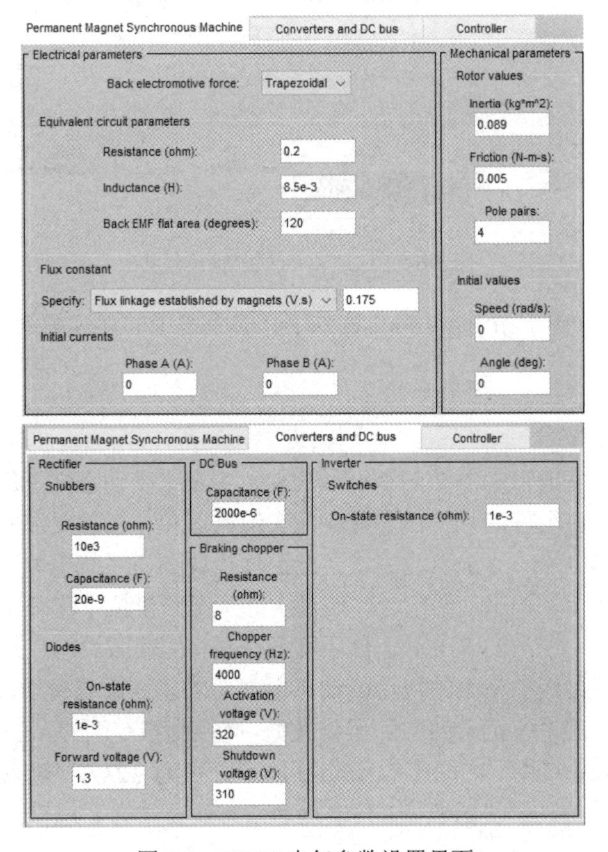

图 5-5　BLDC 电气参数设置界面

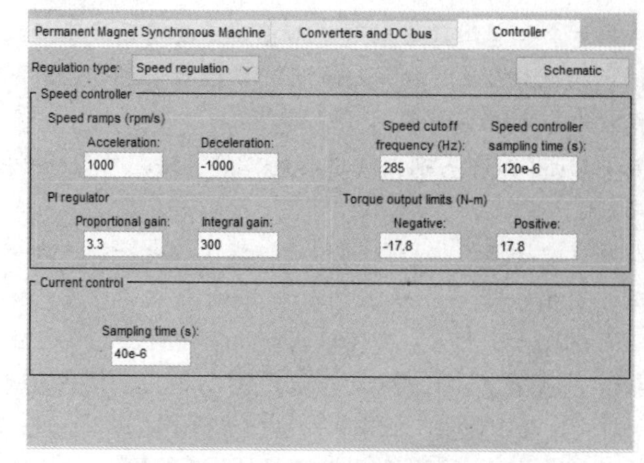

图 5-5　BLDC 电气参数设置界面（续）

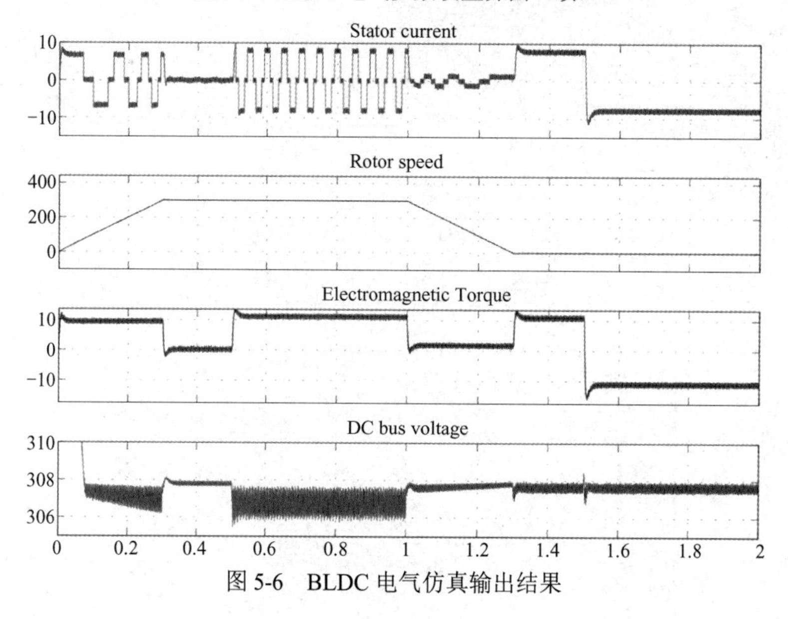

图 5-6　BLDC 电气仿真输出结果

在 SimPowerSystem 中常用 PowerGui 这个工具对系统中的连续模型离散，以便计算机采用 discrete 算法进行计算。

2）系统建模

系统建模的目的是完成控制算法的调试和优化，实现系统动态性能的评估确认。因此，仿真模型的建立往往关注各组件的外特性，对内部实现原理和过程的要求并不太具体，建模过程中往往通过简化、采用单纯的数学表达公式建立组件模块构建系统模型。另外，需要关注的是系统仿真的输入，包括指令和扰动两部分，通过实际工况的模拟，能确实检测到系统的主要性能。如某三轴机构伺服系统，工作在动平台环境下，要验证伺服性能，不仅需要模拟系统自身控制特性，还要模拟平台运动带来的扰动影响，根据要求建立系统模型，如图 5-7 所示。

系统输入信息是物理系统记录的实际操作数据，有控制指令端的，还有外部扰动记录数据，都通过时钟同步输入到系统中。如图 5-8、图 5-9 所示分别为 AZCTL 输入指令仿真模块示意图和 ACCtorque 外部扰动仿真模块示意图，其中扰动信息还要结合系统输出实时反馈到系统中实现扰动对系统的作用。

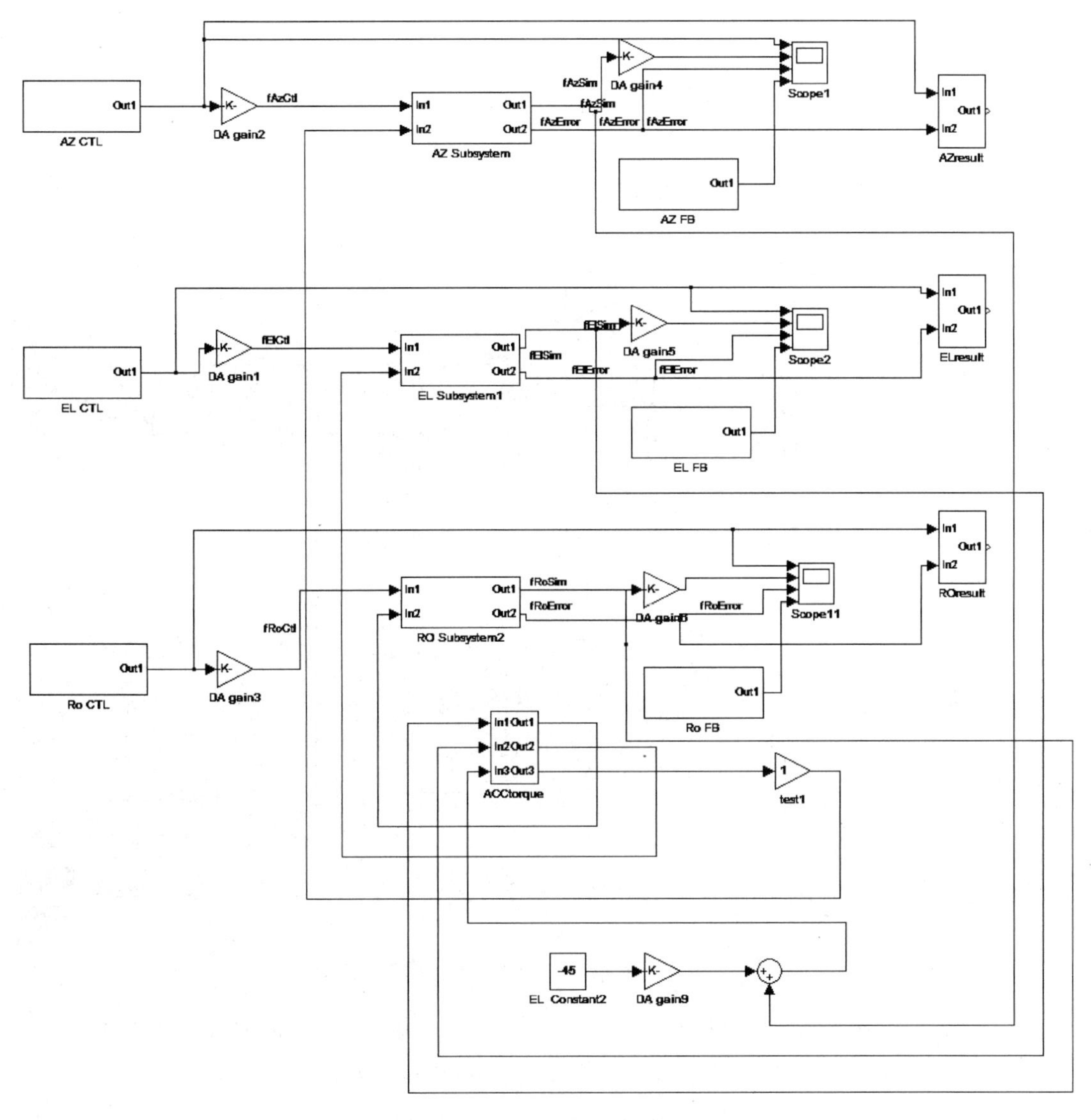

图 5-7　系统模型整体示意图

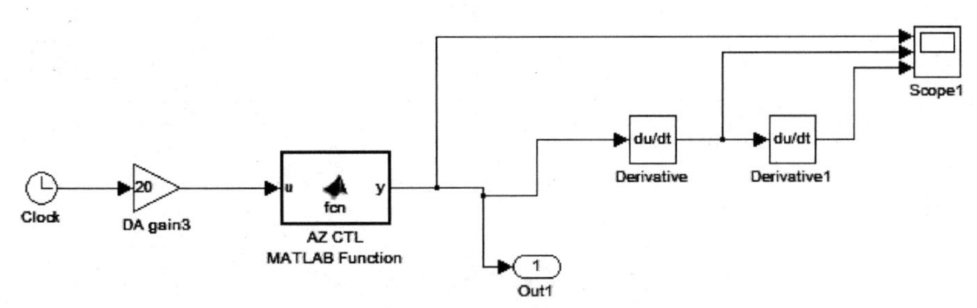

图 5-8　AZCTL 输入指令仿真模块示意图

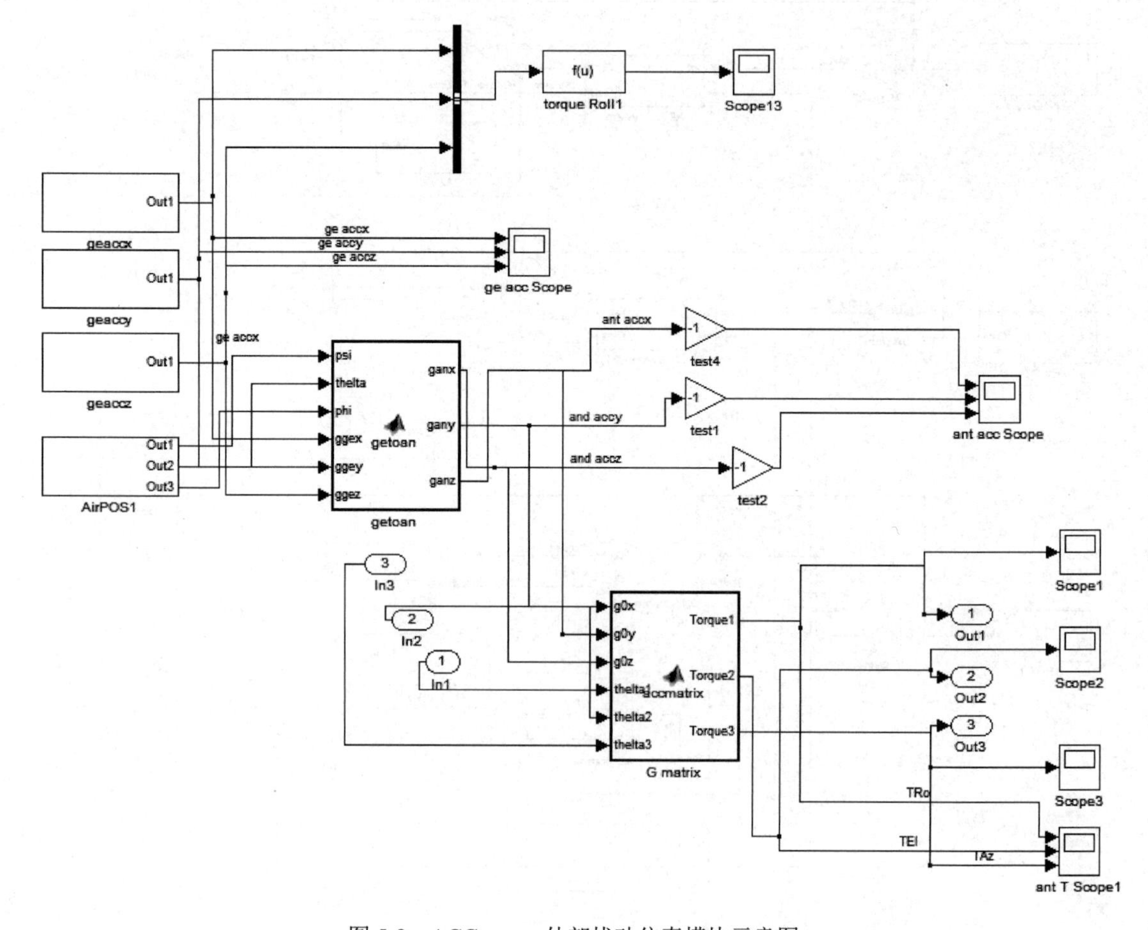

图 5-9　ACCtorque 外部扰动仿真模块示意图

为简化系统内部环节，简化控制电路、电气驱动和结构传动的具体细节，通过数学描述实现模型搭建，AZ Subsystem 控制特性仿真模块示意图如图 5-10 所示。

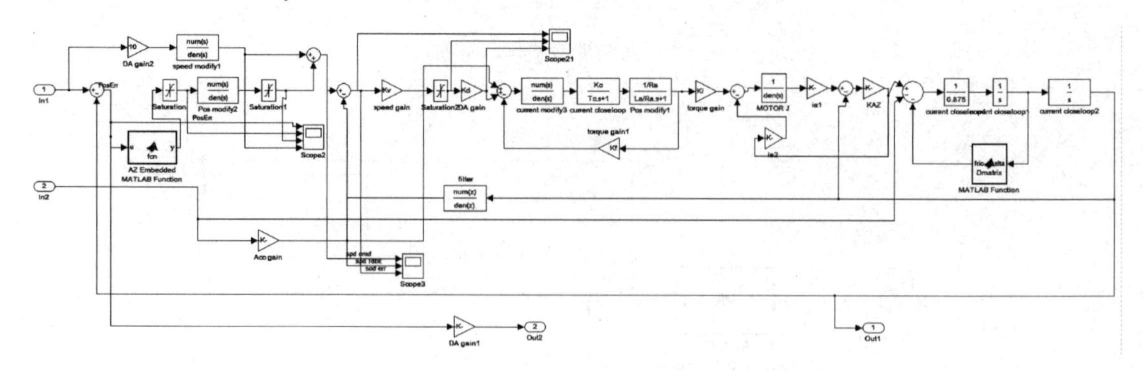

图 5-10　AZ Subsystem 控制特性仿真模块示意图

系统模型时域仿真结果如图 5-11 所示，反映了实际工况下被控对象跟随指令情况及误差大小。

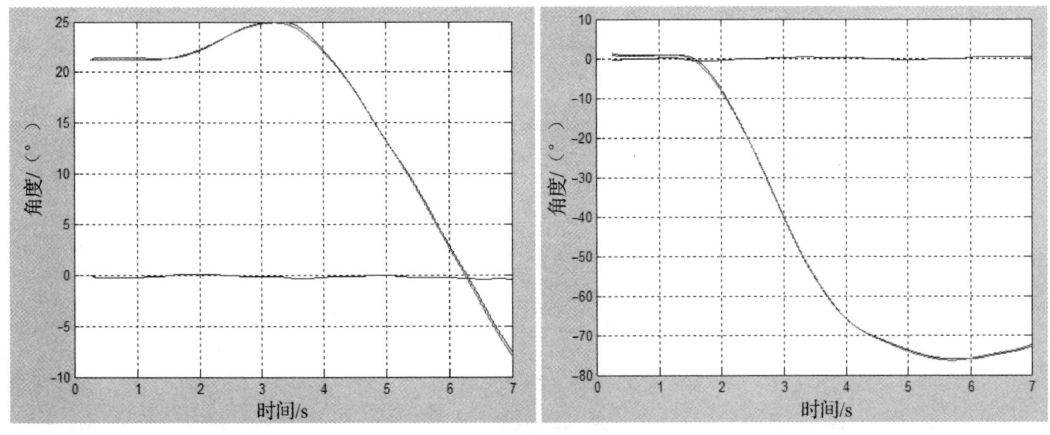

图 5-11　系统模型时域仿真结果

5.1.3　仿真结果分析

1．时域仿真分析

伺服控制的时域仿真是仿真过程中最常使用的一种方式，其特点是直观，模型建立限制少。除了如上节系统模型仿真案例中有明确输入指令的情况外，通过系统时域仿真对系统性能进行评估时，系统仿真模型的输入信号有单位阶跃信号、单位斜坡信号、单位加速度信号、单位脉冲信号和正弦信号等。

动态性能指标通常在系统阶跃响应曲线上来定义，因此常用阶跃信号在时域中对动态性能进行测试。

当仿真对象为线性系统且仿真监控对象单一时，可直接通过 m 文件编程实现，如通过图 5-12 所示指令语句，执行 sysPar.m 文件设置状态空间模型参数 A、B、C、D 后，由 ss 指令建立状态空间数学模型，最后就可通过 step 指令直接计算系统阶跃响应结果，如图 5-13 所示。此方法建立的数学模型还可以用于频域仿真分析。

```
clear all;
figure(1);
sysPar
SYS = ss(A,B,C,D,time);
T=0:0.001:1;
step(SYS,T);
grid on;
hold on;
```

图 5-12　系统模型时域仿真指令语句

如果仿真模型非线性因素多，有多个位置的仿真结果需要监控，则可以通过 Simulink 工具搭建如图 5-14 所示的时域仿真模型，加上阶跃的输入信号和示波器执行仿真，可直接从示波器中观察各点的时域仿真结果，如图 5-15 所示。

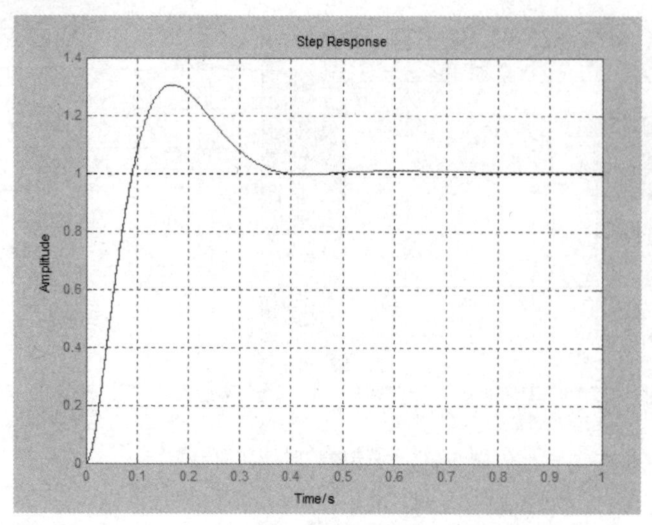

图 5-13　通过 m 文件编程实现的时域仿真结果

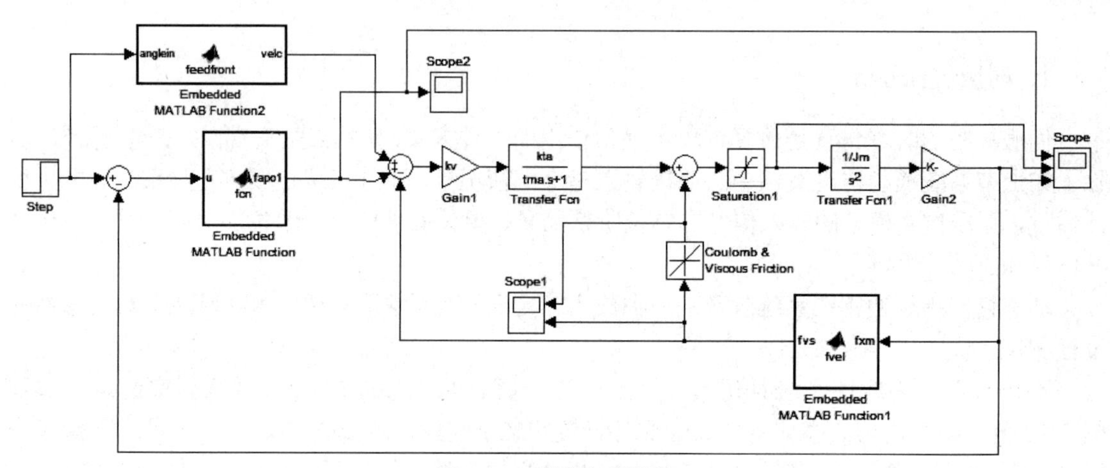

图 5-14　时域仿真模型

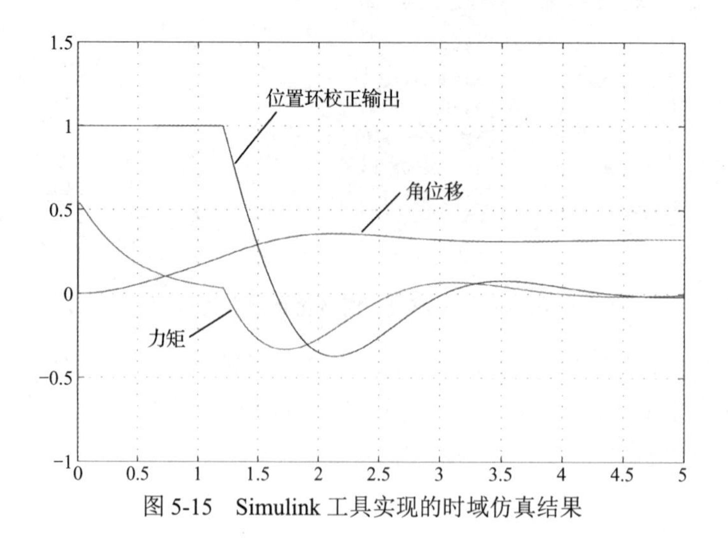

图 5-15　Simulink 工具实现的时域仿真结果

2. 频域仿真分析

频域法也是一种工程上广为采用的系统分析和综合的间接方法。它是一种图解分析法，依据频率特性的数学模型对系统性能（如稳定性、快速性和准确性）进行分析。频域法弥补了时域法的不足，因使用方便、适用范围广且数学模型容易获得而得到了广泛应用。

伺服控制的频域仿真一般通过对数坐标图即 Bode 图，对系统的开环或闭环频率特性进行仿真分析。频域仿真前需要通过 Simulink 工具搭建模型，并通过 m 文件对模型中的对象系数进行初始化操作，然后再由 linmod、ss 或 dlinmod 指令转换出系统模型状态空间表达式，最后用 bode 或 dbode 指令得到系统对应的幅相频曲线。如某系统模型频域仿真模型如图 5-16 所示，通过以上指令获得系统模型频域仿真结果，如图 5-17 所示。

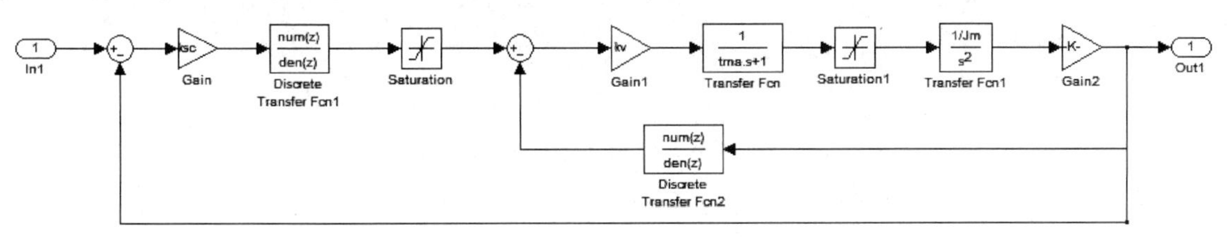

图 5-16　系统模型频域仿真模型

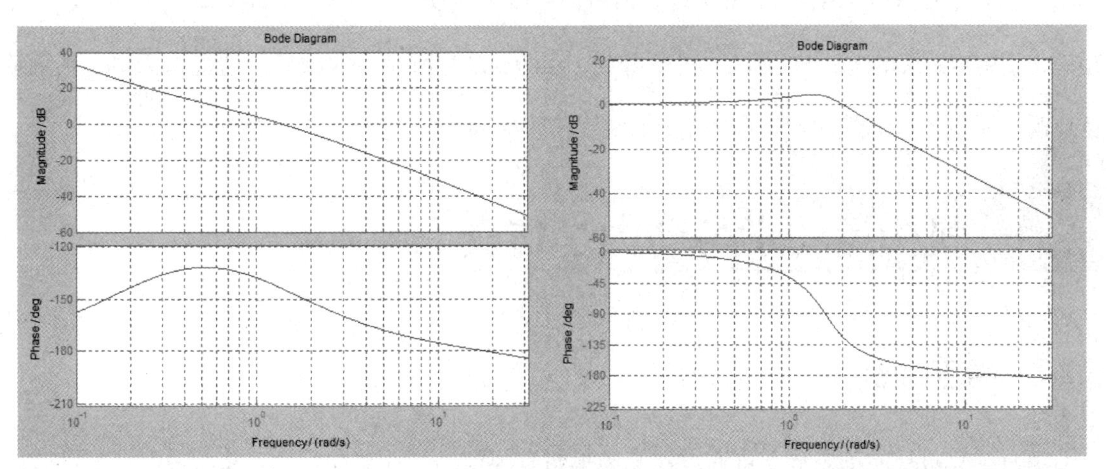

图 5-17　系统模型频域仿真结果

频域仿真分析是伺服控制频域法校正的基础，通过该仿真方法可以实现超前、滞后校正网络和参数的选择及特性评估。

3. 稳定性仿真分析

系统的相对稳定性（稳定裕度）可以用相角稳定裕度和幅值稳定裕度这两个量来衡量。相角稳定裕度表示系统在临界稳定状态时，系统所允许的最大相位滞后；幅值稳定裕度表示系统在临界稳定状态时，系统增益所允许的最大增大倍数。

例如，在图 5-17 所示的开环系统 Bode 图中可以标出相应的相角稳定裕度和幅值稳定裕度，结果如图 5-18 所示。

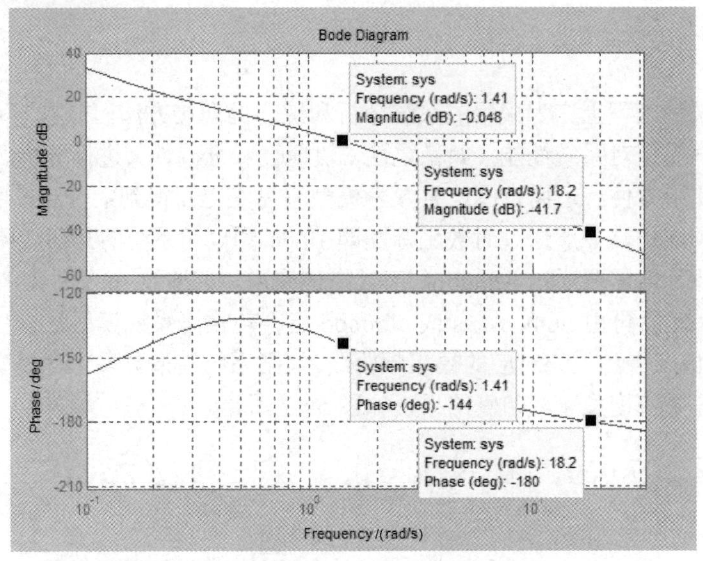

图 5-18 开环系统 Bode 图分析稳定裕度

对于闭环系统，其频率特性 $G(\mathrm{j}\omega)$ 的性能指标主要有谐振峰值 M_{p}、谐振频率 ω_{p}、系统带宽 ω 和带宽频率 ω_{b}。其中，谐振峰值 M_{p} 指系统闭环频率特性幅值的最大值；谐振频率 ω_{p} 指系统闭环频率特性幅值 $|G(\mathrm{j}\omega)|$ 出现最大值时的频率；系统带宽指频率范围 $\omega\in[0,\ \omega_{\mathrm{b}}]$；带宽频率 ω_{b} 指当系统的幅频特性 $|G(\mathrm{j}\omega)|$ 下降到 $\frac{\sqrt{2}}{2}|G(\mathrm{j}\omega)|$ 时所对应的频率。这些指标中，系统带宽反映了系统的快速性能，谐振峰值反映了系统的稳定性。

5.2 机构运动学与动力学仿真

5.2.1 需求分析

随着计算机技术的发展，可通过建立虚拟仿真模型进行计算和研究，从而预测未来机械系统的真实运动情况和动力学特性，相对于制作模型样机进行试验，可有效缩短试验分析周期，降低成本和风险，同时便于和驱动与控制领域等方面虚拟样机的研究融合。

通过对机构运动学与动力学进行仿真分析，主要达到以下目的。

（1）机构的运动可达性分析：对于结构复杂的多驱动、多自由度机构，如六自由度平台，其运动学正解难以建立，往往需要通过仿真分析验证其运动可达性。

（2）振动：机械系统的振动受到外部载荷变化及自身结构参数随运动变化等因素的影响，进行动力学分析后可通过优化结构或主动控制的方式进行抑振。

（3）运动副动载荷分析：机械系统中的运动副往往是其中的关键零部件，直接决定着系统的寿命和可靠性，为了确定运动副在运动过程中所受的时变载荷，研究其动态响应性能，需要采取运动学和动力学相结合的手段。

（4）刚柔耦合分析：对于大跨度、重载高速的关键结构件，分析其在整个运动过程中受时变载荷的变形情况，对于准确研究整个系统的性能具有重要意义。

（5）基于运动学和动力学的主动控制：复杂机构需要的力或位移输入控制量随着机构运动状态和外界载荷的变化而变化，需要充分结合运动学和动力学特性来设计控制方法和控制参数。

5.2.2 仿真模型建立

1．仿真工具

系统的运动学和动力学研究需要建立系统的输入、系统参数与系统状态三者之间的数学关系式，一般是根据系统模型，应用最基本的力学方程和数学工具建立微分方程组，如牛顿第二定律、达朗贝尔原理、拉格朗日方程和凯恩方程。

目前市场上主流的动力学仿真软件，如 MSC.ADAMS、LMS.Motion 等都是基于以上方程，采用相应的微分方程求解方法实现仿真的。以上软件都支持外部三维模型导入，研发设计人员可以将设计好的模型直接导入仿真软件组，通过设置材料的力学和惯性参数即可开展仿真，无须涉及上面介绍的复杂方程，因此在机构设计领域获得了广泛应用。本节结合 LMS.Motion 软件，介绍机构运动学和动力学仿真建模的一般方法及典型结果的分析。

2．模型的导入和简化

虽然包括 Motion 在内的很多仿真平台都支持三维模型的绘制，但考虑到研发设计人员对平台的熟练程度，一般推荐用其他软件完成设计建模后，将模型另存为通用的文件格式（如.stp、.igs 等）导入 Motion 中，避免二次建模。

模型导入后，所有零部件之间的相对运动关系，如固定、平移、转动等都需要重新定义。对于复杂机构，为了减少工作量，同时简化仿真模型，除针对相应功能的仿真外，还可将设计模型中的密封件、螺纹紧固件、装饰件、轴套等删去，仅保留运动副两侧的主要受力结构件，将其质量和惯量等效叠加到相邻的受力结构件中，从而加快建模和仿真速度。

3．典型运动副的建立和定义

对于一般的机构，通常可以按照功能需求将复杂的机构等效为一系列基本运动副的组合。Motion 平台中的运动副通过点、轴线、面或坐标系进行定义，例如，固定副通过一对坐标系定义，转动副、平移副由重合的轴线和一对平面定义，球面副通过重合的点定义。通过在 Motion 平台中定义平动或转动的刚性或黏性负载系数，描述对应运动副自由度方向上的动力学特性。

对于复杂的机电系统或需要研究高精度动态响应的系统，存在具有多个自由度的复杂关节，如存在轴向窜动的轴承、存在多阶模态的齿轮啮合等。对此类运动副，Motion 平台提供了一系列由简单到复杂的可借用模型。

1）轴承副

多体系统仿真分析中，轴承的建模方式主要有以下三种。

（1）铰链法：采用运动副表示轴承。该方法不关心轴承自身的精度。

（2）柔性连接：采用一个线性轴套力来表示轴承柔性连接力，需要给定轴承的轴向、径向、弯曲刚度、阻尼及预载荷。该建模方式考虑了轴承内部的力学特性，适用于精度较高的机械系统。

（3）详细法：最精确的建模方法，给出轴承完整模型，滚珠与轴承内、外环之间采用柔性接触模拟。

如在建立某轴承模型时，忽略滚珠，以两个同心圆环等效轴承的内、外环，在圆环之间创建柔性连接（Bushing 力元）模拟轴承的轴向、径向、弯曲三个方向的力，不考虑阻尼、预载荷和轴承滚珠之间，以及滚珠与内、外环之间的接触力。Motion 平台中轴承副的定义方式如图 5-19 所示。

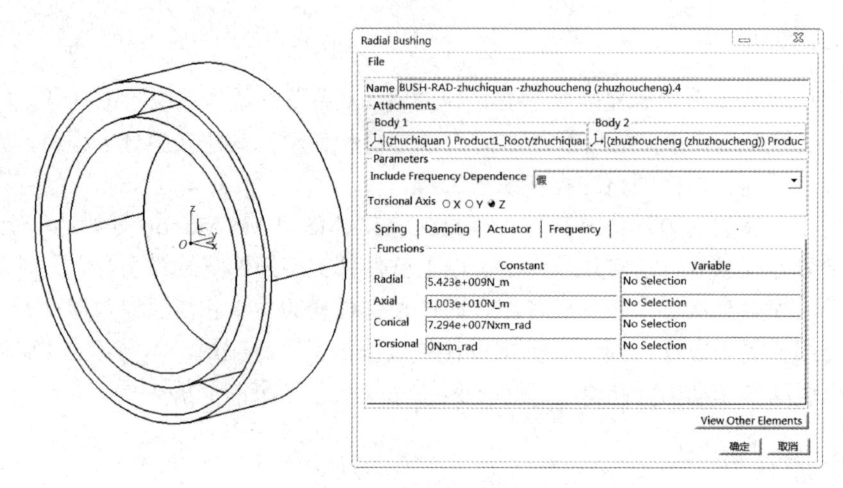

图 5-19　Motion 平台中轴承副的定义方式

2）齿轮副

在 Motion 平台中，齿轮建模方式如表 5-1 所示。

表 5-1　齿轮建模方式

建模方式	易用程度	精　度	支持的齿轮类型	优　缺　点
运动学模型（齿轮副或多体约束）	高	低	所有	简单易用，无法计算啮合力
标准接触力	低	一般	所有	适用性广
齿轮啮合力	中	较高	直齿轮和斜齿轮	方法经过验证
齿轮组超单元	高	很高	直齿轮和斜齿轮	所有过程一次完成，采用齿轮啮合力
啮合刚度变化	中	最高	直齿轮和斜齿轮	创新技术，非常精确

在 Motion 平台中，运动学模型是通过建立齿轮副或三体约束实现输入轴与输出轴之间的理想传递关系的。它们支持所有的齿轮类型，但无法考虑齿隙，无法计算啮合力，局限性较大。

在 Motion 平台中，CADContact 的接触定义方法和 ADAMSImpact 的接触定义方法类似，属于基于几何实体的接触定义方法；此外，Motion 平台针对齿轮副还可以使用 GearContact 基于齿轮参数的接触定义方法。CADContact 能更好地反映非标准渐开线齿轮的啮合情况，但是求解速度较慢；而 GearContact 只能反映标准渐开线齿轮的啮合情况，其求解速度较快。Motion 中 GearContact 的参数主要包括两部分：几何参数和接触参数。几何参数主要包括齿轮的齿数、模数、齿宽、压力角、螺旋角和变位系数等。接触参数根据刚度的计算方法略有不同，通用的接触参数主要包括齿轮间隙、时变啮合刚度、静传递误差、线性阻尼、刚度缩放系数等。Motion

平台中包括 CAI、ISO 和 Linear 三种刚度计算方法，主要区别是对材料属性的定义方法不同。其中，CAI 方法默认材料属性为钢：ISO 方法可以根据需要自定义材料属性；Linear 方法常用于需要从实验数据中导入材料属性的情况。

在综合考虑建模精度与计算效率等因素后，在建立某多体系统模型时，对齿轮副采用 Motion 中的 GearContact 进行等效，可以较好地模拟齿轮扭转振动，在后续的工作中可以建立更加精细的扭转-平移耦合等效模型进行扭转-线性振动的模拟。涉及的几何参数主要包括齿轮的齿数、模数、齿宽、压力角、螺旋角和变位系数等，接触参数主要包括齿轮间隙、时变啮合刚度、刚度缩放系数等。采用 CAI 方法计算刚度，不考虑静传递误差、线性阻尼等接触参数，Motion 中齿轮副的定义方式如图 5-20 所示。

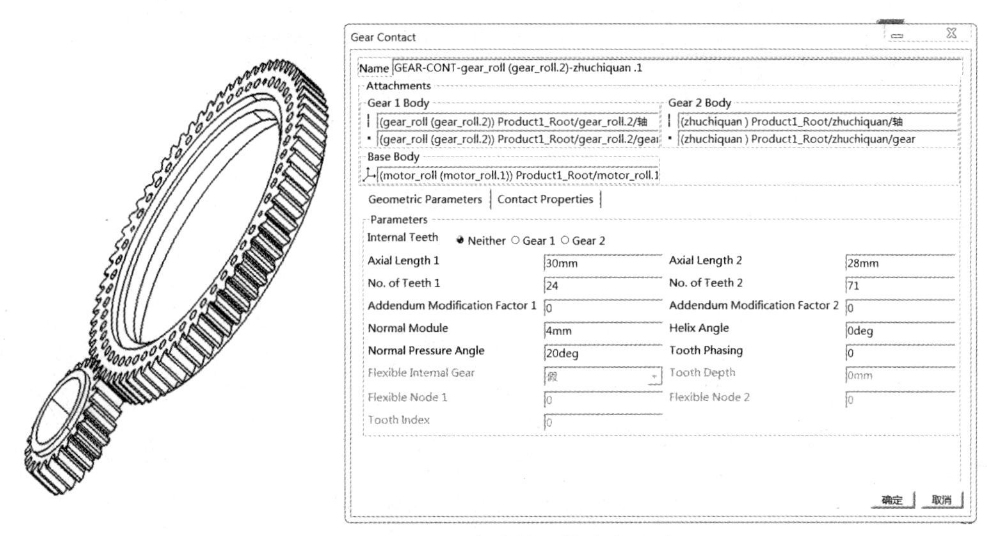

图 5-20　Motion 中齿轮副的定义方式

3）轮胎

车辆通过轮胎与地面接触，轮胎在接触处产生法向力（弹簧力）、侧向力（转向）和纵向力（牵引力）。以上力需要通过轮胎参数模型进行模拟计算，如典型的 Pacejka's 公式。根据复杂度的不同，轮胎模型需要大量的输入参数，大多数的参数识别过程需要物理测试和优化，由专用设备和软件来完成，通常轮胎制造商应能提供不同型号的轮胎所对应的参数文件。通常情况下，Motion 中使用如图 5-21 所示的高级轮胎模型，此模型中竖直力由垂直刚度计算得出，阻尼值为常数或变量，侧向力由转弯刚度计算得出，纵向力通常由可变摩擦力及滚动阻力计算得出，同时还要考虑惯性、线性横向刚度及载重的影响。

4. 柔性化处理和刚柔耦合

相对于低速、高刚度的多体系统，当机构中存在长跨度、高速大范围运动的部件时，构件的柔性动力学变形与理想的运动学轨迹存在耦合。为了获取准确的仿真结果，应当将该构件当作柔性体来处理，从而与其他仍可采用刚性体描述的构件组成刚柔耦合系统。

在 Motion 平台中，构件的柔性化处理主要有两种方式：自动柔性化和一般柔性化。基于 Motion 平台的多体系统构件自动柔性化建模流程如图 5-22 所示。

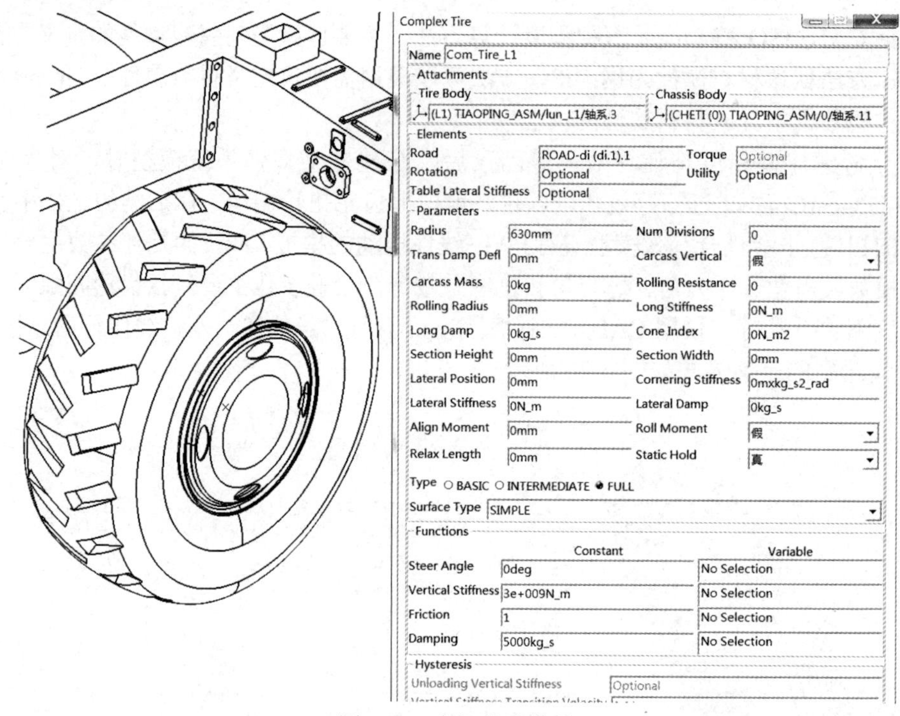

图 5-21 高级轮胎模型

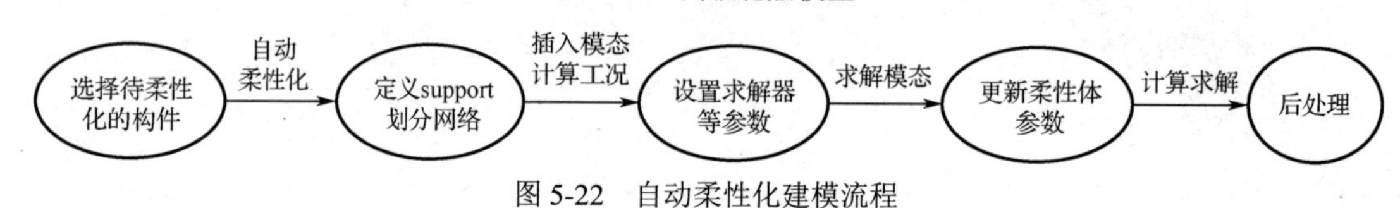

图 5-22 自动柔性化建模流程

一般柔性化是指利用已处理好的有限元模型文件对目标构件进行柔性化。支持的文件格式有以下三种类型。

- 已有的分析文件：*.CATAnalysis；
- 有限元输入文件：Nastran bulk file（*.bdf、*.dat）或 ANSYS cdb file（*.cdb）；
- 有限元结果文件：Nastran op2 file（*.op2）、ANSYS rst（*.rst）或 I-DEAS unv file（*.unv）。

基于 Motion 平台的多体系统构件一般柔性化建模流程如图 5-23 所示。

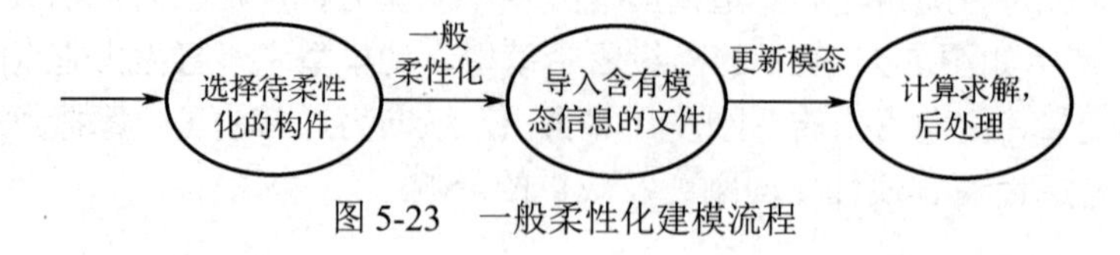

图 5-23 一般柔性化建模流程

为了防止出现模型文件在不同软件之间转换时丢失信息及软件版本匹配等问题，在后续的构件柔性化时，统一采用自动柔性化的方法在 Motion 平台内完成构件的整个柔性化过程。在柔性化过程中，提取前 10 阶模态，并设置阻尼比为 0.03。

某机载雷达天线座在 Motion 中仿真时，为了简化模型，加快仿真速度，将阵面上的天线单元及传动过程中的密封件等进行等质量替代，仅保留最重要的安装平台、横滚方位环节、旋转基座、上/下支臂和阵面。横滚方位环节都由电动机-减速器-小齿轮-齿圈传动，其中横滚主轴承外齿圈与安装平台固接，内圈连接旋转基座，两个电动机-减速器都安装在旋转基座上，方位齿圈与下支臂固接，与旋转基座经轴承连接。为研究轻量化设计后的旋转基座和上、下支臂在安装平台上随载机做大机动飞行时的应力和应变变化，对这几个部件进行默认的 Ortho 柔性化处理。以旋转基座为例，Motion 平台以关节为接口定义有限元作用面，如图 5-24 所示，从而实现柔性件与刚性件的耦合求解。

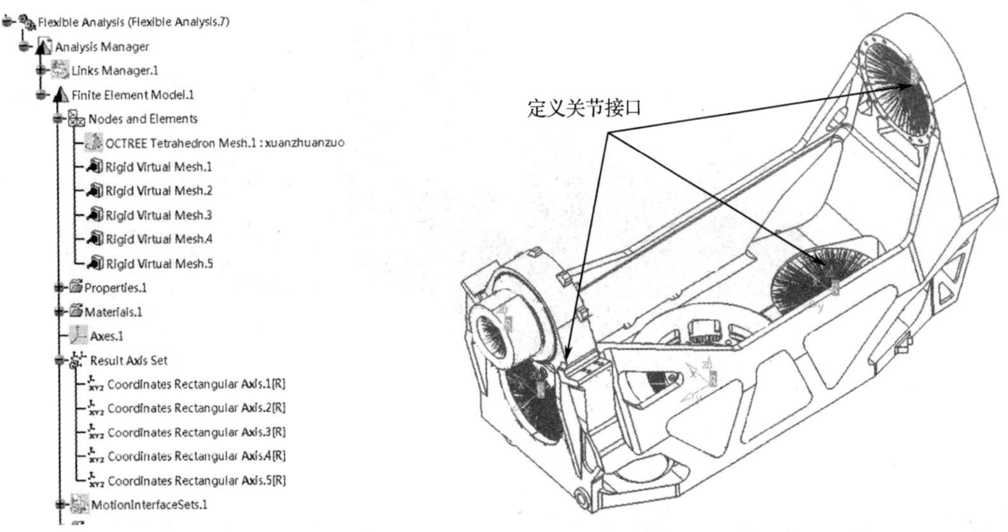

图 5-24　旋转基座的柔性化建模

5.2.3　仿真结果分析

1．图表与动画同步显示

Motion 平台的图表查看虽然麻烦，但其具有三维仿真可视化的特点，且图表和实时动态仿真可以在仿真结束后同步回看。如图 5-25 所示为某雷达调平运动过程中，载车平台俯仰和横滚角度的变化趋势，通过此功能可实现三维运动可视化与运动学-动力学数据的同步观测，便于开展结果分析。

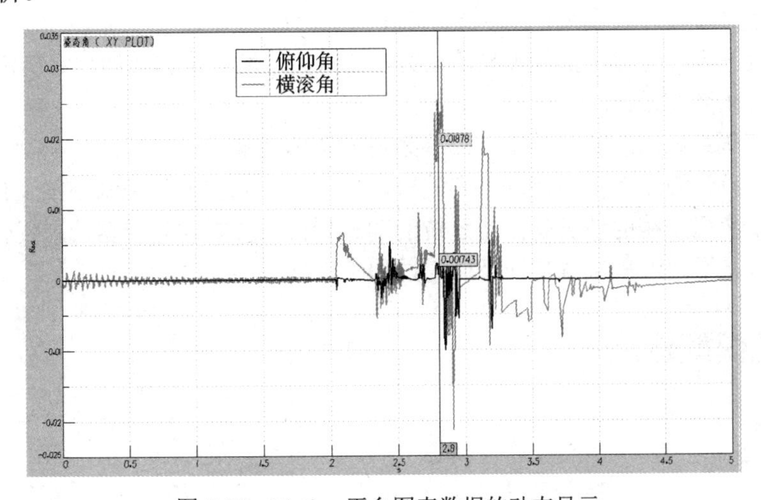

图 5-25　Motion 平台图表数据的动态显示

2．系统应力应变、疲劳与振动

某机载雷达天线座经柔性化处理后，模拟其在载机做大机动飞行时旋转基座的应力情况，如图 5-26 所示。该结果同样可随着运动学分析同步显示，便于观察危险工作点的运动状态。

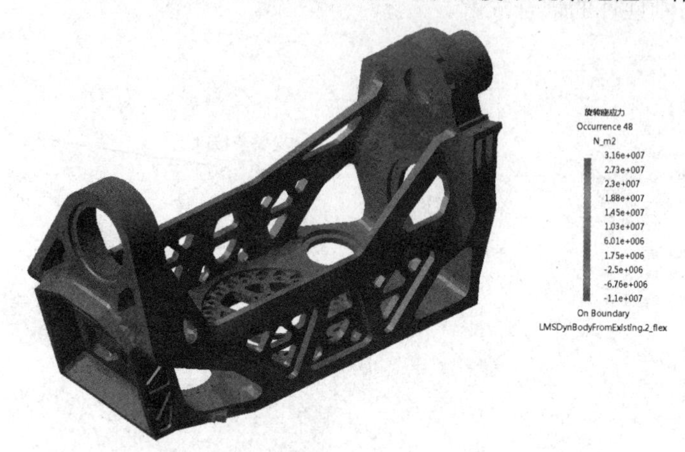

图 5-26　旋转基座应力云图

5.3 液压系统仿真

5.3.1 需求分析

随着计算机仿真技术的发展，在雷达等电子设备系统的工程设计中越来越多地使用计算机对液压系统的动态特性进行数字仿真。在计算机上进行仿真实验，研究实际物理系统的各种工况，可以确定最佳参数匹配。这样使得液压系统的设计缺陷在物理成型前就得到处理，设计周期极大缩短，设计成本降低。正是因为这种优势，计算机数字仿真技术已经广泛应用于雷达等电子设备液压系统的设计、开发和改进过程中。

通过对液压系统进行仿真分析，主要达到以下目的。

（1）获得液压系统元件及执行机构的压力、流量、速度及位移等数据，确定液压系统主要元件参数，并优化系统设计。

（2）分析液压系统动态响应品质，改善系统的整体性能。

（3）验证新设计液压系统中控制方案的可行性，从而确定最佳控制方案及控制参数。

由此可见，液压系统的仿真是获得系统的动态特性，并以此为依据开展优化设计的基础。因此，仿真技术在雷达液压系统设计及研究过程中占据重要地位。

5.3.2 仿真模型建立

1．仿真工具

以应用广泛的液压仿真软件 AMESim 为例，该软件采用界面友好的图形化开发环境，方便设计人员快速构建液压系统模型，完成系统参数和仿真参数设置并开展仿真分析，液压系统仿真软件界面如图 5-27 所示。

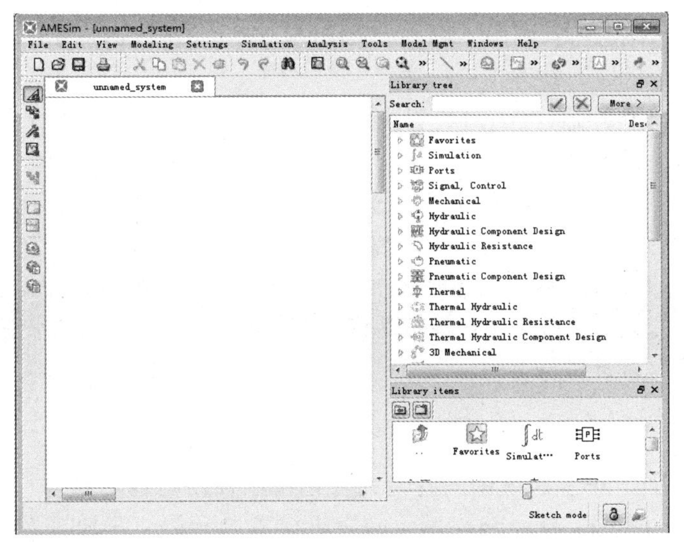

图 5-27　液压系统仿真软件界面

另外，AMESim 为工程设计提供了较强的交互能力，为流体（液体及气体）、机械、控制、电磁等工程提供较为完善的综合仿真及灵活的解决方案，使用户能够借助其面向实际应用的方案，研究任何元件或回路的动力学特性。

在系统建模过程中，需在 AMESim 软件中依次完成草图模式（Sketch Mode）、子模型模式（Submodel Mode）、参数模式（Parameter Mode）、运行模式（Run Mode）。其中，草图模式最为关键，需根据系统的实际结构，选择模型库中元件子模型构建整个系统的仿真模型，AMESim 液压仿真如图 5-28 所示。

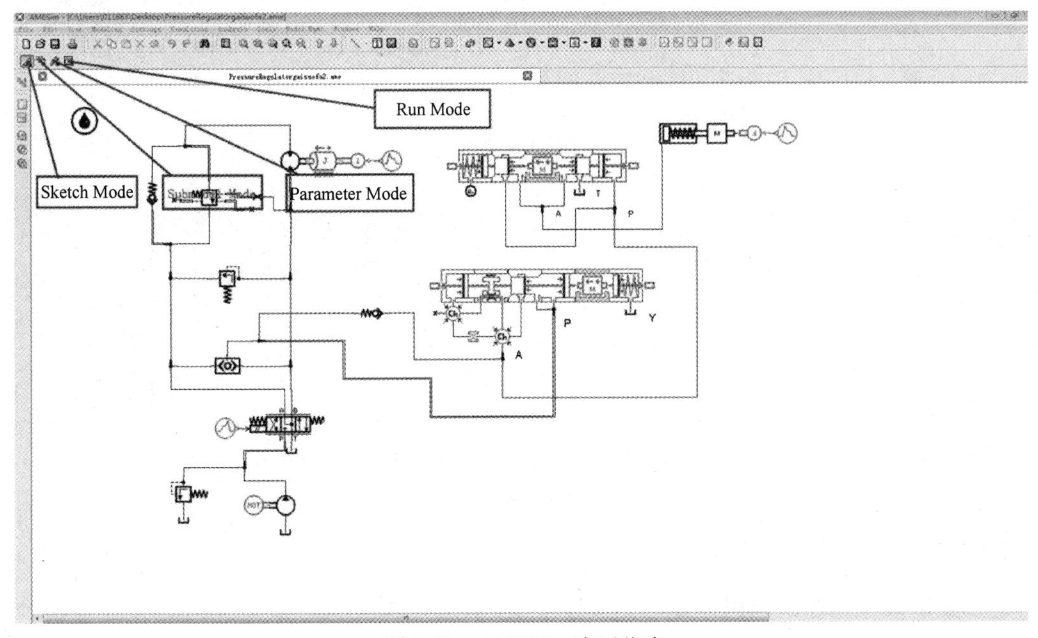

图 5-28　AMESim 液压仿真

2. 系统模型

液压调平系统作为雷达等电子设备架撤机构的重要组成部分，应用十分广泛。液压调平仿真主要是通过建立系统的仿真模型，对系统工作过程进行动态仿真，并分析仿真结果，为液压调平系统的设计及分析提供参考。

这里以某液压调平系统为例，对典型液压系统仿真中的相关流程进行介绍，为类似仿真分析提供参考，具体步骤包括：

- 搭建系统：根据液压系统原理图，选择相应的液压元件子模型，连接成仿真系统；
- 选择子模型：根据液压系统特点，为各个元件及管路选择合适的数学子模型；
- 设置参数：根据液压系统设计要求，为各个元件合理配置参数；
- 仿真求解：定义液压介质特性和仿真模型中采用的单位制，指定求解时间，选择求解算法，并提交仿真计算。

1）搭建系统（草图模式）

在草图模式界面，对于系统中的特定元件模型，根据其物理结构，使用液压元件设计库（Hydraulic Component Design）里面的最小模型单元按液压原理图要求搭建系统，如图 5-29 和图 5-30 所示。对于本系统来说，大多数关键元件的模型均可在液压库中选择，但对于减压阀、液动换向阀等特定元件，需用 HCD 基本模型设计仿真子模型，如图 5-31 和图 5-32 所示。

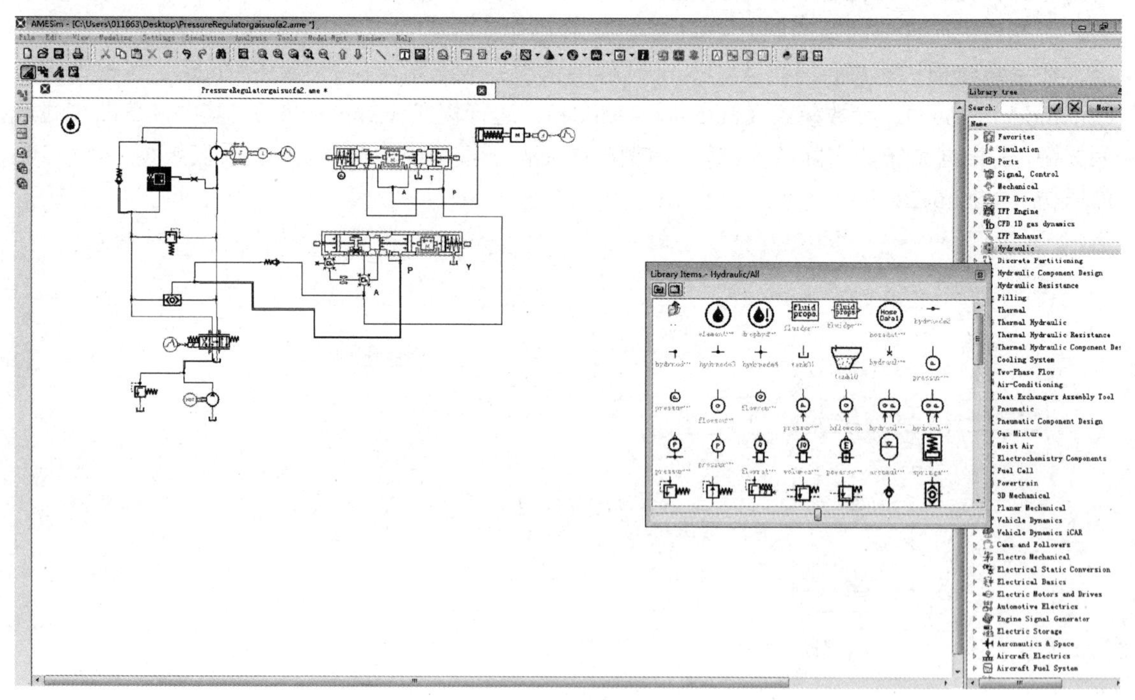

图 5-29 搭建系统

2）选择子模型（子模型模式）

切换到子模型界面，为相关元件如液压泵、电动机、减压阀、管路等选择合适的数学子模型，如图 5-33 所示。

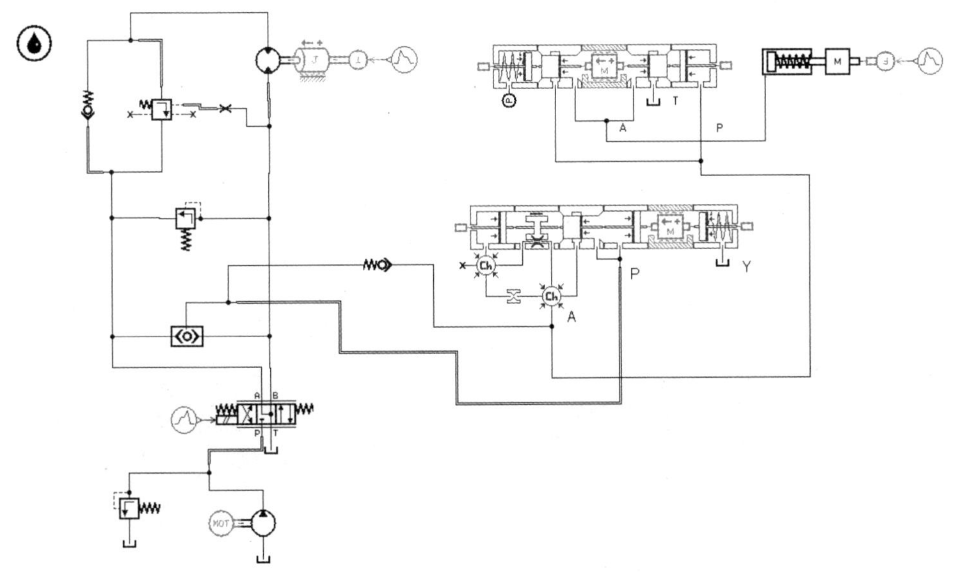

图 5-30　液压调平系统仿真模型

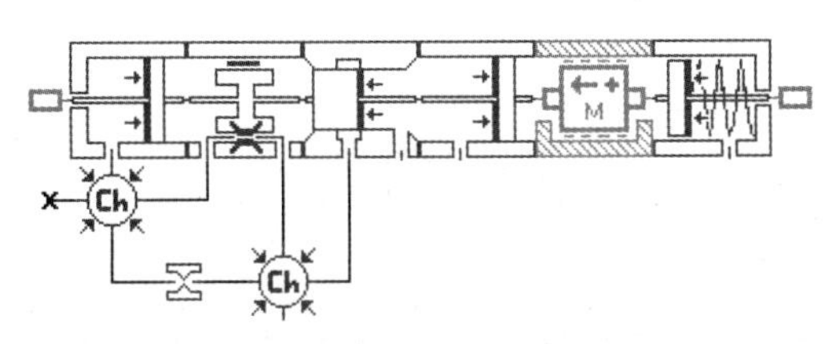

图 5-31　减压阀子模型

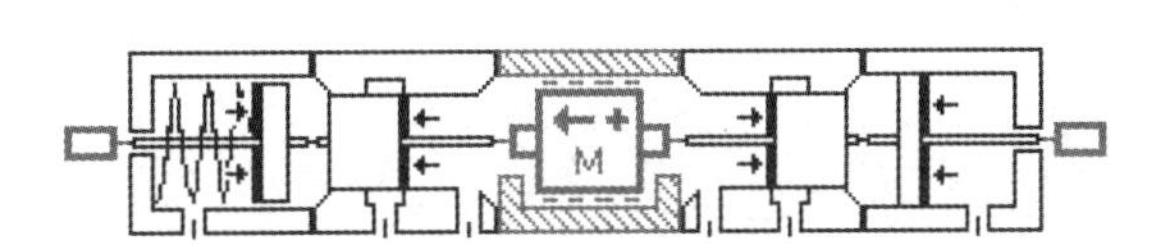

图 5-32　液动换向阀子模型

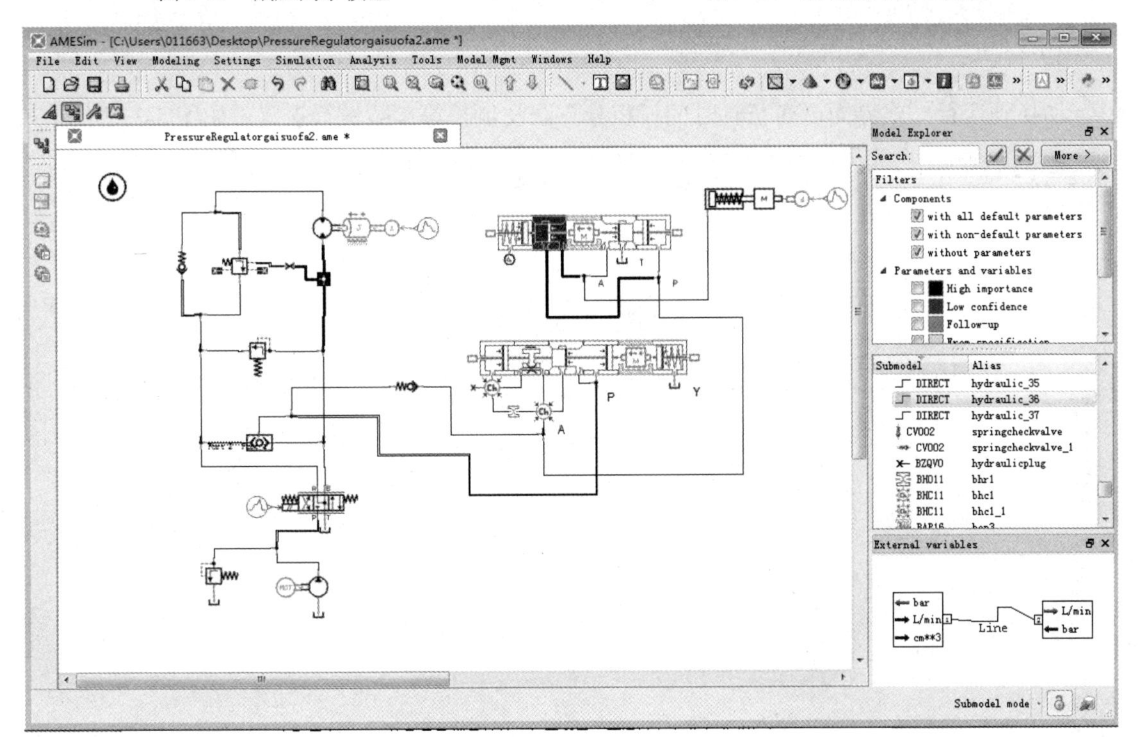

图 5-33　子模型选择

3）设置参数（参数模式）

切换到参数设置界面，为相关元件如液压泵、电动机、减压阀等配置合适的仿真参数，如图 5-34 所示。

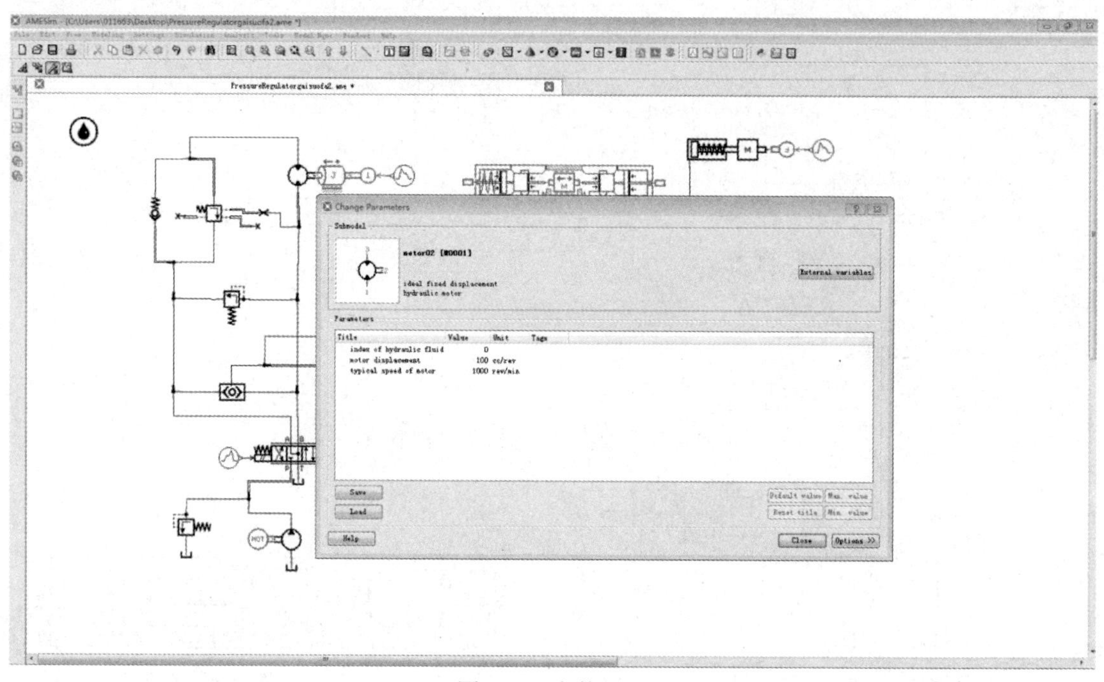

图 5-34　参数设置

4）仿真求解（运行模式）

切换到运行模式界面，对仿真时间、积分算法及步长等参数进行设置，如图 5-35 所示。

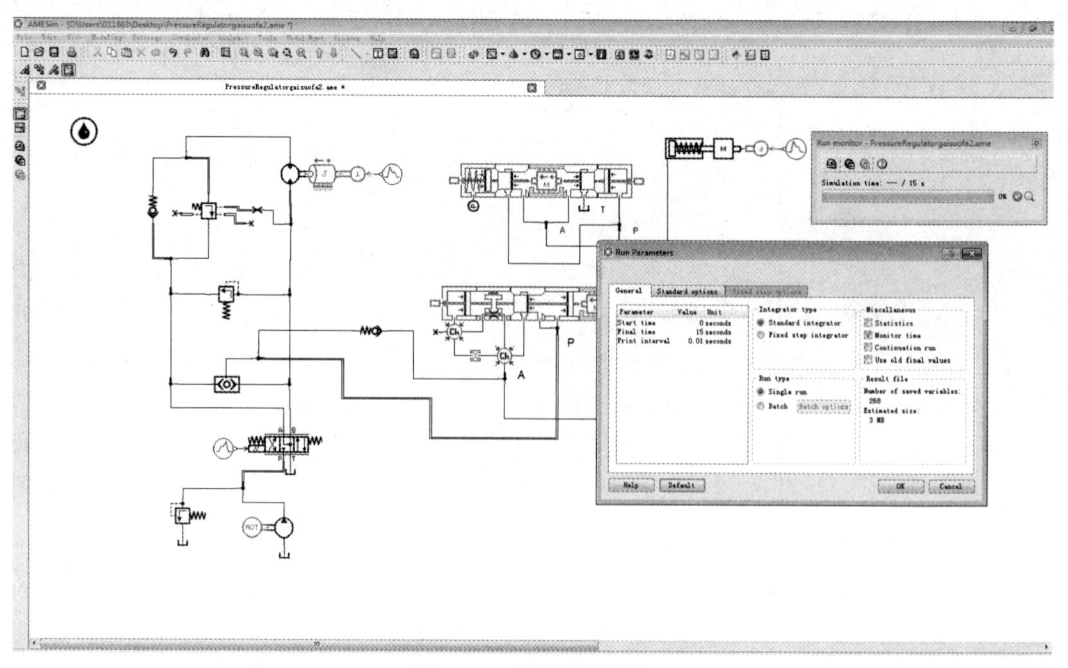

图 5-35　求解参数设置

5.3.3　仿真结果分析

仿真结束后，可以以表格和曲线的形式获得各个元件的压力、流量及执行机构的位移、速度、加速度及受力情况。

在上述液压调平系统仿真模型中，设置仿真时间为 0～15s，起始 2s 液压泵开始运转，电磁换向阀不打开；在第 2s 结束时，通过设置的阀门信号开启模型打开电磁换向阀。

图 5-36 主要显示天线车调平时电动机入口的压力和流量变化，仿真过程和实际过程基本吻合。

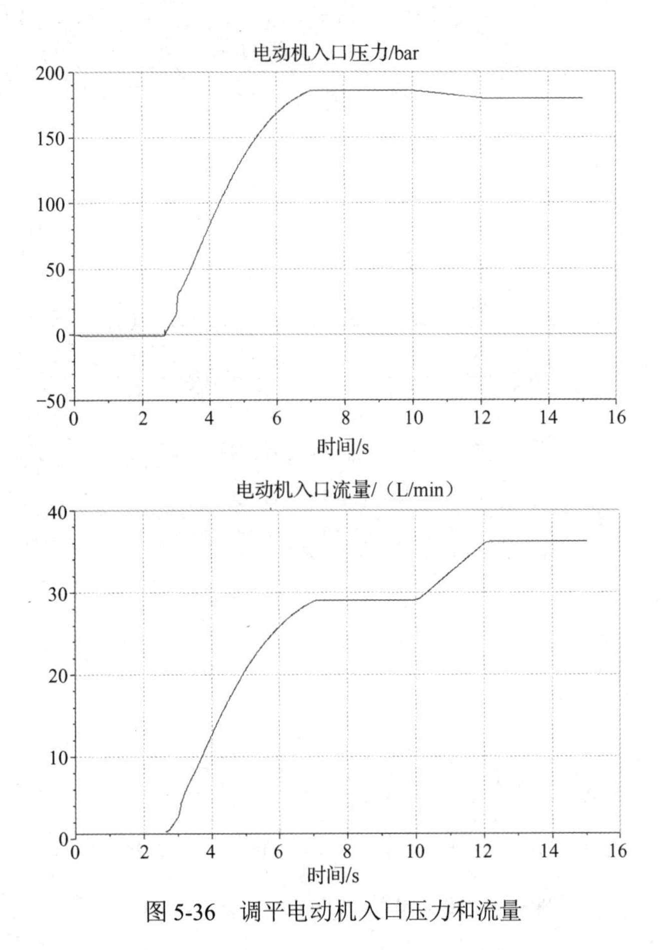

图 5-36　调平电动机入口压力和流量

图 5-37 主要显示天线车调平时电动机抱闸入口压力和流量变化，在压力油刚进入电动机抱闸口一瞬间，有急剧的振荡，伴随着极大的冲击，与实际工况相符。

为使电动机抱闸解锁时较为平稳，减小冲击，必须对系统加以改进，建议采用在解锁单作用缸进油口前串联一阻尼孔的办法。仿真结果表明，抱闸解锁过渡时间明显缩短，整个过程趋于平稳，达到了较好的效果，增加阻尼孔时电动机抱闸入口压力如图 5-38 所示。

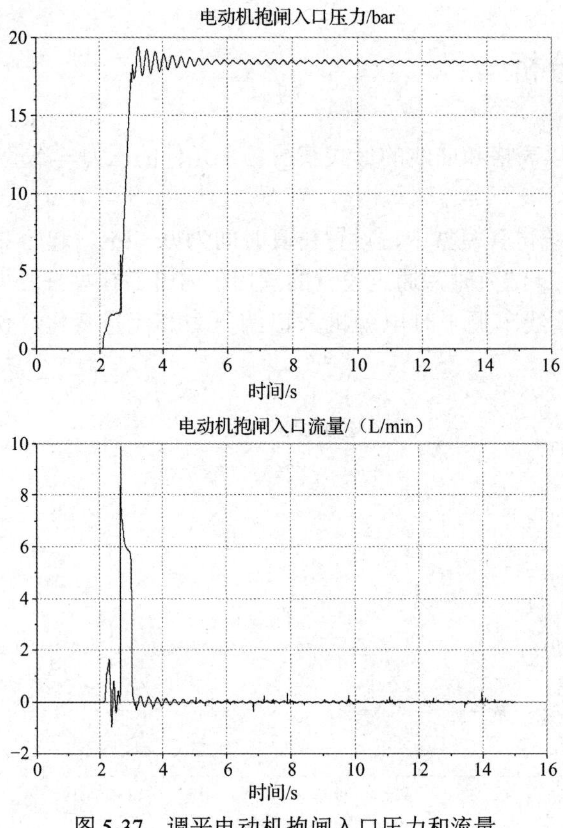

图 5-37　调平电动机抱闸入口压力和流量

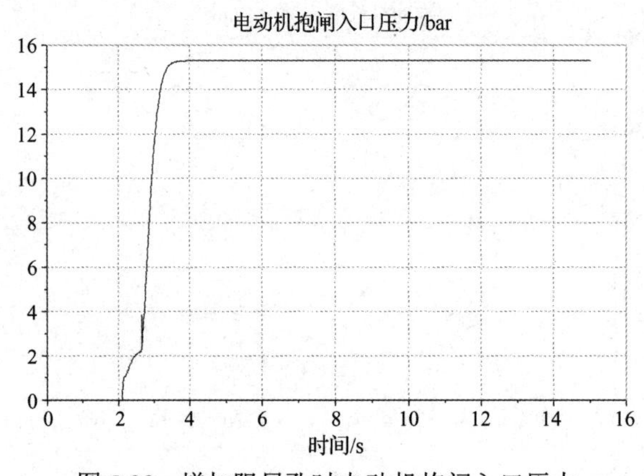

图 5-38　增加阻尼孔时电动机抱闸入口压力

5.4　机电液联合仿真

5.4.1　需求分析

单个仿真平台开展单一学科的仿真研究时，一般只能将其他物理场变量设为定值或具有一些孤立的特定规律，如斜坡、正弦等，且不同的物理场之间缺少交互。机电液联合仿真是为实现复杂系统的协同仿真而产生的，将机械、液压、控制系统等仿真软件平台上的模型联立实现数据共享，从而准确模拟机构、电液驱动系统和控制系统各自动态特性的相互作用，以及对整个系统的影响。

通过对机电液系统进行联合仿真分析，主要达到以下目的。

（1）全面、系统地开展各物理场参数的同步优化改进，提高仿真效率，实现一体化设计改进。

（2）基于准确的耦合模型设计控制方法，降低物理调试风险，缩短调试周期。

5.4.2　仿真模型联立

1. 常用的机电液联合仿真方法

目前机电液联合仿真的主要方法有基于接口的机电液联合仿真方法、基于高层体系结构（HLA）的机电液联合仿真方法和基于统一建模语言的机电液联合仿真方法。

基于接口的机电液联合仿真方法是目前使用最为广泛的机电液联合仿真方法，此方法是先利用现有的各类商用仿真软件建立其自身领域内可建立的仿真模型，再利用其所提供的接口与其他仿真软件实现集成，以此实现多领域的联合。此方法可以利用现有的较为完善的模型库和软件环境，在多领域仿真软件的集成时，较为容易实现。目前，具有代表性的成熟方案是由西门子旗下的 LMS-Virtual.Lab Motion、LMS-Imagine AMESim 与 MATLAB-Simulink 联合实现的。

基于高层体系结构（HLA）的机电液联合仿真方法同样需要集成各领域的商用仿真软件以实现系统模型的构建，虽然它改善了基于接口的方法开放性差、无统一标准、扩展性差等缺陷，但也只是将 HLA 作为其“总线”来集成不同的仿真软件，仍需耗费大量精力开发其与各领域的商用仿真软件之间的定制化接口，因此并未获得普遍的商业应用。

基于统一建模语言的机电液联合仿真方法具有与领域无关的通用模型描述能力，对于任何确定了的领域，都可以实现统一建模。由于采用相同的模型描述形式，因此基于统一建模语言的方法能够实现不同领域子系统模型间的无缝集成。欧美于 1996 年开始针对性地开展多领域物理建模与分析，并提出了具有普适性、可拓展的多领域物理建模语言 modelica，取意“模型计算”，并成立了开放的国际合作组织 MA，旨在为下一代复杂机电系统设计方法与技术提供模型知识的表达、计算的规范。目前，可商业化应用的方案包括达索公司旗下的 Dymola 平台，以及华中科技大学机械科学与工程学院开发的 Mworks 平台等。

2. 基于接口的机电液联合仿真方法

上面分别介绍了 Simulink、LMS.Motion 和 AMESim 在机电控制、多体动力学和液压系统中的单独应用。在联合仿真前，需要先完成各软件之间的接口配置，并确定联合仿真所采用的主平台。联合仿真本质上是在 C 语言平台上开展的，因此应当先安装 Visual Studio 软件完整版，随后安装 MATLAB 和 AMESim，此时 AMESim 会自动寻找 VC 作为编译器，最后安装 Motion 时注意勾选 integrated with AMESim/MATLAB。理论上三个软件都可以作为主仿真平台，但是考虑到 Simulink 平台参数更改方便、无须编译，且数据在 Simulink 中的显示方式更加多样，存储后可直接调用专业的数据分析功能包，因此一般以 Simulink 为主平台导入 Motion 和 AMESim 中的模型进行仿真。

在此方式下，首先将采用专业 3D 绘图工具（如 ProE 等）绘制的三维模型以.stp 等格式导入 Motion 中，参考 5.2 节中的方式定义运动关节等参数，并通过在运动副上施加指定的信号检验机构的准确性之后，将该驱动（一般是力或转矩）及需要的反馈位移或速度改设为联仿 I/O 接口 Controls。随后在 Motion 软件求解器中将求解方式设为 MATLAB_SIM，即将 Motion 软件模型导入 MATLAB/Simulink 软件中进行仿真计算，如图 5-39 所示，生成与 Simulink 模型同目录下的可调用的 plantout.m 文件。运行该文件，即可导入多体动力学模型，生成机构子系统参数化仿真模型接口模块。

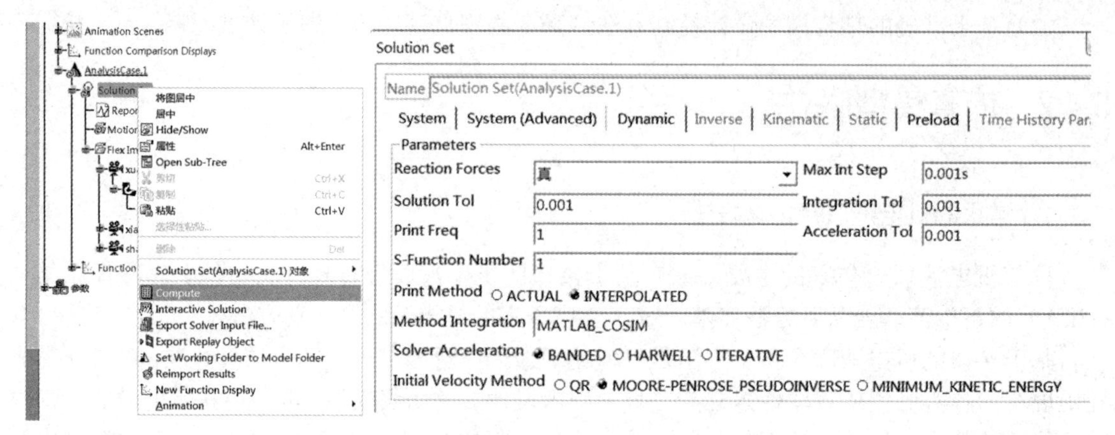

图 5-39　Motion 模型生成可由 MATLAB 调用的文件

对于液压系统可直接在 AMESim 软件中插入联合仿真接口，其设置如图 5-40 所示，并在接口界面上定义联合仿真 I/O 接口。由于液压系统非线性比较强，为提高效率，采用“SimuCosim”方式，即利用 AMESim 软件的求解器。将 AMESim 模型文件放入同目录下并编译，随后在 Simulink 中的 S-Function 模块中读入与 AMESim 模型同名的.c 文件，即可导入液压模型，生成液压子系统参数化仿真模型接口模块，从而最终实现如图 5-41 所示的多系统交互。

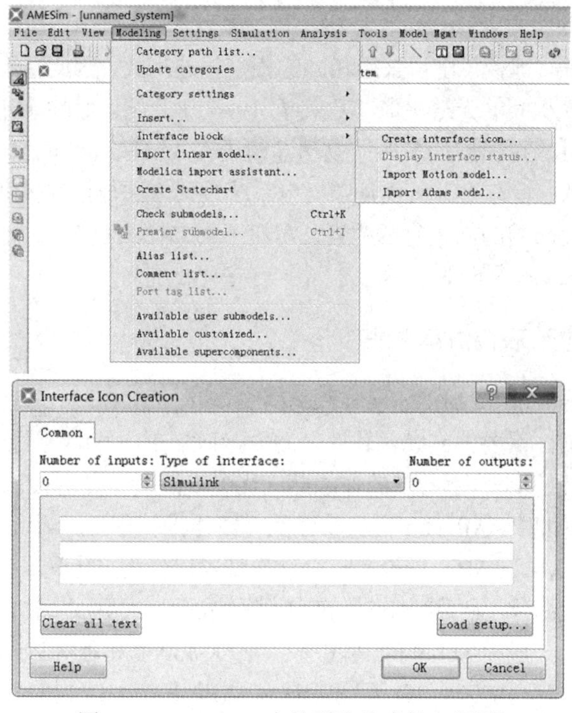

图 5-40　AMESim 中的联合仿真接口设置

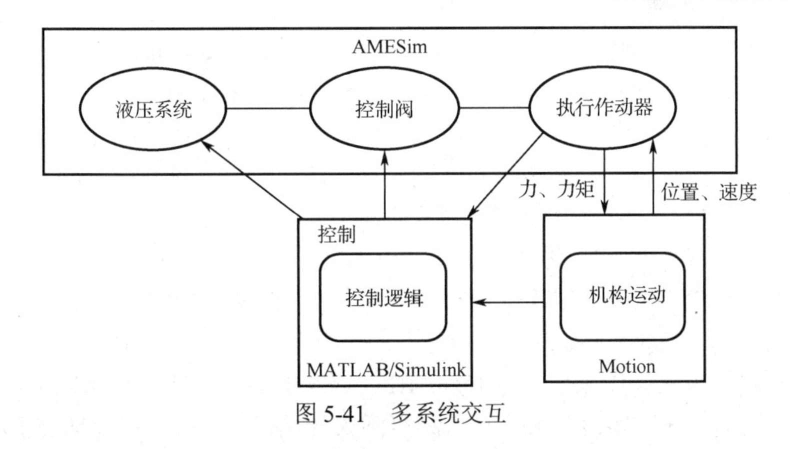

图 5-41　多系统交互

5.4.3　仿真结果分析

Simulink 平台上集成的 Motion 和 AMESim 仿真接口如图 5-42 所示，控制结果可直接在 Simulink 的 Scope 中显示，参考 5.1.3 节。经软件平台接口后，AMESim 中液压系统关键的压力和流量也可在 Simulink 中进行显示。机构的关节力及柔性部件的应力和变形情况仍需要在 Motion 中以动画的形式观察，参考 5.2.3 节。液压系统的其他非关键参数也可以参考 5.3.3 节在 AMESim 中进行查看。

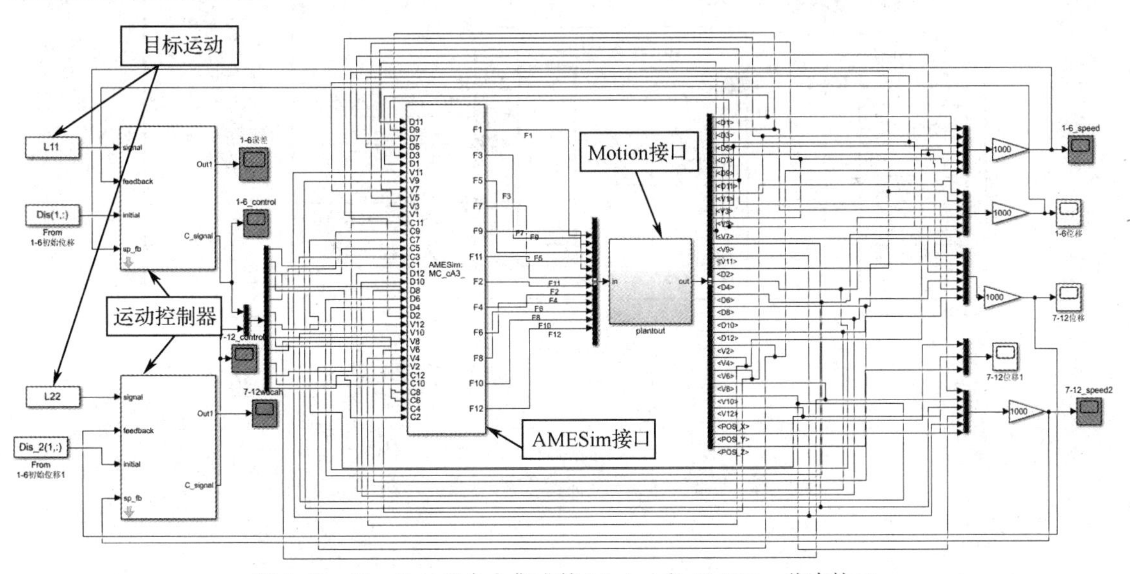

图 5-42　Simulink 平台上集成的 Motion 和 AMESim 仿真接口

5.4.4　半物理仿真测试

在联合仿真的基础上，针对复杂的机电液系统，搭建其中的部分子系统构建物理模型，通过搭载传感器、驱动器实现可观可控，同时将余下的仿真模型烧入实时仿真系统中，从而实现仿真与实物的实时交互测试，称为半物理仿真测试。半物理仿真测试主要包括快速控制原型（RCP）和硬件在环（HIL），其中前者由虚拟的控制器和实物受控对象组成，主要针对控制器的物理实现方案模拟，特别是需要控制较难实现理论建模的对象，如碰撞力学、紊流流场等领域，或是需要控制的对象虽可采用其他控制程序如 Simulink 编译的算法实现，但其周期和成本与实物试验差别已不大；后者由实际的控制器和虚拟的受控对象组成，用实时仿真机运行复杂的机电液系统模型，测试硬件控制器的性能及与算法的匹配性，具有成本低、周期短的优点，随着实时仿真算力的提升，获得了越来越普遍的应用。

目前市面上较为成熟的 HIL 仿真平台有美国 Mathworks 公司开发的基于 Simulink 的代码自动生成环境 RTW、德国 dSPACE 公司开发的一套基于 RTW 的控制系统在实时环境下的开发和测试平台 dSPACE、加拿大 Quanser 公司开发的一套基于 MATLAB/RTW 的控制系统开发及半实物仿真的软硬件集成一体化平台 Qstudio RP，以及 NI 开发的基于 PXI 实时控制器的硬件在环仿真系统。以上系统的实时仿真机除了具有强大的运算能力，能够处理复杂的模型外，对于各种建模软件还具有很好的兼容性，并具备较强的信号实时采集和输出能力。

在传动控制系统中，半物理仿真测试广泛应用于电机控制、液压系统、制动系统、混并联机构等场合。如图 5-43 所示为一种基于 PXI 的针对比例换向阀控制特性的半物理仿真测试平台，集比例换向阀组的试验、测试、仿真测试对比及故障判断功能于一体，各功能模块既可独立实施，又能整体运行，功能性较强，尤其是通过系统管理模块实现的仿真测试对比功能，能对阀组的性能进行精确评估，并结合阀故障判断功能模块，可对阀组的故障进行准确定位，有效提高了液压系统的可靠性。

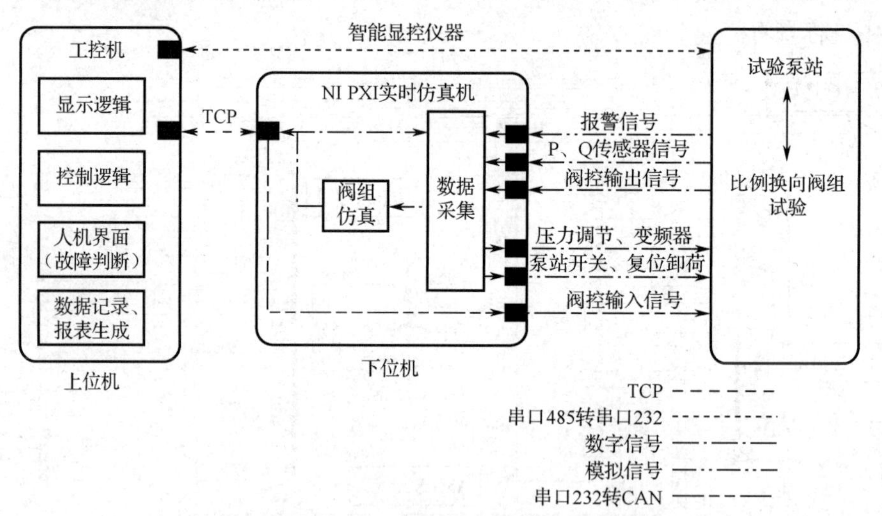

图 5-43　比例换向阀控制特性半物理仿真测试平台

Chapter 6

第6章 传动控制系统测试

【概要】

本章首先从基本元件开始，介绍测角元件、电动机、液压元件等的性能测试和常用方法。然后从结构轴系精度测试、传动误差和回差测试、系统测角精度测试等方面详细阐述传动控制系统精度测试方法。最后介绍伺服性能测试的具体内容，包括位置稳态精度测试、速度稳态精度测试、加速度测试、带宽测试、阶跃响应测试等。

雷达等电子设备传动控制系统的性能包括位置稳态精度、速度稳态精度、加速度、带宽、响应时间、超调量、过渡过程时间和振荡次数，其实现是以构成的元件性能和传动系统的精度为基础的。在构建系统前，需要先采用专用的测试设备和相应的测试方法对测角元件、电动机、柱塞泵、比例流量阀、液压缸等信号检测和执行元件，以及结构轴系精度、传动误差和回差、系统测角精度进行测试。以下进行详细阐述。

6.1 元件测试

本节根据传动控制系统的组成，介绍测角元件、电动机、柱塞泵、比例流量阀及液压缸等典型元件的测试内容和方法。

6.1.1 测角元件精度测试

传动控制系统的反馈元件一般为角度测量元件（简称测角元件），测角元件的精度是传动控制系统精度的重要影响因素。如 2.2.1 节所述，传动控制系统中的测角元件有旋转变压器、光电编码器、感应同步器、时栅传感器、自整角机等，这些测角元件的精度测试必须使用专用的测试设备在实验室中完成。其中，旋转变压器是雷达等电子设备传动控制系统中最常用的核心反馈元件，旋转变压器的精度直接影响雷达的跟踪性能和指向精度，以下以旋转变压器为例，介绍精度测试的设备、内容和方法。

1．测试设备及测试内容

旋转变压器的精度测试设备要求测量精度高、自身回差小、稳定性高，故对测试设备的电气测量部件、结构组成和制造均有较高要求。针对这些要求，以下以一台角度传感器高精度测试转台为例说明其需求及特点，该转台组成如图 6-1 所示。

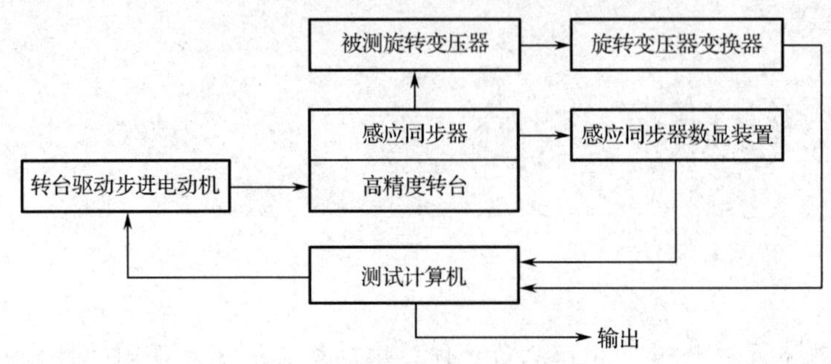

图 6-1　高精度测试转台组成

该高精度测试转台选用高精度旋转式感应同步器作为位置测试反馈传感部件。由于旋转式感应同步器具有 360° 全周误差平均功能，因此其对结构安装要求相对较低，从而确保了仪器高精度测量的实现，其精度优于±0.5″。

测试转台由高精度无隙联轴节与分度转台主轴同轴连接，主轴轴系采用高精度径向球轴承及高精度轴向平面止推轴承组成的 2+1 轴系结构。其特点是减小了采用一组径向止推轴承所造成的径、轴向交叉干扰而导致的精度下降，其轴系双周晃动量不大于 0.005mm。

高精度测试转台的工作过程如下：测试计算机通过转台驱动步进电动机经转台带动被测旋转变压器转动，以感应同步器反馈的高精度角码为测量基准，手动或自动采集被测旋转变压器的角码数据，经过两者比对，实现对旋转变压器的手动/自动测试。测试项目包括正向精度、反向精度和回差等。

2．测试方法

高精度测试转台对被测旋转变压器进行自动化测试时，由步进电动机实现转台的固定步长转动，一般在测量范围选取不少于 12 个点。同时，在每个测试点处停止数秒，待状态稳定后采集感应同步器和被测旋转变压器在同一时刻的角码，最后自动生成报表输出测试结果。

高精度转台自动化测试软件人机界面如图 6-2 所示。

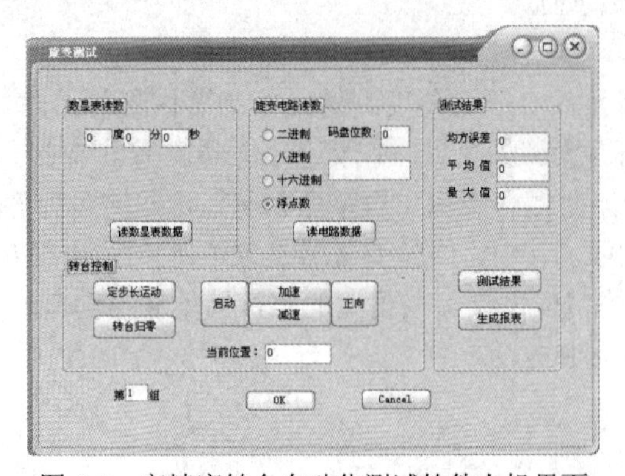

图 6-2　高精度转台自动化测试软件人机界面

3. 精度计算方法

精度的计算方法如下：

$$\bar{X}=\frac{1}{n}\sum_{i=1}^{n}(A_{i1}\pm A_{i2}) \tag{6-1}$$

$$\Delta A_i=(A_{i1}\pm A_{i2})-\bar{X} \tag{6-2}$$

$$\delta=\sqrt{\frac{1}{n-1}\sum_{i=1}^{n}(\Delta A_i)^2} \tag{6-3}$$

式中，A_{i1} 为基准值（感应同步器在第 i 点的角码值）；A_{i2} 为实际值（被测旋转变压器在第 i 点的角码值），当基准值的角度变化和实际值的角度变化相同时取“−”号，反向时取“+”号；n 是测量点的总数量；$\bar{X}$ 是 n 组基准值和实际值和/差值的平均值；δ 是测角精度的计算结果。测试时先连续进行正转，再进行反转测试，中途不改变结构安装，测试转台不断电，测角元件的回差为正转时的平均值和反转时的平均值之差。

6.1.2 电动机性能测试

电动机的性能测试包括安全测试和指标测试两类。其中安规测试包括绝缘电阻和绝缘介电常数测试；指标测试有绕组电阻、绕组电感、最大静摩擦转矩、空载转速、连堵/峰值转矩和温升六项，相关测试方法将在下面进行详细介绍。

1. 绝缘电阻

绝缘电阻表征电动机绕组与铁芯之间的绝缘能力，用来检测电动机在制造和存储过程中是否存在绝缘缺陷或由于吸潮和老化引起绝缘恶化，让电动机设备的绝缘事故防患于未然。通常规定在低温（−55±2℃）和正常大气条件下，绝缘电阻不小于 50MΩ；在高温条件下，绝缘电阻不小于 10MΩ；在湿热条件下，绝缘电阻不小于 1MΩ。

测试方法采用兆欧表，表笔一端连接电动机的绕组，另一端连接电动机的壳体，按下测试键，读取数值即可。兆欧表的规格与绕组额定电压如表 6-1 所示。

表 6-1　兆欧表的规格与绕组额定电压

绕组额定电压/V	≤36	36～500	500～3000	≥3000
兆欧表规格/V	250	500	1000	2500

2. 绝缘介电常数

绝缘介电常数也是表征电动机绕组与铁芯之间绝缘能力的参数，用来检验电动机设备对于工频电压、雷电冲击电压或操作冲击电压等是否具有规定水平以上的绝缘强度。对于不同工作电压，电动机的绝缘介电常数考核指标不同。以 28V 工作电动机为例，绕组与壳体之间应能够承受 500V（有效值）、50Hz 的测试电压，历时 1min 的绝缘介电强度测试，绕组漏电流峰值不大于 5mA，其中漏电流不包括测试设备的电容电流，应无绝缘击穿或飞弧现象。对电动机的绝缘介电常数测试为有损测试，所以一般规定第二次及以后再次进行绝缘介电强度测试时，测试电压为原规定值的 80%。

测试方法为采用耐压测试仪，仪器表笔一端连接电动机的绕组，另一端连接电动机的壳体，按下测试键，仪器自动加压 1min 并判断漏电流值是否超出设定的门限。

3．绕组电阻

绕组电阻是指电动机电枢绕组阻值，与电动机的电气常数有关。由于绝大多数伺服电动机都采用星形连接，无法直接测量相电阻。测量时，需要在电动机达到稳定非工作温度后，用微电阻测试仪器测试绕组两端的线电阻，根据测量的电阻值，通过式（6-4）换算得到20℃时的电阻值。

$$R_{20} = \frac{R_t}{1+\alpha(t-20)} \tag{6-4}$$

式中，R_{20}是温度为20℃时的绕组电阻（Ω）；R_t为温度为t℃时的绕组电阻（Ω）；α为电阻温度系数，铜导线$\alpha = 0.004/℃$；t为测试绕组电阻时的室温（℃）。

4．绕组电感

绕组电感是指电动机电枢绕组电感，与电动机的电气常数有关。电动机测量电感时，只能测量到线电感。由于受转子磁极位置的影响，测量得到的绕组电感随转子位置变化而按照电周期周期性变化。

测试时，用电感电桥或电感测量仪，连接绕组的出线端进行测试。测试的频率一般设定为1000Hz，一个电周期测量10个点左右。

5．最大静摩擦转矩

最大静摩擦转矩包含电动机本身的摩擦转矩和齿槽引起的定位转矩，其大小会对伺服的定位精度有所影响。

测试时，电动机与工装组装，不通电，采用挂砝码或弹簧秤等方法，在转轴上施加转矩，测量电动机转轴即将转动而又不会连续转动时的转矩值。

6．空载转速

空载转速是指电动机不带负载时的最高转速，表征传动控制系统最高转速的能力。

测试时，电动机与工装组装，与伺服驱动器连接，在规定额定电压下进行开环空载运行，用转速表测量其空载转速，同时记录两个旋转方向的绕组电流值，以备参考核查使用。

7．连堵/峰值转矩

连堵转矩是转速为零时，电动机长期工作的转矩；峰值转矩是转速为零时，电动机瞬时工作的转矩。

进行连堵转矩测试时，电动机与工装组装，与伺服驱动器连接，采用两相直接加直流电的方式通电，同时用弹簧秤或砝码拉电动机转轴上的力臂杆，达到连堵转矩，待电动机温度稳定后，记录温度和绕组电流值，电动机的温升叠加最高环境温度应不超过电动机绝缘材料允许的温度。比如，如果电动机采用F级绝缘材料，则其允许的瞬时最高温度为155℃。

进行峰值转矩测试时，电动机与工装组装，与伺服驱动器连接，采用两相直接加直流电的方式通电，同时用弹簧秤或砝码拉电动机转轴上的力臂杆，测量电动机转轴即将转动而又不会连续转动时的转矩值，即为电动机的峰值转矩，同时记录绕组电流值。

8．温升

温升是指电动机在额定转速和额定转矩下长期工作时电动机的温度上升值。

测试时，被试电动机与转矩转速传感器和陪试设备组合，安装在底板上，电动机温升测试框图如图 6-3 所示。被试电动机与电动机驱动器连接，在额定电压下，电动机以额定转速运行。陪试设备对被试电动机施加额定的转矩，待温度稳定后，测量电动机的温度与环境温度之差，即为电动机的温升。

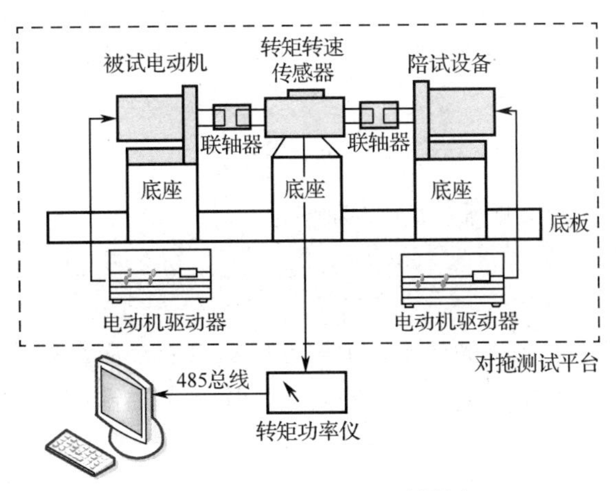

图 6-3　电动机温升测试框图

6.1.3　柱塞泵性能测试

液压泵为液压系统提供具有一定压力和流量的液压油。柱塞泵是一种常用的液压泵，具有压力脉动小、噪声低、容积效率高的特点，在雷达电子设备液压系统中应用较多。雷达等电子设备中柱塞泵的常规测试包括排量测试、效率测试、超载测试、高低温测试等，测试原理图如图 6-4 所示。

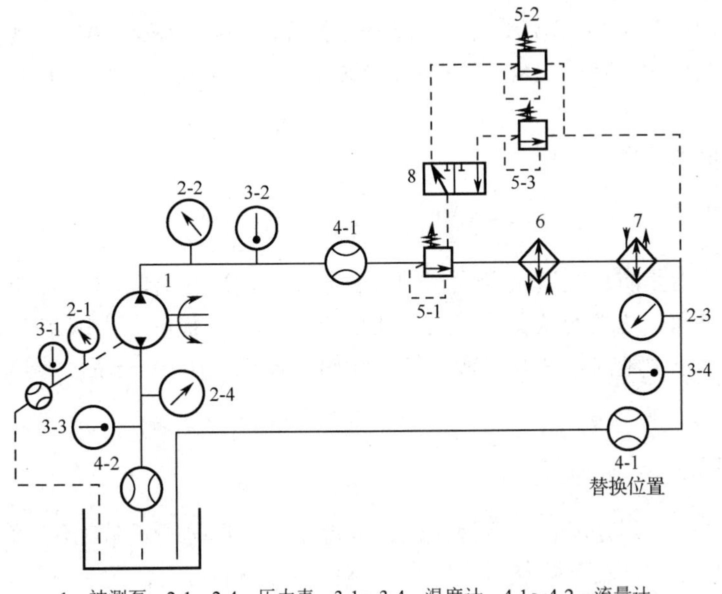

1—被测泵；2-1～2-4—压力表；3-1～3-4—温度计；4-1～4-2—流量计；

5-1～5-3—溢流阀；6—加热器；7—冷却器；8—电磁换向阀

图 6-4　柱塞泵测试原理图

1．排量测试

柱塞泵排量为固有结构参数，是泵的重要特性之一，由公式计算获得。但由于零件制造公差等因素，计算量为公称排量，实际排量应由测试测定，实际排量应该在公称排量的95%～110%范围内。排量测试如下：轴向柱塞泵在额定转速，泵出口压力最低或0.5MPa的状况下连续运行，分别记录不同运行时间点电动机转速及泵出口实际流量数据，通过上述数据得出实际空载排量。

$$V_{\mathrm{i}}=\frac{q_0}{n} \tag{6-5}$$

式中，V_{i}为实测排量；q_0为实测流量；n为轴转速。

2．效率测试

效率测试用于验证泵工作时的效率，主要参数有总效率和容积效率。在额定工况下，要求定量泵的容积效率及总效率符合表6-2的规定，而变量泵指标比同排量定量泵指标低1个百分点。

表6-2　轴向柱塞泵容积效率及总效率要求

项　　目	斜盘式柱塞泵			斜轴式柱塞泵	
公称排量 $V/(\mathrm{mL\cdot r^{-1}})$	2.5	$10 \leqslant V < 25$	$25 \leqslant V \leqslant 500$	$10 \leqslant V < 25$	$25 \leqslant V \leqslant 500$
容积效率/%	≥80	≥91	≥92	≥94	≥95
总效率/%	≥75	≥86	≥87	≥84	≥85

测试方法如下。

（1）额定转速下，以最大排量工作，使被试泵出口压力增加至额定压力的25%，待稳定后，测量记录相关数据。

（2）按上述方法逐步增加至额定压力的40%、55%、70%、80%、100%，测量记录相关数据。

（3）在转速为额定转速的100%、85%、70%、55%、40%、30%、20%、10%时，测量记录相关数据。

（4）绘制性能曲线图。

3．超载测试

超载测试的作用是防止柱塞泵受到超额负载导致危险情况出现，轴向柱塞泵能够在超额负载下运行的一段时间。超载测试要求在进口油温30～60℃、最高压力或125%的额定压力（选其中高者）的工况下，轴向柱塞泵以额定转速运转，连续工作1min后，无异常现象发生，则认为合格。

4．高低温测试

高温测试的主要作用是验证泵及液压油在高温下能否短时间正常工作；低温测试的主要作用是验证泵及液压油在低温下泵能否正常启动。对于高温测试，在额定工况下，进口油温为90～100℃，连续运行1h后，查看泵是否可正常工作，有无泄漏等异常情况；对于低温测试，使被试泵及液压油油温在规定的低温要求下，在额定转速、空载压力工况下启动被试泵至少5次，验证泵在低温下能否正常启动。

6.1.4　比例流量阀性能测试

比例流量阀的流量大小取决于节流口的大小，它用电-机械转换器调节节流口的开度，以此来调节节流口的通流面积。对于带压差补偿器的电液比例流量阀，其输出流量与输入信号成比例关系，而与压力和温度基本无关。本节主要介绍其稳态流量控制特性测试，主要测试目的是获得输入控制电流与稳态输出流量关系的特性曲线，用于计算滞环、死区、线性度等指标，测试原理图如图 6-5 所示。

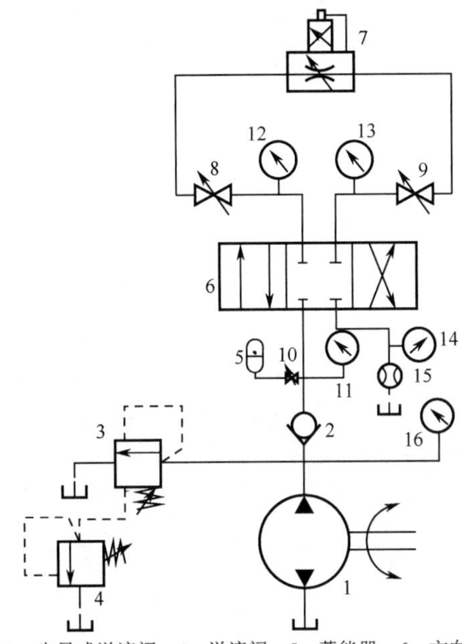

1—泵；2—单向阀；3—先导式溢流阀；4—溢流阀；5—蓄能器；6—方向阀；7—比例流量阀；8～10—截止阀；11～14—压力传感器；15—流量传感器；16—压力表

图 6-5　比例流量阀测试原理图

测试方法如下。

（1）调定溢流阀压力至 6MPa。

（2）打开截止阀 8～10。

（3）给方向阀输入额定电流，使其工作开口为最大。

（4）输入比例流量阀控制指令，阀口逐步开大，流量逐步增大；之后逐步关小，流量逐步减小。采集流量脉冲信号经整形后输入采集卡计数通道，程序计算出平均流量，由虚拟记录仪显示出稳态流量特性曲线，以输入电流信号的百分比为横坐标，以流量信号为纵坐标，绘制特性曲线，计算特性参数。

6.1.5　液压缸性能测试

液压缸性能测试的常规项目包括启动压力测试、耐压测试、泄漏测试、环境测试等，一些特种液压缸还需要进行轴向加载测试等。

1. 启动压力测试

启动压力测试主要考察的是液压缸运动时自身的摩擦力大小，一般来说摩擦力越小越好，但是摩擦力小意味着配合间隙可能过大，会造成泄漏。测试方法为调整测试系统压力，使被试液压缸在无负载工况下启动，全行程下往复运动排气后，从零压力慢慢调整无杆腔压力使其升高，直到液压缸启动，记录的压力即为最低启动压力。

2. 耐压测试

耐压测试主要考察的是液压缸的耐压能力，这是一个安全性指标。测试方法为被试液压缸活塞分别停留在两个行程极限位置，分别向工作腔施加 1.5 倍（或特殊要求）的公称压力保压 2min，不得出现外泄漏及零部件损坏等现象。

3. 泄漏测试

泄漏测试包含内泄漏测试、外泄漏测试和低压下的泄漏测试。

内泄漏是指液压缸工作腔之间的泄漏，如果存在超指标的泄漏，液压缸会在外负载作用下快速缩回或伸出，造成安全事故。内泄漏测试方法为分别向工作腔加压至额定压力或指定压力，另一腔油口连通大气，待稳定后测定油口流出油量即为活塞泄漏至另一腔的泄漏量，双作用液压缸的内泄量不得大于表 6-3 所示数值。

表 6-3 双作用液压缸的内泄量

液压缸内径/mm	内泄量/（mL/min）	液压缸内径/mm	内泄量/（mL/min）
40	0.03	125	0.28
50	0.05	140	0.3
63	0.08	160	0.5
80	0.13	180	0.63
90	0.15	200	0.7
100	0.2	220	1
110	0.22	250	1.1

外泄漏是指由工作腔向外部环境的泄漏，液压缸均不允许存在外泄漏。经过启动压力测试、耐压测试、内泄漏测试后，检查液压缸各处，如活塞杆密封处、缸体各个静密封处及焊缝处是否存在泄漏。

液压缸在较高压力下泄漏性能好，但是在低压下可能仍会泄漏。液压缸缸径在 32mm 以上的，需要在最低压力 0.5MPa 下；缸径为 32mm 或在 32mm 以下的，需要在 1MPa 压力下，往复运行 3 次以上，并在行程极限位置停留 10s 以上。往复运动过程中，液压缸应没有振动或爬行；活塞杆密封处没有泄漏，活塞杆上的油膜不足以形成油滴或油环；所有静密封处和焊缝处不能存在泄漏。

4. 轴向加载测试

自锁型液压缸需要根据锁紧力的要求进行轴向加载测试，测试时通过将加载液压缸的工作压力等效换算成加载力，实现对被试液压缸加载力的模拟。通过调整加载液压缸的工作压力，验证被试液压缸是否能够在指标要求的轴向负载下保持机械自锁。钢球自锁型液压缸保证了各类架撤机构在行程极限位置无须额外锁定即可长期稳定保持位置。

液压缸加载测试台液压原理图如图 6-6 所示。

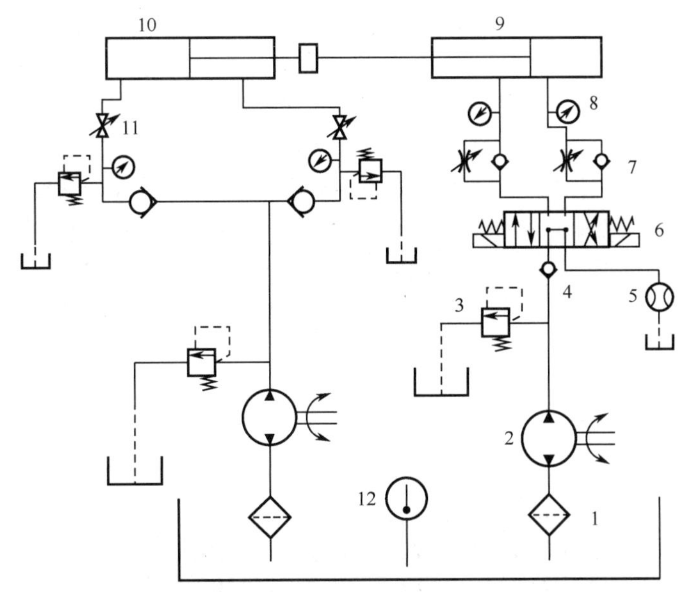

1—过滤器；2—液压泵；3—溢流阀；4—单向阀；5—流量计；6—电磁换向阀；7—单向节流阀；8—压力表；9—被试液压缸；10—加载液压缸；11—截止阀；12—温度计

图 6-6 液压缸加载测试台液压原理图

6.2 传动系统精度测试

传动系统精度测试包含轴系精度测试、传动误差和回差测试、系统测角精度测试三大部分。

6.2.1 轴系精度测试

轴系精度是雷达天线座的重要指标，直接影响雷达的测角精度。天线座的轴系精度包括方位轴与大地的垂直度 γ、俯仰轴与方位轴的垂直度 δ。其中俯仰轴与方位轴的垂直度 δ 也称为轴系正交精度。

1. 方位轴与大地的垂直度测试

垂直度一般通过合像水平仪来测试，即把水平仪放置在方位转台上的测量基准面上，在方位旋转运动范围内，均匀取 $4n$（n 为整数，$n \geqslant 2$）个测量点，测量各个点的水平度 γ_i（$i=1, 2, \cdots, 4n$），再利用天线座的调平装置使水平偏差减小。重复上述过程，调至稳定值后的残余水平偏差为大盘水平，也代表方位轴与大地的垂直度。

2．俯仰轴与方位轴的垂直度测试

天线方位转台调平后，进行俯仰轴与方位轴的垂直度测试，不同结构形式其测试方法也不同。

如图 6-7 所示，在燕尾式结构的天线座测试中，多采用自准直光管配合反射镜、五棱镜和水银盘完成精度测试。具体方法为：将受测试天线座和测试设备一同静置在无振动噪声源的测试环境，在俯仰轴端安装反射镜，确保镜面与俯仰轴线垂直，将自准直光管对准反射镜。在反射镜与自准直光管中间安装五棱镜，在五棱镜下面放置一水银盘。自准直光管发出光线，经五棱镜折射进入水银盘，经水银盘反射后再进入五棱镜折射，返回自准直光管，形成自准直像，得到入射光线与反射光线夹角，夹角的一半为自准直光管的光轴与水平面的夹角。在俯仰 0° 和 180° 两个位置分别读数，以抵消镜面与俯仰轴的不垂直度。在 0° 求得俯仰轴不水平度 $\beta_{0°}$；转过 180°，求得 $\beta_{180°}$。俯仰轴与方位轴的不垂直度 $\delta=(\beta_{0°}+\beta_{180°})/2$。

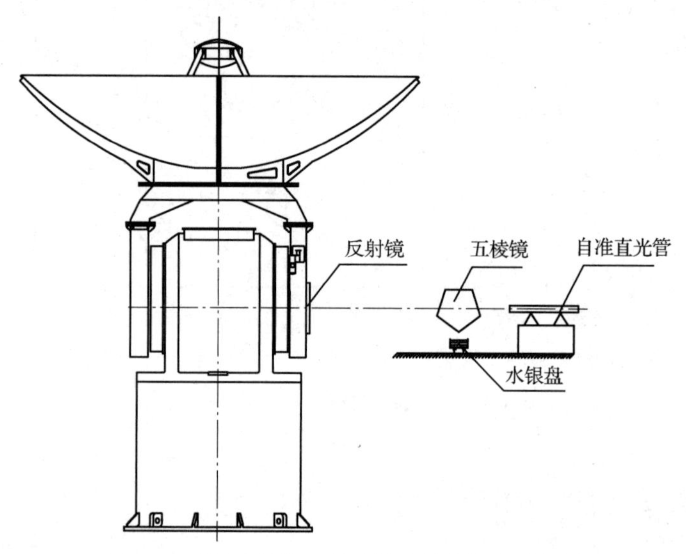

图 6-7 燕尾式结构天线座轴系精度测试示意图

对于叉臂式结构天线座，一般采用虚拟定位检测法。该方法需建立一条平行于大地的理论俯仰轴线，以确立天线箱体上左右轴头的空间位置，检测出天线座俯仰轴与理论俯仰轴的偏差量并加以修正，示意图如图 6-8 所示。具体检测方法是将测微准直光管放置在被测天线座体外，在天线座俯仰轴的一端建立测微准直光管的基准水平轴线，并保证基准水平轴线通过天线方位旋转中心。在俯仰左右轴的被测轴孔中放置专用靶架，保证靶架中心通过轴心线，且靶架平面与轴心线垂直。通过微调机构，调整靶架上的目标分划板 1～4，使目标分划板的中心和俯仰轴内径基准同轴，以靶心体现孔的中心。将分划板 1、4 的连线作为测微准直光管仪器的定位基准轴，将天线座旋转 180° 后建立分划板 4、1 的基准，消除天线座方位垂直度误差带来的影响。观察分划板 1、4 之间的高差，如有差别，通过测微鼓轮将仪器十字线与分划板中心相重合读出偏差值，接着对叉臂转台上平面进行修磨调整。调整后，分划板 1、4 的中心和仪器中心重合，证明测微准直光管与分划板 1、4 确立了公共轴线基准视线。利用确立的基准视线测试分划板 1、2 和 3、4 两轴头的轴心线，可以得到差值 Δ_{I} 和 Δ_{II}，再根据式（6-6）计算相应的倾斜修磨量，依据反变形的修磨系数配磨垫板。

$$H = \varDelta \times \frac{a}{L} \tag{6-6}$$

式中，H 为倾斜修磨量；$\varDelta$ 是差值；a 是分划板 1、2 或分划板 3、4 的垫板长度；L 是分划板 1、2 或分划板 3、4 的距离。

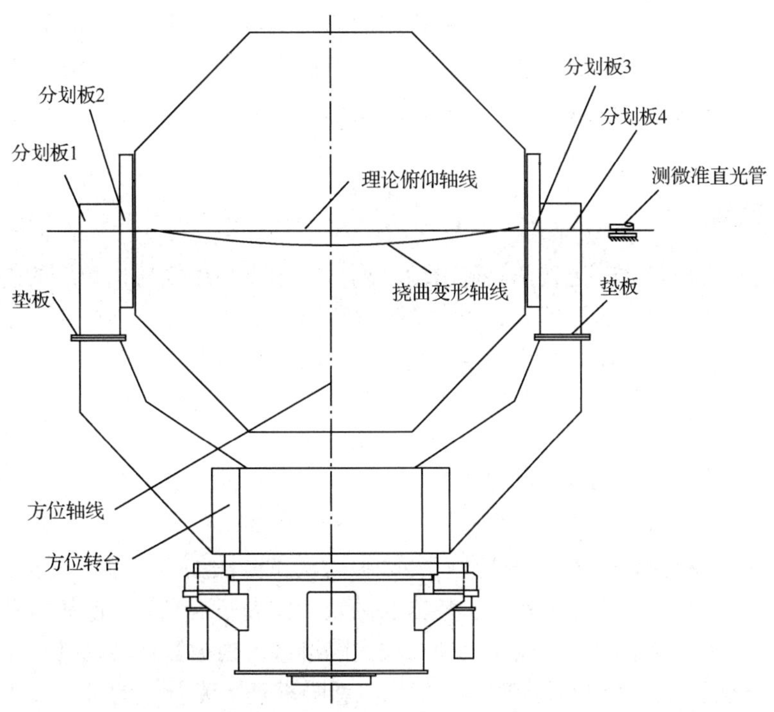

图 6-8　叉臂式结构天线座轴系精度测试示意图

在 X 方向将左右轴头轴心线向测微准直光管建立的基准水平轴线调整至最小值，通过测微准直光管观察分划板 1、2 和 3、4 的轴线和基准轴线的偏差，利用测微鼓轮测出结果，结合 Y 方向分划板 1、2 和 3、4 的差值，通过式（6-7）～式（6-10）计算获得左轴及右轴的测量值，取最大值作为静态轴系误差值。

$$\varDelta_{1、2} = \sqrt{\varDelta x_{1、2}^2 + \varDelta y_{1、2}^2} \tag{6-7}$$

$$\varDelta_{3、4} = \sqrt{\varDelta x_{3、4}^2 + \Delta y_{3、4}^2} \tag{6-8}$$

$$\text{左轴}\,\theta_{\rm i}'' = 3600\arctan\left(\varDelta_{1、2}\frac{L}{a}\right) \tag{6-9}$$

$$\text{右轴}\,\theta_{\rm i}'' = 3600\arctan\left(\varDelta_{3、4}\frac{L}{a}\right) \tag{6-10}$$

式中，L 分划板 1、2 或 3、4 的距离；a 是左轴或右轴的长度；Δx 是分划板 1、2 或 3、4 和基准轴线 X 方向的差值；Δy 是分划板 1、2 或 3、4 和基准轴线 Y 方向的差值；$\theta_{\rm i}''$ 是左轴或右轴的轴系误差值。

考虑非球体结构，由于质量分布不等，易产生变形，导致俯仰轴挠度发生变化。为测出最大动态轴系误差，可以按上述测量方法，改变俯仰角，测出 0°～90° 的雷达俯仰工作行程中的最大俯仰轴与方位轴垂直度。

6.2.2 传动误差和回差测试

传动误差和回差测试包括动态测试与静态测试，由于动态测试仪器复杂，实际工程测量中应用不多，因而本节重点对工程测量中广泛使用的静态测量技术进行介绍。误差静态测试也称间断测试，在输入轴转过一定的角度时，在输出轴上测出转动角度，与理论输出角求差，然后再转动一定角度，多次测量比较。用一系列误差数据来估计其误差。测量点越多，越接近动态测量误差。

1. 传动误差测试

传动误差是输入轴转过一定转角，输出轴上测得的角度与理论输出角度的差值。传动误差的测试包括自准直光管和多面体组合、读数显微镜和光学度盘组合及自准直光管和经纬仪组合等。其中自准直光管和多面体组合测量精度高，但多面体只能测量几个特定的转角，无法实现任意速比的传动链的误差测试；读数显微镜和光学度盘组合则需分别在输入轴和输出轴上安装光学度盘，由于读数显微镜和光学度盘安装要求高，一般在大型结构传动误差测量中应用较少；采用自准直光管和经纬仪组合方式，测量精度高，方法简单，对设备及安装要求低，在天线座动力传动和数据传动链传动误差测试中应用广泛。

采用自准直光管和经纬仪组合方式进行传动误差测试方法如下：经纬仪安装在被测件上，转轴与被测件的转轴基本重合。在外侧安装自准直光管作为基准光管，使基准光管的光轴与经纬仪光轴重合，基准光管中的十字线作为经纬仪的瞄准线。当被测件转动某一角度时，经纬仪也随之转动一个角度。把经纬仪反向转动，直到重新瞄准基准光管中的十字线即可求得此转角值。在经纬仪的光学度盘上读出的转角，即被测件的转角。

如图 6-9 所示为利用自准直光管、经纬仪测试动力传动链传动误差的示意图。测量时需用到的测量工具包括经纬仪、自准直光管和光学多面体（12 面体）等，将经纬仪安装在转台上，其轴线与天线座方位回转轴线基本重合；在转台外固定一准直光管，作为经纬仪的瞄准基准；将光学多面体安装在动力传动链的输入轴上，并在其外侧安装自准直光管；利用自准直光管和光学多面体测得传动链输入轴转角值，并折算到输出轴上的转角数据，再利用经纬仪和准直光管测得输出轴的转角数据，可计算得到该输入角度下动力传动链的传动误差。

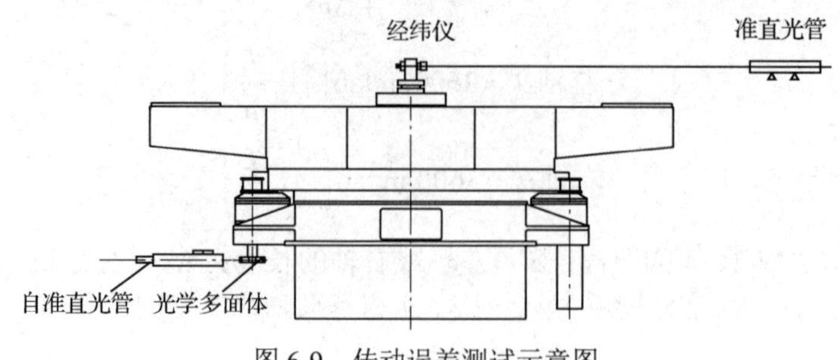

图 6-9 传动误差测试示意图

2. 传动回差测试

传动回差指当输入轴反向回转时，输出轴在转角上的滞后量。输入轴（或输出轴）固定不动，然后在正、反两个极限位置上旋转输出轴（或输入轴），测量角位移值为传动链在此轴上的回差。回差的静态测量常用光学测量法。

光学测量法的基本原理是自准直光管的测角原理。将齿轮传动链的一端固定，在另一端安装反光镜，自准直光管对准镜面，正、反方向转动反光镜的轴。根据反射在自准直光管上的位移，得出齿轮传动链相应的回差。重复上述测量过程，可测得一组数据，获得最大回差值。前面介绍的传动误差测量方法原则上均可进行回差的测试。

6.2.3　系统测角精度测试

系统测角精度测试是指测角元件安装在设备上之后，测角元件输出的角度数值与实际转动角度之间的差值。系统测角精度测试分为方位测角精度测试和俯仰测角精度测试。

1．方位测角精度测试

方位测角精度测试示意图如图 6-10 所示，测试前需完成方位水平度调整，在雷达设备远处张贴靶标，为减小测量误差，靶标距离不小于 50m。在方位转台上安装经纬仪，并调整经纬仪的旋转中心与方位旋转中心同轴（1mm 以内）。设计安装定位接口，保证经纬仪的安装同轴，或者通过铅锤找出方位旋转中心（若以经纬仪轴线与方位旋转轴线偏心 1mm，靶标间距 50m 计算，将引起 4″的测量误差），同时还要调整经纬仪自身的旋转水平度。

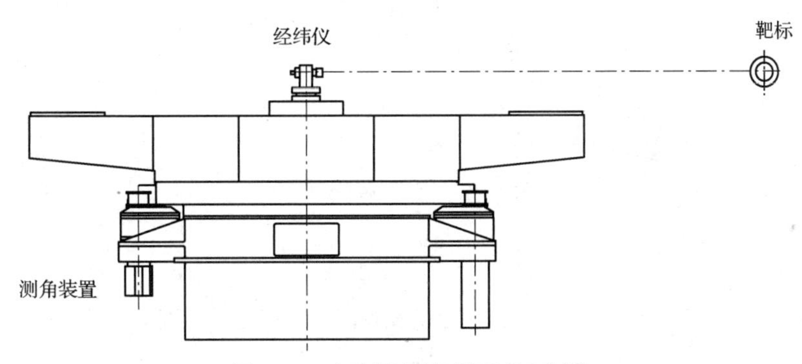

图 6-10　方位测角精度测试示意图

以方位任意角度作为测量起始点，并记录测角元件输出的角度值、经纬仪角度值；沿同一方向（顺时针或逆时针）每间隔一定角度（通常为 15°左右）作为一个测量点，同时记录测角元件、经纬仪角度值；方位旋转一周（24 个测量点）结束后，计算测量误差，获得顺时针或逆时针的测角误差。在此基础上，重复以上步骤，反向旋转一周并测试，获得系统正、反转全程测角误差。

在有限的测量次数中，均方根误差常用下式表示：

$$R_e = \sqrt{\sum_{i=1}^{n} \delta_i^2 / (n-1)} \qquad (i = 1 \sim n) \tag{6-11}$$

式中，δ_i 是一组测量值与真值的偏差，即编码器的实际旋转角度值与经纬仪角度值之间的偏差；n 为测量次数。

2．俯仰测角精度测试

俯仰测角精度测试可以分为直接测量法和间接测量法两种。

直接测量法是指在俯仰结构上安装高精度测角仪，通过俯仰运动过程中测角仪的数据输出，实现俯仰角精度测量。采用测角仪测试前需将方位调平，安装并将测角仪的旋转轴与俯仰旋转轴调整平行，通过结构设计来保证测角仪的安装精度。测试过程中先将雷达天线俯仰旋转至0° 附近或90° 附近，作为测量起始点，并记录测角元件角度值、测角仪角度值；沿同一方向（顺时针或逆时针）每间隔约5° 作为一个测量点，同时记录测角元件、测角仪角度值；俯仰旋转90° 左右（18 个测量点）结束后，计算测量误差，得出顺时针或逆时针的测角误差；在此基础上，重复以上步骤，反向旋转一周并测试，获得系统正、反转全程测角误差。

间接测量法主要指采用高精度点测量技术实现角度及角度精度测试。点测量设备可以为高精度激光跟踪仪或经纬仪。以某大型雷达天线座俯仰测角精度的检测为例，激光跟踪仪测角示意图如图 6-11 所示，主要由激光跟踪仪、靶球、测量支架和俯仰轴头组成。靶球安装在测量支架上，并固定在天线座俯仰轴头上。激光跟踪仪放置在地面上，实时测量靶球的坐标位置，通过转动天线座俯仰轴，测量并记录一系列靶球的坐标位置，同时记录每个测点位置测角元件的读数，利用测得的靶球的坐标拟合平面、圆心，并计算获得不同测点与初始测点之间的角度值，以此系列角度与测角元件对应的读数进行均方根计算获得测角精度。

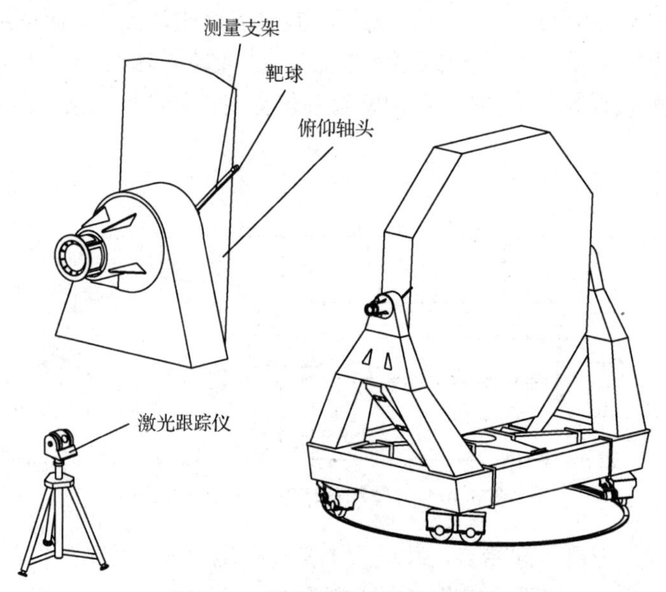

图 6-11　激光跟踪仪测角示意图

6.3 伺服性能测试

伺服性能测试包括稳态性能测试和动态性能测试两方面，其中稳态性能测试包括位置稳态精度测试和速度稳态精度测试；动态性能测试包括加速度测试、带宽测试和阶跃响应测试等。

6.3.1 位置稳态精度测试

所谓位置稳态精度测试就是给定指令为固定位置时的系统精度测试。测试对象为位置闭环伺服系统，根据外部需求，位置稳态精度既可以是绝对位置精度，也可以是重复位置精度。

1．绝对位置精度测试

精密测控雷达伺服系统根据天线电测角度，结合角度传感器的反馈，进行随动控制和目标角度的计算。因此，伺服绝对位置精度包含伺服控制精度、位置传感器本身的精度，以及结构安装精度等，其中控制方面采用闭环控制方法在稳态时可相对传感器反馈值做到无差，位置传感器本身的精度可以达到系统精度要求的数倍，主要影响因素是结构安装精度，其误差来源主要包括轴系误差和零位误差。轴系误差主要包括方位转盘水平误差、方位轴和俯仰轴垂直误差、标校设备光轴和机械轴平行误差、标校设备光轴和电轴平行误差等。综上所述，伺服绝对位置精度如下：

$$\Delta_{abs}=\sqrt{\Delta_{ctl}^2+\Delta_{sen}^2+\Delta_{str}^2},\ \Delta_{str}=\sqrt{\Delta_{lev}^2+\Delta_{ver}^2+\Delta_{upar1}^2+\Delta_{upar2}^2} \tag{6-12}$$

式中，Δ_{ctl} 表示控制误差；Δ_{sen} 表示传感器误差；Δ_{str} 表示结构误差；Δ_{lev} 表示方位转盘水平误差；Δ_{ver} 表示方位轴和俯仰轴垂直误差；Δ_{upar1} 表示标校设备光轴和机械轴平行误差；Δ_{upar2} 表示标校设备光轴和电轴平行误差。

其中方位转盘水平度和方位、俯仰轴垂直度测试方法可参见 6.1 节中的描述。

在位置精度要求高的雷达上，天线配装有标校电视或标校望远镜，有的两者兼具。两者特点不同，分工不同。标校望远镜光路简单、稳定、质量小，但精度稍低，无法自动跟踪目标；标校电视读数精度高，但质量大、光路复杂。一般在固定场标校时，先用标校望远镜瞄准方位标，得到以望远镜光轴为基准的俯仰零位、以机械轴为基准的方位零位和望远镜光轴与机械轴的不平行度（光机偏差）；再用标校电视测出标校电视光轴与望远镜光轴的不平行度，换算坐标后，得到以标校电视光轴为基准的俯仰零位及光机偏差。雷达光轴、电轴通过光电偏差联系在一起。

雷达光轴、电轴的标校流程如图 6-12 所示。

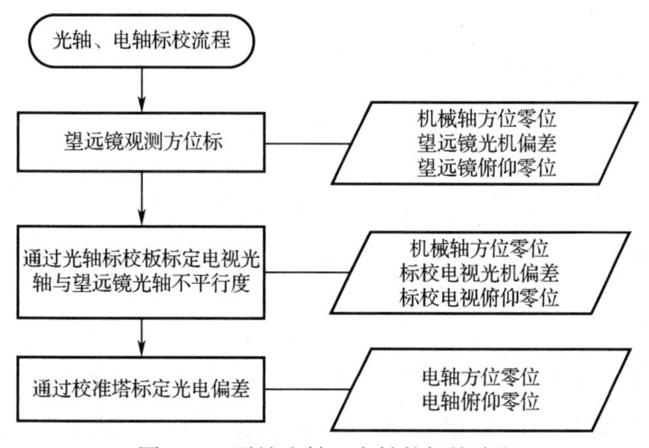

图 6-12 雷达光轴、电轴的标校流程

为完成高精度的绝对位置测试，除被测对象上的标校设备外，测试场地内的设施、设备还包括大地测量控制点、方位标、校准塔、光轴标校板、合像水平仪、电子水平仪、经纬仪和测角仪等。

其中，大地测量控制点用于安装卫星导航设备，为被测对象、方位标、校准塔等的位置标定提供基准。

方位标作为一种标志物为雷达的精确定向、校零提供基准数据，在雷达四个象限分别建立，一般距离雷达 500～5000m，与大地测量控制点和雷达之间的视线应无遮挡。

校准塔设置要求满足雷达远场条件，顶部的安装标校板呈标准“十”字形，中心设置测试信标天线，角部设置校准光标，保持“十”字形标校板板面与测试雷达视准轴处于标准的垂直位置，标校板与天线上标校望远镜之间通常要求在±1° 范围内通视无遮挡。测试过程中控制天线转动让电轴对准标校板上的电标，使天线电轴的方位、俯仰角误差为 0，再通过光学设备检测与标校板上光标的偏差，分别得到方位和俯仰光电偏差角度。

光轴标校板安装在距离雷达 500～5000m 的高处，用于标定标校电视光轴和标校望远镜光轴之间的不平行度。

合像水平仪、电子水平仪用于测试伺服方位转盘相对于水平面的倾斜角度和相交位置关系。

经纬仪和测角仪用于测试已安装到伺服机构上的方位轴和俯仰轴的测角元件的测角精度。

2．重复位置精度测试

气象雷达、成像雷达和普通火控雷达等对伺服角度绝对精度要求不是很高，但对重复精度有要求。重复位置精度主要取决于角度传感器和数据传动机构，测试时在方位、俯仰各自的控制范围内分别按一定的间隔给出角度指令，等转动完成稳定后记录角度传感器值。

测试时通过正向和反向控制使角度多次转动到相同的指令位置，同时记录指令值和测量值，并计算误差，统计各个角度位置误差的极值和平均值，最终得到伺服系统方位、俯仰轴全面的重复位置精度。计算公式如下：

$$\varDelta_{\text{rep}}=\sqrt{\frac{\sum \varDelta_i^2}{n}},\quad \varDelta_i=\max\left(\left|\varDelta_{ij}\right|\right) \tag{6-13}$$

式中，$\varDelta_{\text{rep}}$ 表示重复位置精度；$\varDelta_i$ 表示第 i 个测试位置各次测试角度和该位置测试平均值误差的极值；$\varDelta_{ij}$ 表示第 i 个测试位置第 j 次测试角度和该点平均值的误差；n 表示测试位置总数。

6.3.2　速度稳态精度测试

对于常工作在恒转速状态的情报雷达、气象雷达等，需要对伺服系统速度稳态精度进行测试。测试时转速控制在要求的转速下，在一定时间内连续多次记录转速测量值，计算统计转速误差。计算公式如下：

$$\sigma_{\text{sta}}=\sqrt{\frac{\sum \sigma_i^2}{n}} \tag{6-14}$$

式中，σ_{sta} 表示速度稳态精度；σ_i 表示第 i 次测试结果；n 表示测试次数。

由于实际工作中有不确定风扰动的影响，整机测试过程受当时气象条件的限制，一般在整机上无法完成所有工况的测试。实际系统中，调速系统一般直接使用电动机等高速轴上的测速机或旋转变压器等的信号作为速度反馈，可以通过搭建模拟负载对拖测试平台进行包括电动机和控制驱动软硬件在内的速度稳态精度测试。

对拖测试平台如图 6-3 所示。测试过程中被测系统工作在调速模式，陪试系统工作在转矩模式，根据设计工况设置陪试系统模拟正、反向的恒定风载荷，被测系统按照工作转速进行控制，每次载荷变化后等转速稳定了再进行测试。

6.3.3　加速度测试

雷达传动控制系统的需求中一般没有加速度控制精度指标，但对最大加速度会提出要求。由于加速度主要受电动机转矩限制并与负载惯量相关，因此一般在整机状态测试。为兼顾有限转角条件下的测试，在位置或速度控制端施加正弦信号。如通过位置控制，可根据式（6-15），以指标要求的最大加速度值为依据选择合适的位置正弦指令的幅度和频率；如通过速度控制，可根据式（6-16）选择合适的速度正弦指令的幅度和频率。在给定频率下，如果测量得到的位置或速度的幅值大于加速度对应的幅值，则说明系统加速度满足要求。

$$\delta=A(2\pi f)^2 \tag{6-15}$$

$$\delta=\omega 2\pi f \tag{6-16}$$

式中，δ 是加速度；A 是位置正弦信号的幅度；ω 是速度正弦信号的幅度；f 是位置或速度信号的频率。

6.3.4　带宽测试

带宽测试是根据带宽的定义，通过信号发生器产生正弦扫频信号，从 0Hz（接近 0Hz）开始，顺次把频率升高，在一系列超低频等幅正弦指令信号作用下，传动控制系统产生相应的正弦响应信号，实际运动角度的幅度变化比初始幅值下降 3dB 处所对应的频率范围，即为闭环带宽。带宽测试曲线图如图 6-13 所示。图 6-14 所示为某雷达传动控制系统方位带宽测试运动轨迹图，此时，响应的幅值为给定的 0.707 倍，响应的频率即为带宽。

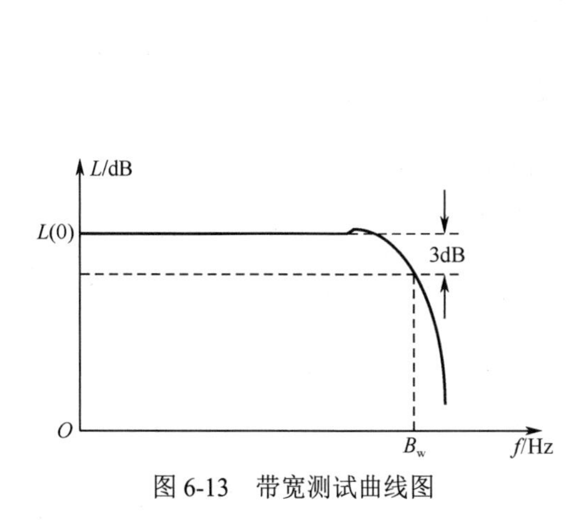

图 6-13　带宽测试曲线图

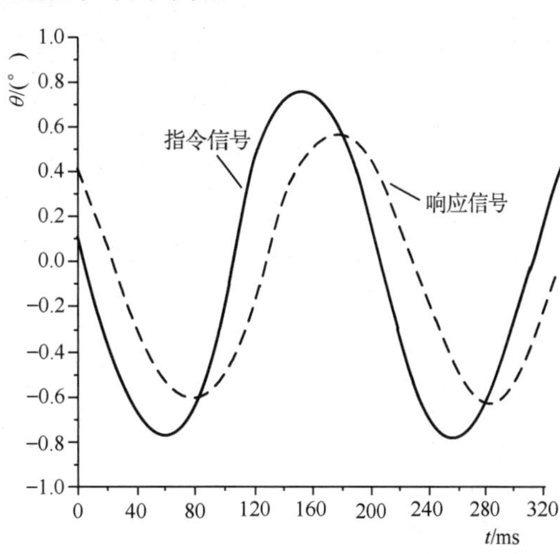

图 6-14　某雷达传动控制系统方位带宽测试运动轨迹图（带宽 B_w=5.2Hz）

6.3.5　阶跃响应测试

阶跃响应是指传动控制系统能响应突变励磁的能力，即雷达传动控制系统在输入励磁阶跃式变化的作用下，传动控制系统驱动雷达天线的响应运动状况。阶跃响应的动态响应品质指标

有响应时间 t_r、超调量 δ、过渡过程时间 t_s 及振荡次数 n，具体定义如图 6-15 所示，详见 2.4.2 节中的介绍。

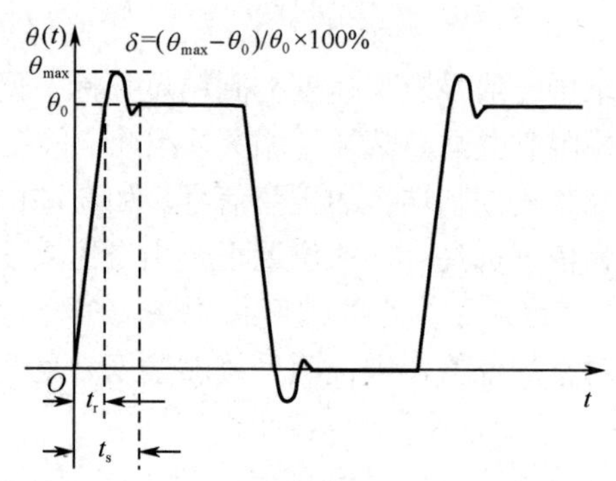

图 6-15　雷达传动控制系统阶跃响应过渡过程曲线图及测试指标

在实际测试时，根据阶跃响应的定义，输入指令周期性给出正负交替变化值，读取响应波形，并根据图 6-15 所示的各个指标定义，提取各指标值，可得到如图 6-16 所示的某雷达传动控制系统方位阶跃响应测试运动轨迹图。

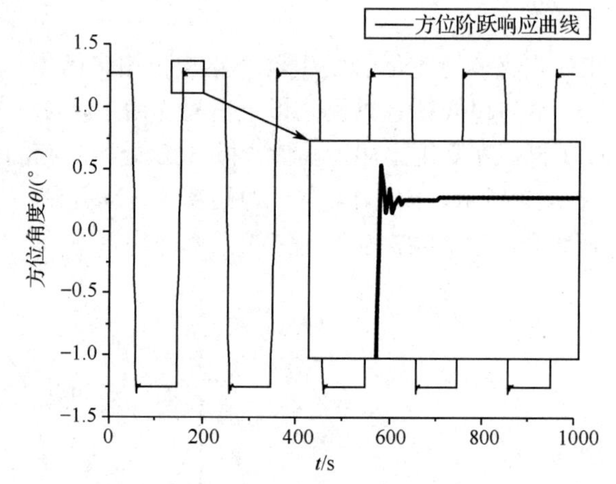

图 6-16　某雷达传动控制系统方位阶跃响应测试运动轨迹图

Chapter 7

第 7 章 电子设备机电传动控制系统设计案例

【概要】

本章以某典型的方位-俯仰型雷达天线座与伺服控制系统设计为例，从功能与指标要求入手，结合总体布局和外观要求，详细阐述天线座与伺服系统的系统组成与工作原理、负载分析与综合、典型器件选型与计算、典型结构设计与仿真、系统轴系精度设计与实现、系统谐振频率的分析与校核等内容。

7.1 概述

某典型固定式精密跟踪雷达如图 7-1 所示，阵面口径为 5.4m×4.5m×0.8m（长×宽×厚），重 12t。天线座采用典型的双轴方位-俯仰型座架结构，主要由方位部分和俯仰部分组成。方位部分主要由底座、转台、方位轴承、方位驱动系统、方位测角、方位锁定装置等组成，主要功能是作为俯仰部分和天线的基础，在伺服控制下，驱动俯仰部分和天线绕方位轴在 0°～360°（无限制）范围内旋转，并实时提供方位位置信息。俯仰部分主要由左/右轴承座、左/右支臂、俯仰驱动系统、俯仰锁定装置和安全保护装置等组成，在伺服控制下，驱动天线绕俯仰轴在 0°～90° 范围内高精度旋转，并实时提供俯仰位置信息。此外，通过综合交连实现方位和俯仰光、电、液的旋转传输。

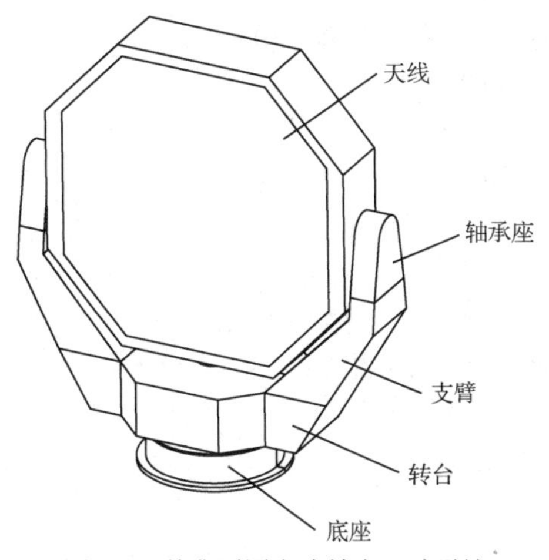

图 7-1 某典型固定式精密跟踪雷达

7.2 需求分析

7.2.1 功能与指标要求

1. 主要功能

（1）实现天线高精度的方位/俯仰支承和旋转。

（2）通过雷达控制指令驱动天线转动，实现天线定位或跟随目标转动的功能；具备手动控制、数字引导和跟踪控制三种工作模式；实时提供方位和俯仰精确角度信息。

（3）为电源、冷却液及光电信号提供安全、可靠的旋转传输。

2. 主要指标

1）工作范围及运动指标

工作范围及运动指标如表 7-1 所示。

表 7-1　工作范围及运动指标

项　目	保精度工作范围	最大工作范围
方位/（°）	0～360（无限制）	0～360（无限制）
方位角速度/（°/s）	0.03～10	0.03～15
方位角加速度/（°/s²）	6	10
仰角/（°）	5～73	−2～90
俯仰角速度/（°/s）	0.03～10	0.03～15
俯仰角加速度/（°/s²）	6	10

2）天线参数

（1）方位惯量：50000kg·m²，俯仰惯量：30000kg·m²。

（2）俯仰不平衡转矩：≤500kg·m。

（3）风阻系数：C_x=1.4。

（4）电转矩系数：C_{my}=0.16。

3）环境条件要求

（1）保精度工作风速：≤20.8m/s，不破坏风速：≤32.7m/s。

（2）工作温度：−45～+55℃，存储温度：−50～+65℃。

（3）海拔高度：3000m。

（4）运输要求符合铁路运输限界标准 GB 146.1—1983 和公路运输限界标准 GB 1589—1989。

4）伺服带宽要求

0.5Hz×（1±20%）、1Hz×（1±20%）、2Hz×（1±20%），三挡可调。

5）精度要求

（1）方位轴与大地水平面的垂直度：≤20″，俯仰轴与方位轴垂直度：≤25″。
（2）方位测角精度：≤20″，俯仰测角精度：≤20″。

6）质量要求

天线座质量：≤25t。

7）综合交连要求

（1）阵面用电量约为 3.0MW（500V）。
（2）方位水铰链采用双通道形式，通径 80mm。
（3）俯仰水铰链采用单通道形式，通径 80mm，共 2 个，分别安装在天线两侧转轴上。

8）寿命要求

寿命：≥20 年。

7.2.2　系统分析与座架选型

根据功能与指标要求，天线座需满足天线方位和俯仰的旋转要求，方位转台中心需要同轴安装汇流环和水铰链，且汇流环和水铰链的径向尺寸较大。天线近似为正方形，但阵面跨距尺寸并不大，因此采用典型的双轴方位-俯仰型座架结构，方位支承选择转台式。综合考虑以上因素，选取如图 3-44 所示的方位-俯仰型天线座结构。

从方位轴垂直度、方位和俯仰正交精度指标来看，为典型的高精度测控雷达天线座的指标要求，通过合理选取支承轴承精度、支承结构刚度和加工精度实现。

从阵面质量与天线座质量需求来看，对天线座轻量化要求较高，因而设计支承结构时应进行结构轻量化和优化设计，在保证结构支承刚度的前提下降低质量。

7.3　系统组成与工作原理

7.3.1　系统组成

系统主要由伺服控制系统和天线座两部分组成，如图 7-2 所示。其中，伺服控制系统主要由伺服主控单元、方位驱动器、俯仰驱动器、方位电动机、俯仰电动机、联锁控制单元等组成；天线座主要由方位部分、俯仰部分和综合交连组成。

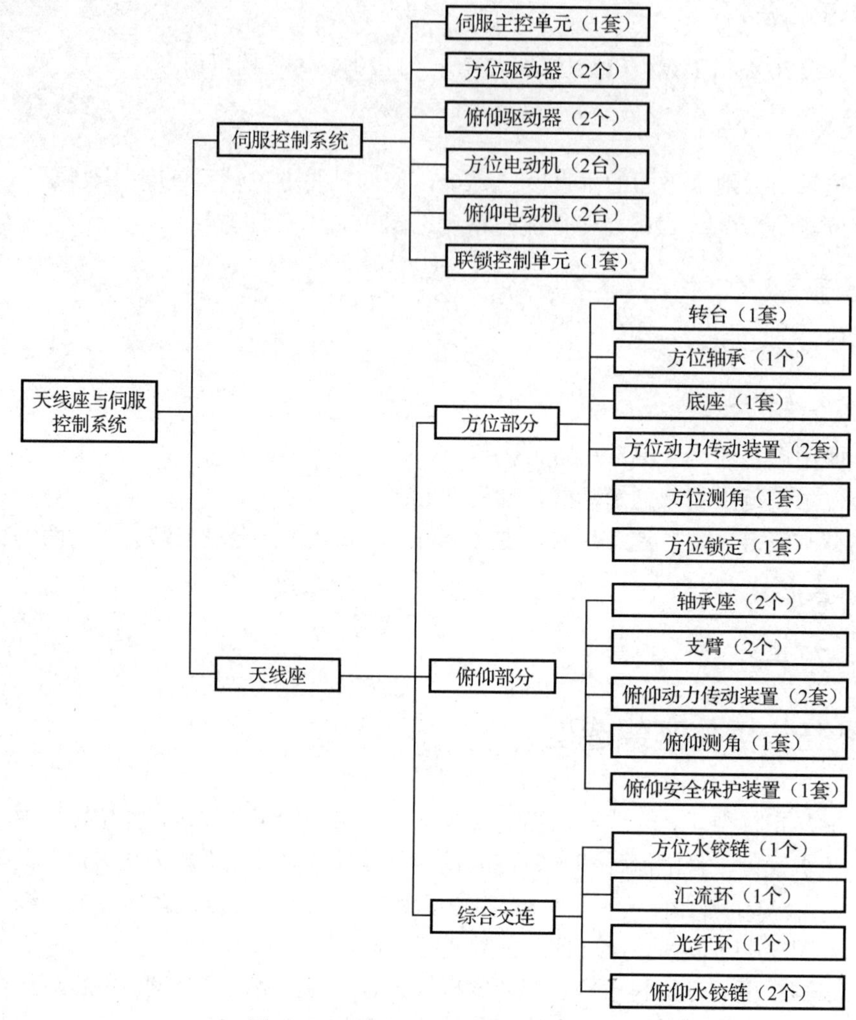

图 7-2　天线座与伺服控制系统组成

7.3.2　工作原理

1．伺服控制系统工作原理

伺服控制系统在工作中接收雷达控制单元的控制命令字，在雷达控制单元的指令下完成各种动作，并将伺服控制系统的 BIT 信息传递给雷达控制单元。伺服主控单元是伺服控制系统的核心，主要完成整个伺服控制系统各个功能模块的调度协调、对外通信、俯仰轴和方位轴双电动机并联消隙控制等功能。伺服主控单元通过网络接收雷达控制单元发送的工作方式命令及相应的引导角度数据，控制天线方位、俯仰转动。伺服控制系统采用基于 CAN 总线的分布式模块化设计，内部各个功能模块之间数据传输均采用 CAN 总线，而各个功能模块相对独立，如图 7-3 所示。

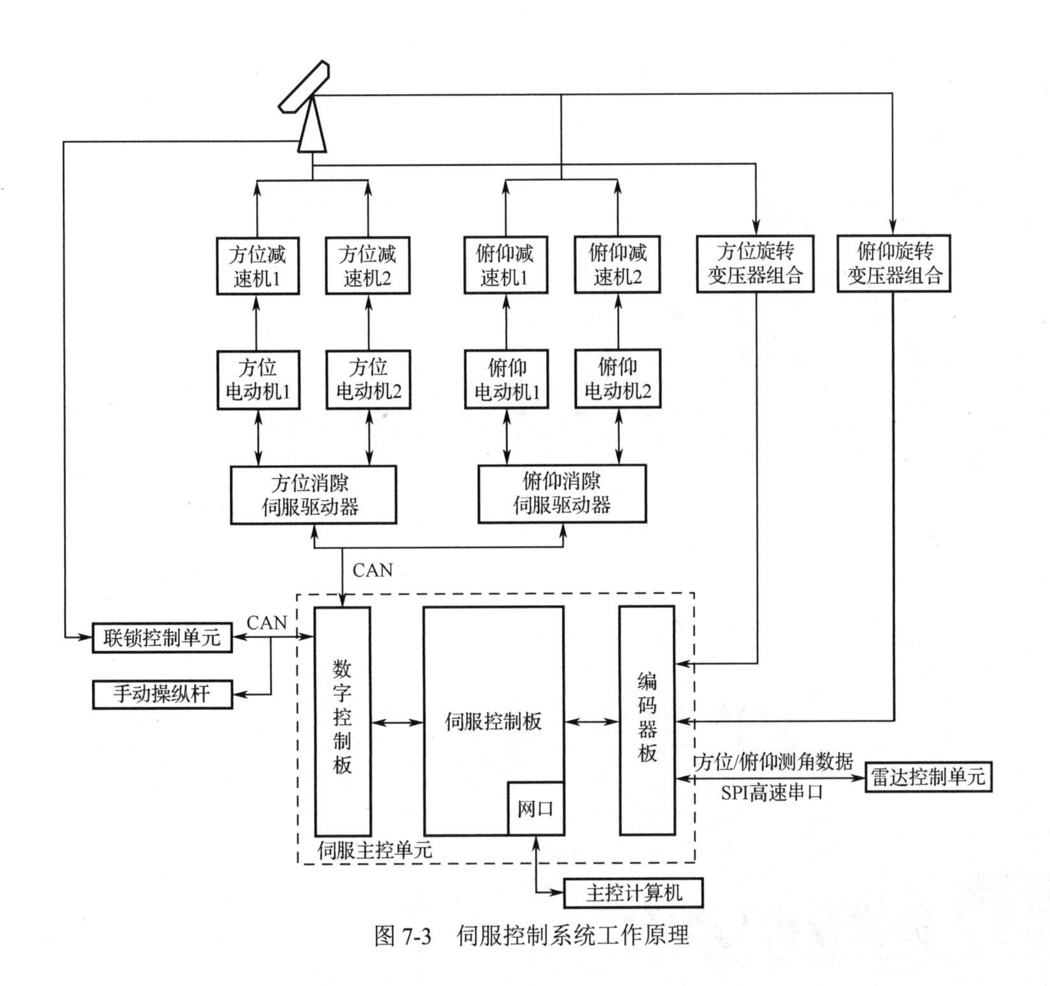

图 7-3　伺服控制系统工作原理

手控方式下，将角度操纵杆的方位、俯仰控制信号传送给伺服驱动器，通过速度回路、电流回路校正运算和功率放大，驱动天线转动，其速度与操纵杆信号成正比。

引导方式下，伺服主控单元以引导数据作为位置输入信号，以轴角编码器数据作为反馈信号，完成位置回路校正计算，输出速度控制信号送给伺服驱动器，经速度回路、电流回路校正运算和功率放大，控制电动机驱动天线指向目标位置或跟随目标转动。

2. 天线座工作原理

天线座工作原理如图 7-4 所示。天线座方位、俯仰部分均采用轴承作为天线的转动支承，方位、俯仰均采用交流电动机双驱动形式，通过方位、俯仰动力传动装置（均采用精密行星减速机驱动末级齿轮副）带动天线传动。测角装置分别与方位、俯仰末级齿轮啮合，实时提供天线位置的角度信号。同时，为冷却液输送管路、光信号及电信号提供旋转关节。为保证天线座稳定、可靠工作，天线座上设有各种安全保护装置，以确保系统安全。

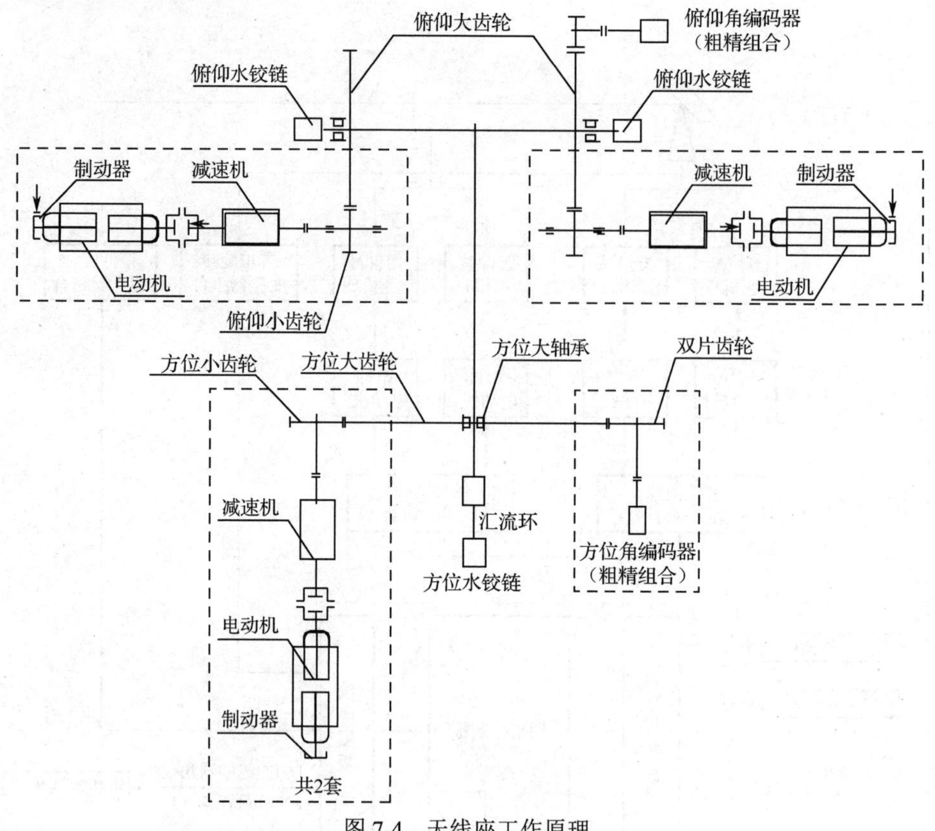

图 7-4　天线座工作原理

7.4 负载分析与综合

参照 3.2.2 节对系统负载进行分析与计算。该雷达为露天固定式，因而设计时应考虑的负载类型有风负载、惯性负载、摩擦负载、重力负载及其带来的不平衡转矩。

7.4.1 风负载

根据保精度工作风速计算水平风载和风转矩，用于电动机、减速机、轴承等选型及结构刚度/强度计算；在不破坏风速的情况下计算水平风载，进行轴承承载及结构强度校核。

按保精度工作风速 $v=20.8\text{m/s}$，风阻系数 $C_x=1.4$，风转矩系数 $C_{my}=0.16$，$\omega_{方位}=0.262\text{rad/s}$，$\omega_{俯仰}=0.262\text{rad/s}$，$A_{方位}=40\text{m}^2$，$A_{俯仰}=24\text{m}^2$，$D_{方位}=5.4\text{m}$，$D_{俯仰}=4.5\text{m}$ 计算。

方位水平风力为

$$F_{x方位}=C_x\times q\times A_{方位}=1.4\times\frac{1.25\times 20.8^2}{2}\times 40\approx 15142\text{N} \tag{7-1}$$

式中，$q=\rho\times\dfrac{v^2}{2}$，在 20℃和标准大气压下 $\rho=1.25\text{kg/m}^3$，工作风速 $v=20.8\text{m/s}$。

俯仰水平风力为

$$F_{x俯仰}=C_x\times q\times A_{俯仰}=1.4\times\frac{1.25\times 20.8^2}{2}\times 24\approx 9085\text{N} \tag{7-2}$$

方位风转矩为

$$\begin{aligned}M_{y方位}&=C_{my}\times q\times A_{方位}\times D_{方位}+F_{x方位}\times\omega_{方位}\times D_{方位}^2/(6\times v)\\&=0.16\times\frac{1.25\times 20.8^2}{2}\times 40\times 5.4+15142\times 0.262\times\frac{5.4^2}{6\times 20.8}\\&\approx 10272\text{N}\cdot\text{m}\end{aligned} \tag{7-3}$$

俯仰风转矩为

$$\begin{aligned}M_{y俯仰}&=C_{my}\times q\times A_{俯仰}\times D_{俯仰}+F_{x俯仰}\times\omega_{俯仰}\times D_{俯仰}^2/(6\times v)\\&=0.16\times\frac{1.25\times 20.8^2}{2}\times 24\times 4.5+9085\times 0.262\times\frac{4.5^2}{6\times 20.8}\\&\approx 5059\text{N}\cdot\text{m}\end{aligned} \tag{7-4}$$

不破坏工况下方位不转动，风速 $v=32.7\text{m/s}$，方位水平风力为

$$F_{x方位}=C_x\times q\times A_{方位}=1.4\times\frac{1.25\times 32.7^2}{2}\times 40\approx 37425\text{N} \tag{7-5}$$

7.4.2　惯性负载

根据 3.2.2 节中式（3-7）分别计算方位惯性转矩和俯仰惯性转矩。

方位惯性转矩为

$$M_{J方位}=J_{方位}\times\varepsilon_{方位}=(118000+17700)\times 0.175=23747.5\text{N}\cdot\text{m} \tag{7-6}$$

式中，$J_{方位}=J_1+J_2$，J_1 为天线和天线座方位惯量，$J_1=50000+68000=118000\text{kg}\cdot\text{m}^2$，$J_2$ 为方位电动机和减速机折算到末级的惯量，$J_2=17700\text{kg}\cdot\text{m}^2$；方位转动角加速度 $\varepsilon_{方位}=0.175\text{rad/s}^2$。

俯仰惯性转矩为

$$M_{J俯仰}=J_{俯仰}\times\varepsilon_{俯仰}=(32000+4800)\times 0.175=6440\text{N}\cdot\text{m} \tag{7-7}$$

式中，$J_{俯仰}=J_3+J_4$，J_3 为天线和天线座俯仰惯量，$J_3=30000+2000=32000\text{kg}\cdot\text{m}^2$，$J_4$ 为俯仰电动机和减速机折算到末级的惯量，$J_4=4800\text{kg}\cdot\text{m}^2$；俯仰转动角加速度 $\varepsilon_{俯仰}=0.175\text{rad/s}^2$。

7.4.3　摩擦负载

摩擦转矩按总负载转矩的 10%考虑，分别计算方位和俯仰摩擦转矩。

方位摩擦转矩为

$$M_{f方位}=0.1\times\sqrt{M_{y方位}^2+M_{J方位}^2}=0.1\times\sqrt{10272^2+23747.5^2}\approx 2587\text{N}\cdot\text{m} \tag{7-8}$$

俯仰摩擦转矩为

$$M_{f俯仰}=0.1\times\sqrt{M_{y俯仰}^2+M_{J俯仰}^2}=0.1\times\sqrt{5059^2+6440^2}\approx 819\text{N}\cdot\text{m} \tag{7-9}$$

7.4.4　驱动综合负载

方位、俯仰负载转矩按均方根估算如下。

方位负载转矩为

$$M_{方位}=\sqrt{M_{y方位}^{2}+M_{J方位}^{2}+M_{f方位}^{2}}=\sqrt{10272^{2}+23747.5^{2}+2587^{2}}\approx 26003\text{N}\cdot\text{m} \quad (7\text{-}10)$$

俯仰负载转矩为

$$M_{俯仰}=\sqrt{M_{y俯仰}^{2}+M_{J俯仰}^{2}+M_{f俯仰}^{2}}=\sqrt{5059^{2}+6440^{2}+819^{2}}\approx 8230\text{N}\cdot\text{m} \quad (7\text{-}11)$$

7.5 伺服控制系统设计

伺服控制系统主要从控制回路设计、伺服驱动器及电动机选型、伺服主控单元设计、联锁控制单元设计和系统谐振频率分析与校核等几个方面进行论述。

7.5.1 控制回路设计

由于本案例属于典型的地面测量类雷达伺服系统设计，伺服控制系统通常设计为一个三回路控制系统，由内向外分别是电流环、速度环、位置环。内回路设计可以减小回路内元件参数不稳定和负载扰动对伺服系统稳定性、控制精度的影响。其中，电流回路和速度回路的校正计算在伺服驱动器中完成，位置回路的校正计算由伺服计算机完成。

在图 7-5 中，目标位置 θ_{in} 为引导方式时的方位、俯仰引导数据，位置误差为 $\Delta\theta=\theta_{in}-\theta_{out}$。

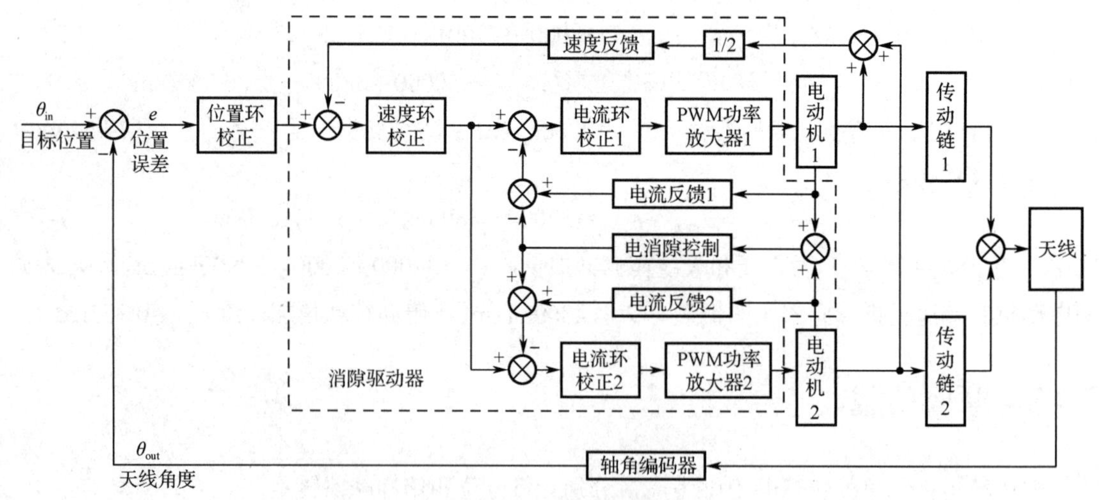

图 7-5 控制回路框图

1. 电流回路及消隙驱动

电流回路主要由校正环节、功率放大器、电动机电枢回路、电流传感器等组成。

电流回路可有效减小电动机电气时间常数对电流变化率的影响，提高电动机电流响应速度，使电流回路带宽达 500Hz～1kHz 或更高。因电流变化远远快于电动机转速的变化，所以当负载扰动导致电动机转速产生微小变化时，电流回路就能迅速通过调节电流实现对电动机输出转矩的调整，克服负载扰动，使电动机转速只跟随速度回路给定信号变化，基本不受负载扰动的影响。

电流回路给定信号的最大值对应电动机最大电流，此时电动机输出转矩最大。因此，在天线需要加、减速转动时，通过电流回路的控制，电动机能够输出最大转矩，使天线转动获得快速动态响应。

伺服控制系统采用高速电动机驱动天线转动，电动机轴和天线轴通过减速机构耦合。传动链在设计、加工和装配过程中，总会存在齿隙。齿隙是一种非线性因素，将会影响伺服控制系统的跟踪精度甚至稳定性。因此，采用双电动机消隙驱动，消除传动链齿隙对伺服控制系统稳定性的影响，提高伺服控制系统跟踪精度。

采用消隙驱动，方位和俯仰均包含两个独立的电流回路，两台电动机输出的合转矩驱动天线转动。当两台电动机输出的合转矩小于设定的消隙转矩时，两个小齿轮分别啮合在大齿轮相反的齿面上，消除大齿轮在齿隙间不可控的游动。消隙驱动转矩特性曲线如图 7-6 所示。

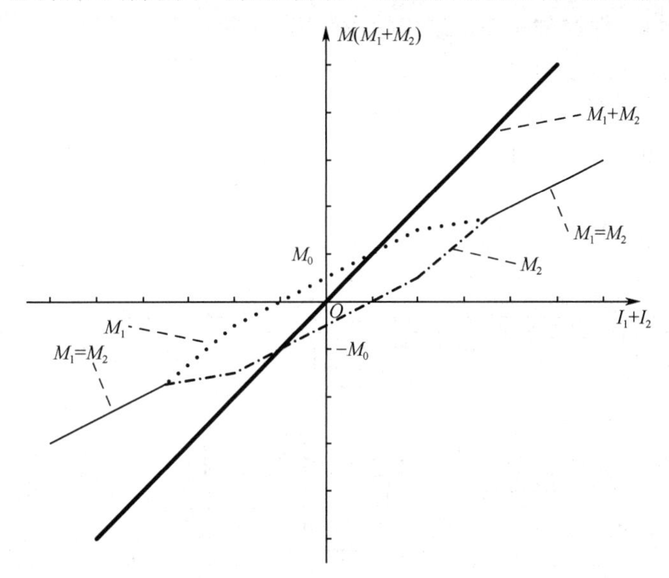

I_1—电动机1电流；I_2—电动机2电流；M_1—电动机1转矩；M_2—电动机2转矩

图 7-6　消隙驱动转矩特性曲线

由消隙驱动转矩特性曲线可以看到，采用消隙驱动，不会出现两台电动机输出转矩同时为零的状态，至少有一台电动机对大齿轮施加不为零的转矩，因此可消除或减小齿隙对伺服系统的影响，同时，也减小了电动机在启动时对传动系统的冲击。

2. 速度回路

速度回路主要由校正环节、电流回路、电动机、速度传感器等组成。

在多回路的雷达伺服控制系统中，速度回路是一个不可缺少的内回路。速度回路可提高伺服控制系统的低速平稳性、扩大伺服控制系统的调速范围、改善伺服控制系统的动态阻尼，有利于提高伺服控制系统的稳定性和快速响应性能。速度回路的快速、稳定使得系统超调小、振荡次数少，伺服控制系统易于满足性能指标要求。速度回路给定信号的最大值对应电动机额定转速。

3. 位置回路

位置回路是伺服控制系统中最外面的一个回路，由校正环节、稳定回路、轴角编码器等组成。

通过位置回路，实现伺服控制系统引导方式的角位置闭环控制，完成数字引导功能，实现对目标的随动跟踪。

位置回路设计为Ⅱ型系统，对固定目标或匀速运动目标可以做到无差跟踪；对机动目标，跟踪误差与目标的方位或俯仰角加速度成正比。

7.5.2 伺服驱动器与电动机选型

1. 伺服驱动器选型

随着交流电动机矢量控制技术的发展，对交流电动机的转矩控制和磁链控制实现解耦，可以像控制直流电动机一样控制交流电动机输出转矩，使得交流电动机驱动具有与直流电动机相媲美的伺服性能，能够满足伺服控制系统的需求。交流电动机具有体积小、质量轻、使用维护性好等优点。因此，本案例选用交流电动机、交流伺服驱动器组成伺服驱动单元。

伺服驱动器的功放单元以开关速度快、压降小的新型 IGBT 功率模块构成全桥电路，该类型功放单元的特点是体积小、质量轻、效率高。伺服驱动器以高速专用电动机控制 DSP 作为控制 CPU，采用 DSP+FPGA 全数字控制模式，完成电动机电流和速度的全数字控制。伺服驱动器框图如图 7-7 所示。

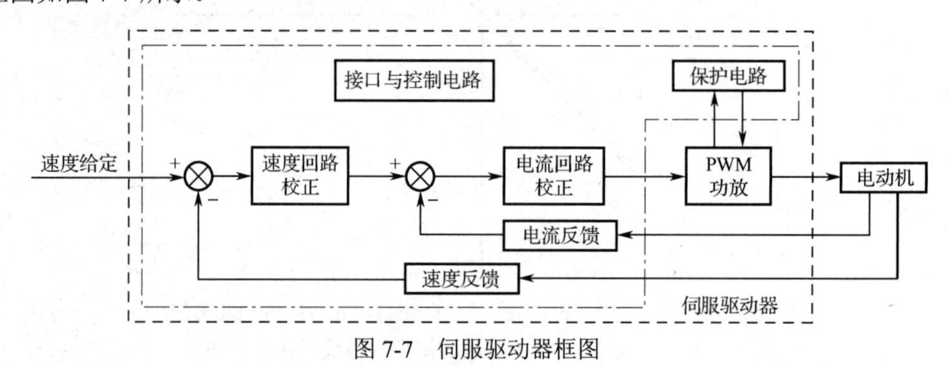

图 7-7　伺服驱动器框图

伺服驱动器的主要技术指标如表 7-2 所示。

表 7-2　伺服驱动器的主要技术指标

项　　目		电流回路指标	速度回路指标
带宽/Hz		>500	≥10
阶跃特性	上升时间/ms	<2	<50
	超调量/%	<10	<20
	振荡次数	≤1.5	≤1
调速范围（为最大速度与最小速度的比值）			≥1000
静差率/%			<0.05

伺服驱动器通过 CAN 接口与伺服主控单元通信，包括接收控制命令或数据、发送自身状态信息等。

方位、俯仰均采用消隙驱动，由两台伺服驱动器组成一个消隙驱动器，每台伺服驱动器控制一台电动机。消隙驱动器原理框图如图 7-8 所示。

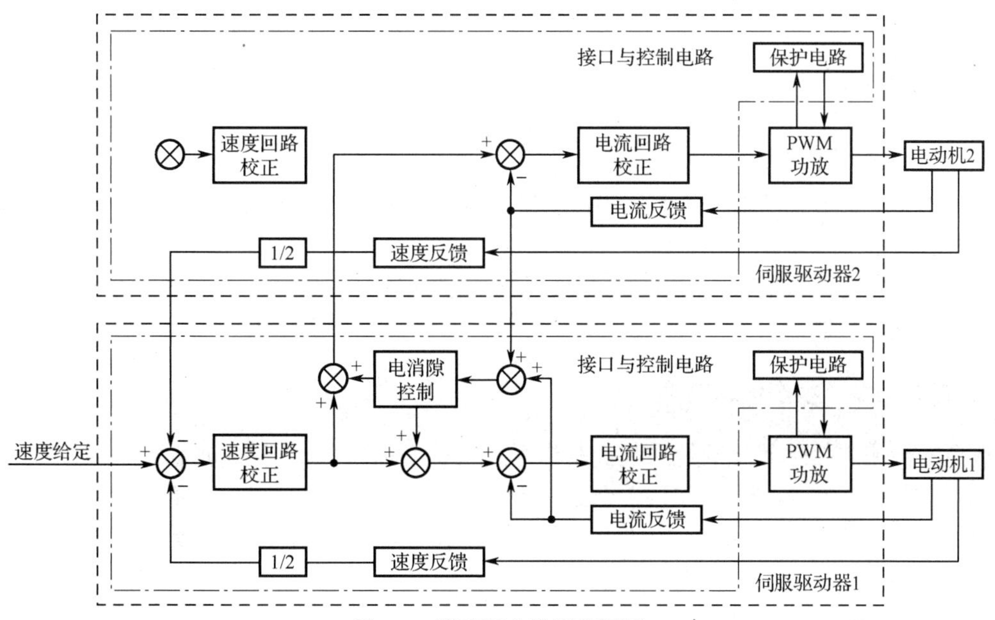

图 7-8　消隙驱动器原理框图

方位、俯仰消隙驱动器中的一台作为主驱动器，以速度模式工作；另一台作为从驱动器，以电流模式工作。主、从驱动器均包括完整的电流回路控制。为保证速度回路的良好特性，避免差速振荡，从驱动器的测速反馈信号通过伺服驱动器的高速串口送给主驱动器，与主驱动器的测速反馈信号相加后除以 2，作为速度回路的反馈信号。主驱动器完成速度回路的校正计算和主、从驱动器的偏置电流计算，得到主、从驱动器电流回路的给定信号。主驱动器将从驱动器的电流回路给定信号通过高速串口送给从驱动器，实现双电动机消隙驱动控制。主驱动器通过 CAN 接口接收伺服主控单元发送的速度回路给定信号。

2．电动机选型

1）选型

如前所述，交流电动机驱动完全能够满足伺服控制系统的需求。

电动机同轴安装电磁制动器，主要用于失电保持，即在断电情况下抱住电动机轴，使得负载停止在当前位置。

2）电动机功率

根据 7.4.4 节计算所得方位、俯仰负载转矩，以及 2.3.3 节中式(2-17)，按照传动效率 $\eta=0.85$ 计算可以得到雷达方位、俯仰电动机驱动功率。

方位电动机驱动功率为

$$P_{方位}=M_{方位}\omega_{方位}/\eta=26003\times0.262/0.85\approx8015\text{W}\approx8\text{kW} \tag{7-12}$$

俯仰电动机驱动功率为

$$P_{俯仰}=M_{俯仰}\omega_{俯仰}/\eta=8230\times0.262/0.85\approx2537\text{W}\approx2.5\text{kW} \tag{7-13}$$

因此，采用双电动机消隙驱动，考虑实际工况和功率冗余（特殊情况下一台电动机也能驱动天线转动），因此每台方位电动机的额定功率为 10kW，每台俯仰电动机的额定功率为 3kW。

7.5.3 伺服主控单元设计

伺服主控单元作为伺服控制系统的控制核心，主要功能如下:

（1）与主控、雷达控制、自动化测试与诊断等系统之间通过串口或网络进行控制指令、状态信息等数据的交换。

（2）进行工作方式的控制及位置回路、稳定回路的校正计算，实现位置闭环控制。

（3）状态实时监测。

1. 控制指令、状态信息交换

典型的伺服主控单元与其他系统控制指令、状态信息接口如图 7-9 所示。

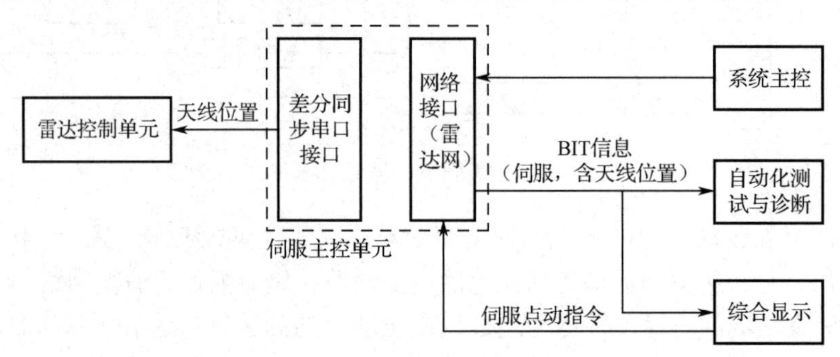

图 7-9 典型的伺服主控单元与其他系统控制指令、状态信息接口

2. 工作方式及闭环控制

1）手控方式

通过角度操纵杆或点动按键控制天线转动。

伺服计算机采集、处理操纵杆信号，输出至伺服驱动器作为速度环给定信号，控制天线转动。天线转动速度与操纵杆信号的大小成正比。

当操纵杆在零位时，由于操纵杆信号可能并不为零，以及伺服驱动器内部电路参数或工作点的漂移，导致天线也缓慢地漂移。因此，为消除操纵杆在零位时天线的漂移，当操纵杆信号小于一设定值时，则以天线的当前位置（雷达坐标系）作为位置回路的输入，进行位置闭环控制，使天线稳定地停止在当前位置。此时，通过点动按键可实现天线的小范围精确定位。

2）数字引导方式

伺服主控单元接收雷达控制单元发送的引导数据作为位置回路的给定信号 θ_{in}，采集轴角编码器数据作为位置反馈信号 θ_{out}，计算位置误差 $\Delta\theta = \theta_{\text{in}} - \theta_{\text{out}}$，伺服主控单元对该误差进行校正运算后输出至伺服驱动器作为速度环给定信号，控制电动机驱动天线向减小或消除位置误差信号的方向转动，即驱动天线指向目标位置或跟随目标转动。

3. 状态实时监测

伺服控制系统能够独立地进行调试和自检，检测方式有脱机检测和实时检测，这些工作在伺服计算机中完成。

1）脱机检测

伺服控制系统调试和检修时，对工作有关状态进行检测，包括检测对外的数据接口及数据通道的数据正常与否，电流回路、速度回路、稳定回路、位置回路的性能等。

2）实时检测

雷达全机工作时，伺服控制系统对一些关键设备和关键点进行实时检测，检测结果送 BIT 系统并显示、报警，且能自动采取有效的安全保护措施，确保设备的安全。实时检测内容主要包括方位和俯仰电动机及驱动器运行情况、伺服控制系统的轴角编码器数据等。

7.5.4　联锁控制单元设计

联锁控制单元由输入/输出控制盒、检测开关及交流接触器等组成。

输入/输出控制盒提供 4 路继电器输出，用于交流接触器通断控制，实现伺服驱动器的加电、断电操作；16 路数字量输入，用于各检测开关状态的输入。

伺服主控单元根据各组成单元的状态输入，进行综合逻辑判断，通过联锁控制单元实现伺服控制系统开关机联锁控制。

7.5.5　系统谐振频率分析与校核

伺服控制系统跟踪回路带宽要求为 0.5Hz×（1±20%）、1Hz×（1±20%）、2Hz×（1±20%），三挡可调。伺服带宽反映系统快速性能的好坏。带宽的大小影响伺服系统的稳定裕度、跟踪精度和过渡品质。伺服带宽越宽，则由跟踪角加速度所引起的加速度误差越小，但另一方面，由接收机的热噪声引起的误差越大。因此，在跟踪过程中，根据不同工况，选择不同的带宽，可以使系统误差小、响应快。

伺服控制系统跟踪回路最大带宽受伺服控制系统内回路——速度回路带宽和天线座传动系统的结构谐振频率 f_L 的限制。

伺服驱动器采用 PWM 功率放大器，功率模块的开关频率达十几千赫兹，极大地提高了对电动机转速的控制速度，速度回路具有很高的响应速度，从而使得速度回路带宽能够大于结构谐振频率 f_L。因此，伺服控制系统跟踪回路带宽主要受结构谐振频率 f_L 的限制。

根据 2.4.6 节可知，结构谐振频率直接影响伺服控制系统的位置回路带宽，从而影响伺服控制系统的快速响应性和跟踪精度，因此，一般要求结构谐振频率要大于位置回路带宽的 4～5 倍。

由于大型雷达的结构谐振阻尼很小，在伺服控制系统位置回路设计中可以加入凹口网络，以抵消谐振环节的振峰，提高位置回路的带宽。

由扭转谐振频率仿真计算结果得到，天线及天线座系统的方位、俯仰扭转谐振频率在天线俯仰角为 0° 时分别为 9.0Hz 和 7.2Hz，在天线俯仰角为 30° 时分别为 9.1Hz 和 7.2Hz，在天线俯仰角为 90° 时分别为 9.3Hz 和 7.3Hz，均大于要求的最大带宽 3～4 倍以上。所以，通过回路参数调节，方位、俯仰最大带宽能够达到 2Hz×（1±20%）；改变伺服控制系统跟踪回路调节参数，易于达到 0.5Hz×（1±20%）、1Hz×（1±20%）指标要求。

7.6 天线座结构设计

天线座结构设计主要从方位部分、俯仰部分设计，以及系统刚度/强度仿真分析与精度校核等几个方面进行详细介绍。

7.6.1 方位部分设计

方位部分布局如图 7-10 和图 7-11 所示，主要由底座、转台、方位轴承、方位动力传动装置、方位测角装置、方位锁定装置、汇流环、方位水铰链等组成。在伺服控制下，驱动俯仰部分和天线绕方位轴在 0°～360°（无限制）范围内旋转，并实时提供方位角度信息，主要精度指标为方位轴的垂直度。

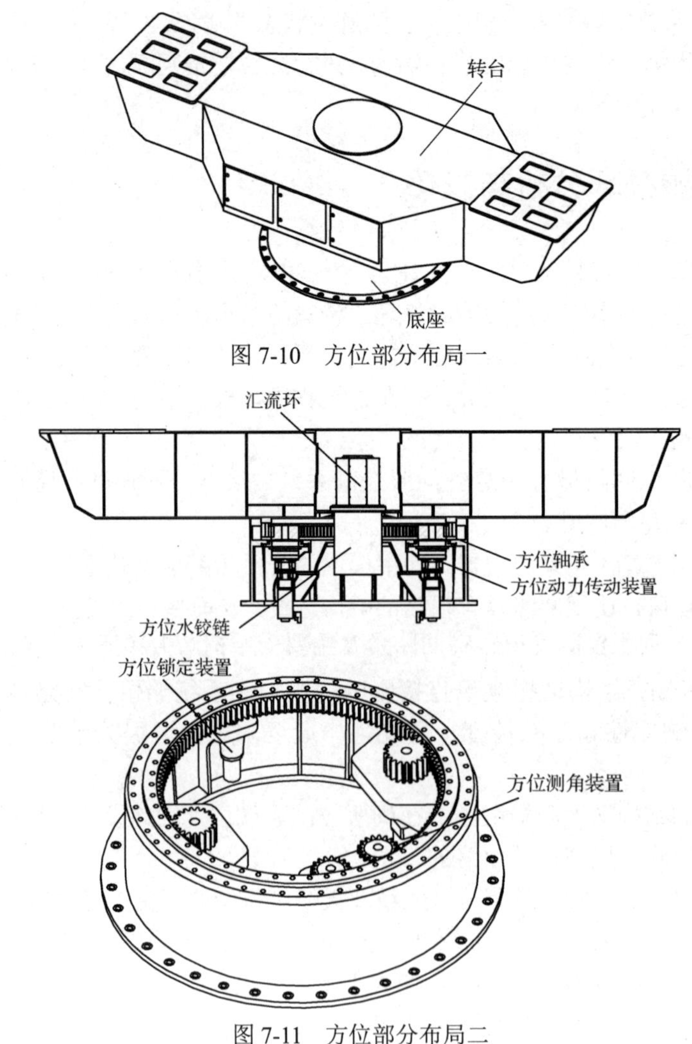

图 7-10　方位部分布局一

图 7-11　方位部分布局二

其中方位垂直度主要取决于底座、转台和方位轴承的精度，综合考虑，指标分解如下。

（1）方位轴承：成套轴承内、外圈端面跳动≤0.08mm，内、外圈径向跳动≤0.08mm，轴承上、下安装面平面度≤0.05mm。

（2）底座和转台按照常规的 7 级加工精度，保精度工作工况下底座受力变形后的偏摆量≤0.06mm。

1．方位支承设计

1）底座结构设计

底座作为整个天线座的基础，承受较大的轴向载荷和倾覆载荷，要求具有较高刚性，同时还应有足够的尺寸稳定性。底座采用球墨铸铁铸造而成，直径 2125mm，高 600mm，内壁设计若干辐射加强筋，提高其抗弯、抗扭刚度。底座上端面安装方位轴承，轴承内圈与转台连接构成转动部分，并在底座下端面留有连接汇流环和水铰链的安装面，底座内部具有足够的操作和维修空间。底座结构如图 7-12 所示。

2）转台结构设计

转台主要作为天线支承的基础，采用箱形钢骨架结构，外形尺寸为 6.1m× 2.5m×0.9m，重约 5.5t。转台内部布置若干加强筋，转台侧面留有操作窗口。转台中心顶部开孔，留有汇流环的安装和维修通道，平时用端盖盖住，转台内部安装电缆和水管。转台下端面与方位轴承内圈相连，转台前后两处留有安放各类电子设备的空间。该转台结构采用 Q345 钢板焊接而成，焊后进行热喷锌涂漆处理，其结构如图 7-13 所示。

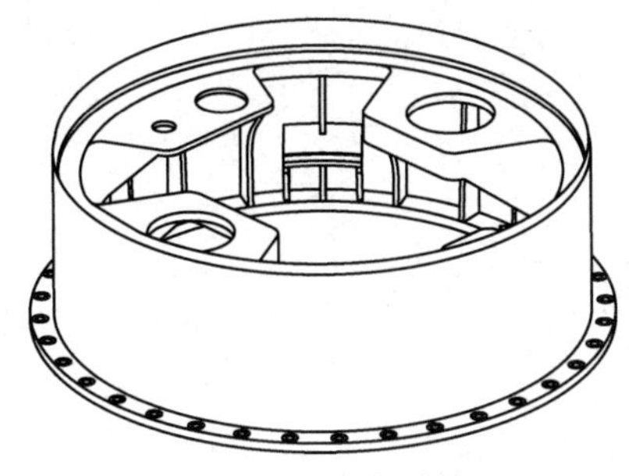

图 7-12　底座结构

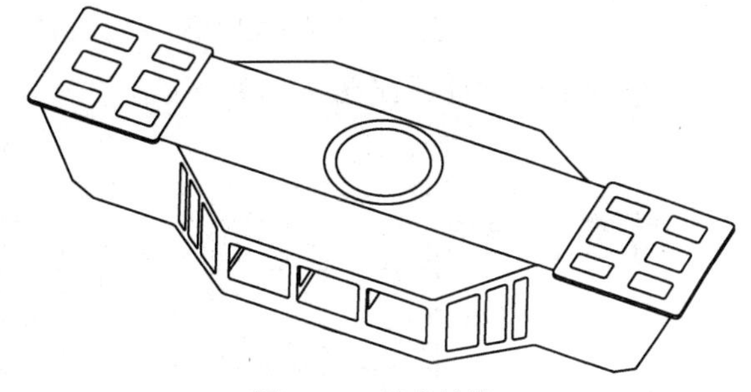

图 7-13　转台结构

3）方位轴承选型与计算

（1）方位轴承选型。方位轴承主要承受轴向、径向和倾覆载荷，轴向载荷主要是天线及天线座（转动部分）自重载荷，径向载荷和倾覆载荷主要是由风负载引起的。

从伺服性能、结构布局和承载能力等方面综合考虑，方位轴承选用带内齿的交叉圆柱滚子轴承，它具有较高的回转精度，同时可承受较大的径向力、轴向力、倾覆转矩。方位轴承、转台与底座共同组成了雷达天线的方位支承结构。方位轴承一般采用油脂润滑，轴承材料为 42CrMoA，滚道中心圆直径 1840mm，高 156mm，内、外圈端面跳动≤0.08mm，内、外圈径向跳动≤0.08mm，轴承上、下安装面平面度≤0.05mm。方位轴承结构如图 7-14 所示。

（2）方位轴承承载能力及寿命校核。

方位轴承轴向力为

$$F_{\mathrm{a}}=(G_1+G_2)\times 9.8=294000\mathrm{N} \tag{7-14}$$

式中，$G_1 = 12\text{t}$ 为天线质量；$G_2 = 18\text{t}$ 为天线座转动部分质量。

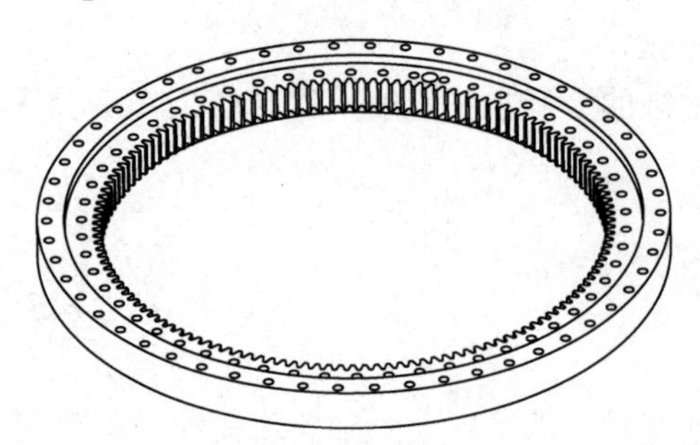

图 7-14　方位轴承结构

方位轴承径向力基本等同于风负载水平力，即

$$F_r = F_x \tag{7-15}$$

方位轴承的倾覆转矩为

$$M_F = F_r h \tag{7-16}$$

式中，$h = 3.3\text{m}$，为水平风负载作用中心与方位轴承滚道的距离。

① 轴承静承载能力校核。轴承的当量轴向载荷 F_a' 为

$$F_a' = (F_a + K_r F_r) f_s = (294000 + 1.75 \times 37452) \times 1.2 \approx 431\text{kN} \tag{7-17}$$

式中，$K_r = 1.75$ 为等效系数，根据轴承样本选取；$F_r = 37452\text{N}$，为 32.7m/s 风速下的水平风载荷；$f_s = 1.2$ 为静负荷安全系数。

倾覆转矩为

$$M_F = F_r \times h = 37452 \times 3.3 \approx 123592\text{N} \cdot \text{m} \approx 124\text{kN} \cdot \text{m} \tag{7-18}$$

轴承的承载能力曲线如图 7-15 所示。

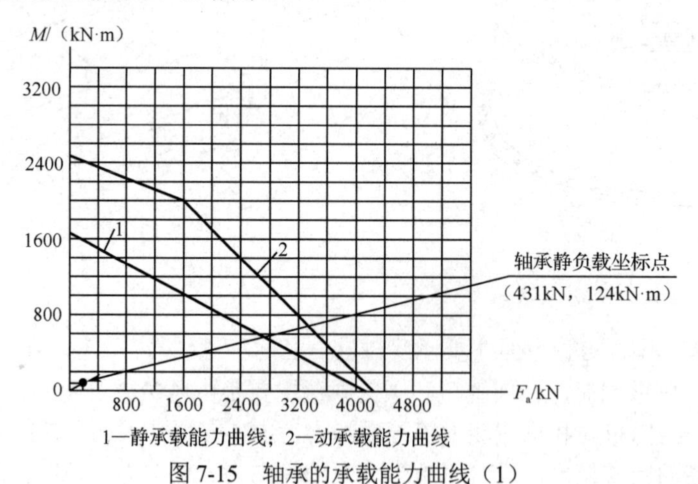

图 7-15　轴承的承载能力曲线（1）

由承载能力曲线可知，轴承静负载坐标点（431kN，124kN·m）在轴承静承载能力曲线下方，故轴承的轴向承载能力和倾覆承载能力满足使用要求。

② 轴承寿命校核。由于方位轴承需要极高的可靠性，因此，轴承的寿命按照方位转台工作最恶劣工况（最大风速为 20.8m/s，15°/s）进行计算和校核。

轴承的当量轴向载荷为

$$
\begin{aligned}
F_a' &= (F_a + K_c F_r) f_s \\
&= (294000 + 1.35 \times 15142) \times 1.2 \\
&\approx 377\text{kN}
\end{aligned}
\tag{7-19}
$$

式中，$K_c = 1.35$ 为等效寿命载荷系数，根据轴承样本选取；$F_r = 15142\text{N}$，为 20.8m/s 风速下的水平风载荷。

倾覆转矩为

$$
M_F = F_r \times h = 15142 \times 3.3 \approx 50\text{kN} \cdot \text{m} \tag{7-20}
$$

得到轴承的动负载坐标点为（377kN，50kN·m），如图 7-16 所示。

将原点与轴承的动负载坐标点连接并延长到轴承动承载能力曲线上，求得交点坐标（F_{ac}，M_c）为（3400kN，680kN · m），其中 F_{ac} 为动态工况下轴承的当量轴向载荷，M_c 为动态工况下轴承的当量倾覆转矩。

分别求得寿命系数为

$$
f_{11} = \frac{F_{ac}}{F_a'} = \frac{3400}{377} \approx 9 \tag{7-21}
$$

$$
f_{12} = \frac{M_c}{M_F} = \frac{680}{50} = 13.6 \tag{7-22}
$$

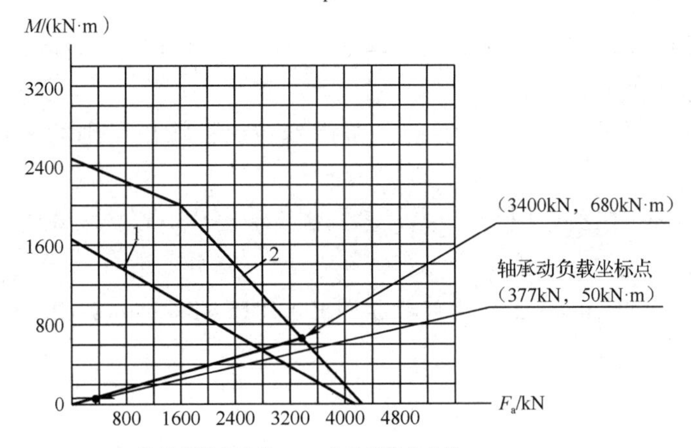

1—静承载能力曲线；2—动承载能力曲线

图 7-16　轴承的承载能力曲线（2）

取两者中的最小值，即 $f_1 = f_{11} = 9$。

由此计算轴承的使用寿命 L_f 为

$$
L_f = (f_1)^{\varepsilon} \times 30000 = 9^{\frac{10}{3}} \times 30000 \approx 4.5 \times 10^7 \text{r} \tag{7-23}
$$

式中，$\varepsilon = 10/3$，为寿命指数，根据轴承样本选取；30000 为轴承寿命系数 r，根据轴承样本选取。

由计算可知，如果雷达按每天最大速度 15° /s 转动 24h，轴承理论上可以工作 34 年，故方位大轴承满足寿命 20 年的使用要求。

2．方位动力传动装置设计

方位动力传动装置由末级齿轮、减速箱和电动机等组成。两套传动装置采用并联驱动的形式，布置于底座内侧，空间布局合理，结构更加紧凑。传动链末级为内啮合传动，减速箱与电动机采用直连的形式。方位动力传动装置采用双驱动结构，可实现电消隙，如图 7-17 所示。

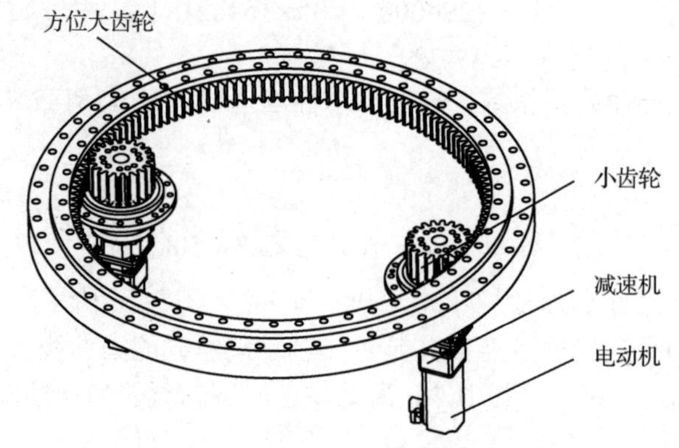

图 7-17　方位动力传动装置示意图

1）减速机选型

根据 7.4 节的计算，方位负载转矩 $M_{方位}=26003\text{N}\cdot\text{m}$。

方位末级齿轮副采用双驱传动链，速比 $i=z_2/z_1=136/20=6.8$；减速机速比为 120，方位驱动系统总速比为 120×6.8=816。

单个方位小齿轮承受转矩 $T_1=M_{方位}/(2i)=26003/(2\times6.8)\approx1912\text{N}\cdot\text{m}$，$T_1$ 作为减速机选型中额定输出转矩的依据。

方位电动机额定输出转矩为 $30\text{N}\cdot\text{m}$，传递到减速机输出轴端的转矩为 $T_\text{d}=30\times120=3600\text{N}\cdot\text{m}$。

减速机采用高转矩精密减速机，根据样本，额定输出转矩 T_N 为 $3800\text{N}\cdot\text{m}$，$T_\text{N}>T_\text{d}>T_1$，满足驱动能力要求。

电动机转速为 3000r/min，负载计算转速为 $3000/816\approx3.68\text{r/min}\approx22°/\text{s}>15°/\text{s}$，满足天线转速要求。

2）末级齿轮副的计算

参照 3.2.4 节中式（3-19），根据方位末级小齿轮承受转矩 T_1 计算齿轮模数为

$$m\geqslant A_\text{m}\sqrt[3]{\frac{KT_1Y_\text{FS}}{\psi_\text{d}z_1^{\ 2}\sigma_\text{FP}}} \tag{7-24}$$

式中，系数 A_m 取 12.6；K 为载荷系数，取 $K=2$；Y_FS 为复合齿廓系数，取 $Y_\text{FS}=4.35$；ψ_d 为齿宽系数，取 $\psi_\text{d}=0.6$；σ_FP 为许用齿根应力，$\sigma_\text{FP}=0.5\sigma_\text{FE}=\sigma_\text{Flim}=400\text{N/mm}^2$。

因此有

$$m\geqslant12.6\times\sqrt[3]{\frac{2\times1912\times4.35}{0.6\times20^2\times400}}\approx7\text{mm} \tag{7-25}$$

考虑到齿轮是雷达天线座系统传动设备关键件，需要较高的安全系数和优选第一模数系列，因此取方位齿轮模数为 12mm。

3）方位传动链设计参数

由以上计算校核可确定方位传动链设计参数，见表 7-3。

表 7-3　方位传动链设计参数

速　比		模　数	驱动齿轮齿数	从动齿轮齿数
$i_{减}$	120	—	—	—
$i_{末}$	6.8	12mm	20	136
$i_{总}$		816		

3. 方位测角装置设计

由于系统的方位测角精度要求为 20″，所以必须采用高精度测角元件及测角机构。可采用同轴直套式轴角编码器结构，也可采用寄生式磁栅结构。由于方位转台中心布置有综合交连，无多余安装空间，因此，本案例采用精、粗通道两组测角装置组合的测角方式。粗通道内含一组 1∶1 同步轮系，装一个旋转变压器；精通道内含一组 1∶8 高精度测角装置，装一个双通道旋转变压器（1∶32 对极），两组齿轮传动机构均与方位轴承自带的内齿啮合。其中，精通道测角元件位数大于 18 位。

粗精组合测角系统原理框图如图 7-18 所示。

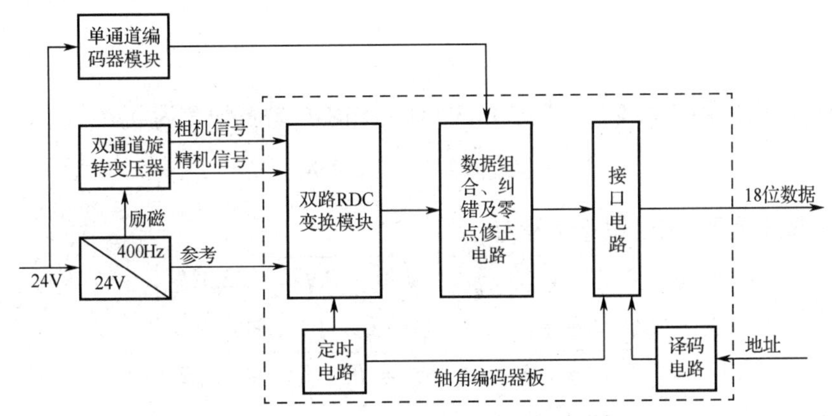

图 7-18　粗精组合测角系统原理框图

粗通道数据和精通道数据在 EPLD 中经数据纠错、组合为 20 位以上的二进制数据，取其高 18 位数据输出，最低位分辨率为 4.9″。

方位测角装置安装结构如图 7-19 所示。

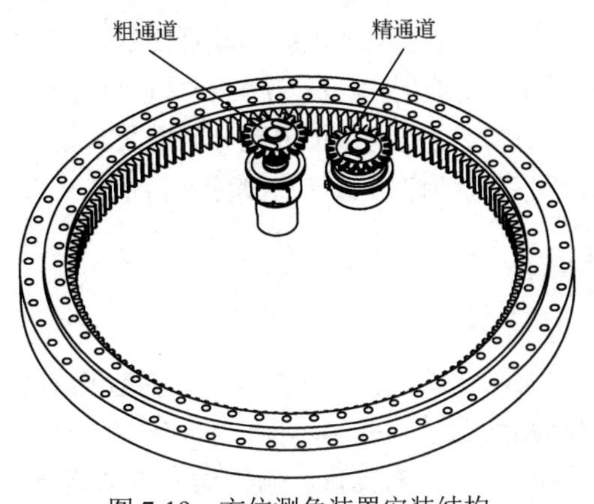

图 7-19　方位测角装置安装结构

粗、精通道两组测角装置组合测角系统的测量精度取决于精通道的测角精度。精通道的测量误差包含末级齿轮传动误差、多极旋转变压器安装误差、多极旋转变压器及RDC解算误差，后三项误差需折算到方位转台上。

末级齿轮传动误差的均方根值计算如下：

$$\begin{aligned}\varDelta_1&=\frac{1.15}{m\times z_1}\sqrt{F_{i_1}'^2+F_{i_2}'^2+1.13\times(S_1^2+S_2^2+C_1^2+C_2^2)}\\&=\frac{1.15}{12\times136}\sqrt{168^2+76^2+1.13\times(30^2+30^2+63^2+63^2)}\approx0.15'=9''\end{aligned}\tag{7-26}$$

式中，m 为齿轮的模数，m=12mm；$z_1=136$，为大齿轮齿数；$F_{i_1}'=168\mu\text{m}$，$F_{i_2}'=76\mu\text{m}$，分别为大齿轮和小齿轮的切向综合误差；$S_1=30\mu\text{m}$，$S_2=30\mu\text{m}$，分别为大齿轮和小齿轮的安装面对轴径中心线的径向跳动；$C_1=63\,\mu\text{m}$，C_2=63μm，分别为大齿轮和小齿轮的内孔与轴的配合间隙。

多极旋转变压器采用精密弹性联轴节与齿轮传动机构连接，有效吸收安装不同轴、径向跳动产生的误差。因此参照以往实践，多极旋转变压器安装误差的均方根值为

$$\varDelta_2\leqslant5''\tag{7-27}$$

多极旋转变压器及RDC解算误差也取决于精机误差，选用的1∶32对极的多极旋转变压器精机误差为

$$\varDelta_{31}=20''\tag{7-28}$$

RDC模块的变换误差为5.3′，考虑1∶32对极，RDC解算误差为

$$\varDelta_{32}=\frac{5.3\times60}{32}\approx9.94''\tag{7-29}$$

多极旋转变压器及RDC解算误差为

$$\varDelta_3=\sqrt{\varDelta_{31}^2+\varDelta_{32}^2}=\sqrt{20^2+9.94^2}\approx22.33''\tag{7-30}$$

综合以上各项误差，大小齿轮速比为8，折算到方位转轴的测角误差为

$$\varDelta=\sqrt{\varDelta_1^2+(\varDelta_2/8)^2+(\varDelta_3/8)^2}=\sqrt{9^2+(5/8)^2+(22.33/8)^2}\approx9.4''\tag{7-31}$$

满足20″的指标要求。

4．方位锁定装置设计

为了实现雷达在极限工况和维修状态下的安全可靠性，方位转动部分需在特定位置上实施机械锁定。在底座上端面安装一插销锁定器，采用丝杠螺母的传动方式，通过电动机驱动丝杠旋转，可实现螺母即销轴的轴向运动，从而使销轴进入或退出转台上的锁定孔，实现雷达的锁定要求。并且在锁定位置和解锁位置分别布置检测开关，保证安全可靠。方位锁定装置结构如图7-20所示。

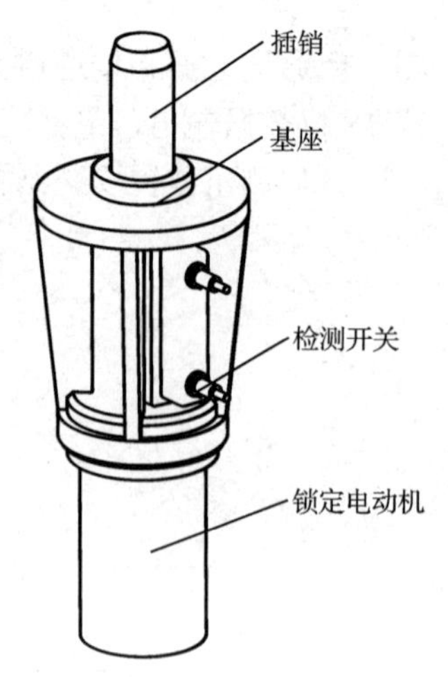

图7-20　方位锁定装置结构

7.6.2　俯仰部分设计

俯仰部分主要用于天线的旋转支承，在伺服控制下，驱动天线绕俯仰轴在0°～90°范围内高精度旋转，并实时提供俯仰位置信息。

俯仰部分主要由左/右轴承座、左/右支臂、俯仰动力传动装置、俯仰测角装置、俯仰锁定

装置和安全保护装置等组成。俯仰部分布局如图 7-21 所示。

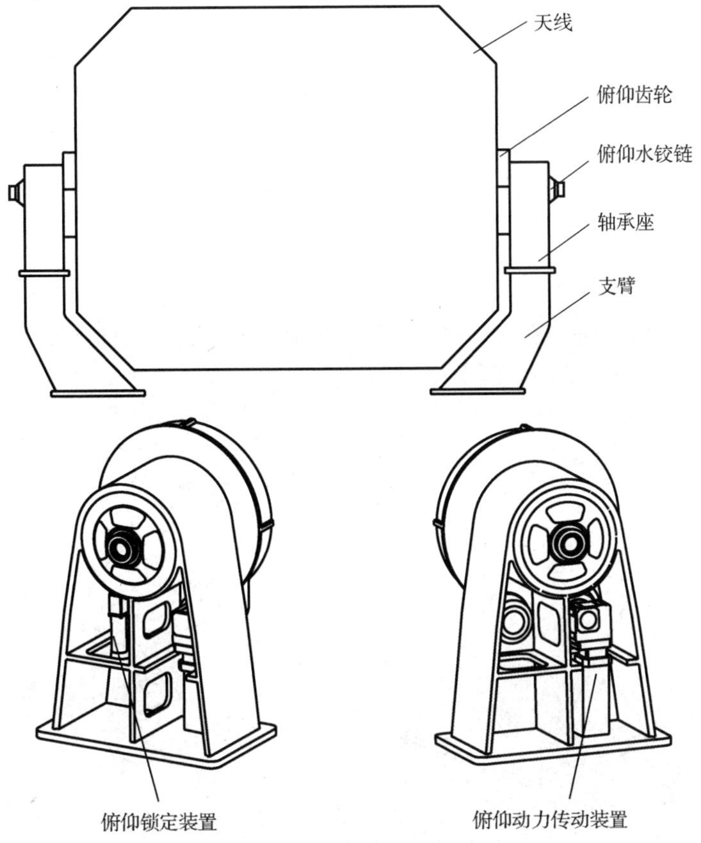

图 7-21　俯仰部分布局

1．俯仰支承设计

1）*左/右轴承座设计*

左/右轴承座组成基本相同，均由俯仰轴、支座和轴承等组成。左/右轴承座结构及布局如图 7-22 所示。

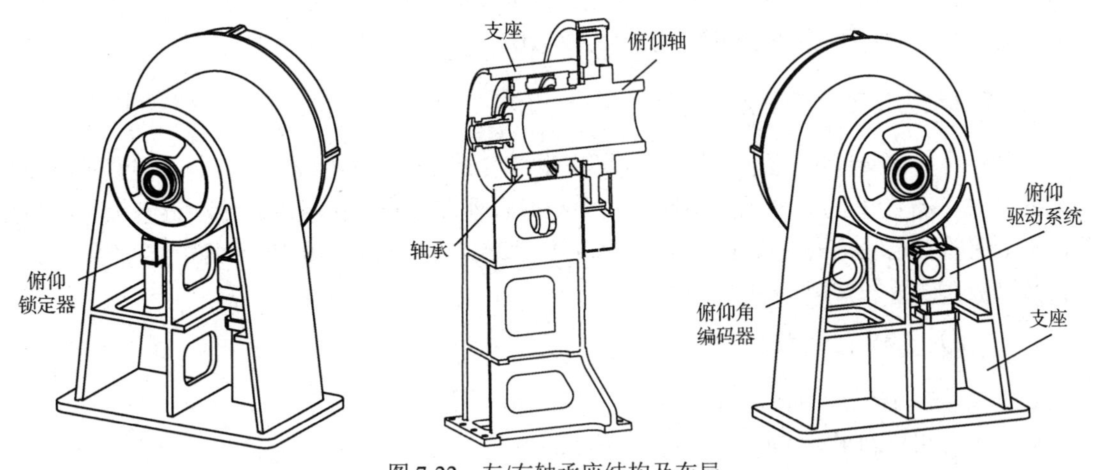

图 7-22　左/右轴承座结构及布局

左/右轴承座安装在方位转台上部，为天线提供支承，大齿轮安装在天线俯仰轴上，构成旋转部分，俯仰动力传动装置的小齿轮、减速机和电动机安装在轴承座内，为固定部分，通过电动机的驱动，带动小齿轮转动，再带动大齿轮绕俯仰轴旋转，从而实现天线的俯仰旋转。支臂位于轴承座下方，安装在方位转台两侧上方。左/右轴承座内均安装有水铰链，为冷却系统提供旋转关节。在轴承座外安装有俯仰角编码器，轴内空腔结构方便通往阵面电缆的进出。俯仰锁定器固定在轴承座上，电动插销可以插入天线阵面锁定孔，从而实现俯仰锁定。

2）左/右支臂设计

左/右支臂采用矩形截面板焊箱形结构，具有弯曲刚度和扭转刚度大的特点，尺寸为1200mm×1240mm×1500mm。内部加两根主筋和两根横筋，上、下面为连接法兰平面，把俯仰载荷支承到转台上，结构如图 7-23 所示。

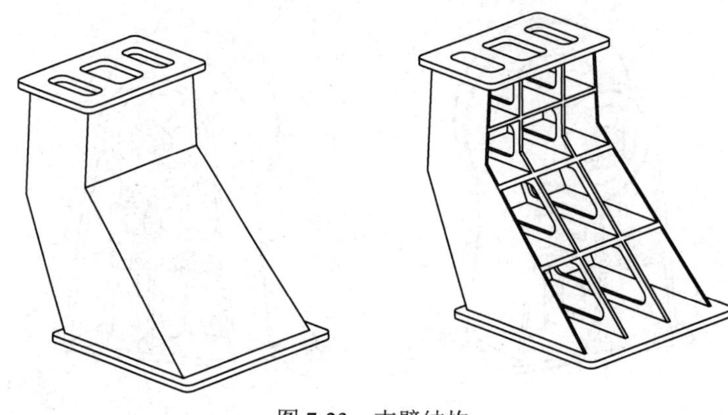

图 7-23　支臂结构

3）俯仰轴承选型与计算

左轴承座内使用两个单排圆锥滚子轴承支承，外圈安装于轴承座，采用过渡配合，内圈与天线箱体俯仰轴过盈安装，两个轴承之间的距离为 200mm，可承受较大的径向、轴向载荷及倾覆转矩。

右轴承座内使用两个圆柱滚子轴承支承，外圈同样安装于轴承座，采用过渡配合，内圈与天线箱体俯仰轴过盈安装，两个轴承之间的距离为 180mm，可承受径向力和倾覆转矩，允许轴向游动，以补偿由于结构热胀冷缩引起的变形量。

2. 俯仰动力传动装置设计

俯仰动力传动装置由末级齿轮、减速箱、电动机、制动器等组成。两套传动装置采用并联驱动的形式，布置于左/右轴承座两侧，空间布局合理，结构更加紧凑。传动链末级为外啮合传动，减速箱与电动机采用直连的形式；动力传动装置采用双驱动结构，可实现电消隙。俯仰动力传动装置示意图如图 7-24 所示。

1）减速机选型

根据 7.4 节的计算，俯仰负载转矩 $M_{俯仰}=8230\text{N}\cdot\text{m}$。

俯仰末级齿轮副采用双驱传动链，速比 $i=z_2/z_1=100/19\approx5.26$；减速机速比为 120，俯仰驱动系统总速比为 $120\times5.26\approx631$。

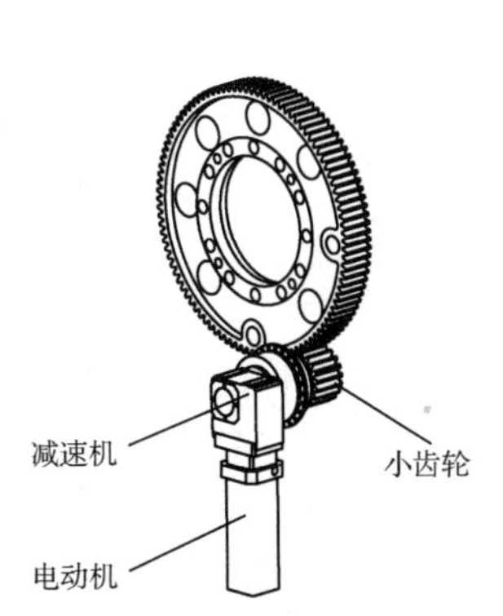

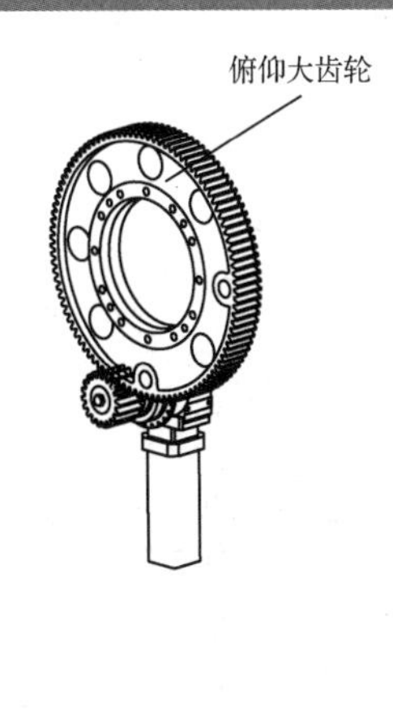

图 7-24　俯仰动力传动装置示意图

单个俯仰小齿轮承受转矩 $T_1 = M_{俯仰}/(2i) = 8230/(2\times5.26) \approx 782\text{N}\cdot\text{m}$，$T_1$ 作为减速机选型中额定输出转矩的依据。

俯仰电动机额定输出转矩为 $10\text{N}\cdot\text{m}$，传递到减速机输出轴端的转矩为 $T_d = 10\times120 = 1200\text{N}\cdot\text{m}$。

减速机采用高转矩精密减速机，额定输出转矩 T_N 为 $1700\text{N}\cdot\text{m}$，$T_N > T_d > T_1$，满足驱动能力要求。

电动机转速为 3000r/min，负载计算转速为 $3000/631 \approx 4.75\text{r/min} \approx 28.5°/\text{s} > 15°/\text{s}$，满足天线转速要求。

2）末级齿轮副的计算

根据俯仰末级小齿轮承受转矩 T_1 计算齿轮模数为

$$m \geqslant A_m \sqrt[3]{\frac{KT_1Y_{FS}}{\psi_d z_1^{\ 2}\sigma_{FP}}} \tag{7-32}$$

式中，系数 A_m 取 12.6；K 为载荷系数，取 K=2；Y_{FS} 为复合齿廓系数，取 Y_{FS}=4.35；ψ_d 为齿宽系数，取 $\psi_d = 0.6$；σ_{FP} 为许用齿根应力，$\sigma_{FP}=0.5\sigma_{FE} = \sigma_{Flim}=400\text{N/mm}^2$。

因此有

$$m \geqslant 12.6\times\sqrt[3]{\frac{2\times782\times4.35}{0.6\times19^2\times400}} \approx 5.4\text{mm} \tag{7-33}$$

考虑到齿轮是雷达天线座系统传动设备关键件，需要较高的安全系数和优选第一模数系列，取俯仰齿轮模数为 8mm。

3）传动链设计参数

由以上计算校核可确定俯仰传动链设计参数，见表 7-4。

表 7-4　俯仰传动链设计参数

速　比		模　数	驱动齿轮齿数	从动齿轮齿数
$i_{减}$	120	—	—	—
$i_{末}$	5.26	8mm	19	100
$i_{总}$		631		

3．俯仰测角装置设计

采用与方位测角同样的方式，即精、粗通道组合测角形式，可以满足20″的测角精度要求，在此不再赘述。

4．安全保护装置设计

为保证设备和人员安全，传动控制系统设置了限速保护、俯仰限位装置（软限位和硬限位）、缓冲器和俯仰锁定装置，下面详细阐述各项保护措施。

1）限速保护设计

根据天线俯仰-2°～+90°的工作范围，在俯仰向上（下）转动到+80°和+8°时，根据角度、速度和加速度的关系，限制俯仰继续向上（下）转动的速度。

2）限位装置设计

俯仰极限角度保护设置二级限位开关：软限位和硬限位。

（1）软限位：通过伺服控制软件设置限位角度-3°和+91°，当天线俯仰运行到限位角度（-3°或+91°）时，控制天线停止转动，不能继续向原方向运行，只能向相反方向运行，回到正常工作角度范围内。

（2）硬限位：通过设置限位微动开关或非接触式接近开关，即在俯仰-4°和+92°位置设置两道接近开关，一旦检测到开关信号，即切断伺服驱动器主回路电源，并控制制动器紧急制动。

（3）缓冲器选型与复核

天线俯仰最大运动范围为-2°～+90°，为了保护和避免天线运动到工作范围以外而受损，在俯仰两个极限位置各设置一个机械缓冲装置，缓冲范围：-5°～-10°（下限）；+93°～+98°（上限）。缓冲器采用重型液压缓冲器。缓冲挡块安装于天线骨架上，用于吸收电动机断电后天线的转动动能。

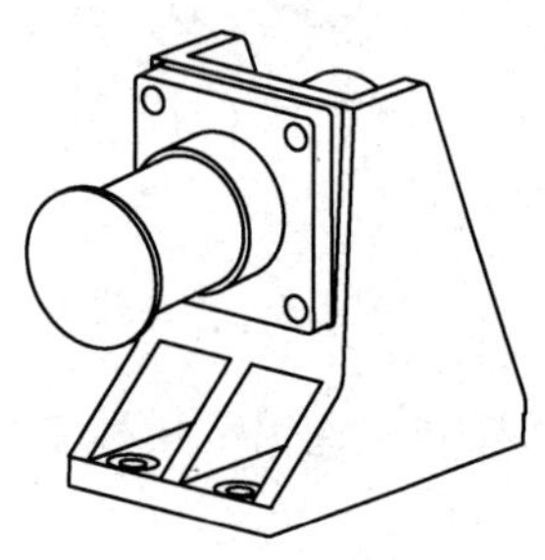
图7-25　缓冲器结构

缓冲器结构如图7-25所示。

缓冲器是根据以下最坏条件设计的：

- 天线转动角速度最大；
- 电动机仍在工作；
- 缓冲器应能同时吸收系统动能、电动机做功二者之和。

系统动能为

$$E_{\mathrm{K}} = 0.5 \times J_3 \times \omega_{\text{俯仰}}^2 = 0.5 \times 32000 \times 0.262^2 \approx 1098\mathrm{J} \tag{7-34}$$

电动机做功为

$$E_{\mathrm{m}} = F_{\mathrm{D}} S = \frac{T}{R_{\mathrm{S}}} S = \frac{12624}{2.8} \times 0.2 \approx 901.7\mathrm{J} \tag{7-35}$$

式中，T为俯仰驱动总转矩，为俯仰电动机驱动转矩与俯仰总速比的乘积，$T = T_{\mathrm{d}} \times i \times 2 = 1200 \times 5.26 \times 2 = 12624\mathrm{N \cdot m}$；$S$为缓冲行程，$S$=0.2m；$R_{\mathrm{S}}$是缓冲器安装位置与俯仰轴线的距离，$R_{\mathrm{S}}$=2.8m。

总能量为

$$E_{\mathrm{T}} = E_{\mathrm{K}} + E_{\mathrm{m}} = 1098 + 901.7 \approx 1999.7\mathrm{J} \tag{7-36}$$

最大冲击力为

$$F_{\mathrm{p}}=\frac{E_{\mathrm{T}}}{\eta S}=\frac{1999.7}{0.85\times0.2}\approx11763\mathrm{N} \tag{7-37}$$

式中，η 为缓冲器效率，取 0.85。

根据以上计算，选用安力定公司的重型缓冲器 HD1.5×8（2 个），单个缓冲器每次能吸收的最大能量为 11900J，安全系数为 5.9；单个缓冲器最大冲击力为 70000N，安全系数为 5.95。

7.7 综合交连设计

参照 3.3.1 节，综合交连设计主要从方位水铰链、俯仰水铰链和方位汇流环等几个方面进行详细介绍。

7.7.1 方位水铰链设计

1. 功能及组成

方位水铰链是为雷达冷却系统提供冷却液循环的旋转关节，由于需要长时间运行，一般采用机械动密封形式，具有高可靠和免维护特性。机械密封水铰链主要由结构件、密封组件和辅助密封三部分组成。

2. 结构及布局

根据任务需求，方位水铰链可以采用柱式或盘式布局。无论采用哪种形式的机械密封，设计方法都是相同的。本项目以内装柱式水铰链为例，介绍设计过程。在结构布局上采取进、回水一体化设计，减小体积；使用最少的机械密封级数，在提高机械密封可靠性的同时，增大通流面积，降低系统功耗和制造成本。冷却液流向图如图 7-26 所示。

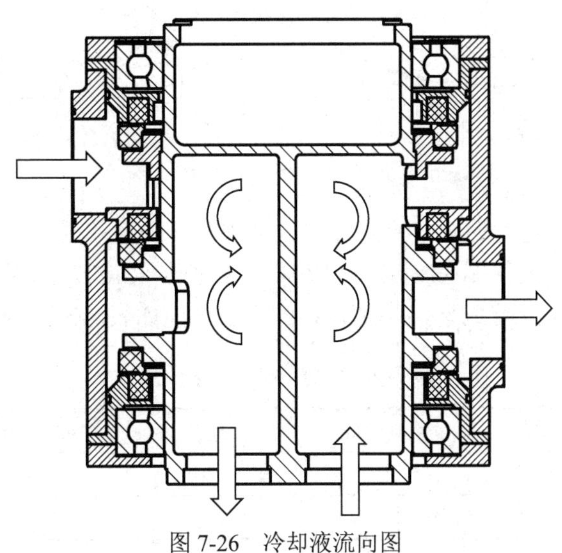

图 7-26　冷却液流向图

水铰链通过三级机械密封形成两个相对独立的进、回水腔体，在工作状态下，进水腔承受的工作压力约为0.8MPa；回水腔承受的压力为0.05～0.15MPa，两者存在压差。冷却系统存在一定的背压对系统的稳定运行和保证正常的充液量有着重要的意义。

3．分析设计

1）结构件设计

水铰链中使用的介质一般为乙二醇水溶液，具有较强的腐蚀性，因此，结构件选用不锈钢材质，采用不锈钢弹簧作为补偿元件。

2）密封组件设计

密封组件设计是机械密封设计的核心，包括配对材料选择、端面比压设计、阻尼补偿设计。机械密封结构如图 7-27 所示。密封副按外形分为宽环和窄环，在水铰链中一般将窄环设置为具有浮动补偿功能的浮动环，即将补偿弹簧放置在窄环下方；宽环为固定环。密封环外形如图 7-28 所示。

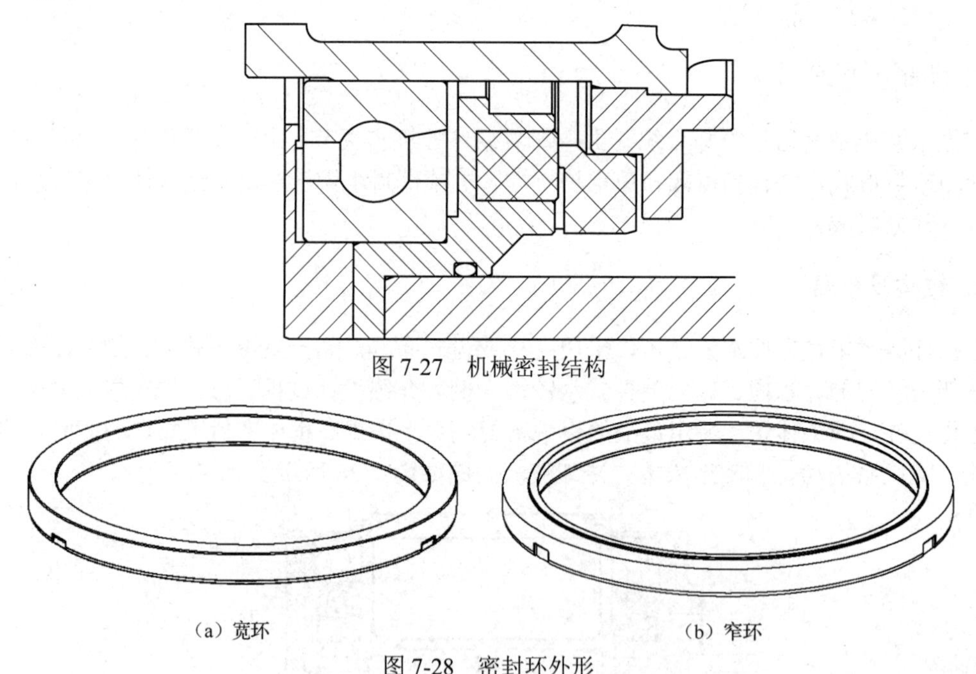

图 7-27　机械密封结构

（a）宽环　　（b）窄环

图 7-28　密封环外形

（1）配对材料选择。配对的两个密封环材料必须存在硬度差异，设计上宽环的硬度高于窄环的硬度。其中宽环采用碳化硼（B_4C），窄环采用碳化硅（SiC）。为保证密封副运行可靠，两个密封环均采用热压烧结工艺成型，两种材料的力学性能如表 7-5 所示。

表 7-5　密封副材料力学性能

材 料 牌 号	密度/（g/cm^3）	抗弯强度/MPa	抗压强度/MPa	硬度/HV0.5	热导率/[W/（m·K）]
SiC	≥3.15	550	2200	2500	120
B_4C	2.52	556	2900	2800	26

（2）端面比压设计。端面比压越大密封效果越好，但其磨损会越大，影响使用寿命。根据水铰链低压低转速的特殊工况，端面比压一般选择 0.5MPa；也可根据实际工况在表 7-6 中选取。

表 7-6　机械密封端面压力、弹簧压力和载荷系数推荐值

密封类型		端面比压 p_b/MPa	弹簧比压 p_s/MPa	载荷系数 K
内流式	非平衡式	0.3～0.6	0.08～0.3	1.15～1.30
	平衡式	0.3～0.6	0.08～0.3	0.55～0.85
外流式	非平衡式	0.3～0.5	0.1～0.3	1.20～1.30
	平衡式	0.3～0.5	0.1～0.3	0.65～0.80
	过平衡式	0.2～0.4		-0.35～-0.15

根据选择的端面比压应用以下公式计算窄环的基本结构尺寸，即确定 d_0（平衡直径）、D_1（密封环接触端面内径）、D_2（密封环接触端面外径）尺寸。

机械密封的端面比压 p_b 为

$$p_b = (K - \lambda) \cdot P_L + p_s \tag{7-38}$$

式中　P_L——液体介质压力（MPa）；

p_s——弹簧比压，一般选择 0.3MPa；

K——载荷系数，是载荷面积与接触面积的比值，$K = \dfrac{D_2^2 - d_0^2}{D_2^2 - D_1^2}$（内装式）或 $K = \dfrac{d_0^2 - D_2^2}{D_2^2 - D_1^2}$（外装式）；

λ——反压系数，与液体黏度及密封结构形式有关，$\lambda = \dfrac{2D_2 + D_1}{3(D_2 + D_1)}$。

（3）阻尼补偿设计。为解决陶瓷材料的抗振动冲击问题，本项目对陶瓷密封环的镶嵌结构进行优化设计，采用胶垫+弹簧组合结构实现补偿和阻尼复合功能。

3）辅助密封设计

机械密封中辅助密封用的 O 形密封圈要选用耐高、低温和乙二醇水溶液的特种橡胶材料制作，一般选择三元乙丙橡胶。密封圈压缩量是一个重要的设计指标，根据设计手册推荐的 O 形密封圈压缩量对于辅助密封圈来说并不合适，适当减小压缩率有利于减少辅助密封圈的磨损，一般选取 15%。根据 3.3.1 节的选用原则，考虑到水铰链转动速度慢，产生的磨损较小，故密封圈截面直径选用 ϕ7mm。

7.7.2　俯仰水铰链设计

1．功能及组成

俯仰水铰链为阵面提供冷却液循环的旋转关节，回转次数较少，空间尺寸小，要求寿命期内“零”泄漏，因此一般选用柔性动密封形式。它主要由结构件和密封组件两部分组成。

2．结构及布局

根据使用需求，俯仰水铰链可选用单通道或多通道水铰链。本项目以采用柔性二级密封结

构布局的单通道为例，阐述其设计过程。

3. 分析设计

1）结构件设计

俯仰水铰链结构件要求与方位水铰链相同，一般选用不锈钢材质。

2）密封组件设计

为解决与柔性动密封组件接触的密封表面硬度、粗糙度匹配问题，在俯仰水铰链内环密封表面喷涂陶瓷，通过研磨，使得表面粗糙度 Ra 达到 0.2μm，满足柔性动密封的硬度和表面粗糙度要求。采用这种特殊的表面耐磨涂层和组合密封设计，实现俯仰水铰链“零”泄漏要求。

3）密封圈设计

俯仰水铰链中的密封圈可参考方位水铰链中的辅助密封进行设计。

7.7.3 方位汇流环设计

1. 功能及组成

方位汇流环主要负责雷达方位转动部分与固定部分的电气连接，根据需求，汇流环主要由功率环、信号环、中频环三部分组成。

2. 结构及布局

根据产品任务需求，方位汇流环需传输大功率电能、弱电控制、中频等多种信号，且电能功率达到 500kW，同时，需要具备光纤传输能力，因此采用柱式结构较为合适。方位汇流环整体采用套装结构，将光纤环套装在电环的中心孔内，如图 7-29 所示。

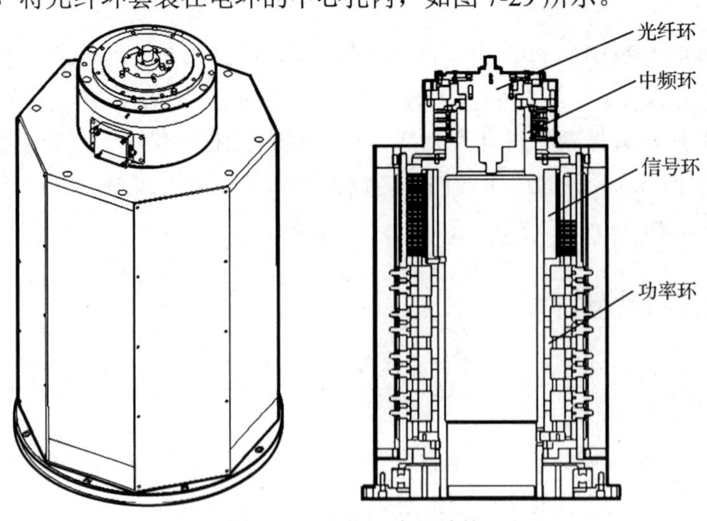

图 7-29　方位汇流环结构

方位汇流环套装结构的转动关系为：方位汇流环外壳为转动部分，通过下端的安装法兰与转台连接；方位汇流环的轴为固定端，通过键槽与底座连接；内部的光纤环外壳通过法兰与外面的汇流环轴相连，固定不动，输出光纤向下引出；光纤环的转动部分由与外面汇流环外壳相连的拨叉带动旋转。

3．分析设计

1）功率环

针对功率环的技术指标要求，要传递的总功率为 500kW，即每环电流约为 760A。由于单环传输电流较大，因此电刷可选用叉臂式电刷，该类型电刷采用银石墨作为触点，单组电刷可传输电流较大，适用于大电流电能信号的传输。

设计中选用了单个可传输 30A 的电刷，采用圆周及轴向同时均匀分布的结构，每环共采用 16 组电刷、32 个银石墨触点并联工作。根据导电环直径及式（3-53），可计算出叉臂电刷预设转角。

由于功率环传输的是 380V 交流电能信号，因此各环道间电压较高，需要充分考虑绝缘性能，需选择绝缘性能优良的材料作为各导电环间，以及导电环与内轴间的绝缘隔离。

2）中频环

该类型汇流环还需传输中频信号，中频环主体部分的设计采用典型结构，各环在轴向依次叠加，相邻环之间采用屏蔽环及屏蔽地刷互连后相互隔离。

屏蔽地刷采用图 3-99（c）所示的柱塞式电刷，根据式（3-54）计算弹簧预设压缩量。电刷与壳体直接相连，信号电刷采用图 3-99（b）所示的合金丝材叉臂式电刷，根据导电环直径及式（3-53）计算出电刷预设转角。

3）导电环

由于传输的是低电压、小电流的弱电信号，对导电环载流及导电环之间的绝缘性能要求相对较低，因此导电环宽度及绝缘距离可尽量小，以减小汇流环轴向尺寸。

电刷采用图 3-99（b）所示的合金丝材叉臂式电刷，同样根据导电环直径及式（3-53），可计算出电刷预设转角。

导电环由于宽度较小，为提高电刷与导电环的接触稳定性，导电环端面采用 V 形结构，电刷位于 V 形槽中间，可保证在振动等工况下电刷不至于偏离导电环道。

7.8　系统刚/强度仿真分析与精度校核

系统刚/强度仿真分析主要针对使用环境及载荷条件下，天线座系统的结构刚/强度和结构谐振频率进行分析，校核结构的安全性，并将计算获得的结构变形量和谐振频率用于天线座轴系精度计算及伺服系统谐振校核。

主要工况及分析方法如下。

（1）保精度工作工况结构静态刚/强度分析。对保精度工作工况各个典型角度下结构的刚/强度进行分析。采用静力学分析方法，获得各个俯仰角度下的天线座变形及应力数据，对结构的刚/强度进行校核。

（2）不破坏工况结构刚/强度分析。对不破坏工况下（一般阵面转至 90°，以减小迎风面积和风载）结构的刚/强度进行分析。采用静力学分析方法，获得天线座变形及应力数据，对结构的刚/强度进行校核。

（3）结构谐振频率分析。对天线座系统的自振频率进行分析，采用模态分析方法，获得天线座系统的振动频率及振型，一般取前六阶非刚体频率。

本案例中天线、天线座结构在系统建模时主要做了以下简化：底座、轴承座等壁厚的结构件采用实体单元建模；转台、支臂等薄壁板焊件采用板壳单元建模，零件间的焊接采用节点重合，整合为一个零件的方式处理；方位轴承内、外圈均采用实体单元与转台和底座一体化建模，滚动体通过刚性单元和转动铰相结合处理；俯仰固定端和活动端轴承均采用节点耦合的方式处理，固定端耦合全部自由度，活动端释放轴向滑动自由度；非关键部位的螺孔、铆钉孔、塞焊孔均忽略。

天线、天线座系统有限元模型如图 7-30 所示。

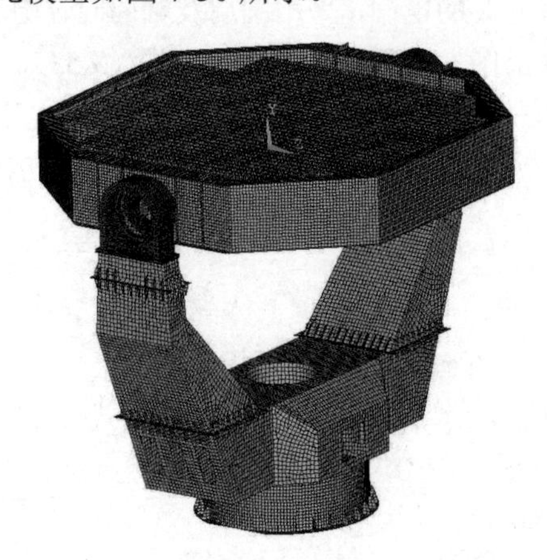

图 7-30　天线、天线座系统有限元模型

天线、天线座系统中共用三种不同材料，材料参数如表 7-7 所示。

表 7-7　材料参数

材　料	弹性模量/GPa	泊　松　比	密度/（kg/m^3）
Q345	210	0.3	7800
9Cr18	210	0.3	7800
5A05	70	0.35	2800

7.8.1　刚/强度仿真分析与校核

1．保精度工作工况天线座结构刚/强度仿真

天线、天线座系统的受力工况如表 7-8 所示。

表 7-8　受力工况

工　况	边 界 条 件
1	天线俯仰角 0°、自重+风负载（风速 20.8m/s）
2	天线俯仰角 30°、自重+风负载（风速 20.8m/s）
3	天线俯仰角 90°、自重+风负载（风速 20.8m/s）

（1）天线俯仰角 0°、风速 20.8m/s 条件下的结构刚/强度分析。天线俯仰角 0° 时的变形应力云图如图 7-31 所示。

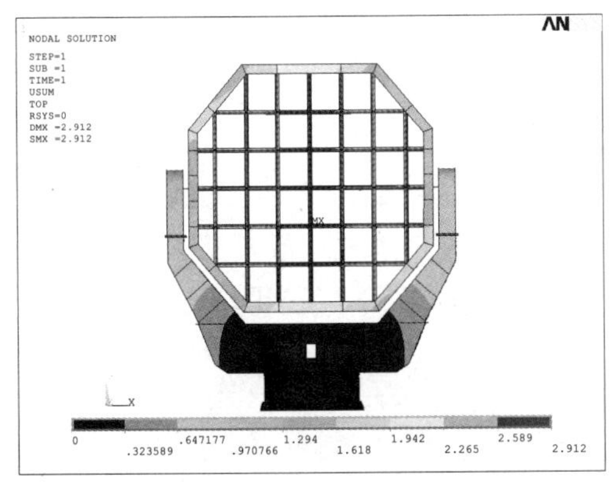

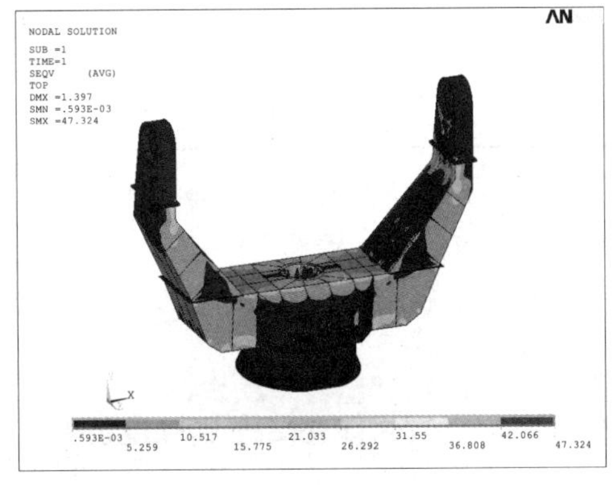

图 7-31 天线俯仰角 0° 时的变形应力云图

（2）天线俯仰角 30°、风速 20.8m/s 条件下的结构刚/强度分析。天线俯仰角 30° 时的变形应力云图如图 7-32 所示。

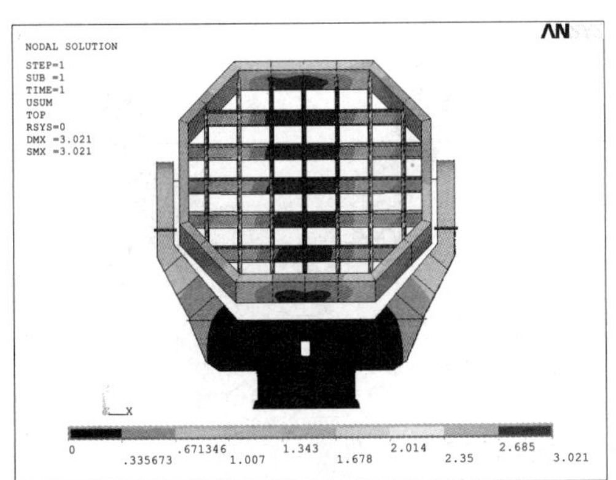

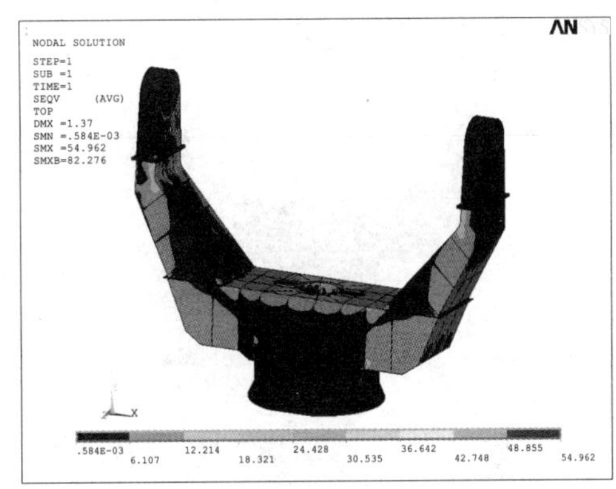

图 7-32 天线俯仰角 30° 时的变形应力云图

（3）天线俯仰角 90°、风速 20.8m/s 条件下的结构刚/强度分析。天线俯仰角 90° 时的变形应力云图如图 7-33 所示。

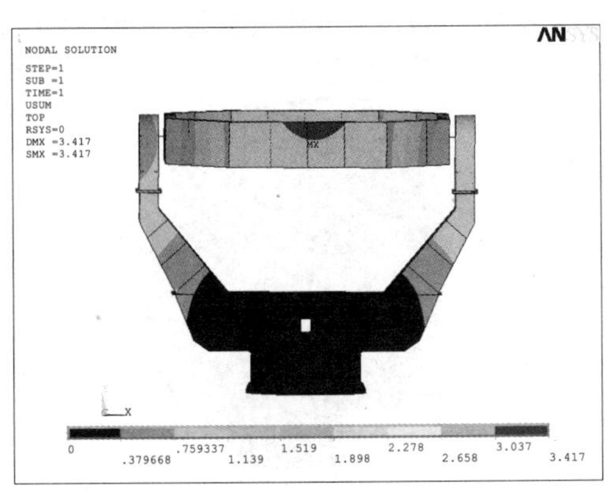

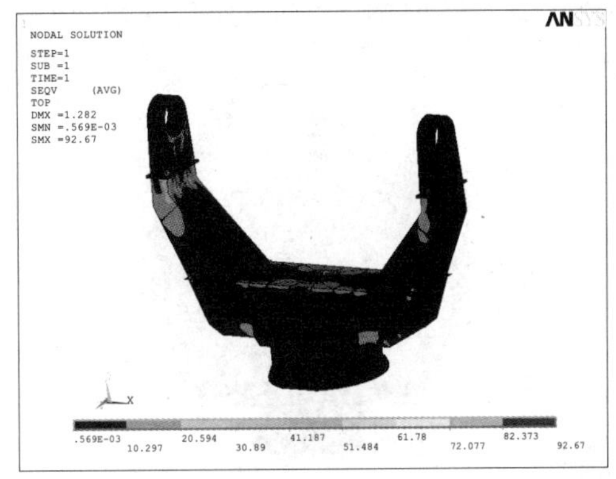

图 7-33 天线俯仰角 90° 时的变形应力云图

分析结果如表 7-9 所示。

表 7-9　分析结果

工　况	最大位移/mm	发 生 位 置	最大应力/MPa	发 生 位 置
1	2.912	天线骨架中部	47.324	支臂
2	3.021	天线骨架中部	54.962	支臂
3	3.417	天线骨架中部	92.67	支臂

由以上结果可以看出，天线座中应力、最大应力发生的位置和变形分布情况基本一致，只是在数量上有些差距。从表 7-9 中可以看到，随着俯仰角度的增大，最大位移与最大应力均增大，最大应力出现在俯仰角 90° 时，天线座上的最大应力值为 92.67MPa，小于 Q345 钢板的强度使用要求。

2．不破坏工况天线座结构刚/强度仿真

天线俯仰角 90°、风速 32.7m/s 条件下的结构刚/强度分析结果如图 7-34 所示，天线座上的最大应力值约为 117.7MPa，小于 Q345 钢板的强度使用要求，满足安全性设计规范。

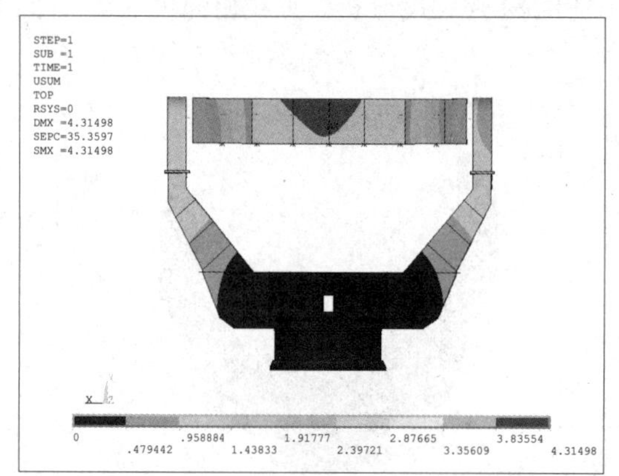

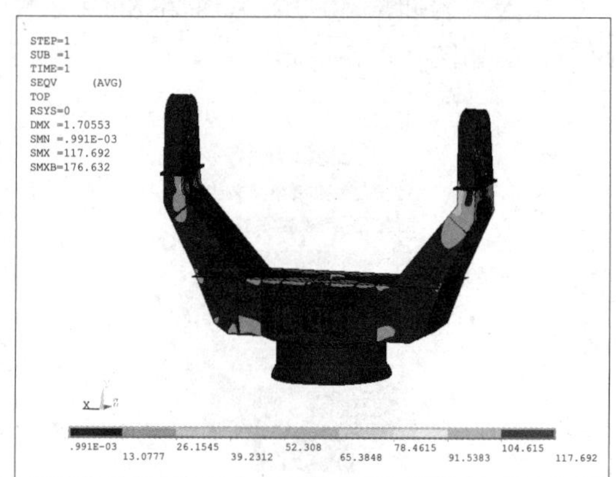

图 7-34　天线俯仰角 90° 时的变形应力云图

7.8.2　结构谐振频率分析

对天线、天线座系统进行扭转谐振频率仿真计算。不同方位、俯仰扭转谐振频率及振型如图 7-35～图 7-37 所示，天线座结构的最低谐振频率为 7.22Hz，满足伺服分解的谐振指标要求。

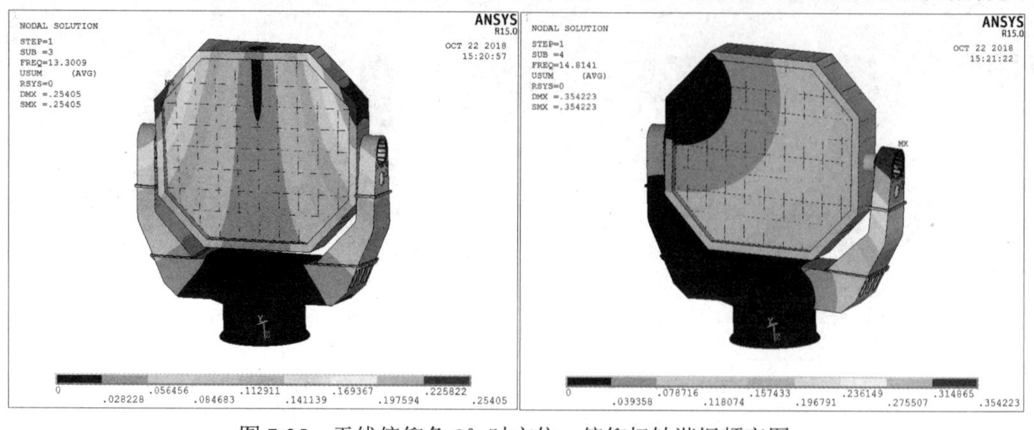

图 7-35　天线俯仰角 0° 时方位、俯仰扭转谐振频率图

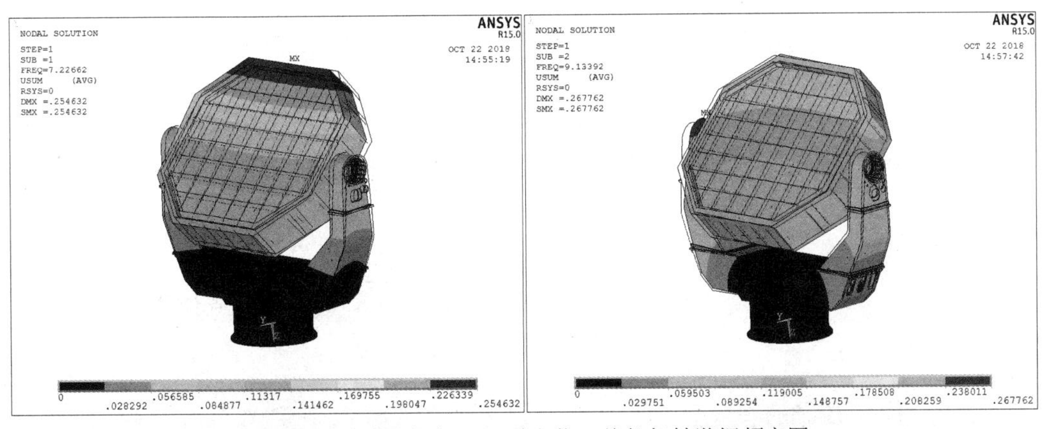

图 7-36　天线俯仰角 30°时方位、俯仰扭转谐振频率图

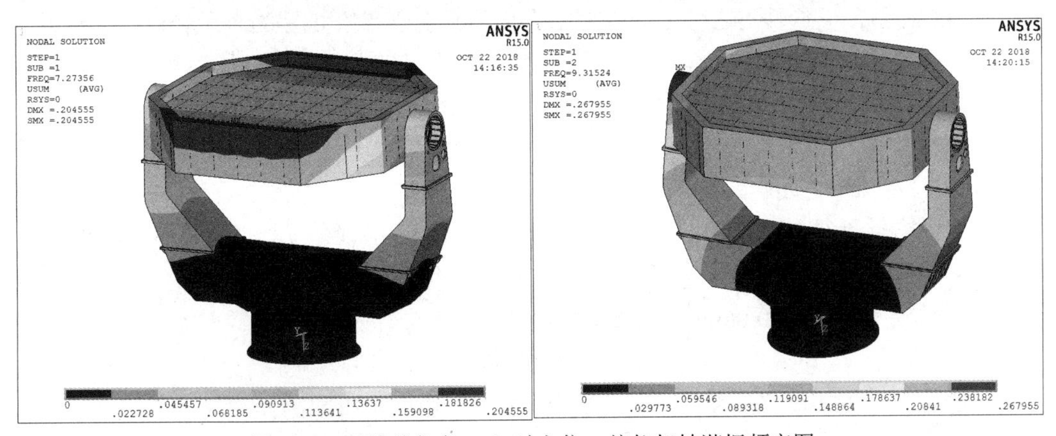

图 7-37　天线俯仰角 90°时方位、俯仰扭转谐振频率图

7.8.3　轴系精度分析与校核

1. 方位轴与大地的垂直度

参照 3.2.7 节，方位轴与大地的垂直度影响因素主要有轴承内/外圈平面度、轴承内/外圈安装件平面度、轴承内圈轴向跳动、方位水平调整误差、转台受力变形误差等。

（1）轴承内圈平面度为 0.05mm，由此项引起的误差 $\delta_{方位1}$ 为

$$\delta_{方位1} = \arctan(0.05/L_1) \approx 5.6'' \tag{7-39}$$

式中，L_1 为方位轴承滚道直径，L_1=1840mm。

（2）轴承外圈平面度为 0.05mm，由此项引起的误差 $\delta_{方位2}$ 为

$$\delta_{方位2} = \arctan(0.05/L_1) \approx 5.6'' \tag{7-40}$$

（3）轴承内圈安装件（转台）平面度为 0.05mm，由此项引起的误差 $\delta_{方位3}$ 为

$$\delta_{方位3} = \arctan(0.05/L_1) \approx 5.6'' \tag{7-41}$$

（4）轴承外圈安装件（底座）平面度为 0.05mm，由此项引起的误差 $\delta_{方位4}$ 为

$$\delta_{方位4} = \arctan(0.05/L_1) \approx 5.6'' \tag{7-42}$$

（5）轴承内圈轴向跳动为 0.08mm，由此项引起的误差 $\delta_{方位5}$ 为

$$\delta_{方位5} = \arctan(0.08/L_1) \approx 9'' \tag{7-43}$$

（6）方位水平调整误差为 0.05mm，由此项引起的误差 $\delta_{方位6}$ 为

$$\delta_{方位6} = \arctan(0.05/L_1) \approx 5.6'' \tag{7-44}$$

（7）根据仿真结果，天线座变形引起的方位轴歪斜量误差 $\delta_{方位7}$ 为

$$\delta_{方位7} = 9.6'' \tag{7-45}$$

方位轴与大地的垂直度 $\delta_{方位}$ 为

$$\delta_{方位} = \sqrt{\delta_{方位1}^2 + \delta_{方位2}^2 + \delta_{方位3}^2 + \delta_{方位4}^2 + \delta_{方位5}^2 + \delta_{方位6}^2 + \delta_{方位7}^2} \approx 18.4'' \tag{7-46}$$

满足 20″的精度要求。

2．俯仰轴与方位轴的垂直度

参照 3.2.7 节，俯仰轴与方位轴的垂直度影响因素主要有俯仰左/右轴承径向跳动误差、左/右支臂不等高、转台与方位轴承安装面的平行度、天线座受力变形及方位轴与大地的垂直度。

（1）俯仰左轴承径向跳动误差为 0.05mm，由此项引起的误差 $\delta_{俯仰1}$ 为

$$\delta_{俯仰1} = \arctan(0.05/L_2) \approx 1.7'' \tag{7-47}$$

式中，L_2 为左/右轴承之间的跨距，L_2=6000mm。

（2）俯仰右轴承径向跳动误差为 0.05mm，由此项引起的误差 $\delta_{俯仰2}$ 为

$$\delta_{俯仰2} = \arctan(0.05/L_2) \approx 1.7'' \tag{7-48}$$

（3）左/右支臂不等高 0.06mm，由此项引起的误差 $\delta_{俯仰3}$ 为

$$\delta_{俯仰3} = \arctan(0.06/L_2) \approx 2.1'' \tag{7-49}$$

（4）转台与方位轴承安装面的平行度为 0.05mm，由此项引起的误差 $\delta_{俯仰4}$ 为

$$\delta_{俯仰4} = \arctan(0.05/d) \approx 5.5'' \tag{7-50}$$

式中，d 为方位轴承安装面直径，d=1860mm。

（5）根据仿真结果，天线座变形引起的俯仰轴倾斜量误差 $\delta_{俯仰5}$ 为

$$\delta_{俯仰5} = 4.8'' \tag{7-51}$$

俯仰轴与方位轴的垂直度误差 $\delta_{俯仰}$ 为

$$\delta_{俯仰} = \sqrt{\delta_{俯仰1}^2 + \delta_{俯仰2}^2 + \delta_{俯仰3}^2 + \delta_{俯仰4}^2 + \delta_{俯仰5}^2 + \delta_{方位}^2} \approx 20.1'' \tag{7-52}$$

满足 25″ 的精度要求。

Chapter 8

第8章 电子设备电液传动控制系统设计案例

【概要】

本章针对大型雷达快速自动架撤及满足公路、铁路、空运运输界限等技术难题，以某典型产品电液传动控制系统设计为例，从系统需求入手，结合雷达总体布局及机动性要求，介绍系统的功能组成及工作原理。在此基础上，从伺服控制系统设计、架撤机构设计、运动载荷分析、主要器件选型、关键指标计算、机电液系统联合仿真及测试等方面详细阐述电液传动控制系统的设计流程及方法，为同类电子设备传动控制系统的研制提供参考。

8.1 概述

某典型的高机动车载雷达传动控制系统布置示意图如图8-1所示，天线阵面口径为7m×

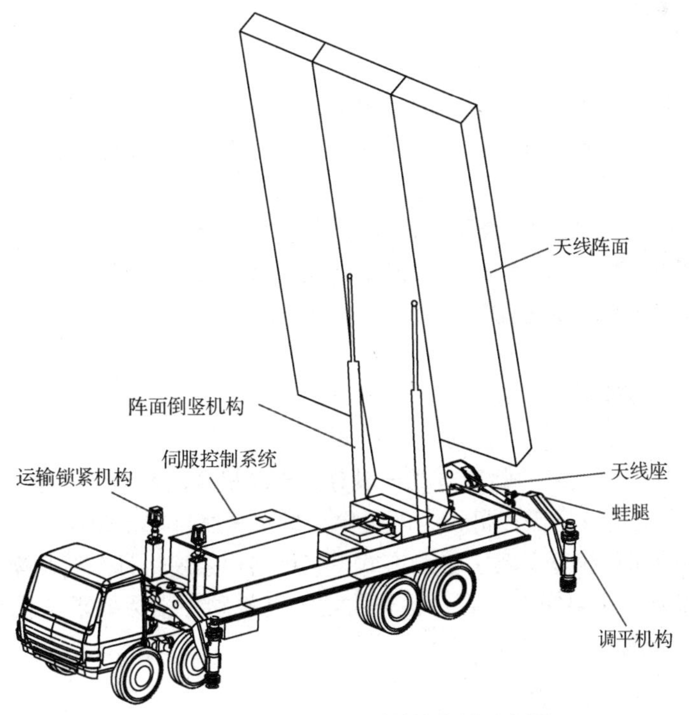

图8-1 某雷达传动控制系统布置示意图

6.5m×0.5m（长×宽×厚），重 12t，通过倒竖机构支承在天线座上；雷达整车重 40t，通过调平系统支承于地面上。传动控制系统主要由伺服控制系统和包含阵面倒竖、调平等在内的架撤机构两部分组成，主要功能是在伺服控制下，通过调平、阵面倒竖、边块展收及锁定等架撤机构，实现雷达的自动化快速架设和撤收，满足装备的机动性和公路、铁路、空运运输界限要求。

8.2 需求分析

8.2.1 功能与指标要求

1. 主要功能要求

电液传动控制系统主要完成雷达载车的自动调平、天线阵面 70° 倒竖、天线边块 90° 折叠等动作，具备阵面架撤到位后状态保持等功能，保证载车平台具备长期水平稳定及抗倾覆能力，实现雷达运输状态和工作状态的快速转换。

2. 主要指标要求

1）技术指标

（1）自动调平：单元质量≤40t，调平精度≤4′，调平时间≤4min。

（2）天线展收：口径为 7000mm×6500mm，平面度精度（RMS）≤3mm，展收时间≤6min。

（3）雷达整机：自动架撤时间≤10min。

2）环境条件

（1）高低温工作：-40～+60℃，完成雷达运输状态与工作状态的快速转换及精度保持。

（2）高低温储存：-50～+70℃，恢复常温后，可完成雷达运输状态与工作状态的快速转换及精度保持。

（3）振动冲击：按 GJB150A 公路运输环境试验方法，试验过程中及结束后，状态无变化。

（4）风载荷：风速≤22m/s 时正常工作，22m/s<风速≤28m/s 时降精度工作，28m/s<风速≤ 35m/s 时停机不损坏，风速>35m/s 时提前撤收天线，可生存。

8.2.2 驱动方式选型

雷达等电子设备架撤系统的驱动方式一般分为电动机驱动和液压驱动两种，参考 3.2 节和 4.5 节所述，考虑电动机驱动需在机构上配置电动机及减速机，系统功率密度比偏低，且空间尺寸需求较大，而液压系统基于集中供油方式，整体结构紧凑，且系统功率密度比较高，适合空间限制严苛和需要快速架撤的场合。根据雷达的高机动性指标要求及机构布局尺寸受限问题，本系统选取液压驱动。

8.3 系统组成及工作原理

8.3.1 系统组成

如图 8-2 所示，某雷达电液传动控制系统主要包括伺服控制系统和液压架撤机构两部分，其中伺服控制系统主要由主控显示模块、阀控模块、继电控制模块、信号采集模块及传感器等组成；液压架撤机构主要由调平机构、阵面倒竖机构、边块展收机构、锁紧机构和液压系统等组成。

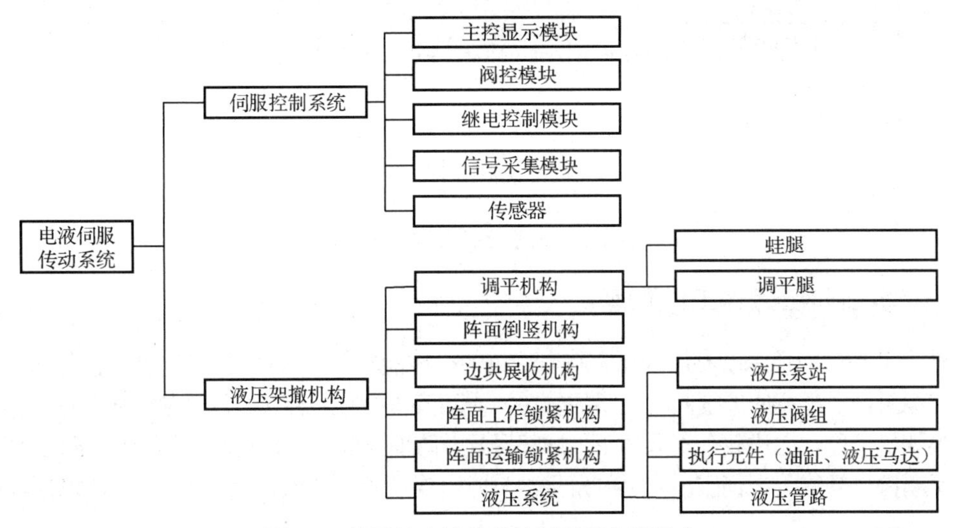

图 8-2　某雷达电液传动控制系统主要组成

8.3.2 工作原理

1．伺服控制系统工作原理

雷达伺服控制系统设计过去大多采用集中控制的方式。随着伺服控制系统功能的增多、自动化程度的提高，系统需要更多的传感器、状态监测点和驱动控制装置。集中控制方式的缺点越来越明显，主要体现在：不易实现标准化设计；布线复杂；采用单计算机工作模式，难以实现系统对智能化越来越高的要求。

采用基于 CAN 总线的分布式控制可有效避免上述缺点。在被控或信号采集对象附近设置远程智能模块，就近采集和完成相应控制功能。由于每个模块内置微处理器，可以完成较为复杂的机内测试功能，所有控制和机内测试信息都通过总线传递。布线大大减少，而且也有利于现场可更换单元的定位和快速更换。另外，可以通过扩展相应智能节点不断扩充功能，充分利用成熟可靠的资源，避免重复设计。

伺服控制系统采用基于 CAN 总线的分布式、模块化设计，按功能划分主要包括伺服主控模块、阀控模块、继电控制模块、信号采集模块及传感器等。伺服控制系统工作原理如图 8-3 所示。

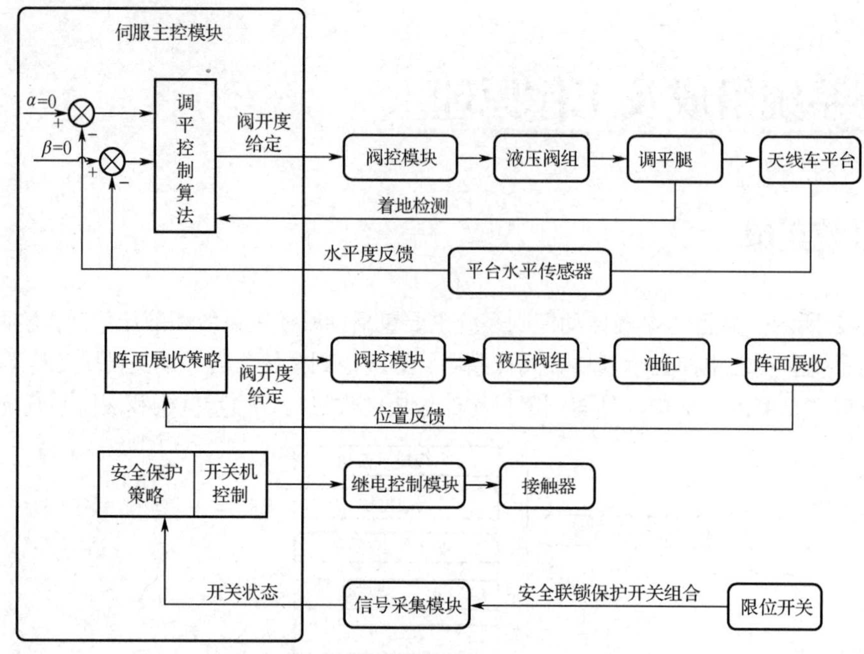

图 8-3　伺服控制系统工作原理

2. 传动控制液压系统工作原理

雷达传动控制液压系统利用液压泵将电动机的机械能转换为流体压力能，通过流体压力能的变化来传递能量，经过相应控制阀和管路的传递，借助液压执行元件（液压缸或液压马达）把流体压力能转换为机械能，完成载车平台调平、蛙腿展收、阵面倒竖、边块展收及锁定等动作。所有动作需具备手动操作功能，在伺服控制系统发生故障时可实现手动架撤，系统工作原理如图 8-4 所示。

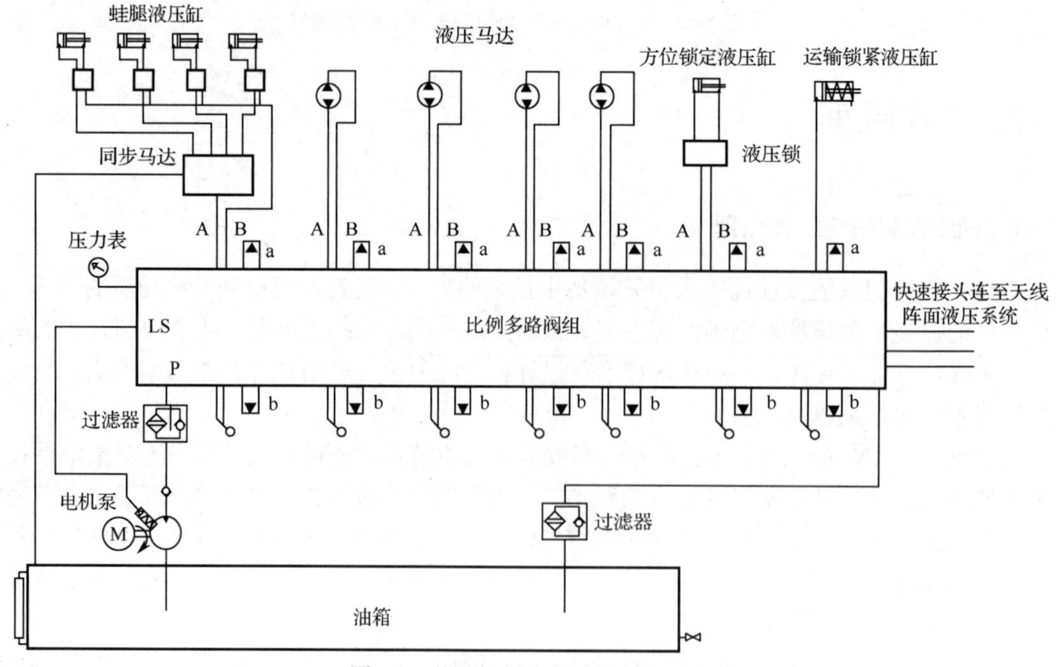

图 8-4　传动控制液压系统工作原理

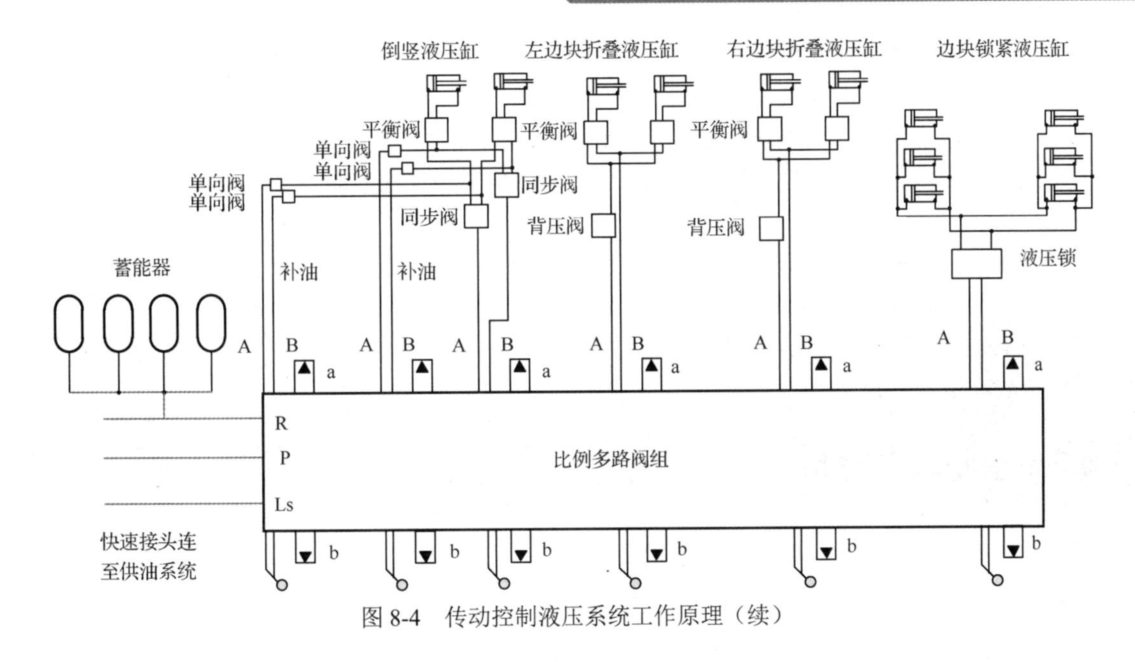

图 8-4 传动控制液压系统工作原理（续）

8.4 伺服控制系统设计

8.4.1 液压控制系统设计

液压控制系统采用 2.5.1 节中介绍的基于 CAN 现场总线的分布式模块化设计，按功能划分主要包括主控显示模块、阀控模块、继电控制模块、信号采集模块及传感器等，液压控制系统框图如图 8-5 所示。

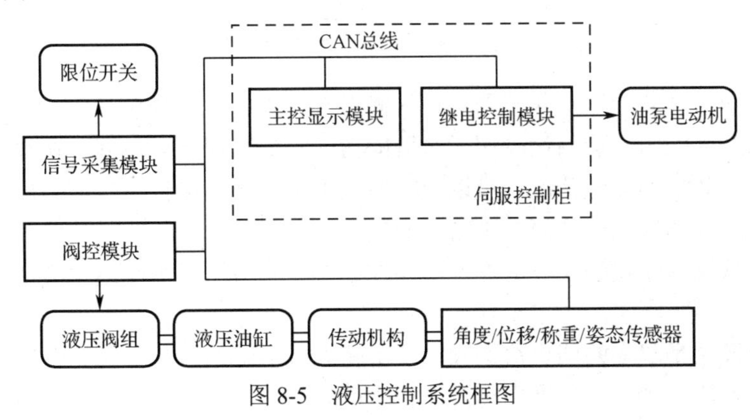

图 8-5 液压控制系统框图

各模块主要功能如下。

（1）主控显示模块以 MCU 为主控制器，具有控制信号输入、人机操作、参数显示和设置功能，是伺服系统控制核心模块。

（2）阀控模块以 MCU 为主控制器，具有开关阀、比例阀控制功能，用于实现对液压流量的动态控制，以获得平稳的运行速度。

（3）角度传感器具有角度测量功能，用于辅助位置闭环反馈。

（4）位移传感器具有位移测量功能，用于位置闭环反馈。

（5）称重传感器具有力测量功能，用于调平腿受力闭环反馈。

（6）姿态传感器具有平台、阵面姿态测量功能，用于载车平台调平闭环反馈及阵面姿态的实时测量。

（7）继电控制模块以 MCU 为主控制器，完成油泵电动机的供电、断电控制。

（8）信号采集模块以 MCU 为主控制器，就近安装于检测点附近，完成载车平台、转台、天线及调平腿上的限位开关信号采集，并通过 CAN 总线实时传递给主控显示模块用于安全联锁保护和故障检测。

8.4.2 自动调平控制

自动调平控制回路设计以主控显示模块为控制核心，以阀控模块、液压阀组、液压调平腿等构成前向驱动通道，以水平仪、倾斜仪等姿态传感器及称重传感器等构成反馈检测通道，共同组成电液闭环控制系统，其工作原理框图如图 8-6 所示。

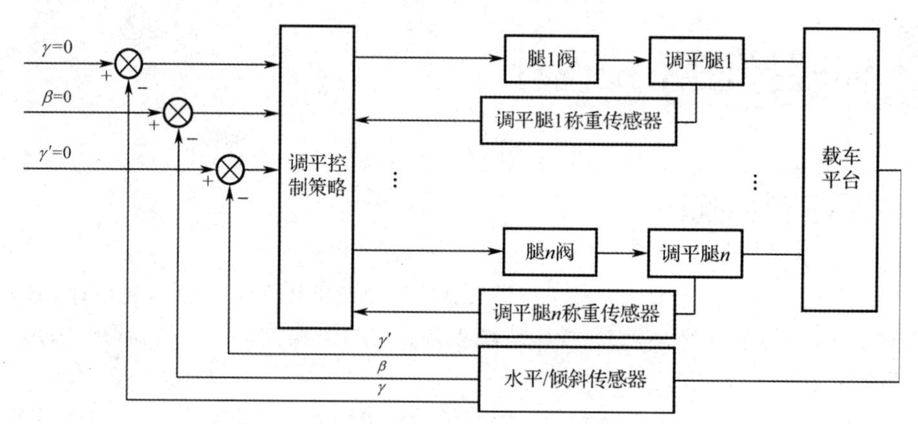

图 8-6 自动调平闭环控制工作原理框图

在每个调平腿上安装的称重传感器通过检测对应调平腿的承载质量，据此判断调平腿是否可靠着地，载荷是否均匀，从而消除调平时可能出现的虚腿现象。此外，在雷达工作过程中，通过监测调平腿承载力的变化情况，可以及时发现由于外部环境扰动（如基础沉降、风载荷）引起的虚腿、调平破坏问题，从而提高雷达的安全性。

自动调平是依据水平仪的反馈数据，由阀控模块控制液压调平腿运动实现平台水平调节，其流程如下。

（1）同时打开调平腿上的四个比例阀，四个腿同时下降，由称重传感器判断腿是否落地，已落地的腿对应的比例阀关闭，停止已落地腿的运动。

（2）四个腿都落地后，采用只升不降原则，依据水平传感器进行调平，直至满足精度要求。

（3）调平后检测是否为虚支撑，若存在虚支撑，重新调整调平腿状态直至撑实。这时如果水平仪超过调平精度范围，系统会重新进入自动调平程序，当同时满足水平度及承载要求时调平结束。

全自动调平流程如图 8-7 所示。

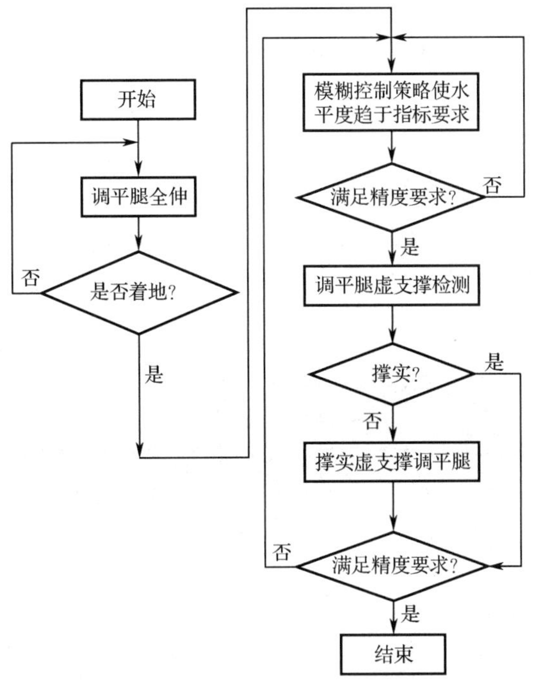

图 8-7 全自动调平流程

8.4.3 天线举升同步控制

随着阵面向大型化、轻薄化方向发展，目前开环液压系统在同步性、平稳性控制方面难以满足使用要求。由于雷达天线自身存在偏载及结构变形等影响，开环控制下驱动天线举升的左、右两个液压缸的运动位移也不相同。为提高天线举升动作的同步性能，避免阵面受扭，借鉴多电动机协同控制原理，设计了一种左、右两缸液压补油控制系统。

具体的控制方式如下：左、右液压缸的位移通过传感器检测并进行比较，若左液压缸的位移大于右液压缸的位移，则由控制器发出指令控制右补油阀工作，对右液压缸进行补油，使得两液压缸的运动同步；反之，则由控制器发出指令控制左补油阀工作，对左液压缸进行补油，使得两液压缸的运动同步，其控制原理如图 8-8 所示。

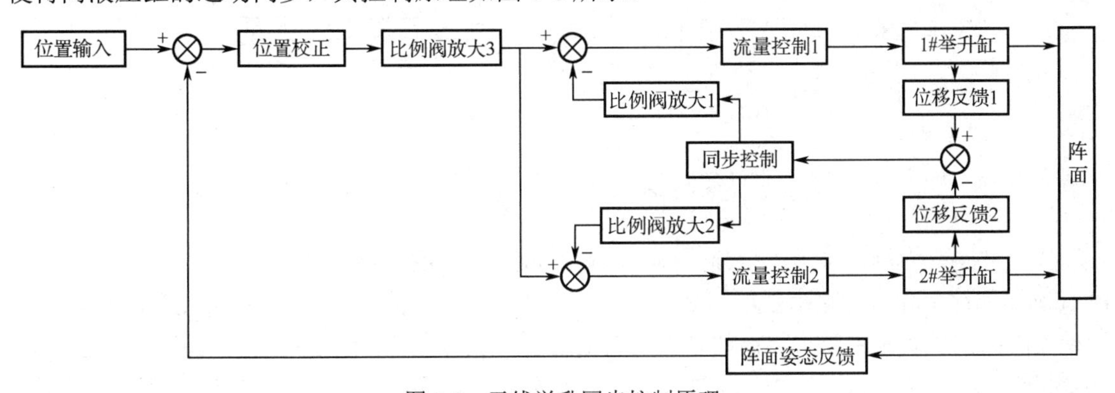

图 8-8 天线举升同步控制原理

8.4.4 天线展收平稳控制

1．前馈和积分分离反馈的液压缸位移跟踪控制

天线展收属于典型的并联比例阀控缸系统，采用 4.2.4 节中介绍的阀口压降带补偿，且具有双向调速特性的比例多路阀进行控制。此时可近似认为液压缸的速度与比例阀接收的电信号成正比，据此可设计前馈控制器输出为

$$G_{\mathrm{Cq}}=K_{\mathrm{ca}}\left[\frac{\dot{x}_{\mathrm{d}}A_{\mathrm{c}}}{Q_{\mathrm{v-max}}}(i_{\mathrm{v-max}}-i_{\mathrm{vd}})+i_{\mathrm{vd}}\right] \tag{8-1}$$

式中，A_c 为液压缸当前方向的活塞面积；K_{ca} 为上位机控制信号到放大板电流的放大系数；i_{v-max} 为比例阀最大开度需要的驱动电流；x_d 为液压缸期望位移（$\dot{x}_d$ 表示对 x_d 求导）；i_{vd} 为经过现场多次测量后取均值的放大板死区电流；Q_{v-max} 为阀口开度最大时的流量。

式（8-1）中的变量 i_{vd} 存在零漂，因此单靠前馈控制无法消除稳态误差，需要引入反馈加以纠正。为适应不同的目标位移和初始位移差，避免系统惯量大、启动响应慢导致的初始误差积分饱和，对反馈控制器的 PI 参数进行积分分离处理，设计的比例-积分分离位移反馈控制器为

$$G_{\mathrm{Cf}}=k_{\mathrm{P}}e_{\mathrm{t}}(k)+k_{\mathrm{I}}\sum_{i=1}^{k}D_{\mathrm{dt}}(e_{\mathrm{t}}(i))\cdot e_{\mathrm{t}}(i) \tag{8-2}$$

式中，k_P、k_I 为反馈控制器的 PI 参数；k 为采样序号；$D_{dt}()$为跟踪误差 e_t 的切换函数，定义为

$$D_{\mathrm{dt}}(x)=\begin{cases}0, & x>u_{\mathrm{pt}}\text{或}x<u_{\mathrm{nt}}\\1, & u_{\mathrm{nt}}\leqslant x\leqslant u_{\mathrm{pt}}\end{cases} \tag{8-3}$$

式中，u_{pt} 和 u_{nt} 分别为设定的输入上、下限。当液压缸与目标位移曲线偏差较大时，仅有比例控制对误差进行快速纠正；随着误差逐渐减小进入 $D_{dt}(x)$的限定范围，积分作用开始消除跟踪误差。通过积分分离，可有效避免初始误差较大时的积分饱和问题，从而确保使用较大的积分系数实现误差的迅速纠正。速度前馈和积分分离位移反馈的液压缸复合控制策略的控制框图如图 8-9 所示。

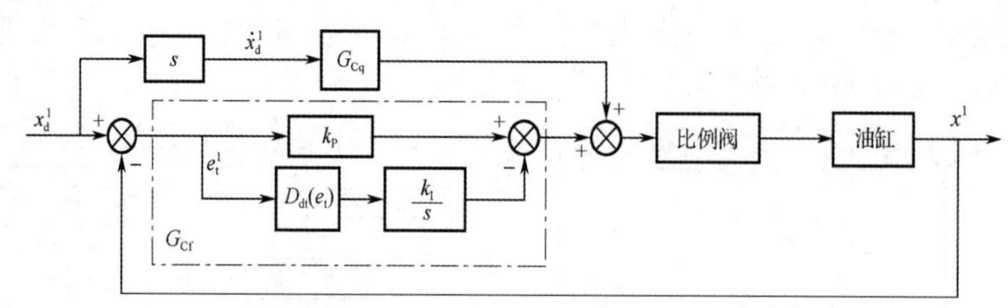

图 8-9 速度前馈和积分分离位移反馈的液压缸复合控制策略的控制框图

以斜坡跟踪为例，采用了积分分离控制后，液压缸的位移响应曲线如图 8-10（a）所示，PI 控制器的比例和积分输出量如图 8-10（b）所示。初始时系统受大惯量制约误差较大，正比于误差的比例控制量也较大，而此时的误差显然在 $D_{dt}(x)$的限定范围外，因此积分控制量并未出现累积。5s 后系统误差较小，此时的积分控制量才开始逐渐累积。在前馈和积分分离反馈的复合控制下，两侧液压缸的位移误差如图 8-10（c）所示，除了启动过程中的较大滞后外，其他时间液压缸都能够较为准确地跟踪目标值，实时动态误差能控制在±0.8mm 以内。

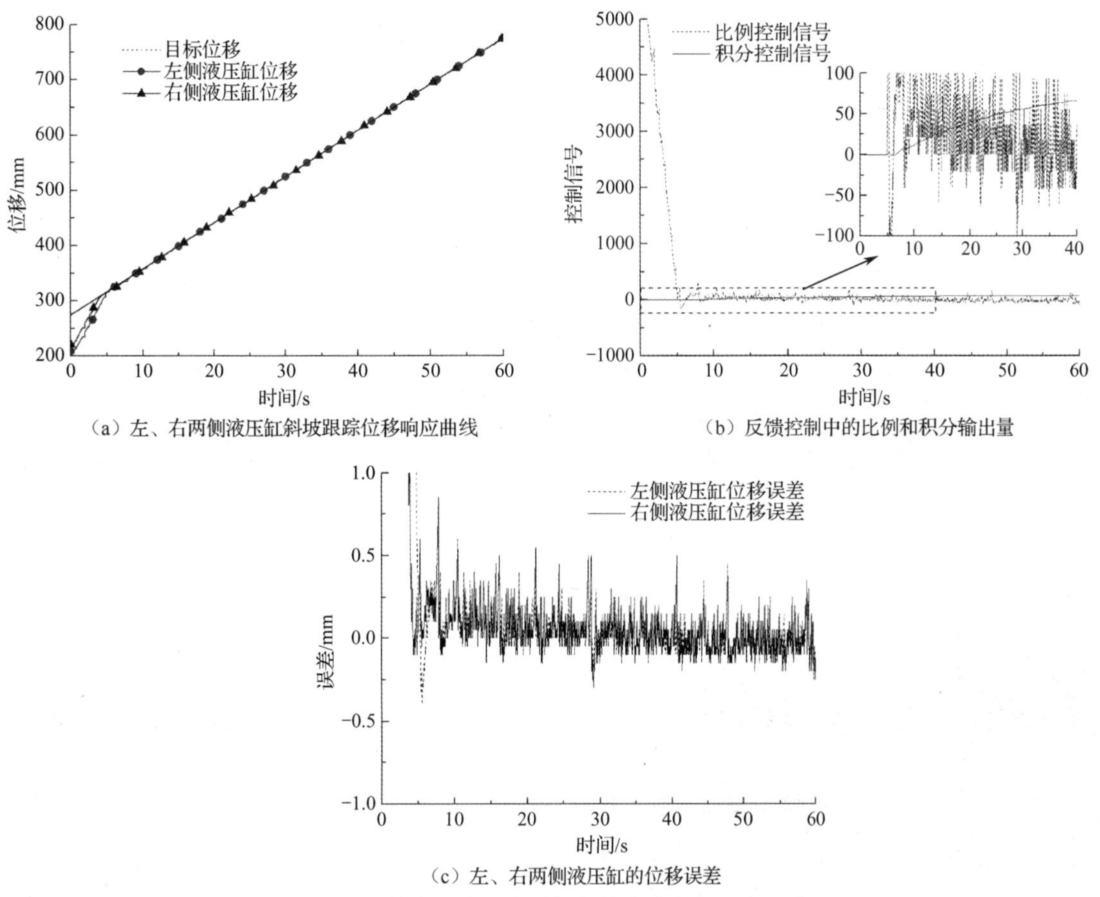

（a）左、右两侧液压缸斜坡跟踪位移响应曲线

（b）反馈控制中的比例和积分输出量

（c）左、右两侧液压缸的位移误差

图 8-10　斜坡跟踪下液压缸的响应曲线和跟踪误差

2．柔性加/减速速度规划

由上可知，常规的阶跃或斜坡信号下，由于系统受自身惯性制约，存在较明显的初始误差，控制器响应产生了快速增大的控制信号，势必引起较大的系统加速度和冲击。受制于天线自重和系统复杂性，系统的动态响应难以优化。为了降低启动冲击，需要设计柔性的加/减速策略，使得系统在启动和停止瞬间的期望加速度由零缓慢增加，也即目标速度连续可导。典型的柔性轨迹包括 S 形曲线、正余弦轨迹、抛物线过渡的线性插值等方式。此处采用正余弦轨迹的柔性加/减速规划方法，如图 8-11 所示。

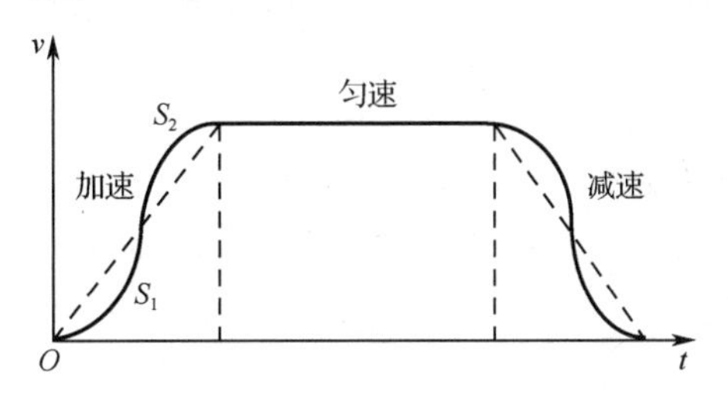

图 8-11　正余弦轨迹的柔性加/减速规划方法

基于前述的速度前馈和积分分离位移反馈复合控制策略，液压缸在采用了柔性加/减速规划后，与未采用柔性规划时的阶跃速度响应对比如图 8-12 所示。未采用柔性规划时，液压缸

的速度响应与上一节相似，响应较快但存在明显的超调振荡，此时系统存在明显的抖动冲击。采用了柔性规划后，液压缸速度沿着设定的轨迹，其加速度由零逐渐增大到最大值，然后缓慢降低为零进入恒速阶段，整个启动过程中无明显的加速度冲击，可确保展收动作平稳、准确。

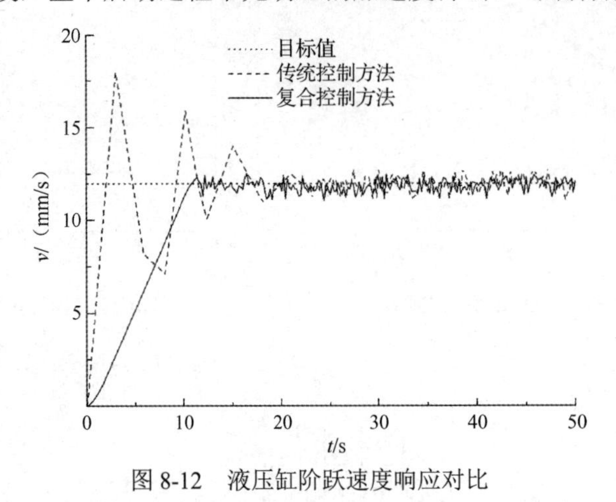

图 8-12　液压缸阶跃速度响应对比

8.5 架撤机构设计

架撤机构设计主要从调平系统、阵面倒竖机构、边块展收机构、锁紧机构和液压泵站等几个方面展开介绍。

8.5.1 调平系统设计

雷达调平系统完成承载雷达重量并调节载车姿态的功能，以往系统仅在姿态传感器的反馈下调节调平腿的速度和位移。该系统存在以下两个方面的固有缺陷。

（1）重载大跨距平台阵地适应性差，支腿载荷分布差异大，易产生“扭转”问题，难以实现高精度调平。

（2）天线口径大、质心高，雷达横向抗倾覆能力偏弱。

针对上述问题，根据雷达载车调平及抗倾覆的功能指标要求，调平系统采用仿生联动蛙腿展收装置与力反馈式液控制动调平机构组合形式，实现重载大跨距平台高效自动调平，调平系统布置示意图如图 8-13 所示。

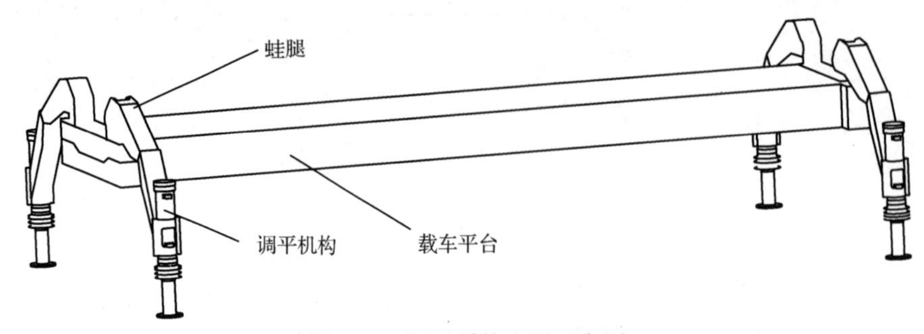

图 8-13　调平系统布置示意图

通过研发液压驱动仿生联动蛙腿展收装置，大大扩展了平台横向跨距，解决了整机抗倾覆难题；通过研制力反馈式液控制动调平机构解决了重载大跨距平台阵地适应性差，难以实现高精度调平的问题，并为雷达整机架设状态的健康管理提供了数据支撑。

1．蛙腿

如 4.5.1 节中所述，通过参照青蛙腿部折叠展收比大、支撑稳定的特点，设计液压驱动仿生联动蛙腿展收装置，采用平行四边形机构实现快速收放，平台横向跨距可扩展至 4.6m，有效提升整机抗倾覆能力。仿生联动蛙腿展收装置组成如图 4-35 所示，蛙腿展开后，载车平台的有效抗倾覆跨度由 2.5m 增至 4.6m。

1）载荷分析

在多体动力学仿真软件中仿真模拟蛙腿展收运动过程。蛙腿展收液压缸主要承受其自身大、小腿及调平机构的重力负载，其中大、小腿质量分别为 75kg、45kg，调平机构质量为 220kg。蛙腿展收液压缸的载荷变化曲线如图 8-14 所示，从图中可以看出，液压缸承受拉、压力的变载荷，其中最大拉力为 24048N，最大压力为 8227N。

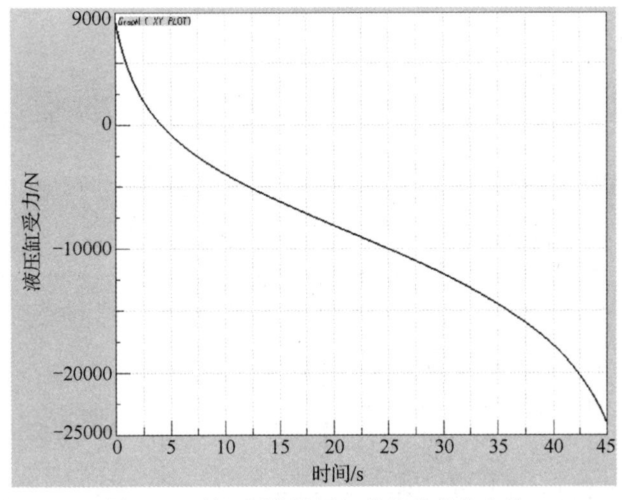

图 8-14 蛙腿展收液压缸的载荷变化曲线

2）展收液压缸选型

根据蛙腿展收液压缸的受力仿真结果，可初选液压缸缸径为ϕ63mm，杆径为ϕ32mm，安装距为 915～1305mm，行程为 390mm。

液压缸上腔最大工作压力为

$$p=\frac{F}{A_1}=\frac{24048}{\dfrac{\pi\times(63^2-32^2)}{4}}\approx 10.4\text{MPa} \tag{8-4}$$

考虑沿程损失等因素（约 2MPa），该路所需最大压力约为 12.4MPa。

液压缸下腔最大工作压力为

$$p=\frac{F}{A_2}=\frac{8227}{\dfrac{\pi\times 63^2}{4}}\approx 2.64\text{MPa} \tag{8-5}$$

考虑沿程损失等因素（约 2MPa），该路所需最大压力约为 5MPa，额定压力设定为 16MPa，满足使用要求。

2. 调平机构

力反馈式液控制动调平机构采用了液压马达-滚珠丝杠的高效驱动模式，内置制动器的液压马达实现自锁，马达制动器的解锁通过液压驱动实现，解决了滚珠丝杠调平机构无法自锁的问题，实现了高效调平、快速锁定；通过内置式称重传感器，可实时反馈调平机构承载状态。

液控制动调平系统工作原理如图 8-15 所示。调平机构伸出时的工作过程如下：启动伸出按钮，比例换向阀上端电磁铁得电，高压油到达 A1 口，并通过梭阀，经由减压阀减压，液压油将液动换向阀阀芯推到右位，压力油进入液压马达的 X 口（松闸油口），制动器打开，同时高压油通过平衡阀中的单向阀进入液压马达的 A2 口，驱动液压马达转动，带动滚珠丝杠动作，此时调平机构伸出。调平动作完成后，系统停止供油，液压马达不工作，同时由于液动换向阀处无压力油，液动换向阀阀芯回到左位，液压马达的 X 口直接通过 R1 口回油箱，制动器复位锁定，调平机构完成自锁。

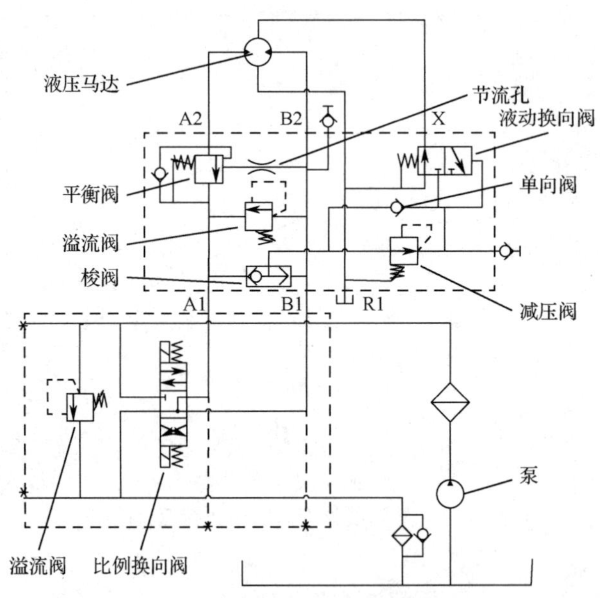

图 8-15　液控制动调平系统工作原理

力反馈式液控制动调平机构示意图如图 8-16 所示。称重式力传感器安装在调平腿内部，并通过键连接限制轴向转动。承载时内套筒、滚珠丝杠、轴套一起向上运动 1mm 左右，轴套与称重式力传感器接触，测量出载荷。

力反馈式液控制动调平机构通过液控制动实现快速锁定，通过在调平机构中合理配置称重式力传感器，可快速、可靠检测其触地状态，传感器的反馈数据可作为调平控制判据，避免了支腿载荷分布差异大导致的扭转等问题，提高了调平精度，有效缩短了调平时间并避免出现“虚腿”现象。同时，通过该传感器可实现调平机构承力状态实时监测功能，确保雷达载车在强风载扰动环境下的安全性。

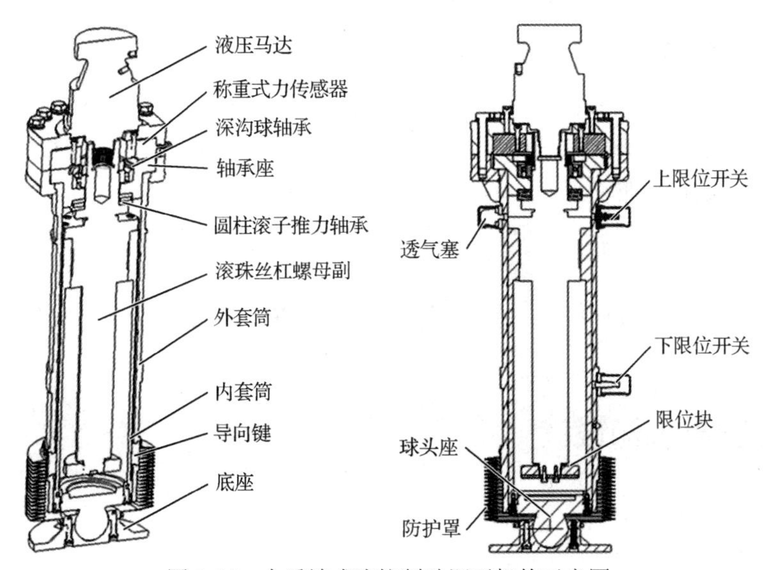

图 8-16　力反馈式液控制动调平机构示意图

1）载荷分析

调平机构布置示意图如图 8-17 所示，雷达整车重约 400000N，水平风载为 38100N，工作状态倾覆转矩为 165420N·m，两只调平腿之间沿车长方向的跨距为 L=6840mm，其中 L_1=3740mm。

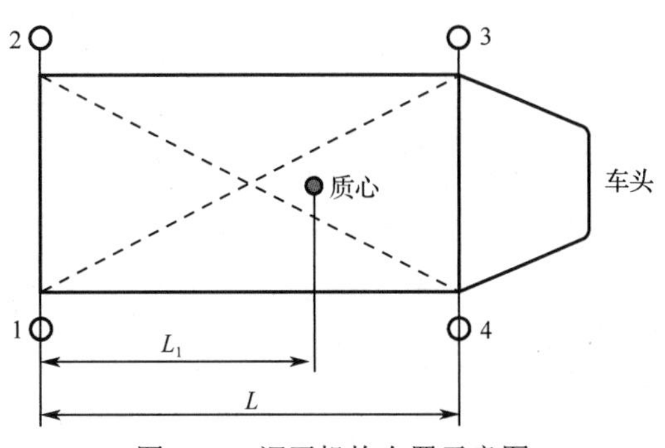

图 8-17　调平机构布置示意图

从图中可以看出，在车头布置的调平腿 3、4 所承受的载荷比在车尾布置的调平腿 1、2 大，现按最大载荷进行计算。根据转矩平衡得

$$F_3 + F_4 = \frac{GL_1}{L} = \frac{400000 \times 3740}{6840} \approx 218710\text{N} \tag{8-6}$$

式中，$F_3 + F_4$ 为由于雷达车重力作用调平腿 3、4 承受的总载荷；G 为雷达整车重量（400000N）。

考虑载荷不均匀分布情况，不均匀系数按 0.8 计算，有

$$F_1 = (F_3 + F_4) \times 0.8 = 218710 \times 0.8 \approx 174970\text{N} \tag{8-7}$$

式中，F_1 为由于雷达车重力作用导致调平腿 3 或 4 承受的载荷。

运输状态下倾覆转矩为 12500N·m，调平腿 1、2 之间的跨距为 2.5m，由抗倾覆产生的附加力 $F' = \frac{12500}{2.5} = 5000\text{N}$，故单个调平腿承受的最大载荷为

$$F = F_1 + F' = 174970 + 5000 = 179970\text{N} < 180000\text{N} \tag{8-8}$$

2）丝杠螺母副选型

根据以上对调平机构的载荷计算，单个调平腿承受的最大载荷为180000N。

滚珠丝杠螺母副选择8016R-S10-8重载型滚珠丝杠，额定动载荷为223kN，极限轴向载荷为850kN。液压马达直接驱动丝杠，液压马达最大转矩为

$$T_{\max}=\frac{FP_{\mathrm{h}}}{2\pi\eta}=\frac{180000\mathrm{N}\times 0.02\mathrm{m}}{2\pi\times 0.9}\approx 637\mathrm{N}\cdot\mathrm{m} \tag{8-9}$$

式中，F为丝杠承受的轴向载荷，即单腿载荷（180000N）；P_{h}为丝杠导程（0.02m）；η为丝杠传动效率（0.9）。

8.5.2 阵面倒竖机构设计

阵面倒竖动作一般采用两个对称布置的液压缸驱动，通过由阵面、转台和倒竖液压缸构成的可变三角形机构实现。工作过程中，天线阵面从接近水平的角度，在驱动液压缸的作用下，起竖至所需要的倾角。天线根部与转台通过支耳铰接，倒竖液压缸下支耳与转台铰接，上支耳与天线阵面支承点铰接。三维及简化模型分别如图8-18和图8-19所示，A为阵面旋转支点，B为液压缸下铰接点，C为液压缸上铰接点。BC为倒竖液压缸初始长度，随着液压缸的伸出，C的位置将绕A不断变化，记为C'。

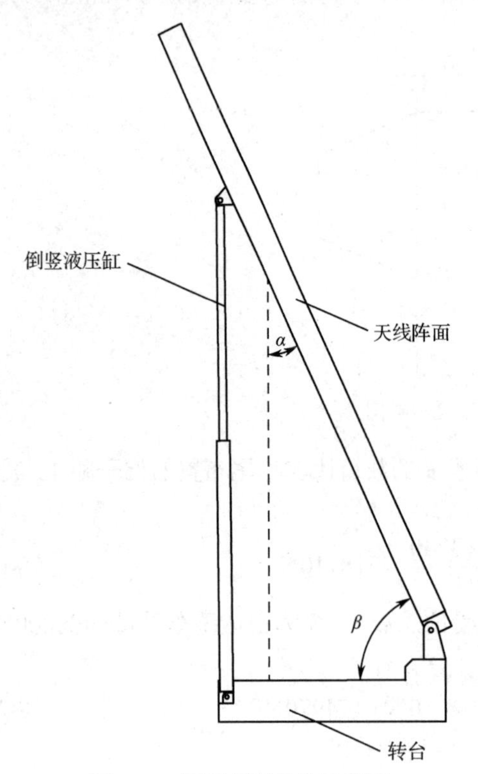

图8-18　阵面倒竖机构示意图

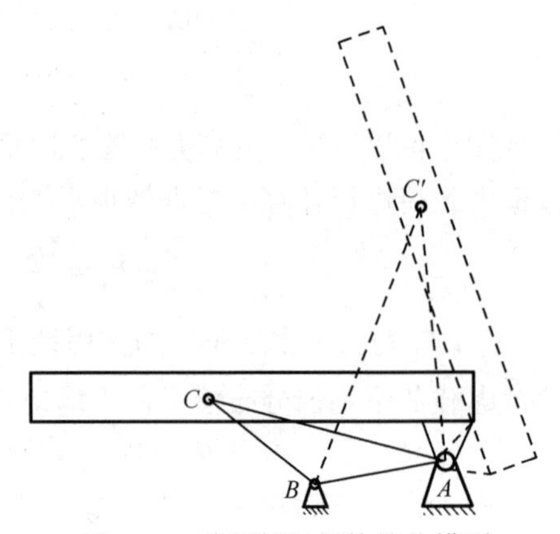

图8-19　阵面倒竖机构简化模型

由于液压缸活塞动密封处允许存在内泄，普通液压缸在承载状态下，无法长期保持位置不变，因此倒竖液压缸选用了技术成熟的钢球锁式自锁液压缸，在液压缸内部设计有自锁机构，液压缸活塞杆到达工作位置后，自锁机构可将活塞杆与液压缸缸体锁定为一个整体，从而实现

倒竖液压缸工作位置的长期保持。

为提高倒竖动作平稳性，在天线与转台连接支耳上安装角编码器，实时测量阵面俯仰角度位置信息，提供给伺服控制系统，实现阵面倒竖过程中速度的柔性加/减速控制。

1．载荷分析

雷达在工作状态时，倒竖液压缸主要承受天线阵面自重（约 120000N）和风载荷（风速 35m/s）。

对天线阵面在 0°～70° 运动过程中倒竖液压缸的受力情况，可通过在多体动力学仿真软件中建模进行分析。阵面倒竖液压缸载荷变化曲线如图 8-20 所示，从图中可以看出，双液压缸总最大压力为 384827N，考虑载荷分布的不均匀性，不均匀系数按 2/3 考虑，单个液压缸承受最大压力为 $F = 384827 \times \frac{2}{3} \approx 256551\text{N}$。

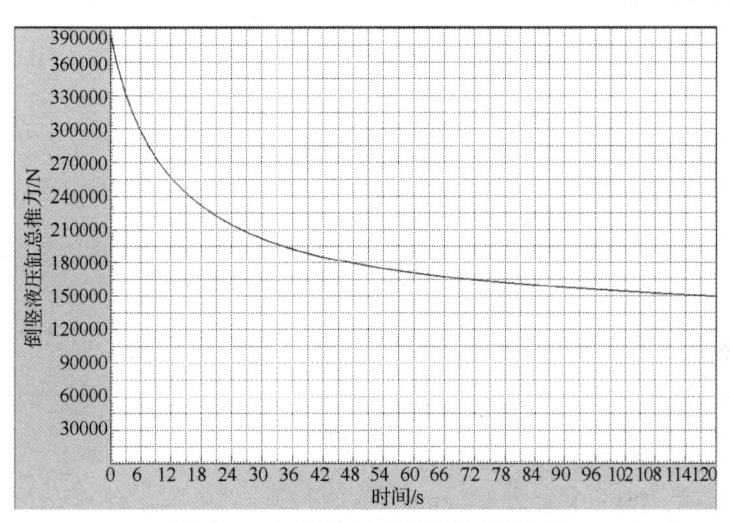

图 8-20　阵面倒竖液压缸载荷变化曲线

2．倒竖液压缸选型

根据阵面倒竖液压缸的受力仿真结果，可选倒竖液压缸缸径为ϕ150mm，杆径为ϕ105mm，安装距为 3630～6596mm，行程为 2966mm，双缸锁紧力不小于 150000N。

液压缸最大工作压强为

$$p = \frac{F}{A} = \frac{256551}{\dfrac{\pi \times 150^2}{4}} \approx 14.5\text{MPa} \tag{8-10}$$

考虑沿程损失等因素（约 2MPa），该路所需最大压强约为16.5MPa，额定压强设定为 18MPa，满足使用要求。

3．倒竖液压缸压杆稳定性校核

分析上述倒竖液压缸的伸出、缩回长度及液压缸杆径尺寸，可初步判定为细长杆结构，需进行压杆稳定性校核。

缩回状态液压缸的最大压力为 256551N，根据阵面倒竖液压缸受力仿真结果曲线，可知伸出状态液压缸总受力为 150000N，按照不均匀系数 2/3 考虑，单液压缸伸出状态最大压力为 F=150000N$\times\dfrac{2}{3}$=100000N，以内杆进行压杆稳定性校核。

1）缩回状态校核

$$i=\sqrt{\frac{I}{A}}=\sqrt{\frac{\pi d^4/64}{\pi d^2/4}}=\frac{d}{4} \tag{8-11}$$

式中，i 为压杆横截面的惯性半径；惯性矩 $I=\pi d^4/64$。

细长比计算：

$$\lambda=\frac{\mu l}{i}=\frac{1\times 3630}{26.25}\approx 138.3 \tag{8-12}$$

式中，μ 为压杆长度系数，两端铰支，μ 取 1；l 为压杆长度（3630mm）；i 按式（8-11）计算，液压缸杆径 d 为 105mm，可求得 i=26.25mm。则细长比极限值为

$$\lambda_{\mathrm{p}}=\sqrt{\frac{\pi^2 E}{\sigma_{\mathrm{p}}}} \tag{8-13}$$

式中，E 为压杆材料的弹性模量，取值 2.06×10^{11}Pa；σ_{p} 为材料的比例极限，取值 200MPa，则

$$\lambda_{\mathrm{p}}=\sqrt{\frac{3.14^2\times 2.06\times 10^{11}}{200\times 10^6}}\approx 101 \tag{8-14}$$

$\lambda>\lambda_{\mathrm{p}}$，属于细长杆，利用欧拉公式计算临界力，有

$$F_{\mathrm{pcr}}=\frac{\pi^2 EI}{l^2}=\frac{\pi^2\times 2.06\times 10^{11}\times 5963577.5}{3630^2}\div 10^9\approx 919\mathrm{kN} \tag{8-15}$$

式中，I 为惯性矩，活塞杆直径 d 为 105mm，可求得 $I=\pi d^4/64=\pi\times 105^4/64=5963577.5\mathrm{mm}^4$。

液压缸在缩回状态的最大压力为 256551N=256.551kN，其安全系数为

$$\frac{F_{\mathrm{pcr}}}{F}=\frac{919}{256.551}\approx 3.58>2 \tag{8-16}$$

液压缸压杆稳定性满足要求。

2）伸出状态校核

调用式（8-12），此时 $\lambda>\lambda_{\mathrm{p}}$，属于细长杆，利用欧拉公式计算临界力，有

$$F_{\mathrm{pcr}}=\frac{\pi^2 EI}{l^2}=\frac{\pi^2\times 2.06\times 10^{11}\times 5963577.5}{6596^2}\div 10^9\approx 278\mathrm{kN} \tag{8-17}$$

式中，l 为压杆长度，此时为油缸完全伸出时的长度（6596mm），其他同式（8-15）。

液压缸在伸出状态的最大压力为 100kN，其安全系数为

$$\frac{F_{\mathrm{pcr}}}{F}=\frac{278}{100}=2.78>2 \tag{8-18}$$

液压缸压杆稳定性满足要求。

8.5.3 边块展收机构设计

为了满足雷达载车运输界限要求，考虑将天线阵面分解为若干部分，通过机构动作，将天线收拢至满足运输要求的尺寸；反之，在满足总体精度和刚/强度要求的前提下，将收拢的天线展开至工作状态。因此，设计时将天线沿宽度方向划分为三部分：中块和左、右边块，天线边块展收机构如图 8-21 所示，运输状态时天线折叠成"∏"字形。因天线沿车长方向尺寸较大，为避免天线过度变形，降低边块上的集中载荷，为此设计了单边两缸驱动、两边对称布局的结构，主要由主阵面支耳、边块阵面支耳、驱动液压缸等组成。天线边块展收机构布置示意图如图 8-22 所示。

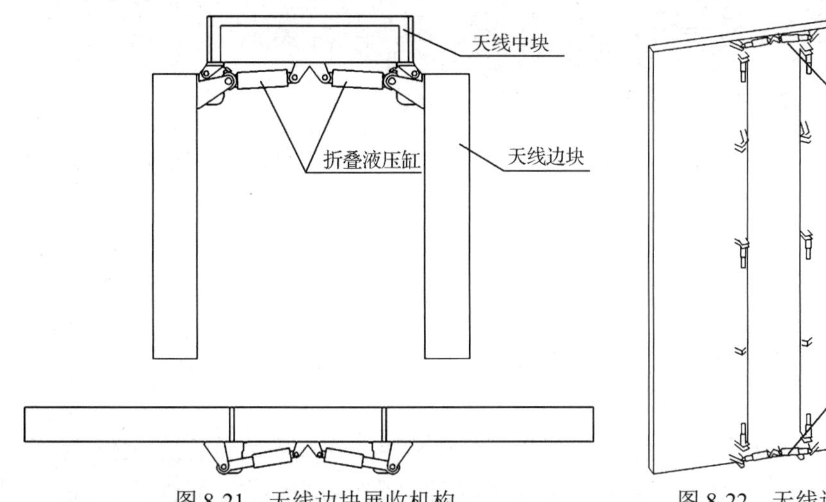

图 8-21 天线边块展收机构　　图 8-22 天线边块展收机构布置示意图

两侧液压缸各安装一个位移传感器，实现展开/收拢的启停过程缓冲控制，同时可保证两侧边块运动的同步性，提高折叠/展收效率。

1. 载荷分析

天线边块 0°～90°的展收过程中，折叠液压缸主要承受边块的自重（约 40000N）及风载荷（风速 35m/s）。

采用与 8.5.2 节中相同的方法进行仿真计算，边块折叠液压缸的载荷变化曲线如图 8-23 所示，从图中可以看出，双液压缸总最大压力载荷为 366604N，考虑载荷分布的不均匀性，单个液压缸承受最大压力为 $F = 366604 \times \dfrac{2}{3} \approx 244402\text{N}$。

2. 折叠液压缸选型

根据折叠液压缸受力的仿真结果，可选边块折叠液压缸缸径为 ϕ125mm，杆径为 ϕ70mm，安装距为 525～713mm，行程为 188mm。

液压缸最大工作压强为

$$p = \frac{F}{A} = \frac{244402}{\dfrac{\pi \times 125^2}{4}} \approx 19.9\text{MPa} \tag{8-19}$$

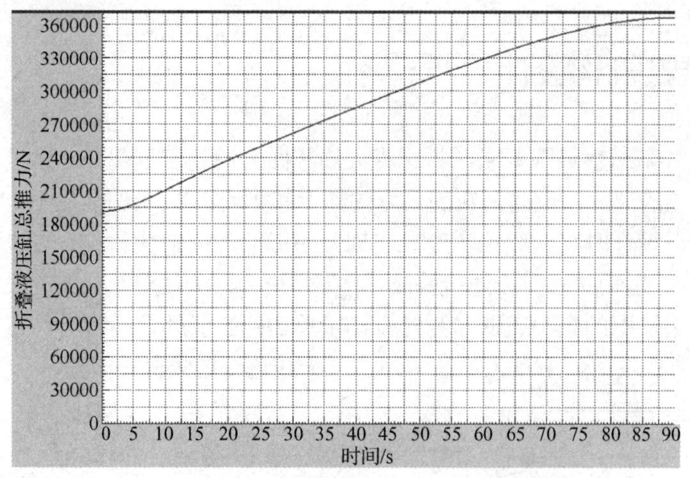

图 8-23　边块折叠液压缸的载荷变化曲线

考虑沿程损失等因素（约 2MPa），该路所需最大压强约为21.9MPa，额定压强设定为23MPa，满足使用要求。

8.5.4　锁紧机构设计

1．阵面工作锁紧机构

边块展开后，为保证阵面的平面精度要求，需用锁紧机构将边块和中块锁紧为一体。基于驱动方式的统一考虑，本方案选用液压锁定销。液压锁定销布置在中块两边，每边三个，总共六个。

阵面工作锁紧机构结构如图 8-24 所示，前端布置导向结构，利用锁定销与支耳之间的孔轴配合来满足锁定精度要求；锁紧机构设有位置检测开关，用于检测锁紧机构锁定与解锁状态。为了降低锁定销的动作负载，锁定、解锁动作均在天线竖起状态进行。

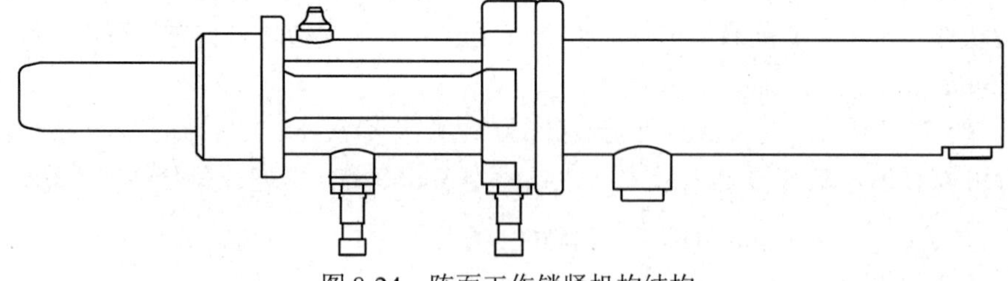

图 8-24　阵面工作锁紧机构结构

天线 70°仰角下，施加在天线边块上的水平风载荷（风速 35m/s）为 18483N，根据转矩平衡可得锁定销上的总载荷为

$$F=\frac{F_1\times\sin\alpha+F_2\times\sin\beta}{L_1}\times L_2=\frac{43120\times\sin20^{\circ}+18483\times\sin70^{\circ}}{185}\times1023\approx177594\text{N}\quad(8\text{-}20)$$

式中，F_1为边块自重（43120N）；F_2为水平风载荷（18483N）；α为阵面与铅垂面的夹角（20°）；β为阵面与水平面的夹角（70°），见图 8-18；L_1为锁定销轴心到边块转轴的距离（185mm）；L_2为阵面边块质心到边块转轴的距离（1023mm），见图 8-25。

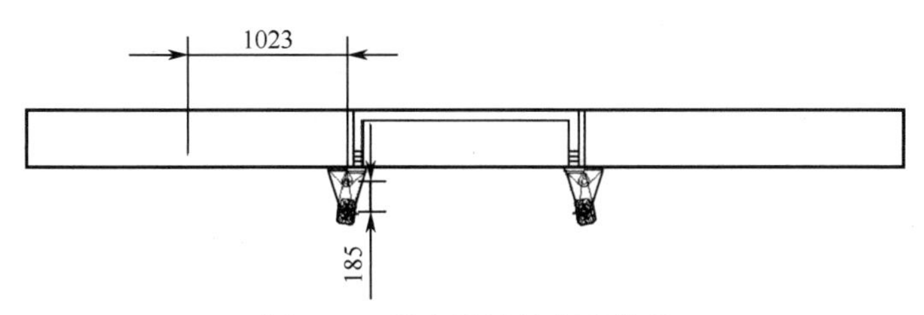

图 8-25　锁定销锁紧力臂关系

单侧阵面锁定销共三个，按双边剪切计算，则单个锁销上的剪切载荷为 177594/6=29599N。

当风速大于 35m/s，紧急撤收时锁定销不用解锁直接将天线倒竖至水平状态时，如图 8-25 所示，根据转矩平衡可得锁定销上的总载荷为

$$F=\frac{F_1\times L_2}{L_1}=\frac{43120\times 1023}{185}\approx 238442\text{N} \tag{8-21}$$

单侧三个锁定销共同承担负载，按双边剪切计算，则单个锁定销上的剪切载荷为 238442/6≈39740N。采用直径为 50mm 的销轴，根据剪应力计算公式可得

$$\tau=\frac{F}{\pi r^2}=\frac{39740}{3.14\times 25^2}\approx 20.25\text{MPa} \tag{8-22}$$

小于材料的剪切应力极限 80MPa，满足使用要求。

2．阵面运输锁紧机构

雷达运输时为将天线阵面与载车平台锁紧在一起，考虑采用一种高精度联动式自动锁定机构，利用机构自锁特性，提高其锁紧可靠性。该机构布置在天线阵面端部，左右共两个，其结构外形如图 8-26（a）所示。

联动锁定机构可对运动到位的机构部件进行快速可靠的锁定（或解锁），并能提供状态检测信号。该装置由液压系统提供解锁动力，依靠液压缸有杆腔内受压弹簧恢复力完成自动锁定，依靠双扭簧的扭转势能保持解锁状态稳定，如图 8-26（b）所示。

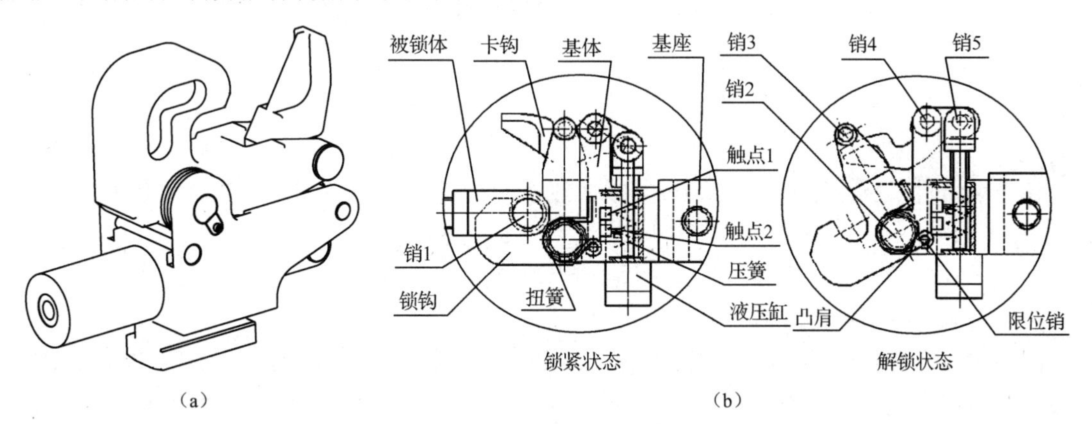

图 8-26　联动锁定机构示意图

联动锁定机构的工作原理分别从该机构本身的锁紧动作过程和解锁动作过程进行论述。

锁紧过程如下。

（1）被锁紧体抵触锁钩的凹槽内壁，对锁钩产生一个绕销 2 的锁定扭矩。

（2）当锁定扭矩大于由扭簧产生的绕销 2 的逆时针恢复扭矩时，锁钩便开始绕销 2 顺时针

转动，此时卡钩在液压缸内压簧恢复力的作用下使其始终保持绕销 4 顺时针转动的趋势，从而保证在锁钩转动的过程中卡钩过渡弧面始终与锁钩上销 3 的柱面保持接触。

（3）当锁钩上的销 3 转动到卡钩上的凹槽部位时，卡钩与锁钩之间出现瞬间无限位状态，卡钩在压簧恢复力的作用下迅速转动，使卡钩的凹槽锁住销 3 的柱面，此时被锁紧体也刚好运动到位，其上的销 1 柱面刚好被锁钩的凹槽锁住，即锁紧机构达到图 8-26（b）中的锁紧状态，与此同时与卡钩连接的滑杆也刚好触发触点 2，发出卡钩锁紧到位信号，从而完成锁紧动作。

解锁过程为其反过程。

8.5.5 液压泵站设计

液压泵站为液压系统提供动力，主要由电动机、负载敏感泵、比例阀组、油箱、过滤器、压力表和其他辅助元件等组成。系统设计时需按 8.3.2 节中的液压原理，将以上元器件通过液压管路及接头进行连接、布置。该雷达液压泵站外形如图 8-27 所示，它集成于液压控制柜内，安装在载车平台上。

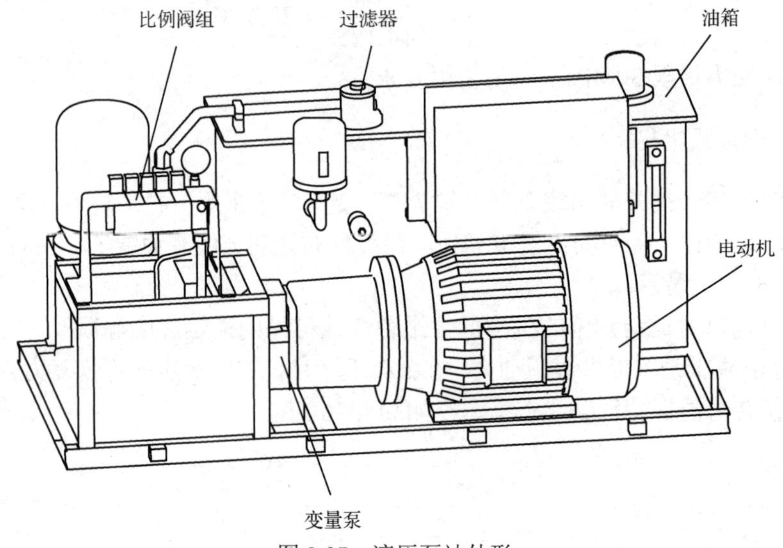

图 8-27　液压泵站外形

调平系统最大压力约为 p_1=25MPa，最大流量 Q_1=97L/min，故调平系统所需最大功率为

$$P_1=\frac{p_1Q_1}{60\eta_p}=\frac{25\times97}{60\times0.93}\approx43.5\text{kW} \tag{8-23}$$

式中，η_p 为液压泵站传动效率，取 0.93。

阵面举升、边块展开时，工作压力为 21MPa，考虑沿程损失等因素（约 2MPa），该路所需最大压力约为 p_2=23MPa，阵面举升所需最大流量 Q_2 为 101L/min 时，边块展开最大流量为 21L/min，系统所需最大流量为 101L/min，故阵面展收所需最大功率为

$$P_2=\frac{p_2Q_2}{60\eta_p}=\frac{23\times101}{60\times0.93}\approx41.6\text{kW} \tag{8-24}$$

根据上述需求，液压泵选择某型轴向柱塞负载敏感泵 PV080R1K1T1NUCC，排量为 80mL/r，电动机选取功率为 45kW 的三相异步交流电动机，满足系统要求。

8.6 机电液系统联合仿真及测试

上述设计的雷达电液传动控制系统，是一个由运动控制系统、液压执行系统、倒竖展收机构组成的复杂机电液耦合系统，单一仿真平台仅能对个别子系统进行仿真，因而无法客观表征整个系统机电液多系统强耦合的动力学特性。同时，相对于实物试验，非实时仿真往往无法真实验证控制系统所能实现的性能。

针对以上问题，结合第 5 章所述，研发一种机电液系统仿真平台及半物理实时仿真测试系统，主要内容包括：

（1）开发机电液联合仿真平台，通过建立多学科仿真元件库和典型机动雷达架撤系统仿真模型，模拟机电液系统的整体特性，进一步提高复杂系统仿真质量和效率。

（2）研制机电液半物理实时仿真测试系统，将驱动机构建模仿真与控制系统实物测试手段相结合，实现仿真测试同步集成验证。

8.6.1 机电液系统联合仿真

联合仿真各子系统平台中一般只提供最基本的模型，如最简单的换向阀、定量泵等，需要集成多个逻辑或控制元件才能实现对压力补偿比例阀、负载敏感变量泵等复杂控制执行元件的模拟。以上述系统中使用的负载敏感变量泵为例，需要搭建如图 8-28 所示的变量柱塞模型作为负载敏感压力和泵出口压力的作用机构，依靠柱塞位移调整斜坡角度实现负载敏感变量。雷达架撤动作需要调用多个复杂的控制或执行元件，为加快仿真进度，应将以上较复杂的元件进行封装整合后，由联合仿真平台经由优化后的接口进行调用，其中系统整合实现的天线边块展收液压阀控缸模型如图 8-29 所示。

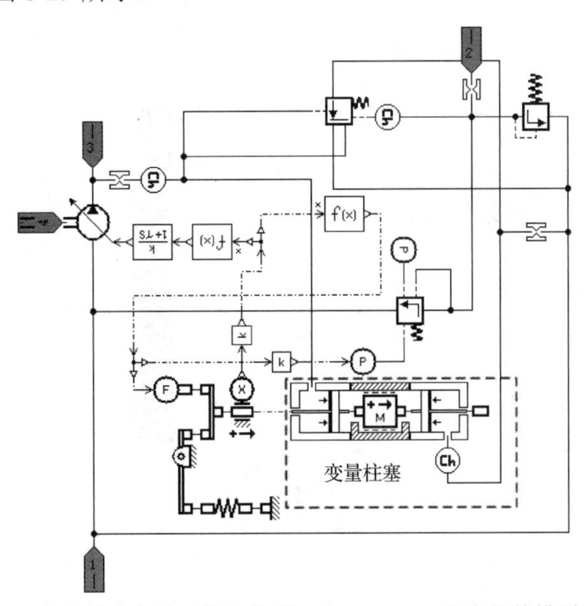

图 8-28 负载敏感变量泵仿真模型（为 AMESim 仿真软件模型截图）

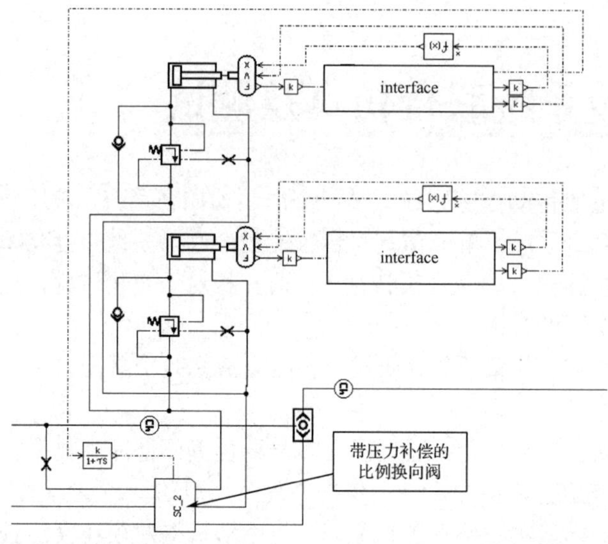

图 8-29　天线边块展收液压阀控缸模型（为 AMESim 仿真软件模型搭建界面截图）

本节以典型的雷达天线边块展收同步控制系统为例，依托上述雷达机电液系统联合仿真研发平台，建立边块展收机电液系统联合仿真模型，并进行同步控制联合仿真试验和深入的系统功能品质分析。

利用 Motion/plantout 模块提供的与 MATLAB/Simulink 软件的接口可导入 Motion 动力学模型。利用 AMESim 提供的与 MATLAB/Simulink 软件的接口，采用“SimuCosim”方式，将 AMESim 模型导入 Simulink 中。在 MATLAB/Simulink 中建立输入位移信号、控制器模块等控制系统模型。在 Simulink 集成仿真环境中将导入的液压系统模型、机构动力学模型及上述控制系统模型连接为机电液系统仿真模型，如图 8-30 所示。

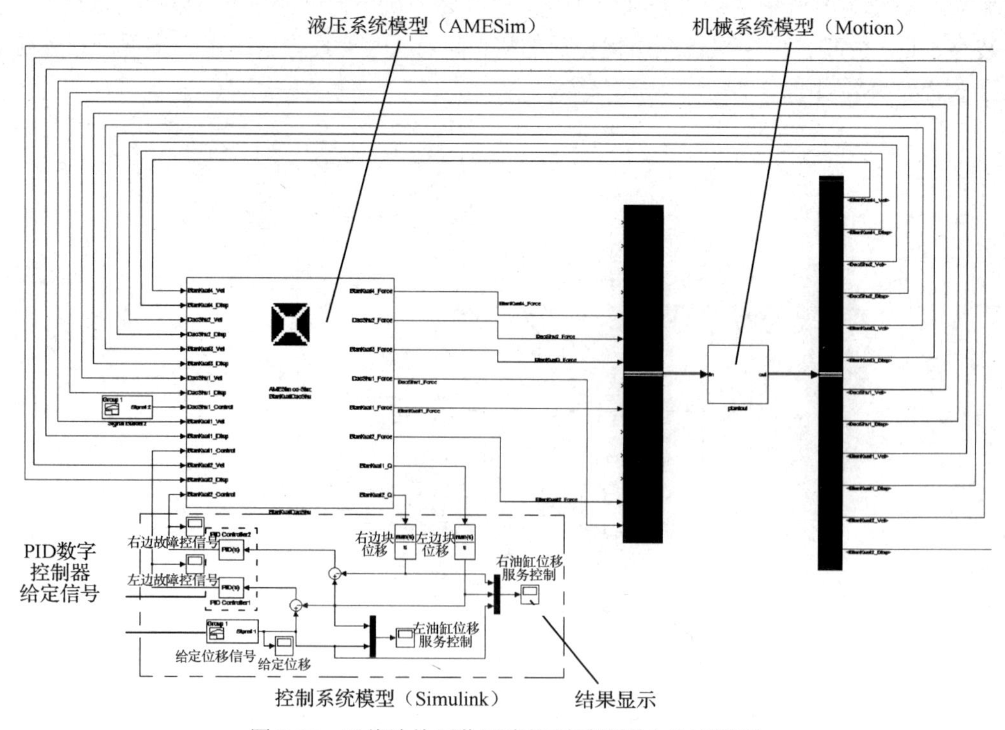

图 8-30　天线边块展收同步控制系统联合仿真模型

仿真结果如图 8-31 所示，从图中可以看出，采取同步控制措施后，二者位移达到预期的跟踪效果，位移差最大约为 1.7mm，同步误差小于 0.4%，其同步精度可控制在 2mm 以内，满足雷达天线的架撤需求。

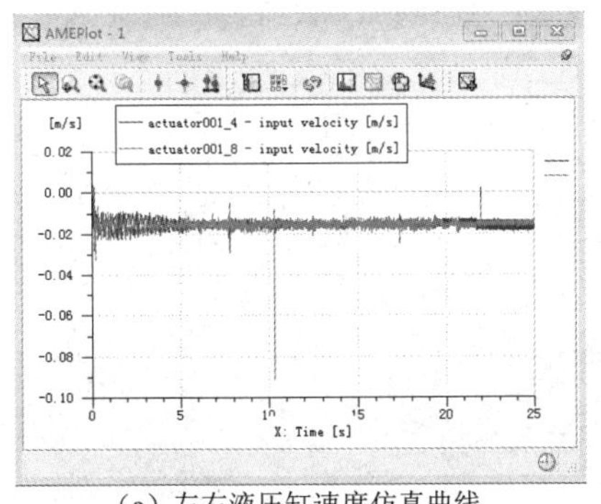

（a）左右液压缸速度仿真曲线

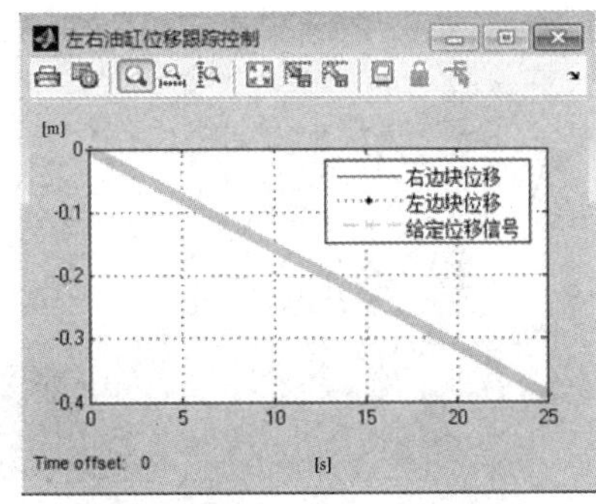

（b）左右油缸位移跟踪仿真曲线

图 8-31　天线边块展收机电液联合仿真曲线

8.6.2　半物理实时仿真测试

上述设计的电液传动控制系统所使用的比例换向阀，作为雷达自动架撤系统中的液压核心控制元件，普遍存在控制线性度差、死区大等缺陷。为实现展收动作的精确、稳定控制，需要对以上非线性死区进行补偿。受批次影响，同规格比例换向阀的非线性特性并不一致，需要通过实物测试与仿真数学模型对照后才能定量标定。为此，首先开展了针对比例换向阀的半物理仿真测试，将搭建的比例换向阀模型封装并装载入实时虚拟仿真器中，与待标定的比例换向阀同步接收实际控制系统信号，分别在虚拟和物理样机中，在相同的恒压源下，驱动相同的已标定的简单节流负载，通过监测并分析其压力-流量特性实现模型和实物的参数对照及标定。具体的实现架构如图 8-32 所示，所设计的测试系统界面如图 8-33 所示。

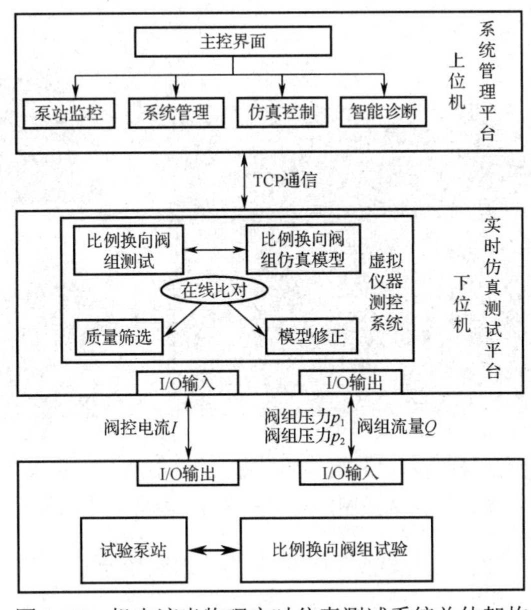

图 8-32　机电液半物理实时仿真测试系统总体架构

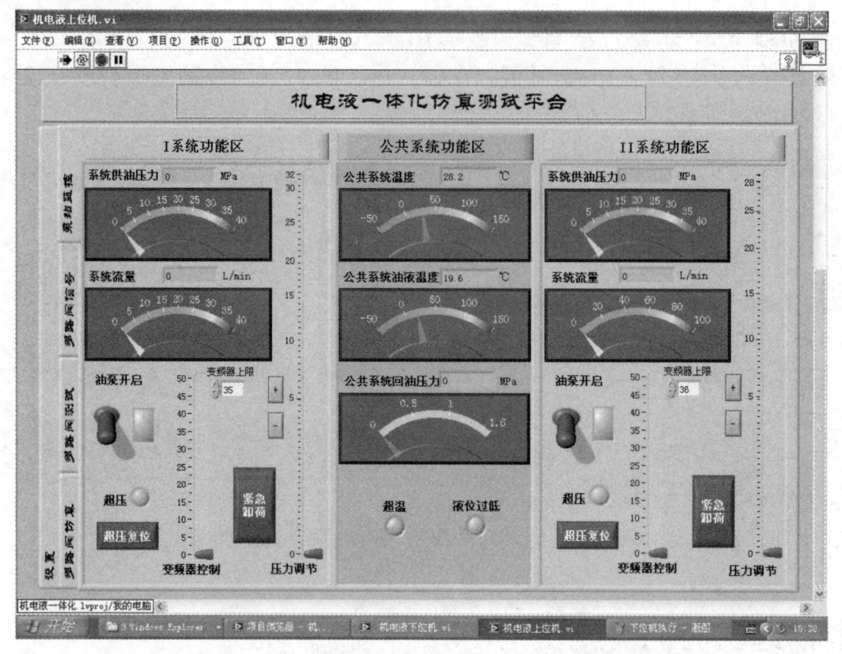

图 8-33　机电液半物理实时仿真测试系统界面

在该测试系统上开展试验与仿真，比例换向阀测试曲线与仿真曲线比对界面如图 8-34 所示，其结果与样本曲线基本一致。开发的实时仿真测试系统能对阀组的性能进行精确评估，并结合阀故障判断功能模块，可对阀组的故障进行准确定位，有效地提高了雷达架撤过程中机构运动控制的线性度和液压系统的控制精度。

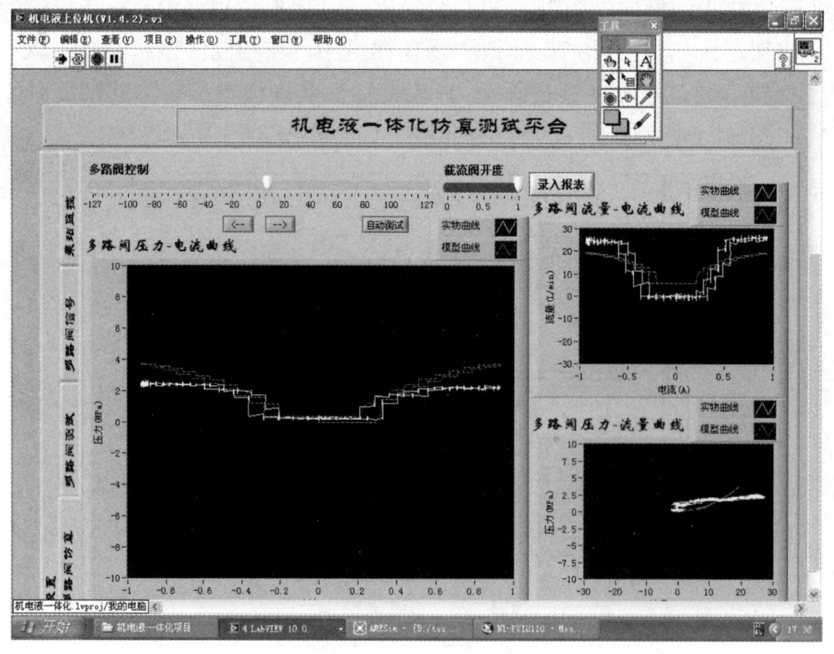

图 8-34　比例换向阀测试曲线与仿真曲线比对界面

上述雷达架撤系统中所使用的其他液压元器件，如液压泵、油缸及液压马达等均可应用类似的方法开展半物理仿真测试，此处不再一一赘述。

参 考 文 献

[1] 段宝岩. 柔性天线结构分析、优化与精密控制. 北京：科学出版社，2005.
[2] 段宝岩. 电子设备机电耦合研究的现状与发展. 中国科学：信息科学，2015，45（3）：299-312.
[3] 徐平勇，郭开生，高燕，等. 现代雷达机械与机电技术. 北京：兵器工业出版社，2009.
[4] 胡长明，操卫忠，王长武. 复杂电子设备结构数字化样机探索与实践. 电子机械工程，2017，33（6）：1-9.
[5] 黄玉平，李建明，朱成林. 航天机电伺服系统. 北京：中国电力出版社，2013.
[6] 林述温，范扬波. 机电装备设计. 北京：机械工业出版社，2009.
[7] 敖荣庆，袁坤. 伺服系统. 北京：航空工业出版社，2006.
[8] 黄真，赵永生，赵铁石. 高等空间机构学. 北京：高等教育出版社，2006.
[9] 于靖军，刘辛军，戴建生，等. 机器人机构学的数学基础. 北京：机械工业出版社，2008.
[10] PIERROT F, NABAT V, COMPANY O, et al. Optimal design of a 4-DOF parallel manipulator: From academia to industry. IEEE Transactions on Robotics, 2009, 25(2): 213-224.
[11] 曾强. 具有串并混联形式与变自由度特性的空间多环机构的拓扑设计方法[D]. 北京交通大学，2012.
[12] 刘永生. 伺服系统的分类及发展. 无线电通信技术，1994（4）：71-75.
[13] 郭庆鼎，赵希梅. 交流永磁伺服系统技术讲座 第六讲（七）交流永磁伺服系统的控制策略. 伺服控制，2008（5）：96-99.
[14] SHYU K K, LAI C K, TSAI Y W. A New Robust Controller Design for the Position Control of Permanent-Magnet Synchronous Motor. IEEE Transactions on Industrial Electronics, 2002, 49(3): 558-565.
[15] HAN J Q. From PID to Active Disturbance Rejection Control. IEEE Transactions on Industrial Electronics, 2009, 56(3): 900-906.
[16] WANG F, WANG R J, LIU E H, et al. Stabilization control method for two-axis inertially stabilized platform based on active disturbance rejection control with noise reduction disturbance observer. IEEE Acess, 2019, 7: 99521-99529.
[17] 瞿元新. 航天测量船测控通信设备船摇稳定技术. 北京：国防工业出版社，2009.
[18] 江文达，陈道桂. 航天测量船. 北京：国防工业出版社，2002.
[19] 秦永元. 惯性导航. 北京：科学出版社，2006.
[20] 骆涵秀. 机电控制. 杭州：浙江大学出版社，1994.
[21] 李连升. 雷达伺服系统. 北京：国防工业出版社，1983.
[22] 吴举秀，张爱英，田秀刚. 伺服系统的发展及展望. 中国新技术新产品，2009（4）：102.
[23] 谢远龙. 基于数据驱动的交流伺服系统运动控制方法研究[D]. 华中科技大学，2018.
[24] 龚泽宇. 基于射影单应性矩阵的无标定视觉伺服研究[D]. 华中科技大学，2018.
[25] 陈伯时. 电力拖动自动控制系统. 北京：机械工业出版社，1997.
[26] 刘胜，彭侠夫，叶玫昀. 现代伺服控制系统设计. 哈尔滨：哈尔滨工程大学出版社，2001.

[27] 郭庆鼎，孙宜标，王丽梅. 现代永磁电动机交流伺服系统. 北京：中国电力出版社，2006.

[28] CAO W, MECROW B C, ATKINSON G J, et al. Overview of Electric Motor Technologies Used for More Electric Aircraft(MEA). IEEE Transactions on Industrial Electronics, 2012, 59(9): 3523-3531.

[29] GALEA M, BUTICCHI G, EMPRINGHAM L, et al. Design of a High-Force-Density Tubular Motor. IEEE Transactions on Industry Applications, 2014, 50(4): 2523-2532.

[30] 徐兵. 大型重载作业机器人电液控制技术. 液压气动与密封，2020（4）：98-103.

[31] 段宝岩. 电子设备机电耦合理论、方法及应用. 北京：科学出版社，2011.

[32] 李素兰，黄进，段宝岩. 一种雷达天线伺服系统结构与控制的集成设计研究. 机械工程学报，2010，46：140-146.

[33] 保宏，段宝岩，杜敬利，等. 复杂机构的控制与结构同步优化设计. 计算力学学报，2008，25：8-13.

[34] 夏福梯，高明正，林若溪. 防空导弹制导雷达伺服系统. 北京：中国宇航出版社，2009.

[35] 袁海平. 三自由度精密转台设计. 电子机械工程，2005，21（5）：38-40.

[36] 曲家骐，王季秩. 伺服控制系统中的传感器. 北京：机械工业出版社，1998.

[37] 徐济安，陈虎，刘新安. 准双机冗余的机场天气雷达伺服系统. 电子机械工程，2019（4）：18-22.

[38] 冯立锋. 面向高精度伺服系统的磁电式编码器研究[D]. 哈尔滨工业大学，2014.

[39] 王振桓. 旋转变压器/感应同步器/圆光栅组合测角系统研究[D]. 哈尔滨工业大学，2008.

[40] 冯清秀，邓星钟，周祖德，等. 机电传动控制（第五版）. 武汉：华中科技大学出版社，2011.

[41] DUANE H. Brushless Motor: Magnetic Design, Performance, and Control of Brushless DC and Permanent Magnet Synchronous Motors. E-Man Press LLC, 2012.

[42] FRANK D P. Electirc Motors and Control Systems. USA: McGraw-Hill Higher Education, 2010.

[43] 唐任远，等. 现代永磁电机理论与设计. 北京：机械工业出版社，2016.

[44] RIK D D, DUCO W J P, ANDRE V. 先进电气驱动的分析、建模与控制. 连晓峰，等译. 北京：机械工业出版社，2013.

[45] STEFAN L. 功率半导体器件与应用. 肖曦，李虹，等译. 北京：机械工业出版社，2016.

[46] 吕道骏. 铝基碳化硅复合材料加工技术发展研究. 电子机械工程，2011，27（5）：29-32.

[47] 龚振邦，陈守春. 伺服机械传动装置. 北京：国防工业出版社，1980.

[48] AGGELER D, CANALES F, BIELA J, et al. Dv/Dt-Control Methods for the SiC JFET/Si MOSFET Cascode. IEEE Transactions on Power Electronics, 2013, 28(8): 4074-4082.

[49] 周伟成. 碳化硅功率器件的性能分析与多芯片并联应用研究[D]. 浙江大学，2019.

[50] LI C S, LU R, LI C M, et al. Space Vector Modulation for SiC and Si Hybrid ANPC Converter in Medium-Voltage High-Speed Drive System. IEEE Transactions on Power Electronics, 2020, 35(4): 3390-3401.

[51] NGUYEN T, AHMED A, THANG T V, et al. Gate Oxide Reliability Issues of SiC MOSFETs Under Short-Circuit Operation. IEEE Transactions on Power Electronics, 2015, 30(5): 2445-2455.

[52] 徐灏，等. 机械设计手册. 北京：机械工业出版社，1993.
[53] 陈龙，等. 滚动轴承应用技术. 北京：机械工业出版社，2010.
[54] 吴风高. 天线座结构设计. 西安：西北电讯工程学院出版社，1986.
[55] 平丽浩，等. 雷达结构与工艺. 北京：电子工业出版社，2007.
[56] 许平勇，等. 现代雷达机械与机电技术. 北京：兵器工业出版社，2009.
[57] 杜春江，魏忠良，袁海平. 基于拓扑优化的天线座叉臂结构设计. 电子机械工程，2011，27（1）.
[58] 袁海平，杜春江. 大型重载雷达天线座结构设计与仿真分析. 电子机械工程，2014，30（2）.
[59] 陈亚峰，杜春江，施志勇. 一种高精度测角装置的设计及研究. 现代雷达，2017，39（8）.
[60] 李可，袁海平. 大型雷达天线座静压轴承设计. 电子机械工程，2013，29（4）.
[61] 瞿亦峰，郭洪伟. 大型相控阵雷达轮轨式天线座设计. 电子机械工程，2009，25（3）.
[62] 唐颖达，刘尧. 电液伺服阀/液压缸及其系统. 北京：化学工业出版社，2019.
[63] 张利平. 液压控制系统设计与使用. 北京：化学工业出版社，2013.
[64] 张利平. 液压控制系统及设计. 北京：化学工业出版社，2006.
[65] 宋锦春. 机械设计手册 第 4 卷：流体传动与控制. 北京：机械工业出版社，2010.
[66] 曹树平，刘银水，罗小辉. 电液控制技术（第 2 版）. 武汉：华中科技大学出版社，2014.
[67] 吴根茂. 实用电液比例技术. 杭州：浙江大学出版社，1993.
[68] 王春行. 液压伺服控制系统. 北京：机械工业出版社，1989.
[69] Bruno. 机器人手册 第一卷：机器人基础. 北京：机械工业出版社，2016.
[70] 姚建均. 液压测试技术. 北京：化学工业出版社，2018.
[71] 路甬祥，胡大纮. 电液比例控制技术. 北京：机械工业出版社，1988.
[72] 路甬祥. 液压气动技术手册. 北京：机械工业出版社，2002.
[73] BOSCH. 电液比例技术与电液闭环比例技术的理论与应用. 1997.
[74] REXROTH. 液压传动教程 第二册：比例与伺服技术. 吴根茂，等译. 力士乐有限公司，RC00303，10，1987.
[75] WEI J H, KONG X W, QIU M X, et al. Transient Response of a Valve Control System with Long Pipes. Chinese Journal of Mechanical Engineering, 2004(3): 31-35.
[76] HAVE. Proportional-Druckventile Type PDV and PDM. D7486, Juni, 2000(1).
[77] TACO J V. Analysis, Synthesis and Design of Hydraulic Servo systems and Pipelines. Elsevier Scientific Publishing Company, 1980.
[78] 许益民. 电液比例控制系统分析与设计. 北京：机械工业出版社，2005.
[79] 孙衍石. 电液伺服比例阀控缸位置控制系统联合仿真研究. 液压气动与密封，2009（4）：32-35.
[80] 张志伟，毛福荣，宋锦春. 电液伺服控制摩托车随机疲劳试验台的实验研究. 东北大学学报：自然科学版，2006，27（8）：903-906.
[81] 王春行. 液压控制系统. 北京：机械工业出版社，2012.
[82] 吴根茂，邱敏秀，王庆丰，等. 新编实用电液比例技术. 杭州：浙江大学出版社，2006.
[83] 宋锦春，陈建文. 液压伺服与比例控制. 北京：高等教育出版社，2013.
[84] 杨征瑞，花克勤，徐铁. 电液比例与伺服控制. 北京：冶金工业出版社，2009.
[85] 夏元清，黄一，许可康，等. 大射电望远镜双 Stewart 平台的馈源精定位控制. 系统仿真学

报，2003，15（11）：1651-1655.

[86] DASGUPTA B, MRUTHYUNJAYA T S. Closed-form Dynamic Equations of the General Stewart Platform Through the Newton-euler Approach. Mech. Mach. Theory, 1998, 33(7): 993-1012.

[87] STEWART D. A platform with 6 degree of freedom. Proc. of the institution of mechanical engineers, 1965(180): 371-386.

[88] 孟国军，陈建平，杜勇. 大口径米波雷达高机动技术研究与实现. 机械与电子，2018，36（5）：13-17.

[89] 凌轩，王旭东，陈赛克. 雷达天线车液压升降系统同步控制仿真研究. 机床与液压，2013，41（8）：81-83.

[90] 许平勇，潘玉龙，卫国爱，等. 高机动雷达大中型天线高架机构液压系统设计. 空军雷达学院学报，2004，18（4）：60-62.

[91] 李斌，权龙，赵丙龙，等. 热卷取踏步控制电液伺服系统仿真、试验及其应用. 机械工程学报，2011，47（4）：164-170.

[92] 王收军，杨静，郭津津，等. 基于速度反馈与 PID 的电液比例位置系统特性仿真分析. 重型机械，2017（3）：58-63.

[93] 赵广元. MATLAB 与控制系统仿真实践. 北京：北京航空航天大学出版社，2016.

[94] BOSE B K. Modern Power Electronics and AC Drives. Prentice-Hall, N. J. , 2002.

[95] KRAUSE P C. Analysis of Electric Machinery. McGraw-Hill, 1986.

[96] TREMBLAY O. Modélisation, simulation et commande de la machine synchrone à aimants à force contre-électromotrice trapézoïdale. École de Technologie Supérieure, 2006.

[97] 谷长河，胡泊，李成行. 直升机滑动舱门动力学仿真分析及优化改进. 航空计算技术，2018，48（4）：57-60.

[98] 逯九利. 飞机制动控制系统综合性能研究[D]. 西北工业大学，2018：42-60.

[99] 娄华威，杜春江. 雷达天线倒竖机构设计与仿真分析. 电子机械工程，2016，32（5）：62-64.

[100] 贾美薇. 面向设计与分析集成的复杂机械系统产品信息模型研究[D]. 西南交通大学，2016：42-55.

[101] 田金强，薛瀛，郭建伟. 电传飞控驾驶杆操纵系统的动力学仿真分析. 民用飞机设计与研究，2012（3）：26-29.

[102] 曾晋春. 车载式火炮刚柔耦合发射动力学研究[D]. 南京理工大学，2010：70-76.

[103] 喻天翔，张玉刚，万晓峰，等. LMS Virtual. Lab Motion 进阶与案例教程. 西安：西北工业大学出版社，2017，50-52.

[104] 张忠刚，方斌，徐明. 基于 LMS Motion 的多级行星齿轮传动系统动力学仿真. 机械传动，2015，39（9）：89-92.

[105] WEI X H, YIN Y, CHEN H, et al. Modeling and Simulation of Aircraft Nose Landing Gear Emergency Lowering Using Co-simulation Method. Applied Mechanics and Materials, 2012, 215-216: 1213-1218.

[106] 陈有松，李世浩. 基于 Virtual. Lab 软件的非承载式车身道路载荷谱预测方法研究. 汽车与新动力，2019（6）：69-73.

[107] SELIG M, LORENZ B, HENRICHM D, et al. Rubber Friction and Tire Dynamics: A

Comparison of Theory with Experimental Data. Tire Science & Technology, 2015, 42(4): 216-262.
[108] 印寅. 起落架收放动力学及可靠性研究[D]. 南京航空航天大学，2017：60-68.
[109] 刘松. 基于 LMS Imagine. Lab Amesim 航空燃油系统解决方案. 航空制造技术，2014（14）：106-107.
[110] 杜爱学. 基于 AMESim 的液压系统控制的建模与改进的仿真技术研究[D]. 天津：天津理工大学，2018.
[111] 曾小华，彭宇君，宋大凤，等. 混合动力汽车多平台控制策略架构. 吉林大学学报（工学版），2015，45（1）：7-15.
[112] 赵君伟，裘群海，司世才，等. 三自由度工业机器平台机电液一体化仿真. 机床与液压，2020，48（7）：156-161.
[113] 赵建军，吴紫俊. 基于 Modelica 的多领域建模与联合仿真. 计算机辅助工程，2011（1）：168-172.
[114] 蔡安江，蒋周月，郭师虹，等. 半物理仿真技术工业应用现状及发展趋势. 航天控制，2018，36（3）：52-56.
[115] 延皓，叶正茂，丛大成，等. 空间对接半物理仿真原型试验系统. 机械工程学报，2007，43（9）：51-54.
[116] 湛从昌，陈新元. 液压元件性能测试技术与试验方法. 北京：冶金工业出版社，2014.
[117] 雷天觉. 新编液压工程手册. 北京：北京理工大学出版社，1998.
[118] 索宝丽. 基于虚拟技术的液压综合实验台的研究与应用[D]. 山东大学，2012.
[119] 夏勇，张增太. 高机动雷达自动架撤系统的设计. 现代雷达，2006，28（10）：25-29.
[120] 田静，黄亚楼，王立文，等. CAN 总线固定优先级调度算法的应用. 计算机工程，2006，32（23）：94-95.
[121] 夏鑫，王海波，李雪峰，等. 某军用雷达车高精度自动调平控制系统研究. 机械设计与制造，2019，9：158-164.
[122] 倪敬，项占琴，潘晓弘，等. 双缸同步提升电液系统建模和控制. 机械工程学报，2007，43（2）：81-86.
[123] LIU T, GONG G F, CHEN Y X, et al. Trajectory control of tunnel boring machine based on adaptive rectification trajectory planning and multi-cylinders coordinate control. International Journal of Precision Engineering and Manufacturing, 2019, 20(10): 1721-1733.
[124] 白有盾，陈新，杨志军. 刚柔分级并联驱动宏微复合运动平台设计. 中国科学：技术科学，2019，49（6）：669-680.
[125] 娄华威，彭国朋. 雷达液压展收动力装置同步性能的优化. 流体传动与控制，2016（6）：34-37.
[126] 刘鑫. 大型液压快速起竖系统的设计. 液压与气动，2011（6）：108-110.
[127] 程洪杰. 位移传感器在某大型设备起竖同步问题上的应用. 液压与气动，2004（7）：65-66.
[128] 张春林. 高等机构学. 北京：北京理工大学出版社，2006.
[129] 张宝生. 大型起竖设备双缸同步问题研究. 机床与液压，2008，36（9）：220-221.
[130] SUN H, CHIU G T C. Motion synchronization for dual-cylinder electro hydraulic lift systems. Mechatronics, IEEE/ASME Transactions on, 2002, 7(2): 171-181.

[131] 彭国朋，胡长明，黄海涛，等. 雷达机电液系统联合仿真研发平台：中国，CN108228995A. 2018-07-24.
[132] 彭国朋，黄海涛，周建华. 雷达仿生动力装置机电液系统协同仿真技术. 现代雷达，2011，33（10）：81-84.
[133] 赵斐，王维平，朱一凡. 虚拟样机一体化建模方法研究. 系统仿真学报，2002，14（1）：110-113.
[134] 王晓波. 电液数字控制技术在同步系统中的应用研究[D]. 昆明理工大学，2011.
[135] 洪嘉振，刘锦阳. 机械系统计算动力学与建模. 北京：高等教育出版社，2011.
[136] 黄海涛. 基于联合仿真的液压起竖系统研究. 电子机械工程，2010，26（6）：52-55.
[137] 董春芳，孟庆鑫. 多缸电液调平系统相邻交叉耦合同步控制. 哈尔滨工程大学学报，2012，33（3）：366-370.
[138] 侯继伟，李世伦，陈鹰，等. 高大空间火灾模拟及探测平台电液同步驱动控制. 机械工程学报，2010，46（14）：154-160.
[139] 邓飙，苏文斌，郭秦阳，等. 双缸电液位置伺服同步控制系统的智能控制. 西安交通大学学报，2011，45（11）：85-90.
[140] 宁芊. 机电系统虚拟样机协同建模与仿真技术研究. 中国机械工程，2006（7）：1404-1407.
[141] 姚俊，马松辉. Simulink 建模与仿真. 西安：西安电子科技大学出版社，2002.
[142] Mechanical Dynamics lnc. Road Map to ADAMS / Hydraulics Documentation, 2000.
[143] 蔡廷文. 液压系统现代建模方法. 北京：中国标准出版社，2002.